U0160758

全本全注全译丛书

中华
经典
名著

王贵祥◎译注

营造法式 中

中華書局

目录

中册

卷第八　小木作制度三

平棊　斗八藻井　小斗八藻井　拒马叉子　叉子

勾阑重台勾阑、单勾阑　棵笼子　井亭子　牌

【题解】

本卷内容包括房屋室内吊顶部分的一些做法,如殿阁内平棊、平闇、斗八藻井、小型殿堂室内小斗八藻井,也包括了如室外道路路口所设拒马叉子、屋柱之间所设阻隔性的叉子,房屋台基及平坐上所施的重台勾阑、单勾阑等,以及树木的护栏——棵笼子,保护井口的井亭子,入口标志性牌匾——"牌"等木构房屋配件及室外设施。

平棊,或平闇之类小木作,主要用于室内装修,类似今日房屋室内的天花吊顶。其作用是防止室内屋顶上的灰尘掉落到地面,同时也增加了室内空间的美观。这种室内吊顶的做法,应该出现得很早,如《晋书·五行志》中提到:"武帝咸宁中,司徒府有二大蛇,长十许丈,居听事平橑上而人不知。""平棊"或"平闇"在《法式》中的称谓有多种,如平机、平橑、平起等。除了《法式》行文中提到的这几种说法之外,史书中还将平棊或平闇等吊顶做法形象地称为"承尘"。《后汉书·独行传》中记载,一位名叫雷义的人仗义行善,被他所救助之人欲以金子酬谢他,他却不肯收受,"金主伺义不在,默投金于承尘上。后葺理屋宇,乃得之。金主已死,无所复还,义乃以付县曹"。可知,早在东汉时期,普通人家的住

宅室内已经有了天花吊顶的做法。藻井在室内的出现也相当早,如东汉人张衡所写"蒂倒茄于藻井,披红葩之狎猎"之句中,已然提到了"藻井"。

拒马叉子,显然是一种市政设施,犹如今日街头设置的护栏,可防止行人车辆穿行。叉子,则属于可施于室内屋柱之间的护栏,或可起到某种空间分隔的作用。勾阑,是古代建筑中极其常见的一种设置。勾阑一般可分为石勾阑与木勾阑。石勾阑,归在石作制度之下;木勾阑,则属于小木作制度的范畴。一般情况下,殿阶基四周及踏阶两侧应施以石勾阑,但从隋唐时代所遗存的图像资料可知,在石造房屋基座四周施用木勾阑的做法也十分常见。在宋代建筑中,木勾阑主要施于多层房屋之二层以上的平坐外缘。宋代小木作壁藏或壁帐等的平坐之上,也可能会施以勾阑,但仅仅起装饰性的作用。

本卷中提到的另外三种小木作做法,彼此之间似乎没有什么联系。棵笼子,是用以保护树木的围栏;井亭子,是为了保持水井之水源洁净而设置的小型房屋;牌者,即今日所说的"牌匾"或"匾额",是房屋的附属配件,其所用是赋予房屋以名称,从而使得房屋有了某种可能具有标志与识别性功能的象征意义。

本卷图样参见卷第三十二《小木作制度图样》图32-33至图32-58。

平棊 其名有三:一曰平机;二曰平橑;三曰平棊;俗谓之平起。其以方椽施素版者,谓之平阇

【题解】

本节的重点聚焦在房屋室内吊顶,即平棊与平阇。如平棊是以四边用桯,桯内用贴,贴内再缠难子方式,将平棊版隔截成长方或方形的格网,版内贴络华文。

平棊,由殿内四周铺作最后一跳令栱上所施算桯方承托;背版后要

用护缝与楅,以加强平棊版之结构性能。

（造殿内平棊之制）

造殿内平棊之制[①]:于背版之上[②],四边用桯[③];桯内用贴[④],贴内留转道[⑤],缠难子[⑥]。分布隔截,或长或方。其中贴络华文有十三品[⑦]:一曰盘毬,二曰斗八,三曰叠胜,四曰琐子,五曰簇六毬文,六曰罗文,七曰柿蒂,八曰龟背,九曰斗二十四,十曰簇三簇四毬文,十一曰六入圜华,十二曰簇六雪华,十三曰车钏毬文。其华文皆间杂互用[⑧]。华品或更随宜用之[⑨]。或于云盘、华盘内施明镜[⑩],或施隐起龙凤及雕华[⑪]。每段以长一丈四尺,广五尺五寸为率。其名件广厚,若间架虽长广[⑫],更不加减[⑬]。唯盝顶欹斜处[⑭],其桯量所宜减之。

【注释】

①殿内平棊(qí):这里包含了两重意思:一、殿内,意为施设平棊或平闇的建筑,一般都是高等级的殿阁式建筑;二、平棊,指施于殿堂之内的一种天花吊顶。梁注:"'平棊'就是我们所称'天花板'。宋代的天花板有两种格式:长方形的叫'平棊',这是比较讲究的一种,板上用'贴络华文'装饰。山西大同华严寺薄伽教藏殿(辽,1038年)的平棊就属于这一类。用木条做成小方格子,上面铺板,没有什么装饰花纹,亦即'以方椽施素版者',叫做'平闇'。山西五台山佛光寺正殿(唐,857年)和河北蓟县独乐寺观音阁(辽,984年)的平闇就属于这一类。明清以后常用的方格比较大,支条(桯)和背上都加彩画装饰的天花板,可能是平

　　葇和平闇的结合和发展。”

②背版:在平葇或平闇的格椶之上铺设的木版,其底面方格之内多
　　施以华文雕饰或彩绘,以形成的室内天花版。

③四边用椶(tīng):这里的“四边”,大概就是指本条后文所说的:
　　“每段以长一丈四尺、广五尺五寸为率。”即以木椶将室内天花分
　　隔为若干个长1.4丈、宽5.5尺的较大方格,形成平葇或平闇的基
　　本结构框架。

④贴:是比较细小单薄的木条,起到将四边用椶悬吊起的天花细分
　　为有规则的方格的作用。

⑤转道:其意不很清晰,疑指由贴形成的方格之内形成四合回转的
　　缝隙线,或是将这一方格四面的缝隙,称为了转道。

⑥缠难子:在转道上缠难子,即将更为细挺的木条缠施在由木贴分
　　隔的方格四边转道中,使平葇版下形成严谨密合的外观形态。

⑦贴络:梁注:“这里所谓‘贴络’和‘华子’,具体是什么,怎样
　　‘贴’,怎样做,都不清楚。从明清的做法,所谓‘贴络’,可能就是
　　‘沥粉’,至于‘雕华’和‘华子’,明清的天花上有些也有将雕刻
　　的花饰附贴上去的。”梁先生注中提到的“华子”,见下文“每方
　　一尺用华子十六枚”。华文有十三品:指可施于平葇之内的13种
　　华文形式。本条文字中给出的13种华文,分别为:盘毬、斗八、叠
　　胜、琐子、簇六毬文、罗文、柿蒂、龟背、斗二十四、簇三簇四毬文、
　　六入圜华、簇六雪华、车钏毬文。其中部分纹样,在后文的雕作制
　　度、彩画作制度中亦有涉及,但多数纹样已无实例参照,其具体形
　　式难以表述,这里不做延伸解释。

⑧间杂互用:其意似乎是说,在一座建筑的平葇中,可以将不同的华
　　文形式间隔杂错,交叉互用,而不像清式建筑那样,以不同的彩绘
　　纹饰严格对应不同等级的房屋。

⑨华品或更随宜用之:所谓“华品”,似带有华文品第的意思,即品

第较高的华文与品第稍低的华文,应用于哪一类殿阁之中,并无明确的规则,可由使用者与设计者随宜选择。

⑩云盘:疑指所施华文以各种云文为基本装饰母题的平棊或藻井。华盘:疑指所施华文以各种花饰纹样为基本装饰母题的平棊或藻井。内施明镜:疑指在平棊的中心部位,施一圆形镜状装饰物,称为"明镜"。

⑪雕华:这里的"雕华",与下文所说的"华子",是否为同一种装饰形式,尚不十分清楚。

⑫间架:这里指的应是房屋本身之开间及梁架的相应尺寸关系。

⑬更不加减:梁注:"下文所规定的断面尺寸(广厚)是绝对尺寸,无论平棊大小,一律用同一断面的桯、贴和难子,背版的'厚六分'也是绝对尺寸。"

⑭盝(lù)顶:梁注:"覆斗形 ╱▔▔╲ 的屋顶,无论是外面的屋面或者内部的天花,都叫做'盝顶'。盝,音鹿。"盝,器物名。为古代的一种小型装具。其顶盖与盝体相连,呈方形,顶盖四周下斜,类如覆斗。用于房屋的屋顶形式中,即成为"盝顶"。欹(qī)斜:倾斜。

【译文】

营造殿阁式建筑室内平棊的制度:在平棊的背版之上,在每段平棊的周边施以木桯,木桯之内再以木贴细分平棊方格,贴内方格四周留为四合回转之道,缠以难子。将室内吊顶逐段分布隔截,其段或长或方。其平棊格内贴络华文,所贴华文有十三品:第一种称"盘毬文",第二种称"斗八文",第三种称"叠胜文",第四种称"琐子文",第五种称"簇六毬文",第六种称"罗文",第七种称"柿蒂文",第八种称"龟背文",第九种称"斗二十四文",第十种称"簇三簇四毬文",第十一种称"六入圜华文",第十二种称"簇六雪华文",第十三种称"车钏毬文"。这些华文都可以间隔杂错使用。华文的品次等第也可以随宜采用。也可以或是在以云文、华文为主的平棊格盘之内施设明镜;抑或可以在平棊格盘之内隐显出龙凤形象,或雕刻出华文。每一平棊分段的尺寸,一般以长1.4丈、宽5.5尺为标准。平棊中所用诸构件的截面广厚尺寸,不因房屋间架的长广不同,而做加减的变化。只是在平棊的盝顶倾斜之处,其平棊分段所施用之桯的数量可适当减少。

（平棊诸名件）

背版:长随间广,其广随材合缝计数①,令足一架之广②,厚六分。

桯:长随背版四周之广③,其广四寸,厚二寸④。

贴:长随桯四周之内,其广二寸⑤,厚同背版。

难子并贴华:厚同贴。每方一尺用华子十六枚。华子先用胶贴,候干,划削令平,乃用钉。

【注释】

①随材合缝计数:这里的"随材",并非枓栱材分°之"材",而是木料板材之"材",即随其所用木材的大小,合缝计算其版的长宽尺寸。

②一架:梁注:"这'架'就是大木作由槫到槫的距离。"

③桯:长随背版四周之广:原文"桯:随背版四周之广",梁注本改为"桯:长随背版四周之广"。陈注:"'桯'下脱'长'字。"徐注:"陶本无'长'字。"傅合校本,亦无"长"字。依梁注本及陈注增补"长"字,与上下文义更契合。

④广四寸,厚二寸:此为平棊中所施桯之宽度与厚度的绝对尺寸。

⑤广二寸:此为平棊内所施贴之截面宽度的绝对尺寸。

【译文】

平棊背版:版之长随其平棊所在房屋开间之广而定,版的宽度则随所用板材,合缝计算其宽,以使其版之宽与屋槫之一步架宽度相合即可,背版的厚度为0.6寸,此为绝对尺寸。

背版之上所用程:程之长随一段平棊之背版四周的周长而定,程的截面宽为4寸,厚为2寸,此为绝对尺寸。

程内所施之贴:贴之长随程四周之内的彼此净距而定,贴截面宽为2寸,其厚与背版同,仍为0.6寸,两尺寸均为绝对尺寸。

贴内所缠难子及所贴华子:难子与华子的厚度与贴相同,为0.6寸。其版下每1尺见方应施用华子16枚。先用胶将华子粘贴于版上,等胶干之后,划削其凸出之表面,使其平整,然后用钉子加以固定。

(平棊一般)

凡平棊,施之于殿内铺作算程方之上①。其背版后皆施护缝及楅②。护缝广二寸,厚六分③。楅广三寸五分,厚二寸五分④;长皆随其所用。

【注释】

①算程方:大木作内檐枓栱铺作里转最外一跳之令栱上所承方子。参见卷第四《大木作制度一》"栱·令栱"条相关注释。

②护缝:施于平棊背版之后,版与版之接缝处的木版条。楅(bī):施于平棊背版之后,每段程之间的条状木方,起到加固平棊背版的作用。

③广二寸,厚六分:护缝截面宽2寸,厚0.6寸,此为绝对尺寸。

④广三寸五分,厚二寸五分:楅之截面宽3.5寸,厚2.5寸,亦为绝对尺寸。

【译文】

凡平棊,施之于殿阁或殿堂建筑室内铺作里转最外跳之令栱上所承算程方之上。平棊背版之后,都应施以护缝版,并施以楅。护缝版的宽度为2寸,厚度为0.6寸。福的宽度为3.5寸,厚度为2.5寸;护缝及福的长度,均随其所用位置及木材自身长短随宜而定。

斗八藻井 其名有三:一曰藻井,二曰圜泉, 三曰方井;今谓之斗八藻井

【题解】

斗八藻井在构造上分为三层:下为方井;中为八角井,落在方井之上;上为斗八。"斗八"是在第二层八角井之上,用八根枨杆,以类似簇角梁的方式,"斗"成一个八角形的结构盖,结构盖的中心可以施一中心枨杆,但更常见的则是安一八角形或圆形的明镜,以使八角枨杆在受力上达到均衡。

算桯方下所用六铺作下昂重栱,材广1.8寸,厚1.2寸。其所用材,显然不在大木作材分°制度之"八等材"中。唯其材之分°值推算、比例控制,似仍应依据大木作材分°制度。

方井,除转角铺作之外,其每面施补间铺作5朵。铺作枓栱上用立旌承托随瓣方与枓槽版,上施枓栱,枓栱之上用压厦版。八角井亦如之。

作为强调空间重要性的藻井,在殿阁之内的位置有一定讲究。一般施于殿内照壁屏风之前,如佛殿内佛像背光之前,佛造像之上。亦可施于殿身内前门之前;既是殿身之内,则其藻井应与殿内平棊结合设置,施于平棊之内。这一位置,大约相当于殿身前廊空间,如宁波保国寺宋代大殿前檐廊下藻井,就是一例。

(造斗八藻井之制)

造斗八藻井之制①:共高五尺三寸;其下曰方井②,方八尺,高一尺六寸③;其中曰八角井④,径六尺四寸,高二尺二寸;其上曰斗八⑤,径四尺二寸,高一尺五寸,于顶心之下施

垂莲或雕华云卷⑥,背内安明镜⑦。其名件广厚,皆以每尺之
径积而为法。

【注释】

①斗八藻井:梁注:"藻井是在平棊的主要位置上,将平棊的一部分
　特别提高,造成更高的空间感以强调其重要性。这种天花上开出
　来的'井',一般都采取八角形,上部形状略似扣上一顶八角形的
　'帽子'。这种八角形'帽子'是用八根同中心辐射排列的拱起
　的阳马(角梁)'斗'成的,谓之'斗八'。"

②方井:斗八藻井一般由三层结构而成,最下面一层,是与房屋结构
　体系结合较为紧密的方形平面结构,由与房屋梁栿平行或垂直的
　木方构成,故称"方井"。

③方八尺,高一尺六寸:方井边长方8尺,其井高1.6尺。这段文字
　中给出的几个主要尺寸,包括方井、八角井与斗八的尺寸,均为绝
　对尺寸。

④八角井:斗八藻井的第二层结构,其平面为八角形,通过在方井之
　方形平面基础上,施抹角方的做法,形成一个八角形平面,故称
　"八角井"。

⑤斗八:斗八藻井的第三层结构,是在八角井基础上,从既有的八个
　角上以八条拱肋相斗而成的一个覆盖于藻井之上的八角形覆钵
　顶盖。

⑥顶心:指斗八结构顶盖的中心部位。垂莲:意为下垂的莲花雕刻
　装饰,如垂莲柱,其意或以莲为水生植物,有厌火象征。雕华云
　卷:以卷云为母题的华文雕饰题材。此处原文为"雕华云卷",梁
　注本为"雕华云卷"。傅合校本:改"卷(捲)"为"棬"。棬,音
　quān,其义为圆圈形。卷第三《壕寨及石作制度》"石作制度·卷
　輂水窗"条:"两边用石随棬势补填令平。"注:"棬,内圜势。"亦

音 juàn，意为拴牛鼻子的小铁环或小木棍。卷（捲），音 juǎn，其一义为裹成圆筒状的东西。亦音 juàn，书卷、卷数之意。从字义上看，"捲"之义似更适合此处的上下文。此处译文从原文。

⑦背内安明镜：此处原文"皆内安明镜"，梁注本改为"背内安明镜"。陈注：改"皆"为"背"。梁注："这里说的是，斗八的顶心可以有两种做法：一种是枨杆（见"大木作制度""簇角梁"条）的下端做成垂莲柱；另一种是在枨柱之下（或八根阳马相交点之下）安明镜（明镜是不是铜镜？待考），周圈饰以雕花云卷。"

【译文】

营造斗八藻井的制度：藻井的总高为5.3尺；藻井最下一层为方井，其方8尺，方井高为1.6尺；藻井的中间一层为八角井，八角形的直径为6.4寸，其井高2.2尺；藻井最上一层为斗八，其八角形的直径为4.2尺，斗八的高度为1.5尺，在斗八覆顶之中心位置，向下施以垂莲，或雕以卷云华文，其定心背版之内则安以明镜。斗八藻井中所用各种构件的截面广厚尺寸，都是以其井直径每长1尺，其构件所取的相应比例尺寸，累积推算而出的。

（方井）

方井：于算桯方之上施六铺作下昂重栱，材广一寸八分，厚一寸二分。其枓栱等分°数制度并准大木作法。四入角每面用补间铺作五朵①。凡所用枓栱并立旌②，枓槽版随瓣方枓栱之上③，用压厦版④。八角井同此。

【注释】

①四入角：梁注："'入角'就是内角或阴角，这里特画'四入角'和'八入角'是要说明在这些角上的枓栱的'后尾'或'里跳'。"梁

先生所说特别画出的"入角",参见《梁思成全集》第七卷第214页,小木作图31。

②立旌:施于八角井之枓槽版后,起到支撑枓槽版作用的短木方。

③枓槽版:梁注:"这些枓栱是纯装饰性的,只做露明的一面,装在枓槽版上。枓槽版是立放在槽线上的木板,所以需要立旌支撑。"随瓣方:原文"枓槽版枓栱之上用压厦版",梁注本改为"枓槽版随瓣方枓栱之上,用压厦版"。并注:"这个'随瓣方'是八角井下边承托枓槽版的'随瓣方'。"随瓣方,即沿其八角形平面每一边所施的起结构作用的木方。徐注:"陶本无此'随瓣方'三字。"傅合校本、陈明达点注本中,这段文字亦无"随瓣方"三字。此处文字疑是梁先生结合其文本所提"随瓣方""枓槽版"诸名件之关系,从上下文文义的理解角度所补。这里的"瓣",指八角井之八边形的八个边。

④压厦版:相当于方井四周或八角井四周之枓栱上所覆盖的顶版,又称"厦瓦版"。

【译文】

斗八藻井中的方井:在算桯方的上皮,施以六铺作下昂重栱造枓栱,枓栱所用材广1.8寸,厚1.2寸。其枓栱诸相关名件长短、出跳关系等制度,皆以大木作枓栱制度为准。方井有四个内角,其四方形的每一面施用补间铺作5朵。凡每面所用枓栱,相应施之以与枓栱相匹配的立旌,枓槽版随瓣方枓栱之上,再覆以压厦版。其上八角井的每面做法与此相同。

（方井之名件）

枓槽版:长随方面之广①,每面广一尺,则广一寸七分,厚二分五厘②。压厦版长厚同上,其广一寸五分③。

【注释】

①方面之广：指方形平面每一面的边长。

②广一寸七分，厚二分五厘：以方井每面广1尺，其枓槽版截面高为
　1.7寸，厚为0.25寸计；若其方8尺，则其枓槽版高1.36尺，厚2寸。

③广一寸五分：以方井每面广1尺，其上压厦版宽1.5寸计；若其方8
　尺，则压厦版宽1.2尺。

【译文】

　方井四边之上所施枓槽版：其版长随方井之方形每面的边长，以每
面边长1尺，其版宽为1.7寸，厚为0.25寸计。压厦版的长度、厚度与枓
槽版的长度、厚度相同，以方井每面边长1尺，压厦版宽为1.5寸计。

（八角井）

　八角井：于方井铺作之上施随瓣方①，抹角勒作八角。
八角之外，四角谓之角蝉②。于随瓣方之上施七铺作上昂重栱，
材分°等并同方井法。八入角③，每瓣用补间铺作一朵。

【注释】

①随瓣方：施于八角井之八边形每边中缝上的木方，以承其上的枓
　栱及枓槽版。梁注："八角形或等边多角形的一面谓之'瓣'。"
　这里的"瓣"指的就是八边形的各条边。

②角蝉：梁注："在正方形内抹去四角，做成等边八角形；抹去的四个
　等腰三角形 就叫做'角蝉'。"关于梁先生此注，徐注："原
　注油印稿恐漏刻'三角形'三字，今补。"

③八入角：指八角形的八个内角。

【译文】

　斗八藻井中的八角井：在方井铺作之上所施的随瓣方，其方将方井

抹角并形成八角形平面。经抹为八角之外,所余四方形之四角处的四个等腰三角形称为"角蝉"。在八角井的随瓣方上,施以七铺作上昂重栱造枓栱,其枓栱所用材分°等制度,皆与方井所用枓栱相同。八角井内的八个入角之上,八角形的每一边各用补间铺作1朵。

(斗八藻井诸名件)

随瓣方^①:每直径一尺,则长四寸,广四分,厚三分^②。

枓槽版^③:长随瓣,广二寸,厚二分五厘^④。

压厦版:长随瓣,斜广二寸五分,厚二分七厘^⑤。

斗八^⑥:于八角井铺作之上,用随瓣方;方上施斗八阳马^⑦,阳马今俗谓之梁抹^⑧。阳马之内施背版,贴络华文。

阳马:每斗八径一尺,则长七寸,曲广一寸五分,厚五分^⑨。

随瓣方^⑩:长随每瓣之广。其广五分,厚二分五厘^⑪。

背版:长视瓣高,广随阳马之内。其用贴并难子,并准平棊之法。华子每方一尺用十六枚或二十五枚。

【注释】

①随瓣方:梁注:"这个'随瓣方'是八角井下边承托枓槽版的'随瓣方'。"又陶本《法式》原文为"随办(瓣)方",梁注本改为"随瓣方"。陈注:改"辧"为"瓣"。

②长四寸,广四分,厚三分:以八角井径每长1尺,其随瓣方长4寸,高0.4寸,厚0.3寸计;若八角井径6.4尺,则随瓣方长2.56尺,高2.56寸,厚1.92寸。

③枓槽版:梁注:"这个'枓槽版'是八角形的枓槽版。"

④广二寸,厚二分五厘:以八角井径每长1尺,其枓槽版高2寸,厚

0.25寸计;若八角井径6.4尺,则枓槽版高1.28尺,厚1.6寸。

⑤斜广二寸五分,厚二分七厘:以八角井径每长1尺,其上所覆压厦版斜宽2.5寸,厚0.27寸计;若八角井径6.4尺,则压厦版斜宽1.6尺,厚1.728寸。

⑥斗八:即从八角形的八个角向中心相斗而成。

⑦阳马:即角梁。

⑧梁抹(mò):为"阳马"诸异名中的一个,其义与"角梁"同。

⑨长七寸,曲广一寸五分,厚五分:以斗八直径每长1尺,其角梁长7寸,曲宽1.5寸,厚0.5寸计;若斗八径为4.2尺,则其角梁长2.94尺,角梁截面曲宽6.3寸,厚2.1寸。

⑩随瓣方:梁注:"这个'随瓣方'是斗八藻井顶部阳马脚下的随瓣方。"

⑪广五分,厚二分五厘:以斗八直径每长1尺,其随瓣方截面高0.5寸,厚0.25寸计;若斗八径为4.2尺,则其随瓣方高2.1寸,厚1.05寸。

【译文】

八角井下各边承托其上枓槽版的随瓣方:以八角井直径每长1尺,其方长4寸,高0.4寸,厚0.3寸计。

八角井随瓣方上所施枓槽版:枓槽版的长度随八角井每面的边长而定,以八角井直径每长1尺,其枓槽版截面高2寸,厚0.25寸计。

八角井枓栱上所覆压厦版:其版之长随八角井每面边长而定,以八角井直径每长1尺,其压厦版斜宽2.5寸,厚0.27寸计。

斗八藻井上所施斗八:斗八施于八角井铺作之上,其铺作上施随瓣方;方上八角各出阳马,形成斗八阳马,阳马,即角梁,今日俗称为"梁抹"。阳马的内侧施以背版,版下贴络华文装饰。

斗八上所用阳马:以斗八径每1尺,其阳马,即角梁,长7寸,角梁截面曲宽1.5寸,厚0.5寸计。

斗八之八角形诸边枓栱上所施随瓣方:其方之长随斗八八角形每面之边长而定。以斗八径每1尺,其随瓣方截面高0.5寸,厚0.25寸计。

斗八之上所覆背版：背版之长依斗八的高度而定，版之宽随斗八阳马之内的净距而定。背版下用贴和难子缠施于其内四周，其贴及难子与平棊内所施贴及难子的做法相同。背版之内贴络华子，以其版每1平方尺施贴16枚或25枚华子为准。

（斗八藻井一般）

凡藻井，施之于殿内照壁屏风之前[1]，或殿身内前门之前[2]，平棊之内[3]。

【注释】

[1]殿内照壁屏风之前：这里指的是施于殿阁式建筑室内中心位置上的斗八藻井，其位置在殿阁之内、照壁屏风之前，这里往往处于殿阁或殿堂室内中心之最重要位置，如佛殿之佛座前。

[2]殿身内前门之前：既言"殿身"，其殿阁当有副阶，则"殿身内前门之前"指的应是殿身前檐副阶的中心位置，大概相当于正殿前檐廊下正中，这里也多是施藻井之处，如宁波保国寺大殿前檐廊下藻井即是一例。

[3]平棊之内：在概念上说，藻井是古代天花吊顶的一个组成部分，故藻井也应该是施设于一座殿阁式建筑的室内或前廊之平棊内的一个组成部分。

【译文】

凡营造藻井，将其施之于殿阁建筑室内的照壁屏风之前，或施于殿阁殿身内的前门之前，也就是带有副阶前廊的殿堂正门前的前廊内，藻井一般会施设在殿阁室内或前廊所施造的平棊之内。

小斗八藻井

【题解】

小斗八藻井，不仅尺度较小，在构造上也比斗八藻井少了一层。小斗八藻井不施方井，其第一层为八角井，第二层为斗八。斗八顶心之下施垂莲或雕华云卷，内安明镜。其名件广厚尺寸，由斗八之径及藻井之高推算而出。

将殿堂枓栱所承算桯方设为八角形平面，方上用普拍方，再施五铺作双卷头重栱造枓栱。其材栔做法，均依大木作枓栱制度。枓栱背面用枓槽版，枓栱之上施压厦版。在压厦版上施版，贴络门窗，并在压厦版边缘施安勾阑。

版上再施普拍方，方上施五铺作一杪一昂重栱造；上下皆为八角平面，且每瓣并用补间铺作两朵。

小斗八藻井在殿阁内的位置，较斗八藻井似乎稍显次要一点。一般将小斗八藻井施于重檐殿宇的副阶，即前廊，甚或周围廊内。

小斗八藻井之腰部，即八角井枓栱之上，腰内用贴络门窗及勾阑；勾阑之下施雁翅版，以形成藻井内的重层楼阁形式。其所贴络门窗、勾阑及雁翅版的大小广厚，均依小斗八藻井之高低尺寸，量宜为之。

（造小斗八藻井之制）

造小藻井之制[1]：共高二尺二寸。其下曰八角井，径四尺八寸；其上曰斗八，高八寸，于顶心之下施垂莲或雕华云卷[2]；皆内安明镜[3]。其名件广厚，各以每尺之径及高，积而为法。

【注释】

①小藻井：指小斗八藻井。这种藻井尺度较小，结构仅有两层，即八

角井与斗八,而没有普通斗八藻井在底层所设的方井。其基本组
成构件与做法,与斗八藻井十分接近。

②华云卷:原文"华云卷(捲)",傅合校本:改"卷(捲)"为"棬"。

③皆内安明镜:在这里,梁注本未将"皆内安明镜"改为"背内安明
镜",但陈点注本中改"皆"为"背",即"背内安明镜"。从上下
文理解,改为"背内安明镜",应是恰当的。译文从陈注改。

【译文】

营造小斗八藻井的制度:藻井总高为2.2尺。小藻井由两层结构组
成,其下一层称为"八角井",其八角形平面的直径为4.8尺;八角井之上
一层,称为"斗八",这一层的高度为8寸,在斗八上所覆顶盖的中心之
下施安垂莲,或雕刻云卷华文;其斗八上所覆背版之内则施安明镜。组
成小斗八藻井诸构件的截面广厚尺寸,分别以其所在之层的八角形直
径每1尺之长及该层的高度,以其构件所取的相应比例尺寸,累积推算
而出。

（八角井）

八角井①:抹角勒算桯方作八瓣②。于算桯方之上用
普拍方;方上施五铺作卷头重栱。材广六分,厚四分;其枓栱
等分。数制度,皆准大木作法。枓栱之内用枓槽版③,上用压厦
版,上施版壁贴络门窗、勾阑④,其上又用普拍方。方上施五
铺作一杪一昂重栱⑤,上下并八入角,每瓣用补间铺作两朵。

【注释】

①八角井:原文"八角并",梁注本改为"八角井"。陈注:"'并'应
作'井'。"傅合校本注:"'井'误'并',据故宫本、张本改。"徐
注:"陶本作'八角井'。"

②抹角：斗八藻井之八角井的抹角，是将其下方井抹去四角，并生成四个角蝉；但小斗八藻井之下无方井，故当是直接在平棊中通过抹角做法形成八角形平面。勒：刻，铲削。

③枓栱之内：梁注："这句需要注释明确一下。'枓栱之内'的'内'字应理解为'背面'，即枓栱的背面用'枓槽版'；'上用压厦版'是枓栱之上用压厦版；'上施版壁贴络门窗、勾阑'是在这块压厦版之上，安一块版子贴络门窗，在压厦版边缘上安勾阑；'其上又用普拍方'是在贴络门窗之上安普拍方。"

④贴络门窗、勾阑：这也是小斗八藻井与普通斗八藻井的不同之处。其在八角井枓栱之上施普拍方，上通过贴络门窗、勾阑，似形成一层楼阁，其中或内涵了佛教殿阁内所施藻井中，以天宫楼阁为象征的装饰手法之雏形。

⑤一抄：原文为"抄"，当改为"杪"，"一杪"也就是"出一跳华栱"之意。

【译文】

小斗八藻井中的八角井：通过抹角做法，将算桯方刻削为八瓣，形成一个八角形平面。在算桯方上皮施以普拍方；并在普拍方上施安五铺作出两卷头重栱造式枓栱。枓栱所用材之广为0.6寸，厚为0.4寸；其枓栱所用长短尺寸及材分°制度等，皆以大木作枓栱制度的做法为准。枓栱的背面施以枓槽版，枓栱之上覆以压厦版，在枓槽版内侧版壁上贴络门窗、勾阑，所贴络之门窗上再施普拍方。普拍方上施安五铺作单杪单昂重栱造枓栱，其上下两重普拍方及枓栱都采用八入角的形式，八角形的每一边皆采用施补间铺作两朵的做法。

（小斗八藻井诸名件）

枓槽版：每径一尺，则长九寸①；高一尺，则广六寸②。以厚八分为定法。

普拍方：长同上，每高一尺，则方三分③。

随瓣方④：每径一尺，则长四寸五分⑤；每高一尺，则广八分，厚五分⑥。

阳马：每径一尺，则长五寸⑦；每高一尺，则曲广一寸五分，厚七分⑧。

背版：长视瓣高⑨，广随阳马之内。以厚五分为定法。其用贴并难子，并准殿内斗八藻井之法。贴络华数亦如之。

【注释】

①每径一尺，则长九寸：以八角井径每长1尺，科槽版长9寸计；若八角井径为4.8尺，则其科槽版长4.32尺。

②高一尺，则广六寸：原文"高一尺，则广六寸"，陈注：当为"每高一尺，则广六寸"。以八角井每高1尺，其科槽版高6寸计；若八角井总高2.2尺，则其科槽版高1.32尺。

③每高一尺，则方三分：以八角井每高1尺，其科栱下所施普拍方截面方为0.3寸计；若八角井总高2.2尺，则其普拍方截面方0.66寸。

④随瓣方：这里的"随瓣方"，疑指斗八下之八角形的每一边上所施木方。

⑤每径一尺，则长四寸五分：因其行文未给出斗八的底径，故这里仍按八角井之径推之。以八角井径每长1尺，其斗八下随瓣方长4.5寸计；若八角井径为4.8尺，则其随瓣方长为2.16尺。其随瓣方长度，是其下科槽版及普拍方长度的1/2，可知斗八的底径，当明显小于八角井之径。

⑥每高一尺，则广八分，厚五分：这里仍以八角井总高推算。以八角井每高1尺、其上随瓣方的截面宽0.8寸，厚0.5寸计；若八角井总高2.2尺，则其随瓣方宽1.76寸，厚1.1寸。

⑦每径一尺，则长五寸：以八角井径每长1尺，其斗八所施阳马长5寸计；若其径为4.8尺，则其斗八所施阳马长为2.4尺。

⑧每高一尺，则曲广一寸五分，厚七分：以八角井每高1尺，其上斗八阳马的截面曲宽1.5寸，厚0.7寸计；若八角井总高2.2尺，则其阳马曲宽3.3寸，厚1.54寸。

⑨长视瓣高：即斗八阳马上所覆背版的长度，依斗八每瓣之高计之；其斗八高8寸，其上背版应依此高度尺寸推算而出。

【译文】

八角井上之枓栱背面所施枓槽版：以八角井径每长1尺，其版长为9寸计；并以八角井每高1尺，其版高为6寸计。其版厚度为0.8寸，这是一个绝对尺寸。

八角井之枓栱下所施普拍方：其方长度与枓槽版之长相同，以八角井每高1尺，其普拍方截面为0.3寸见方计。

斗八上之阳马下所施随瓣方：以八角井径每长1尺，其方长为4.5寸计；并以八角井每高1尺，随瓣方截面高为0.8寸，厚0.5寸计。

斗八上所施阳马：以八角井径每长1尺，其角梁长5寸计；八角井每高1尺，其阳马截面曲宽1.5寸，厚0.7寸计。

斗八阳马后所施背版：背版之长依其斗八瓣的高度推之，其版之宽则依每两枚阳马间的净距推算而出。其版的厚度为0.5寸，这一厚度为绝对尺寸。背版之内缠施贴与难子，其贴与难子的相应尺寸，皆以殿内斗八藻井斗八内所施贴及难子的做法为准。其版内所贴络的华子数，也与殿内斗八藻井之斗八背版内所贴络之华子数相同。

（小斗八藻井一般）

凡小藻井，施之于殿宇副阶之内①。其腰内所用贴络门窗、勾阑②，勾阑下施雁翅版③。其大小广厚，并随高下量宜用之。

【注释】

①副阶：梁注："这就是重檐殿宇的廊内。"

②腰内：指小藻井之八角井上所施枓栱之上、斗八所施枓栱之下的那一部分，贴络有门窗、勾阑的版壁处。

③勾阑下施雁翅版：梁注："原文作'勾阑上施雁翅版'，而实际是在勾阑脚下施雁翅版，所以'上'字改为'下'字。"雁翅版，本为施于殿阁或楼阁建筑之平坐四周外沿上的条状护版，这里将其施于小藻井之腰内所施勾阑之下，取拟了大木作制度中的楼阁平坐。

【译文】

凡是营作小藻井，都是将其施之于殿阁与楼宇建筑的副阶檐廊之内。小藻井八角井内所施两重枓栱之间的腰内版壁上，要施用贴络门窗、勾阑等做法，<small>勾阑之下还应施以雁翅版</small>。其所贴络之门窗、勾阑，及勾阑下所施之雁翅版的尺寸大小与截面广厚，都要随小藻井的高度量宜用之。

拒马叉子<small>其名有四：一曰枨桹；二曰梐拒；
三曰行马；四曰拒马叉子</small>

【题解】

梁思成先生解释说："'拒马叉子'是衙署府第大门外使用的活动路障。"

拒马叉子的高度约在4～6尺，其面广宽度类如房屋开间间广，如间广10尺，用21棂；间广每增或减1尺，则增加或减少2棂。两端立木为架，称"马衔木"。马衔木上部以穿心串相连，下用梐桯连梯，即以梐桯连如梯状。棂为施之于穿心串与连梯之间的斜置细长木方，棂之上部出头，加以装饰性雕刻。

拒马叉子诸名件，包括两端之马衔木、联系马衔木上部之上串、联系马衔木下端之连梯及施于连梯与上串上的棂子。

棍首有两种造型：一种为五瓣云头挑瓣，一种为素讹角。

连梯，其义不详。联系下文地栿上出"连梯混"，则连梯似为木方的一种边棱形式。这里的"连梯"应为一条可以固定棍子根部的矩形木条。其长与上串同，亦随叉子开间之广。

令人疑惑的是，《法式》原文中似未提及构成拒马叉子下脚之"栊桯"的长短广厚尺寸；上文所言"连梯"，似乎指的就是"栊桯"，其边棱形式当为"连梯"。

拒马叉子为叉形，其棍之下端左右相间，自连梯两侧出；上端伸出上串之上，形成棍首；其棍相对斜向交叉布置，呈叉子状。

（造拒马叉子之制）

造拒马叉子之制[①]：高四尺至六尺。如间广一丈者[②]，用二十一棍；每广增一尺，则加二棍，减亦如之。两边用马衔木[③]，上用穿心串[④]，下用栊桯连梯[⑤]，广三尺五寸，其卯广减桯之半，厚三分，中留一分[⑥]，其名件广厚，皆以高五尺为祖[⑦]，随其大小而加减之。

【注释】

①拒马叉子：梁注："'拒马叉子'是衙署府第大门外使用的活动路障。"其形式略似由斜置的棍条交叉而成的栅栏。

②间广：这里的"间广"似与房屋间广没有关系，大概是指一段拒马叉子的长度。

③马衔木：施于拒马叉子两端的立木。

④穿心串：施于拒马叉子两端所立马衔木上部中心位置的条状木杖。

⑤栊（lóng）桯连梯："栊"与"桯"二字都是名词，在意思上比较接近。其意似为以"栊"或"桯"作为拒马叉子的连梯。陈注：

改"桄"为"拢",即"拢桯连梯"。依陈先生所改,其意似为施于
拒马叉子下部,左右马衔木之间,将斜置的两侧桄子下所施之桯
"拢"在一起的构件,其作用似是确保拒马叉子的底部稳定与坚
固。因其下文并未特别给出"桄"或"桯"的相关尺寸,故这里似
仍应理解为以"桄桯"为"连梯"之义。

⑥厚三分,中留一分:其意似为,将连梯与相连之桯处的厚度定为3
分,其中1分留为卯之厚度。

⑦以高五尺为祖:拒马叉子诸名件都是以叉子高5尺为标准而给出
尺寸的;凡其高度有所增减,则其名件尺寸亦随之增减。

【译文】

营造拒马叉子的制度:其高度为4尺至6尺。如果每一段拒马叉子
的长度为1丈,其间可施用21根桄子;其每段长度每增加1尺,则应增加
2根桄子,若其长减少1尺,其桄子亦应相应减少2根。拒马叉子的两边
施用马衔木,马衔木的上部连以穿心串,马衔木的下部则以桄桯为连梯,
连梯的宽度为3.5尺,连梯之卯的宽度为其桯宽度的一半,将其桯厚度定
为3分,其中留1分为卯,拒马叉子各组成构件的截面广厚,都是以其叉
子高5尺为标准给出的,并随其高度的大小变化而做增加或减少。

(拒马叉子诸名件)

桄子:其首制度有二①:一曰五瓣云头挑瓣②,二曰素讹
角③。叉子首于上串上出者,每高一尺,出二寸四分;挑瓣处下留三
分。斜长五尺五寸,广二寸,厚一寸二分④;每高增一尺,则
长加一尺一寸,广加二分,厚加一分⑤。

马衔木:其首破瓣同桄,减四分。长视高。每叉子高五
尺,则广四寸半,厚二寸半。每高增一尺,则广加四分,厚加
二分;减亦如之。

上串^⑥：长随间广。其广五寸五分，厚四寸^⑦。每高增一尺，则广加三分，厚加二分^⑧。

连梯^⑨：长同上串，广一寸，厚二寸五分^⑩。每高增一尺，则广加一寸，厚加五分^⑪。两头者广厚同^⑫，长随下广^⑬。

【注释】

①其首制度：指拒马叉子中所施棂子的上端，在造型上所给出的相应做法。

②五瓣云头：疑将棂子之首刻为五瓣卷云头的造型。挑瓣：疑是将云头造型各自分成独立之瓣，形成五组云头攒为一团的效果，但瓣与瓣之间仍留出缝隙。

③素讹角：讹角，即抹角，就是将棂子端头的四个角棱各自加以简单抹角，形成一个略具八边形式的方形端头。在讹角形式之外，不再做进一步的装饰线脚，即称"素讹角"。

④斜长五尺五寸，广二寸，厚一寸二分：指在将拒马叉子的高度控制在5尺时，其斜置的棂子长度为5.5尺，其棂的截面宽为2寸，厚为1.2寸。

⑤长加一尺一寸，广加二分，厚加一分：若将拒马叉子的高度增加1尺，则其棂子的长度应在5.5尺的基础上再增长1.1尺，即其长为6.6尺。其截面宽度与厚度，亦要相应增加，增加后的尺寸分别为宽2.2寸，厚1.3寸。

⑥上串：指施于拒马叉子上部、左右马衔木之间的条状木，起到固定棂子上端的作用。

⑦广五寸五分，厚四寸：仍指在将拒马叉子的高度控制在5尺时，其上串的截面宽为5.5寸，厚4寸。

⑧广加三分，厚加二分：若将拒马叉子的高度增加1尺，其上串之宽

增0.3寸,厚增0.2寸,则其串宽为5.8寸,厚为4.2寸。

⑨连梯:其义不详。从上下文看,似乎是将拒马叉子根部的前后两根木楹拢在一起,用以固定楾子根部的矩形木条。但因其长与上串同,故其形式应该是顺着叉子方向设置的条状木。

⑩广一寸,厚二寸五分:拒马叉子的高度为5尺时,其下连梯所用木条的截面宽为1寸,厚为2.5寸。

⑪广加一寸,厚加五分:拒马叉子的高度在高5尺的基础上,每再增加1尺,则其下连梯之宽增加1寸,其厚增加0.5寸。

⑫两头者:疑指施于拒马叉子交叉设置的两侧楾子的根部,这时究竟是施有两根连梯木,还是通过若干根横向的连梯木将前后两顺身之楹拢在一起? 其意仍不清晰。

⑬长随下广:这里的"长随下广"其意不明。可能意为连梯木为"两头者",其长随拒马叉子的根部之广。若是将连梯理解为将楾之两侧根部所施之楹拢在一起,则其"下广"是否就是指叉子根部两侧楾楹即两根连梯木之间的距离?

【译文】

拒马叉子中所施楾子:楾子端首的做法有两种:第一种称为"五瓣云头挑瓣",第二种称为"素讹角"。叉子上端从上串之上向外伸出部分,以其叉子每高1尺,其头部伸出长度为2.4寸;挑瓣处其下留出0.3寸计。叉子高5尺时,楾子的斜长为5.5尺,其截面宽为2寸,厚为1.2寸;叉子每增高1尺,其楾子斜长增加1.1尺,截面宽增加0.2寸,厚增加0.1寸。

拒马叉子两端所施马衔木:马衔木的上端破瓣做法与楾子做法相同,其伸出上串的长度减少0.4寸。马衔木的长度依拒马叉子的高度而定。叉子高5尺时,马衔木的截面宽为4.5寸,厚为2.5寸。叉子高度每增高1尺,其木之宽增加0.4寸,其厚增加0.2寸;叉子高度减少时,马衔木的广厚尺寸亦做相应减少。

拒马叉子上部所施上串:其串长度随拒马叉子一段之长而定。叉子高为5尺时,其串的截面宽为5.5寸,厚为4寸。叉子高度每增加1尺,其截面宽应增加0.3寸,厚增加0.2寸。

拒马叉子根部所施连梯:连梯之长与上串的长度相同,叉子高5尺时,其连梯木之广为1寸,厚为2.5寸。叉子高度每增加1尺,其连梯木截面广增加1寸,厚增加0.5寸。连梯为以其两头扰桯之做法时,连梯木的截面广厚尺寸与上串的长度相同,连梯木的长度随拒马叉子下部的宽度尺寸而定。

（拒马叉子一般）

凡拒马叉子,其楎子自连梯上[1],皆左右隔间分布于上串内[2],出首交斜相向[3]。

【注释】

①楎子自连梯上:疑指拒马叉子的楎子是自其根部的连梯处向上斜伸而置。

②左右隔间:似指拒马叉子的楎子在斜置的方向上呈左右相错的做法。所谓"隔间",这里的"间"非房屋开间之"间",而是左右楎子相互间隔。上串内:在上串的长度之内,施交叉斜置的楎子,故称"上串内"。

③出首:指楎子伸出上串之上的楎首部分,这一部分会处理成两种不同的装饰造型。

【译文】

凡营作拒马叉子,叉子中所施楎子自其下连梯向上延伸,楎子与楎子之间都应左右间隔,分布于上串之内,楎子伸出上串之上的端头部位,要相互交叉,彼此相向而置。

叉子

【题解】

叉子可依附于房屋之柱设置，在较长叉子的连接处或转角处，应以望柱为立框；屋柱或望柱间辅以马衔木，上下用串；底部用地栿、地霞造，即在地栿之下，施以经过雕饰的地霞；地栿以上用直立的楗，穿出上下串，形成伸出上串的楗头。

叉子开间之两端用马衔木，马衔木上下用串，下串之下或用地栿、地霞造。构成叉子的诸名件之广厚尺寸，皆以叉子高5尺时作为标准进行推算，并随其高度变化而或增或减。

楗首有3种繁简不同的造型：一为海石榴头，二为挑瓣云头，三为方直笏头。上、下串线脚亦有三种形式：其一，侧面上出心线、压边线（或压白？）；其二，断面分瓣，瓣内用单混，混上亦出线；其三，其断面为破瓣，即四棱破角，但破瓣已有线脚，未知如何才不出线。

叉子每间两端之马衔木，四棱破瓣与楗子同；马衔木长随叉子高，其上与楗齐，下至地栿。其面上出线脚诸制度亦与楗子同。

地霞，或施于地栿之上、下串之下。

地栿，位于两柱之间。地栿之上，可立望柱，并施地霞。地栿形式为连梯混，但这里的"连梯混"与前文所言"连梯"是什么关系？其形式是怎样的？还不是很清楚。地栿侧面出线脚或不出线脚；但所出线脚与"连梯混"是怎样关系？亦难厘清。

叉子，可以相连呈一直线，亦可以呈转角形式；但两种情况下，都应施以望柱。其望柱或栽于地面之下，或安于地栿之上。亦可以在望柱之下用石质衮砧作为垫托。若为施于房屋屋柱之内或壁帐之间的叉子，则不用望柱。

（造叉子之制）

造叉子之制[①]：高二尺至七尺，如广一丈，用二十七棂[②]；若广增一尺，即更加二棂；减亦如之。两壁用马衔木[③]；上下用串[④]；或于下串之下用地栿、地霞造[⑤]。其名件广厚，皆以高五尺为祖，随其大小而加减之。

【注释】

①叉子：梁注："叉子是用垂直的棂子排列组成的栅栏，棂子的上端伸出上串之上，可以防止从上面爬过。"

②二十七棂：陈先生疑此处当为"一十七棂"。傅合校本：改"二十七"为"一十七"，并注："'二十七'疑为'一十七'之误。《法式》六各种按窗棂数，只有'一十七''二十七'两种。拒马叉子用二十七棂交斜出首，疑较疏远，故疑为'一十七'，否则亦为'二十一'。"后又补注："晁载之《续谈助》摘北宋本《法式》即作'二十七棂'，故不改。"

③两壁：这里的意思不很明确，似乎是指将叉子施于室内一间时的两柱，或叉子两端的壁帐，又可以理解为一段叉子的两端。每段叉子的两端可能立有望柱，其两壁似指一段叉子两望柱之间的内侧。

④上下用串：拒马叉子只施用上串，叉子则同时施用上下串，说明叉子的上下是一齐的，并不需要出现交叉互错的形态。

⑤地霞：似指施于地栿之上、下串之下，经过雕镂类如地霞状的华版。

【译文】

营造叉子的制度：叉子高度为2尺至7尺，如果一段叉子的长度为1丈，其间可施用27根棂子；如果其长度增加1尺，就应再增加2根棂子；其叉子的长度低于1丈时，每减短1尺，其棂子数亦做相应减少。每段叉子的两端施以马衔木；叉子的上下用串相连；下串之下可以施用地栿，并采用地霞造做法。叉子中所用构件的截面广厚，都是以叉子高为5尺时所给出的广厚尺寸为标准的，若叉子高度高于或低于5尺，其构件的大小广厚尺寸，应随叉子的高低变化做相应的增加与减少。

（叉子诸名件）

望柱[①]：如叉子高五尺，即长五尺六寸，方四寸。每高增一尺，则加一尺一寸，方加四分，减亦如之。

椋子：其首制度有三：一曰海石榴头，二曰挑瓣云头，三曰方直笏头。叉子首于上串上出者，每高一尺，出一寸五分；内挑瓣处下留三分。其身制度有四[②]：一曰一混，心出单线，压边线；二曰瓣内单混，面上出心线；三曰方直，出线，压边线或压白[③]；四曰方直不出线，其长四尺四寸，透下串者长四尺五寸，每间三条[④]。广二寸，厚一寸二分。每高增一尺，则长加九寸，广加二分，厚加一分；减亦如之。

上下串：其制度有三：一曰侧面上出心线，压边线或压白；二曰瓣内单混出线[⑤]；三曰破瓣不出线；长随间广，其广三寸，厚二寸。如高增一尺，则广加三分，厚加二分；减亦如之。

马衔木[⑥]：破瓣同椋。长随高，上随椋齐，下至地栿上。制度随椋。其广三寸五分，厚二寸。每高增一尺，则广加四分，厚加二分；减亦如之。

地霞：长一尺五寸，广五寸，厚一寸二分[⑦]。每高增一尺，则长加三寸，广加一寸，厚加二分[⑧]；减亦如之。

地栿：皆连梯混[⑨]，或侧面出线。或不出线。长随间广，或出绞头在外[⑩]。其广六寸，厚四寸五分[⑪]。每高增一尺，则广加六分,厚加五分^⑫;减亦如之。

【注释】

①望柱:一段叉子与另外一段叉子之间所施的木柱,与勾阑中所施的望柱有相类之处。

②其身制度:指不包括棍首及棍子透出下串部分的棍子主体部分的表面线脚做法。

③压白:在这里的意思不很清晰。

④每间三条:其意似是说,在每一段叉子的棍子中,有三条叉子的根部透出下串。这里的"间",不是指房屋"开间"之"间",疑指每段叉子的两根望柱之间,即每段叉子。

⑤瓣内:叉子上下串的分瓣,其文中没有做详细说明,如果仍取方形截面,则其"瓣"即为四方形的四个边,"瓣内"即其串四方形截面之每一边的表面之内。

⑥马衔木:一间叉子两端所施马衔木,其长随叉子高而定,其上与棍齐,下至地栿。其面上出线脚诸制度亦与棍子同。

⑦长一尺五寸,广五寸,厚一寸二分:叉子高5尺时,其地霞长1.5尺,高5寸,厚1.2寸。

⑧长加三寸,广加一寸,厚加二分:在叉子高5尺的基础上,其高每增加1尺,其地霞的长度增加3寸,高度增加1寸,厚度增加0.2寸。若叉子高6尺,则其地霞长1.8寸,高6寸,厚1.4寸。

⑨连梯混:地栿形式为连梯混,但这里的"连梯混"与前文所言"连梯"是什么关系?其形式是怎样的?待考。

⑩出绞头:指叉子在其转角处,其下两个方向的地栿彼此相交而出绞头。

⑪广六寸,厚四寸五分:叉子高5尺时,其地栿高为6寸,厚为4.5寸。

⑫广加六分,厚加五分:在叉子高5尺的基础上,其高每增加1尺,其

下地栿截面之高增加0.6寸，厚增加0.5寸。若叉子高6尺，则其地栿高6.6寸，厚5寸。

【译文】

叉子间所施望柱：如果叉子的高度为5尺，其望柱长为5.6尺，望柱截面方4寸。若叉子高度每增高1尺，其望柱高应增加1.1尺，望柱截面方增加0.4寸，叉子高度减少时，其望柱高度与截面尺寸减少的程度亦然。

叉子中所施棂子：棂子上端棂首的造型制度有三种：第一种为海石榴头，第二种为挑瓣云头，第三种为方直笏头。叉子之棂首自上串向上的出头，以叉子每高1尺，其出头长1.5寸；棂首之内挑瓣处之下留出0.3寸计。棂身部分有四种做法：第一种为一混线，中心出单线，中线左右压边线；第二种为瓣内单混线，面上出心线；第三种为方直，面上出线，线左右压边线或压白；第四种为方直不出线，如果叉子的高度为5尺，则棂身之长为4.4尺，透下串之棂的棂身长度为4.5尺，每间透下串之棂有3条。仍以叉子高5尺计，其棂截面宽为2寸，厚1.2寸。叉子高每增加1尺，棂长增加9寸，截面宽增加0.2寸，厚增加0.1寸；叉子高度减少时，棂子诸尺寸亦做相应程度减少。

上下串：其做法有三种：第一种是侧面上出心线、心线左右压边线或压白；第二种是瓣内单混出线；第三种为破瓣不出线；串之长随叉子一间的宽度而定，以叉子高5尺计，串的截面宽度为3寸，厚为2寸。若叉子高度每增加1尺，串的截面宽度增加0.3寸，厚度增加0.2寸；叉子高度减低时，串的截面尺寸亦做相应减小。

马衔木：其边棱破瓣的做法与棂子做法相同。马衔木的长度随叉子的高度而定，马衔木上端与棂子上端找齐，下端则延至地栿之上。马衔木的表面线脚做法与其棂做法保持一致。以叉子高5尺计，马衔木截面宽3.5寸，厚2寸。叉子高度每增加1尺，马衔木截面宽度增加0.4寸，厚度增加0.2寸；叉子高度减低时，马衔木截面尺寸亦做相应减小。

地霞：以叉子高5尺计，地霞长1.5尺，宽5寸，厚1.2寸。叉子高度每增加1尺，其地霞长增加3寸，宽增加1寸，厚增加0.2寸；若叉子高度减低，其地霞广厚尺寸亦做相应减小。

地栿：其做法皆采用连梯混形式，或在侧面出线。抑或不出线。地栿的长度随叉子一间的宽度而定，或在有转角时，出绞头在外。以叉子高5尺计，地栿高6寸，厚4.5寸。叉子高度每增加1尺，地栿高度增加0.6寸，厚度增加0.5寸；叉子高度减低，地栿广厚尺寸亦做相应减小。

（叉子一般）

凡叉子若相连或转角[1]，皆施望柱，或栽入地[2]，或安于地栿上[3]，或下用衮砧托柱[4]。如施于屋柱间之内及壁帐之间者[5]，皆不用望柱[6]。

【注释】

[1]相连或转角：将叉子的一段与另外一段相连接，即称"相连"；也可以将一段叉子与另外一段叉子呈现转角式相接，这时另外一段叉子与之前的叉子形成直角或其他角度的连接关系，两段叉子的连接点即称"转角"。

[2]栽入地：施于室外的一段叉子两端之望柱，可以栽入地下的土中，以保持望柱的稳固。

[3]安于地栿上：也可以将望柱安于叉子下所施的地栿之上。

[4]衮（gǔn）砧托柱：似指如衮砧式的托柱，即在望柱之下施石础一样的托柱。梁注："衮砧是石制的，大体上是方形的，浮放在地面上（可以移动）的'柱础'。"

[5]间之内：若是施于房屋室内两柱之间即称"间之内"的叉子，则不用望柱。壁帐：似可指室内的隔断墙。施于屋壁与屋壁之间的叉子，亦不用望柱。

⑥不用望柱：叉子两端有坚固的屋柱或壁帐时，可不用望柱，这时其
　两端仍应施有马衔木。

【译文】

凡在营作叉子时，若几段叉子相连接，或叉子出现转角相接时，都应
在两段叉子的相接处施以望柱，其望柱可以栽入地下的土中，也可以安
装于叉子下所施的地栿之上，或者在望柱之下施用石质的衮砧托柱。如
果将叉子施于房屋屋柱的两柱之内，或屋内两壁帐之间时，都可以不施
用望柱。

钩阑重台钩阑、单钩阑。其名有八：一曰棂
槛；二曰轩槛；三曰栊；四曰梐牢；五曰
阑楯；六曰柃；七曰阶槛；八曰钩阑

【题解】

梁先生对小木作制度中的钩阑与石作制度中的钩阑做了比较："以
小木作钩阑与石作钩阑相对照，可以看出它们的比例、尺寸，乃至一些构
造的做法（如蜀柱下卯穿地栿）基本上是一样的。由于木石材料性能之
不同，无论在构造方法上或比例、尺寸上，木石两种钩阑本应有显著的差
别。在《营造法式》中，显然故意强求一致，因此石作钩阑的名件就过于
纤巧单薄，脆弱易破，而小木作钩阑就嫌沉重笨拙了。"

显然，梁先生从建筑学的有机功能主义理论出发，对中国古代建筑
中木、石材料在材料性质的理解与建筑表达上的误区，持了批判的态度。

前文"石作制度"的讨论中，已经对石作单钩阑与重台钩阑做了详
细分析，这里所讨论的是小木作制度中的钩阑。

若为转角不用望柱之钩阑，重台钩阑则用寻杖绞角；若为单钩阑，用
枓子蜀柱者，则用寻杖或合角。所谓"绞角"，似乎是指重台钩阑两个方
向的寻杖，在转角处各自外伸，并相互搭接咬合。所谓"合角"，疑指单

勾阑两个方向的寻杖,在转角处之枓子蜀柱上,以榫卯相互结合呈一转角,却并不出头的做法。

勾阑是通过望柱分为若干段的,这些"段"也可以称为勾阑的"间"。望柱头一般采用破瓣仰覆莲形式,仰覆莲心托单胡桃子,抑或刻为海石榴形式的望柱头。望柱如遇慢道,则随慢道坡度将慢道上望柱的斜高与正常勾阑高度取平。勿使慢道上的勾阑高过正常勾阑。慢道上勾阑的地栿等名件之广厚尺寸,亦应与正常勾阑诸名件的广厚尺寸相同。

无论是重台勾阑,还是单勾阑,其分设开间布置望柱,都应与房屋枓栱之补间铺作缝对应。房屋转角之外,则与房屋阶基齐,但在勾阑之外,与阶之边缘要留出 3～5 寸的距离,称为"阶头"。这种石作制度勾阑的基本做法,在很大程度上,也适用于小木作制度,只是小木作制度中的勾阑,较大可能是施安在楼阁式建筑的平坐之上。

(造楼阁殿亭勾阑之制)

造楼阁殿亭勾阑之制有二[①]:一曰重台勾阑[②],高四尺至四尺五寸;二曰单勾阑,高三尺至三尺六寸。若转角则用望柱。或不用望柱,即以寻杖绞角[③]。如单勾阑枓子蜀柱者,寻杖或合角[④]。其望柱头破瓣仰覆莲。当中用单胡桃子,或作海石榴头。如有慢道,即计阶之高下,随其峻势,令斜高与勾阑身齐。不得令高,其地栿之类,广厚准此。其名件广厚,皆取勾阑每尺之高,谓自寻杖上至地栿下。积而为法。

【注释】

①楼阁殿亭:这里似乎囊括了高等级的殿阁、厅堂及等级稍低的楼阁、亭榭等各种不同类型的建筑。

②重台勾阑:如石作制度中的重台勾阑一样,这里的"重台勾阑",

并不具有重叠台阶之意,其意只是表征了一种等级较高、造型较为复杂的勾阑形式。

③绞角:勾阑转角处若不施望柱时,其两个方向的寻杖与盆唇相互交接的方式,即称"绞角"。梁注:"这种寻杖绞角的做法,在唐、宋绘画中是常见的,在日本也有实例。"

④合角:与绞角做法类似,亦施用于勾阑转角处,将两个方向的寻杖以合角的方式连接在一起。所谓"合角",即是两个方向的寻杖在转角处各呈45°相接,其交接处各不出头,形成一个"L"形的交角。梁注:"这种科子蜀柱上寻杖合角的做法,无论在绘画或实物中都没有看到过。"

【译文】

为殿阁、厅堂、楼台、亭榭等营造勾阑的制度有两种:第一种为重台勾阑,其勾阑高为4尺至4.5尺;第二种为单勾阑,其勾阑高为3尺至3.6尺。如果是在勾阑转角处则施用望柱。或如果不用望柱,则可以采用寻杖绞角的做法。如果是单勾阑,其寻杖下采用科子蜀柱形式时,其寻杖也可以采用合角造的做法。其望柱头采用破瓣仰覆莲的形式。其仰覆莲的中心可用单胡桃子造型,或采用海石榴头造型。如果在台基处施有慢道踏阶,就要计算台基的高度,随其慢道或踏阶的坡度,使勾阑的斜高与台基上所施勾阑本身的高度找齐。不得将慢道上所施勾阑的斜高加高,慢道勾阑上的地栿等构件,其广厚尺寸也应以此高度标准处置。构成勾阑各种构件的广厚尺寸,都应以勾阑每1尺的高度,所谓勾阑高,指的是自寻杖上皮至地栿下皮的高度。其构件应取的相应广厚比例尺寸,依据勾阑高度推算而出。

(重台勾阑诸名件)

重台勾阑:

望柱:长视高,每高一尺,则加二寸,方一寸八分①。

蜀柱：长同上，上下出卯在内。广二寸，厚一寸，其上方一寸六分②，刻为瘿项。其项下细处比上减半，其下挑心尖，留十分之二；两肩各留十分中四分③；其上出卯以穿云栱、寻杖；其下卯穿地栿。

云栱：长二寸七分，广减长之半④，荫一分二厘⑤，在寻杖下。厚八分⑥。

地霞：或用华盆亦同。长六寸五分，广一寸五分⑦，荫一分五厘⑧，在束腰下。厚一寸三分⑨。

寻杖：长随间，方八分⑩。或圜混，或四混、六混、八混造。下同。

盆唇木：长同上，广一寸八分，厚六分⑪。

束腰：长同上，方一寸⑫。

上华版：长随蜀柱内，其广一寸九分，厚三分⑬。四面各别出卯入池槽，各一寸⑭。下同。

下华版：长厚同上，卯入至蜀柱卯。广一寸三分五厘⑮。

地栿：长同寻杖，广一寸八分，厚一寸六分⑯。

【注释】

①每高一尺，则加二寸，方一寸八分：重台勾阑望柱长，是勾阑高的1.2倍，以勾阑每高1尺，其望柱截面方1.8寸计；若勾阑高4.5尺，则其望柱长为5.4尺，望柱截面方8.1寸。

②广二寸，厚一寸，其上方一寸六分：以勾阑每高1尺，其蜀柱宽2寸，厚1寸，蜀柱上方1.6寸计；若勾阑高4.5尺，则蜀柱宽9寸，厚4.5寸，蜀柱上方7.2寸。

③两肩各留十分中四分：原文"两肩各留十分中四厘"，梁注本改为

"两肩各留十分中四分"。陈注"厘":疑为"分?"傅合校本注:
"疑'分'误作'厘'。"徐注:"陶本作'厘',误。"以"两肩各留
十分中四分",其意似为瘿项两肩每侧各留出4/10的宽度。

④长二寸七分,广减长之半:以勾阑每高1尺,其云栱长2.7寸,其高
为其长的1/2计;若勾阑高4.5尺,则云栱长1.215尺,高6.075寸。

⑤荫(yìn)一分二厘:荫,有凹入之意。以勾阑每高1尺,其云栱荫
入0.12寸计;若勾阑高4.5尺,则其云栱荫入0.54寸。

⑥厚八分:以勾阑每高1尺,其云栱厚为0.8寸计;若勾阑高4.5尺,
则其云栱厚3.6寸。

⑦长六寸五分,广一寸五分:以勾阑每高1尺,其地霞长6.5寸,高
1.5寸计;若勾阑高4.5尺,则其地霞长2.925尺,高6.75寸。

⑧荫一分五厘:以勾阑每高1尺,其地霞荫入0.15寸计;若勾阑高
4.5尺,则其地霞荫入0.675寸。

⑨厚一寸三分:以勾阑每高1尺,其地霞厚1.3寸;若勾阑高4.5
尺,则其地霞厚5.85寸。

⑩方八分:以勾阑每高1尺,其寻杖截面方0.8寸计;若勾阑高4.5
尺,则其寻杖截面方3.6寸。

⑪广一寸八分,厚六分:以勾阑每高1尺,其盆唇木宽1.8寸,厚0.6
寸计;若勾阑高4.5尺,则其盆唇木宽8.1寸,厚2.7寸。

⑫方一寸:以勾阑每高1尺,其束腰截面方1寸计;若勾阑高4.5尺,
则其束腰方4.5寸。

⑬广一寸九分,厚三分:以勾阑每高1尺,其上华版宽1.9寸,厚0.3
寸计;若勾阑高4.5尺,则其版宽8.55寸,厚1.35寸。

⑭各一寸:其华版四面所入池槽,各深1寸,此当为绝对尺寸。

⑮广一寸三分五厘:以勾阑每高1尺,其下华版宽1.35寸计;若勾阑
高4.5尺,则其版宽6.075寸。

⑯广一寸八分,厚一寸六分:以勾阑高1尺,其下地栿高1.8寸,厚

1.6寸计;若勾阑高4.5尺,则地栿高为8.1寸,厚为7.2寸。

【译文】

重台勾阑:

望柱:望柱的长度依勾阑的高度而定,以勾阑每高1尺,望柱之长增加2寸,望柱的截面方为1.8寸计。

蜀柱:蜀柱长度的计算与望柱相类,亦依勾阑高度而定,蜀柱上下所出卯的尺寸计算在内。以勾阑每高1尺,蜀柱宽2寸,厚1寸计,蜀柱之上部分出1.6寸见方,将其雕刻为瘿项形式。其瘿项下部细处的截面尺寸比上部减半,瘿项下所挑心尖,留出其截面尺寸的2/10;瘿项两肩各留出4/10;瘿项之上出卯以穿入云栱、寻杖;瘿项的下卯要穿入地栿。

云栱:以勾阑每高1尺,其云栱长2.7寸,云栱的宽度为减其长度的一半,云栱雕镌的荫入深度为0.12寸,将云栱施于寻杖之下。云栱厚度为0.8寸计。

地霞:或采用华盆也是一样。以勾阑每高1尺,其地霞长6.5寸,宽1.5寸,其内雕镌的荫入深度为0.15寸,地霞施于束腰之下。地霞厚度为1.3寸计。

寻杖:寻杖之长随其以望柱所分之勾阑段(间)而定,以勾阑每高1尺,其寻杖截面方0.8寸计。其截面形式,或为圜混,或为四混、六混、八混造。下文单勾阑寻杖同。

盆唇木:其长度与寻杖同,以勾阑每高1尺,其盆唇木宽1.8寸,厚0.6寸计。

束腰:束腰之长与盆唇木同,以勾阑每高1尺,其束腰截面方为1寸计。

上华版:其长依两蜀柱之间的净距而定,以勾阑每高1尺,上华版宽1.9寸,厚0.3寸计。上华版四面各自分别出卯嵌入池槽,嵌入的深度各为1寸。下华版做法也与之相同。

下华版:其长度、厚度与上华版同,华版之卯伸入至蜀柱卯。以勾阑每高1尺，下华版宽1.35寸计。

地栿：地栿之长与寻杖的长度相同，以勾阑每高1尺，其地栿高1.8寸，厚1.6寸计。

（单勾阑诸名件）

单勾阑：

望柱：方二寸①。长及加同上法。

蜀柱：制度同重台勾阑蜀柱法，自盆唇木之上，云栱之下，或造胡桃子撮项，或作青蜓头②，或用枓子蜀柱。

云栱：长三寸二分，广一寸六分，厚一寸③。

寻杖：长随间之广，其方一寸④。

盆唇木：长同上，广二寸，厚六分⑤。

华版：长随蜀柱内，其广三寸四分，厚三分⑥。若"万"字或钩片造者⑦，每华版广一尺，"万"字条桱广一寸五分，厚一寸⑧；子桯广一寸二分五厘⑨；钩片条桱广二寸，厚一寸一分⑩；子桯广一寸五分⑪；其间空相去⑫，皆比条桱减半；子桯之厚同条桱。

地栿：长同寻杖，其广一寸七分，厚一寸⑬。

华托柱⑭：长随盆唇木下至地栿上，其广一寸四分，厚七分⑮。

【注释】

①方二寸：以勾阑每高1尺，其望柱截面为2寸见方计；若勾阑高为3.6尺，则其望柱截面为7.2寸见方。

②青蜓头：梁注："青蜓头的样式待考。可能是顶端做成两个圆形的样子。"

③长三寸二分,广一寸六分,厚一寸:以勾阑每高1尺,其云栱长3.2寸,宽1.6寸,厚1寸计;若勾阑高3.6尺,则其云栱长1.152尺,宽5.76寸,厚3.6寸。

④方一寸:以勾阑每高1尺,其寻杖截面方1寸计;若勾阑高3.6尺,则其寻杖方为3.6寸。

⑤广二寸,厚六分:以勾阑每高1尺,其盆唇木宽2寸,厚0.6寸计;若勾阑高3.6尺,则其盆唇木宽7.2寸,厚2.16寸。

⑥广三寸四分,厚三分:以勾阑每高1尺,其华版宽3.4寸,厚0.3寸计;若勾阑高3.6尺,则其华版宽1.224尺,厚1.08寸。

⑦"万"字或钩片造:梁注:"从南北朝到唐末宋初,钩片都很普遍使用。云冈石刻和敦煌壁画中所见很多。南京栖霞寺五代末年的舍利塔月台的钩片勾阑是按出土栏版复制的。"

⑧广一寸五分,厚一寸:以华版每宽1尺,其"万"字条桱宽1.5寸,厚1寸计;若华版宽1.224尺,则其条桱宽约1.84寸,厚约1.22寸。

⑨广一寸二分五厘:以华版每宽1尺,其子桱宽1.25寸计;若其华版宽1.224尺,则其子桱宽1.53寸。

⑩广二寸,厚一寸一分:以华版每宽1尺,其钩片条桱宽2寸,厚1.1寸计;若华版宽1.224尺,则其钩片条桱宽约2.45寸,厚约1.35寸。

⑪广一寸五分:以华版每宽1尺,其钩片子桱宽1.5寸计;若华版宽1.224尺,则钩片子桱宽约1.84寸。

⑫间空相去:疑指钩片条桱之间及钩片条桱与钩片子桱之间的净距。

⑬广一寸七分,厚一寸:以勾阑每高1尺,其下地栿宽1.7寸,厚1寸计;若勾阑高3.6尺,则其地栿宽6.12寸,厚3.6寸。

⑭华托柱:梁注:"华托柱以及本篇末段所说'殿前中心作折槛'等等的做法待考。"结合下文有关"折槛"之叙述,则"华托柱"疑为仅施于殿前折槛之盆唇下的短柱,因称"华托柱",故推测其短柱表面饰有华文。

⑮广一寸四分,厚七分:以勾阑每高1尺,其地栿高1.4寸,厚0.7寸
　　计;若勾阑高3.6尺,则其地栿高5.04寸,厚2.52寸。

【译文】

单勾阑:

望柱:以勾阑每高1尺,望柱截面方为2寸计。望柱长度及依勾阑之高
增加的尺寸均同重台勾阑之制。

蜀柱:其制度与重台勾阑蜀柱制度相同,自盆唇木之上,云栱之下,
或斫为胡桃子撮项形式,或雕作蜻蜓头式样,亦可采用枓子蜀柱做法。

云栱:以勾阑每高1尺,其云栱长3.2寸,宽1.6寸,厚1寸计。

寻杖:寻杖之长随由望柱所区分之勾阑一段之长而定,以勾阑每高
1尺,其寻杖截面方为1寸计。

盆唇木:盆唇木的长度与寻杖相同,以勾阑每高1尺,盆唇木宽2寸,
厚0.6寸计。

华版:华版之长依两蜀柱间的净距而定,以勾阑每高1尺,华版宽
3.4寸,厚0.3寸计。华版若采用"万"字版或钩片造形式,以华版每长1尺,华版
内所用"万"字条柽宽1.5寸,厚1寸;子桯宽1.25寸;钩片条柽宽2寸,厚1.1寸,钩
片子桯宽1.5寸计;条柽与条柽及条柽与子桯之间的净距,都要比条柽的宽度尺寸减
半;子桯的厚度与条柽相同。

地栿:地栿之长与寻杖的长度相同,以勾阑每高1尺,其地栿高1.7
寸,厚1寸计。

华托柱:华托柱的长度依盆唇木之下至地栿之上的距离,以勾阑每
高1尺,华托柱宽1.4寸,厚0.7寸计。

（勾阑一般）

凡勾阑分间布柱①,令与补间铺作相应。角柱外一间与
阶齐②,其勾阑之外,阶头随屋大小留三寸至五寸为法③。如补间铺

作太密,或无补间者,量其远近,随宜加减。

如殿前中心作折槛者④,今俗谓之龙池⑤。每勾阑高一尺,于盆唇内广别加一寸。其蜀柱更不出项,内加华托柱⑥。

【注释】

①分间布柱:这里的"间",非指房屋"开间"之"间",而是指由勾阑望柱所区隔的勾阑的"段",一段勾阑即为一间,则"分间布柱"指将勾阑分为若干段,段与段之间施以望柱。

②与阶齐:指台基之上的勾阑,其两侧与房屋两山的台基边缘找齐。

③阶头:虽然将勾阑与台基边缘找齐,但勾阑外仍应留出一个宽度,称为"阶头"。

④折槛:关于"折槛",见于《容斋随笔》续笔卷三:"朱云见汉成帝,请斩马剑断张禹首。上大怒曰:'罪死不赦。'御史将云下,云攀殿槛,槛折,御史遂将云去。辛庆忌叩头以死争,上意解,然后得已。及后当治槛,上曰:'勿易。因而辑之,以旌直臣。'……至今宫殿正中一间横槛,独不施栏楯,谓之折槛,盖自汉以来相传如此矣。"宋代宫殿之殿堂前,确有"折槛",如《宋史·礼志》载:"如传旨谢恩,知阁门官承旨讫,于折槛东面西立,传与舍人承旨讫,再揖。"

⑤龙池:自汉晋以来,在帝王宫殿主殿之前中心本应施以勾阑的位置往往施以折槛,即将殿前勾阑上寻杖留出一个开口,宋代时俗称折槛为"龙池"。

⑥内加华托柱:在折槛处,其蜀柱不会伸入盆唇之上,以形成撮项(不出项),故其盆唇之下、地栿之上应施以华托柱。

【译文】

凡营造勾阑,应将勾阑分为若干段,段与段之间设望柱,应使所施望柱的位置与房屋檐下的补间铺作缝相对应。房屋角柱之外一段勾阑应与房屋台基边缘找齐，但其勾阑之外，还应留出一个阶头的宽度，其阶头以随房屋规模大小留出3寸至5寸的宽度为则。如果补间铺作太密，或其屋檐下不设补间铺作的，则应量其远近距离，将每段长度做随宜的加减。

如果是在殿阁之前的勾阑中心作折槛，"折槛"今日俗称为"龙池"。每勾阑高1尺，应在盆唇内的宽度上再增宽1寸。折槛处的蜀柱无须再伸出盆唇之上斫为瘿项，而其盆唇之下、地栿之上应加施华托柱。

棵笼子

【题解】

棵笼子，即在树木周围设置的围栏。宋代营造中的棵笼子高5尺，上宽（广）2尺，下宽（广）3尺，外观呈梯形。其平面形式可以用四边形，也可以用六边形或八边形，从而可使用4柱、6柱或8柱做法。柱子上下用榥子、脚串、版棍形成一种围笼的形式。这里的"榥子"，似为卧榥。上设榥子，下设脚串，上下连以版棍。版棍下用牙子，或不用牙子。

柱身一般为四瓣方直断面，柱顶部分则可以斫作仰覆莲状、单胡桃状或海石榴式样，及"枓柱挑瓣方直"做法。

若棵笼子之立面较为宽阔，似可在柱间安子桯，子桯可采用破瓣造形式。其文中的"采子桯"，其义不详。

柱子的长度与棵笼子之高相同。其上下榥及腰串尺寸似相同；其长随两柱距离；其广厚尺寸，似仍应与棵笼子高有关。棵笼子下施锭脚版，其长同榥及腰串。

（造棵笼子之制）

造棵笼子之制[①]：高五尺，上广二尺，下广三尺；或用四柱，或用六柱，或用八柱。柱子上下，各用榥子、脚串、版棍^②。下用牙子，或不用牙子。或双腰串，或下用双棍子锃脚版造^③。柱子每高一尺，即首长一寸^④，垂脚空五分^⑤。柱身四瓣方直。或安子桯，或采子桯^⑥，或破瓣造；柱首或作仰覆莲，或单胡桃子，或枓柱挑瓣方直^⑦，或刻作海石榴。其名件广厚，皆以每尺之高，积而为法。

【注释】

①棵笼子：梁注：“棵笼子是保护树的周圈栏杆。”

②棍子：施于棵笼子每两柱之间的横向条状木方。脚串：施于棵笼子下部每两柱之间的横向木串，其作用类似下腰串，但比下腰串施安得更加接近地面。版棍：施于棵笼子每两柱之间，及上棍子与脚串之间的版状棍条。

③双棍子锃（zhuó）脚版：锃脚版，可能是施于脚串之下，与地面相接的挡板；双棍子锃脚版，似为在锃脚版上下各安有棍子之意。

④首长：指棵笼子立柱伸出上棍子的出头长度。

⑤垂脚：梁注：“垂脚就是下棍离地面的空当的距离。”

⑥采子桯：梁注：“‘安子桯’和‘采子桯’有何区别待考，而且也不知子桯用在什么位置上。”

⑦枓柱挑瓣方直：梁注：“‘枓柱挑瓣方直’的样式待考。”

【译文】

造棵笼子的制度：棵笼子高5尺，其上宽2尺，下宽3尺；可以用4柱，或用6柱，或用8柱。柱子上下，分别施以棍子、脚串、版棍。棵笼子下部可以施用牙子，也可以不用牙子。也可以使用双腰串，或在下部使用双棍子锃脚版的做法。其柱子每高1尺，柱子上端出头部分长1寸，棍子下端垂脚部分留空0.5寸。柱身为四方形，上下方直。可依柱子施安子桯，或在柱身上采出子桯，柱身可以破瓣造；柱子上端的端头可以斫为仰覆莲的形式,或雕作单胡桃子形式,亦可为枓柱挑瓣方直的做法,或雕刻为海石榴的形式。棵笼子各部分构件的广厚尺寸,都是以棵笼子每1尺高时所给出的构件相应比例尺寸,依棵笼子的实际高度推算而出的。

(棵笼子诸名件)

柱子:长视高。每高一尺,则方四分四厘^①;如六瓣或八瓣^②,即广七分,厚五分^③。

上下棍并腰串:长随两柱内,其广四分,厚三分^④。

锃脚版^⑤:长同上,下随棍子之长。其广五分^⑥。以厚六分为定法。

棍子:长六寸六分,卯在内。广二分四厘^⑦。厚同上。

牙子^⑧:长同锃脚版,分作二条。广四分^⑨。厚同上。

【注释】

①方四分四厘:以棵笼子每高1尺,其柱截面方0.44寸计;若棵笼子高5尺,则其柱截面方2.2寸。

②六瓣或八瓣:与上文"或用六柱,或用八柱"相对应,指棵笼子的平面为六边形或八边形时,即称"六瓣"或"八瓣"。

③广七分,厚五分:若棵笼子的平面为六边形或八边形,以棵笼子每高1尺,其柱截面宽0.7寸,厚0.5寸计;若棵笼子高5尺,则其柱宽3.5寸,厚2.5寸。

④广四分,厚三分:以棵笼子每高1尺,其上下棍及腰串截面宽0.4寸,厚0.3寸计;若棵笼子高5尺,则其棍及腰串截面宽2寸,厚1.5寸。

⑤锃脚版:这里未提及"双棍子",疑即施于脚串之下、与地面相接的棵笼子根部挡板。

⑥广五分:以棵笼子每高1尺,其锃脚版宽0.5寸计;若棵笼子高5

尺,则其铧脚版宽5寸。

⑦长六寸六分,卯在内。广二分四厘:以楔笼子每高1尺,其棍子长6.6寸,(内含卯的长度。)宽0.24寸计;若楔笼子高5尺,则其棍子长3.3尺,宽1.2寸。

⑧牙子:这里的"牙子",与格子门等小木作中竖置的牙子不同,似为横置的条状版,其版的下沿可能斫为类如齿状的"牙子"。也可能是将竖向设置的棍子之根部斫为"牙子"状。

⑨广四分:以楔笼子每高1尺,其牙子宽0.4寸计;若楔笼子高5尺,则其下牙子宽2寸。

【译文】

柱子:柱子的长度依楔笼子的高度而定。以楔笼子每高1尺,其柱截面方0.44寸计;如果是六边形或八边形的楔笼子,以楔笼子每高1尺,其柱截面宽0.7寸,厚0.5寸计。

上下棍并腰串:其长度随两柱之间的距离而定,以楔笼子每高1尺,其棍及腰串的截面宽0.4寸,厚0.3寸计。

铧脚版:其版之长与上下棍及腰串一样,依两柱之间的距离而定,铧脚版下沿之长随棍子的长度。以楔笼子每高1尺,其铧脚版宽0.5寸计。铧脚版厚为0.6寸,此为绝对尺寸。

棍子:以楔笼子每高1尺,其棍子长为6.6寸计,内含棍子与上下棍相接之卯的长度。棍子宽为0.24寸。棍子厚度仍为0.6寸。

牙子:其长度与铧脚版的长度相同,分为2条。以楔笼子每高1尺,牙子宽0.4寸计。牙子厚仍为0.6寸。

(楔笼子一般)

凡楔笼子,其棍子之首在上棍子内①。其棍相去准叉子制度②。

【注释】

①上榥子内：榥子施于棵笼子上、下榥及腰串之间，故不出头，榥子之首在上榥子内。

②其榥相去：榥子之间的相互距离。准叉子制度：榥子的相互间距离与叉子中的榥距相同，采用以叉子广为10尺时，用27榥，且其每增、减1尺，各增、减2榥的做法。大约以每1尺宽，施安2～3根榥的密度为参考。

【译文】

凡棵笼子，其榥子的上端施于上榥子之内。榥子与榥子的相互距离以叉子中所施榥子的做法为准。

井亭子

【题解】

井亭子似为等级较高之井口建筑，屋顶为九脊结瓷；而井屋子等级稍低，仅用两际式屋顶。

井亭子平面一般为方形，用4柱，其屋盖的前后坡各深2个椽架，合为"四椽"。亭子之外檐用五铺作单杪单昂重栱造枓栱，材广1.2寸，厚0.8寸。

屋顶用压厦版，四面出飞子，以九脊屋顶形式结瓷。

井亭子诸名件广厚，皆以井亭子之高度尺寸推算而出。但究竟如何依据文中给出的名件及尺寸，造成九脊屋顶形式，仍是一个未解难题。

如梁先生所言："本篇中的制度尽管例举了各名件的比例、尺寸，占去很大篇幅，但是，由于一些关键性的问题没有交代清楚，或者根本没有交代，（这在当时可能是没有必要的，但对我们来说都是绝不可少的），所以，尽管我们尽了极大的努力，都还是画不出一张勉强表达出这井亭子的形制的图来。其中最主要的一个环节，就是枓的位置。由于这一点不明确,就使我们无法推算槫的长短、两山的位置、角梁尾的位置和交代的构造。总而言之,我们就怎样也无法把这些名件拼凑成一个大致'过得了关'的'九脊结宽顶'。"

梁先生还特别指出:"除此之外,制度中的尺寸,还有许多严重的错误。例如平屋槫蜀柱,'长八寸五分',实际上应是'八分五厘'。又如上架椽'曲广一寸六分',下架椽'曲广一寸七分',各是'一分六厘'和'一分七厘'之误。又如叉手'广四分,厚二分',比栿的'广三分五厘'还粗壮,这显然本末倒置很不合理的。这些都是我们在我们的不成功的制图过程中发现的错误。此外,很可能还有些具体数字上的错误,我们一时就不易核对出来了。"

概而言之,井亭子坐落于井口台阶上,平面7尺见方,以4根柱子搭构;四柱之间在根部横施类如地栿的锃脚,其两端各出柱身之外。柱头上用五铺作一杪一昂重栱造枓栱,栱上施栿及槫、椽等构件。

脊槫上皮距柱根高度差11尺。厦两头造屋顶;枓栱用材,广1.2寸,厚0.8寸;较宋式建筑最低等级的八等材(材广4.5寸,厚3寸)小很多。疑其枓栱,仅是一种装饰。

(造井亭子之制)

造井亭子之制[①]:自下锃脚至脊[②],共高一丈一尺,鸱尾在外[③]。方七尺[④]。四柱,四椽[⑤],五铺作一杪一昂。材广一寸二分,厚八分,重栱造。上用压厦版,出飞檐,作九脊结宽。其名件广厚,皆取每尺之高积而为法。

【注释】

①井亭子:梁注:"《法式》卷六'小木作制度一'里已有'井屋子'一篇。这里又有'井亭子'。两者实际上是同样的东西,只有大

小简繁之别。井屋子比较小,前后两坡顶,不用枓栱,不用椽,厦瓦版上钉护缝。井亭子较大,九脊结宽式顶,用一杪一昂枓栱,用椽,厦瓦版上钉瓦陇条,做成瓦陇形式,脊上用鸱尾,亭内上部还做平棊。"

②下锁脚:施于井亭子柱根部位,并将每两根柱子之间连接在一起的护版。

③鸱(chī)尾在外:原文为"鹑尾在外",梁注本改"鹑"为"鸱",即"鸱尾在外"。陈注:改"鹑"为"鸱"。傅合校本:改"鹑"为"鸱"。

④方七尺:这里的"方七尺"疑为柱与柱之中心线之间的距离。

⑤四椽(chuán):疑指其进深为四椽,亭之前后各为2个椽架的进深。

【译文】

营造井亭子的制度:自井亭子根部的锁脚版至亭子屋盖上的压脊上皮,共高1.1丈,这一高度中不含鸱尾的高度。井亭子的平面为方形,其方形每面的边长为7尺。井亭子有4根立柱,其进深为4个椽架,亭子檐下施五铺作单杪单昂枓栱。其栱所用材之高为1.2寸,厚为0.8寸,其铺作为重栱造做法。亭子顶部覆以压厦版,檐部出飞檐,亭子屋顶为九脊结宽的做法。井亭子中各构件的广厚尺寸,都是以其亭子每高1尺,所取的相应比例尺寸,按照实际高度累积计算而出的。

(井亭子屋身与平棊诸名件)

柱:长视高,每高一尺,则方四分①。

锁脚:长随深广。其广七分,厚四分②。绞头在外③。

额:长随柱内,其广四分五厘,厚二分④。

串⑤:长与广厚并同上。

普拍方:长广同上,厚一分五厘⑥。

料槽版⑦:长同上,减二寸⑧。广六分六厘,厚一分四厘⑨。

平棊版:长随枓槽版内,其广合版令足^⑩。以厚六分为定法。

平棊贴:长随四周之广,其广二分^⑪。厚同上。

福^⑫:长随版之广,其广同上,厚同普拍方。

平棊下难子:长同平棊版,方一分^⑬。

压厦版^⑭:长同铤脚,每壁加八寸五分^⑮。广六分二厘,厚四厘^⑯。

【注释】

①方四分:以井亭子每高1尺,其柱截面方为0.4寸计;若井亭子高1.1丈,则其柱截面方为4.4寸。

②广七分,厚四分:以井亭子每高1尺,其铤脚版宽0.7寸,厚0.4寸计;若井亭子高1.1丈,则其铤脚版宽7.7寸,厚4.4寸。

③绞头:这里的"绞头",究竟是指两个方向的铤脚伸入柱中的交角,还是指铤脚伸出左右两柱柱根之外的端头,似不很清楚。

④广四分五厘,厚二分:以井亭子每高1尺,其柱头处所施之额高0.45寸,厚0.2寸计;若井亭子高1.1丈,则其额高4.95寸,厚2.2寸。

⑤串:疑为施于两柱之间、铤脚之上的木方,其截面与柱头部所施额的截面相同。

⑥厚一分五厘:以井亭子每高1尺,其柱头上所施普拍方厚0.15寸计;若井亭子高1.1丈,则普拍方厚1.65寸。

⑦枓槽版:梁注:"井亭子的枓栱是纯装饰性的,安在枓槽版上。"则"枓槽版"指施于普拍方之上,其外贴施枓栱的立版。

⑧减二寸:梁注:"这类小注中的尺寸,大多不是'以每尺之高积而为法'的比例尺寸,而是绝对尺寸,或者是用其他方法(例如'每深×尺'或'每广×尺','则长×寸×分之类)计算的比例尺寸。但须注意,下文接着又用大字的本文,如这里的'广六分六

厘,厚一分四厘',又立即回到按指定的依据'积而为法'的比例上去了。本篇(以及其他各卷、各篇)中类似这样的小注很多,请读者特加注意。"但若枓槽版较普拍方仅减少2寸,以柱方4.4寸计,则会导致普拍方伸至其柱头不到一半处,亦显然不对。仍以井亭子每1尺,其枓槽版较普拍方减少2寸计,若井亭子高1.1丈,则其枓槽版较普拍方减少2.2尺,即每侧减少1.1尺,如此或可暗示其普拍方每侧伸出柱头的长度为6.6寸,这似乎亦有一定道理。

⑨广六分六厘,厚一分四厘:以井亭子每高1尺,其枓槽版宽0.66寸,厚0.14寸计;若井亭子高1.1丈,则其枓槽版宽7.26寸,厚1.54寸。

⑩合版令足:指由若干块版黏合,形成一块四面与四个方向的枓槽版相接的完整平棊背版。

⑪广二分:以井亭子每高1尺,其平棊下所施贴宽0.2寸计;若井亭子高1.1丈,则平棊贴宽为2.2寸。

⑫楅:平棊背版后所施的条状木方,起到加强平棊版结构性能的作用。

⑬方一分:以井亭子每高1尺,其平棊下所施难子截面方0.1寸计;若井亭子高1.1丈,则难子截面方为1.1寸。

⑭压厦版:井亭子屋顶上所覆的顶版。

⑮每壁加八寸五分:以井亭子每高1尺,其每壁所施压厦版向外加长8.5寸计;若井亭子高1.1丈,则其压厦版加长9.35尺;此似暗示其压厦版每侧向外延伸4.675尺,此或为井亭子的檐口出挑尺寸。

⑯广六分二厘,厚四厘:以井亭子每高1尺,其屋顶压厦版宽0.62寸,厚0.04寸计;若井亭子高1.1丈,则压厦版宽6.82寸,厚0.44寸。

【译文】

井亭子之柱:井亭子所用柱的长度依其亭的高度而定,以井亭子每高1尺,其柱截面方为0.4寸计。

柱根处的锃脚：锃脚长依其亭平面的进深与面广而定，以井亭子每高1尺，其锃脚宽0.7寸，厚0.4寸计。两个方向之锃脚相交的绞头未计在内。

柱头间所施之额：额之长随两柱之间的距离而定，以井亭子每高1尺，其额高0.45寸，厚0.2寸计。

每两柱间所施串：串之长度及其截面广厚尺寸皆与额的长度及截面广厚相同。

普拍方：其长、宽与额及串相同，以井亭子每高1尺，其方厚0.15寸计。

普拍方上所施枓槽版：其版与普拍方长度相类，以井亭子每高1尺，其长较普拍方减少2寸计。以井亭子每高1尺，枓槽版宽0.66寸，厚0.14寸计。

平棊版：其版的长度依枓槽版内侧的净距而定，版的宽度以多版相合足以延至井亭子四面之枓槽版内侧为止。平棊版厚0.6寸，此为绝对尺寸。

平棊下所施贴：贴之长随平棊四周的周长而定，以井亭子每高1尺，其贴宽0.2寸计。贴之厚度仍为0.6寸。

福：平棊版上所施福，福之长随平棊版的总宽而定，福的截面宽度与贴相同，厚度与普拍方相同。

平棊下所施难子：难子之长与平棊版的长度相同，以井亭子每高1尺，其难子截面方为0.1寸计。

井亭子顶部所施压厦版：版之长度与柱根处的锃脚之长相当，每一侧壁，以井亭子每高1尺，其压厦版长度增加8.5寸计。仍以井亭子每高1尺，其压厦版宽0.62寸，厚0.04寸计。

（井亭子屋顶诸名件）

栿：长随深，加五寸[1]。广三分五厘，厚二分五厘[2]。

大角梁：长二寸四分，广二分四厘，厚一分六厘[3]。

子角梁：长九分，曲广三分五厘[4]，厚同福。

贴生[5]：长同压厦版，加六寸[6]。广同大角梁，厚同枓槽版。

脊槫蜀柱：长二寸二分，卯在内。广三分六厘[7]，厚同栿。

平屋槫蜀柱[8]：长八分五厘[9]，广厚同上。

脊槫及平屋槫[10]：长随广，其广三分，厚二分二厘[11]。

脊串：长随槫，其广二分五厘，厚一分六厘[12]。

叉手：长一寸六分，广四分，厚二分[13]。

山版[14]：每深一尺，即长八寸，广一寸五分[15]，以厚六分为定法。

上架椽：每深一尺，即长三寸七分[16]。曲广一分六厘，厚九厘[17]。

下架椽：每深一尺，即长四寸五分[18]。曲广一分七厘[19]，厚同上。

厦头下架椽[20]：每广一尺，即长三寸[21]。曲广一分二厘[22]，厚同上。

从角椽[23]：长取宜，匀摊使用。

【注释】

①加五寸：这里小注中的"加五寸"，疑为实尺，即其栿长在进深之长的基础上再加长5寸，若井亭子进深7尺，则其栿长为7.5尺。

②广三分五厘，厚二分五厘：以井亭子每高1尺，其屋顶之栿的截面高0.35寸，厚0.25寸计；若井亭子高1.1丈，则其栿高3.85寸，厚2.75寸。

③长二寸四分，广二分四厘，厚一分六厘：以井亭子每高1尺，其大角梁长2.4寸，截面宽0.24寸，厚0.16寸计；若井亭子高1.1丈，则其大角梁长2.64尺，宽2.64尺，厚1.76寸。

④长九分，曲广三分五厘：以井亭子每高1尺，其子角梁长0.9寸，曲宽0.35寸计；若井亭子高1.1丈，则其子角梁长9.9寸，曲宽3.85寸。

⑤贴生:梁注:"'贴生'的这个'生'字,可能有'生起'(如角柱生起)的含义,也就是大木作橑檐方或槫背上的生头木。它是贴在枓槽版上的,所以厚同枓槽版。因为它是由枓槽版'生起'到角梁背的高度的,所以'广同大角梁'。因此,它也应该像生头木那样,'斜杀向里,令生势圜和'。"

⑥加六寸:这里仍有两种可能:一是其贴生长度在与压厦版长度相同的情况下,再加长6寸;另一种是以井亭子每高1尺,其贴生长度加长6寸计,若其亭高1.1丈,则其贴生长应加6.6尺。显然,在这里当以梁先生前文关于"减二寸"所释为准,即这里的"加六寸"为实际尺寸,而非比例尺寸。

⑦长二寸二分,卯在内。广三分六厘:以井亭子每高1尺,其脊槫下蜀柱长2.2寸,(卯在内。)宽0.36寸计;若井亭子高1.1丈,则其脊槫蜀柱长2.42尺,(卯在内。)宽3.96寸。

⑧平屋槫(tuán)蜀柱:梁注:"脊槫蜀柱和平屋槫蜀柱都是直接立在枓上的蜀柱。"

⑨长八分五厘:梁注:"这个尺寸,各本原来都作'长八寸五分',按大木作举折之制绘图证明,应作'长八分五厘'。"傅合校本:"疑为'八分五厘'之误。按八分五厘制图,其高度适合举折之制。"傅先生又补注:"故宫本、四库本、张本均作'八寸五分'。"这里仍取"长八分五厘",以井亭子每高1尺,其平屋槫下蜀柱长0.85寸计;若井亭子高1.1丈,其平屋槫蜀柱长9.35寸。

⑩平屋槫:大约相当于大木作屋顶结构中的"平槫",但其截面似并非圆形。

⑪广三分,厚二分二厘:以井亭子每高1尺,其脊槫及平屋槫截面宽0.3寸,厚0.22寸计;若井亭子高1.1丈,则其槫截面宽3.3寸,厚2.42寸。

⑫广二分五厘,厚一分六厘:以井亭子每高1尺,其脊串截面宽

0.25寸,厚0.16寸计;若井亭子高1.1丈,则其脊串宽2.75寸,厚1.76寸。

⑬长一寸六分,广四分,厚二分:梁注:"叉手'广四分,厚二分',比栿'广三分五厘'还大,很不合理。'长一寸六分',只适用于平屋槫下。"若依其文解,则以井亭子每高1尺,其脊下叉手长1.6寸,截面宽0.4寸,厚0.2寸计;若井亭子高1.1丈,则叉手长1.76尺,宽4.4寸,厚2.2寸。与上文推算出的栿之截面高3.85寸,厚2.75寸相比较,确有不合理处。

⑭山版:梁注:"山版是什么?不太清楚。可能相当于清代的歇山顶的山花板,但从这里规定的比例尺寸8:1.5看,又很不像。"仍存疑。

⑮每深一尺,即长八寸,广一寸五分:以井亭子进深每长1尺,其两山所施山版长8寸,宽1.5寸计;若井亭子进深7尺,则其山版长5.6尺,宽1.05尺。

⑯每深一尺,即长三寸七分:以井亭子进深每长1尺,其上架椽长3.7寸计;若井亭子进深7尺,则其上架椽长2.59尺。

⑰曲广一分六厘,厚九厘:梁注:"这里'曲广一分六厘'和下面'曲广一分七厘'的尺寸,各本原来都作'曲广一寸六分'和'曲广一寸七分'。经制图核对,证明是'一分六厘'和'一分七厘'之误。"陈注:改"一寸六分"为"一分六厘"。傅合校本:"疑'一分六厘、一分七厘'之误。制图亦以改正者为是。然故宫本、四库本均作'一寸六分''一寸七分'。"这里依诸先生所正,取"一分六厘"为准。以井亭子每高1尺,其上架椽曲宽0.16寸,厚0.09寸计;若井亭子高1.1丈,则其上架椽曲宽1.76寸,厚0.99寸。

⑱每深一尺,即长四寸五分:以井亭子进深每长1尺,其下架椽长4.5寸计;若井亭子进深7尺,则其下架椽长3.15尺。

⑲曲广一分七厘:原文为"曲广一寸七分",梁注本改为"曲广一分七厘"。陈注:改"一寸七分"为"一分七厘"。以井亭子每高1

尺,其下架椽曲宽0.17寸计;若井亭子高1.1丈,其下架椽曲宽
1.87寸。

⑳厦头下架椽:疑指井亭子之九脊屋顶结构中的两山出际之外所施
的下架椽。

㉑每广一尺,即长三寸:以井亭子面广每长1尺,其厦头下架椽长3
寸计;若井亭子面广7尺,其厦头下架椽长2.1尺。

㉒曲广一分二厘:以井亭子每高1尺,其厦头下架椽截面曲宽0.12
寸计;若井亭子高1.1丈,则其厦头下架椽曲宽1.32寸。

㉓从角椽:似指在井亭子转角部位所施的椽子,类似于大木作制度
中的翼角椽。

【译文】

栿:其长随井亭子的进深,在进深尺寸的基础上加长5寸。以井亭子每
高1尺,其栿截面高0.35寸,厚0.25寸计。

大角梁:以井亭子每高1尺,其翼角处所施大角梁长2.4寸,截面宽
0.24寸,厚0.16寸计。

子角梁:以井亭子每高1尺,其大角梁上所施子角梁长0.9寸,曲宽
0.35寸计,子角梁之厚与上文所言平棊版上所施楅的厚度相同。

贴生:贴生的长度与压厦版的长度相同,在此长度基础上再加长6寸。
其贴生截面宽与大角梁之宽相同,其厚与枓槽版之厚相同。

脊榑蜀柱:以井亭子每高1尺,其脊榑蜀柱长2.2寸计,卯包括在内。
蜀柱截面以0.36寸计,蜀柱的厚度与栿的厚度相同。

平屋榑蜀柱:以井亭子每高1尺,其平屋榑蜀柱长0.85寸计,平屋榑
蜀柱的截面广厚与脊榑蜀柱相同。

脊榑及平屋榑:其榑的长度随井亭子的面广尺寸而定,以井亭子每
高1尺,其榑截面宽0.3寸,厚0.22寸计。

脊串:其长随榑之长而定,以井亭子每高1尺,其脊串宽0.25寸,厚
0.16寸计。

叉手：以井亭子每高1尺，其叉手长1.6寸，截面宽0.4寸，厚0.2寸计。

山版：以井亭子进深每长1尺，其山版长8寸，宽1.5寸计，山版厚为0.6寸，这一尺寸为绝对尺寸。

上架椽：以井亭子进深每长1尺，其上架椽长3.7寸计。并以井亭子每高1尺，其椽曲宽0.16寸，厚0.09寸计。

下架椽：以井亭子进深每长1尺，其下架椽长4.5寸计。并以井亭子每高1尺，下架椽曲宽0.17寸计，下架椽的厚度与上架椽的厚度相同。

厦头下架椽：以井亭子面广每长1尺，其厦头下架椽长3寸计。并以井亭子每高1尺，厦头下架椽曲广0.12寸，其椽之厚与上、下架椽的厚度相同。

从角椽：施于翼角处的从角椽，其长度量宜取用，其椽分布应匀摊使用。

（井亭子檐口、屋盖、厦两头诸名件）

大连檐：长同压厦版，每面加二尺四寸。广二分，厚一分①。

前后厦瓦版②：长随槫，其广自脊至大连檐，合贴令数足③，以厚五分为定法，每至角，长加一尺五寸。

两头厦瓦版：其长自山版至大连檐，合版令数足，厚同上。至角加一尺一寸五分。

飞子：长九分，尾在内。广八厘，厚六厘④。其飞子至角令随势上曲。

白版⑤：长同大连檐，每壁长加三尺。广一寸⑥。以厚五分为定法。

压脊：长随槫，广四分六厘，厚三分⑦。

垂脊：长自脊至压厦外，曲广五分，厚二分五厘⑧。

角脊：长二寸，曲广四分，厚二分五厘⑨。

曲阑槫脊⑩：每面长六尺四寸。广四分，厚二分⑪。

前后瓦陇条：每深一尺，即长八寸五分[12]。方九厘[13]。相去空九厘[14]。

厦头瓦陇条：每广一尺，即长三寸三分[15]。方同上。

搏风版：每深一尺，即长四寸三分[16]。以厚七分为定法。

瓦口子[17]：长随子角梁内，曲广四分[18]，厚亦如之。

垂鱼：长一尺三寸；每长一尺，即广六寸[19]；厚同搏风版。

惹草：长一尺；每长一尺，即广七寸[20]；厚同上。

鸱尾：长一寸一分，身广四分[21]，厚同压脊。

【注释】

①广二分，厚一分：以井亭子每高1尺，其大连檐截面宽0.2寸，厚0.1寸计；若井亭子高1.1丈，则其大连檐宽2.2寸，厚1.1寸。

②厦瓦版：傅合校本注：改"瓦"为"瓬"，并注："瓬，宋本卷十一'壁藏'条作'瓬'。"暂从原文。

③合版令数足：傅合校本：改"合贴"为"合版"，并注："版，诸本均误作'贴'，据下条'两头厦瓬版'改。"梁注本仍为："合贴令数足。"暂从原文。

④长九分，尾在内。广八厘，厚六厘：以井亭子每高1尺，井亭子的檐口处所施飞子长0.9寸，（这一长度中包括了飞子尾部的长度尺寸。）宽0.08寸，厚0.06寸计；若井亭子高1.1丈，则飞子长9.9寸（其长含飞子尾部长。）宽0.88寸，厚0.66寸。

⑤白版：梁注："白版可能是用在檐口上的板条，其准确位置和做法待考。"

⑥广一寸：以井亭子每高1尺，其白版宽1寸计；若井亭子高1.1丈，则其白版宽1.1尺。

⑦广四分六厘，厚三分：以井亭子每高1尺，其屋顶压脊高0.46寸，

厚0.3寸计;若井亭子高1.1丈,则其压脊高5.06寸,厚3.3寸。

⑧曲广五分,厚二分五厘:以井亭子每高1尺,其垂脊曲广0.5寸,厚0.25寸计;若井亭子高1.1丈,则其曲脊曲广5.5寸,厚2.75寸。

⑨长二寸,曲广四分,厚二分五厘:以井亭子每高1尺,其角脊长2寸,曲宽0.4寸,厚0.25寸计;若井亭子高1.1丈,则其角脊长2.2尺,曲宽4.4寸,厚2.75寸。

⑩曲阑槫脊:原文为"曲阑槫脊",梁注本仍保持原文之"槫",不知"曲阑槫脊"为何物。陈注:改"槫"为"搏",并注:"搏,曲阑搏脊。"傅合校本:改"槫"为"搏",并注:"熹年谨按:'搏脊',张本、陶本误作'槫脊',据故宫本、文津四库本改。"若依四库本改为"曲阑搏脊",似与清代建筑中的"搏脊"有所关联。译文从陈、傅二先生注。

⑪广四分,厚二分:以井亭子每高1尺,其曲阑搏脊截面宽0.4寸,厚0.2寸计;若井亭子高1.1丈,则其曲阑搏脊宽4.4寸,厚2.2寸。

⑫每深一尺,即长八寸五分:以井亭子进深每长1尺,其前后瓦陇条长为8.5寸计;若井亭子进深7尺,则其前后瓦陇条长5.95尺。

⑬方九厘:以井亭子每高1尺,其前后瓦陇条截面方0.09寸计;若井亭子高1.1丈,则其瓦陇条方0.99寸。

⑭相去空九厘:以井亭子每高1尺,其前后瓦陇条之陇间空当距离为0.09寸计;若井亭子高1.1丈,则其瓦陇条之陇间空当距离为0.99寸。

⑮每广一尺,即长三寸三分:以井亭子面广每长1尺,其厦头瓦陇条长3.3寸计;若井亭子面广7尺,则其厦头瓦陇条长2.31尺。

⑯每深一尺,即长四寸三分:以井亭子进深每长1尺,其搏风版长4.3寸计;若井亭子进深7尺,则其搏风版长为3.01尺。

⑰瓦口子:梁注:"瓦口子可能是檐口上按瓦陇条的间距做成的瓦当和滴水瓦形状的木条。是否尚待考。"

⑱曲广四分：以井亭子每高1尺，其瓦口子曲宽0.4寸计；若井亭子高1.1丈，则其瓦口子曲宽4.4寸。

⑲每长一尺，即广六寸：以垂鱼每长1尺，其宽6寸计；若垂鱼长1.3尺，则其宽则为7.8寸。

⑳每长一尺，即广七寸：以惹草每长1尺，其宽7寸计；因惹草一般长1尺，故其宽即为7寸。

㉑长一寸一分，身广四分：以井亭子每高1尺，其屋顶所施鸱尾长1.1寸，鸱尾身宽0.4寸计；若井亭子高1.1丈，则其鸱尾长1.21尺，鸱尾身宽4.4寸。

【译文】

大连檐：其长与压厦版的长度相同，每面在压厦版长度的基础上再加长2.4尺。以井亭子每高1尺，大连檐截面宽0.2寸，厚0.1寸计。

前后厦瓦版：厦瓦版之长随脊槫或平屋槫之长而定，其版之宽自屋脊至大连檐，将其版黏合而贴，应使其有足够的宽度尺寸，其版厚0.5寸为绝对尺寸，每至屋顶转角处，其厦瓦版之长应增加1.5尺。

两头厦瓦版：其版长自两山的山版至两山大连檐，两头厦瓦版仍为合版，应使其版合有足够的长度，其版的厚度与前后厦瓦版的厚度相同。至房屋翼角处，其两头厦瓦版之长应再增加1.15尺。

飞子：以井亭子每高1尺，其飞子长0.9寸，这一长度包含了飞子尾的长度。飞子截面宽0.08寸，厚0.06寸计。飞子至转角处应随翼角翘势向上弯曲。

白版：版之长与大连檐的长度相同，在此基础上，每一侧长度应再加长3尺。以井亭子每高1尺，其白版宽1寸计。白版的厚度为0.5寸，这一尺寸为绝对尺寸。

压脊：压脊之长与脊槫及平屋槫的长度相当，以井亭子每高1尺，其压脊高0.46寸，厚0.3寸计。

垂脊：垂脊的长度自脊身至压厦版之外，以井亭子每高1尺，其垂脊曲宽0.5寸，厚0.25寸计。

角脊：以井亭子每高1尺，其角脊长2寸，曲宽0.4寸，厚0.25寸计。

曲阑搏脊：两山所施曲阑搏脊，其脊每面长6.4尺。以井亭子每高1尺，其曲阑搏脊宽0.4寸，厚0.2寸计。

前后瓦陇条：以井亭子进深每长1尺，其屋顶前后坡所施瓦陇条长8.5寸计。以井亭子每高1尺，其瓦陇条截面方0.09寸计。瓦陇条的陇间空当距离亦为0.09寸。

厦头瓦陇条：以井亭子面广每长1尺，其两山厦头瓦陇条长3.3寸计。厦头瓦陇条的截面尺寸与前后瓦陇条相同。

搏风版：以井亭子进深每长1尺，其搏风版长4.3寸计。搏风版厚为0.7寸，这一厚度为绝对尺寸。

瓦口子：瓦口子之长随每两翼角处所施子角梁之间的净距而定，以井亭子每高1尺，其瓦口子曲宽0.4寸计，瓦口子的厚度与其宽度相当。

垂鱼：两山搏风版下所施垂鱼长1.3尺；以垂鱼每长1尺，垂鱼宽为6寸计；垂鱼的厚度与搏风版的厚度相同。

惹草：搏风版下所施惹草，其长1尺；以惹草每长1尺，其宽7寸计；惹草的厚度与垂鱼的厚度相同。

鸱尾：以井亭子每高1尺，其屋顶鸱尾长1.1寸，鸱尾身宽0.4寸计，鸱尾之厚与压脊的厚度相同。

（井亭子一般）

凡井亭子，锭脚下齐①，坐于井阶之上②。其料栱分°数及举折等③，并准大木作之制。

【注释】

①锭脚下齐：指将其柱根部位所施锭脚版的下皮找齐，不做任何诸如牙子等装饰轮廓的变化。

②井阶：即井口处所施井台，同时也是其上所立井亭子的基座。

③科栱（gǒng）分°数：指科栱的长短广厚及栱昂出跳长度等的材分°尺寸关系。

【译文】

凡井亭子，其屋柱根部所施锒脚版的下部应找齐，将井亭子坐落于井口处所筑造的井台之上。其檐下所施科栱之长短及出跳栱昂等的材分°数值，及屋顶举折之曲线的确定等，都应以大木作制度中的科栱之制及屋顶举折做法为准。

牌

【题解】

牌，或称"牌匾"，亦称"匾额"，是中国古代建筑中常见的附属性构件，其主要功能是标志出殿堂、楼阁、亭榭之名称，从而赋予该建筑以意义。

殿堂、楼阁、门亭上所施牌匾，其长2～8尺。牌上横出之牌首，牌两旁下垂之牌带，及牌面下两带内横施之牌舌，皆以牌每广1尺，牌之边向外绰4寸计；如牌广5尺，外绰2尺，则牌之四侧各外绰1尺。

本篇文字仅给出牌长，未谈及牌广。以正文"牌长五尺，即首长六尺一寸，带长七尺一寸，舌长四尺二寸"可知，若牌长5尺，则牌宽（广）4尺，即牌之长宽（广）比为5：4；若牌长8尺，则其宽6.4尺，以此类推。

牌面之后，以牌身之长短施福。福之断面广厚，以牌之具体大小量宜而定。

（造殿堂、楼阁、门亭等牌之制）

造殿堂、楼阁、门亭等牌之制①：长二尺至八尺。其牌首、牌上横出者。牌带、牌两旁下垂者。牌舌，牌面下两带之内横施者。每广一尺，即上边绰四寸向外②。牌面每长一尺，则首、带随其长，外各加长四寸二分，舌加长四分。谓牌长五尺，即首长六尺一寸，带长七尺一寸，舌长四尺二寸之类，尺寸不等；依此加减。下同。其广厚皆取牌每尺之长，积而为法。

【注释】

①牌：徐注："'牌'即'牌匾'或'匾额'。"

②上边绰四寸向外：这里的"上边"，意思不是很明确。从上下文看，其意似为，牌首、牌带、牌舌，以牌面每宽1尺，其上下左右诸带之边缘应向外绰出4寸计。存疑。

【译文】

营作殿堂、楼阁、门亭等牌匾的制度：其牌匾长2尺至8尺。其牌首、牌上横出之版。牌带、牌两旁下垂之版。牌舌，牌面下两带之内横施之版。以牌面每宽1尺，其上下左右诸带之边缘应向外绰出4寸计。牌面每长1尺，其牌首、牌带随牌面之长而定，同时，在此长度基础上，再各向外加长4.2寸，牌舌加长0.4寸。意思是说，牌面长5尺时，其牌首即应长6.1尺，牌带即应长7.1寸，牌舌长4.2寸，各尺寸不等；依此做增加或减少。以下的情况相同。牌首、牌带及牌舌的广厚尺寸都是依据牌面每1尺的长度，取相应的比例尺寸，累积推算而出的。

（牌诸名件）

牌面①：每长一尺，则广八寸②，其下又加一分③。令牌面下广，谓牌长五尺，即上广四尺，下广四尺五分之类，尺寸不等，依此加减。下同。

首：广三寸，厚四分④。

带：广二寸八分⑤，厚同上。

舌:广二寸^⑥,厚同上。

【注释】

①牌面:指牌匾中间的主版。

②每长一尺,则广八寸:这里给出了牌面的基本比例,即牌面的宽度是其长度的4/5,这应该是一个较为普遍的比例。

③其下又加一分:这里暗示牌匾的牌面是一个下端略宽、上端略狭的梯形平面。

④广三寸,厚四分:以牌面每长1尺,其牌首宽3寸,厚0.4寸计;若牌面长5尺,则牌首宽1.5尺,厚2寸。

⑤广二寸八分:以牌面每长1尺,其牌带宽2.8寸计;若牌面长5尺,则牌带宽1.4尺。

⑥广二寸:以牌面每长1尺,其牌舌宽2寸计;若牌面长5尺,则牌舌宽1尺。

【译文】

牌面:牌面每长1尺,其宽则为8寸,牌面下端的宽度应在此基础上再增宽0.1寸。也就是说,要使其牌面的下端稍宽一些,例如,若牌长5尺,其牌面上端的宽度即为4尺,而牌面下端的宽度则应为4.05尺,诸如此类,其牌面尺寸不等,即依此加减。下面的情况也是一样。

牌首:以牌面每长1尺,其首宽3寸,厚0.4寸计。

牌带:以牌面每长1尺,其带宽2.8寸计,牌带之厚与牌首厚度相同。

牌舌:以牌面每长1尺,其舌宽2寸计,牌舌之厚与牌带及牌首的厚度相同。

(牌一般)

凡牌面之后,四周皆用楅^①,其身内七尺以上者用三楅②，四尺以上者用二楅，三尺以上者用一楅。其楅之广厚，皆量其所宜而为之③。

【注释】

①四周皆用楅：这里的"四周"意义亦不明确。从下文看，楅似为用于牌面之后的横向条状木方，而非沿牌面的"四周"而施。

②身内：当指牌面之内，包括牌面之后，即牌之面版的背面。

③量其所宜：这里没有给出牌面之后所施楅的广厚尺寸，所谓"量其所宜"，即需要根据牌的尺寸大小而有所选择，也需依据实际所用的材料确定。或因其楅施于版后，主要是加强牌之面版的结构整体性，并无装饰效果，故无须在细部尺寸上做过细的规定。

【译文】

凡牌面的面版之后，其上下皆应施以楅，若牌面长度超过7尺者，应施用3条楅；牌面长度在4尺及以上者，应施用2条楅；牌面长度在3尺及以上者，则仅施用1条楅。至于楅的截面宽度与厚度，都只需要依据牌之大小与材之便宜酌情使用即可。

卷第九　小木作制度四

佛道帐

【题解】

本卷只有一个主题:佛道帐。顾名思义,这是一种应用于佛寺或道观殿阁楼堂室内,用以供奉佛道造像的小木作装置,其目的是通过精美细密的装饰与装修,为佛或神的偶像营造一个庄严、隆重、受人礼拜的空间。其形式大概类似一座由多个开间组成的放大了的佛龛或神龛。

佛道帐,其实是"佛帐"与"道帐"两个术语的综合。如隋代王劭所撰《舍利感应记》中提到:"华台像辇,佛帐佛舆,香山香钵,种种音乐,尽来供养。"佛帐,是在佛殿或佛堂建筑室内设置的木帐,大概类似一个神龛的形态,其作用是供奉佛或菩萨的造像。道帐,则是施之于道教宫观室内的木帐,其作用是供奉道教神明的造像。这两种木帐,都是中国传统宗教偶像崇拜的产物。

这里的"帐"与后文中的"藏",在形式上区别似乎不是很大,但其作用却似有不同。帐,可能与"幕帐"有所关联,其作用是供奉神佛的造像,或祠庙中先祖等的牌位。其帐中所施设之物代表的是神佛或祖先。而藏,似具有"收藏""储藏"的意思,其内主要用于储藏佛道的经典书籍。从《法式》书末所给出的图样亦可以注意到,凡"帐",主要是规模稍大的佛道帐与壁帐,其内如房屋一般,是有空敞的用以供奉神佛造像的内部空间的，其前则施有可以供人上下的踏阶。而"藏"，包括转轮经藏或壁藏，则不设踏阶，其内仅施以储藏格与木匣。

本卷图样参见卷第三十二《小木作制度图样》图32-59、图32-60。

佛道帐

【题解】

《法式》行文中给出的标准佛道帐做法是，其高29尺，内外拢深（进深）12.5尺。当然，这一高度尺寸也只是一个标准尺寸，针对不同的佛道殿堂，其室内所施设的佛道帐的高宽尺寸，是可以随着房屋室内空间的大小而有所调整的。但无论如何调整，其基本的比例不会变，即如其文中所言："其名件广厚，皆取逐层每尺之高，积而为法。"随着帐的高度变化，其相应的其他尺寸及构成其结构的诸构件长度与截面尺寸，都会依比例而相应地变化。

佛道帐在高度方向分为五个层次：

1.底为龟脚坐（座）；

2.坐上为帐身，帐身之下有芙蓉瓣、叠涩与门窗；

3.帐身之上为腰檐；

4.腰檐之上用平坐；

5.平坐之上施天宫楼阁。天宫楼阁为造型精美之小木作殿堂。

佛道帐前后两面及左右两侧做法与制度相同。其外观为5个开间。主要名件广厚，以逐层每尺之高，积而为法；勾阑与踏道圜桥子，则以每寸之高，积而为法。

（造佛道帐之制）

造佛道帐之制[1]：自坐下龟脚至鸱尾[2]，共高二丈九尺；

内外拢深一丈二尺五寸③。上层施天宫楼阁④;次平坐,次腰檐⑤。帐身下安芙蓉瓣、叠涩、门窗、龟脚坐⑥。两面与两侧制度并同。作五间造。其名件广厚,皆取逐层每尺之高,积而为法。后勾阑两等,皆以每寸之高,积而为法。

【注释】

①佛道帐:是一个组合词,可以分为"佛帐"和"道帐"两个词,分别指佛寺或道观殿阁厅堂内所设的用于供奉佛道神造像的台座龛帐。如《广弘明集》卷十七:"共以宝盖幡幢,华台像辇,佛帐佛舆,香山香钵,种种音乐,尽来供养。"其中就提到了"佛帐"。道教宫观及民间信仰祠庙中更习惯于称"神帐",如《文献通考·宗庙考·唐开元礼》载大中祥符四年(1011):"遣官致祭,缘路帝王名臣祠庙神帐画壁并加葺治。"

②坐:座。托器物之物件。《法式》注释、译文中所涉此义项的术语仍用"坐"。龟脚:在宋式营造小木作制度中,见于小木作设施根脚部位的一种装饰做法,其施设位置类如其他小木作设施的锹脚处,但其轮廓形如龟足。鸱(chī)尾:这里的"鸱尾",当是模仿大木作屋顶正脊瓦饰中的鸱尾,但其材料与做法,都应是以木斫刻而成的。

③内外拢深一丈二尺五寸:陈注:"五"为"三,竹本。"陈先生依竹本《法式》将此句改为:"内外拢深一丈二尺三寸。"暂从原文。内外拢,小木作中所施的内外柱列,类似大木作制度中的"内外槽柱"。拢,既有拢络义,又有排列义。这里或可将"拢"理解为"柱拢"。

④天宫楼阁:宋式佛道帐等小木作顶部,以小尺度的殿阁、楼台、厅堂、廊榭等造型象征神佛所居的天宫楼阁。

⑤次平坐，次腰檐：关于平坐、腰檐诸做法，陈注："同于一至三等材有副阶、殿身之法。"

⑥帐身：指不包括下部帐坐及上部天宫楼阁等在内的佛道帐的主体部分，这一部分多以柱额、枓栱及装饰性门窗格扇等组成，犹如大木作殿阁的正、侧立面部分。芙蓉瓣：帐身之下所施安的装饰性构件。叠涩：一般多用于砖石结构的出挑部分，这里则是以木材雕斫而成的出挑或退入的叠涩做法。

【译文】

营造佛道帐的制度：自帐坐下的龟脚至帐顶天宫楼阁之上的鸱尾，总高为2.9丈；其帐身内外柱拢的进深为1.25丈。帐的上层施以天宫楼阁；天宫楼阁之下，以平坐相承；平坐之下施以腰檐。腰檐之下为帐身，帐身之下安芙蓉瓣、出叠涩、施门窗，其下帐坐采用龟脚坐的形式。佛道帐前后两面及左右两侧都采用相同的制度。依照五开间的形式营造。佛道帐上各种构件的截面广厚尺寸，都是以每一层高度中依其每1尺之高构件所对应的比例尺寸，累积推算而出的。后面提到的勾阑等两种做法，则是以每1寸之高所对应的构件比例尺寸，按照实际尺寸累积推算而出的。

(帐坐)

【题解】

佛道帐帐坐，相当于佛道帐的台座，按规制其高为4.5尺，帐坐面的长度随佛道帐通面广，帐坐进深随佛道帐进深。帐坐下用龟脚。其龟脚与帐坐所分芙蓉瓣相对应。龟脚之上施以车槽，车槽上下各用叠涩线脚一重，再在上涩之上叠压子涩三重。并于上一重叠涩之下施坐腰，此即帐坐之束腰。

上涩之上，出帐坐坐面（类如殿之阶基面）涩，坐面之上施安重台勾阑。勾阑之内施宝柱两重。留外一重为转道，似即两重宝柱间的通道；

内一重柱间壁上贴络门窗。柱上施五铺作枓栱出双杪,上承平坐。平坐之上,再安重台勾阑,其寻杖之下为瘿项云栱形式。

车槽之上下涩,长随帐坐之广,深随帐坐之深。其文中仅给出佛道帐为五间造,却并未给出面广尺寸。

坐腰,位于上、下子涩之间,似与石作制度殿阶基中束腰类似。

重要的是,其帐坐自龟脚之上至平坐勾阑,逐层都应采用芙蓉瓣造模数与构造形式。这种做法是宋式小木作模数制度与装配式构造的一个基础。

(帐坐)

帐坐[①]:高四尺五寸,长随殿身之广[②],其广随殿身之深[③]。下用龟脚,脚上施车槽[④],槽之上下各用涩一重[⑤],于上涩之上又叠子涩三重[⑥]。于上一重之下施坐腰[⑦]。上涩之上用坐面涩[⑧],面上安重台勾阑,高一尺。阑内遍用明金版[⑨]。勾阑之内施宝柱两重[⑩],留外一重为转道[⑪]。内壁贴络门窗[⑫]。其上设五铺作卷头平坐。材广一寸八分[⑬],腰檐、平坐准此。平坐上又安重台勾阑。并瘿项云栱坐[⑭]。自龟脚上每涩至上勾阑,逐层并作芙蓉瓣造[⑮]。

【注释】

①帐坐:即帐座。佛道帐的基座。

②殿身之广:这里的"殿身之广",从字义上看,似指施安佛道帐之殿阁建筑室内佛道帐所在开间左右两殿身柱之间的距离。但亦有一种可能,即这里的"殿身"可能是"帐身"之误,若释为"帐身",则指帐坐面广尺寸依其上的帐身面广尺寸而定。

③殿身之深:可能指施安佛道帐之殿阁建筑室内佛道帐所在开间前

后殿身柱之间的距离。亦有可能是将"帐身"误为"殿身",其含义大相径庭。参见上条注释。

④下用龟脚,脚上施车槽:原文"下用龟脚,脚下施车槽",梁注本据上下文及《法式》附图,改为"下用龟脚,脚上施车槽"。陈改"脚下"为"脚上",并注:"上,丁本。"车槽,从上下文理解,"车槽"似指帐坐本身的结构主体,当由一个矩形平面的木方框架构成,其上下出涩,下涩之下用龟脚,上涩之上施坐腰并平坐。"车槽"之"槽",或可理解为大木结构殿阁平面中的柱网之"槽",大木作之"槽"为屋柱的中缝,那么这里的"槽",似可理解为帐坐之主体结构的中缝;这里或是将帐身与古代出行之车相譬喻,帐身之下承托帐身的台座,即如车身之下的座,故称其为"车槽";未可知。

⑤涩:从车槽向外凸出或出挑的部分,一般表现为线脚形式。砖石结构中常采用出"涩"的做法,这里的"帐坐"当是模仿砖石结构基座的出涩形式。

⑥子涩:在出挑之涩的面上,再做进一步的里凹与外挑的线脚,即可称为"子涩"。

⑦坐腰:这里的"坐腰",处于车槽之上所出涩中进一步出的上、下子涩之间,其形式大概类似于石作制度中基座的"束腰"。

⑧坐面涩:相当于帐坐最上一层所出挑之涩,其涩之上即施勾阑,故坐面涩与大木作制度平坐外沿的雁翅版在立面形式上有相近之处,但其涩疑为出挑之木方,而非遮护性面版。

⑨阑内:指勾阑以内。明金版:从上下文理解,似指在帐坐的台座表面上所贴之版,与石作制度中在殿阁台基上所铺的地面版有相类之处。

⑩宝柱:疑为车槽立柱,其为帐坐结构的主要组成部分之一。

⑪转道:从字面意义理解,指的是柱列中出现的转角。这里或指帐坐两重宝柱的外重,在帐身两侧出现转角做法。

⑫贴络门窗：意为外贴的装饰性门窗装饰，并非真实意义上的门窗。

⑬材广一寸八分：陈注：平坐枓栱"五铺作卷头，材一寸八分"。

⑭并瘿（yǐng）项云栱坐：陈注：改"坐"为"造"，并注："造，竹本。"依竹本《法式》此句应为："并瘿项云栱造。"

⑮芙蓉瓣造：从上下文及《法式》中所附佛道帐图形来理解，其似将帐坐各层按照竖向的若干个小的分段制造，然后将各小段拼接在一起。这样一种将分段制作之标准形式的"段"拼合在一起的做法，类如形式相同之芙蓉瓣组合在一起，故称为"芙蓉瓣造"，有待进一步的考证。

【译文】

帐坐：帐坐之高为4.5尺，帐坐之长随其上所施帐身的面广长度而定，帐坐之宽亦随帐身的进深而定。帐坐之下施用龟脚，龟脚之上施用车槽，车槽之上与之下各施用一道出涩线脚，同时在上涩之上再叠出三层子涩。在最上一层子涩之下，施以坐腰。上涩之上再施以坐面涩，帐坐顶面上则施安重台勾阑，勾阑高为1尺。勾阑以内之帐坐顶面遍用明金版。勾阑之内施两重列柱，将外面一重列柱作为可以形成转角的柱列。帐坐内壁之上贴络门窗装饰。门窗之上设以五铺作出两卷头科栱，科栱之上施平坐。平坐科栱用材广1.8寸，腰檐上所施平坐科栱用材与之相同。平坐上又施安重台勾阑。上下两层重台勾阑之寻杖下，都采用瘿项云栱的托坐。自龟脚以上的每一层出涩直至上一层勾阑，各层都采用芙蓉瓣造的做法。

（帐坐诸名件）

龟脚：每坐高一尺，则长二寸，广七分，厚五分①。

车槽上下涩：长随坐长及深，外每面加二寸。广二寸，厚六分五厘②。

车槽：长同上，每面减三寸，安华版在外③。广一寸，厚八分④。

上子涩：两重，在坐腰上下者。各长同上，减二寸。广一寸六分，厚二分五厘⑤。

下子涩：长同坐，广厚并同上。

坐腰：长同上，每面减八寸。方一寸⑥。安华版在外。

坐面涩：长同上，广二寸，厚六分五厘⑦。

猴面版⑧：长同上，广四寸，厚六分七厘⑨。

明金版：长同上，每面减八寸。广二寸五分，厚一分二厘⑩。

枓槽版⑪：长同上，每面减三尺⑫。广二寸五分，厚二分二厘⑬。

压厦版⑭：长同上，每面减一尺。广二寸四分，厚二分二厘⑮。

门窗背版⑯：长随枓槽版，减长三寸。广自普拍方下至明金版上。以厚六分为定法。

车槽华版⑰：长随车槽，广八分，厚三分⑱。

坐腰华版⑲：长随坐腰，广一寸⑳，厚同上。

坐面版㉑：长广并随猴面版内，其厚二分六厘㉒。

猴面棍㉓：每坐深一尺，则长九寸㉔。方八分㉕。每一瓣用一条。

猴面马头棍㉖：每坐深一尺，则长一寸四分㉗。方同上。每一瓣用一条。

连梯卧棍㉘：每坐深一尺，则长九寸五分㉙。方同上。每一瓣用一条。

连梯马头棍㉚：每坐深一尺，则长一寸㉛。方同上。

长短柱脚方㉜：长同车槽涩，每一面减三尺二寸㉝。方一寸㉞。

长短榻头木㉟：长随柱脚方内，方八分㊱。

长立棍㊲：长九寸二分㊳，方同上。随柱脚方、榻头木逐瓣用之㊴。

短立榥^⑩：长四寸，方六分^⑪。

拽后榥^⑫：长五寸^⑬，方同上。

穿串透栓^⑭：长随榻头木，广五分，厚二分^⑮。

罗文榥^⑯：每坐高一尺，则加长四寸^⑰。方八分^⑱。

【注释】

①长二寸，广七分，厚五分：以帐坐每高1尺，其下龟脚长2寸，宽
0.7寸，厚0.5寸计；若帐坐高4.5尺，则龟脚长9寸，宽3.15寸，厚
2.25寸。

②广二寸，厚六分五厘：以帐坐每高1尺，其车槽上下涩宽2寸，厚
0.65寸计；若帐坐高4.5尺，则车槽上下涩宽9寸，厚2.925寸。

③华版：即后文所说的"车槽华版"。

④广一寸，厚八分：以帐坐每高1尺，其车槽高1寸，厚0.8寸计；若帐
坐高4.5尺，则车槽高4.5寸，厚3.6寸。

⑤广一寸六分，厚二分五厘：以帐坐每高1尺，其两重上子涩各宽
1.6寸，厚0.25寸计；若帐坐高4.5尺，其上下涩各宽7.2寸，厚
1.125寸。

⑥方一寸：以帐坐每高1尺，其坐腰之截面为1寸见方计；若帐坐高
4.5尺，则坐腰截面为4.5寸见方。

⑦广二寸，厚六分五厘：以帐坐每高1尺，其坐面涩宽2寸，厚0.65寸
计；若帐坐高4.5尺，则坐面涩宽9寸，厚2.925寸。

⑧猴面版：未知猴面版的位置与含义。从《法式》附图看，其帐坐似
分为两级台面；从行文顺序看，猴面版似施于坐面涩之上，未知是
否为坐面涩内所施帐坐第二级的盖版。另，下文提到"猴面榥"，
疑猴面版当施于猴面榥之上。

⑨广四寸，厚六分七厘：以帐坐每高1尺，其猴面版宽4寸，厚0.67寸

计；若帐坐高4.5尺，则猴面版宽1.8尺，厚3.015寸。

⑩广二寸五分，厚一分二厘：以帐坐每高1尺，其上所覆明金版宽2.5寸，厚0.12寸计；若帐坐高4.5尺，则明金版宽1.125尺，厚0.54寸。

⑪枓槽版：疑为施于猴面版之上的立版，其版与帐坐主体结构的中缝，即"槽"，相对应。

⑫每面减三尺：陈注："每面减三尺，即平坐柱退入三尺？"

⑬广二寸五分，厚二分二厘：原文为"厚分二厘"，"厚"字后似有脱落，梁注本："厚二分二厘。"傅合校本：在"厚"后加"二"，并注："二，故宫本。"以帐坐每高1尺，其枓槽板宽2.5寸，厚0.22寸计；若帐坐高4.5尺，则其枓槽版宽1.125尺，厚0.99寸。

⑭压厦版：似指帐坐上所贴施门窗之上的盖版。

⑮广二寸四分，厚二分二厘：以帐坐每高1尺，其压厦版宽2.4寸，厚0.22寸计；若帐坐高4.5尺，则压厦版宽1.08尺，厚0.99寸。

⑯门窗背版：这一背版似指"内壁贴络门窗"的第一级帐坐上所施立版。

⑰车槽华版：为施于帐坐车槽之上，表面雕有华文的装饰版。

⑱广八分，厚三分：以帐坐每高1尺，其车槽华版宽0.8寸，厚0.3寸计；若帐坐高4.5尺，则车槽华版宽3.6寸，厚1.35寸。

⑲坐腰华版：为施于坐腰处的装饰立版。

⑳广一寸：以帐坐每高1尺，其坐腰华版宽1寸计；若帐坐高4.5尺，则其坐腰华版宽4.5寸。

㉑坐面版：似为覆于猴面版之上的面版，疑即帐坐第一级顶面的面版。

㉒厚二分六厘：以帐坐每高1尺，其坐面版厚0.26寸计；若帐坐高4.5尺，则坐面版厚为1.17寸。

㉓猴面楅（huàng）：为横施于猴面版之下的条状木方，从下文"每坐深一尺，则长九寸"看，似施于帐坐第一级的前后车槽之间。

㉔每坐深一尺，则长九寸：以帐坐进深每长1尺，猴面榥长0.9寸计，则猴面榥之长是帐坐进深的0.9。

㉕方八分：以帐坐每高1尺，猴面榥截面方为0.8寸计；若帐坐高4.5尺，则其猴面榥截面为3.6寸见方。

㉖猴面马头榥：疑为施于猴面版下某一部位的木方。

㉗每坐深一尺，则长一寸四分：猴面马头榥的长度，相当于帐坐进深的0.14。

㉘连梯卧榥：指施于帐坐底部两条顺身条状木方之间的横木方。

㉙每坐深一尺，则长九寸五分：以帐坐进深每长1尺，连梯卧榥长9.5寸计，则连梯卧榥之长，为帐坐进深的0.95。

㉚连梯马头榥：疑为施于帐坐底部连梯处自前后顺身方向外出头的横木方。

㉛每坐深一尺，则长一寸：以帐坐进深每长1尺，其连梯马头榥长1寸计，则连梯马头榥之长是帐坐进深的0.1。

㉜长短柱脚方：疑为施于连梯之下，立柱之间的木方。长柱脚方为面广方向的柱脚方，短柱脚方为进深方向的柱脚方。

㉝每一面减三尺二寸：柱脚方每一面的长度，比同一面之车槽涩的长度短3.2尺。

㉞方一寸：以帐坐每高1尺，长短柱脚方截面方1寸计；若帐坐高4.5尺，则柱脚方截面为4.5寸见方。

㉟长短榻头木：疑为施于帐坐上部的木方。长榻头木为面广方向的榻头木，短榻头木为进深方向的榻头木。

㊱方八分：以帐坐每高1尺，长短榻头木截面方0.8寸计；若帐坐高4.5尺，则榻头木截面为3.6寸见方。

㊲长立榥：为施于柱脚方与榻头木之间的竖向木方。

㊳长九寸二分：以帐坐每高1尺，长立榥长9.2寸计；若帐坐高4.5尺，则长立榥长4.14尺。

㊴逐瓣用之：对应于帐坐底部按芙蓉瓣分设的结构单元，在各瓣内的柱脚方与榻头木之间连以长立榥。

㊵短立榥：为帐坐内所施的一种竖向木方。

㊶长四寸，方六分：以帐坐每高1尺，短立榥长4寸，截面方0.6寸计；若帐坐高4.5尺，则短立榥长1.8尺，截面为2.7寸见方。

㊷拽后榥：疑为施于帐坐之后的一种木方。

㊸长五寸：以帐坐每高1尺，拽厚榥长5寸计；若帐坐高4.5尺，则其榥长为2.25尺。

㊹穿串透栓：这里所说的"串"疑指诸立榥，"穿串透栓"即是将这些立榥穿透并连接在一起的透栓。

㊺广五分，厚二分：以帐坐每高1尺，穿串透栓宽0.5寸，厚0.2寸计；若帐坐高4.5尺，则其栓宽2.25寸，厚0.9寸。

㊻罗文榥：罗文，本为一种装饰纹样，疑如罗织形式。《宋朝事实》卷十一有："幡，本帜也，貌幡幡然。……四角垂罗文佩，系龙头竿上。"《陈书·宣帝纪》亦有载："陈桃根又表上织成罗文锦被各二百匄。"由此推测，"罗文榥"可能是一种类似罗文的交织状木条。

㊼每坐高一尺，则加长四寸：帐坐每高1尺，罗文榥之长增加4寸，即罗文榥长度是坐高的1.4倍，这或也从一个侧面说明，罗文榥是与帐坐呈斜向设置的条状木方。

㊽方八分：以帐坐每高1尺，罗文榥截面方0.8寸计；若帐坐高4.5尺，则罗文榥截面为3.6寸见方。

【译文】

龟脚：以帐坐每高1尺，龟脚之长为2寸，宽0.7寸，厚0.5寸计。

车槽上下涩：帐坐车槽上下所出涩，其长度随帐坐的面广与进深而定，其帐坐外每面各加长2寸。以帐坐每高1尺，其涩宽2寸，厚0.65寸计。

车槽：其长度与上条车槽上下涩相同，每面车槽之长各减短3寸，车槽之外施安华版。以帐坐每高1尺，车槽宽1寸，厚0.8寸计。

上子涩：其出涩两重，两重上子涩分别施于坐腰的上与下。两重上子涩的各自长度均与上条车槽上下涩同，每重各减短2寸。以帐坐每高1尺，其涩宽1.6寸，厚0.25寸计。

下子涩：其长与帐坐面广同，其涩截面广厚与上子涩的广厚相同。

坐腰：其长与上子涩同，每面之长各减短8寸。以帐坐每高1尺，其坐腰截面方1寸计。坐腰之外施安华版。

坐面涩：帐坐坐面所出涩，其长与坐腰同，以帐坐每高1尺，其涩截面宽2寸，厚0.65寸计。

猴面版：版长与坐面涩之长同，以帐坐每高1尺，版之广为4寸，厚为0.67寸计。

明金版：版长与猴面版之长同，每面长各减8寸。以帐坐每高1尺，宽2.5寸，厚0.12寸计。

枓槽版：版长与明金版之长同，每面长各减短3尺。以帐坐每高1尺，版宽2.5寸，厚0.22寸计。

压厦版：版长与枓槽版之长同，每面长各减短1尺。以帐坐每高1尺，版宽2.4寸，厚0.22寸计。

门窗背版：其长随枓槽版之长而定，减其长度3寸。其版宽自普拍方之下至明金版之上。版之厚为0.6寸，此为绝对尺寸。

车槽华版：其长随车槽之长而定，以帐坐每高1尺，其版宽0.8寸，厚0.3寸计。

坐腰华版：版长随坐腰之长而定，以帐坐每高1尺，其版宽1寸，其厚与车槽华版同。

坐面版：其版之长与宽都依猴面版之内所余尺寸计，以帐坐每高1尺，其版厚为0.26寸计。

猴面楅：以帐坐进深每长1尺，其楅长为9寸计。以帐坐每高1尺，其楅截面方为0.8寸计。依芙蓉瓣划分，每一瓣各用一条猴面楅。

猴面马头楅：以帐坐进深每长1尺，其楅长1.4寸计。楅的截面尺寸计算方法与猴面棍同。仍以芙蓉瓣分之，即每一瓣用猴面马头棍一条。

连梯卧棍：以帐坐进深每长1尺，其长9.5寸计。其棍截面尺寸计算方法与猴面棍、猴面马头棍同。仍以芙蓉瓣分之，即每一瓣用连梯卧棍一条。

连梯马头棍：以帐坐进深每长1尺，其长1寸计。棍之截面尺寸与连梯卧棍等同。

长短柱脚方：其方之长与车槽的长度相同，每一面各减短3.2尺。以帐坐每高1尺，其方截面为1寸见方计。

长短榥头木：榥头木之长依据柱脚方之内长而定，以帐坐每高1尺，榥头木截面为0.8寸见方计。

长立棍：以帐坐每高1尺，长立棍之长为9.2寸计，棍的截面见方尺寸与长短榥头木截面尺寸相同。长立棍随柱脚方、榥头木依芙蓉瓣之分，逐瓣皆施用之。

短立棍：以帐坐每高1尺，短立棍长4寸，其截面方0.6寸计。

拽后棍：以帐坐每高1尺，拽后棍长5寸计，其截面方与短立棍同。

穿串透栓：栓的长度随长短榥头木之长而定，以帐坐每高1尺，栓的截面宽为0.5寸，厚0.2寸计。

罗文棍：以帐坐每高1尺，罗文棍长度在此基础上加长4寸。以帐坐每高1尺，其棍截面方为0.8寸计。

（帐身）

【题解】

由《法式》行文可知，帐身高设定为12.5尺，与前文所言"内外拢深"尺寸相同。若将"内外拢深"理解为帐身平面进深，则帐身高度与进深相同。帐身面广与进深则由帐坐尺寸所确定。所谓"量瓣数随宜取间"，这里的"瓣数"，当指帐坐之下的芙蓉瓣，故其语似可理解为，佛道帐之帐身开间数并非一个确定的数，或可通过不同瓣数组织成三间、五间、七间、九间不等。前文所言"五间造",当为举其一例。

帐身内外用帐柱。柱上、柱下均用隔枓版。四面外柱及正面里槽柱,皆安欢门、帐带,以做装饰。前外柱与里槽柱之间,类如房屋前廊,每间安平棊或斗八藻井。正前面(里槽柱)每间施毬文格子门。帐身两侧及后壁,则安版,施难子。

帐身分内外槽,大略如殿阁平面之内外柱槽,其柱之长视帐身之高,以帐身高12.5尺,其内外槽柱亦高12.5尺。

帐身内施斗八藻井,依《法式》规则,其径3.2尺,共高1.5尺,施五铺作重栱卷头造。帐身内斗八藻井诸名件,并依小木作制度之"斗八藻井"做法,量宜减之。

(帐身)

帐身:高一丈二尺五寸,长与广皆随帐坐,量瓣数随宜取间①。其内外皆拢帐柱②。柱下用锯脚隔枓③,柱上用内外侧当隔枓④。四面外柱并安欢门、帐带⑤。前一面里槽柱内亦用⑥。每间用算桯方施平棊、斗八藻井。前一面每间两颊各用毬文格子门。格子桯四混出双线,用双腰串、腰华版造。门之制度,并准本法⑦。两侧及后壁,并用难子安版。

【注释】

①量瓣数随宜取间:指帐身平面,应取量帐坐下芙蓉瓣的瓣数,随宜确定帐柱柱网的开间与进深。

②内外皆拢帐柱:指帐身内外皆施以帐柱。拢,似有将帐柱拢在一起之意。

③锯(zhuó)脚隔枓:原文"锯脚隔科",傅合校本:改"科"为"枓",并注:"科,'枓'字不可从。隔枓,宋本卷十'九脊小帐、壁帐',

卷十一'转轮经藏',均作'隔科'。"本书暂从原文。下同。铌脚
隔科,可能是指连接两柱根部的铌脚隔版。铌脚,帐身柱根部所
施的装饰性构件。隔科,疑指隔版。

④内外侧当隔科:这里疑指在帐身前部的外槽柱与内槽柱之间空当
处所施的隔科版。其版类如大木作前檐生廊内所施乳栿,或清式
建筑中所施"穿插枋"。内外侧当,其意似为"内外侧之空当"。
傅合校本:改"科"为"科",并注:"科,后同。"

⑤四面外柱并安欢门、帐带:这里似乎暗示帐身四个方向的做法均
与正面做法一致,但其下文又有"两侧及后壁,并用难子安版"之
说,两种说法显然矛盾。从使用的角度分析,其两侧与后壁,似不
应再像前面那样施安欢门、帐带,而应覆以侧版、背版。欢门,似
指在帐身开间两柱头间所施如门状的装饰华版,类似清代建筑中
在两柱间所施的花牙子或挂落等装饰做法。帐带,疑指帐身正面
两柱柱头间所施木方,类如大木作立面柱头部位所施阑额。

⑥前一面里槽柱内亦用:指在帐身前面的里槽内柱的柱头之间亦施
帐带。

⑦门之制度,并准本法:意为帐身前面里槽所施毬文格子门,其做法
应依照卷第七《小木作制度二》"格子门"制度所规定诸做法为准。

【译文】

帐身:其高1.25丈,帐身的面广与进深都应随帐坐的面广与进深而
定,帐身之开间进深分划也应取量帐坐所分芙蓉瓣的瓣数,各随其宜确
定逐间的广深尺寸。帐身内外都要拢施帐柱。帐柱之下施以铌脚隔科
版,帐柱上部则在其内外柱侧的空当处施以隔科版。帐身四面外槽柱的
柱头之间都应施安欢门、帐带。帐身前部的里槽柱之间亦施欢门、帐带。帐身
内每一间施用算程方,方上承以平棊及斗八藻井。帐身前部里槽每间两
立颊之间各施毬文格子门。格子门之程为四混出双线做法,门扇施用双腰串、
腰华版。其门制度,皆依照毬文格子门本身的制度与做法。帐身两侧及

后壁,都覆以侧版、背版,版之四边皆施难子。

(帐身诸名件)

帐内外槽柱①:长视帐身之高。每高一尺,则方四分②。

虚柱③:长三寸二分,方三分四厘④。

内外槽上隔科版⑤:长随间架,广一寸二分,厚一分二厘⑥。

上隔科仰托㮚⑦:长同上,广二分八厘,厚二分⑧。

上隔科内外上下贴⑨:长同铌脚⑩,贴广二分,厚八厘⑪。

隔科内外上柱子⑫:长四分四厘⑬;下柱子⑭:长三分六厘⑮。其广厚并同上。

里槽下铌脚版⑯:长随每间之深广,其广五分二厘,厚一分二厘⑰。

铌脚仰托㮚⑱:长同上,广二分八厘,厚二分⑲。

铌脚内外贴:长同上,其广二分,厚八厘⑳。

铌脚内外柱子㉑:长三分二厘㉒,广厚同上。

内外欢门㉓:长随帐柱之内,其广一寸二分,厚一分二厘㉔。

内外帐带㉕:长二寸八分,广二分六厘㉖,厚亦如之。

两侧及后壁版:长视上下仰托㮚内,广随帐柱、心柱内。其厚八厘㉗。

心柱㉘:长同上,其广三分二厘,厚二分八厘㉙。

颊子㉚:长同上,广三分,厚二分八厘㉛。

腰串:长随帐柱内,广厚同上。

难子:长同后壁版,方八厘㉜。

随间栿㉝:长随帐身之深,其方三分六厘㉞。

算桯方：长随间之广，其广三分二厘，厚二分四厘㉟。

四面缠难子㊱：长随间架，方一分二厘㊲。

平棊：华文制度并准殿内平棊。

背版：长随方子心内㊳，广随栿心㊴。以厚五分为定法。

桯：长随方子四周之内，其广二分，厚一分六厘㊵。

贴：长随桯四周之内，其广一分二厘㊶。厚同背版㊷。

难子并贴华㊸：厚同贴。每方一尺，用贴华二十五枚或十六枚。

斗八藻井：径三尺二寸，共高一尺五寸，五铺作重栱卷头造，材广六分㊹。其名件并准本法㊺，量宜减之。

【注释】

①帐内外槽柱：这里的"槽"，与大木作制度中的殿阁柱槽意义相近，当指帐身平面中的内柱柱列与外柱柱列。

②每高一尺，则方四分：以帐身每高1尺，其内外槽柱截面方0.4寸计；若帐身高1.25丈，则其柱截面为5寸。

③虚柱：指虚悬之柱，类似于清式垂花门中所用的垂莲柱。其柱不落地，故称"虚柱"。

④长三寸二分，方三分四厘：以帐身每高1尺，其虚柱长3.2寸，方0.34寸计；若帐身高1.25丈，则虚柱长4尺，柱截面方4.25寸。

⑤内外槽上隔科版：傅合校本：改"科"为"枓"，并注："枓，后同。"施于内外槽柱头之间的隔科版，疑与清式建筑前廊内所施穿插枋有一些相似之处。译文从原文。

⑥广一寸二分，厚一分二厘：以帐身每高1尺，其内外槽上隔科版宽1.2寸、厚0.12寸计；若帐身高1.25丈，则其版宽1.5尺，厚1.5寸。

⑦上隔科仰托榥：疑在内外槽上隔科版之间所施用于仰托其上构件

的条状木方。

⑧广二分八厘,厚二分:以帐身每高1尺,其上隔枓仰托榥宽0.28寸,厚0.2寸计;若帐身高1.25丈,则其榥宽3.5寸,厚2.5寸。

⑨上隔枓内外上下贴:指内外槽上隔枓版之内外所施的上下木贴。

⑩锓脚:即帐身内外槽柱柱根处所施锓脚隔版。

⑪广二分,厚八厘:以帐身每高1尺,其上隔枓内外上下贴宽0.2寸,厚0.08寸计;若帐身高1.25丈,则其贴宽2.5寸,厚1寸。

⑫隔枓内外上柱子:帐身内外槽上隔枓版内外所施上柱子,疑指在隔枓版之上所承短柱。

⑬长四分四厘:以帐身每高1尺,隔枓内外上柱子长0.44寸计;若帐身高1.25丈,则上柱子长5.5寸。

⑭下柱子:帐身内外槽上隔枓版内外所施下柱子,疑指在隔枓版下所施短柱。

⑮长三分六厘:以帐身每高1尺,隔枓内外下柱子长0.36寸计;若帐身高1.25丈,则下柱子长4.5寸。

⑯里槽下锓脚版:指帐身里槽柱下所施锓脚版。

⑰广五分二厘,厚一分二厘:以帐身每高1尺,其里槽下锓脚版宽0.52寸,厚0.12寸计;若帐身高1.25丈,则其锓脚版宽6.5寸,厚1.5寸。

⑱锓脚仰托榥:疑为施于锓脚版之间起仰托上部构件的条状木方。榥,原文为"幌",当讹误,径改。

⑲广二分八厘,厚二分:以帐身每高1尺,其锓脚仰托榥宽0.28寸,厚0.2寸计;若帐身高1.25丈,则其榥宽3.5寸,厚2.5寸。

⑳广二分,厚八厘:以帐身每高1尺,其锓脚内外所施贴宽0.2寸,厚0.08寸计;若帐身高1.25丈,则其贴宽2.5寸,厚1寸。

㉑锓脚内外柱子:帐身内外槽柱根处锓脚版内外所施短柱。

㉒长三分二厘:以帐身每高1尺,其锓脚内外柱子长0.32寸计;若帐

身高1.25丈,则其柱长为4寸。

㉓内外欢门:指施于帐身内外槽柱逐间两柱之间的欢门式装饰。

㉔广一寸二分,厚一分二厘:以帐身每高1尺,其内外欢门宽1.2寸,厚0.12寸计;若帐身高1.25丈,则其内外欢门宽1.5尺,厚1.5寸。

㉕内外帐带:指帐身内外槽柱柱头之间所施帐带。

㉖长二寸八分,广二分六厘:以帐身每高1尺,其内外帐带长2.8寸,厚0.26寸计;若帐身高1.25丈,则内外帐带长3.5尺,厚3.25寸。

㉗厚八厘:以帐身每高1尺,帐身两侧及后壁版厚0.08寸计;若帐身高1.25丈,则其版厚1寸。

㉘心柱:指施于后壁当心的立柱。

㉙广三分二厘,厚二分八厘:以帐身每高1尺,其心柱宽0.32寸,厚0.28寸计;若帐身高1.25丈,则心柱宽4寸,厚3.5寸。

㉚颊子:疑为施于帐身两侧及后壁用以固定侧版与背版的条状木方。

㉛广三分,厚二分八厘:以帐身每高1尺,其颊子宽0.3寸,厚0.28寸计;若帐身高1.25丈,则其颊子宽3.75寸,厚3.5寸。

㉜方八厘:以帐身每高1尺,其侧版与背版四周所施难子截面方0.08寸计;若帐身高1.25丈,则难子截面为1寸见方。

㉝随间栿(fú):为帐身逐间所施横向木方,类如大木作制度中的大梁。

㉞方三分六厘:以帐身每高1尺,其随间栿截面方0.36寸计;若帐身高1.25丈,则其随间栿截面为4.5寸见方。

㉟广三分二厘,厚二分四厘:以帐身每高1尺,其算程方宽0.32寸,厚0.24寸计;若帐身高1.25丈,则算程方宽4寸,厚3寸。

㊱四面缠难子:原文"四面搏难子",傅合校本:改为"四面缠难子",并注:"缠,见本卷……'踏道圜桥子'条。"

㊲方一分二厘:以帐身每高1尺,其平棊方内四面所缠难子方0.12寸计;若帐身高1.25丈,则其四面所缠难子为1.5寸见方。

㊳长随方子心内：徐注："陶本无'心'字。"此句依梁注本。

㊴广随桄心：指平棊背版之宽，为每两条随间桄中心之间的距离。

㊵广二分，厚一分六厘：以帐身每高1尺，其平棊所用桯的截面宽0.2寸、厚0.16寸计；若帐身高1.25丈，则其桯宽2.5寸，厚2寸。

㊶广一分二厘：以帐身每高1尺，其平棊桯内所施贴宽0.12寸计；若帐身高1.25丈，则其贴宽为1.5寸。

㊷厚同背版：徐注："原油印本漏刻'厚同背版'四字，今补上。原油印本系指根据梁先生生前手稿刻印的本子，下同。"

㊸难子并贴华：指在平棊版下施贴华文装饰，其版四周缠以难子。

㊹材广六分：指帐身平棊内藻井下所施铺作栱截面高0.6寸。这一材高显然不在大木作制度所给出之"八等材"的范围之内。

㊺其名件并准本法：指帐身平棊内藻井及其枓栱所用诸名件，都应依照藻井及枓栱各自既有的制度。

【译文】

帐内外槽柱：柱的长度依据帐身之高确定。以帐身每高1尺，柱截面方0.4寸计。

虚柱：以帐身每高1尺，虚柱长3.2寸，柱截面方0.34寸计。

内外槽上隔枓版：版之长依帐身间架宽度而定，以帐身每高1尺，其版宽1.2寸、厚0.12寸计。

上隔枓仰托棍：仰托棍的长度与内外槽上隔枓版的长度相同，以帐身每高1尺，其版宽0.28寸、厚0.2寸计。

上隔枓内外上下贴：贴的长度与帐身柱根处所施锃脚的长度相同，以帐身每高1尺，其贴宽0.2寸、厚0.08寸计。

隔枓内外上柱子：以帐身每高1尺，长0.44寸计；下柱子：以帐身每高1尺，长0.36寸。上柱子与下柱子的宽度与厚度，都与上隔枓内外上下贴的广厚尺寸相同。

里槽下锃脚版：锃脚版的长度依据帐身每间的面广与进深尺寸而

定,以帐身每高1尺,其版宽为0.52寸,厚0.12寸计。

锓脚仰托榥:榥之长与里槽下锓脚版的长度相同,以帐身每高1尺,其榥宽0.28寸,厚0.2寸计。

锓脚内外贴:贴的长度与锓脚仰托榥的长度相同,以帐身每高1尺,其贴宽0.2寸,厚0.08寸计。

锓脚内外柱子:以帐身每高1尺,其内外柱子长0.32寸计,柱子的宽度、厚度与锓脚内外贴的广厚尺寸相同。

内外欢门:欢门之长依帐柱之内的间距而定,以帐身每高1尺,欢门宽1.2寸,厚0.12寸计。

内外帐带:以帐身每高1尺,内外帐带长为2.8寸,宽为0.26寸计,帐带的厚度与宽度相同。

两侧及后壁版:帐身两侧侧版及后壁版的长度,依据帐身上下仰托榥之间的距离而定,其版的宽度则依帐柱与心柱之间的距离而定。以帐身每高1尺,其版厚为0.08寸计。

心柱:心柱之长与两侧及后壁版的长度相同,以帐身每高1尺,心柱截面宽0.32寸,厚0.28寸计。

频子:两侧侧版及后壁版之间所施频子的长度与心柱的长度相同,以帐身每高1尺,其频子宽0.3寸,厚0.28寸计。

腰串:两侧及后壁所施腰串,其长随帐柱之间的距离而定,腰串的宽度、厚度与频子的宽度、厚度相同。

难子:难子的长度与后壁版的长度相同,以帐身每高1尺,难子截面方为0.08寸计。

随间枓:其长度依帐身的进深而定,以帐身每进深1尺,前后帐柱柱头之上所施随间枓截面方为0.36寸计。

承帐身内平棊之算桯方:其长依帐身柱分间的开间间广而定,以帐身每高1尺,其算桯方宽0.32寸,厚0.24寸计。

平棊桯内之四面所缠难子:难子之长随帐身间架的面广与进深而

定，以帐身每高1尺，其平棊下所施难子的截面方为0.12寸计。

平棊：平棊版下施贴华文的方法与制度，均以大木作制度殿内平棊下所施华文制度为准。

平棊背版：版之长随平棊方中心线内的距离而定，背版之宽则依帐柱上所施相邻随间枓中心之间的距离而定。背版之厚为0.5寸，此为绝对尺寸。

平棊方内所施桯：桯之长随平棊方四周之内的周长而定，以帐身每高1尺，其桯宽0.2寸、厚0.16寸计。

平棊内所缠之贴：贴之长随桯四周之内的长度而定，以帐身每高1尺，其贴宽为0.12寸计。贴之厚与背版同，亦为0.5寸。

平棊版下所施难子及贴华：难子及贴华的厚度与贴的厚度相同。以平棊版每1尺见方，其内施贴华25枚至16枚计。

平棊内所施斗八藻井：藻井所用八角形之径为3.2尺，藻井共高1.5尺，藻井内施以五铺作重栱卷头造枓栱，其栱所用材高为0.6寸。藻井及铺作各种名件的做法及尺寸，皆以小木作斗八藻井制度及大木作枓栱制度本身的做法与制度为准，依据其尺度大小量宜缩减为之。

（腰檐）

【题解】

腰檐，其构成分内、外两重。外为枓栱、压厦版、檐口、翼角；其内是一个结构框架，先在柱缝之上施枓槽版，在两侧柱缝上施山版；版内施夹槽版，再在前后柱缝上逐缝夹安钥匙头版，版上顺槽（缝）安钥匙头棍（横木条），再顺身在钥匙头版上通施卧棍，从而形成由"版"与"棍"组成的矩形框架。

在卧棍上栽柱子，柱头之上施卧棍，卧棍之上可安上层平坐。此层柱子，大约与殿堂之平坐柱相类似。

外檐，在帐身柱头之上施栌枓。栌枓口内出六铺作单杪双昂重栱造枓栱。《法式》文本中给出的腰檐枓栱用材，其材之广为1.8寸。其文中给出的自栌枓至腰檐脊的总高度为3尺。

腰檐平坐之上，平铺压厦版，四角用角梁、子角梁，铺椽安飞子，一如房屋檐口、翼角做法。其腰檐椽起举，依照大木作制度副阶起举制度："其副阶或缠腰，并二分中举一分。"腰檐上结窎瓦。

（腰檐）

腰檐：自栌枓至脊^①，共高三尺。六铺作一杪两昂^②，重栱造。柱上施枓槽版与山版^③。版内又施夹槽版^④，逐缝夹安钥匙头版^⑤，其上顺槽安钥匙头棍^⑥；于钥匙头版上通用卧棍^⑦，棍上栽柱子；柱上又施卧棍，棍上安上层平坐。**铺作之上，平铺压厦版^⑧，四角用角梁、子角梁^⑨，铺椽安飞子。依副阶举分结窎^⑩。**

【注释】

①栌（lú）枓至脊：这里指确定腰檐高度的范围，是从帐身之帐柱柱头所施栌枓底至腰檐之脊的上皮。

②六铺作一杪（miǎo）两昂：其铺作为"六铺作一杪两昂"。陈注："六铺作一抄两昂，材一寸八分。"陈言其材"一寸八分"，似从上文"帐坐"之平坐枓栱所用材广推测而来。杪，原文为"抄"，为"杪"之误。

③枓槽版：疑枓槽版施于柱头之上的帐柱槽上，版的外侧施挂装饰性的枓栱铺作。山版：指帐身两侧帐柱柱头上所施枓槽版，其位置类似于大木作房屋两山，故称"山版"。

④夹槽版：疑为施于枓槽版与山版里侧之版，其与枓槽版及山版一起，将柱槽中缝夹于中间。

⑤逐缝:指帐身内外槽柱缝,即逐间内外槽帐柱。钥匙头版:从行文理解,似为施安于帐身内外槽帐柱柱头之上的立版。其版似施于内外槽上隔枓版之上。

⑥钥匙头棍:似施于逐间内外帐柱柱头之上的钥匙头版之上,以起承托上部构件的作用。

⑦通用:其意似指通施于腰檐之下。卧棍:似为横向施设的条状木方,疑施于钥匙头棍之上。

⑧压厦版:指腰檐屋顶顶版。

⑨四角用角梁:以其行文推测,帐身腰檐似乎为前后出檐、四角均出翼角的周匝副阶式屋顶形式。但是从前文,其两侧施侧版,后壁施背版看,只需前檐出檐,前檐两侧转角出翼角即可。故这里存疑。

⑩依副阶举分结窊(wà):原文"依副阶举分结瓦",梁注本改为"依副阶举分结窊"。傅注:"窊。"又注:"厒,故宫本。"这里的"依副阶举分",意为帐身之上的腰檐起举坡度参照大木作制度副阶檐的起举坡度计算。

【译文】

帐身之上所覆腰檐:自帐柱柱头所施栌枓底至腰檐屋脊上皮,共高3尺。檐下用六铺作单杪双昂重栱造料栱。前檐帐柱柱头之上施枓槽版,两侧帐柱柱头之上施山版。枓槽版与山版之内又施夹槽版,帐身逐间柱头缝上施安钥匙头版,版上再顺其槽施安钥匙头棍;在钥匙头版上,又安以通用卧棍,钥匙头棍与通用卧棍之上栽施短柱;柱子之上再施卧棍,棍上施安上层平坐。铺作之上,平铺压厦版,帐身四角施用大角梁、子角梁,压厦版上铺椽,出跳檐椽椽头上施安飞子。腰檐的起举坡度,依照大木作制度副阶檐的起举坡度施设,腰檐屋顶之上亦参照副阶屋顶覆瓦方式形成结窊式屋顶。

(腰檐诸名件)

普拍方:长随四周之广,其广一寸八分,厚六分①。绞头在外^②。

角梁：每高一尺，加长四寸^③，广一寸四分，厚八分^④。

子角梁：长五寸，其曲广二寸，厚七分^⑤。

抹角栿^⑥：长七寸，方一寸四分^⑦。

槫：长随间广，其广一寸四分，厚一寸^⑧。

曲椽^⑨：长七寸六分，其曲广一寸，厚四分^⑩。每补间铺作一朵用四条。

飞子：长四寸，尾在内。方三分^⑪。角内随宜刻曲。

大连檐：长同槫，梢间长至角梁，每壁加三尺六寸^⑫。广五分，厚三分^⑬。

白版^⑭：长随间之广，每梢间加出角一尺五寸。其广三寸五分^⑮。以厚五分为定法。

夹枓槽版^⑯：长随间之深广，其广四寸四分，厚七分^⑰。

山版^⑱：长同枓槽版，广四寸二分，厚七分^⑲。

枓槽钥匙头版^⑳：每深一尺，则长四寸。广厚同枓槽版，逐间段数亦同枓槽版。

枓槽压厦版^㉑：长同枓槽^㉒，每梢间长加一尺。其广四寸，厚七分^㉓。

贴生^㉔：长随间之深广，其方七分^㉕。

枓槽卧榥：每深一尺，则长九寸六分五厘。方一寸^㉖。每铺作一朵用二条。

绞钥匙头上下顺身榥^㉗：长随间之广，方一寸^㉘。

立榥^㉙：长七寸，方一寸^㉚。每铺作一朵用二条。

厦瓦版^㉛：长随间之广深，每梢间加出角一尺二寸五分。其广九寸^㉜。以厚五分为定法。

　　槫脊^㉝：长同上，广一寸五分，厚七分^㉞。

　　角脊^㉟：长六寸，其曲广一寸五分，厚七分^㊱。

　　瓦陇条：长九寸，瓦头在内。方三分五厘^㊲。

　　瓦口子：长随间广。每梢间加出角二尺五寸。其广三分^㊳。以厚五分为定法。

【注释】

①广一寸八分，厚六分：以腰檐每高1尺，其下普拍方宽1.8寸，厚0.6寸计；若腰檐高3尺，则其方5.4寸，厚1.8寸。

②绞头：指帐身外槽柱头纵横两个方向的普拍方在相交处形成的交接点。

③每高一尺，加长四寸：以腰檐每高1尺，其角梁应增加4寸的长度计；若腰檐高3尺，则角梁之长为4.2尺。

④广一寸四分，厚八分：以腰檐每高1尺，其角梁截面宽1.4寸，厚0.8寸计；若腰檐高3尺，则角梁截面宽4.2寸，厚2.4寸。

⑤长五寸，其曲广二寸，厚七分：以腰檐每高1尺，其子角梁长5寸，曲高2寸，厚0.7寸计；若腰檐高3尺，则子角梁长1.5尺，其截面曲高6寸，厚2.1寸。

⑥抹角栿：陈注："抹角栿，卷十一……又有'抹角方'。"其所指卷第十一《小木作制度六》"壁藏·腰檐诸名件"条："抹角方：长七寸，广一寸五分，厚同角梁。"

⑦长七寸，方一寸四分：以腰檐每高1尺，其抹角栿长7寸，栿截面方1.4寸计；若腰檐高3尺，则抹角栿长2.1尺，栿截面为4.2寸见方。

⑧广一寸四分，厚一寸：以腰檐每高1尺，其所用槫之截面宽1.4寸，厚1寸计；若腰檐高3尺，则槫之宽为4.2寸，厚为3寸。

⑨曲椽：疑为腰檐上所用椽，其依据屋顶举折的反宇折线，直接采用了曲折的形式。

⑩长七寸六分，其曲广一寸，厚四分：以腰檐每高1尺，腰檐屋顶所用曲椽长7.6寸，曲广1寸，厚0.4寸计；若腰檐高3尺，则曲椽长为2.28尺，曲宽3寸，厚1.2寸。

⑪长四寸，尾在内。方三分：以腰檐每高1尺，其檐口处所施飞子长4寸，（包括飞子尾部长度。）飞子截面方为0.3寸计；若腰檐高3尺，则飞子长1.2尺，其截面为0.9寸见方。

⑫每壁加三尺六寸："每壁加三尺六寸"之"六"，陈注："八，竹本。"陈先生依据竹本，改其文为"每壁加三尺八寸"。这里仍暂从"三尺六寸"。

⑬广五分，厚三分：以腰檐每高1尺，其檐口上所施大连檐宽0.5寸，厚0.3寸计；若腰檐高3尺，则大连檐宽1.5寸，厚0.9寸。

⑭白版：白版为何物不很清楚。从上下文看，这里的"白版"似乎类似于大木作制度中，施于檐椽与飞子之上的挑檐望板。

⑮广三寸五分：以腰檐每高1尺，白版宽3.5寸计；若腰檐高3尺，则白版宽为1.05尺。

⑯夹枓槽版：疑指上文提到的夹槽版与枓槽版。

⑰广四寸四分，厚七分：以腰檐每高1尺，夹枓槽版宽4.4寸，厚0.7寸计；若腰檐高3尺，则夹枓槽版宽1.32尺，厚2.1寸。

⑱山版：佛道帐两侧，即其腰檐屋顶下两山处，所施立版。

⑲广四寸二分，厚七分：以腰檐每高1尺，其两山山版高4.2寸，厚0.7寸计；若腰檐高3尺，则山版高为1.26尺，厚2.1寸。

⑳枓槽钥匙头版：疑即施安于帐身内外槽帐柱柱头之上的立版。

㉑枓槽压厦版：施于佛道帐腰檐前檐枓槽之上的屋顶盖版。

㉒长同枓槽：原文"长同枓槽"，陈注：改"槽"为"槽版"，即其文改为"长同枓槽版"。

㉓广四寸,厚七分:以腰檐每高1尺,其枓槽压厦版宽4寸,厚0.7寸计;若腰檐高3尺,则枓槽压厦版宽1.2尺,厚2.1寸。

㉔贴生:疑施于枓槽版之上,类如大木作前檐柱头铺作上所施生头木。

㉕方七分:以腰檐每高1尺,其枓槽版上所施贴生截面方0.7寸计;若腰檐高3尺,则贴生截面为2.1寸见方。

㉖方一寸:以腰檐每高1尺,其棍截面方1寸计;若腰檐高3尺,则其棍截面为3寸见方。

㉗绞钥匙头上下顺身棍:与帐身之上逐间柱头缝上所施钥匙头版相交,且与帐身面广方向一致的横向木方,其棍有承托其上腰檐诸构件的作用。

㉘方一寸:以腰檐每高1尺,其腰檐中所施绞钥匙头上下顺身棍截面方1寸计;若腰檐高3尺,则其棍截面为3寸见方。

㉙立棍:从上下文看,似为施于腰檐诸铺作缝之通用卧棍上的立木。

㉚长七寸,方一寸:以腰檐每高1尺,立棍长7寸,棍截面方1寸计;若腰檐高3尺,则立棍长2.1尺,截面为3寸见方。

㉛厦瓦版:傅合校本注:改"瓦"为"厊",并注:"厊,故宫本。"全书中多处皆用了"厦瓦版"一词,暂从原文。

㉜广九寸:以腰檐每高1尺,其厦瓦版宽9寸计;若腰檐高3尺,则厦瓦版宽2.7尺。

㉝槫(tuán)脊:傅合校本改"槫"为"搏"。陈注:改"槫"为"搏"。参见卷第八《小木作制度三》"井亭子·井亭子檐口、屋盖、厦两头诸名件"条相关注释。清式建筑中则称"博脊"。译文从陈、傅二先生注。

㉞广一寸五分,厚七分:以腰檐每高1尺,其搏脊曲高1.5寸,厚0.7寸计;若腰檐高3尺,则其搏脊曲高4.5寸,厚2.1寸。

㉟角脊:为佛道帐腰檐屋顶转角处所施瓦脊。

㊱长六寸,其曲广一寸五分,厚七分:以腰檐每高1尺,腰檐角脊长6

寸,脊曲高1.5寸,厚0.7寸计;若腰檐高3尺,则其角脊长1.8尺,曲高4.5寸,厚2.1寸。

㊲长九寸,瓦头在内。方三分五厘:以腰檐每高1尺,腰檐屋顶上所施瓦陇条长9寸,(其长含瓦头尺寸。)瓦陇条截面方0.35寸计;若腰檐高3尺,则其上瓦陇条长2.7尺,截面1.05寸见方。

㊳广三分:以腰檐每高1尺,腰檐上所覆瓦陇条间之瓦口子宽0.3寸计;若腰檐高3尺,则其瓦口子宽为0.9寸。

【译文】

帐身柱头上所施普拍方:方之长依帐身的面广与进深的长度之和而定,以腰檐每高1尺,普拍方宽1.8寸,厚0.6寸计。纵横两个方向的普拍方交接之绞头不在其长度尺寸范围内。

腰檐翼角所施角梁:以腰檐每高1尺,其角梁在此长度基础上再加长4寸,角梁宽1.4寸,厚0.8寸计。

角梁上所施子角梁:以腰檐每高1尺,其子角梁长5寸,曲高2寸,厚0.7寸计。

抹角栿:以腰檐每高1尺,其转角处所施抹角栿长7寸,栿截面方1.4寸计。

腰檐屋顶所施槫:其长以帐身开间之间广而定,以腰檐每高1尺,其槫宽1.4寸,厚1寸计。

腰檐屋顶上所施曲椽:以腰檐每高1尺,椽长7.6寸,椽之曲宽1寸,厚0.4寸计。补间铺作每1朵用4条曲椽。

腰檐檐口所施飞子:以腰檐每高1尺,飞子长4寸,含飞子尾长。飞子截面方0.3寸计。转角处的飞子应随宜做飞子形式的曲折剜刻。

腰檐檐口处所施大连檐:其长与檐口处所施槫的长度相同,至帐身梢间,大连檐长延至角梁处,每一侧壁加长3.6尺。以腰檐每高1尺,其大连檐宽0.5寸,厚0.3寸计。

腰檐檐口上所施白版:其长随帐身开间之广而定,每至帐身梢间应加出角长度1.5尺。以腰檐每高1尺，白版宽3.5寸计。白版之厚为0.5寸，此为绝对尺寸。

夹枓槽版：帐柱柱头上所施夹枓槽版的长度，依帐身平面的面广与进深尺寸之和而定，以腰檐每高1尺，其夹枓槽版宽4.4寸，厚0.7寸计。

腰檐两侧山版：山版的长度与帐身两侧枓槽版的长度相同，以腰檐每高1尺，其山版高4.2寸，厚0.7寸计。

枓槽钥匙头版：其帐身进深长度每长1尺，枓槽钥匙头版长4寸计。枓槽钥匙头版的宽度、厚度与枓槽版的宽度、厚度相同，其依帐身逐间所施的段数也与枓槽版逐间所施的段数相同。

枓槽压厦版：版之长与枓槽版的长度相同，每至帐身梢间，其上枓槽压厦版应加长1尺。以腰檐每高1尺，枓槽压厦版宽4寸，厚0.7寸计。

枓槽版之上所施贴生：贴生长度依帐身的面广与进深之和而定，以腰檐每高1尺，其贴生截面方0.7寸计。

枓槽卧榥：以帐身进深每长1尺，其枓槽卧榥长9.65寸计。以腰檐每高1尺，其卧榥截面方1寸计。每1朵铺作用2条枓槽卧榥。

绞钥匙头上下顺身榥：其榥之长依帐身开间的间广而定，以腰檐每高1尺，其榥截面方1寸计。

立榥：以腰檐每高1尺，立榥长为7寸，榥之截面方1寸计。每1朵铺作用2条立榥。

厦瓦版：版之长依帐身开间的面广与进深而定，每至帐身梢间应加出角长度1.25尺。以腰檐每高1尺，厦瓦版宽9寸计。版厚0.5寸，此厚度为绝对尺寸。

槫脊：脊之长与厦瓦版的长度相同，以腰檐每高1尺，其脊高1.5寸，厚0.7寸计。

角脊：以腰檐每高1尺，其脊长6寸，脊之曲高1.5寸，厚0.7寸计。

瓦陇条：以腰檐每高1尺，腰檐屋顶上所施瓦陇条长9寸，其长度含瓦头尺寸。瓦陇条截面方0.35寸计。

瓦口子：瓦口子之长依帐身开间之广而定。每至帐身梢间应加出角长度2.5尺。以腰檐每高1尺,瓦口子宽0.3寸计。瓦口子之厚为0.5寸,此厚度为绝对尺寸。

（平坐）

【题解】

帐身腰檐之上施平坐。依《法式》规则,平坐高1.8尺,其面广、进深皆与帐身之面广、进深相同。柱头上施六铺作出三杪重栱造,且在帐身平坐下四角皆用转角铺作。

铺作之上施压厦版,版上之外缘施雁翅版。其柱槽以内诸名件,与腰檐中所施诸名件相同。

压厦版与雁翅版之上,施以单勾阑,其高7寸,采用撮项云栱造做法。

（平坐）

平坐^①：高一尺八寸,长与广皆随帐身。六铺作卷头重栱造四出角^②。于压厦版上施雁翅版^③。槽内名件并准腰檐法^④。上施单勾阑,高七寸。撮项云栱造。

【注释】

①平坐：也作"平座"。施于佛道帐腰檐之上,以承其上天宫楼阁的平坐,其形式与大木作制度中的平坐相类。

②六铺作卷头重栱：陈注："六铺作卷头重栱,材一寸八分。"陈先生所言"材一寸八分"出自本卷"佛道帐·帐坐"条："材广一寸八分,腰檐、平坐准此。"四出角：其意似为平坐在四个转角处皆施以转角铺作。以其平坐为四出角,与本卷"帐身"条"四面外柱并安欢门、帐带"及"四角用角梁、子角梁"等说法相一致,暗示佛道帐

四面做法一致。但其似与上文所言"两侧及后壁,并用难子安版"
的说法互相矛盾。

③压厦版:从下文所言"于压厦版上施雁翅版",这里的"压厦版",
疑似施安于平坐科栱之上。

④槽内名件:这里的"槽内",应仍与帐身平面柱网之内外槽相对
应,也就是说,其平坐柱与帐身柱是上下对应的。

【译文】

腰檐上所施平坐:其高1.8尺,平坐的长度与宽度都与帐身的面广与
进深尺寸相对应。平坐下所施科栱为六铺作出三杪重栱造做法,科栱在
平坐四个转角处皆施有转角铺作。在平坐科栱上所施的压厦版上施以
雁翅版。与帐身内外槽相对应的平坐柱槽内诸名件,都应以腰檐中相应名件的做
法为准。平坐之上施以单勾阑,勾阑高7寸。勾阑寻杖下用撮项云栱造做法。

(平坐诸名件)

普拍方:长随间之广,合角在外①。其广一寸二分,厚一寸②。

夹科槽版:长随间之深广,其广九寸,厚一寸一分③。

科槽钥匙头版:每深一尺,则长四寸④。其广厚同科槽版。
逐间段数亦同。

压厦版:长同科槽版,每梢间加长一尺五寸。广九寸五
分,厚一寸一分⑤。

科槽卧榥⑥:每深一尺,则长九寸六分五厘。方一寸六分⑦。
每铺作一朵用二条。

立榥⑧:长九寸,方一寸六分⑨。每铺作一朵用四条。

雁翅版:长随压厦版,其广二寸五分,厚五分⑩。

坐面版⑪:长随科槽内,其广九寸,厚五分⑫。

【注释】

①合角在外:"合角在外"之"角"字,原文为"用",梁注本改为"角"。徐注:"陶本为'用'字,误。"陈注:改"用"为"角"。傅注:改"用"为"角",并注:"角,按'壁藏平坐'条改正。故宫本误作'用'。"这里的"合角在外"与"腰檐"条所言普拍方之"绞头在外"的意思相类,都是指纵横两个方向的普拍方的相交接处;但这一处的"合角"似乎暗示两个普拍方各以45°斜角相接为"合角"状。

②广一寸二分,厚一寸:以平坐每高1尺,其下普拍方宽1.2寸,厚1寸计;若平坐高1.8尺,则普拍方宽2.16寸,厚1.8寸。

③广九寸,厚一寸一分:以平坐每高1尺,其夹枓槽版宽9寸,厚1.1寸计;若平坐高1.8尺,则其版宽1.62尺,厚1.98寸。

④每深一尺,则长四寸:平坐内外槽进深每长1尺,其枓槽钥匙头版长4寸,则其版之长为平坐进深长度的4/10。

⑤广九寸五分,厚一寸一分:以平坐每高1尺,其上压厦版宽9.5寸,厚1.1寸计;若平坐高1.8尺,则压厦版宽1.71尺,厚1.98寸。

⑥枓槽卧棍:指横施于平坐内外槽之枓槽版上的卧棍。

⑦方一寸六分:以平坐每高1尺,其枓槽卧棍截面方1.6寸计;若平坐高1.8尺,则其棍截面2.88寸见方。

⑧立棍:施于平坐枓槽卧棍之上的立木。

⑨长九寸,方一寸六分:以平坐每高1尺,立棍长9寸,截面方1.6寸计;若平坐高1.8尺,则其棍长1.62尺,截面2.88寸见方。

⑩广二寸五分,厚五分:以平坐每高1尺,其雁翅版宽2.5寸,厚0.5寸计;若平坐高1.8尺,则雁翅版宽4.5寸,厚0.9寸。

⑪坐面版:疑指平坐顶面所铺版,与大木作制度平坐之铺版方上所覆之版相类似。

⑫广九寸,厚五分:以平坐每高1尺,其坐面版宽9寸,厚0.5寸计;若

平坐高1.8尺,则坐面版宽1.62尺,厚0.9寸。

【译文】

平坐枓栱下所施普拍方:普拍方的长随帐身开间之广而定,纵横普拍方相交接处的合角在此长度之外。以平坐每高1尺,普拍方宽1.2寸,厚1寸计。

平坐下四周所施夹枓槽版:版之长依平坐面广与进深尺寸之和而定,以平坐每高1尺,其夹枓槽版宽9寸,厚1.1寸计。

平坐内外槽间所施枓槽钥匙头版:以平坐进深每长1尺,其版长4寸计。枓槽钥匙头版的宽度、厚度与枓槽版的广厚尺寸相同。每一间所施其版的段数亦相同。

平坐枓栱上所施压厦版:版之长与枓槽版的长相同,每至梢间,其版长度再加长1.5尺。以平坐每高1尺,其压厦版宽9.5寸,厚1.1寸计。

平坐内外槽上所施枓槽卧棍:以平坐内外槽进深每长1尺,其卧棍长9.65寸计。以平坐每高1尺,其棍截面方1.6寸计。每1朵铺作施用2条卧棍。

立棍:以平坐每高1尺,其立棍长9寸,棍之截面方1.6寸计。每1朵铺作施用4条立棍。

铺作外沿所施雁翅版:其版之长依平坐枓栱上所施压厦版的长度而定,以平坐每高1尺,其雁翅版宽2.5寸,厚0.5寸计。

平坐上所铺坐面版:版之长依平坐枓槽内的距离而定,以平坐每高1尺,其坐面版宽9寸,厚0.5寸计。

(天宫楼阁)

【题解】

佛道帐顶部可以采用具有象征意义的天宫楼阁。天宫楼阁是一组小尺度小木作的殿阁模型,依《法式》行文,其高7.2尺,进深1.1~1.3尺。有出跳枓栱及出檐。楼阁或为重檐状,下层为副阶,中层为平坐,平坐之上设腰檐。腰檐之上，施九脊殿屋顶并结瓷。

　　较为复杂的天宫楼阁，其九脊殿，除殿身外，或有茶楼及两侧挟屋，或有角楼。殿身、角楼等，其檐下采用六铺作单杪双昂做法。殿挟屋及龟头屋，其枓栱用五铺作单杪单昂。行廊，其枓栱用四铺作单杪；其横栱，可用单栱，亦可用重栱。

　　这里所用的长度单位——"瓣"，似指前文所述帐身之下所安"芙蓉瓣"。其角楼长1.5瓣，殿身及茶楼各长3瓣，殿挟屋长1瓣，龟头屋长2瓣，行廊长2瓣。依前文所述，每瓣长1.2尺，随瓣用龟脚，其上与铺作相对应。

　　由此可知，这里的"瓣"是确定佛道帐之面广开间数量的一个重要单位。但《法式》文本中，除了前文中所提到的"作五间造"，及这里给出的诸殿屋之瓣数外，并未给出面广方向的任何明确数据。这或也是为了使佛道帐设计实施时，在正立面开间上有更多变化选择之可能。

　　天宫楼阁中层平坐，用六铺作出三卷头。平坐之上施单勾阑，勾阑高4寸。勾阑寻杖下用枓子蜀柱造。

　　中层平坐之上，承以上层楼阁殿屋。其两头角楼、龟头屋所夹之殿屋、挟屋等，除了采用重檐屋顶并有副阶之殿身，且高度不超过5尺之外，其余诸殿楼、龟头屋等做法，皆与下层制度相同。

　　上层楼殿、龟头之内部构造所施枓槽版，即最上殿顶所施结瓷压脊、瓦陇条诸做法，亦参照下层制度，量宜用之。

（天宫楼阁）

　　天宫楼阁[①]：共高七尺二寸，深一尺一寸至一尺三寸。出跳及檐并在柱外[②]。下层为副阶；中层为平坐；上层为腰檐；檐上为九脊殿结瓷[③]。

【注释】

①天宫楼阁：本为佛经中描述佛教净土世界的一个象征性术语，宋代营造在佛道帐等宗教类小木作中借用了这一术语，以小木作中施于高处或半空之中的殿阁楼台等，表现佛教中的"天宫楼阁"的象征意象。其形式可以出现在佛道帐顶部，也可以出现在室内平棊中的斗八藻井内。

②出跳及檐：指小木作殿阁楼台中的出跳枓栱、出挑平坐及屋顶挑檐等。

③九脊殿结瓂（wà）：指小木作殿阁楼台中采用的九脊殿屋顶形式，其屋顶上采用了类似大木作屋顶覆瓦的造型形式。

【译文】

佛道帐上部所施天宫楼阁：楼阁共高7.2尺，楼阁进深为1.1尺至1.3尺。楼阁上所施出跳枓栱、平坐及出挑檐口等，都在楼阁柱之外。其下层为副阶；中层为平坐；上层为腰檐；腰檐之上再施以九脊殿式屋顶，并采用结瓂式屋顶形式。

（首层诸殿屋）

其殿身①，茶楼②，有挟屋者③。角楼④，并六铺作单杪重昂。或单栱或重栱。角楼长一瓣半⑤，殿身及茶楼各长三瓣。殿挟及龟头⑥，并五铺作单杪单昂。或单栱或重栱。殿挟长一瓣，龟头长二瓣。行廊四铺作⑦，单杪，或单栱或重栱。长二瓣，分心⑧。材广六分。每瓣用补间铺作两朵。两侧龟头等制度并准此。

【注释】

①殿身：佛道帐上部所施造的小型殿阁或殿堂造型，其形式可能是

　　单檐殿堂,亦可以为重檐殿阁。

②茶楼:佛道帐上部所施造的等级稍低的楼阁造型。

③有挟屋者:疑指在佛道帐天宫楼阁之殿身或茶楼两侧所施较为低
　　矮的屋舍。

④角楼:佛道帐上部转角处所施的角楼式楼阁。

⑤一瓣半:意思似乎是说,其天宫楼阁中的角楼面广,约为1.5个芙
　　蓉瓣的长度。这里的"瓣"当与帐坐下所分之芙蓉瓣相对应,既
　　表达了一种结构分块,也表达了一种长度关系。下文所言"瓣"
　　意义相类。

⑥殿挟:似与上文的"挟屋"意义相同。这里明确所指为"殿挟屋"
　　形式。龟头:指宋式营造中的"龟头殿"造型,即山面朝前的屋顶
　　抱厦形式。

⑦行廊:疑指佛道帐上天宫楼阁中连接诸殿身、茶楼、角楼等的连廊。

⑧分心:疑指行廊采用了对称式处理,在其长为2瓣的面广中,将行
　　廊柱做左右对称之分心式布置。

【译文】

　　天宫楼阁中的殿身,茶楼,包括有挟屋者。及角楼,其檐下都采用六铺
作单杪双昂枓栱。其枓栱跳头上可用单栱造或重栱造形式。其角楼面广长为
1.5瓣,殿身及茶楼的面广分别长为3瓣。殿身所附挟屋及殿身前所附
龟头殿,均采用五铺作单杪单昂枓栱形式。其枓栱跳头上可用单栱造,亦可
用重栱造。殿挟屋面广长1瓣,龟头殿面广长2瓣。殿身及茶楼间所施行
廊,檐下枓栱为四铺作单杪形式,枓栱跳头用单栱或用重栱。行廊面广长为
2瓣,其立面为分心做法,呈对称造型。诸屋檐下所施枓栱用材之高为0.6寸。
诸屋面广长度,每1瓣面广之长内,施用补间铺作2朵。佛道帐两侧之天宫
楼阁所施龟头殿等楼屋之面广、铺作及材高等制度,均以如上做法为准。

（中层平坐）

中层平坐：用六铺作卷头造^①。平坐上用单勾阑，高四寸。枓子蜀柱造^②。

【注释】

①六铺作卷头造：意为六铺作出三杪枓栱形式。

②枓子蜀柱造：指单勾阑寻杖下施以枓子蜀柱。

【译文】

天宫楼阁中层所施平坐：平坐下铺作采用六铺作出三杪枓栱形式。平坐之上用单勾阑，勾阑高为4寸。其勾阑寻杖下施以枓子蜀柱做法。

（上层殿屋）

上层殿楼、龟头之内，唯殿身施重檐重檐谓殿身并副阶^①，其高五尺者不用^②。外，其余制度并准下层之法^③。其枓槽版及最上结宽压脊、瓦陇条之类^④，并量宜用之。

【注释】

①殿身：宋式营造中殿阁式建筑，若为单檐殿，则其殿结构本身即为殿身；若为重檐殿，则其上檐屋顶之下所覆盖之屋架、梁柱等，即支撑上檐屋顶的结构部分称为殿身，而在殿身周围所环绕的下檐屋顶所覆盖之柱梁等结构皆属副阶部分。

②高五尺者不用：由上文可知，天宫楼阁共高7.2尺，这种情况下的殿楼采用有殿身与副阶的重檐形式，但若其中的殿屋高度仅为5尺，则不用副阶，亦不采用重檐形式。

③下层之法：这里的"下层之法"，指本段上文由笔者列入"首层诸殿屋"条中的各种制度与做法。

④最上：似指天宫楼阁诸殿身、茶楼等的屋顶覆瓦部分。结窋压
　　脊：原文为"结瓦压脊"，梁注本改为"结窋压脊"。傅合校本：改
　　"瓦"为"窋"，又注："厄，故宫本。"瓦陇条：指施于天宫楼阁屋顶
　　覆瓦部分的条状木，其形式类屋瓦陇，但应是以木条斫刻而成，象
　　征其屋为结窋屋顶做法。

【译文】

　　天宫楼阁平坐以上之上层殿身、茶楼、龟头屋等殿屋形式中，唯有殿
身施以重檐所谓"重檐"应包括了殿身与副阶，但若其殿高仅为5尺，则不用副阶，
也不做重檐。做法之外，其余楼屋、行廊、角楼等制度，都与平坐以下之下
层殿屋、茶楼、角楼等的做法一致。上层殿楼、龟头屋等所施枓槽版及最上屋
顶处所施结窋压脊、瓦陇条之类做法，都应酌量其宜，适当使用。

（帐上所用勾阑）

【题解】

　　佛道帐帐坐、帐身及天宫楼阁诸层之上所用勾阑，皆为小勾阑，其做
法与如下所述勾阑制度相通用。

　　重台勾阑：其总高为0.8～1.2尺，勾阑上诸构件及其尺寸，均参照
楼阁殿亭之勾阑制度。如下疑同。勾阑诸名件尺寸，皆以勾阑每1尺之
高，其构件相应的比例尺寸，推算而出。

　　单勾阑：勾阑高度在0.5～1尺者，并用此法。其勾阑诸名件等，则
以勾阑每1寸之高，其构件相应的比例尺寸，推算而出。

（帐上所用勾阑）

　　帐上所用勾阑①：应用小勾阑者②，并通用此制度。

【注释】

①帐上：这里的"帐上"，当包括佛道帐整体之上，如帐坐、平坐、天宫楼阁等上，皆施有勾阑。

②小勾阑：这里的"小勾阑"，其意不甚明确。从佛道帐整体形式考虑，这种小勾阑，可能是指天宫楼阁平坐上所施勾阑，其勾阑仅高4寸，比高1尺的帐坐上所施勾阑或高7寸的平坐上所施勾阑，在尺度上明显较小。

【译文】

佛道帐通身之上所施用的勾阑皆以如下制度为准：若应使用小勾阑的，其制度、做法亦应采用与如下制度相同的做法。

（重台勾阑）

重台勾阑：共高八寸至一尺二寸，其勾阑并准楼阁殿亭勾阑制度。下同。其名件等，以勾阑每尺之高，积而为法。

望柱：长视高①，加四寸。每高一尺，则方二寸。通身八瓣②。

蜀柱：长同上，广二寸，厚一寸③；其上方一寸六分④，刻作瘿项⑤。

云栱：长三寸，广一寸五分，厚九分⑥。

地霞：长五寸，广同上，厚一寸三分⑦。

寻杖：长随间广，方九分⑧。

盆唇木：长同上，广一寸六分，厚六分⑨。

束腰：长同上，广一寸，厚八分⑩。

上华版：长随蜀柱内，其广二寸，厚四分⑪。四面各别出卯，合入池槽⑫。下同。

下华版：长厚同上，卯入至蜀柱卯。广一寸五分⑬。

地栿：长随望柱内，广一寸八分，厚一寸一分⑭。上两棱连梯混各四分⑮。

【注释】

①长视高：指勾阑望柱的高度是依据勾阑高度推算而出的。

②通身八瓣：指其望柱上下均为八角形截面形式。

③广二寸，厚一寸：以勾阑每高1尺，其寻杖下蜀柱截面宽2寸，厚1寸计；若勾阑高1.2尺，则蜀柱截面宽2.4寸，厚1.2寸。

④方一寸六分：以勾阑每高1尺，其蜀柱上方1.6寸计；若勾阑高1.2尺，则蜀柱上截面1.92寸见方。

⑤刻作瘿项：原文为"刻瘿项"，梁注本改为"刻作瘿项"。陈注：改为"刻为"，即其意为："刻为瘿项。"

⑥长三寸，广一寸五分，厚九分：以勾阑每高1尺，其蜀柱上所施云栱长3寸，宽1.5寸，厚0.9寸计；若勾阑高1.2尺，则云栱长3.6寸，宽1.8寸，厚1.08寸。

⑦长五寸，广同上，厚一寸三分：以勾阑每高1尺，其束腰下所施地霞长5寸，其宽与云栱宽1.5寸同，其厚1.3寸计；若勾阑高1.2尺，则地霞长6寸，宽1.8寸，厚为1.56寸。

⑧方九分：以勾阑每高1尺，勾阑寻杖截面方为0.9寸计；若勾阑高1.2尺，则寻杖截面1.08寸见方。

⑨广一寸六分，厚六分：以勾阑每高1尺，其盆唇木宽1.6寸，厚0.6寸计；若勾阑高1.2尺，则盆唇木宽1.92寸，厚0.72寸。

⑩广一寸，厚八分：以勾阑每高1尺，其勾阑束腰宽1寸，厚0.8寸计；若勾阑高1.2尺，则束腰宽1.2寸，厚0.96寸。

⑪广二寸，厚四分：以勾阑每高1尺，其束腰上所施上华版宽2寸，厚0.4寸计；若勾阑高1.2尺，则上华版宽2.4寸，厚0.48寸。

⑫合入池槽：原文"合入池槽"，陈注：改"合"为"令？竹本"，即

"令入池槽"。梁注本与傅合校本未做修改,这里暂从"合"。

⑬广一寸五分:以勾阑每高1尺,其地栿上所施下华版宽1.5寸计;若勾阑高1.2尺,则下华版宽1.8寸。

⑭广一寸八分,厚一寸一分:以勾阑每高1尺,其勾阑地栿截面宽1.8寸,厚1.1寸计;若勾阑高1.2尺,则地栿截面宽2.16寸,厚1.32寸。

⑮连梯混:疑为勾阑地栿上部两侧边棱的一种装饰线脚,即地栿上部两侧边棱施为圜混线脚,两棱混线,互有相连。各四分:以勾阑每高1尺,其地栿上两棱连梯混之宽各为0.4寸计;若勾阑高1.2尺,则其混之宽各为0.48寸。

【译文】

重台勾阑:勾阑总高为8寸至1.2尺,其勾阑做法都以大木作制度楼阁殿亭上所施勾阑制度为准。如下同类情况亦然。其勾阑上的各种构件等,以勾阑每高1尺的高度,其构件所取之相应比例尺寸,累积推算而出。

望柱:望柱长度依勾阑高度而定,在勾阑之高的基础上,再加长4寸。以勾阑每高1尺,其望柱截面方2寸计。望柱通身截面皆为八角形式。

蜀柱:勾阑寻杖下所施蜀柱,其长与望柱相同,仍依勾阑高度而定,以勾阑每高1尺,其蜀柱宽2寸,厚1寸计;蜀柱上部截面为方形,仍以勾阑每高1尺,其截面方1.6寸计,这一部分刻作瘿项形式。

云栱:以勾阑每高1尺,其瘿项之上所施云栱长3寸,宽1.5寸,厚0.9寸计。

地霞:以勾阑每高1尺,其勾阑地霞长5寸,地霞之宽与云栱的宽度相同,地霞厚1.3寸计。

寻杖:寻杖的长度,由望柱所区分之勾阑间段的面广尺寸确定,以勾阑每高1尺,其寻杖截面方0.9寸计。

盆唇木:盆唇木之长与寻杖的长度相同,以勾阑每高1尺,其盆唇木宽1.6寸,厚0.6寸计。

束腰：束腰之长仍与盆唇木、寻杖的长度相同，以勾阑每高1尺，束腰宽1寸，厚0.8寸计。

上华版：上华版之长由束腰下两蜀柱之间的净距确定，以勾阑每高1尺，上华版宽2寸，厚0.4寸计。上华版四面都应分别出卯，其卯要嵌入四周池槽之内。下文所述的下华版做法与之相同。

下华版：下华版的长度、厚度皆与上华版相同，其版所出卯要深至蜀柱卯处。以勾阑每高1尺，下华版宽1.5寸计。

地栿：地栿之长依两望柱间的内距而定，以勾阑每高1尺，其地栿截面宽1.8寸，厚1.1寸计。地栿上部两边侧棱刻为连梯混线脚，以勾阑每高1尺，其混宽度各为0.4寸计。

（单勾阑）

单勾阑：高五寸至一尺者，并用此法。其名件等，以勾阑每寸之高，积而为法。

望柱：长视高，加二寸。方一分八厘[①]。

蜀柱：长同上，制度同重台勾阑法。自盆唇木上，云栱下[②]，作撮项胡桃子[③]。

云栱：长四分，广二分，厚一分[④]。

寻杖：长随间之广，方一分[⑤]。

盆唇木：长同上，广一分八厘，厚八厘[⑥]。

华版：长随蜀柱内，广三分[⑦]。以厚四分为定法。

地栿：长随望柱内，其广一分五厘，厚一分二厘[⑧]。

【注释】

①方一分八厘：以勾阑每高1寸，其望柱截面方0.18寸计；若勾阑高度如前文所述为7寸，则其望柱截面为1.26寸见方。

②自盆唇木上，云栱下：陈注："上至云？"傅合校本改为："自盆唇木上至云栱下"，并注："疑脱'至'字。上下两字若依图样核对，似有颠倒。"梁注本未做修改。译文暂从陈、傅二先生注。

③撮项胡桃子：意为其寻杖下、盆唇木上施以撮项，撮项之上为胡桃子造型。

④长四分，广二分，厚一分：以勾阑每高1寸，其云栱长0.4寸，宽0.2寸，厚0.1寸计；若勾阑高7寸，则云栱长2.8寸，宽1.4寸，厚0.7寸。

⑤方一分：以勾阑每高1寸，其寻杖截面方0.1寸计；若勾阑高7寸，寻杖方为0.7寸。

⑥广一分八厘，厚八厘：以勾阑每高1寸，其盆唇木宽0.18寸，厚0.08寸计；若勾阑高7寸，则盆唇木宽1.26寸，厚0.56寸。

⑦广三分：以勾阑每高1寸，其华版宽0.3寸计；若勾阑高7寸，则华版宽为2.1寸。

⑧广一分五厘，厚一分二厘：以勾阑每高1寸，其地栿截面高0.15寸，厚0.12寸计；若勾阑高7寸，则地栿宽1.05寸，厚0.84寸。

【译文】

单勾阑：单勾阑的高度在5寸至1尺范围内的，都适用于如下之法。勾阑中各构件尺寸，以勾阑每高1寸，相对应之构件比例尺寸，累积推算而出。

望柱：望柱的长度依勾阑的高度而定，在勾阑高度的基础上再增长2寸。以勾阑每高1寸，望柱截面方0.18寸计。

蜀柱：其长度仍依勾阑的高度确定，蜀柱制度与重台勾阑做法同。自盆唇木上至云栱下，采用撮项胡桃子形式。

云栱：以勾阑每高1寸，云栱长0.4寸，宽0.2寸，厚0.1寸计。

寻杖：其长依勾阑两望柱所确定一间之广而定，以勾阑每高1寸，寻杖截面方0.1寸计。

盆唇木：长度与寻杖同，以勾阑每高1寸，盆唇木宽0.18寸，厚0.08寸计。

华版：其长依两蜀柱间内距而定，以勾阑每高1寸，华版宽0.3寸计。版厚为0.4寸，这一厚度为绝对尺寸。

地栿：地栿之长依两望柱之间的距离而定，以勾阑每高1寸，地栿截面高0.15寸，厚0.12寸计。

（科子蜀柱勾阑）

科子蜀柱勾阑[①]：高三寸至五寸者，并用此法。其名件等，以勾阑每寸之高，积而为法。

蜀柱：长视高，卯在内。广二分四厘，厚一分二厘[②]。

寻杖：长随间广[③]，方一分三厘[④]。

盆唇木：长同上，广二分，厚一分二厘[⑤]。

华版：长随蜀柱内，其广三分[⑥]。以厚三分为定法。

地栿：长随间广，其广一分五厘，厚一分二厘[⑦]。

【注释】

①科子蜀柱勾阑：意为其盆唇木上至寻杖下，采用了科子蜀柱做法，即在蜀柱之上施以单科，科口之上承寻杖。

②广二分四厘，厚一分二厘：以勾阑每高1寸，其蜀柱宽0.24寸，厚0.12寸计；若勾阑高5寸，则其蜀柱宽1.2寸，厚0.6寸。

③长随间广：陈注："之广"，即其意应该为"长随间之广"。

④方一分三厘：以勾阑每高1寸，其寻杖截面方0.13寸计；若勾阑高5寸，则寻杖截面0.65寸见方。

⑤广二分，厚一分二厘：以勾阑每高1寸，其盆唇木宽0.2寸，厚0.12寸计；若勾阑高5寸，则盆唇木宽1寸，厚0.6寸。

⑥广三分：以勾阑每高1寸，其华版宽0.3寸计；若勾阑高5寸，则华版宽1.5寸。

⑦广一分五厘，厚一分二厘：以勾阑每高1寸，地栿高0.15寸，厚0.12寸计；若勾阑高5寸，则地栿高0.75寸，厚0.6寸。

【译文】

料子蜀柱勾阑：料子蜀柱勾阑高度在3寸至5寸范围内者，均适用如下之法。勾阑中各构件尺寸，以勾阑每高1寸，相对应之构件的比例尺寸，累积推算而出。

蜀柱：柱之长依勾阑之高而定，蜀柱上下所出卯在其高度范围内。以勾阑每高1寸，蜀柱宽0.24寸，厚0.12寸计。

寻杖：其长依勾阑两望柱间距离之广而定，以勾阑每高1寸，寻杖截面方0.13寸计。

盆唇木：盆唇木长度与寻杖长度相同，以勾阑每高1寸，盆唇木宽0.2寸，厚0.12寸计。

华版：华版之长依两蜀柱间的距离而定，以勾阑每高1寸，华版宽0.3寸计。版厚为0.3寸，这一厚度为绝对尺寸。

地栿：地栿之长依两望柱间的间广距离而定，以勾阑每高1寸，地栿高0.15寸，厚0.12寸计。

（踏道圜桥子）

【题解】

踏道圜桥子，是施于佛道帐之前的踏阶，其外轮廓形式为曲圜式飞虹桥状。依《法式》规则，其桥高4.5尺；斜拽之长，即具有斜向拽脚的圜桥子斜向长度为3.7～5.5尺；圜桥子桥面宽度为5尺。

桥子下用龟脚，上施连梯与立旌；并沿桥身两颊之外侧框内施合版，四周缠难子。两颊内侧，用木条（即楎）相连，并逐层安促版与踏版。两颊之上，随桥子之圜势施以勾阑、望柱。

虽可以按桥子每尺之高，推算出主要名件尺寸，但桥子诸名件，如连梯、立柱以及背版、月版等,彼此之间的构造关系仍难以厘清。

（踏道圜桥子）

踏道圜桥子:高四尺五寸,斜拽长三尺七寸至五尺五寸[1],面广五尺。下用龟脚,上施连梯、立桯[2],四周缠难子合版,内用棍。两颊之内,逐层安促、踏版,上随圜势,施勾阑、望柱。

【注释】

①斜拽长:指踏道圜桥子最下一层踏阶下皮外侧与帐坐上皮外沿的斜长。

②连梯:疑指构成踏道圜桥子的木框架,其以两侧木颊及横向卧棍组成,类如连梯形式。立桯(jīng):支撑踏道圜桥子的立木。

【译文】

踏道圜桥子:其高为4.5尺,自帐坐上皮外沿至最下一层踏阶下皮外沿,斜拽长度为3.7尺至5.5尺,圜桥子面广5尺。圜桥子之下施龟脚,龟脚之上用连梯、立桯,圜桥子两侧由龟脚、连梯、立桯所围合桥子之下侧面四周,皆施以合版,缠以难子,圜桥子侧壁之内以棍相连。圜桥子两侧颊之内,逐层施安促版与踏版,两颊之上随其圜势,施设勾阑、望柱。

（踏道圜桥子诸名件）

龟脚:每桥子高一尺,则长二寸,广六分,厚四分[1]。

连梯桯[2]:其广一寸,厚五分[3]。

连梯棍[4]:长随广,其方五分[5]。

立柱[6]:长视高,方七分[7]。

拢立柱上栿^⑧：长与方并同连梯栿。

两颊：每高一尺，则加六寸^⑨，曲广四寸，厚五分^⑩。

促版、踏版：每广一尺，则长九寸六分^⑪。广一寸三分^⑫，踏版又加三分^⑬。厚二分三厘^⑭。

踏版栿^⑮：每广一尺，则长加八分^⑯。方六分^⑰。

背版^⑱：长随柱子内，广视连梯与上栿内。以厚六分为定法。

月版^⑲：长视两颊及柱子内，广随两颊与连梯内。以厚六分为定法。

【注释】

①长二寸，广六分，厚四分：以桥子每高1尺，其下龟脚长2寸，高0.6寸，厚0.4寸计；若桥子高4.5尺，则龟脚长9寸，高2.7寸，厚1.8寸。

②连梯桯（tīng）：指构成踏道圜桥子之连梯状框架的条状木方。

③广一寸，厚五分：以桥子每高1尺，连梯桯截面宽1寸，厚0.5寸计；若桥子高4.5尺，则连梯桯宽4.5寸，厚2.25寸。

④连梯栿：指连接桥子两侧连梯桯的横向木方。

⑤方五分：以桥子每高1尺，其连梯栿截面方为0.5寸计；若桥子高4.5尺，则其栿截面2.25寸见方。

⑥立柱：疑即上文所言之立旌，其作用是支撑圜桥子的连梯里端，即最靠近帐坐外沿之处。

⑦方七分：以桥子每高1尺，立柱截面方0.7寸计；若桥子高4.5尺，则立柱截面3.15寸见方。

⑧拢立柱上栿：指施于左右立柱上端的横向木方。

⑨每高一尺，则加六寸：其两颊之长是在圜桥子之高的基础上再加长6寸，若圜桥子高4.5尺，则其两颊长5.1尺。

⑩曲广四寸，厚五分：以桥子每高1尺，其两颊截面曲广4寸，厚0.5

寸计；若桥子高4.5尺，则两颊曲广1.8尺，厚2.25寸。

⑪每广一尺，则长九寸六分：以桥子面广每长1尺，其促版与踏版各长9.6寸计；若桥子面广5尺，则其促版与踏版各长4.8尺。

⑫广一寸三分：以桥子每高1尺，其促版宽1.3寸计；若桥子高4.5尺，则促版宽5.85寸。

⑬又加三分：其踏版在促版宽度基础上再加0.3寸，以桥子每高1尺，其踏版宽1.6寸计；若桥子高4.5尺，则其踏版宽7.2寸。

⑭厚二分三厘：以桥子每高1尺，其促版与踏版各厚0.23寸计；若桥子高4.5尺，则其促版与踏版各厚1.035寸。

⑮踏版棍：疑指踏版下所施横木，其棍或与同一踏阶层的连梯棍在水平方向呈前后关系。

⑯每广一尺，则长加八分：以桥子面广每长1尺，踏版棍的长度在此基础上加长0.8寸计；若桥子面广5尺，则踏版棍长5.4尺。

⑰方六分：以桥子每高1尺，其踏版棍截面方为0.6寸计；若桥子高4.5尺，则其踏版棍截面2.7寸见方。

⑱背版：疑为在围桥子之后，两立柱之间，沿帐坐外壁所施与帐坐相邻接的立版。

⑲月版：疑为在踏道围桥子之下，两颊之间，连梯之内所施的底版。

【译文】

龟脚：以桥子每高1尺，其下龟脚长2寸，宽0.6寸，厚0.4寸计。

连梯桯：以桥子每高1尺，其桯截面宽1寸，厚0.5寸计。

连梯棍：棍之长随围桥子面广长度而定，以桥子每高1尺，棍之截面方0.5寸计。

立柱：柱之长与桥子高度尺寸相当，以桥子每高1尺，其柱截面方0.7寸计。

拢立柱上棍：棍的长度和截面尺寸都与连梯棍的长度和截面尺寸相同。

两颊：以桥子每高1尺，其两颊之长则在此长度基础上再加6寸计，两颊之宽以桥子每高1尺，其颊曲宽4寸、厚0.5寸计。

促版、踏版：以桥子面广每长1尺，其促版、踏版各长9.6寸计。以桥子每高1尺，其促版宽1.3寸，其踏版再加宽0.3寸。促版与踏版各厚0.23寸计。

踏版棍：以桥子面广每长1尺，其棍在此基础上再加长0.8寸计。以桥子每高1尺，其棍截面方0.6寸计。

背版：版之长依两立柱间的内距而定，版之宽则依连梯与上棍内的距离而定。版之厚为0.6寸，这一厚度为绝对尺寸。

月版：其版之长依两颊之间及两柱子之间的内距而定，版之宽则依两颊之间连梯之内的距离而定。月版之厚仍为0.6寸，这一厚度为绝对尺寸。

（山华蕉叶造）

【题解】

山华者，意即山花；蕉叶者，较大可能是指芭蕉叶。古人常将芭蕉叶形式雕琢为如花卉般的开放形式，并将这一形式施用于诸如佛塔屋檐或小木作顶盖部位，以形成一种特殊的装饰效果。这一装饰做法即称"山华蕉叶造"。

如果佛道帐上层采用山华蕉叶造做法，其帐身之上则不用采用屋顶结宽形式，而是以具有装饰效果的山华蕉叶作为帐顶形式。山华蕉叶式佛道帐顶盖的名件广厚，皆取自普拍方至山华每尺之高，积而为法，但文中并未明确给出自普拍方至山华蕉叶的高度，且这里的高度所指，是山华蕉叶之底部，还是山华蕉叶之上端，亦未做说明。

这段上下文中，唯一给出的高度是所谓的"共高"2.77尺，或可以将此尺寸看作是紧接其后所言"每尺之高，积而为法"的基数。下文诸名件尺寸，以此基数推出，仅做参考。

（山华蕉叶造）

上层如用山华蕉叶造者，帐身之上，更不用结瓲[①]。其压厦版，于橑檐方外出四十分°[②]，上施混肚方[③]。方上用仰阳版[④]，版上安山华蕉叶。共高二尺七寸七分。其名件广厚，皆取自普拍方至山华每尺之高，积而为法。

【注释】

①更不用结瓲：原文"更不用结瓦"，梁注本改为"更不用结瓲"。傅合校本注："瓲。"又注："瓬，故宫本。"

②橑（liáo）檐方：傅合校本注："橑"为"撩"，并注："撩，故宫本。"此处仍暂从原文。四十分°：这里的"四十分"究竟是尺寸单位"分"，还是材分°制度的"分°"？不很清楚。若是材分°之"分°"，则其材高尺寸并不确定。若以帐坐所用枓栱材高1.8寸计，则其分°值为0.12寸，40分°则为4.8寸；若是尺寸单位，则为4寸。此处暂取材分°制度的"分°"意。

③混肚方：疑指施于压厦版之上，其外露之正面斫为圆混线脚的条状木方。

④仰阳版：疑为施于佛道帐顶版之上的四周，形式呈上仰且外张之态势的装饰版。

【译文】

如果上层采用山华蕉叶式的造型做法，其帐身之上就不再用施造结瓲式屋顶造型。帐身顶部的压厦版，在橑檐方缝处向外出挑40分°，压厦版上施混肚方。方上覆以仰阳版，版上施安山华蕉叶。上层自帐身上腰檐处所施普拍方至山华蕉叶上端共高2.77尺。上层所用各种名件的广厚尺寸，都以这一高度的每1尺，其相应的比例尺寸，推算而出。

（山华蕉叶造诸名件）

顶版①：长随间广，其广随深。以厚七分为定法。

混肚方：广二寸，厚八分②。

仰阳版：广二寸八分，厚三分③。

山华版④：广厚同上。

仰阳上下贴：长同仰阳版，其广六分，厚二分四厘⑤。

合角贴⑥：长五寸六分⑦，广厚同上。

柱子⑧：长一寸六分⑨，广厚同上。

榑⑩：长三寸二分，广同上，厚四分⑪。

【注释】

①顶版：上层采用山华蕉叶形式的佛道帐帐顶盖版，与前文所提到的压厦版在同一个标高上。

②广二寸，厚八分：以佛道帐上层每高1尺，其仰阳版下所施混肚方高2寸，厚0.8寸计；若上层高2.77尺，则其方高5.54寸，厚约2.22寸。

③广二寸八分，厚三分：以佛道帐上层每高1尺，仰阳版宽2.8寸，厚0.3寸计；若上层高2.77尺，则其版宽约7.76寸，厚约0.83寸。

④山华版：当指山华蕉叶版，其形式为上仰的蕉叶状木版。

⑤广六分，厚二分四厘：以佛道帐上层每高1尺，其仰阳版上下所施贴宽0.6寸，厚0.24寸计；若上层高2.77尺，则其贴宽约1.66寸，厚约0.66寸。

⑥合角贴：指在上层转角处沿仰阳版及山华版所施贴。

⑦长五寸六分：以佛道帐上层每高1尺，其合角贴长5.6寸计；若上层高2.77尺，则合角贴长约1.55尺。

⑧柱子：未知其柱施于何处。疑为在普拍方之上与帐身柱成对位关

系，起到支撑榑檐方及仰阳版、山华版等构件的短柱。

⑨长一寸六分：以佛道帐上层每高1尺，柱子长1.6寸计；若上层高2.77尺，则柱子长约为4.43寸。

⑩楅（bī）：疑为施于仰阳版与山华版之后的条状木方。

⑪长三寸二分，广同上，厚四分：以佛道帐上层每高1尺，其楅长3.2寸，宽同贴等为0.6寸，厚0.4寸计；若上层高2.77尺，则其楅长约8.86寸，宽约1.66寸，厚约1.11寸。

【译文】

顶版：山华蕉叶造佛道帐顶版，版之长依佛道帐间广尺寸而定，版之宽依佛道帐进深尺寸而定。版的厚度为0.7寸，此厚度为绝对尺寸。

混肚方：以佛道帐上层每高1尺，混肚方宽2寸，厚0.8寸计。

仰阳版：以佛道帐上层每高1尺，仰阳版宽2.8寸，厚0.3寸计。

山华版：其版的宽度、厚度与仰阳版的宽度、厚度相同。

仰阳上下贴：施于仰阳版上下之贴的长度与仰阳版的长度相同，以佛道帐上层每高1尺，仰阳上下贴宽0.6寸，厚0.24寸计。

合角贴：施于佛道帐上层顶部转角处的合角贴，以佛道帐上层每高1尺，其贴长为5.6寸计，贴的宽度、厚度与仰阳上下贴的宽度、厚度相同。

柱子：佛道帐上层所施短立柱，以上层每高1尺，其柱长1.6寸计，柱子的宽度、厚度与合角贴或仰阳上下贴的宽度、厚度相同。

楅：仰阳版及山华版后所施楅，以佛道帐上层每高1尺，其楅长3.2寸，其楅之宽与柱子等的宽度相同，厚0.4寸计。

（佛道帐芙蓉瓣）

【题解】

由本卷"造佛道帐之制"条所言"帐身下安芙蓉瓣、叠涩、门窗、龟脚坐"，则芙蓉瓣安于佛道帐帐身之下，以承托帐坐之叠涩、帐身之门窗等;"帐坐"条又有言:"自龟脚上每涩至上勾阑,逐层并作芙蓉瓣造。"或可以理解为,组成佛道帐诸名件,除了结构骨架之外,其外观部分皆以标准的宽度,即"芙蓉瓣",相互拼合而成。每瓣的长度为1.2尺。

再以"帐身"条"帐身:高一丈二尺五寸,长与广皆随帐坐,量瓣数随宜取间",且帐坐、帐身中一些名件,多以"每一瓣用一条",或"逐瓣用之"等做法推之,则这里的"瓣",也是构成佛道帐帐坐、帐身及天宫楼阁、山华蕉叶等部分的横向度量单位。其每一瓣之长为1.2尺,以此构成了佛道帐诸层结构在面广方向的一个基本模数。

帐坐、帐身之芙蓉瓣,下与龟脚相对,上与帐身所施铺作相对。

帐身上用屋盖,结㼧的瓦陇条之宽,亦与陇条之间的间距相当。至翼角,其瓦陇条及㼧当亦随宜分布。

其屋盖之举折与枓栱,亦应参照大木作制度做法,随其材分°比例减缩而定。帐身柱子及飞子的卷杀,亦如大木作制度做法。

凡佛道帐芙蓉瓣①,每瓣长一尺二寸②,随瓣用龟脚③。上对铺作④。结㼧瓦陇条⑤,每条相去如陇条之广⑥。至角随宜分布。其屋盖举折及枓栱等分数,并准大木作制度,随材减之。卷杀瓣柱及飞子亦如之⑦。

【注释】

①佛道帐芙蓉瓣:这里的"芙蓉瓣",及前文有关帐坐部分中所提到的"自龟脚上每涩至上勾阑,逐层并作芙蓉瓣造",虽然只是描述了帐坐部分,但也暗示了芙蓉瓣所具有的某种现代预制组装单元之雏形的性质,即将佛道帐分为若干"瓣"相同或类似的单元体,然后将其组装在一起。"芙蓉瓣"似是因花卉中的芙蓉其花瓣的形式与尺寸比较接近而得名,这里仅是借用其所具有的某种统一

与标准的含义。

②**每瓣长一尺二寸**：即将佛道帐在面广方向按1.2尺的模数分割。从前文可知，佛道帐进深为12.5尺，即其进深为10瓣，并余出0.5尺，以作为其构件组合的外溢部分。但《法式》行文中未给出佛道帐的面广尺寸，仅在本卷"佛道帐·造佛道帐之制"条中提到："两面与两侧制度并同。（作五间造。）"却未给出每一间的间广尺寸。这或也为营造者对佛道帐面广长度，做因地制宜、因材制宜的处理，提供了最大的可能。

③**随瓣用龟脚**：即每一对龟脚，恰好组成一个芙蓉瓣。如帐坐从龟脚至座上勾阑，逐层均采用芙蓉瓣做法，则可以形成上下对应的标准化单元。

④**上对铺作**：其意似为，腰檐下所施枓栱铺作的中缝恰与芙蓉瓣的中缝相重合，即每一朵铺作对应于帐坐底部的一对龟脚，同样，柱头铺作亦要对应芙蓉瓣，则佛道帐帐身所施帐柱也与帐坐中的芙蓉瓣相对应。

⑤**结宽瓦陇条**：原文"结瓦瓦陇条"，梁注本改为"结宽瓦陇条"。傅合校本注："结瓦"之"瓦"为"宽"。

⑥**每条相去如陇条之广**：佛道帐腰檐屋顶结宽瓦陇条与陇当的宽度，可能也与芙蓉瓣有一定的对应关系，但是，其文中并未给出相应的说明，仅表述了其陇与陇之间的空当距离，即"每条相去"之空隙，与瓦陇条本身的宽度相同。

⑦**卷杀瓣柱**：陈注：改"卷杀"为"杀蒜"，并注："杀蒜，四库本，丁本。"傅合校本：改"卷杀"为"杀蒜"，并注："杀蒜，四库本、丁本皆作'杀蒜'。'卷'字二本皆无。故宫本亦无'卷'字。"蒜（lì），意为草木稀疏状；又与"蒜"通。未知"杀蒜瓣柱"应作何解，是否意为"杀蒜瓣柱"，即将其柱截面削斫为多柱组合的"蒜瓣"柱式样？未可知。梁注本为"卷杀瓣柱"，这里暂从原文。

【译文】

凡以芙蓉瓣方式营造的佛道帐,其每瓣的长度为1.2尺,帐坐之下随其瓣长施用龟脚。每一芙蓉瓣龟脚中缝亦与帐身腰檐下所施铺作缝上下对应。其腰檐屋盖所施结瓩瓦陇条,每两条瓦陇条之间相去的距离与瓦陇条的宽度相同。至屋檐翼角处,其瓦陇条及陇当的间距应随宜分布。其屋盖的举折高下及檐下的枓栱材分°等相应尺寸关系,都应以大木作制度中相应做法,随其所用材之大小,做相应缩减。其柱之卷杀分瓣以及屋盖檐口所施飞子等做法,亦以大木作制度相应做法为准,做适度缩减。

卷第十　小木作制度五

牙脚帐　九脊小帐　壁帐

【题解】

　　本卷内容中所述及之牙脚帐、九脊小帐及壁帐，均属可以施之于房屋室内，类似小木作殿屋模型式样的木制帐龛式装置。如前卷所提到的有关"帐"与"藏"的功能区别，这里的三种小木作做法，仍属于"帐"的范畴，故其功能仍有可能是用作供奉佛道偶像，或用于供奉先祖牌位的帐龛。

　　就这三种"帐"而言，其实前两种做法，在形式上是可以有所交集的。因为，所谓"牙脚帐"，指的是其帐的帐坐根部采用了"牙脚"形式的装饰处理；而"九脊小帐"，则指其帐顶的形式采用的是与大木作九脊殿屋顶相类似的外形做法；若将两者结合，或可以出现"九脊牙脚小帐"的做法，如在《法式》卷第三十二的附图中，就有"九脊牙脚小帐"的图形。当然，九脊小帐可以不采用有牙脚装饰的基座，或牙脚帐未采用九脊式屋顶的形式，这两种情况也都是可能存在的。

　　本卷中提到的"壁帐"，无疑也是一种用以供奉神佛的木制帐龛形式，只是壁帐可能是紧贴着房屋室内的墙壁施设的，其形式上似也应有帐坐、帐身与帐顶的处理。其帐坐之上，应该依据开间的不同，留出适当的帐内空间，用以供奉神佛的造像。遗憾的是，《法式》卷第三十二的附图中,仅有天宫楼阁佛道帐与山华蕉叶佛道帐以及九脊牙脚小帐的图形,唯一缺失的就是"壁帐"的图形。仅仅从行文,还难以对壁帐的形态做一个完整的展现。我们或可以从其附图所给出的各种"帐",以及"天宫壁藏"的外观与构造形式,推想出宋代小木作之"壁帐"的可能形态。

本卷图样参见卷第三十二《小木作制度图样》图32-61。

牙脚帐

【题解】

牙脚帐,指其帐坐为牙脚坐形式的帐龛。牙脚帐分为上、中、下三段。这三段分别为:牙脚坐、帐身、山华仰阳版,其中的每一段,又各自分为三段造做法。

牙脚帐的高度为1.5丈,通面广3丈,其内外拢之深,亦即牙脚帐的进深,为8尺。这一长度为8尺的进深尺寸,当为牙脚帐诸段进深所采用的标准尺寸。

如上所言,牙脚帐分为上、中、下三段,或称"三层"。

下层为牙脚坐,坐下施以龟脚,与前文所说的龟脚坐十分接近。

中层为帐身;帐身下施为锃脚,锃脚之上用隔科版。这里所说的"隔科",《法式》原文中抄为"隔枓",本书从傅先生的校正本,在题解中称其为"隔科",在注释与译文中暂从原文。下同。

上层为山华仰阳版,这种仰阳版的形式或与前文中所提到的山华蕉叶版有相类之处。在帐身之上,山华仰阳版之下,还会施以六铺作枓栱。

牙脚帐之三层中的每一层,又各自分为三段造。其中每一段的名件广厚尺寸,都是基于牙脚帐所分三层的各层高度,以其层每1尺之高,该名件所应取的比例尺寸,推算而出的。

（造牙脚帐之制）

造牙脚帐之制①：共高一丈五尺，广三丈，内外拢共深八尺②。以此为率③。下段用牙脚坐④；坐下施龟脚。中段帐身上用隔科⑤；下用锓脚。上段山华仰阳版⑥；六铺作。每段各分作三段造。其名件广厚，皆随逐层每尺之高，积而为法。

【注释】

①牙脚帐：比佛道帐尺度要小一些的室内龛帐，因其基座采用了牙脚坐，故称为"牙脚帐"。

②内外拢：这里的"内外拢"，似亦可称为"前后拢"，两拢的距离，即牙脚帐的进深，大约类似于房屋的进深，似可将"外拢"理解为与帐身前帐柱缝相对应的前拢缝，"内拢"为与帐身后帐柱相对应的后拢缝。

③以此为率：意思是说，这里给出的高1.5丈、广3丈、深8尺的牙脚帐尺度是一个基本架构，可以按照这一比例适度地增大或缩小。

④牙脚坐：指牙脚帐的台座，其座下采用了龟脚形式的"牙脚"装饰版。

⑤隔科：傅合校本：改"科"为"枓"。下同。

⑥山华仰阳版：指牙脚帐的顶盖之上以山华仰阳版形式结顶，而未采用屋顶形式。

【译文】

营造牙脚帐的制度：其帐总高为1.5丈，面广为3丈，前后帐柱缝进深共为8尺。以这一尺寸为基准。牙脚帐的下段，是牙脚坐；其坐之下施以龟脚。牙脚帐的中段为帐身，帐身上部用隔科版；帐身下部用锓脚版。牙脚帐的上段施以山华仰阳版；帐身之内施以六铺作科栱。牙脚帐之三段划分中的每一段，再各自分为三段造。牙脚帐各种构件的广厚尺寸，都是依照其每层高度中的每1尺之高，所给出的构件相应比例尺寸，累积推算而出的。

（牙脚坐）

【题解】

　　牙脚坐，即牙脚座，指的是牙脚帐的帐坐。其坐高2.5尺，长3.2丈，深1丈。牙脚坐下用连梯、龟脚，其形式与古代建筑中的须弥坐有一些类似。坐之中段为束腰，束腰之上施压青牙子、牙头、牙脚，牙脚坐的后部以背版填心。坐之上用与连梯相对应的梯盘，梯盘上覆以面版，以形成牙脚坐的上表面；牙脚坐之上施安牙脚帐的帐身，坐上之四周施以重台勾阑，勾阑的高度为1尺。勾阑做法与佛道帐中勾阑的做法相同。

（牙脚坐）

　　牙脚坐：高二尺五寸，长三丈二尺，深一丈。坐头在内①。下用连梯、龟脚②。中用束腰、压青牙子、牙头、牙脚③，背版填心④。上用梯盘、面版⑤，安重台勾阑，高一尺。其勾阑并准佛道帐制度。

【注释】

①坐头：疑指牙脚坐的顶版。

②连梯：即牙脚坐的前后拢之间连以卧棍，形成类似连梯状的牙脚坐底框。

③压青牙子：未知其准确含义及位置，推测其可能为施于牙脚坐束腰之上，形为牙子状的条形版。牙头、牙脚：疑指压青牙子之上端与下端所斫凿的装饰版形式。

④背版填心：指牙脚坐后拢之背版位置上所施的填心版。

⑤梯盘：与牙脚坐下所用连梯相对应的连梯，即施于牙脚坐上部的顶框，其盘之上覆以面版。

【译文】

牙脚帐帐坐：坐高2.5尺，面广3.2丈，进深1丈。坐头的尺寸包含在内。坐的下段施用连梯、龟脚。坐的中段用束腰，束腰之上施以压青牙子，压青牙子之上下各研镌为牙头、牙脚形式，牙脚坐后拢之上背版处施以填心版。牙脚坐上部施用与连梯相对应之梯盘，梯盘之上覆以坐面版，面版之上施安重台勾阑，勾阑的高为1尺。其勾阑做法与佛道帐之帐坐上所施重台勾阑制度相同。

（牙脚坐诸名件）

龟脚：每坐高一尺，则长三寸，广一寸二分，厚一寸四分①。

连梯：随坐深长。其广八分，厚一寸二分②。

角柱③：长六寸二分，方一寸六分④。

束腰：长随角柱内。其广一寸，厚七分⑤。

牙头：长三寸二分，广一寸四分，厚四分⑥。

牙脚：长六寸二分，广二寸四分⑦，厚同上。

填心：长三寸六分，广二寸八分⑧，厚同上。

压青牙子：长同束腰，广一寸六分，厚二分六厘⑨。

上梯盘⑩：长同连梯，其广二寸，厚一寸四分⑪。

面版：长广皆随梯盘长深之内，厚同牙头。

背版：长随角柱内，其广六寸二分，厚三分二厘⑫。

束腰上贴络柱子：长一寸，两头叉瓣在外⑬。方七分⑭。

束腰上衬版：长三分六厘，广一寸⑮，厚同牙头。

连梯榥：每深一尺，则长八寸六分。方一寸⑯。每面广一尺用一条。

立榥：长九寸⑰，方同上。随连梯榥用五条。

梯盘榥[18]：长同连梯，方同上。用同连梯榥。

【注释】

①长三寸，广一寸二分，厚一寸四分：以牙脚坐每高1尺，其下龟脚长3寸，宽1.2寸，厚1.4寸计；若牙脚坐高2.5尺，则其龟脚长7.5寸，宽3寸，厚3.5寸。

②广八分，厚一寸二分：以牙脚坐每高1尺，其连梯木截面宽0.8寸，厚1.2寸计；若牙脚坐高2.5尺，则连梯木宽2寸，厚3寸。

③角柱：为施于牙脚帐坐转角部位的下部连梯与上部梯盘之间的立柱。

④长六寸二分，方一寸六分：以牙脚坐每高1尺，其坐之角柱长6.2寸，柱截面方1.6寸计；若牙脚坐高2.5尺，则角柱长1.55尺，柱截面方4寸。

⑤广一寸，厚七分：以牙脚坐每高1尺，其束腰宽1寸，厚0.7寸计；若牙脚坐高2.5尺，则束腰宽2.5寸，厚1.75寸。

⑥长三寸二分，广一寸四分，厚四分：以牙脚坐每高1尺，其牙头长3.2寸，宽1.4寸，厚0.4寸计；若牙脚坐高2.5尺，则牙头长8寸，宽3.5寸，厚1寸。

⑦长六寸二分，广二寸四分：以牙脚坐每高1尺，其牙脚长6.2寸，宽2.4寸计；若牙脚坐高2.5尺，则牙脚长1.55尺，宽6寸。

⑧长三寸六分，广二寸八分：以牙脚坐每高1尺，其背版填心长3.6寸，宽2.8寸计；若牙脚坐高2.5尺，则其填心长9寸，宽7寸。

⑨广一寸六分，厚二分六厘：以牙脚坐每高1尺，压青牙子宽1.6寸，厚0.26寸计；若牙脚坐高2.5尺，则压青牙子宽4寸，厚0.65寸。

⑩上梯盘：指与牙脚坐下部所施连梯相对应的帐坐上部框架。

⑪广二寸，厚一寸四分：以牙脚坐每高1尺，其上梯盘木宽2寸，厚1.4寸计；若牙脚坐高2.5尺，则梯盘木宽5寸，厚3.5寸。

⑫广六寸二分,厚三分二厘:以牙脚坐每高1尺,其背版宽6.2寸,厚0.32寸计;若牙脚坐高2.5尺,则背版宽1.55尺,厚0.8寸。

⑬两头叉瓣:疑指束腰贴络柱子与束腰上下之名件相衔接的部分。

⑭长一寸,方七分:以牙脚坐每高1尺,其坐束腰上贴络柱子长1寸,柱子截面方0.7寸计;若牙脚坐高2.5尺,则束腰上贴络柱子长2.5寸,柱截面方1.75寸。

⑮长三分六厘,广一寸:原文"长三分六厘",陈注:"三寸六分?"傅合校本:"疑为'三寸六分'之误。广一寸,厚四分,而长只三分六厘,似不可能。下文'九脊小帐'束腰衬版广厚略同,而长二寸八分,故改正之。"从陈先生、傅先生所改。以牙脚坐每高1尺,其束腰上衬版长3.6寸,宽1寸计;若牙脚坐高2.5尺,则束腰上衬版长9寸,宽2.5寸。

⑯方一寸:以牙脚坐每高1尺,其下连梯所施榥,截面方1寸计;若帐坐高2.5尺,则连梯榥截面方2.5寸。

⑰长九寸:以牙脚坐每高1尺,其连梯与梯盘间所施立榥长9寸计;若帐坐高2.5尺,则其立榥长2.25尺。

⑱梯盘榥:指牙脚坐上所施梯盘内的横向条状方木。

【译文】

龟脚:以牙脚坐每高1尺,其下龟脚长3寸,宽1.2寸,厚1.4寸计。

连梯:牙脚坐下所施连梯的长与宽,与牙脚坐的面广与进深尺寸相同。以牙脚坐每高1尺,其连梯木截面宽0.8寸,厚1.2寸计。

角柱:以牙脚坐每高1尺,其坐四角所施角柱长6.2寸,柱截面方1.6寸计。

束腰:牙脚坐中部所施束腰,其长随左右角柱之间的净距而定。以牙脚坐每高1尺,束腰宽1寸,厚0.7寸计。

牙头:以牙脚坐每高1尺,其牙脚坐所施牙头长3.2寸,宽1.4寸,厚0.4寸计。

牙脚：以牙脚坐每高1尺，其牙脚坐所施牙脚长6.2寸，宽2.4寸计，牙脚的厚度与牙头的厚度相同。

填心：以牙脚坐每高1尺，其背版之填心版长3.6寸，宽2.8寸计，填心的厚度与牙头、牙脚的厚度相同。

压青牙子：牙脚坐上所施压青牙子的长度与其坐所施束腰的长度相同，以牙脚坐每高1尺，压青牙子宽1.6寸，厚0.26寸计。

上梯盘：上梯盘之长与连梯的长度相同，以牙脚坐每高1尺，其上梯盘木的截面宽2寸，厚1.4寸计。

面版：覆于上梯盘之上的面版，其长度与宽度随梯盘之内的长度与宽度而定，面版的厚度与牙头的厚度相同。

背版：背版之长随牙脚坐后两角柱之间的净距而定，以牙脚坐每高1尺，背版宽6.2寸，厚0.32寸计。

束腰上贴络柱子：以牙脚坐每高1尺，贴络柱子长1寸，柱子两头的叉瓣不计在内。柱子截面方0.7寸计。

束腰上衬版：以牙脚坐每高1尺，束腰上衬版长0.36寸，宽1寸计，衬版之厚与牙头厚度相同。

连梯棍：下连梯内所施棍，以连梯进深每长1尺，其棍长为8.6寸计。以牙脚坐每高1尺，棍之截面方1寸计。以连梯面广每长1尺，施用1条棍。

立棍：下连梯与上梯盘之间所施立棍，以牙脚坐每高1尺，其棍长9寸计，棍之截面与连梯棍截面相同。与连梯棍相对应，施用立棍5条。

梯盘棍：上梯盘内所施棍，其长度与连梯棍的长度相同，其截面尺寸亦与连梯棍及立棍的截面尺寸相同。梯盘棍的施用亦与连梯棍同。

（帐身）

【题解】

施于牙脚坐之上的帐身，是牙脚帐的主体，帐身高为9尺，通面广3

丈,进深8尺,从平面尺寸看,比其下的牙脚坐,在四面各向内缩进1尺。帐身用柱子,柱上施以隔枓版,柱下施以锓脚版,隔枓版之上承托山华仰阳版;以柱子之间的欢门、帐带等形成帐身外观的前立面。帐身两侧及后壁,则用心柱、腰串形成框架,并在其内安版缠以难子。帐身前面每间的两侧施立颊,并安泥道版。

其帐身由内外槽柱组成,内外帐柱的长度依帐身高度而定,帐身内所施其他构件,以帐身每1尺之高,其构件所取的相应比例尺寸,推算而出。内外帐柱槽上所施隔枓的长度,则随帐身间架的进深与面广而定。

施于内外槽柱之上的隔枓上的木条,称为"上隔枓仰托榥",其榥的长度与内外槽上所施隔枓版相同。上隔枓内外施以上下贴,及内外上柱子。

帐身内外槽柱上还会施以欢门,欢门的长度同上柱子之长。

帐身的两侧及后壁施以合版,合版的长度与其柱旁所施立颊的长度相同,这一长度亦即帐身所施上下仰托榥内的高差,合版的宽度则随帐柱与心柱间的净距而定。关于其心柱、腰串、立颊、泥道版及难子,文中皆列出了相应的尺寸。

帐身之内,顶部施以平棊,平棊之内有华文等。平棊之桯的长度随枓槽四周之内的距离而定。平棊之上覆以背版,其版之长与宽随其桯之内距而定。背版四周施以贴,贴之长亦随其桯之内距而定。平棊内亦施难子并贴华,及福与护缝。

(帐身)

帐身:高九尺,长三丈,深八尺。内外槽柱上用隔枓[1],下用锓脚。四面柱内安欢门、帐带[2],两侧及后壁皆施心柱、腰串、难子,安版。前面每间两边,并用立颊、泥道版[3]。

【注释】

① 隔枓：据傅合校本，原文"隔枓"应改为"隔枓"。其意当为施于柱头之上的条形立版。

② 四面：从后文所提两侧及后壁施心柱、腰串等推断，不可能在四面柱内都施安欢门，故这里的"四面"，似仅指在四面施了"帐带"。欢门：原意指宋时城市街道上所搭造的装饰性门，或将门窗加以彩色装饰。如《东京梦华录·酒楼》："凡京师酒店，门首皆缚彩楼欢门。"又《食店》："近里门面窗户，皆朱绿装饰，谓之'欢门'。"这里指帐身前檐每两帐柱间所施略具尖拱形式的装饰性门。帐带：疑指施于帐身内外槽柱顶部的横向拉结木方。

③ 泥道版：这里的"泥道版"，只是借用了大木作制度柱槽缝上所施泥道版的概念，此处当指每两帐柱及立颊间所施的嵌版，疑施于帐身前部柱缝之上。

【译文】

帐身：其高9尺，面广3丈，进深8尺。帐身之内槽柱与外槽柱，其柱头之上皆施用隔枓版，柱下施用锃脚板。四面柱之间皆连以帐带，帐身前柱间施以欢门，帐身两侧及后壁于两帐柱间施心柱与腰串，柱及腰串间安版，版之四周缠以难子。帐身前面每两帐柱之间，其两侧各施立颊，欢门之上则施以泥道版。

（帐身诸名件）

内外帐柱①：长视帐身之高，每高一尺，则方四分五厘②。

虚柱③：长三寸［六分］，方四分五厘④。

内外槽上隔枓版⑤：长随每间之深广，其广一寸二分四厘，厚一分七厘⑥。

上隔枓仰托榥⑦：长同上，广四分，厚二分⑧。

上隔枓内外上下贴⑨：长同上，广二分，厚一分⑩。

上隔枓内外上柱子⑪：长五分⑫。下柱子：长三分四厘⑬。其广厚并同上。

内外欢门：长同上⑭。其广二分，厚一分五厘⑮。

内外帐带：长三寸四分，方三分六厘⑯。

里槽下锃脚版：长随每间之深广。其广七分，厚一分七厘⑰。

锃脚仰托榥：长同上，广四分，厚二分⑱。

锃脚内外贴：长同上，广二分，厚一分⑲。

锃脚内外柱子⑳：长五分，广二分㉑，厚同上。

两侧及后壁合版：长同立颊，广随帐柱、心柱内。其厚一分㉒。

心柱：长同上，方三分五厘㉓。

腰串：长随帐柱内，方同上。

立颊：长视上下仰托榥内，其广三分六厘，厚三分㉔。

泥道版：长同上。其广一寸八分，厚一分㉕。

难子：长同立颊，方一分㉖。安平棊亦用此。

平棊：华文等并准殿内平棊制度。

桯：长随枓槽四周之内㉗。其广二分三厘，厚一分六厘㉘。

背版：长广随桯。以厚五分为定法。

贴：长随桯内，其广一分六厘㉙。厚同背版。

难子并贴华：厚同贴。每方一尺，用华子二十五枚或十六枚。

福：长同桯，其广二分三厘，厚一分六厘㉚。

护缝：长同背版，其广二分③¹。厚同贴。

【注释】

① 内外帐柱：这里的"内外帐柱"，与前文所说的"内外槽柱"意思相同，大概都是与牙脚帐"内外拢"相对应的前槽柱与后槽柱，而与大木作制度之"内外槽柱"所表达的内柱与檐柱之概念不同。

② 方四分五厘：以帐身每高1尺，其内外帐柱截面方0.45寸计；若帐身高9尺，则其柱截面方4.05寸。

③ 虚柱：指施于牙脚帐前每两帐柱之间的悬柱，其性质与清代的垂莲柱有相似之处，其功能或有承托帐身前之欢门的作用。

④ 长三寸[六分]，方四分五厘：原文"长三寸，方四分五厘"，陈注："疑'三寸五分'或'三寸六分'，虚柱。"傅合校本："卷九'天官楼阁'佛道帐及卷十'九脊小帐'之虚柱，皆长过帐带。九脊小帐之虚柱亦方四分五厘，而长则三寸五分，故疑为'三寸五分'或'三寸六分'之误。"这里从陈先生与傅先生所注，从"长三寸六分"。以帐身每高1尺，其前帐柱间所施虚柱长3.6寸，柱截面方0.45寸计；若帐身高9尺，则虚柱长3.24尺，厚4.05寸。

⑤ 内外槽上隔科版：依傅先生合校本，似应改为"内外槽上隔科版"，即前文所提到的内外槽上所用"隔科（隔科）"。本书在注释、译文中暂以"隔科版"叙述。

⑥ 广一寸二分四厘，厚一分七厘：以帐身每高1尺，其内外槽上隔科版宽1.24寸，厚0.17寸计；若帐身高9尺，则隔科版宽1.116尺，厚1.53寸。

⑦ 上隔科仰托榥（huàng）：依傅先生合校本，应改为"上隔科仰托榥"。疑指施于内外槽柱隔科版间的条状横木。

⑧ 广四分，厚二分：以帐身每高1尺，其上隔科仰托榥截面宽0.4寸，厚0.2寸计；若帐身高9尺，则其榥宽3.6寸，厚1.8寸。

⑨上隔枓内外上下贴:依傅先生合校本,似应改为"上隔科内外上下贴"。

⑩广二分,厚一分:以帐身每高1尺,其上隔科内外上下贴截面宽0.2寸,厚0.1寸计;若帐身高9尺,则其贴宽1.8寸,厚0.9寸。

⑪上隔科内外上柱子:依傅先生合校本,似应改为"上隔科内外上柱子"。疑指于内外槽柱上隔科版之上所施的短柱。

⑫长五分:以帐身每高1尺,其上隔科内外上柱子之长为0.5寸计;若帐身高9尺,则其柱之长为4.5寸。

⑬长三分四厘:以帐身每高1尺,其内外槽柱上隔科版下所施的短柱,即上隔科内外下柱子之长为0.34寸计;若帐身高9尺,则其柱之长为3.06寸。

⑭长同上:这里所言其内外欢门"长同上"意义不详,其上一条提到上隔科内外上柱子"长五分",又提到下柱子"长三分四厘",两者的长度都偏短,难以与欢门长度相称。这里未知如何判断。唯前文所言"内外槽上隔科版"之"长随每间之深广",其意似乎与内外欢门的长度有相关之处。

⑮广二分,厚一分五厘:陈注:"疑为'一寸二分'或'一寸五分'。"傅合校本:"疑为'广一寸二分'或'一寸五分'之误,佛道帐及九脊小帐欢门之广与厚均为'十'与'一'之比。"这里从陈先生与傅先生所改,暂以"广一寸二分,厚一分五厘"计之,以帐身每高1尺,其内外欢门宽1.2寸,厚0.15寸计;若帐身高9尺,则其欢门宽1.08尺,厚1.35寸。

⑯长三寸四分,方三分六厘:以帐身每高1尺,其内外帐带长3.4寸,帐带截面方0.36寸计;若帐身高9尺,则帐带长3.06尺,其带截面方3.24寸。

⑰广七分,厚一分七厘:以帐身每高1尺,帐身里槽下锯脚版宽0.7寸,厚0.17寸计;若帐身高9尺,则其锯脚版宽6.3寸,厚1.53寸。

⑱广四分，厚二分：以帐身每高1尺，其帐柱下所施锓脚仰托榥截面宽0.4寸，厚0.2寸计；若帐身高9尺，则其榥宽3.6寸，厚1.8寸。

⑲广二分，厚一分：以帐身每高1尺，其帐柱下锓脚内外所施贴宽0.2寸，厚0.1寸计；若帐身高9尺，则其贴宽1.8寸，厚0.9寸。

⑳锓（zhuó）脚内外柱子：疑指施于帐柱下内外锓脚处的短柱。

㉑长五分，广二分：以帐身每高1尺，其锓脚内外柱子长0.5寸，宽0.2寸计；若帐身高9尺，则其柱长4.5寸，宽1.8寸。

㉒厚一分：以帐身每高1尺，帐身两侧及后壁所施合版厚0.1寸计；若帐身高9尺，则其版厚0.9寸。

㉓方三分五厘：以帐身每高1尺，其后壁及两侧帐柱间所施心柱截面方0.35寸计；若帐身高9尺，则其柱方为3.15寸。

㉔广三分六厘，厚三分：以帐身每高1尺，其帐柱两侧所施立颊宽0.36寸，厚0.3寸计；若帐身高9尺，则立颊宽3.24寸，厚2.7寸。

㉕广一寸八分，厚一分：以帐身每高1尺，帐柱之间所施泥道版宽1.8寸，厚0.1寸计；若帐身高9尺，则其版宽1.62尺，厚0.9寸。

㉖方一分：以帐身每高1尺，其背版、侧版与泥道版四周所缠难子截面方0.1寸计；若帐身高9尺，则难子方为0.9寸。

㉗枓槽：陈注："'枓槽四周之内'，可知'枓槽'指面积。"但从下文"枓槽长二丈九尺七寸六分，深七尺七寸六分"，则"枓槽"似指帐身平面结构缝，其"槽"与"缝"意思对应。

㉘广二分三厘，厚一分六厘：以帐身每高1尺，其枓槽四周之内所施桯截面宽0.23寸，厚0.16寸计；若帐身高9尺，则其桯宽2.07寸，厚1.44寸。

㉙广一分六厘：以帐身每高1尺，其桯内所施之贴宽0.16寸计；若帐身高9尺，则其贴宽1.44寸。

㉚广二分三厘，厚一分六厘：以帐身每高1尺，其背版后所施福之截面宽为0.23寸，厚0.16寸计；若帐身高9尺，则其福宽为2.07寸，

厚1.44寸。

㉛广二分：以帐身每高1尺，其背版后所施护缝宽0.2寸计；若帐身高9尺，则护缝宽为1.8寸。

【译文】

内外帐柱：帐柱的长度依帐身的高度而定，以帐身每高1尺，其内外帐柱截面方为0.45寸计。

虚柱：以帐身每高1尺，其前槽帐柱间所施虚柱长3.6寸，方0.45寸计。

内外槽上隔枓版：内外槽柱上所施隔枓版之长，随帐柱每间的面广与进深尺寸而定，以帐身每高1尺，隔枓版宽1.24寸，厚0.17寸计。

上隔枓仰托榥：内外槽上隔枓版间所施仰托榥，其长与内外槽上隔枓版的长度一样，依其帐柱每间面广与进深尺寸而定，以帐身每高1尺，其榥截面宽0.4寸，厚0.2寸计。

上隔枓内外上下贴：内外槽隔枓版上下所施贴，其长与内外槽上隔枓版及上隔枓仰托榥的长度相同，仍依帐柱每间面广与进深尺寸而定，以帐身每高1尺，其贴宽0.2寸，厚0.1寸计。

上隔枓内外上柱子：内外槽上隔枓版内外所施上柱子，以帐身每高1尺，其柱长0.5寸计。下柱子：以帐身每高1尺，其内外槽上隔枓版内外所施下柱子之长为0.34寸。上柱子与下柱子的截面宽度、厚度与隔枓版内外所施上下贴的宽度、厚度相同。

内外欢门：帐身前帐柱间所施欢门，其长与内外槽上隔枓版的长度相同，仍随帐柱每间面广与进深尺寸而定。以帐身每高1尺，其欢门宽0.2寸，厚0.15寸计。

内外帐带：以帐身每高1尺，其内外帐带长3.4寸，帐带截面方0.36寸计。

里槽下锃脚版：帐身里槽下锃脚版之长，随每一间帐身的进深与面广长度而定。以帐身每高1尺，其锃脚版宽0.7寸，厚0.17寸计。

锃脚仰托榥：仰托榥之长与锃脚版的长度相同，以帐身每高1尺，其棍截面宽0.4寸,厚0.2寸计。

锒脚内外贴:贴之长与锒脚版及锒脚仰托棍的长度相同,以帐身每高1尺,其内外贴宽0.2寸,厚0.1寸计。

锒脚内外柱子:以帐身每高1尺,其锒脚内外柱子长0.5寸,宽0.2寸计,柱子之厚与锒脚内外贴的厚度相同。

两侧及后壁合版:合版之长与柱两侧立颊的长度相同,合版之宽随帐柱与心柱之间的净距而定。以帐身每高1尺,其两侧及后壁合版厚0.1寸计。

心柱:柱之长与两侧及后壁合版的长度、立颊的长度相同,以帐身每高1尺,两侧及后壁柱间所施心柱的截面方0.35寸计。

腰串:两侧及后壁帐柱间所施腰串的长度,随两帐柱之间的距离而定,腰串截面之方与心柱截面之方尺寸相同。

立颊:柱间所施立颊之长,依帐身上下仰托棍之间的高度差而定,以帐身每高1尺,其立颊宽0.36寸,厚0.3寸计。

泥道版:帐柱间所施泥道版之长与立颊的长度相同。以帐身每高1尺,泥道版宽1.8寸,厚0.1寸计。

难子:两侧及背版四周所缠难子之长与立颊的长度相同,以帐身每高1尺,难子截面方0.1寸计。帐身内若施安平棊,则其下难子尺寸亦如此。

平棊:帐身内顶版下之平棊内所施华文等,都与大木作殿内平棊制度做法相同。

桯:桯之长随枓槽四周之内所围之周长而定。以帐身每高1尺,其桯截面宽0.23寸,厚0.16寸计。

背版:版的长度与宽度随桯之间的长与宽距离而定。版的厚度为0.5寸,这一厚度为绝对尺寸。

贴:贴之长随桯之内的周长而定,以帐身每高1尺,其桯截面宽0.16寸计。贴的厚度与背版厚度相同。

难子并贴华:其贴华之厚与贴的厚度相同。以平棊版每1尺见方,施用华子25枚或16枚计。

福：其两侧及背版后所施福之长与桯的长度相同，以帐身每高1尺，其福截面宽0.23寸，厚0.16寸计。

护缝：背版后所施护缝，其长与背版长度相同，以帐身每高1尺，护缝宽0.2寸计。护缝的厚度与贴的厚度相同。

（帐头）

【题解】

牙脚帐的帐头，为山华仰阳版造。其外观似乎大略接近一个仰斗的形状，牙脚帐的枓槽之长，即其帐头的面广，其面广为2.976丈，进深7.76尺。也就是说，其帐头的每面，各比帐身的外廓向内缩入1.2寸，这或也可能是其帐身柱所做的侧脚或收分所致。

在其帐身之上，山华仰阳版下，施用六铺作单杪双昂重栱转角造枓栱，枓栱所用材的高度为1.5寸。只是，这里特别提出了"转角造"的概念，或是因为其帐身柱柱头之上仅在转角柱上施用了枓栱。但仅从下文所言"每间用补间铺作××朵"，似乎难以证明其帐头之下未设柱头铺作。

铺作之上则用压厦版，版上施混肚方及仰阳山华版。文中所说每间之内施以补间铺作28朵，亦似难以令人理解。疑其文中或有讹误。

帐身顶版施于帐顶的混肚方所环绕的外框之内，故其长度即混肚方内去除帐顶两侧混肚方的宽度，其帐头顺身顶版的长度为3.262丈；顶版厚0.6寸。在帐顶的进深方向，则以合版拼合而成的顶版覆之。

顶版之上有施仰阳版，并施仰阳上下贴、仰阳合角贴、山华版、山华合角贴等构件。帐顶混肚方内所施木条为卧棍，另有所谓马头棍，其用法与卧棍同，但不详其所施位置。仰阳山华版之内，还施以福。以每1山华版，用福1条。

（帐头）

帐头：共高三尺五寸。枓槽长二丈九尺七寸六分^①，深七尺七寸六分。六铺作，单杪重昂重栱转角造。其材广一寸五分^②。柱上安枓槽版^③。铺作之上用压厦版。版上施混肚方、仰阳山华版^④。每间用补间铺作二十八朵^⑤。

【注释】

①枓槽：与下文"枓槽版"相对应，疑即牙脚帐之帐柱的平面柱网缝，类似于大木作制度的"殿阁槽"。

②材广一寸五分：陈注："六铺作，材一寸五分。"这一材广尺寸，应未包括在大木作制度的八等材之内。其材之分°值为0.1寸。

③枓槽版：为施于内外枓槽柱柱头之上的立版，其外可贴施铺作。

④混肚方：疑为施于枓槽版之上的条状木方，其外棱部分斫为圜混如凸肚状线脚。

⑤每间用补间铺作二十八朵：牙脚帐全文未给出其帐的开间数，仅给出牙脚帐面广3丈，进深8尺，即使其帐分为三开间，每间间广1丈，也难以施安28朵补间铺作。若将其面广3丈分为5间，假设每间间广6尺，其两侧进深方向各为一间，间广8尺，总有7间，假设其每间施用补间铺作4朵，则合为28朵，在逻辑上似乎还说得通。故这里似应改为"逐间共用补间铺作二十八朵"为宜。译文从注释。

【译文】

帐头：共高3.5尺。帐头之枓槽长2.976丈，枓槽深为7.76尺。枓槽上施有六铺作单杪双昂重栱转角造枓栱。枓栱用材之广为1.5寸。帐柱柱头之上施安枓槽版。枓槽版及铺作之上覆以压厦版。压厦版上四周施以混肚方及仰阳山华版以结顶。其帐柱柱头之上，逐间共施用补间铺作28朵。

（帐头诸名件）

普拍方：长随间广，其广一寸二分，厚四分七厘①。绞头在外。

内外槽并两侧夹枓槽版②：长随帐之深广，其广三寸，厚五分七厘③。

压厦版：长同上，至角加一尺三寸。其广三寸二分六厘，厚五分七厘④。

混肚方：长同上，至角加一尺五寸。其广二分，厚七分⑤。

顶版：长随混肚方内⑥。以厚六分为定法。

仰阳版：长同混肚方，至角加一尺六寸。其广二寸五分，厚三分⑦。

仰阳上下贴：下贴长同上，上贴随合角贴内，广五分，厚二分五厘⑧。

仰阳合角贴：长随仰阳版之广，其广厚同上。

山华版：长同仰阳版，至角加一尺九寸。其广二寸九分，厚三分⑨。

山华合角贴：广五分，厚二分五厘⑩。

卧棍：长随混肚方内，其方七分⑪。每长一尺用一条。

马头棍：长四寸，方七分⑫。用同卧棍。

楅：长随仰阳山华版之广，其方四分⑬。每山华用一条。

【注释】

①广一寸二分，厚四分七厘：以帐头每高1尺，其柱头上所施普拍方宽1.2寸，厚0.47寸计；若帐头高3.5尺，则普拍方宽4.2寸，厚

1.645寸。

②内外槽并两侧夹枓槽版：为施于内外槽帐柱及两侧帐柱之上的立版。这里的"夹枓槽版"与前文的"枓槽版"如何区分，并不很清楚；从整体行文看，似乎是指同一种构件。

③广三寸，厚五分七厘：以帐头每高1尺，其内外槽并两侧夹枓槽版宽3寸，厚0.57寸计；若帐头高3.5尺，则其夹枓槽版宽1.05尺，厚1.995寸。

④广三寸二分六厘，厚五分七厘：以帐头每高1尺，其压厦版宽3.26寸，厚0.57寸计；若帐头高3.5尺，则压厦版宽1.141尺，厚1.995寸。

⑤广二分，厚七分：以帐头每高1尺，其混肚方截面宽0.2寸，厚0.7寸计；若帐头高3.5尺，则混肚方宽0.7寸，厚2.45寸。

⑥长随混肚方内：陈注："'长'下疑脱'广'字。"傅合校本："疑脱'广'字。"又补注："故宫本无'广'字。"暂从原文。

⑦广二寸五分，厚三分：以帐头每高1尺，其仰阳版宽2.5寸，厚0.3寸计；若帐头高3.5尺，则仰阳版宽8.75寸，厚1.05寸。

⑧广五分，厚二分五厘：以帐头每高1尺，其仰阳版上下所施贴宽0.5寸，厚0.25寸计；若帐头高3.5尺，则其贴宽1.75寸，厚0.875寸。

⑨广二寸九分，厚三分：以帐头每高1尺，其山华版宽2.9寸，厚0.3寸计；若帐头高3.5尺，则山华版宽1.015尺，厚1.05寸。

⑩广五分，厚二分五厘：以帐头每高1尺，其山华版合角处所施贴宽0.5寸，厚0.25寸计；若帐头高3.5尺，则山华合角贴宽1.75寸，厚0.875寸。

⑪方七分：以帐头每高1尺，其顶混肚方内所施卧榥截面方0.7寸计；若帐头高3.5尺，则其卧榥截面方2.45寸。

⑫长四寸，方七分：以帐头每高1尺，其顶所施马头榥长4寸，榥截面方0.7寸计；若帐头高3.5尺，则马头榥长1.4尺，榥截面方2.45寸。

⑬方四分：以帐头每高1尺，其仰阳山华版后所施榑截面方0.4寸
　　计；若帐头高3.5尺，则其榑截面方1.4寸。

【译文】

普拍方：方之长随牙脚帐开间之广而定，以帐头每高1尺，普拍方宽
1.2寸，厚0.47寸计。出转角帐柱之外的普拍方绞头长度不在此尺寸内。

内外槽并两侧夹料槽版：夹料槽版的长随牙脚帐之进深与面广的长
度尺寸而定，以帐头每高1尺，其夹料槽版宽3寸、厚0.57寸计。

压厦版：其版之长与夹料槽版的长度相同，至转角处，在其基础上再加
长1.3尺。以帐头每高1尺，其压厦版宽3.26寸、厚0.57寸计。

混肚方：混肚方的长度亦与夹料槽版的长度相同，至转角处，在其基础
上再加长1.5尺。以帐头每高1尺，其混肚方宽0.2寸、厚0.7寸计。

顶版：顶版的长度以混肚方内的净距为准。顶版厚度为0.6寸，这一厚
度为绝对尺寸。

仰阳版：其长度与混肚方的长度相同，至转角处，亦在其基础长度之上再
加长1.6尺。以帐头每高1尺，其仰阳版宽2.5寸、厚0.3寸计。

仰阳上下贴：下帖的长度与仰阳版的长度相同，上贴的长度随仰
阳合角贴之内的长度而定，以帐头每高1尺，其仰阳上下贴宽0.5寸、厚
0.25寸计。

仰阳合角贴：合角贴之长随仰阳版的宽度而定，贴的宽度、厚度与仰
阳上下贴的宽度、厚度相同。

山华版：山华版的长度与仰阳版之长相同，至转角处，在其基础上再加
长1.9尺。以帐头每高1尺，其山华版宽2.9寸、厚0.3寸计。

山华合角贴：以帐头每高1尺，其上山华版合角处所施贴宽0.5寸、
厚0.25寸计。

卧榥：牙脚帐顶盖所施卧榥之长随前后混肚方内的净距而定，以帐
头每高1尺，其榥截面方0.7寸计。帐头每长1尺，施用卧榥1条。

马头榥：以帐头每高1尺，其顶所施马头榥长4寸，榥之截面方0.7

计。其施用方式，与卧榥相同。

　　榑：仰阳山华版后所施榑，榑之长随仰阳山华版的宽度而定，以帐头每高1尺，其榑截面方0.4寸计。每一山华版后施用榑1条。

（牙脚帐一般）

　　凡牙脚帐坐，每一尺作一壶门①，下施龟脚，合对铺作②。其所用枓栱名件分°数，并准大木作制度随材减之。

【注释】

①每一尺作一壶（kǔn）门：其意似与前文佛道帐之芙蓉瓣有相类之处，佛道帐芙蓉瓣每瓣长1.2尺，形成一个构件组合单元。这里将牙脚帐坐中的壶门作为一个构件组合单元，每一壶门长1尺，上下对应铺作与龟脚，恰与佛道帐中的芙蓉瓣在做法上有相通之处。壶门，本为唐宋建筑中基座等所施用的一种门形雕刻。

②下施龟脚，合对铺作：指在以一尺之长为单元的壶门之下，对应施以龟脚，其上帐柱柱头上所施铺作亦与之对应。以牙脚帐面广3丈，假设其分为5开间，应施转角及柱头铺作共6朵，每间间广6尺，若除去每间两侧所施2朵柱头铺作，每间之内可施补间铺作4朵，合正面共有补间铺作20朵，则左右两侧可再各施补间铺作4朵，似恰与前文所讨论的"逐间共用补间铺作二十八朵"，在意义上相合。

【译文】

　　凡营造牙脚帐坐，以其面广每长1尺作一壶门，与壶门相对应，在帐坐之下施以龟脚，在帐身柱头之上施以铺作，其铺作、壶门、龟脚皆上下对应。帐身柱头之上所用枓栱名件的材分°尺寸等数，皆以大木作制度的相应材分°数，随所用材之大小加以缩减施用。

九脊小帐

【题解】

所谓"九脊",是指其帐的屋顶形式为厦两头造的做法,也就是后世所称的"歇山式"屋顶。九脊小帐,就是采用了九脊式屋顶形式的佛道帐,因其尺寸相对比较小,所以称其为"小帐"。

九脊小帐,自牙脚坐下的龟脚至帐头屋顶之脊,共高1.2丈。这一高度尺寸中,并不包含屋脊上的鸱尾高度。小帐的通面广为8尺,其帐的内外拢深,也就是九脊小帐的通进深,为4尺。

九脊小帐亦分上、中、下三段。下段与中段,为牙脚坐与帐身,与牙脚帐做法相同。上段为九脊殿形式,上覆瓦,檐下用五铺作。各部分构件尺寸,依据诸段各层高度,以每尺之高,积而为法,推算而出。

牙脚坐高2.5尺,面广长度9.6尺,其长内含牙脚坐头,进深5尺。九脊小帐之牙脚坐,亦由连梯、龟脚、坐面版等组成;至坐顶面版,在帐身之外、面版四周施安重台勾阑。诸做法与牙脚帐坐制度相同。

（造九脊小帐之制）

造九脊小帐之制[1]:自牙脚坐下龟脚至脊,共高一丈二尺,鸱尾在外。广八尺,内外拢共深四尺。下段、中段与牙脚帐同;上段五铺作、九脊殿结窊造[2]。其名件广厚,皆随逐层每尺之高,积而为法。

【注释】

[1]九脊小帐:指采用了九脊殿屋顶形式且尺度较小的龛帐。

[2]九脊殿结窊（wà）造:原文"九脊殿结瓦造",梁注本改为"九脊殿结窊造"。傅注:改"瓦"为"窊",并补注:"厖,故宫本。"

【译文】

营造采用九脊殿屋顶形式的小帐的制度：自其牙脚帐坐之下龟脚至帐顶屋脊上皮，共高1.2丈，这一高度中不包括鸱尾的尺寸。帐之面广为8尺，帐内外拢进深为4尺。小帐的下段与中段，和牙脚帐的下段与中段做法相同；帐之上段采用五铺作、九脊殿屋顶，其顶为结瓦造形式。九脊小帐各组成构件的截面广厚尺寸，都是按照其每一层的每1尺之高，其构件所取的相应比例尺寸，累积推算而出的。

（牙脚坐）

【题解】

牙脚坐，即九脊小帐的帐坐，其由坐下的龟脚、连梯、角柱、束腰及坐之表面所施的牙头、牙脚、填心、压青牙子等组成。

牙脚坐的上部有与其下连梯相对应的上梯盘，上梯盘上施以面版，即牙脚坐顶版。牙脚坐的背面施以背版。其坐之束腰上有贴络柱子及束腰铌脚内衬版。

牙脚坐下之连梯内有连梯榥，上有与之相对应的梯盘榥，下连梯与上梯盘诸榥之间连以立榥。

（牙脚坐）

牙脚坐：高二尺五寸，长九尺六寸①，坐头在内②。深五尺。自下连梯、龟脚，上至面版，安重台勾阑，并准牙脚帐坐制度。

【注释】

①长：这里的"长"，当指牙脚坐的通面广。

②坐头：疑指九脊小帐牙脚坐的顶版。

【译文】

牙脚坐：其坐高2.5尺，坐面广长9.6尺，其坐头的尺寸包括在内。坐的进深为5尺。其牙脚坐下自下连梯、坐下龟脚，上至坐顶面版，面板上施安的重台勾阑，其各种做法都与牙脚帐的帐坐制度做法相同。

（牙脚坐诸名件）

龟脚：每坐高一尺，则长三寸，广一寸二分，厚六分[①]。

连梯：长随坐深，其广二寸，厚一寸二分[②]。

角柱：长六寸二分，方一寸二分[③]。

束腰：长随角柱内，其广一寸，厚六分[④]。

牙头：长二寸八分，广一寸四分，厚三分二厘[⑤]。

牙脚：长六寸二分，广二寸[⑥]，厚同上。

填心[⑦]：长三寸六分，广二寸二分[⑧]，厚同上。

压青牙子[⑨]：长同束腰，随深广。减一寸五分；其广一寸六分，厚二分四厘[⑩]。

上梯盘[⑪]：长厚同连梯，广一寸六分[⑫]。

面版：长广皆随梯盘内，厚四分[⑬]。

背版：长随角柱内，其广六寸二分[⑭]，厚同压青牙子。

束腰上贴络柱子：长一寸，别出两头叉瓣。方六分[⑮]。

束腰锃脚内衬版：长二寸八分，广一寸[⑯]，厚同填心。

连梯榥：长随连梯内，方一寸[⑰]。每广一尺用一条。

立榥：长九寸[⑱]，卯在内。方同上。随连梯榥用三条[⑲]。

梯盘榥：长同连梯，方同上。用同连梯榥。

【注释】

①长三寸，广一寸二分，厚六分：以牙脚坐每高1尺，其下龟脚长3寸，宽1.2寸，厚0.6寸计；若牙脚坐高2.5尺，则龟脚长7.5寸，宽3寸，厚1.5寸。

②广二寸，厚一寸二分：以牙脚坐每高1尺，其下连梯木截面宽2寸，厚1.2寸计；若牙脚坐高2.5尺，则连梯木宽5寸，厚3寸。

③长六寸二分，方一寸二分：以牙脚坐每高1尺，其坐之角柱长6.2寸，柱截面方1.2寸计；若牙脚坐高2.5尺，则角柱长1.55尺，柱方3寸。

④广一寸，厚六分：以牙脚坐每高1尺，其坐下束腰宽1寸，厚0.6寸计；若牙脚坐高2.5尺，则束腰宽2.5寸，厚1.5寸。

⑤长二寸八分，广一寸四分，厚三分二厘：以牙脚坐每高1尺，其坐所施牙头长2.8寸，宽1.4寸，厚0.32寸计；若牙脚坐高2.5尺，则牙头长7寸，宽3.5寸，厚0.8寸。

⑥长六寸二分，广二寸：以牙脚坐每高1尺，其坐所施牙脚长6.2寸，宽2寸计；若牙脚坐高2.5尺，则牙脚长1.55尺，宽5寸。

⑦填心：指嵌于牙脚坐坐面之下，施于连梯、束腰及上梯盘之间的嵌版。

⑧长三寸六分，广二寸二分：以牙脚坐每高1尺，其坐下填心长3.6寸，宽2.2寸计；若牙脚坐高2.5尺，则填心长9寸，宽5.5寸。

⑨压青牙子：未知其准确含义及位置。疑其可能为施于牙脚坐束腰之上，形为牙子状的条形版。

⑩减一寸五分；其广一寸六分，厚二分四厘：此三句《法式》原文为注文。陈注："注文应为本文。"傅合校本："是本文，非注。"暂从原文。

⑪上梯盘：指与牙脚坐下部所施连梯相对应的帐坐上部框架。

⑫广一寸六分：以牙脚坐每高1尺，其上梯盘木截面宽1.6寸计；若牙脚坐高2.5尺，则上梯盘木宽4寸。

⑬厚四分：以牙脚坐每高1尺，其坐面版厚0.4寸计；若牙脚坐高2.5尺，则面版厚1寸。

⑭广六寸二分：以牙脚坐每高1尺，其坐后背版宽6.2寸计；若牙脚坐高2.5尺，则背版宽1.55尺。

⑮长一寸，别出两头叉瓣。方六分：以牙脚坐每高1尺，其束腰上贴络柱子长1寸，（其外再出两头叉瓣。）贴络柱子截面方0.6寸计；若牙脚坐高2.5尺，则贴络柱子长2.5寸，不含两头叉瓣长。贴络柱子截面方1.5寸。

⑯长二寸八分，广一寸：以牙脚坐每高1尺，其束腰及铤脚内衬版长2.8寸，宽1寸计；若牙脚坐高2.5尺，则其内衬版长7寸，宽2.5寸。

⑰方一寸：以牙脚坐每高1尺，其下连梯内所施榥截面方1寸计；若牙脚坐高2.5尺，则连梯榥方2.5寸。

⑱长九寸：以牙脚坐每高1尺，下连梯与上连梯盘之间所施立榥长9寸计；若牙脚坐高2.5尺，则立榥长2.25尺。

⑲随连梯榥用三条：陈注："'条'作'路'。"即据陈先生，其文似应为"随连梯榥用三路"。暂从原文。

【译文】

龟脚：以帐坐每高1尺，龟脚长3寸，宽1.2寸，厚0.6寸计。

连梯：坐下连梯木之长随帐坐的进深而定，以帐坐每高1尺，连梯木截面宽2寸，厚1.2寸计。

角柱：以帐坐每高1尺，帐坐角柱长6.2寸，方1.2寸计。

束腰：帐坐束腰之长随角柱之间的净距而定，以帐坐每高1尺，束腰截面宽1寸，厚0.6寸计。

牙头：以帐坐每高1尺，帐坐所施牙头长2.8寸，宽1.4寸，厚0.32寸计。

牙脚：以帐坐每高1尺，帐坐所施牙脚长6.2寸，宽2寸计，牙脚之厚与牙头的厚度相同。

填心：以帐坐每高1尺，帐坐四壁所施填心版宽3.6寸，宽2.2寸计，其版之厚与牙头、牙脚的厚度相同。

压青牙子：束腰上所施压青牙子，其长与束腰的长度一样，都是随帐坐的进深与面广而确定。比帐坐进深与面广之长减去1.5寸；以帐坐每高1尺，压青牙子宽1.6寸，厚0.24寸计。

上梯盘：帐坐之上梯盘木，其长、厚尺寸与连梯木的长、厚尺寸相同，以帐坐每高1尺，上梯盘木的截面宽为1.6寸计。

面版：帐坐顶面面版的长与宽都依据上梯盘的内框尺寸而定，以帐坐每高1尺，面版之厚为0.4寸计。

背版：帐坐背版之长随帐坐角柱之内的净距尺寸而定，以帐坐每高1尺，背版的宽度为6.2寸计，背版之厚与压青牙子的厚度相同。

束腰上贴络柱子：以帐坐每高1尺，其束腰上的贴络柱子长1寸，柱子上下两头所出叉瓣不计在内。柱子截面方0.6寸计。

束腰锃脚内衬版：以帐坐每高1尺，其束腰锃脚之内衬版长为2.8寸，宽1寸，版之厚与填心的厚度相同。

连梯榥：施于下连梯内的连梯榥之长随连梯内距而定，以帐坐每高1尺，其榥的截面方1寸计。以帐坐面广每长1尺，施用连梯榥1条。

立榥：以帐坐每高1尺，施于下连梯与上梯盘之间的立榥长9寸计，卯的尺寸包括在内。其截面之方与连梯榥的截面见方尺寸相同。每对应1条连梯榥，施用立榥3条。

梯盘榥：梯盘榥之长与连梯榥的长度相同，其榥截面尺寸亦与连梯榥、立榥的截面见方尺寸相同。其施用方式、数量亦与连梯榥相同。

（帐身）

【题解】

九脊小帐的帐身，面广8尺，进深4尺，尺寸略小于其下牙脚坐之面广9.6尺,进深5尺的平面尺寸,亦即其帐身左右比牙脚坐各缩进8寸,前后比牙脚坐各缩进5寸。

帐身内外槽柱至泥道版,其做法与牙脚帐同。与牙脚帐不同的是,其后壁及两侧均不用腰串。

帐身施有内外帐柱、虚柱、内外槽上隔枓版、上隔枓仰托榥、上隔枓内外上下贴、上隔枓内外上柱子,帐身之内还有内欢门及内外帐带,与牙脚帐一样,这些名件构成了帐身的基本构架。

帐身里槽之下施有锯脚版,锯脚版上施以锯脚仰托榥,并有锯脚内外贴、锯脚内外柱子等。帐身两侧及后壁施以合版。

其帐身两侧及后壁,并施心柱、立颊及泥道版。其立颊、帐身版、泥道版之边缘,皆缠以难子。

与牙脚帐一样,九脊小帐之内顶部设以平棊,其平棊桯、背版、背版下所施贴及贴络华文,多与大木作中的平棊做法保持一致。平棊背版之后,亦施福、护缝及难子。

(帐身)

帐身:一间,高六尺五寸,广八尺,深四尺①。其内外槽柱至泥道版②,并准牙脚帐制度。唯后壁、两侧并不用腰串。

【注释】

① 广八尺,深四尺:其帐身面广8尺,进深4尺,与帐坐之面广9.6尺,进深5尺相比较,左右各退进8寸,前后各退进5寸。

② 内外槽柱至泥道版:未知为何以这种方式叙述。泥道版是施于帐身槽柱之间的,这里的内外槽柱与泥道版并没有明显的上下或左右之关系。或因其后壁及两侧不用腰串,其帐身后壁与两侧主要就是由帐身槽柱与泥道版构成。

【译文】

　　九脊小帐帐身：1间，高6.5尺，面广8尺，进深4尺。从帐身的内外槽柱到泥道版，其做法都以牙脚帐的制度为准。只是其后壁及两侧都不施用腰串。

（帐身诸名件）

　　内外帐柱：长视帐身之高，方五分①。

　　虚柱：长三寸五分，方四分五厘②。

　　内外槽上隔枓版③：长随帐柱内，其广一寸四分二厘，厚一分五厘④。

　　上隔枓仰托榥：长同上，广四分三厘，厚二分八厘⑤。

　　上隔枓内外上下贴：长同上，广二分八厘，厚一分四厘⑥。

　　上隔枓内外上柱子：长四分八厘⑦；下柱子：长三分八厘⑧，广厚同上。

　　内欢门：长随立颊内。外欢门：长随帐柱内。其广一寸五分，厚一分五厘⑨。

　　内外帐带：长三寸二分，方三分四厘⑩。

　　里槽下锃脚版：长同上隔枓上下贴，其广七分二厘，厚一分五厘⑪。

　　锃脚仰托榥：长同上，广四分三厘，厚二分八厘⑫。

　　锃脚内外贴：长同上，广二分八厘，厚一分四厘⑬。

　　锃脚内外柱子：长四分八厘，广二分八厘，厚一分四厘⑭。

　　两侧及后壁合版：长视上下仰托榥⑮，广随帐柱、心柱内，其厚一分⑯。

心柱：长同上，方三分六厘[17]。

立颊：长同上，广三分六厘，厚三分[18]。

泥道版：长同上，广随帐柱、立颊内，厚同合版。

难子：长随立颊及帐身版、泥道版之长广，其方一分[19]。

平棊[20]：华文等并准殿内平棊制度。作三段造。

桯：长随枓槽四周之内，其广六分三厘，厚五分[21]。

背版：长广随桯。以厚五分为定法。

贴：长随桯内，其广五分[22]。厚同上。

贴络华文：厚同上。每方一尺，用华子二十五枚或十六枚。

福：长同背版，其广六分，厚五分[23]。

护缝：长同上，其广五分[24]。厚同贴。

难子：长同上，方二分[25]。

【注释】

①方五分：以帐身每高1尺，其内外帐柱截面方0.5寸计；若帐身高
6.5尺，则内外帐柱方3.25寸。

②长三寸五分，方四分五厘：以帐身每高1尺，其前槽帐柱间所施虚
柱长3.5寸，柱截面方0.45寸计；若帐身高6.5尺，则虚柱长2.275
尺，截面方2.925寸。

③隔科：傅合校本，均改为"隔科"。

④广一寸四分二厘，厚一分五厘：以帐身每高1尺，其内外槽上隔科
版宽1.42寸，厚0.15寸计；若帐身高6.5尺，则其版宽9.23寸，厚
0.975寸。

⑤广四分三厘，厚二分八厘：以帐身每高1尺，其上隔科仰托楎截面
宽0.43寸，厚0.28寸计；若帐身高6.5尺，则其楎宽2.795寸，厚

1.82寸。

⑥广二分八厘,厚一分四厘:以帐身每高1尺,其上隔科内外上下贴宽0.28寸,厚0.14寸计;若帐身高6.5尺,则其贴宽1.82寸,厚0.91寸。

⑦长四分八厘:以帐身每高1尺,其上隔科内外上柱子长0.48寸计;若帐身高6.5尺,则上柱子长3.12寸。

⑧长三分八厘:以帐身每高1尺,其上隔科内外下柱子长0.38寸计;若帐身高6.5尺,下柱子长2.47寸。

⑨广一寸五分,厚一分五厘:以帐身每高1尺,帐身外欢门宽1.5寸,厚0.15寸计;若帐身高6.5尺,则外欢门宽9.75寸,厚0.975寸。

⑩长三寸二分,方三分四厘:以帐身每高1尺,其内外帐带长3.2寸,帐带截面方0.34寸计;若帐身高6.5尺,则帐带长2.08尺,截面方2.21寸。

⑪广七分二厘,厚一分五厘:以帐身每高1尺,其里槽下锭脚版宽0.72寸,厚0.15寸计;若帐身高6.5尺,则其版宽4.68寸,厚0.975寸。

⑫广四分三厘,厚二分八厘:以帐身每高1尺,其下锭脚仰托榥截面宽0.43寸,厚0.28寸计;若帐身高6.5尺,则其榥宽2.795寸,厚1.82寸。

⑬广二分八厘,厚一分四厘:以帐身每高1尺,锭脚内外贴宽0.28寸,厚0.14寸计;若帐身高6.5尺,则其贴宽1.82寸,厚0.91寸。

⑭长四分八厘,广二分八厘,厚一分四厘:以帐身每高1尺,其锭脚内外柱子长0.48寸,宽0.28寸,厚0.14寸计;若帐身高6.5尺,则其柱子长3.12寸,宽1.82寸,厚0.91寸。

⑮长视上下仰托榥:陈注:"'榥'下疑脱'内'字。"即其文似应为"长视上下仰托榥内"。

⑯厚一分:以帐身每高1尺,其两侧及后壁合版厚为0.1寸计;若帐身高6.5尺,则其版厚0.65寸。

⑰方三分六厘：以帐身每高1尺，其后壁及两侧心柱截面方0.36寸计；若帐身高6.5尺，则心柱方2.34寸。

⑱广三分六厘，厚三分：以帐身每高1尺，其柱两旁立颊截面宽0.36寸，厚0.3寸计；若帐身高6.5尺，则立颊宽2.34寸，厚1.95寸。

⑲方一分：以帐身每高1尺，其泥道版四周所缠难子截面方0.1寸计；若帐身高6.5尺，则难子方0.65寸。

⑳平棊（qí）：陈注："平棊各件尺寸太大，例如：程之大竟过帐柱，疑全误。"傅合校本注："平棊各件尺寸太大，例如：程之大竟过帐柱。其他如贴福、护缝、难子皆然，恐全部有误。"又补注："宋本所载尺寸即如此。"暂从原文。

㉑广六分三厘，厚五分：以帐身每高1尺，其平棊所施之程截面宽0.63寸，厚0.5寸计；若帐身高6.5尺，则程宽4.095寸，厚3.25寸。

㉒广五分：以帐身每高1尺，其平棊背版所施贴宽0.5寸计；若帐身高6.5尺，则其贴宽3.25寸。

㉓广六分，厚五分：以帐身每高1尺，其平棊背版所施福宽0.6寸，厚0.5寸计；若帐身高6.5尺，则其福宽3.9寸，厚3.25寸。

㉔广五分：以帐身每高1尺，其平棊背版护缝宽0.5寸计；若帐身高6.5尺，则护缝宽3.25寸。

㉕方二分：以帐身每高1尺，其平棊背版四周所缠难子截面方0.2寸计；若帐身高6.5尺，则难子方1.3寸。

【译文】

内外帐柱：柱之长依其帐身的高度而定，以帐身每高1尺，其柱截面方0.5寸计。

虚柱：以帐身每高1尺，其前槽帐柱间所施虚柱长3.5寸，截面方0.45寸计。

内外槽上隔枓版：隔枓版之长随帐柱内的距离而定，以帐身每高1尺，其版宽1.42寸，厚0.15寸计。

　　上隔枓仰托榥：榥之长与内外槽上隔枓版的长度相同，以帐身每高1尺，其榥宽0.43寸，厚0.28寸计。

　　上隔枓内外上下贴：上隔枓版内所施上下贴，其长与上隔枓仰托榥相同，以帐身每高1尺，其贴宽0.28寸，厚0.14寸计。

　　上隔枓内外上柱子：以帐身每高1尺，其内外上柱子长0.48寸计；其下柱子：以帐身每高1尺，其下柱子长0.38寸计；其上下柱子的截面宽度与厚度，皆与上隔枓内外上下贴的厚度相同。

　　内欢门：帐身内槽柱间所施欢门，其长随两立颊之间净距而定。帐身外槽柱间欢门：长依两帐柱间净距而定。以帐身每高1尺，其欢门之宽为1.5寸，厚0.15寸计。

　　内外帐带：以帐身每高1尺，其帐身内外槽上所施内外帐带长3.2寸，带截面方0.34寸计。

　　里槽下锭脚版：帐身内槽下锭脚版之长，与上隔枓上下贴的长度相同，以帐身每高1尺，其锭脚版宽0.72寸，厚0.15寸计。

　　锭脚仰托榥：帐身内槽下锭脚版所施仰托榥之长，与其锭脚版长度相同，以帐身每高1尺，其榥宽0.43寸，厚0.28寸计。

　　锭脚内外贴：帐身下锭脚版内外所施贴之长，与锭脚仰托榥的长度相同，以帐身每高1尺，其贴宽0.28寸，厚0.14寸计。

　　锭脚内外柱子：以帐身每高1尺，其帐身下锭脚内外柱子长0.48寸，宽0.28寸，厚0.14寸计。

　　两侧及后壁合版：帐身两侧及后壁合版之长，依其上下仰托榥的距离而定，其版之宽则依帐柱与心柱之间的距离而定，以帐身每高1尺，其版厚0.1寸计。

　　心柱：其帐身两侧及后壁帐柱间所施心柱之长，与柱间所施合版的长度相同，以帐身每高1尺，心柱截面方0.36寸计。

　　立颊：其帐柱两旁所施立颊之长与心柱的长度相同，以帐身每高1尺，立颊宽0.36寸，厚0.3寸计。

　　泥道版：帐身所施泥道版之长与立颊的长度相同，版之宽随帐柱之内或立颊之内距离而定，版之厚度则与帐身两侧及后壁所施合版的厚度相同。

　　难子：帐身两侧及后壁版、泥道版四周所缠难子的长与宽，依帐身版、泥道版的长与宽而定，以帐身每高1尺，难子截面方0.1寸计。

　　平棊：平棊版下所施贴华文等做法，皆与大木作制度殿内平棊的做法相同。将平棊分为三段造。

　　桯：平棊四周所施桯，其长随枓槽四周之内的长度而定，以帐身每高1尺，其桯截面宽6.3寸，厚0.5寸计。

　　背版：平棊背版的长度与宽度随四周之桯内的尺寸而定。其版之厚为0.5寸，这一厚度为绝对尺寸。

　　贴：平棊桯内所施贴，其长随桯内之长而定，以帐身每高1尺，其贴宽0.5寸计。贴之厚与背版厚度相同。

　　贴络华文：华文的厚度与背版或贴的厚度相同。以平棊版每1尺见方，其内施用华子25枚或16枚。

　　福：平棊背版后所施福之长与背版的长度相同，以帐身每高1尺，其福宽0.6寸，厚0.5寸计。

　　护缝：平棊背版所施护缝，其长与福之长度相同，以帐身每高1尺，护缝宽0.5寸计。护缝的厚度与贴的厚度相同，亦为0.5寸。

　　难子：平棊背版所施难子，其长与护缝的长度相同，以帐身每高1尺，难子截面方0.2寸计。

（帐头）

【题解】

　　九脊小帐的帐头外观，采用的是九脊殿屋顶形式，其自柱头之上的普拍方至脊上皮的高度为3尺（其中不含鸱尾高度）。帐头的面广为8

尺,进深4尺,恰与帐身的面广与进深相同。其帐用4柱,则其面广1间,
进深1间;檐下采用的是五铺作单杪单昂重栱造枓栱;其栱所用材之高
为1.2寸,厚为0.8寸。可知,其枓栱用材的尺寸略小于牙脚帐枓栱之1.5
寸的用材,但两者都不在《法式》大木作制度所规定之"八等材"内。

　　其普拍方上施枓槽版及铺作,上覆压厦版。

　　九脊小帐之内如大木作屋顶一样,亦施以枕,其转角处施大角梁、子
角梁,并有类似于大木作制度至转角处生起做法的贴生。

　　九脊式屋顶之内亦施脊槫,脊槫下施蜀柱,蜀柱之间连以脊串,脊下
施叉手,厦两头做法中的两山则施以山版。

　　九脊小帐屋椽,采用了曲椽、厦头椽,至转角处则施用随翼角排布的
从角椽。

　　其余如大连檐、前后厦瓦版、两厦头厦瓦版及飞子,飞子上所覆白版
(疑即望板),屋顶之上所施压脊、垂脊、角脊及两山所施曲阑搏脊等,皆
与大木作九脊殿式屋顶做法有相类之处。

　　屋顶上仍施前后瓦陇条,两山则施搏风版及垂鱼、惹草。九脊顶之
正脊上,施以高为1.1尺的鸱尾。

　　因九脊小帐仅有一间,故其在房屋内部的设置,也宜置于一间之内。
因采用了九脊屋顶形式,故其补间铺作比较细密,前后檐各有补间铺作
8朵,左右两山各有补间铺作4朵。再加上四根脚柱上的转角铺作,其檐
下所施铺作达28朵之多。

　　九脊小帐之牙脚坐内所施壶门等做法,皆与前文所述牙脚帐之帐坐
制度相类。据《法式》卷三十二之附图,九脊小帐,若用牙脚坐,亦可称
为九脊牙脚小帐。

(帐头)

　　帐头①:自普拍方至脊共高三尺,鸱尾在外。广八尺,深
四尺②。四柱,五铺作,下出一杪③,上施一昂,材广一寸二

分,厚八分④,重栱造。上用压厦版,出飞檐,作九脊结瓬⑤。

【注释】

①帐头:九脊小帐的帐头为一个九脊殿屋顶的形式。

②广八尺,深四尺:这里给出的尺寸,恰与帐身平面的广深尺寸相同,可知其广深尺寸,仍是九脊顶之下的内外槽缝之长宽尺寸。

③杪:原文"抄",陈注:"杪。"依前文所讨论,这里的"抄"为"杪"之误,仍从"杪"。

④材广一寸二分,厚八分:此材高尺寸,不在大木作制度八等材之内。以其材广1.2寸,则其材的分°值为0.08寸,故其材厚10分°,即厚0.8寸。

⑤作九脊结瓬:原文"作九脊结瓦",梁注本改为"作九脊结瓬"。傅合校本:"宋本均作'瓬',以下各卷同。"陈注:"'瓦'作'瓬'"。

【译文】

帐头:自普拍方至九脊顶正脊上皮,共高3尺,鸱尾的高度尺寸未计在内。以帐身柱缝为准的帐头面广8尺,进深4尺。其下有4根立柱,柱头上施五铺作单杪单昂科栱,其栱用材广1.2寸,材之厚为0.8寸,科栱为重栱造做法。铺作之上施压厦版,四面出飞檐,以九脊结瓬的形式结顶。

(帐头诸名件)

普拍方:长随深广,绞头在外。其广一寸,厚三分①。

科槽版:长厚同上,减二寸。其广二寸五分②。

压厦版:长厚同上,每壁加五寸。其广二寸五分③。

枕:长随深,加五寸。其广一寸,厚八分④。

大角梁:长七寸,广八分,厚六分⑤。

子角梁:长四寸,曲广二寸⑥,厚同上。

贴生：长同压厦版，加七寸。其广六分，厚四分^⑦。

脊槫：长随广，其广一寸，厚八分^⑧。

脊槫下蜀柱：长八寸^⑨，广厚同上。

脊串：长随槫，其广六分，厚五分^⑩。

叉手：长六寸^⑪，广厚皆同角梁。

山版：每深一尺，则长九寸^⑫。广四寸五分^⑬。以厚六分为定法。

曲椽：每深一尺，则长八寸^⑭。曲广同脊串，厚三分^⑮。每补间铺作一朵用三条。

厦头椽^⑯：每深一尺，则长五寸^⑰。广四分^⑱，厚同上。角同上^⑲。

从角椽：长随宜，均摊使用。

大连檐：长随深广，每壁加一尺二寸。其广同曲椽，厚同贴生。

前后厦瓦版：长随槫。每至角加一尺五寸。其广自脊至大连檐随材合缝，以厚五分为定法。

两厦头厦瓦版：长随深，加同上。其广自山版至大连檐。合缝同上，厚同上。

飞子：长二寸五分，尾在内。广二分五厘，厚二分三厘^⑳。角内随宜取曲。

白版^㉑：长随飞檐，每壁加二尺。其广三寸^㉒。厚同厦瓦版。

压脊：长随厦瓦版，其广一寸五分，厚一寸^㉓。

垂脊：长随脊至压厦版外，其曲广及厚同上。

角脊：长六寸^㉔，广厚同上。

曲阑槫脊^㉕：共长四尺。广一寸，厚五分^㉖。

前后瓦陇条：每深一尺，则长八寸五分^㉗，厦头者长五寸五分^㉘；若至角，并随角斜长。方三分^㉙，相去空分同^㉚。

搏风版：每深一尺，则长四寸五分^㉛。曲广一寸二分^㉜。以厚七分为定法。

瓦口子：长随子角梁内，其曲广六分^㉝。

垂鱼：其长一尺二寸^㉞，每长一尺，即广六寸^㉟，厚同搏风版。

惹草：其长一尺，每长一尺，即广七寸^㊱，厚同上。

鸱尾：共高一尺一寸，每高一尺，即广六寸^㊲，厚同压脊。

【注释】

① 广一寸，厚三分：以帐头每高1尺，其下普拍方宽1寸，厚0.3寸计；若帐头高3尺，则普拍方宽3寸，厚0.9寸。

② 广二寸五分：傅合校本：改为"二寸二分"。并注："二，据宋本改。"暂以原文推算，以帐头每高1尺，其枓槽版宽2.5寸计；若帐头高3尺，则其版宽7.5寸。

③ 广二寸五分：以帐头每高1尺，其铺作上所施压厦版宽2.5寸计；若帐头高3尺，则其版宽为7.5寸。

④ 广一寸，厚八分：以帐头每高1尺，其九脊顶下所施栿高1寸，厚0.8寸计；若帐头高3尺，则其栿高3寸，厚2.4寸。

⑤ 长七寸，广八分，厚六分：以帐头每高1尺，其四柱柱头上所施大角梁长7寸，宽0.8寸，厚0.6寸计；若帐头高3尺，则大角梁长2.1尺，宽2.4寸，厚1.8寸。

⑥ 长四寸，曲广二寸：以帐头每高1尺，其大角梁上所施子角梁长4寸，梁之曲高2寸计；若帐头高3尺，则子角梁长1.2尺，曲高6寸。

⑦ 广六分，厚四分：以帐头每高1尺，其铺作上至角贴生高0.6寸，厚0.4寸计；若帐头高3尺，则其贴生高1.8寸，厚1.2寸。

⑧广一寸,厚八分:以帐头每高1尺,其九脊顶下之脊槫高1寸,厚0.8寸计;若帐头高3尺,则其脊槫高3寸,厚2.4寸。

⑨长八寸:以帐头每高1尺,其脊槫下所施蜀柱长8寸计;若帐头高3尺,则脊槫下蜀柱长2.4尺。

⑩广六分,厚五分:以帐头每高1尺,脊槫下蜀柱间所施脊串截面高0.6寸,厚0.5寸计;若帐头高3尺,则其脊串高1.8寸,厚1.5寸。

⑪长六寸:以帐头每高1尺,其叉手长6寸计;若帐头高3尺,则其叉手长1.8尺。

⑫每深一尺,则长九寸:以帐头进深每长1尺,其九脊顶两山山版长9寸计;若帐头进深4尺,则其山版长3.6尺。

⑬广四寸五分:以帐头每高1尺,其两山山版宽4.5寸计;若帐头高3尺,则其山版宽1.35尺。

⑭每深一尺,则长八寸:以帐头进深每长1尺,其顶所施曲椽长8寸计;若帐头进深4尺,曲椽长3.2尺。

⑮厚三分:以帐头每高1尺,曲椽厚0.3寸计;若帐头高3尺,则曲椽厚为0.9寸。

⑯厦头椽:大概相当于大木作屋顶中的檐椽。

⑰每深一尺,则长五寸:以帐头进深每长1尺,其四檐所施厦头椽长5寸计;若帐头进深4尺,则其厦头椽长2尺。

⑱广四分:以帐头每高1尺,其厦头椽截面高0.4寸计;若帐头高3尺,则厦头椽高1.2寸。

⑲角同上:陈注:改"角"为"用",并注:"用,竹本。"傅合校本:改"角"为"用",并注:"用,据宋本。"即其文应为"用同上"。译文从陈、傅二先生所改。

⑳长二寸五分,尾在内。广二分五厘,厚二分三厘:以帐头每高1尺,其檐口处所施飞子长2.5寸,(含飞子尾部长度。)其截面高0.25寸,厚0.23寸计;若帐头高3尺,则飞子长7.5寸,高0.75寸,厚

0.69寸。

㉑白版：其究竟为何物？起何作用？尚不很清楚。白版的位置似在九脊顶四面檐口处，疑施于飞子之上如大木作制度中屋顶檐口"望板"的作用。

㉒广三寸：以帐头每高1尺，其白版宽3寸计；若帐头高3尺，则其白版宽9寸。

㉓广一寸五分，厚一寸：以帐头每高1尺，其九脊顶上所施压脊高1.5寸、厚1寸计；若帐头高3尺，则压脊高4.5寸、厚3寸。

㉔长六寸：以帐头每高1尺，其九脊顶四隅所施角脊长6寸计；若帐头高3尺，则其角脊长1.8尺。

㉕曲阑槫脊：陈注：改"槫"为"搏"。傅注，改"槫"为"搏"，并注："搏，据宋本。"即改为"曲阑搏脊"。译文从二先生注。

㉖广一寸，厚五分：以帐头每高1尺，其两山所施曲阑搏脊高1寸，厚0.5寸计；若帐头高3尺，则曲阑搏脊高3寸，厚1.5寸。

㉗每深一尺，则长八寸五分：以帐头进深每长1尺，其九脊顶前后所施瓦陇条各长8.5寸计；若帐头进深4尺，则其前后瓦陇条各长3.4尺。

㉘厦头者：似指施于厦头位置即九脊小帐屋顶之四面檐口位置的瓦陇条。长五寸五分：以帐头进深每长1尺，施于厦头的瓦陇条长5.5寸计；若帐头进深4尺，则其瓦陇条施于厦头者长2.2尺。

㉙方三分：以帐头每高1尺，其瓦陇条截面方0.3寸计；若帐头高3尺，则其瓦陇条方0.9寸。

㉚相去空分同：九脊顶上相邻瓦陇条之间的空当距离，与瓦陇条的宽度尺寸相同。

㉛每深一尺，则长四寸五分：以帐头进深每长1尺，其搏风版每侧各长4.5寸计；若帐头进深4尺，则其搏风版每侧各长1.8尺。

㉜曲广一寸二分：以帐头每高1尺，其搏风版曲宽1.2寸计；若帐头

高3尺,则其搏风版曲宽3.6寸。

㉝曲广六分:以帐头每高1尺,其檐口处所施瓦口子曲高0.6寸计;若帐头高3尺,则其瓦口子曲高1.8寸。

㉞垂鱼:其长一尺二寸:与下文"惹草:(其长一尺)",原文"共长",徐注:"陶本为'共'字,误。"徐先生改"共"为"其",似文义更通。从徐先生所改。

㉟广六寸:以搏风版下所施垂鱼每长1尺,其宽6寸计;因九脊小帐两山垂鱼长为1.2尺,故垂鱼之宽为0.72寸。

㊱广七寸:以搏风版下所施惹草每长1尺,其宽7寸计;因其惹草长为1尺,故惹草之宽即为7寸。

㊲广六寸:以九脊小帐屋顶鸱尾每高1尺,鸱尾之宽为6寸计;因其鸱尾共高1.1尺,故其鸱尾宽为6.6寸。

【译文】

普拍方:方之长依据帐头的进深与面广尺寸而定,纵横普拍方相交处的绞头不计此长度之内。以帐头每高1尺,普拍方宽1寸,厚0.3寸计。

枓槽版:柱头上所施枓槽版的长度、厚度与普拍方之长、厚相同,其长较普拍方之长减2寸。以帐头每高1尺,其枓槽版宽2.5寸计。

压厦版:压厦版的长度、厚度与枓槽版的长、厚相同,在此长度基础上,每一面压厦版的长度各加5寸。以帐头每高1寸,其压厦版宽2.5寸计。

栿:九脊小帐屋顶下所施栿之长,依据其帐的进深长度而定,在进深长度的基础上再加5寸。以帐头每高1尺,其栿宽1寸,厚0.8寸计。

大角梁:以帐头每高1尺,其九脊小帐屋顶四角所施大角梁长7寸,宽0.8寸,厚0.6寸计。

子角梁:以帐头每高1尺,其大角梁上所施子角梁长4寸,梁之曲高2寸计,子角梁之厚与大角梁相同。

贴生:铺作上至角所施贴生,其长与铺作上所覆压厦版同,在压厦版长度的基础上再加长7寸。以帐头每高1尺,其贴生宽0.6寸,厚0.4寸计。

脊槫：九脊小帐屋顶脊槫之长,依据其帐头面广长度而定,以帐头每高1尺,脊槫截面高1寸,厚0.8寸计。

脊槫下蜀柱：以帐头每高1尺,其脊槫下所施蜀柱长8寸计,蜀柱的宽、厚与脊槫之广厚尺寸相同。

脊串：脊槫下蜀柱间所施脊串之长依脊槫的长度而定,以帐头每高1尺,其脊串截面高0.6寸,厚0.5寸计。

叉手：以帐头每高1尺,其脊下所施叉手长6寸计;叉手截面的宽度、厚度都与角梁的高、厚相同。

山版：以帐头进深每长1尺,其山版之长为9寸计。并以帐头每高1尺,其山版宽4.5寸计。山版之厚为0.6寸,这一厚度为绝对尺寸。

曲椽：以帐头进深每长1尺,其九脊顶曲椽长8寸计。曲椽的曲宽与脊串的宽度相同,以帐头每高1尺,其曲椽厚为0.3寸计。对应于每一补间铺作之上,施用曲椽3条。

厦头椽：以帐头进深每长1尺,其檐口处所施厦头椽长5寸计。以帐头每高1尺,其厦头椽宽0.4寸计,厦头椽的厚度与曲椽的厚度相同。厦头椽的施用方式亦与曲椽的施用方式相同。

从角椽：翼角处所施从角椽,其长随宜使用,椽与椽之间距,均摊用之。

大连檐：九脊小帐屋顶四檐所施大连檐,其长依据帐头的进深与面广而定,在此基础上,每面加长1.2尺。大连檐的宽度与曲椽相同,厚度则与贴生相同。

前后厦瓦版：九脊顶前后所施厦瓦版,其长依据屋顶所施槫之长而定。每至转角处增加1.5尺。厦瓦版之宽,自其压脊下至大连檐处,应随其材之宽窄合缝而成,其版之厚为0.5寸,此厚度为绝对尺寸。

两厦头厦瓦版：九脊顶两山厦头所施厦瓦版,其长依据帐头进深之长而定,至角所增加之长与前后厦瓦版同。其版之宽自山版至大连檐。随其材合缝做法与前后厦瓦版做法同,厚度亦与前后厦瓦版同。

飞子：厦头椽上所施飞子,以帐头每高1尺,其长2.5寸,包括飞子尾部的长度。其宽0.25寸，厚0.23寸计。至转角处，其飞子应随宜找取曲线。

白版：在飞子上所覆白版，其长依据飞椽之长而定，每面各加长2尺。以帐头每高1尺，白版宽3寸计。白版之厚与厦瓦版的厚度相同。

压脊：其长依据厦瓦版的长度而定，以帐头每高1尺，其压脊高1.5寸，厚1寸计。

垂脊：垂脊之长依据压脊至压厦版外的长度而定，垂脊的宽度和厚度与压脊的宽度和厚度相同。

角脊：以帐头每高1尺，其角脊长6寸计，角脊的宽度和厚度与压脊及垂脊的宽度和厚度相同。

曲阑搏脊：九脊顶两山出际之下所施曲阑搏脊共长4尺。以帐头每高1尺，其脊宽1寸，厚0.5寸计。

前后瓦陇条：以帐头进深每长1尺，其前后瓦陇条长为8.5寸计，施于两山厦头处的瓦陇条，其长5.5寸；如果至转角处，都应依据角之斜长确定其长度。以帐头每高1尺，其瓦陇条截面方0.3寸计，瓦陇条之间的空当距离，与瓦陇条截面之方尺寸相同。

搏风版：以帐头进深每长1尺，其九脊小帐屋顶两山所施搏风版长4.5寸计。以帐头每高1尺，其版曲宽1.2寸计。其版厚为0.7寸，这一厚度为绝对尺寸。

瓦口子：其长依据两翼角之子角梁内距离而定，以帐头每高1尺，其瓦口子曲宽0.6寸计。

垂鱼：垂鱼长为1.2尺，以其每长1尺，垂鱼宽为0.6寸计，垂鱼之厚与搏风版同。

惹草：惹草长为1尺，以其每长1尺，惹草宽7寸计，惹草之厚与垂鱼之厚相同。

鸱尾：鸱尾共高1.1尺，以其每高1尺，鸱尾宽6寸计，鸱尾之厚与压脊厚度相同。

（九脊小帐一般）

凡九脊小帐，施之于屋一间之内[①]。其补间铺作前后各八朵，两侧各四朵。坐内壸门等[②]，并准牙脚帐制度。

【注释】

①屋一间之内：其意是一座九脊小帐，可以施造于一座殿堂室内的一间之内。这里的"间"，指殿阁厅堂等房屋的室内之间。

②坐内壸门：原文"坐内壶门"，梁注本改为"坐内壸门"。傅注："壸，宋本误'壶'。"

【译文】

凡营造九脊小帐，可以将其施造于房屋室内的一间之内。九脊小帐的檐下枓栱，前后各用8朵补间铺作，两侧各有4朵补间铺作。其帐坐内所施壸门等做法，都与牙脚帐的相关做法相同。

壁帐

【题解】

从《法式》行文看，所谓"壁帐"，似指直接安于室内墙壁之上的小木作帐室。因其中提到了铺作的"出角""入角"，故其又可能是施于室内一角、平面略呈"L"形布置的，从而形成其帐的一个内转角。

关于"壁帐"条，原文曰"其名件广厚，皆取帐身间内每尺之高，积而为法"。既取"帐身间内"，当以"每尺之广"取之；若取"每尺之高"，则或取壁帐通高，或取壁帐"逐层之高"。傅熹年先生合校本中将"高"改为"广"，即"皆取帐身间内每尺之广，积而为法"，从上下文逻辑来看，就比较通顺了。

令人疑惑的是，文中并未给出帐身间内之广的尺寸。但文中给出了"每一间用补间铺作一十三朵"这一概念，且明确其枓栱用材广1.2寸，厚0.8寸，则其材分°之分°值应为0.08寸。从文中可知，壁帐所用枓栱为五铺作下昂重栱造。既有重栱，必然有慢栱，则由泥道慢栱的长度与补间铺作的朵数，或能推测出此一壁帐的帐身间内之广的大概范围。

慢栱长92分°，若间内施13朵补间铺作，其间广之内应有15朵铺作,而两端柱头铺作各计半铺,则有 14 朵完整铺作,即应有 14 条慢栱的长度,其总长应为 92×14=1288 分°;以每 1 分°长 0.08 寸计,则 14 条慢栱总长为 103.04 寸,约为 10.3 尺。如此,则若将这些铺作施于 12～15 尺的间广范围之内,是都有可能安置进去的,只是铺作与铺作之间的间距大小,有一些差别。

基于如上分析,这里可假设,其壁帐帐身间内之广为 12 尺。

壁帐通高 1.3 丈至 1.6 丈(不含顶部的仰阳版及山华版)。其形式是在帐柱之上,安普拍方,方上施隔科,上用五铺作下昂重栱造,似为双下昂做法。其壁帐疑为可沿室内墙壁转角设置,故其檐下科栱亦为"出角""入角"两种做法。

科栱用材高 1.2 寸,厚 0.8 寸。每一间,施补间铺作 13 朵。科栱之上施压厦版、混肚方,上安仰阳版与山华版。

帐内上施平棊。前后两柱之间用"叉子栿",疑其为如同大木作制度平梁上所施"叉手"一样的梁栿形式。帐身各部分构件尺寸,依据帐身高度尺寸,各构件取其相应的比例尺寸,累积推算而出。

壁帐内之框架柱即帐柱、仰托榥、隔科版、隔科柱子、科槽版以及其帐顶所施压厦版、混肚方、仰阳版、山华版,并壁帐之内所施平棊及其附属构件,皆与牙脚帐、九脊小帐对应之处所施构件十分类似。

壁帐上的山华版与仰阳版之后,每华尖亦应施楅 1 枚,以起到固定山华版及仰阳版作用。

比较令人不解的是,这段文字没有提到壁帐的基座,既没有专门设置的木制"壁帐坐",也没有提及壁帐是否坐落在一个砖石的台座之上。甚至没有提及其帐柱的根部是否有银脚,或是否施有础石。这是否由《法式》作者的一时疏忽所致?《法式》正文后所附的图样中,亦未给出壁帐的图样形式,这也是一个令人不解的问题。

壁帐所用铺作科栱诸分°数,与牙脚帐、九脊小帐所施铺作一样,也都以大木作科栱制度为准。

（造壁帐之制）

造壁帐之制[①]：高一丈三尺至一丈六尺。山华、仰阳在外。其帐柱之上安普拍方,方上施隔科及五铺作下昂重栱[②],出角、入角造[③]。其材广一寸二分,厚八分。每一间用补间铺作一十三朵[④]。铺作上施压厦版、混肚方[⑤],混肚方上与梁下齐。方上安仰阳版及山华。仰阳版、山华在两梁之间[⑥]。帐内上施平棊。两柱之内并用叉子栿[⑦]。其名件广厚,皆取帐身间内每尺之高,积而为法[⑧]。

【注释】

①壁帐:似指直接安于室内墙壁之上的小木作帐室,如山西大同下华严寺辽代薄伽教藏殿内的两山及后壁上所施经藏橱,在做法上与壁帐多少有一些类似。

②隔科:傅合校本:改为"隔科"。注释、译文暂从原文。下同。

③出角、入角造:出角造,为外转角;入角造,为内转角;说明壁帐可能会随室内空间的变化,出现内转角的做法。

④每一间用补间铺作一十三朵:因其壁帐未给出开间面广,故这里的每一间施用补间铺作多达13朵,令人生疑。若其壁帐对应于其所在殿阁的开间,且殿阁开间尺寸在1.3丈以上,其壁帐开间面广亦达1.3丈以上,则以一间用补间铺作13朵的可能性还是存在的。

⑤混肚方:疑为施于铺作之上,外露之表面为凸起之圆混线的条状木方。

⑥仰阳版、山华在两梁之间:每两梁之间似为一间,即壁藏顶部之仰阳版与山华版,是逐间施设的。

⑦叉子栿（fú）:这里的"叉子栿",不知是如何形式? 以其似施于帐内平棊之上,疑与大木作脊槫下所施大叉手有相类之处。

⑧皆取帐身间内每尺之高,积而为法:陈注:"'高'作'广'。"傅
　合校本,改"高"为"广"。即"皆取帐身间内每尺之广,积而为
　法"。从"帐身间内"之上下文来看,似应以"每尺之广,积而为
　法"为宜。暂从原文。

【译文】

营造壁帐的制度:壁帐高为1.3丈至1.6丈。其高度内不包含壁帐顶盖
之上的山华版与仰阳版的高度。在壁帐帐柱之上施安普拍方,方上施以隔科
版,并施五铺作下昂重栱造科栱,其转角铺作有出角造与入角造两种做
法。科栱用材之广为1.2寸,材厚0.8寸。每一间壁帐之内,施用补间铺
作13朵。铺作上施以压厦版与混肚方,混肚方的上皮与壁帐顶部所施梁栿的
下皮找齐。混肚方之上施安仰阳版及山华版。仰阳版及山华版施于每两根梁
栿之间的位置上。壁帐之内施以平棊。每前后两柱之内,皆用叉子栿以承
壁帐之顶盖。壁帐中各种构件的广厚尺寸,都是以帐身每1尺高时其构
件所取的相应比例尺寸,累积推算而出的。

(壁帐诸名件)

帐柱:长视高,每间广一尺,则方三分八厘①。

仰托榥:长随间广,其广三分,厚二分②。

隔科版③:长同上,其广一寸一分,厚一分④。

隔科贴:长随两柱之内,其广二分,厚八厘⑤。

隔科柱子:长随贴内,广厚同贴。

科槽版:长同仰托榥,其广七分六厘,厚一分⑥。

压厦版:长同上,其广八分,厚一分⑦。科槽版及压厦版,
如减材分,即广随所用减之。

混肚方:长同上,其广四分,厚二分⑧。

仰阳版：长同上，其广七分，厚一分^⑨。

仰阳贴：长同上，其广二分，厚八厘^⑩。

合角贴：长视仰阳版之广，其厚同仰阳贴。

山华版：长随仰阳版之广，其厚同压厦版。

平棊：华文并准殿内平棊制度。长广并随间内。

背版：长随平棊，其广随帐之深。以厚六分为定法。

桯：长随背版四周之广^⑪，其广二分，厚一分六厘^⑫。

贴：长随桯四周之内，其广一分六厘^⑬。厚同上。

难子并贴华：每方一尺，用贴络华二十五枚或十六枚。

护缝：长随平棊，其广同桯。厚同背版。

福：广三分，厚二分^⑭。

【注释】

①方三分八厘：以壁帐开间间广每长1尺，帐柱截面方0.38寸计；若其壁帐间广1丈，则柱方3.8寸。

②广三分，厚二分：以壁帐帐身间内每高1尺，其帐柱间所施仰托榥截面宽0.3寸，厚0.2寸计；若帐身间内高1.6丈，则其榥截面宽4.8寸，厚3.2寸。

③隔科：依傅先生研究，似应改为"隔科"。

④广一寸一分，厚一分：以壁帐帐身间内每高1尺，其帐柱上所施隔科版宽1.1寸，厚0.1寸计；若帐身间内高1.6丈，则其隔科版宽1.76尺，厚1.6寸。

⑤广二分，厚八厘：以壁帐帐身间内每高1尺，其隔科所施贴宽0.2寸，厚0.08寸计；若帐身间内高1.6丈，则其贴宽3.2寸，厚1.28寸。

⑥广七分六厘，厚一分：以壁帐帐身间内每高1尺，其科槽版宽0.76寸，厚0.1寸计；若帐身间内高1.6丈，则其科槽版宽1.216尺，厚

1.6寸。

⑦广八分，厚一分：以壁帐帐身间内每高1尺，其帐顶所施压厦版宽0.8寸，厚0.1寸计；若帐身间内高1.6丈，则其压厦版宽1.28尺，厚1.6寸。

⑧广四分，厚二分：以壁帐帐身间内每高1尺，其帐顶所施混肚方宽0.4寸，厚0.2寸计；若帐身间内高1.6丈，则其上混肚方宽6.4寸，厚3.2寸。

⑨广七分，厚一分：以壁帐帐身间内每高1尺，其帐顶所施仰阳版宽0.7寸，厚0.1寸计；若帐身间内高1.6丈，则其上仰阳版宽1.12尺，厚1.6寸。

⑩广二分，厚八厘：以壁帐帐身间内每高1尺，其仰阳版间所施贴宽0.2寸，厚0.08寸计；若帐身间内高1.6丈，则其贴宽3.2寸，厚1.28寸。

⑪长随背版四周之广：原文"随背版四周之广"，梁注本改为"长随背版四周之广"。徐注："陶本中无'长'字，误。"陈注："'桯'下疑脱'长'字。"傅合校本："疑脱'长'字。宋本无'长'字。"

⑫广二分，厚一分六厘：以壁帐帐身间内每高1尺，其背版四周所施桯宽0.2寸，厚0.16寸计；若帐身间内高1.6丈，则其桯宽3.2寸，厚2.56寸。

⑬广一分六厘：以壁帐帐身间内每高1尺，其桯内所施贴宽0.16寸计；若帐身间内高1.6丈，则其贴宽2.56寸。

⑭广三分，厚二分：以壁帐帐身间内每高1尺，其背版后所施楅宽0.3寸，厚0.2寸计；若帐身间内高1.6丈，则其楅宽4.8寸，厚3.2寸。

【译文】

帐柱：柱之长依壁帐帐身间内之高而定，以其帐开间间广每长1尺，其柱截面方0.38寸计。

仰托榥：其榥之长随壁帐开间间广而定，以壁帐帐身间内每高1尺，其棍截面宽0.3寸,厚0.2寸计。

隔科版:帐柱之上所施隔科版之长与仰托棍的长度相同,以壁帐帐身间内每高1尺,隔科版宽1.1寸,厚0.1寸计。

隔科贴:隔科版所施贴之长,依两柱之间的内距而定,以壁帐帐身间内每高1尺,隔科贴宽0.2寸,厚0.08寸计。

隔科柱子:隔科版间所施隔科柱子的长度,依隔科贴之内距离而定,柱子截面的广厚尺寸与贴的广厚尺寸相同。

科槽版:帐身柱上所施科槽版,其长与仰托棍的长度相同,以壁帐帐身间内每高1尺,科槽版宽0.76寸,厚0.1寸计。

压厦版:壁帐顶部所施压厦版,其版之长与科槽版的长度相同,以壁帐帐身间内每高1尺,压厦版宽0.8寸,厚0.1寸计。壁帐所用科槽版及压厦版,若其帐材分°尺寸有所减小,则其所用科槽版与压厦版的宽度亦相应有所减小。

混肚方:壁帐顶部所施混肚方之长与压厦版的长度相同,以壁帐帐身间内每高1尺,其混肚方宽0.4寸,厚0.2寸计。

仰阳版:壁帐顶部所施仰阳版之长,与混肚方的长度相同,以壁帐帐身间内每高1尺,其仰阳版宽0.7寸,厚0.1寸计。

仰阳贴:壁帐仰阳版所施贴,其长与仰阳版长度相同,以壁帐帐身间内每高1尺,其仰阳贴宽0.2寸,厚0.08寸计。

合角贴:壁帐顶部转角之仰阳版相接处所施合角贴,其长依仰阳版的宽度而定,其厚则与仰阳贴的厚度相同。

山华版:壁帐顶部所施山华版,其长依仰阳版的宽度而定,山华版的厚度与压厦版的厚度相同。

平棊:壁帐内所施平棊下之华文,以大木作制度殿内平棊做法为准。平棊的长与宽,皆依壁帐间内的尺寸而定。

背版:平棊背版的长度依平棊的长度而定,背版的宽度随壁帐进深尺寸而定。背版的厚度为0.6寸,这一尺寸为绝对尺寸。

棍:平棊背版四周所施棍之长,随背版四周的周长而定,以壁帐帐身间内每高1尺,其桯宽0.2寸,厚0.16寸计。

贴:平棊桯内所施贴,其长依四周桯内的周长而定,以壁帐帐身间内每高1尺,其贴宽0.16寸计。贴的厚度与桯的厚度相同。

难子并贴华:以平棊版每一尺见方,施用贴络华子25枚或16枚计。

护缝:平棊版所施护缝的长度随平棊的长度而定,宽度与桯的宽度相同。护缝的厚度与背版的厚度相同。

福:以壁帐帐身间内每高1尺,平棊背版后所施福宽0.3寸,厚0.2寸计。

(壁帐一般)

凡壁帐上山华、仰阳版后,每华尖皆施福一枚[1]。所用飞子、马衔[2],皆量宜用之[3]。其枓栱等分°数[4],并准大木作制度。

【注释】

[1]华尖:其意似指山华版顶端之花尖造型。

[2]飞子:关于壁帐的行文中,并未说明其帐的屋顶形式,除了提到"叉子栿"可能暗示了其似用坡屋顶外,其他有关屋顶的任何做法与名件都未提及,这里偶然提到的飞子,又似与上文的混肚方、仰阳版、山华版等做法相抵牾。马衔:其在什么位置,形式与作用为何? 都不很清楚。猜测其意或与叉子两侧所施"马衔木"相似,疑指施于壁帐间内两侧之立版。

[3]皆量宜用之:原文"皆量宜造之",梁注本改为"皆量宜用之"。徐注:"陶本为'造'字,误。"

[4]枓栱:前文曾提及:"其帐柱之上安普拍方,方上施隔科及五铺作下昂重栱,出角、入角造。其材广一寸二分,厚八分。每一间用补间铺作一十三朵。"可知其枓栱当施于柱上枓槽版外。其栱所用

材高1.2寸,其材之分°值为0.08寸。

【译文】

凡壁帐之上所施山华版、仰阳版之后,依其山华叶每一花尖后,皆施榑1枚。壁帐上所用飞子、马衔木等,也都应依据壁帐高度与大小,量宜使用。壁帐上所施枓栱等所用材分°等数,也都以大木作枓栱制度的材分°制度为准。

卷第十一　小木作制度六

转轮经藏　壁藏

【题解】

转轮经藏与壁藏,与前文所描述的佛道帐、牙脚帐、九脊小帐、壁帐之间的根本不同是:所谓"帐",实为"龛",是用于供奉佛道造像或牌位的;而所谓"藏",实为"橱柜",是用于贮存经藏的,如佛寺中用于贮藏佛经,或道观中用于贮藏道经的橱柜。无论佛经与道经,都具有某种神圣意义,因此转轮经藏或壁藏也都是造型精美的小木作形式。

历史上最早的转轮经藏是由南朝梁时的高僧傅大士开创的,据明人顾起元撰《客座赘语·傅大士》:"大士傅弘,东阳郡乌伤人。……梁武闻之,延于钟山定林寺,……常以经目繁多,人不能遍阅,乃建大层龛,一柱八面,实以诸经,运行不碍,谓之轮藏。"作为一种可以转动的巨大藏经橱柜,其机械原理及制造难度,在那个时代是相当高的。南北朝时的中国人,能够创造出这样庞大的转动性经藏,也可以称得上是机械史上的一个奇迹。

转轮经藏虽然是一个转动的机械性贮藏设施,但其外观仍然保持了一座八角形殿阁的形式,故其外槽帐身柱上,施以腰檐、平坐;檐下与平坐下,应有枓栱;平坐之上,再施以小尺度的木构殿阁造型,寓意佛国世界的天宫楼阁。

本卷图样参见卷第三十二《小木作制度图样》图32-62、图32-63。

转轮经藏

【题解】

尽管转轮经藏这一具有机械性质的小木作匠作形式,早在南北朝时期就已经被创造了出来,但现存实例中最早的转轮经藏只能追溯到北宋时代,即宋代所创建的河北正定隆兴寺转轮藏殿中的转轮经藏。这一实例,恰好为我们理解宋《法式》中的转轮经藏做法,提供了最好的实例证明。

之后的例证中,能够见到的实存案例,似乎只能在明代及以后的遗构中找到了。同是明代创立的四川平武报恩寺与北京智化寺内,都有转轮经藏的遗存。

转轮经藏,其要在两点:一是转轮,这本身具有较大规模之机械的性质,即通过人力的推动,能够使整座经藏转动;二是经藏,即在其可以转动的轮柜中藏有经匣,经匣内则贮有经书。使进入寺庙中的信徒,可以亲自动手对经藏的转轮加以转动,方便阅览佛教或道教经典,以实现弘法的目的。

令我们感到惊奇的是,早在一千五百年前的南北朝时期,古代中国人就创造出如此巨大的木制转动性机械,这在一定程度上,也折射出了古代中国人的创造性智慧与能力。遗憾的是,这一本具有划时代意义的创造,却始终没有被应用在实际的生产与生活中,只是作为一种宗教的象征性设施,供人们顶礼膜拜,故其在人类机械史上,也就不太引人注意了。

（造经藏之制）

【题解】

按照《法式》的描述,转轮经藏的平面为八角形,其高2丈,其八角形的直径为1.6丈；八角形每面的边长为6.66尺。经藏内外施柱，称"内外槽柱"。外槽帐身柱上有腰檐、平坐，平坐之上施天宫楼阁。转轮经藏八个面的外观及细部做法相同。

转轮经藏各部分构件尺寸，是按照各层的高度，以这一层每1尺的高度，其构件所取的相应比例尺寸，累积推算而出的。

转轮经藏的主要部分之一，是其外槽帐身。外槽帐身是由帐身外槽柱、隔科版、仰托楸、隔科内外贴、内外上下柱子以及欢门、帐带等与前文所描述的佛道帐、牙脚帐、九脊小帐、壁帐等帐身中所用相类似的一些构件组成的。

转轮经藏外槽的科槽直径为1.584丈，这一尺寸，不包括科槽及其出挑外檐的尺寸。

（造经藏之制）

造经藏之制^①：共高二丈^②，径一丈六尺，八棱，每棱面广六尺六寸六分。内外槽柱^③；外槽帐身柱上腰檐、平坐，坐上施天宫楼阁。八面制度并同，其名件广厚，皆随逐层每尺之高，积而为法。

【注释】

①经藏：指转轮经藏，是古代佛教寺院或道观中所设置的一种可以转动的经藏设施。

②共高二丈：陈注："'二'作'三'。"又更正为"二"，并注："明证'二'不误。"又注："一至三等材殿身内用。"其意似指高2丈的"转轮经藏"可施用于一等材至三等材的殿身之内。

③内外槽柱：这里的"内外槽"，与大木作制度中的"殿阁槽"有相类之处，其"槽"有"柱缝"之意，则"内外槽"应该是指构成经藏

的内层与外层柱网。

【译文】

营造转轮经藏的制度：经藏共高2丈，平面八边形的径长为1.6丈，共有八条边，每一边的面广为6.66尺。经藏有内外槽柱；其外槽帐身柱上施有腰檐、平坐，平坐之上施以天宫楼阁。经藏八个面的各种做法都是一样的，组成经藏之各个构件的截面广厚尺寸，都是依照经藏每层中的每1尺之高，其构件所取的相应比例尺寸，累积推算而出的。

（内外槽柱、外造帐身诸名件）

外槽帐身[①]：柱上用隔枓、欢门、帐带造[②]，高一丈二尺。

帐身外槽柱[③]：长视高[④]，广四分六厘，厚四分[⑤]。归瓣造[⑥]。

隔枓版：长随帐柱内，其广一寸六分，厚一分二厘[⑦]。

仰托榥：长同上，广三分，厚二分[⑧]。

隔枓内外贴：长同上，广二分，厚九厘[⑨]。

内外上下柱子：上柱长四分，下柱长三分[⑩]，广厚同上。

欢门：长同隔枓版，其广一寸二分，厚一分二厘[⑪]。

帐带：长二寸五分，方二分六厘[⑫]。

【注释】

①外槽帐身：指转轮经藏外槽帐柱及其相应组成部分，大概相当于转轮经藏主体部分的外立面。

②隔枓：傅合校本：改"隔枓"为"隔科"。暂从"隔枓"。

③帐身外槽柱：指构成经藏外槽帐身的外八边形平面柱网。

④长视高：指帐身外槽柱的长度是依据帐身的高度而定的。

⑤广四分六厘，厚四分：以帐身每高1尺，其帐身外槽柱截面宽0.46寸、厚0.4寸计；若帐身高1.2丈，则其柱宽5.52寸，厚4.8寸。

⑥归瓣造：可能有两种理解：一是，其外槽帐柱各在其八边形平面所在之边内施造；二是，转轮经藏帐身结构及构造做法与经藏坐芙蓉瓣的分瓣上下对应制造。从构造上讲，第二种理解的可能性更大。

⑦广一寸六分，厚一分二厘：原文"广一寸六分"，陈注："疑应作'一'。"傅合校本：改"六"为"一"，即"其广一寸一分"，又注："宋本即作'一寸六分'。"又补注："隔科版广，疑应作'一寸一分'，因上卷凡有隔科版处，其广均等于上下贴广，并上下柱子长之总和，故应作'一'。如是则上下帐带长度亦足矣。"此处暂从原文。以帐身每高1尺，其隔科版宽1.6寸，厚0.12寸计；若帐身高1.2丈，则隔科版宽1.92尺，厚1.44寸。

⑧广三分，厚二分：以帐身每高1尺，其外槽帐柱上所施仰托榥截面宽0.3寸，厚0.2寸计；若帐身高1.2丈，则其榥宽3.6寸，厚2.4寸。

⑨广二分，厚九厘：以帐身每高1尺，帐身外槽柱上隔科版所施内外贴宽0.2寸，厚0.09寸计；若帐身高1.2丈，则内外贴宽2.4寸，厚1.08寸。

⑩上柱长四分，下柱长三分：以帐身每高1尺，其隔科版内外上柱子长0.4寸，下柱子长0.3寸计；若帐身高1.2丈，则上柱子长4.8寸，下柱子长3.6寸。

⑪广一寸二分，厚一分二厘：以帐身每高1尺，其外槽帐柱间所施欢门宽1.2寸，厚0.12寸计；若帐身高1.2丈，则欢门宽1.44尺，厚1.44寸。

⑫长二寸五分，方二分六厘：以帐身每高1尺，其内外槽帐柱上所施帐带长2.5寸，帐带截面方0.26寸计；若帐身高1.2丈，则其帐带长3尺，其方3.12寸。

【译文】

外槽帐身：转轮经藏外槽帐身，其外槽帐柱之上施用隔科版，帐柱开间内施欢门，内外槽柱上施帐带，帐身高为1.2丈。

帐身外槽柱：帐身外槽柱的长度依帐身高度而定，以帐身每高1尺，其柱截面宽0.46寸、厚0.4寸计。其柱之定位与转轮经藏帐坐下所分芙蓉瓣上下对应制作。

隔科版：帐柱上所施隔科版，其长依帐柱之间的距离而定，以帐身每高1尺，其版宽1.6寸、厚0.12寸计。

仰托榥：帐柱上所施仰托榥之长与隔科版的长度相同，以帐身每高1尺，其榥截面宽0.3寸、厚0.2寸计。

隔科内外贴：隔科版内外所施贴之长，与隔科版及仰托榥的长度相同，以帐身每高1尺，其贴宽0.2寸、厚0.09寸计。

内外上下柱子：帐柱隔科版内外所施上下柱子，以帐身每高1尺，其上柱子长0.4寸、下柱子长0.3寸计，上下柱子的截面宽、厚尺寸与隔科内外贴宽、厚尺寸相同。

欢门：外槽帐柱开间内所施欢门，其长度与柱上隔科版的长度相同，以帐身每高1尺，欢门宽1.2寸、厚0.12寸计。

帐带：以帐身每高1尺，帐身内外槽帐柱上所施帐带长2.5寸，帐带截面方0.26寸计。

（腰檐并结瓦）

【题解】

外槽帐柱上施以腰檐，高度为2尺的腰檐之上亦有结瓦。腰檐科槽之上施以六铺作单杪双昂重栱造科栱，其科栱用材高度为1寸，材厚0.66寸，科栱里转出三杪华栱，每两帐柱间用补间铺作5朵。

柱头之上用普拍方，方上施科槽版并科栱；科栱之上用压厦版，压厦版之下为出檐椽子与飞子，并角梁、贴生（类如大木作之生头木）。转角处亦施角梁、子角梁。

腰檐起举，按照大木作殿阁之副阶起举方式，即以副阶进深之1/2高度为其举高,亦即搏脊槫之上皮标高,腰檐之内亦有井口榥、立榥、马头榥等,檐下施搏脊槫、曲椽等,檐口仍施飞子,飞子之上覆以白版。

腰檐屋顶之上,仍为结瓦做法。其顶之上用瓦陇条、瓦口子及两山小山子版、搏脊、角脊等,形成与大木作制度下屋顶腰檐十分类似的形式与做法。

(腰檐并结瓦)

腰檐并结瓦①:共高二尺,枓槽径一丈五尺八寸四分②。枓槽及出檐在外③。内外并六铺作重栱④,用一寸材,厚六分六厘。每瓣补间铺作五朵⑤:外跳单杪重昂;里跳并卷头。其柱上先用普拍方施枓栱,上用压厦版,出椽并飞子、角梁、贴生。依副阶举折结瓦⑥。

【注释】

①腰檐并结瓦(wà):原文"腰檐并结瓦"及下文"依副阶举折结瓦",梁注本一并改为"腰檐并结瓦"及"依副阶举折结瓦"。陈注:改"瓦"为"瓪"。傅合校本:改"瓦"为"瓦"或"瓪"。

②枓槽径:这里的"枓槽径",当指帐身上所施腰檐平面中心线所围合之八边形的直径,其径(1.584丈)比帐身外槽柱所围合之八边形的枓槽径(1.6丈)略小。

③枓槽及出檐在外:这里的"枓槽",似指帐身外槽柱缝,其槽径1.6丈,比腰檐枓槽径略大了1.6寸,故其帐身枓槽在腰檐枓槽之外;同时,腰檐上所挑出之檐口亦在腰檐枓槽之外。

④内外并六铺作重栱(gǒng):这里的"内外",疑指腰檐枓槽的内外,即其腰檐外跳枓栱的里转部分,即为"内";则其外跳与里跳皆施枓栱,且都采用六铺作重栱造的做法。

⑤每瓣：这里的"每瓣"，指转轮经藏帐身之八边形枓槽的一条边。

⑥依副阶举折结瓦：意为经藏帐身上腰檐屋盖的举折坡度及屋顶结瓦
　　形式，都应依据大木作制度殿阁副阶檐部屋顶的举折及结瓦做法。

【译文】

腰檐并结瓦：转轮经藏帐身上所施腰檐及檐上屋盖结瓦的高度之和
为2尺，腰檐枓槽的直径为1.584丈。帐身枓槽及腰檐上所出挑之檐口，不包
含在这一直径尺寸之内。其腰檐枓槽内外皆施用六铺作重栱造枓栱，其栱
所用材之高为1寸，栱截面厚度为0.66寸。其腰檐之八边形枓槽的每一面
各施用补间铺作5朵：其外跳枓栱为六铺作单杪双下昂做法；而其里跳
枓栱则为六铺作出三杪的做法。在其帐身柱柱头之上，先施以普拍方，
方上施枓栱，枓栱之上覆以压厦版，并出檐椽及飞子，至角用角梁，翼角
檐下有贴生做法。腰檐顶盖的举折及结瓦形式，都可依照大木作殿阁副
阶檐部的举折与结瓦做法营作。

（腰檐诸名件）

普拍方：长随每瓣之广①，绞角在外②。其广二寸，厚七分
五厘③。

　科槽版：长同上，广三寸五分，厚一寸④。

　压厦版：长同上，加长七寸。广七寸五分，厚七分五厘⑤。

　山版⑥：长同上，广四寸五分，厚一寸⑦。

　贴生：长同山版，加长六寸。方一分⑧。

　角梁：长八寸，广一寸五分⑨，厚同上⑩。

　子角梁：长六寸，广同上，厚八分⑪。

　搏脊槫：长同上⑫，加长一寸。广一寸五分，厚一寸⑬。

　曲椽：长八寸，曲广一寸，厚四分⑭。每补间铺作一朵用三

条,与从椽取匀分擘[15]。

　　飞子:长五寸,方三分五厘[16]。

　　白版:长同山版,加长一尺。广三寸五分[17]。以厚五分为定法。

　　井口榥[18]:长随径,方二寸[19]。

　　立榥:长视高,方一寸五分[20]。每瓣用三条[21]。

　　马头榥[22]:方同上。用数亦同上。

　　厦瓦版[23]:长同山版,加长一尺。广五寸[24]。以厚五分为定法。

　　瓦陇条:长九寸,方四分[25]。瓦头在内。

　　瓦口子:长厚同厦瓦版,曲广三寸[26]。

　　小山子版[27]:长广各四寸,厚一寸[28]。

　　搏脊:长同山版,加长二寸。广二寸五分,厚八分[29]。

　　角脊:长五寸,广二寸,厚一寸[30]。

【注释】

①长随每瓣之广:这里的"瓣",指经藏八边形平面的每一边,则其帐身柱上所施普拍方的长度,是依据其经藏八边形的边长而定的。

②绞角在外:疑当为"绞头在外"。参见本卷下文"平坐"之"普拍方"条。绞头,指每两条枓槽上所施普拍方相交处的接头部位。

③广二寸,厚七分五厘:以经藏腰檐每高1尺,其下所施普拍方宽2寸,厚0.75寸计;若腰檐高2尺,则普拍方宽4寸,厚1.5寸。

④广三寸五分,厚一寸:以腰檐每高1尺,其枓槽版宽3.5寸,厚1寸计;若腰檐高2尺,则其版宽7寸,厚2寸。

⑤广七寸五分,厚七分五厘:以腰檐每高1尺,其铺作上所施压厦版宽7.5寸,厚0.75寸计;若腰檐高2尺,则其压厦版宽1.5尺,厚1.5尺。

⑥山版:以转轮经藏为八边形造型,其每两边之腰檐相交处,当为角脊,故其山版应施于何处,未可知。从其山版长度与压厦版长度相同,皆与腰檐八边形每一边的边长相当,则似其山版当指覆于腰檐每一侧搏脊槫上的顶版。存疑。

⑦广四寸五分,厚一寸:以腰檐每高1尺,其腰檐山版宽4.5寸,厚1寸计;若腰檐高2尺,则其山版宽9寸,厚2寸。

⑧方一分:以腰檐每高1尺,其檐每侧所施贴生截面方0.1寸计;若腰檐高2尺,则其贴生方0.2寸。

⑨长八寸,广一寸五分:以腰檐每高1尺,腰檐各转角铺作之上所施角梁长8寸,宽1.5寸计;若腰檐高2尺,则其角梁长1.6尺,宽3寸。

⑩厚同上:这里所言角梁"厚同上",其上条为"贴生",贴生截面仅方0.1寸,再上一条是"山版",依腰檐每尺之高,山版厚取1寸,故这里似应理解为角梁之厚同"山版"。译文从注释。

⑪长六寸,广同上,厚八分:以腰檐每高1尺,其角梁上所施子角梁长6寸,子角梁厚0.8寸计;若腰檐高2尺,则子角梁长1.2尺,厚1.6寸,子角梁宽与角梁宽相同。

⑫长同上:这里所言搏脊槫"长同上",其上条即子角梁,以腰檐每尺之高,其子角梁取长6寸,但以下文"搏脊:长同山版,(加长二寸。)"可知,这里的"搏脊槫"不可能这么短,故这里的"长同上"当与其文山版条的"长同上"相接应,即其"长随每瓣之广",则搏脊槫之长亦与腰檐八边形每侧之长相同,且在这一长度的基础上再加长1寸。译文从注释。

⑬广一寸五分,厚一寸:以腰檐每高1尺,其腰檐搏脊槫截面高1.5寸,厚1寸计;若腰檐高2尺,则搏脊槫高3寸,厚2寸。

⑭长八寸,曲广一寸,厚四分:以腰檐每高1尺,其檐所施曲椽长8寸,曲宽1寸,厚0.4寸计;若腰檐高2尺,则曲椽长1.6尺,曲宽2寸,厚0.8寸。

⑮与从橡(chuán)取匀分擘(bò)：傅合校本：在"从"字后加一"角"字，并注："疑脱'角'字。宋本无'角'字。"意为从角椽施于腰檐翼角下，应依翼角檐口长度，均匀分布。

⑯长五寸，方三分五厘：以腰檐每高1尺，腰檐檐椽上所施飞子长5寸，飞子截面方0.35寸计；若腰檐高2尺，则其飞子长1尺，方0.7寸。

⑰广三寸五分：以腰檐每高1尺，其腰檐檐口处所覆白版宽3.5寸计；若腰檐高2尺，则白版宽7寸。从行文及所给尺寸看，这里的"白版"有可能指覆于腰檐飞子之上的望板。

⑱井口榥(huàng)：疑指施于经藏腰檐枓槽内八角形平面两个主要方向之对边间的横向木方，其榥相交恰为"井口"形，故称"井口榥"。

⑲方二寸：以腰檐每高1尺，其腰檐枓槽内所施井口榥截面方2寸计；若腰檐高2尺，则其榥截面方4寸。

⑳方一寸五分：以腰檐每高1尺，其腰檐枓槽之内所施立榥截面方1.5寸计；若腰檐高2尺，则立榥方3寸。

㉑每瓣用三条：陈注："'条'作'路'。"傅合校本：改"条"为"路"，其文改为"每瓣用三路"。此处暂从原文。

㉒马头榥：疑为与腰檐枓槽内所施立榥相对应，但呈向上挑头形式的斜向木方。

㉓厦瓦版：陈注：改"瓦"为"瓬"。傅合校本：改"瓦"为"瓬"。这里的"厦瓦版"，疑即腰檐每一侧檐口处所覆的顶版。厦瓦版之里侧，当与山版相接。

㉔广五寸：以腰檐每高1尺，其腰檐处所施厦瓦版宽5寸计；若腰檐高2尺，则其厦瓦版宽1尺。

㉕长九寸，方四分：以腰檐每高1尺，其厦瓦版上所施瓦陇条长9寸，条截面方0.4寸计；若腰檐高2尺，则其瓦陇条长1.8尺，条截面方

0.8寸。

㉖曲广三寸：以腰檐每高1尺，其腰檐檐口处所施瓦口子曲宽3寸
　　计；若腰檐高2尺，则瓦口子曲宽6寸。

㉗小山子版：未知小山子版施于何处。疑指施于腰檐内形成腰檐之
　　举折曲线的斜状立版。

㉘长广各四寸，厚一寸：以腰檐每高1尺，小山子版的长与宽各为
　　4寸，厚1寸计；若腰檐高2尺，则小山子版的长与宽各为8寸，
　　厚2寸。

㉙广二寸五分，厚八分：以腰檐每高1尺，腰檐之搏脊高2.5寸，厚
　　0.8寸计；若腰檐高2尺，则其搏脊高5寸，厚1.6寸。

㉚长五寸，广二寸，厚一寸：以腰檐每高1尺，其腰檐翼角上所施角
　　脊长5寸，宽2寸，厚1寸计；若腰檐高2尺，则其角脊长1尺，宽4
　　寸，厚2寸。

【译文】

普拍方：转轮经藏腰檐下所施普拍方，其长随经藏八边形的每一边
之长而定，转角处两侧普拍方相交之绞头不包含在这一长度之内。以腰檐每高
1尺，普拍方宽2寸，厚0.75寸计。

料槽版：经藏腰檐每一侧所施料槽版之长，与其侧所施普拍方的长
度相同，以腰檐每高1尺，料槽版截面宽3.5寸，厚1寸计。

压厦版：每一侧腰檐之料栱上所覆压厦版，版之长与其侧所施料槽
版的长度相同，在其长度的基础上再加长7寸。以腰檐每高1尺，其上压厦版
宽7.5寸，厚0.75寸计。

山版：每一侧腰檐上所施山版之长，与其侧所施料槽版、压厦版的长
度相同，以腰檐每高1尺，其山版宽4.5寸，厚1寸计。

贴生：每一侧腰檐上所施贴生木，其长度与其侧腰檐所施山版的长
度相同，在其基础上再加长6寸。以腰檐每高1尺，其贴生截面方0.1寸计。

角梁：以腰檐每高1尺，腰檐每一转角处所施角梁长8寸，宽1.5寸

计,角梁之厚与山版的厚度相同。

子角梁:以腰檐每高1尺,其每一转角之角梁上所施子角梁长6寸,厚0.8寸计,子角梁的宽度与角梁的宽度相同。

搏脊槫:腰檐上所施搏脊槫的长度与山版的长度一样,亦取腰檐每一侧边长的长度,在此基础上再加长1寸。以腰檐每高1尺,搏脊槫高1.5寸,厚1寸计。

曲椽:以腰檐每高1尺,其檐上所覆曲椽之长为8寸,椽之曲宽1寸,椽厚0.4寸计。檐上曲椽对应檐下所施枓栱,以每补间铺作1朵,施用曲椽3条计,至翼角处与从角椽取匀分布。

飞子:以腰檐每高1尺,其曲椽上所施飞子长5寸,飞子截面方0.35寸计。

白版:飞子上所覆白版的长度与山版的长度相同,在其基础上再加长1尺。以腰檐每高1尺,其白版宽为3.5寸计。白版厚度为0.5寸,这一厚度尺寸为绝对尺寸。

井口槏:腰檐枓槽之内所施井口槏的长度,依其枓槽八角形平面的直径而定,以腰檐每高1尺,其井口槏截面方2寸计。

立槏:腰檐枓槽内所施立槏,其长依腰檐的高度而定,以腰檐每高1尺,其立槏截面方1.5寸计。其腰檐枓槽八边形平面的每一边,施用立槏3条。

马头槏:以腰檐每高1尺,其腰檐内所施马头槏截面之方与立槏的截面尺寸相同。其枓槽每一侧所用马头槏数,与所用立槏数亦相同。

厦瓦版:腰檐顶部所覆厦瓦版,其长与山版的长度相同,在其基础上再加长1尺。以腰檐每高1尺,其厦瓦版宽为5寸计。版之厚为0.5寸,这一厚度尺寸为绝对尺寸。

瓦陇条:以腰檐每高1尺,其檐上所施瓦陇条长9寸,条之截面方0.4寸计。其瓦头尺寸亦包含在内。

瓦口子:腰檐檐口处所施瓦口子的长度、厚度与其下所施厦瓦版的长度、厚度相同,以腰檐每高1尺,其瓦口子曲宽3寸计。

小山子版：以腰檐每高1尺，其每侧两端所施小山子版的长与宽各为4寸，版之厚为1寸计。

搏脊：腰檐上所施搏脊之长与山版的长度相同，在其基础上再加长2寸。以腰檐每高1尺，其搏脊高2.5寸，厚0.8寸计。

角脊：以腰檐每高1尺，其转角处翼角之上所施角脊长5寸，高2寸，厚1寸计。

（平坐）

【题解】

转轮经藏的腰檐之上施有平坐，平坐高为1尺；其八角形枓槽径为1.584丈；柱头上用六铺作重栱三卷头枓栱，其栱用材高1寸，材厚0.66寸，以其八边形的每一侧边，或称每一瓣，用补间铺作9朵。

平坐之上施单勾阑，勾阑高6寸，寻杖下用撮项云栱造。其勾阑诸做法，与佛道帐之勾阑制度相同。

平坐下所施普拍方与腰檐普拍方同，其方长度随八角转轮一个侧面（瓣）的开间之广，两个侧边普拍方相聚处的绞头在外，以平坐高1尺推计，平坐普拍方断面为1寸见方。

与平坐枓栱等相匹配的枓槽版、枓栱之上所施压厦版，平坐外沿所施雁翅版，平坐内施有的具结构性功能的井口榥、马头榥、钿面版等构件，这些构件与其下腰檐内所施类似构件可能具有一定的上下对应性。

（平坐）

平坐：高一尺，枓槽径一丈五尺八寸四分[①]，压厦版出头在外。六铺作，卷头重栱[②]，用一寸材[③]。每瓣用补间铺作九朵[④]。上施单勾阑，高六寸。撮项云栱造，其勾阑准佛道帐制度。

【注释】

①枓槽径:指转轮经藏腰檐上所施平坐枓槽之八边形平面的直径。

②卷头重栱:指其平坐六铺作枓栱为从栌枓口出三杪华栱,三跳华栱跳头均施为重栱造。

③用一寸材:陈注:"六铺作,材一寸。"以其材高1寸,则其材之分°值约为0.066寸。

④每瓣:这里的"每瓣",指平坐枓槽八边形平面的每一侧边。

【译文】

平坐:经藏腰檐上所施平坐之高为1尺,平坐枓槽径与腰檐枓槽径尺寸相同,其径长为1.584丈,这一直径尺寸不包括平坐上所施压厦版的出头尺寸。平坐枓槽上施以六铺作出三杪重栱造枓栱,其栱所用材之高为1寸。平坐枓槽八边形的每一面施用补间铺作9朵。平坐之上施用单勾阑,勾阑高为6寸。平坐勾阑寻杖下采用撮项云栱造做法,其勾阑尺寸、做法皆以佛道帐平坐上所施勾阑制度相同。

(平坐诸名件)

普拍方:长随每瓣之广①,绞头在外。方一寸②。

枓槽版:长同上,其广九寸,厚二寸③。

压厦版:长同上,加长七寸五分。广九寸五分,厚二寸④。

雁翅版:长同上,加长八寸。广二寸五分,厚八分⑤。

井口榥:长同上,方三寸⑥。

马头榥:每直径一尺,则长一寸五分⑦。方三分⑧。每瓣用三条⑨。

钿面版⑩:长同井口榥,减长四寸。广一尺二寸,厚七分⑪。

【注释】

①每瓣之广:这里的"每瓣之广",指的是平坐枓槽之八边形的一个

侧边的面广尺寸。

②方一寸：以平坐每高1尺，平坐下所施普拍方截面方1寸计。因转轮藏平坐高为1尺，故其普拍方之截面方即为1寸，如下诸名件尺寸亦以其平坐高为1尺计之。

③广九寸，厚二寸：其经藏平坐上所施枓槽版高9寸，厚2寸。

④广九寸五分，厚二寸：其平坐枓栱上所施压厦版宽9.5寸，厚2寸。

⑤广二寸五分，厚八分：其平坐四周外沿所施雁翅版宽2.5寸，厚0.8寸。

⑥方三寸：其平坐枓槽内所施井口榥截面方3寸。

⑦每直径一尺，则长一寸五分：平坐枓槽上所施马头榥，以平坐枓槽八边形直径每1尺的长度，其榥长1.5寸计；因其枓槽径为1.584丈，故马头榥长2.376尺。

⑧方三分：其平坐枓槽内所施马头榥截面方0.3寸。

⑨每瓣用三条：这里的"每瓣"，指其平坐枓槽之八边形平面的每一侧边，即八边形平面之平坐的每一面施用马头榥3条。

⑩钿（diàn）面版：钿，钿面，有将金属或宝石等镶嵌在器物的表面以做装饰用之义，则"钿面版"似镶嵌有装饰物的平坐面版。

⑪广一尺二寸，厚七分：其平坐上所施钿面版宽1.2尺，厚0.7寸。

【译文】

普拍方：经藏平坐枓栱下所施普拍方之长，随其平坐枓槽之八边形平面的每一边的面广长度而定，这一长度内不包括两侧普拍方相交处的绞头长度尺寸。以平坐每高1尺，其普拍方截面方1寸计。

枓槽版：平坐枓槽上每一侧所施枓槽版，其长度与每一侧之普拍方的长度相同，其版之宽为9寸，厚为2寸。

压厦版：平坐枓栱上每一侧所覆压厦版之长，与每一侧之枓槽版及普拍方的长度相同，在其基础上再加长7.5寸。压厦版之宽为9.5寸，厚2寸。

雁翅版：平坐四周外沿每一侧所施雁翅版之长，与每一侧所施压厦版的长度相同，在其基础上再加长8寸。雁翅版之宽为2.5寸，厚0.8寸。

井口榥：平坐枓槽内所施井口榥的长度，与每一侧雁翅版的长度相同，其榥的截面方为3寸。

马头榥：平坐枓槽上所施马头榥，以平坐枓槽八边形平面直径每长1尺，其榥长1.5寸计。马头榥截面方0.3寸。平坐枓槽每一侧边施用马头榥3条。

钿面版：平坐顶面所覆钿面版之长，与平坐枓槽内所施井口榥的长度相同，在其基础上减短4寸。其版宽1.2尺，厚0.7寸。

（天宫楼阁）

【题解】

所谓"天宫楼阁"，更像是一种具有象征性或寓意性的说法，但在形式上，在转轮经藏的平坐上，确实施造了造型十分奇特、结构亦很繁杂的类似大木作殿阁式样的楼台、连廊与亭榭。平坐上所施天宫楼阁有三层，其高5尺，楼阁进深1尺。天宫楼阁首层为副阶，其副阶内角楼子，面广为1瓣。但这里提到的角楼子的一瓣之长，与上文八角形枓槽之一瓣之的意义大相径庭，这里的"瓣"当指后文所言转轮经藏之具有模数单位意义的"芙蓉瓣"之"瓣"，其每瓣之长为6.6寸；如此，则角楼子面广亦为6.6寸。角楼子檐下用六铺作单杪重昂枓栱。

角楼挟屋面广，亦为1瓣，即6.6寸；茶楼子长2瓣，面广1.32尺。角楼挟屋与茶楼子，檐下枓栱为五铺作单杪单昂。

连接角楼挟屋与茶楼子之行廊，长2瓣，则行廊面广亦为1.32尺。行廊平面为分心造，其柱上用四铺作枓栱。这种不同相邻建筑之间所用枓栱铺作数的差别，在一定程度上也会反映大木作制度中相邻建筑之间所用铺作数的不同。

角楼、角楼挟屋、茶楼子及行廊所用枓栱，或为单栱造，或为重栱造。其枓栱用材0.5寸，材厚0.33寸。

每瓣（即在6.6寸面广范围内）用补间铺作2朵。依此分°值，用单栱造,其泥道用瓜子栱,每一铺作横向长度为62分°;若用补间铺作2朵,加之两侧各留0.5朵,其枓栱长度约为6.14寸,似可以布置得下。但若其泥道用令栱,其长72分°,枓栱总长约为7.13寸,则难以在1瓣之内布置下2朵补间铺作了。若用重栱造,则更无可能。此为一问题,存疑。

诸铺作之出杪皆用卷头,且上层楼阁所用铺作数与下层所用铺作数对应一致。中层平坐之上施单勾阑,其高4寸。其勾阑为枓子蜀柱,做法与佛道帐制度相同。

天宫楼阁屋顶之结窟做法,参照腰檐瓦顶形式,只是尺寸宜相应减小。

天宫楼阁:三层,共高五尺,深一尺。下层副阶内角楼子,长一瓣①,六铺作,单杪重昂。角楼挟屋长一瓣②,茶楼子长二瓣③,并五铺作,单杪单昂。行廊长二瓣④,分心⑤。四铺作,以上并或单栱或重栱造⑥。**材广五分,厚三分三厘⑦,每**瓣用补间铺作两朵⑧,其中层平坐上安单勾阑,高四寸。枓子蜀柱造,其勾阑准佛道帐制度。**铺作并用卷头⑨,与上层楼阁所用铺作之数,并准下层之制。**其结窟名件⑩,准腰檐制度,量所宜减之。

【注释】

①下层副阶内角楼子,长一瓣:指转轮经藏顶部天宫楼阁下层副阶转角处的楼屋,其面广与经藏坐下的一个芙蓉瓣的长度相对应。

②角楼挟屋长一瓣:意为天宫楼阁中,凡角楼或殿挟屋,其面广长度均与经藏坐下1个芙蓉瓣的长度相对应。

③茶楼子长二瓣:天宫楼阁中的楼阁,其面广长度与经藏坐下2个芙蓉瓣的长度相对应。

④行廊长二瓣:天宫楼阁之楼殿之间的连廊,其面广长度与经藏坐

下2个芙蓉瓣的长度相对应。

⑤分心：这里所说的行廊"分心"造，指的是将行廊做对称的处理，或是将经藏坐下2个芙蓉瓣的连接处，正好对应于行廊面广的中心线。

⑥以上并或单栱或重栱造：意为如上角楼子、角楼挟屋、茶楼子、行廊，其檐下所用六铺作、五铺作、四铺作，其跳头上或统一采用单栱造做法，或统一采用重栱造做法。

⑦材广五分，厚三分三厘：陈注："六铺作、五铺作、四铺作，材五分°。"以材高0.5寸，其材之分°值0.033寸计，则其厚为10分°，即厚0.33寸。

⑧每瓣用补间铺作两朵：这里的"每瓣"，很可能也是指经藏坐下所分的芙蓉瓣，而非指转轮经藏八边形的每一侧边。

⑨铺作并用卷头：这里所说"铺作并用卷头"，与上文具体表述的角楼子用六铺作单杪重昂、角楼挟屋及茶楼子用五铺作单杪单昂的做法似有矛盾。唯有行廊所用"四铺作"，可能是仅采用单杪（即卷头）做法，故这里的"并用卷头"，其言不确。

⑩其结宽名件：原文"其结瓦名件"，梁注本改为"其结宽名件"。傅注：改"瓦"为"甋"。

【译文】

天宫楼阁：转轮经藏上层所施天宫楼阁，分为三层，楼阁共高5尺，进深1尺。楼阁下层副阶内所施角楼子，面广长度为1芙蓉瓣，角楼子檐下用六铺作，单杪双下昂造。天宫楼阁中的角楼与挟屋的面广长度，均为1芙蓉瓣，茶楼子面广长2芙蓉瓣，其角楼、挟屋、茶楼子檐下均用五铺作，单杪单下昂做法。天宫楼阁中所施行廊，面广长2芙蓉瓣，行廊正面呈分心对称布置。廊檐下施四铺作，以上诸殿阁楼屋行廊，或都采用单栱造，或都采用重栱造。诸殿阁楼屋行廊檐下所施枓栱，其栱所用材之广为0.5寸，材厚0.33寸，以每一芙蓉瓣长度之内，对应施安补间铺作2朵，其中层平坐上施安单勾阑,勾阑高4寸。寻杖下用枓子蜀柱造做法,其勾阑尺寸、比例及做法均以佛道帐平坐上所施勾阑制度保持一致。枓栱铺作均采用华栱出跳的卷头做法,且上层楼阁所施用的补间铺作数,与下层所施用的补间铺作数都是一一对应的。天宫楼阁屋顶结瓷名件,皆以经藏之腰檐屋顶结瓷名件为准,并量其所宜,在尺寸上适当缩减。

(里槽坐)

【题解】

　　对应于转轮经藏的外槽帐身,转轮经藏之内亦施有里槽结构。其里槽坐高3.5尺;以里槽坐之高,再加上坐上帐身及上层楼阁,共高1.3丈。其八角形帐身平面的直径为1丈。八角形里槽,两面相对之径为1.144丈,枓槽径为9.84尺。结合其外槽帐身枓槽径15.84尺,可以推算出,里槽与外槽之间的距离为4.4尺。以枓槽计之,枓槽与外槽之间的距离为6尺,如此似可形成类似房屋外檐廊子的空间效果。这一空间,或为储藏佛经经匣之所。

　　里槽之下用龟脚,脚上施车槽、叠涩等。里槽柱上施门窗,内门窗之上用平坐;坐上施重台勾阑,勾阑高为9寸,勾阑之寻杖下用云栱瘿项,其做法与佛道帐中的重台勾阑相同。

　　里槽帐身柱上用六铺作枓栱,出三卷头。枓栱用材,其广1寸,材厚0.66寸。里槽坐每瓣,施有补间铺作5朵。这里的"每瓣",为里槽八角形平面的每一面,即里槽每面的柱头之上、两柱之间,均施有补间铺作5朵。

　　转轮经藏里槽上所施门窗,表现为壸门、神龛等形式。其内当为藏经之处。里槽坐下作芙蓉瓣造形式。

　　里槽坐之下施有龟脚、车槽、车槽上下涩、坐腰、坐面涩、猴面版、猴面梯盘榥、猴面钿版榥、明金版、车槽华版、坐腰华版、坐下榻头木并下卧榥、柱脚方并下卧榥、榻头木立榥、拽后榥、柱脚立榥、坐内背版、坐面版等构件。其上另施有普拍方、枓槽版、压厦版等,其相应的构件名目与做法,似乎比大木作制度殿阁楼宇的构件名目与做法还要复杂、繁细许多。其中的一些名目与做法,因为缺乏实物印证,仅从文字上是很难厘清其真实面貌的。这也不能不说是一个遗憾。

(里槽坐)

里槽坐①:高三尺五寸。并帐身及上层楼阁,共高一丈三尺;帐身直径一丈②。面径一丈一尺四寸四分③;枓槽径九尺八寸四分④;下用龟脚;脚上施车槽、叠涩等⑤。其制度并准佛道帐坐之法。内门窗上设平坐;坐上施重台勾阑,高九寸。云栱瘿项造,其勾阑准佛道帐制度。用六铺作卷头;其材广一寸,厚六分六厘⑥。每瓣用补间铺作五朵⑦,门窗或用壸门、神龛⑧。并作芙蓉瓣造⑨。

【注释】

①里槽坐:转轮经藏分内、外槽,共高2丈,外槽径1.6丈,内槽帐身径1丈。这里的"里槽坐",当指这一径为1丈的内槽帐身之下的帐坐。

②帐身直径:指转轮经藏内槽帐身八边形平面的直径。

③面径:这里的"面径",疑指里槽坐顶面之八角形平面的直径,即里槽坐面径较内槽帐身直径略长出1.44尺,则其坐面每侧较里槽帐身宽出0.72寸。

④枓槽径:指内槽帐身柱之中缝所构成的八边形平面直径,其径较里槽帐身径长度略小1.6尺,即每侧缩入0.8寸。

⑤车槽:指里槽坐中所施承托其上帐身枓槽的条状木方,抑或是其转轮经藏里槽可以转动部分之框架的结构中缝。

⑥材广一寸,厚六分六厘:陈注:"六铺作,材一寸。"以材广1寸,其
　　分°值0.066寸,其材10分°,故厚0.66寸。

⑦每瓣用补间铺作五朵:这里的"每瓣",指的是内槽帐身八边形的
　　每一边。

⑧壸(kǔn)门:原文"壶门",梁注本改为"壸门"。陈注:"壸门。"

⑨并作芙蓉瓣造:指里槽坐、龟脚、车槽、叠涩、平坐、内槽帐身、门
　　窗、壸门、神龛等都采用芙蓉瓣造做法。

【译文】

转轮经藏里槽坐:坐高3.5尺。其坐与坐上帐身及上层楼阁,共高1.3丈;
帐身的直径为1丈。里槽坐顶面直径为1.144丈;其帐身枓槽直径为9.84
尺;里槽坐下用龟脚;龟脚之上施车槽、叠涩等。经藏里槽坐诸制度做法
均以佛道帐帐坐制度做法为准。于内槽所施门窗之上设平坐;平坐之上
施重台勾阑,其高9寸。勾阑寻杖下用云栱瘿项造,其勾阑做法以佛道
帐重台勾阑做法为准。平坐下所施枓栱为六铺作出三卷头做法;枓栱用材高1寸,
材厚0.66寸。其里槽八边形每一面各用补间铺作5朵,其下门窗或采用壸
门、神龛等形式。自龟脚至门窗等,均采用芙蓉瓣做法。

(里槽坐诸名件)

龟脚:长二寸,广八分,厚四分①。

车槽上下涩:长随每瓣之广②,加长一寸。其广二寸六
分,厚六分③。

车槽:长同上,减长一寸。广二寸,厚七分④。安华版在外。

上子涩:两重,在坐腰上下者。长同上,减长二寸。广二
寸,厚三分⑤。

下子涩:长厚同上,广二寸三分⑥。

坐腰⑦:长同上,减长三寸五分。广一寸三分,厚一寸⑧。

安华版在外。

坐面涩：长同上，广二寸三分，厚六分[9]。

猴面版[10]：长同上，广三寸，厚六分[11]。

明金版[12]：长同上，减长二寸。广一寸八分，厚一分五厘[13]。

普拍方：长同上，绞头在外。方三分[14]。

枓槽版：长同上，减长七寸。广二寸，厚三分[15]。

压厦版：长同上，减长一寸。广一寸五分[16]，厚同上。

车槽华版：长随车槽，广七分[17]，厚同上。

坐腰华版：长随坐腰，广一寸[18]，厚同上。

坐面版：长广并随猴面版内，厚二分五厘[19]。

坐内背版：每枓槽径一尺，则长二寸五分[20]；广随坐高。以厚六分为定法。

猴面梯盘棍[21]：每枓槽径一尺，则长八寸[22]。方一寸[23]。

猴面钿版棍[24]：每枓槽径一尺，则长二寸[25]。方八分[26]。每瓣用三条[27]。

坐下榻头木并下卧棍：每枓槽径一尺，则长八寸[28]。方同上。随瓣用[29]。

榻头木立棍：长九寸[30]，方同上。随瓣用[31]。

拽后棍：每枓槽径一尺，则长二寸五分[32]。方同上。每瓣上下用六条[33]。

柱脚方并下卧棍：每枓槽径一尺，则长五寸[34]。方一寸[35]。随瓣用[36]。

柱脚立棍：长九寸[37]，方同上。每瓣上下用六条[38]。

【注释】

①长二寸,广八分,厚四分:以里槽坐每高1尺,其坐下龟脚长2寸,宽0.8寸,厚0.4寸计;若里槽坐高3.5尺,则龟脚长7寸,宽2.8寸,厚1.4寸。

②长随每瓣之广:这里的"每瓣之广",指里槽坐八边形平面一个侧边的长度。

③广二寸六分,厚六分:以里槽坐每高1尺,其坐的车槽上下涩宽2.6寸,厚0.6寸计;若里槽坐高3.5尺,则其上下涩宽9.1寸,厚2.1寸。

④广二寸,厚七分:以里槽坐每高1尺,里槽坐车槽宽2寸,厚0.7寸计;若里槽坐高3.5尺,则车槽宽0.7寸,厚2.45寸。

⑤广二寸,厚三分:以里槽坐每高1尺,上子涩宽2寸,厚0.3寸计;若里槽坐高3.5尺,则上子涩宽7寸,厚1.05寸。

⑥广二寸三分:以里槽坐每高1尺,下子涩宽2.3寸计;若里槽坐高3.5尺,则下子涩宽8.05寸。

⑦坐腰:疑指转轮经藏里槽坐中段的条状木方。

⑧广一寸三分,厚一寸:以里槽坐每高1尺,里槽坐的坐腰宽1.3寸,厚1寸计;若里槽坐高3.5尺,则其坐腰宽4.55寸,厚3.5寸。

⑨广二寸三分,厚六分:以里槽坐每高1尺,其坐面涩宽2.3寸,厚0.6寸计;若里槽坐高3.5尺,则坐面涩宽8.05寸,厚2.1寸。

⑩猴面版:未知这一名件为何被称为"猴面版",猜测这可能是一根沿坐面槽上部边缘的木方,因其凸出坐面槽之外的边棱部分,被削斫为扁圆如猴嘴的轮廓,故有此称。从上下文看,猴面版似施于坐面涩之上、明金版之下。

⑪广三寸,厚六分:以里槽坐每高1尺,猴面版宽3寸,厚0.6寸计;若里槽坐高3.5尺,则猴面版宽1.05尺,厚2.1寸。

⑫明金版:未知明金版施于何处。从行文看,其版似与猴面版相邻,

疑是施于猴面版之上且露明于外的薄版。

⑬广一寸八分,厚一分五厘:以里槽坐每高1尺,里槽坐上的明金版宽1.8寸,厚0.15寸计;若里槽坐高3.5尺,则其明金版宽6.3寸,厚0.525寸。

⑭方三分:以里槽坐每高1尺,普拍方截面方0.3寸计;若里槽坐高3.5尺,则其截面方1.05寸。

⑮广二寸,厚三分:以里槽坐每高1尺,其上料槽版宽2寸,厚0.3寸计;若里槽坐高3.5尺,则其版宽7寸,厚1.05寸。

⑯广一寸五分:以里槽坐每高1尺,其上压厦版宽1.5寸计;若里槽坐高3.5尺,则压厦版宽5.25寸。

⑰广七分:以里槽坐每高1尺,其车槽华版宽0.7寸计;若里槽坐高3.5尺,则其版宽2.45寸。

⑱广一寸:以里槽坐每高1尺,其坐腰华版宽1寸计;若里槽坐高3.5尺,则坐腰华版宽3.5寸。

⑲厚二分五厘:以里槽坐每高1尺,其坐顶面所覆坐面版厚0.25寸计;若里槽坐高3.5尺,则坐面版厚0.875寸。

⑳每料槽径一尺,则长二寸五分:以里槽坐料槽径每长1尺,其坐内背版长2.5寸计;料槽直径长9.84尺,则坐内背版长2.46尺。

㉑猴面梯盘枓:"梯盘枓"指里槽坐顶部梯状框架中所施卧枓,但不清楚为何称其为"猴面梯盘枓";未知是否其枓外露部分轮廓线类如猴嘴之扁圆状。

㉒每料槽径一尺,则长八寸:以里槽坐料槽径每长1尺,其猴面梯盘枓长8寸计;料槽直径长9.84尺,则其枓长7.872尺。

㉓方一寸:以里槽坐每高1尺,其猴面梯盘枓截面方1寸计;若里槽坐高3.5尺,则其枓截面方3.5寸。

㉔猴面钿版枓:疑指在表面饰以钿面装饰的猴面枓。未详其具体位置与作用。

㉕每枓槽径一尺,则长二寸:以里槽坐枓槽径每长1尺,猴面钿版棍
长2寸计;枓槽直径长9.84尺,则其棍长1.968尺。

㉖方八分:以里槽坐每高1尺,其猴面钿版棍截面方0.8寸计;若里
槽坐高3.5尺,则其棍截面方2.8寸。

㉗每瓣用三条:这里的"瓣",应是指里槽坐八边形的一个侧边。

㉘每枓槽径一尺,则长八寸:以里槽坐枓槽径每长1尺,其坐下榻头
木并下卧棍长为8寸计;枓槽直径长9.84尺,则坐下榻头木并下
卧棍长7.872尺。

㉙随瓣用:这里的"瓣"疑指坐下"芙蓉瓣"之"瓣",即其坐下榻头
木并下卧棍,随其坐下芙蓉瓣对应施安。

㉚长九寸:以里槽坐每高1尺,其榻头木立棍长9寸计;若里槽坐高
3.5尺,则其立棍长3.15尺。

㉛随瓣用:其意与上文注㉙同。其榻头木立棍,随其坐下芙蓉瓣对应
施用。

㉜每枓槽径一尺,则长二寸五分:以里槽坐枓槽径每长1尺,其拽后
棍长2.5寸计;枓槽直径长9.84尺,则其榻头木立棍长2.46尺。

㉝每瓣上下用六条:这里的"瓣",指里槽坐八边形平面的一个侧
边,即其八边形的每面使用榻头木立棍6条。

㉞每枓槽径一尺,则长五寸:以里槽坐枓槽径每长1尺,其柱脚方并
下卧棍长5寸计;枓槽直径长9.84尺,柱脚方并下卧棍长4.92尺。

㉟方一寸:以里槽坐每高1尺,其柱脚方并下卧棍截面方1寸计;若
里槽坐高3.5尺,则其柱脚方并下卧棍方3.5寸。

㊱随瓣用:其意仍与注㉙、注㉛同。

㊲长九寸:以里槽坐每高1尺,其柱脚立棍长9寸计;若里槽坐高3.5
尺,则其立棍长3.15寸。

㊳每瓣上下用六条:其意与注㉝同,即在里槽坐八边形的每一面施
用柱脚立棍6条。

【译文】

龟脚：以里槽坐每高1尺，其龟脚长2寸，宽0.8寸，厚0.4寸计。

车槽上下涩：其上下涩的长度随八边形平面里槽坐每面之长而定，在其基础上再加长1寸。以里槽坐每高1尺，其涩宽2.6寸，厚0.6寸计。

车槽：车槽之长与车槽上下涩的长度相同，在其基础上再减短1寸。以里槽坐每高1尺，其宽2寸，厚0.7寸计。施安华版的尺寸不计在内。

上子涩：里槽坐施有上子涩两重，两重上子涩分别施于坐腰之上与下。其涩之长与车槽的长度相同，在其基础上再减短2寸。以里槽坐每高1尺，其上子涩宽2寸，厚0.3寸计。

下子涩：其长度、厚度皆与上子涩相同，以里槽坐每高1尺，其下子涩宽2.3寸计。

坐腰：其长与下子涩、上子涩长度相同，在其基础上再减短3.5寸。以里槽坐每高1尺，其坐腰宽1.3寸，厚1寸计。施安华版的尺寸不计在内。

坐面涩：里槽坐之坐面涩的长度与坐腰的长度相同，以里槽坐每高1尺，其涩宽2.3寸，厚0.6寸计。

猴面版：其版长度与坐面涩的长度相同，以里槽坐每高1尺，其版宽3寸，厚0.6寸计。

明金版：其版的长度与猴面版的长度相同，在其基础上再减短2寸。以里槽坐每高1尺，其明金版宽1.8寸，厚0.15寸计。

普拍方：普拍方之长与明金版的长度相同，两侧边普拍方相交处的绞头之长未计入这一长度尺寸之中。以里槽坐每高1尺，普拍方截面方0.3寸计。

科槽版：其版之长与普拍方的长度相同，在其基础上再减短7寸。以里槽坐每高1尺，科槽版宽2寸，厚0.3寸计。

压厦版：其版之长与科槽版的长度相同，在其基础上再减短1寸。以里槽坐每高1尺，其压厦版宽1.5寸计，压厦版的厚度与科槽版的厚度相同。

车槽华版：其版之长与车槽长度相同，以里槽坐每高1尺，其车槽华版宽0.7寸计,其版之厚与压厦版的厚度相同。

坐腰华版:坐腰上所施华版的长度依坐腰的长度而定,以里槽坐每高1尺,其坐腰华版宽1寸计,其版之厚与车槽华版的厚度相同。

坐面版:里槽坐顶所施坐面版的长与宽,都以猴面版内所留出的大小尺寸为准,以里槽坐每高1尺,其坐面版厚0.25寸计。

坐内背版:以里槽坐之枓槽直径每长1尺,其坐内背版长2.5寸计;背版的宽度随里槽坐的高度而定。坐内背版的厚度为0.6寸,这一厚度尺寸为绝对尺寸。

猴面梯盘棍:以里槽坐之枓槽直径每长1尺,其里槽坐上梯盘内所施猴面梯盘棍长8寸计。并以里槽坐每高1尺,其猴面梯盘棍截面方1寸计。

猴面钿版棍:以里槽坐之枓槽直径每长1尺,其猴面钿版棍长2寸。并以里槽坐每高1尺,其猴面钿版棍截面方0.8寸计。里槽坐每面施用3条猴面钿版棍。

坐下榻头木并下卧棍:以里槽坐之枓槽直径每长1尺,其坐下榻头木并下卧棍长8寸计。榻头木并下卧棍的截面见方尺寸,与猴面钿版棍截面尺寸相同。坐下榻头木并下卧棍随坐下芙蓉瓣对应施用。

榻头木立棍:以里槽坐每高1尺,其榻头木立棍长9寸计,其棍的截面尺寸,亦与猴面钿版棍的截面见方尺寸相同。其棍亦随坐下芙蓉瓣对应施用。

拽后棍:以里槽坐之枓槽直径每长1尺,其拽后棍长2.5寸计。拽后棍截面尺寸,亦与猴面钿版棍的截面见方尺寸相同。其里槽坐每一面的上下施用拽后棍6条。

柱脚方并下卧棍:以里槽坐之枓槽直径每长1尺,其柱脚方并下卧棍长5寸计。并以里槽坐每高1尺,其方并棍截面方1寸计。柱脚方并下卧棍亦随坐下芙蓉瓣对应施用。

柱脚立棍:以里槽坐每高1尺,其柱脚立棍长9寸计,其棍截面尺寸与柱脚方并下卧棍的截面尺寸相同。其里槽坐每一面的上下施用柱脚立棍6条。

（帐身）

【题解】

帐身施于里槽坐之上,其高8.5尺;其平面亦为八角形,径1丈;八角各施帐柱,帐柱之下用锭脚,之上用隔科;其锭脚类如大木作柱根之地栿,隔科或类如大木作柱头间之阑额。帐身四面皆安欢门、帐带,其前后则用门。

两帐柱之内,其两侧边施立颊,并作泥道版造。柱间可施欢门,柱上施以帐带,若不设门的帐身面,则施以帐身版。帐身版的上下及两侧,缠以内外难子。

（帐身）

帐身:高八尺五寸,径一丈,帐柱下用锭脚,上用隔科①,四面并安欢门、帐带②,前后用门③。柱内两边皆施立颊、泥道版造。

【注释】

①隔科:傅合校本注:改"隔科"为"隔科"。

②四面并安欢门:转轮经藏平面为八边形,故这里的"四面并安欢门"有两种可能的含义:一是经藏八个面都施以欢门,二是在其中的四个面施以欢门。若依前者,则其表述的本意是:四周均安欢门。

③前后用门:因转轮经藏为转动的八边形转轮,故这里的"前后",未知是如何确定的。或可理解为,在初始安装的状态,面对殿阁正门者为"前",与前门相对应者为"后"。

【译文】

帐身:转轮经藏帐身之高为8.5尺,帐身之径为1丈,帐柱之下施用锃脚版,帐柱之上施用隔科版,帐之四面都应施安欢门及内外槽间帐带,帐之前后施门。凡转轮经藏帐身柱内两侧皆施以立颊并用泥道版造做法。

(帐身诸名件)

帐柱:长视高,其广六分,厚五分[①]。

下锃脚上隔科版:各长随帐柱内,广八分,厚二分四厘[②];内上隔科版广一寸七分[③]。

下锃脚上隔科仰托㭼:各长同上,广三分六厘,厚二分四厘[④]。

下锃脚上隔科内外贴:各长同上,广二分四厘,厚一分一厘[⑤]。

下锃脚及上隔科上内外柱子:各长六分六厘[⑥]。上隔科内外下柱子:长五分六厘[⑦]。广厚同上[⑧]。

立颊:长视上下仰托㭼内,广厚同仰托㭼。

泥道版:长同上,广八分,厚一分[⑨]。

难子:长同上,方一分[⑩]。

欢门:长随两立颊内,广一寸二分,厚一分[⑪]。

帐带:长三寸二分,方二分四厘[⑫]。

门子:长视立颊,广随两立颊内。合版令足两扇之数。以厚八分为定法。

帐身版:长同上,广随帐柱内,厚一分二厘[⑬]。

帐身版上下及两侧内外难子:长同上,方一分二厘[⑭]。

【注释】

①广六分,厚五分:以帐身每高1尺,其帐柱截面宽0.6寸,厚0.5寸

计;若帐身高8.5尺,则帐柱宽5.1寸,厚4.25寸。

②广八分,厚二分四厘:原文"厚二分四厘",陈注:改"二"作"一"。傅合校本:改"二"为"一",即改为"广八分,厚一分四厘"。未知改动之由,暂从原文。以帐身每高1尺,其下锓脚上隔枓版宽0.8寸,厚0.24寸计;若帐身高8.5尺,则其下锓脚上隔枓版宽6.8寸,厚2.04寸。

③广一寸七分:以帐身每高1尺,其下锓脚内上隔枓版宽1.7寸计;若帐身高8.5尺,则下锓脚内上隔枓版宽1.445尺。

④广三分六厘,厚二分四厘:以帐身每高1尺,其帐身下锓脚上隔枓版内所施仰托榥宽0.36寸,厚0.24寸计;若帐身高8.5尺,则其仰托榥宽3.06寸,厚2.04寸。

⑤广二分四厘,厚一分一厘:以帐身每高1尺,其下锓脚上隔枓版内外所施贴宽0.24寸,厚0.11寸计;若帐身高8.5尺,则其内外贴宽2.04寸,厚0.935寸。

⑥各长六分六厘:以帐身每高1尺,其下锓脚及隔枓版上内外柱子各长0.66寸计;若帐身高8.5尺,则其上内外柱子各长5.61寸。

⑦长五分六厘:以帐身每高1尺,其上隔枓版内外下柱子长0.56寸计;若帐身高8.5尺,则其内外下柱子长4.76寸。

⑧广厚同上:傅合校本注:加"各",改为"各广厚同上"。

⑨广八分,厚一分:以帐身每高1尺,帐身内所施泥道版宽0.8寸,厚0.1寸计;若帐身高8.5尺,则其泥道版宽6.8寸,厚0.85寸。

⑩方一分:以帐身每高1尺,其泥道版四周所缠难子截面方0.1寸计;若帐身高8.5尺,则其难子方0.85寸。

⑪广一寸二分,厚一分:以帐身每高1尺,帐身所施欢门宽1.2寸,厚0.1寸计;若帐身高8.5尺,则其欢门宽1.02尺,厚0.85寸。

⑫长三寸二分,方二分四厘:以帐身每高1尺,其内外枓槽间所施帐带长3.2寸,截面方0.24寸计;若帐身高8.5尺,则帐带长2.72尺,

截面方2.04寸。

⑬厚一分二厘：以帐身每高1尺，其帐身版厚0.12寸计；若帐身高
8.5尺，则其版厚1.02寸。

⑭方一分二厘：以帐身每高1尺，其帐身版上下及两侧内外难子截
面方0.12寸计；若帐身高8.5尺，则其难子截面方1.02寸。

【译文】

帐柱：柱之长依帐身的高度而定，以帐身每高1尺，其柱截面宽0.6
寸，厚0.5寸计。

下锃脚上隔枓版：帐柱下锃脚上所施隔枓版的长度各随帐柱之内的
净距而定，以帐身每高1尺，其下锃脚上隔枓版宽0.8寸，厚0.24寸计；仍
以帐身每高1尺，其内上隔枓版宽1.7寸计。

下锃脚上隔枓仰托棍：下锃脚上隔枓仰托棍的长度与下锃脚上隔枓
版的长度相同，以帐身每高1尺，其棍宽0.36寸，厚0.24寸计。

下锃脚上隔枓内外贴：下锃脚上隔枓版内外所施贴之长与隔枓版之
长相同，以帐身每高1尺，其贴宽0.24寸，厚0.11寸计。

下锃脚及上隔枓上内外柱子：以帐身每高1尺，其下锃脚及上隔枓
版上内外柱子各长0.66寸计。上隔枓内外下柱子：仍以帐身每高1尺，
其上隔枓内外下柱子长0.56寸。两者的截面广厚与上隔枓版内外贴的
广厚尺寸相同。

立颊：帐柱内两侧所施立颊之长，依上下仰托棍内的高度差而定，立
颊的截面广厚与仰托棍的截面广厚相同。

泥道版：帐身上所施泥道版之长与立颊的长度相同，以帐身每高1
尺，其泥道版宽0.8寸，厚0.1寸计。

难子：难子之长与泥道版的长度相同，以帐身每高1尺，难子截面方
0.1寸计。

欢门：帐身柱间所施欢门，其长随两立颊之内的净距而定，以帐身每
高1尺，欢门宽1.2寸，厚0.1寸计。

帐带：以帐身每高1尺，其内外槽间所施帐带长3.2寸，截面方0.24寸计。

门子：帐身所施门子，其长依立颊之长而定，门子之宽随两立颊之内的净距而定。门子所施合版应有两扇门子的宽度。门子合版的厚度为0.8寸，这一尺寸为绝对尺寸。

帐身版：其版之长与门子的长度相同，版之宽依帐柱之内的净距而定，以帐身每高1尺，其版厚0.12寸计。

帐身版上下及两侧内外难子：帐身版四周所缠难子，其长度与帐身版之长相同，以帐身每高1尺，其内外难子截面方0.12寸计。

（帐头）

【题解】

帐柱之上，承以帐头。帐头高1尺，帐头的八角形平面之径为9.84尺。其径不含帐头上之出檐及枓栱出跳尺寸。帐柱之上施六铺作出三杪重栱造枓栱，枓栱用材为1寸，材厚0.66寸。以其八角形之一面，即一瓣，施用补间铺作5朵；里转铺作之上，施以平棊。

帐柱柱头之上施普拍方，方之上施枓槽版并铺作。铺作之上覆压厦版，转角柱之上施有角栱。帐柱之内则以算程方承平棊，其平棊背版、护缝、贴、难子与贴华等，与大木作屋宇中的平棊做法亦有诸多相近之处。

（帐头）

柱上帐头：共高一尺，径九尺八寸四分。檐及出跳在外。六铺作，卷头重栱造；其材广一寸，厚六分六厘[①]。每瓣用补间铺作五朵[②]，上施平棊。

【注释】

①材广一寸，厚六分六厘：陈注："六铺作，材一寸。"以材广1寸，其材之分°值为0.066寸，其材厚10分°，故其厚0.66寸。

②每瓣用补间铺作五朵：这里的"每瓣"，应指转轮经藏八边形的每一边，即转轮经藏的每一面，各用补间铺作5朵。

【译文】

帐柱上所承帐头：帐头共高1尺，其平面直径9.84尺。檐口出挑及枓栱出跳尺寸未计在内。帐头下施用六铺作出三杪，跳头上用重栱造；其栱用材高1寸，厚0.66寸。其帐头八角形平面的每一面各施补间铺作5朵，里转枓栱之上施以平棊。

（帐头诸名件）

普拍方：长随每瓣之广，绞头在外。广三寸，厚一寸二分①。

枓槽版：长同上，广七寸五分，厚二寸②。

压厦版：长同上，加长七寸。广九寸，厚一寸五分③。

角栿④：每径一尺，则长三寸⑤。广四寸，厚三寸⑥。

算桯方：广四寸，厚二寸五分⑦，长用两等：一，每径二尺，长六寸二分⑧；一，每径一尺，长四寸八分⑨。

平棊：贴络华文等，并准殿内平棊制度。

桯：长随内外算桯方及算桯方心，广二寸，厚一分五厘⑩。

背版：长广随桯四周之内。以厚五分为定法。

福：每径一尺，则长五寸七分⑪。方二寸⑫。

护缝：长同背版，广二寸⑬。以厚五分为定法。

贴：长随桯内，广一寸二分⑭。厚同上。

难子并贴络华：厚同贴。每方一尺，用华子二十五枚或十六枚。

【注释】

①广三寸，厚一寸二分：其帐头高恰为1尺，故其下普拍方尺寸如其文所给，即其宽3寸，厚1.2寸。如下各名件皆以其帐头高1尺计之。

②广七寸五分，厚二寸：其枓槽版宽7.5寸，厚2寸。

③广九寸，厚一寸五分：压厦版宽9寸，厚1.5寸。

④角栿：指帐头转角处所施承托里槽转角结构荷重的角梁。

⑤每径一尺，则长三寸：以帐头直径每长1尺，其角栿长3寸计；帐头径长9.84尺，则其角栿长2.952尺。

⑥广四寸，厚三寸：其角栿截面宽4寸，厚3寸。

⑦广四寸，厚二寸五分：其里转枓栱上所施算桯方截面宽4寸，厚2.5寸。

⑧每径二尺，长六寸二分：以帐头直径每长2尺，其平棊下算桯方之一长6.2寸计；帐头径长9.84尺，则其算桯方长约3.05尺。

⑨每径一尺，长四寸八分：以帐头直径每长1尺，其平棊下算桯方之二长4.8寸计；帐头径长9.84尺，则其算桯方长约4.72尺。

⑩广二寸，厚一分五厘：其平棊内所施桯截面宽2寸，厚0.15寸。

⑪每径一尺，则长五寸七分：以帐头直径每长1尺，其平棊版后所施福长5.7寸计；帐头径长9.84尺，其福长约5.61尺。

⑫方二寸：帐头平棊所施福截面方2寸。

⑬广二寸：帐头平棊背版后所施护缝宽2寸。

⑭广一寸二分：帐头平棊下所施贴宽1.2寸。

【译文】

普拍方：其方之长依帐头八角形平面每面的边长而定，每两侧普拍方相交处之绞头尺寸不计在内。其帐头高1尺，则其方宽3寸，厚1.2寸。

　　科槽版：普拍方上所立科槽版之长，与普拍方的长度相同，其帐头高1尺，则科槽版宽7.5寸，厚2寸。

　　压厦版：帐头铺作上所施压厦版之长与科槽版的长度相同，在其基础上再加长7寸。其帐头高1尺，则压厦版宽9寸，厚1.5寸。

　　角栿：以帐头八边形平面之径每长1尺，其栿长3寸计。其帐头高1尺，则角栿截面宽4寸，厚3寸。

　　算程方：其帐头高1尺，则帐头铺作里转所承算程方截面宽4寸，厚2.5寸，算程方长度分为两等：其一，以帐头八角形平面直径每长2尺，其算程方长6.2寸计；其二，以帐头八角形平面直径每长1尺，其算程方长4.8寸计。

　　平棊：帐头内平棊版下贴络华文等做法，都以大木作殿内平棊制度为准。

　　程：帐头内平棊上所施程之长随内外算程方及算程方中心的距离长度而定，其帐头高1尺，则其程宽2寸，厚0.15寸。

　　背版：平棊背版的长度与宽度随平棊之程四周之内的净距而定。其版厚0.5寸，这一厚度尺寸为绝对尺寸。

　　福：以帐头八角形平面直径每长1尺，其平棊背版后所施福长5.7寸计。其帐头高1尺，则其福截面方2寸。

　　护缝：平棊背版所施护缝之长与背版的长度相同；其帐头高1尺，则其护缝宽2寸。护缝之厚为0.5寸，这一厚度尺寸为绝对尺寸。

　　贴：平棊程内所施贴之长，随其程内的净距而定；其帐头高1尺，其贴宽1.2寸。贴之厚度与平棊护缝的厚度相同。

　　难子并贴络华：平棊下所施难子并贴华的厚度与其内所施贴的厚度相同。以平棊每1尺见方的面积，施用华子25枚或16枚。

（转轮）

【题解】

　　转轮，为转轮经藏可以转动的部分。其高8尺，直径9尺；转轮中心施以直立转轴,轴长 1.8 丈,转轴直径 1.5 尺。轴之上端,用铁铜钏;下端用铁鹅台桶子,以承转动之轴。

转轮似依其上下分为 7 格,上下每格分别剟以轮辐,挂以格辋。每格似按八角平面施用 8 辋,其辋分内辋、外辋,内外辋共 16 根辐,可盛装经匣 16 枚。如此,则 7 格或可有 56 辋,盛装经匣 392 个。

其转轮之辐,以其轮径每 1 尺,长 4.5 寸,轮径 9 尺,辐长 4.05 尺;以转轮之高 8 尺推计,其辐断面 2.4 寸见方。其转轮有转轮外辋、转轮内辋及外柱子、内柱子等结构构件,以及与内外柱子相配属的立頬、钿面版、格版、后壁格版、托辐牙子、托柎、立绞榥、十字套轴版等,其中一些构件,应该还会带有某种原始机械性的功能。

〔转轮〕

转轮:高八尺,径九尺①,当心用立轴,长一丈八尺,径一尺五寸②;上用铁铜钏③,下用铁鹅台桶子④。如造地藏⑤,其辐量所用增之⑥。其轮七格⑦,上下各剟辐挂辋⑧;每格用八辋⑨,安十六辐⑩,盛经匣十六枚。

【注释】

①高八尺,径九尺:转轮大致为转轮经藏的内槽部分,其八角形平面的直径为 9 尺,八角形的中心施用立轴。

②长一丈八尺,径一尺五寸:其转轮中心立轴的长度为 1.8 丈,立轴的直径为 1.5 尺。

③铁铜(jiān)钏(chuàn):应是镶嵌或包裹于转轮立轴上端的铁制构件,以减少其转动时产生的磨损。

④铁鹅台桶子:安装于转轮立轴下端的圆筒式铁制构件,以使其立轴可以转动。

⑤地藏：疑指将转轮经藏之转轮的底部沉入地下的那一部分。

⑥其辐量所用增之：如果转轮有沉入地下的部分，则其转轮上所施之轮辐的数量应做适当增加。

⑦其轮七格：疑指将其转轮上下分为7层横格。

⑧上下各劄（zhā）辐（fú）挂辋（wǎng）：即在转轮各层上下分别劄施轮辐，并在轮辐之外挂以轮辋。辋，意为轮外之框。

⑨每格用八辋：每一格轮辐之外施安8条辋。

⑩安十六辐：每一格内施安16条轮辐。

【译文】

转轮：转轮高8尺，其轮八角形平面的直径为9尺，转轮中心施用立轴，立轴上下长1.8丈，立轴直径1.5尺；轴之上端施用铁铜钏，其下端则施用铁鹅台桶子。如其转轮底部下沉为地藏式做法，其轮所用轮辐的数量应有所增加。转轮上下共分7格，每格上下各劄其轮辐，轮辐之外施挂轮辋；每一格施挂8条辋；每一层转轮内施安16根轮辐，其格之内可盛装16枚经匣。

（转轮诸名件）

辐：每径一尺，则长四寸五分①。方三分②。

外辋：径九尺，每径一尺，则长四寸八分③。曲广七分，厚二分五厘④。

内辋：径五尺，每径一尺，则长三寸八分⑤。曲广五分，厚四分⑥。

外柱子：长视高，方二分五厘⑦。

内柱子：长一寸五分⑧，方同上。

立頰：长同外柱子，方一分五厘⑨。

钿面版：长二寸五分，外广二寸二分，内广一寸二分⑩。

以厚六分为定法。[⑩]

格版[⑪]:长二寸五分,广一寸二分[⑫]。厚同上。

后壁格版:长广一寸二分[⑬]。厚同上。

难子:长随格版、后壁版四周,方八厘[⑭]。

托辐牙子[⑮]:长二寸,广一寸,厚三分[⑯]。隔间用[⑰]。

托枨[⑱]:每径一尺,则长四寸[⑲]。方四分[⑳]。

立绞榥[㉑]:长视高,方二分五厘[㉒]。随辐用。

十字套轴版[㉓]:长随外平坐上外径,广一寸五分,厚五分[㉔]。

泥道版:长一寸一分,广三分二厘[㉕]。以厚六分为定法。

泥道难子:长随泥道版四周,方三厘[㉖]。

【注释】

①每径一尺,则长四寸五分:以转轮径每长1尺,其辐长4.5寸计;若转轮径9尺,则辐长4.05尺。

②方三分:以转轮每高1尺,其辐截面方0.3寸计;若转轮高8尺,其辐方2.4寸。

③每径一尺,则长四寸八分:以转轮外辋径每长1尺,其转轮外辋长4.8寸计;若转轮外辋径9尺,则其外辋长4.32尺。

④曲广七分,厚二分五厘:以转轮每高1尺,其轮之外辋曲宽0.7寸,厚0.25寸计;若转轮高8尺,则其外辋曲宽5.6寸,厚2寸。

⑤每径一尺,则长三寸八分:以转轮内辋径每长1尺,其轮之内辋长3.8寸计;若转轮内辋径5尺,则其内辋长1.9尺。

⑥曲广五分,厚四分:以转轮每高1尺,其轮之内辋曲宽0.5寸,厚0.4寸计;若转轮高8尺,则其内辋曲宽4寸,厚3.2寸。

⑦方二分五厘:以转轮每高1尺,其外柱子截面方0.25寸计;若转轮高8尺,则其外柱子方2寸。

⑧长一寸五分：以转轮每高1尺，其内柱子长1.5寸计；若转轮高8尺，则内柱子长1.2尺。

⑨方一分五厘：以转轮每高1尺，其柱旁立颊截面方0.15寸计；若转轮高8尺，则立颊方1.2寸。

⑩长二寸五分，外广二寸二分，内广一寸二分：以转轮每高1尺，其格内所施钿面版长2.5寸，外宽2.2寸，内宽1.2寸计；若转轮高8尺，则其钿面版长2尺，外宽1.76寸，内宽9.6寸。

⑪格版：即转轮内所分之格上所铺版。

⑫长二寸五分，广一寸二分：以转轮每高1尺，其格版长2.5寸，宽1.2寸计；若转轮高8尺，则格版长2尺，宽9.6寸。

⑬长广一寸二分：以转轮每高1尺，转轮之格后壁所施格版长与宽各为1.2寸计；若转轮高8尺，则其后壁格版长与宽各为9.6寸。

⑭方八厘：以转轮每高1尺，其转轮内之格版及后壁格版四周所缠难子截面方0.8寸计；若转轮高8尺，则其难子方6.4寸。

⑮托辐牙子：疑指转轮辐下所施牙子。

⑯长二寸，广一寸，厚三分：以转轮每高1尺，其托辐牙子长2寸，宽1寸，厚0.3寸计；若转轮高8尺，则其托辐牙子长1.6尺，宽8寸，厚2.4寸。

⑰隔间用：这里的"间"，其义不甚详，疑指转轮之八角形平面中的每一个侧边。

⑱托枨（chéng）：未详其准确位置，疑指承托托辐牙子的枨杆。

⑲每径一尺，则长四寸：以转轮径每长1尺，其内所施托枨长4寸计；若以转轮外辋径9尺计，则其托枨长3.6尺；以转轮内辋径5尺计，则其托枨长2尺。

⑳方四分：以转轮每高1尺，其托枨截面方0.4寸计；若转轮高8尺，则其托枨方3.2寸。

㉑立绞榥：因其随辐所用，故疑为施于上下层轮辐之间的立木。

㉒方二分五厘：以转轮每高1尺，其立绞榥截面方0.25寸计；若转轮高8尺，则其立绞榥方2寸。

㉓十字套轴版：疑指施于转轮立轴之外的套版，其平面形式为在中心圆筒外有十字形框架。

㉔广一寸五分，厚五分：以转轮每高1尺，其立轴外所施十字套轴版宽1.5寸，厚0.5寸计；若转轮高8尺，则其十字套轴版宽1.2尺，厚4寸。

㉕长一寸一分，广三分二厘：以转轮每高1尺，其转轮内所施泥道版长1.1寸，宽0.32寸计；若转轮高8尺，则泥道版长8.8寸，宽2.56寸。

㉖方三厘：以转轮每高1尺，转轮泥道版四周所缠难子截面方0.03寸计；若转轮高8尺，则其难子方2.4寸。

【译文】

转轮之辐：以转轮直径每长1尺，其辐长4.5寸计。以转轮每高1尺，其辐截面方0.3寸计。

外辋：转轮外辋直径9尺，以其外辋径每长1尺，外辋长4.8寸计。以转轮每高1尺，其外辋曲宽0.7寸，厚0.25寸计。

内辋：转轮内辋直径5尺，以其内辋径每长1尺，内辋长3.8寸计。以转轮每高1尺，内外曲宽0.5寸，厚0.4寸计。

转轮外柱子：其长随其转轮之高而定，以转轮每高1尺，外柱子截面方0.25寸计。

转轮内柱子：以转轮每高1尺，其内柱子长1.5寸计，内柱子截面之方与外柱子的截面尺寸相同。

转轮外柱之侧所施立颊：其长与外柱子的长度相同，以转轮每高1尺，立颊截面方0.15寸计。

钿面版：转轮格子内所施钿面版，以转轮每高1尺，钿面版长2.5寸，版外沿宽2.2寸，内沿宽1.2寸计。其版厚0.6寸，这一厚度尺寸为绝对尺寸。

格版：转轮格子内所施格版，以转轮每高1尺，其格版长2.5寸，宽1.2寸计。格版厚度与钿面版厚度相同。

后壁格版：转轮格子后壁所施格版，以转轮每高1尺，其后壁格版长与宽各为1.2寸计。后壁格版之厚与格版的厚度相同。

难子：转轮格内之格版及后壁格版四周所缠难子之长，随格版及后壁版四周周长而定，以转轮每高1尺，其难子截面方0.08寸计。

转轮内所施托辐牙子：以转轮每高1尺，其托辐牙子长2寸，宽1寸，厚0.3寸计。托辐牙子应隔间施用。

托枨：以转轮直径每长1尺，其托枨长4寸计。以转轮每高1尺，其托枨截面方0.4寸计。

立绞榥：转轮内所施立绞榥之长，以转轮之高为准，以转轮每高1尺，其立绞榥截面方0.25寸计。其榥应对应转轮中所施轮辐施用。

十字套轴版：其版之长随外平坐上之八边形的外直径而定，以转轮每高1尺，其十字套轴版宽1.5寸，厚0.5寸计。

泥道版：以转轮每高1尺，其内所施泥道版长1.1寸，宽0.32寸计。泥道版厚0.6寸，这一厚度尺寸为绝对尺寸。

泥道难子：转轮内泥道版四周所缠难子之长，随泥道版四周周长而定，以转轮每高1尺，其难子截面方0.3寸计。

（经匣）

【题解】

这段文字给出了贮藏于转轮经藏内之经匣的具体做法。转轮藏内所存经匣，长1.5尺，宽6.5寸，高6寸。匣顶为盝顶形式，其高6寸含盝顶之高。经匣上用趄尘盝顶，趄者，斜也，其顶边缘似为斜置；其盝顶形式为"陷顶开带，四角打卯"的做法，经匣之底似亦有低陷凹入的造型。

以经匣每高1寸，其盝顶斜高0.2寸，开带0.13寸，则盝顶斜高1.2

寸,开带0.78寸。但未详这里所言"开带"为何物,未知是否是指蠡顶上其形若带状之屋脊。

　　经匣四壁之版,长随经匣之长与广,则左右壁版长1.5尺,前后壁版长6.5寸。以每匣高1寸,版广0.8寸,版厚0.08寸计,其版宽(广)4.8寸,厚0.48寸。经匣的子口版,长随匣四周之内,以匣每高1寸,子口版高0.2寸,厚0.05寸计,则其子口版高1.2寸,厚0.3寸。

　　经匣①:长一尺五寸,广六寸五分,高六寸。蠡顶在内。上用趄尘蠡顶②,陷顶开带③,四角打卯④,下陷底⑤。每高一寸,以二分为蠡顶斜高⑥;以一分三厘为开带⑦。四壁版长随匣之长广,每匣高一寸,则广八分,厚八厘⑧。顶版、底版,每匣长一尺,则长九寸五分⑨;每匣广一寸,则广八分八厘⑩;每匣高一寸,则厚八厘⑪。子口版长随匣四周之内⑫,每高一寸,则广二分,厚五厘⑬。

【注释】

①经匣:指贮藏佛教或道教经典,并安放于转轮经藏中的木制盒匣。

②趄(jū)尘:阻尘。趄,有阻隔义。蠡(lù)顶:中国古建筑中的一种屋顶形式,其顶为平屋顶,在屋顶四侧边缘有部分斜起的坡屋顶。如元陶宗仪《南村辍耕录·宫阙制度》提到:"蠡顶之制,三椽,其顶若笥之平,故名。""趄尘蠡顶"即为其经匣之上采用了类似蠡顶的匣盖以避灰尘。

③陷顶:指蠡顶式匣盖中间平的部分低陷一些。开带:疑指其蠡顶四面围脊所施之带状木条。

④四角打卯:指其匣四角用榫卯连接。

⑤下陷底:似指其下底部亦呈向内的凹陷状,如此,则其匣底版可略

悬离台面,似可起到隔潮作用。

⑥每高一寸,以二分为盝顶斜高:以其匣每高1寸,其顶盖之盝顶斜高为0.2寸计;匣高6寸,则其盝顶斜高1.2寸。

⑦以一分三厘为开带:以其匣每高1寸,其盝顶开带宽0.13寸计;匣高6寸,则其开带宽0.78寸。

⑧每匣高一寸,则广八分,厚八厘:以其匣每高1寸,经匣四壁之版宽0.8寸,厚0.08寸计;匣高6寸,则壁版宽4.8寸,厚0.48寸。

⑨每匣长一尺,则长九寸五分:以其匣每长1尺,匣之顶版与底版长9.5寸计;其匣长1.5尺,则顶版与底版长1.425尺。

⑩每匣广一寸,则广八分八厘:以其匣每宽1寸,其顶版与底版宽0.88寸计;其匣宽6.5寸,则顶版与底版宽5.72寸。

⑪每匣高一寸,则厚八厘:以其匣每高1寸,其顶版与底版厚0.08寸计;其匣高6寸,则顶版与底版厚0.48寸。

⑫子口版:疑指经匣开口处所用可以通过抽取或插入而启闭之版,疑是通过匣顶"开带",即子口处插入或抽取的盖版。

⑬每高一寸,则广二分,厚五厘:以其匣每高1寸,子口版宽0.2寸,厚0.05寸计;其匣高6寸,则其子口版宽1.2寸,厚0.3寸。

【译文】

经匣:匣长1.5尺,宽6.5寸,高6寸。匣盖盝顶在其高度尺寸内。匣盖采用趄尘盝顶形式,顶版凹陷并施以开带,匣之四角通过榫卯连接,匣底亦内凹,使底版略高出四周底边。以其匣每高1寸,其盝顶斜高为0.2寸推算;接近匣顶处所施开带宽0.13寸。匣之四壁之版的长度、宽度与其匣的长度、宽度尺寸一致,以其匣每高1寸,壁版宽0.8寸,厚0.08寸计。以其匣每长1尺,匣之顶版与底版长9.5寸计;以其匣每宽1寸,其底版与顶版0.88寸计;以其匣每高1寸,其底版与顶版厚0.08寸计。其匣开口处所施子口版之长,随匣四周之内的净距而定,以其匣每高1寸,子口版宽0.2寸,厚0.05寸计。

（经藏坐）

【题解】

本节文字的最后一段，说到了四个方面的问题：

一，经藏坐下芙蓉瓣的尺寸，每瓣长 0.66 尺，瓣下有龟脚；其瓣的分布，与经藏帐身柱上的铺作相对应，故芙蓉瓣似有转轮经藏的某种模数化功能。这种以芙蓉瓣之每一瓣的尺寸为单元的模数化设计，以及将这一模数化理念贯穿于整座经藏或帐阁的上下构件对应中，不仅提供了小木作制度之模数化、预制化与装配化的基础，而且为各种小木作之屋帐与藏帐的造型规制化，提供了一个基础。这不仅是古代中国工匠智慧的结晶，也可以说是 11 至 12 世纪中古时代世界建筑史上的一个重要发明与创造。

二，十字套轴版，大致相当于现代意义上的"轴承"，安于外槽平坐之上。

三，经藏腰檐及天宫楼阁结瓷及挂瓦陇条等做法，与佛道帐制度相同。

四，转轮经藏上屋顶举折，亦与佛道帐上屋顶举折做法相同。

凡经藏坐芙蓉瓣^①，长六寸六分^②，下施龟脚。上对铺作^③。套轴版安于外槽平坐之上^④。其结瓷、瓦陇条之类^⑤，并准佛道帐制度。举折等亦如之。

【注释】

①经藏坐芙蓉瓣：这里的"芙蓉瓣"大概类似于一个标准模块，其可以将经藏坐分成若干个长度单元，每一单元的上下各有其相应的构件对应，从而有利于转轮经藏的造型比例控制与营造预制安装。因其模块或单元从经藏坐开始设计与制作，故称"经藏坐芙

蓉瓣"。

②长六寸六分：每一芙蓉瓣的标准长度为6.6寸,以经藏八边形平面
　的每一边长6.66尺,恰可分为10个芙蓉瓣,瓣与瓣之间还可以有
　约0.006寸的相邻空隙。

③上对铺作：指每两芙蓉瓣接缝,恰与腰檐下(每面施补间铺作5
　朵)及帐头下(每面施补间铺作5朵)的补间铺作中缝相对应。
　但芙蓉瓣与平坐下所用铺作如何对应,尚不十分清楚。

④套轴版：即指前文所说的"十字套轴版"。

⑤结宽：原文"结瓦",梁注本改为"结宽"。陈注:"'瓦'作'瓰'。"

【译文】

　　凡经藏坐所分芙蓉瓣,其长6.6寸,瓣下施龟脚。其瓣之接缝与经藏腰
檐下及帐头下所施补间铺作缝一一对应,其八边形转角处接缝亦与其上转角铺作中
缝对应。转轮十字套轴版安装在外槽平坐之上。经藏腰檐及帐顶所施天
宫楼阁屋顶结宽及瓦陇条等做法,都以佛道帐中腰檐及天宫楼阁屋顶做
法为准。腰檐及天宫楼阁屋顶的举折做法也是同样。

壁藏

【题解】

　　壁藏,与前文中的壁帐有类似之处,都是紧贴室内墙壁而设。只是
壁藏的功能是贮藏佛经,而壁帐的功能则是用来供奉佛像。现存大同下
华严寺薄伽教藏殿内两山及后壁之小木作,应是宋辽时期佛殿内小木作
壁藏的典型例证。

　　文中所言"壁藏",其平面似为"八"字形,壁藏总高19尺,通面广
30尺,左右两摆手,各广6尺;如此,则中央主体部分面宽18尺,可分为
3间,每间间广为6尺,左右两摆手,各为1间,间广亦为6尺。与《法式》
卷第三十二《小木作制度图样》中,图32-63"天宫壁藏"所示大体上相

契合。

其内外槽深4尺,大约相当于壁藏进深。但这一尺寸,不包括经藏坐坐头及上部檐口等出跳部分的尺寸。其各部分构件尺寸,是按照每层的高度,以"每尺之高,积而为法"的方式,推算而出的。

这段文字中,唯一令人不解的是,经藏之前后与两侧的做法相同。其前部与两侧制度相同,容易理解,但后部紧贴墙壁,当无须与前部做法相类。

壁藏造型颇为复杂,包括了壁藏坐、帐身、腰檐及压厦版、平坐、天宫楼阁等部分,类如一组包括了复杂殿屋造型的建筑模型。

(造壁藏之制)

造壁藏之制[①]:共高一丈九尺,身广三丈,两摆子各广六尺[②],内外槽共深四尺[③]。坐头及出跳皆在柱外[④]。前后与两侧制度并同,其名件广厚,皆取逐层每尺之高,积而为法。

【注释】

①壁藏:陈注:"一至三等材殿身内用。"似指"壁藏"所用之处。

②两摆子:陈注:"'子'作'手'。"傅合校本:改"子"为"手",其文为"两摆手各广六尺"。暂从原文。

③内外槽:这里的"内外槽"与转轮经藏的"内外槽"应有不同的含义。转轮经藏分内外两圈式结构,壁藏则类如房屋的前后檐,其外槽类似房屋之前檐柱缝,内槽类似房屋之后檐柱缝。

④坐头:指壁藏之平坐的出挑部分。出跳:指平坐或腰檐等柱头上的出跳枓栱。

【译文】

营造壁藏的制度:壁藏通高1.9丈,壁藏身通面广3丈,其左右两侧八字形摆子面广各为6尺,壁藏内外槽共进深4尺。这一尺寸中不包括平坐上挑出之坐头,及平坐、腰檐等处枓栱出跳的尺寸。壁藏前后与两侧的做法与制度都是一样的,组成壁藏各部分构件的截面宽度与厚度,都以壁藏每一层中的每1尺高度,其构件所取的相应比例尺寸,依其层高累积推算而出。

(壁藏坐)

【题解】

壁藏坐高3尺,进深5.2尺,坐长与壁藏本体面广长度相当,其长30尺。坐下用龟脚,脚上施车槽、叠涩等;龟脚、车槽与叠涩等做法与佛道帐坐做法相同。壁藏坐造型类如须弥坐形式,其坐腰,即束腰内,设以壶门、神龛;门外亦施重台勾阑。

坐腰之上设以平坐,平坐上施安重台勾阑。勾阑高1尺,其寻杖下用云栱瘿项造,做法与佛道帐中之重台勾阑同。

平坐用五铺作出两卷头枓栱,其材广1寸,厚0.66寸,则其枓栱材分°之分°值为0.066寸。其平坐枓栱,以每6.6寸施补间铺作1朵;坐下仍用芙蓉瓣,瓣长亦为6.6寸,与其上铺作对应。

其余如龟脚、车槽、车槽上下涩、坐腰、坐面涩、猴面版、明金版以及枓槽版、压厦版,或神龛、壶门背版、柱子、面版、普拍方、柱脚方、柱脚方立榥、榻头木、榻头木立榥、拽后榥、罗文榥、猴面卧榥等,与前文中的转轮经藏坐中的相应构件一样,都是架构或装饰壁藏坐不可或缺的名件,只是其中一些名件,因为缺乏实物的支撑,还难以厘清其具体的位置与形式。

(壁藏坐)

坐:高三尺,深五尺二寸,长随藏身之广。下用龟脚,脚上施车槽、叠涩等。其制度并准佛道帐坐之法。唯坐腰之内①，造神龛壶门②，门外安重台勾阑③，高八寸。上设平坐，坐上安重台勾阑④。高一尺，用云栱瘿项造。其勾阑准佛道帐制度。用五铺作卷头，其材广一寸，厚六分六厘⑤。每六寸六分施补间铺作一朵⑥。其坐并芙蓉瓣造。

【注释】

①坐腰：大约相当于大木作殿堂两重台基之下层基座的顶面部分，因其施于壁藏坐的中腰部位，故称"坐腰"。

②造神龛壶（kǔn）门：原文"造神龛壸门"，梁注本改为"造神龛壶门"。陈注："壸门。"傅合校本：改"壶"为"壸"。

③门外安重台勾阑：此门当指上文所说的"神龛壶门"，其门之外是壁藏坐坐腰的地面，相当于大木作殿堂中层台基的地面，这里亦应施安重台勾阑。

④坐上安重台勾阑：可知壁藏坐施有两层重台勾阑，一层在坐腰地面上，另外一层在壁藏坐顶面，即相当于大木作殿堂台基顶面所施勾阑。

⑤材广一寸，厚六分六厘：陈注："五铺作，材一寸。"以其材广1寸，其材之分°值为0.066寸计，材厚10分°，故其厚0.66寸。

⑥每六寸六分施补间铺作一朵：相当于每100分°，即长6.6寸，施用铺作1朵，且这一长度亦为壁藏坐芙蓉瓣每瓣的长度，其芙蓉瓣每瓣长6.6寸。

【译文】

壁藏坐：坐高3尺，坐之进深为5.2尺，坐之长随壁藏身之长而定。坐下施用龟脚，龟脚之上施以车槽、叠涩等。其车槽与叠涩等的做法皆以佛道帐帐坐制度为准。唯一不同的是，在坐腰之内，应施造神龛壶门，其神龛壶门之外的坐腰地面阶沿处，应施安重台勾阑，其高8寸。坐腰之上设平坐，平坐之上再施安重台勾阑。这一施于坐腰之上的勾阑高1尺，其寻杖下施用云栱瘿项造做法。构件的各种做法以佛道帐帐坐上所施勾阑的制度为准。平坐下施用五铺作出双杪枓栱，其栱用材高1寸，厚0.66寸。在平坐下每6.6寸的间隔施用补间铺作1朵。其壁藏坐皆采用芙蓉瓣造做法。

（壁藏坐诸名件）

龟脚：每坐高一尺，则长二寸，广八分，厚五分[①]。

车槽上下涩：后壁侧当者[②]，长随坐之深加二寸；内上涩面前长减坐八尺[③]。广二寸五分，厚六分五厘[④]。

车槽：长随坐之深广，广二寸，厚七分[⑤]。

上子涩：两重，长同上，广一寸七分，厚三分[⑥]。

下子涩：长同上，广二寸[⑦]，厚同上。

坐腰：长同上，减五寸。广一寸二分，厚一寸[⑧]。

坐面涩：长同上，广二寸，厚六分五厘[⑨]。

猴面版：长同上，广三寸，厚七分[⑩]。

明金版：长同上，每面减四寸。广一寸四分，厚二分[⑪]。

枓槽版：长同车槽上下涩，侧当减一尺二寸，面前减八尺，摆手面前广减六寸。广二寸三分，厚三分四厘[⑫]。

压厦版：长同上，侧当减四寸，面前减八尺，摆手面前减二寸。广一寸六分[⑬]，厚同上。

神龛、壶门背版：长随枓槽，广一寸七分，厚一分四厘[⑭]。

壶门牙头[⑮]：长同上，广五分，厚三分[⑯]。

柱子：长五分七厘，广三分四厘[⑰]，厚同上。随瓣用[⑱]。

面版：长与广皆随猴面版内。以厚八分为定法。

普拍方：长随枓槽之深广，方三分四厘⑲。

下车槽卧榥：每深一尺，则长九寸⑳，卯在内。方一寸一分㉑。隔瓣用㉒。

柱脚方：长随枓槽内深广，方一寸二分㉓。绞荫在内㉔。

柱脚方立榥：长九寸，卯在内。方一寸一分㉕。隔瓣用。

榻头木：长随柱脚方内㉖，方同上。绞荫在内。

榻头木立榥：长九寸一分㉗，卯在内。方同上。隔瓣用。

拽后榥：长五寸，卯在内。方一寸㉘。

罗文榥：长随高之斜长，方同上。隔瓣用。

猴面卧榥：每深一尺，则长九寸㉙，卯在内。方同榻头木。隔瓣用。

【注释】

①长二寸，广八分，厚五分：以壁藏坐每高1尺，其下龟脚长2寸，宽0.8寸，厚0.5寸计；若其坐高3尺，则龟脚长6寸，宽2.4寸，厚1.5寸。

②后壁侧当：疑指壁藏后壁"八"字形横线与两侧斜摆线的交接处。

③内上涩面：指坐腰"八"字形平面内侧顶部所施上涩的外表面。

④广二寸五分，厚六分五厘：以壁藏坐每高1尺，其车槽上下所施涩宽2.5寸，厚0.65寸计；若其坐高3尺，则其上下涩宽7.5寸，厚1.95寸。

⑤广二寸，厚七分：以壁藏坐每高1尺，其坐之车槽宽2寸，厚0.7寸计；若其坐高3尺，则车槽宽6寸，后2.1寸。

⑥广一寸七分，厚三分：以壁藏坐每高1尺，其坐之上子涩宽1.7寸，厚0.3寸计；若其坐高3尺，则上子涩宽5.1寸，厚0.9寸。

⑦广二寸：以壁藏坐每高1尺，其坐之下子涩宽2寸计；若其坐高3

尺,则下子涩宽6寸。

⑧广一寸二分,厚一寸:以壁藏坐每高1尺,其坐之坐腰宽1.2寸,厚1寸;若其坐高3尺,则坐腰宽3.6寸,厚3寸。

⑨广二寸,厚六分五厘:以壁藏坐每高1尺,其坐腰下所施坐面涩宽2寸,厚0.65寸计;若其坐高3尺,则坐面涩宽6寸,厚1.95寸。

⑩广三寸,厚七分:以壁藏坐每高1尺,其坐腰处所施猴面版宽3寸,厚0.7寸计;若其坐高3尺,则猴面版宽9寸,厚2.1寸。

⑪广一寸四分,厚二分:以壁藏坐每高1尺,其坐腰处所施明金版宽1.4寸,厚0.2寸计;若其坐高3尺,则明金版宽4.2寸,厚0.6寸。

⑫广二寸三分,厚三分四厘:以壁藏坐每高1尺,其坐腰上所施枓槽版宽2.3寸,厚0.34寸计;若其坐高3尺,则枓槽版宽6.9寸,厚1.02寸。

⑬广一寸六分:以壁藏坐每高1尺,坐腰枓槽版上所施压厦版宽1.6寸计;若其坐高3尺,则压厦版宽4.8寸。

⑭广一寸七分,厚一分四厘:以壁藏坐每高1尺,坐腰之神龛、壶门背版宽1.7寸,厚0.14寸计;若其坐高3尺,则其背版宽5.1寸,厚0.42寸。

⑮壶门牙头:原文"壺门牙头",梁注本改为"壶门牙头"。傅合校本:改"壺"为"壶"。

⑯广五分,厚三分:以壁藏坐每高1尺,其坐腰之壶门牙头宽0.5寸,厚0.3寸计;若其坐高3尺,则壶门牙头宽1.5寸,厚0.9寸。

⑰长五分七厘,广三分四厘:以壁藏坐每高1尺,其坐腰柱子长0.57寸,柱截面宽0.34寸计;若其坐高3尺,则其柱子长1.71寸,厚1.02寸。

⑱随瓣用:意为其坐腰柱子随坐腰下所分的芙蓉瓣对应施用。

⑲方三分四厘:以壁藏坐每高1尺,坐腰柱上所施普拍方截面方0.34寸计;若其坐高3尺,则普拍方截面方1.02寸。

⑳每深一尺,则长九寸:以壁藏坐进深每长1尺,其坐腰下车槽卧榥
长9寸计;其坐进深5.2尺,则下车槽卧榥长4.68尺。

㉑方一寸一分:以壁藏坐每高1尺,其下车槽卧榥截面方1.1寸计;
若其坐高3尺,则其榥截面方3.3寸。

㉒隔瓣用:其坐腰所施下车槽卧榥,与其坐所分芙蓉瓣对应,每隔一
瓣施用1条卧榥。如下凡"隔瓣用"者,其意相同。

㉓方一寸二分:以壁藏坐每高1尺,坐腰柱子下所施柱脚方截面方
1.2寸计;若其坐高3尺,则其柱脚方截面方3.6寸。

㉔绞荫:意指两个方向的柱脚方相交处,在其交点上所凿的用于两
条方子交接的凹槽。下文"榻头木"条之"绞荫"与之义同。

㉕长九寸,卯在内。方一寸一分:以壁藏坐每高1尺,其柱脚方上所施
立榥长9寸,(其长度包括其榥所出卯。)榥之截面方1.1寸计;若
其坐高3尺,则柱脚方立榥长2.7尺,(含其卯长。)截面方3.3寸。

㉖长随柱脚方内:因榻头木似位于壁藏坐上部,且与柱脚方平行施
设,故这里疑其文当为"长随柱脚方","内"字为衍文。译文暂从
注释。

㉗长九寸一分:以壁藏坐每高1尺,其坐腰中所施榻头木立榥长9.1
寸计;若其坐高3尺,则榻头木立榥长2.73尺。

㉘长五寸,卯在内。方一寸:以壁藏坐每高1尺,其坐腰拽后榥长5
寸,(其卯长度在内。)榥截面方1寸计;若其坐高3尺,则拽后榥
长1.5尺,截面方3寸。

㉙每深一尺,则长九寸:以壁藏坐进深每长1尺,其猴面卧榥长9寸
计;若其坐高3尺,则其猴面卧榥长2.7尺。

【译文】

壁藏坐下龟脚:以壁藏坐每高1尺,龟脚长2寸,宽0.8寸,厚0.5寸计。

壁藏坐车槽上下涩:坐之后壁两侧与两摆子相交之处的车槽上下涩,其长
度随其坐进深尺寸再加长2寸;其坐"八"字形平面内侧顶面所施上涩面的前沿之

长，较其坐身长度减少8尺。以其坐每高1尺，车槽上下涩宽2.5寸，厚0.65寸计。

车槽：壁藏坐车槽之长以其坐的进深与面广长度为准，以其坐每高1尺，其车槽截面宽2寸，厚0.7寸计。

上子涩：壁藏坐施有两重上子涩，两条上子涩的长度与车槽长度相同，以其坐每高1尺，其涩宽1.7寸，厚0.3寸计。

下子涩：壁藏坐下所施下子涩，其长与上子涩的长度相同，以其坐每高1尺，其涩宽2寸计，下子涩之厚度与上子涩的厚度相同。

坐腰：其坐之坐腰长度与车槽及上、下子涩的长度相同，在其基础上减短5寸。以其坐每高1尺，坐腰宽1.2寸，厚1寸计。

坐面涩：其坐腰顶面所施坐面涩之长与坐腰的长度相同，以其坐每高1尺，坐面涩宽2寸，厚0.65寸计。

猴面版：壁藏坐顶面的坐面涩上所施猴面版之长，与坐面涩的长度相同，以其坐每高1尺，猴面版宽3寸，厚0.7寸计。

明金版：坐腰顶面所施明金版之长与猴面版的长度相同，在其基础上每面减短4寸。以其坐每高1尺，明金版宽1.4寸，厚0.2寸计。

枓槽版：壁藏坐内所施枓槽版，其长与其坐的车槽上下涩的长度相同，至后壁两侧当处，其长度减短1.2尺，至壁藏之前正面，其枓槽版长度减短8尺，壁藏两摆手之前正面枓槽版前面广尺寸减少6寸。以其坐每高1尺，其枓槽版宽2.3寸，厚0.34寸计。

压厦版：壁藏坐上所施压厦版之长与枓槽版的长度相同，在其基础上，其后壁两侧当处减短2寸，前正面压厦版减短8尺，两摆手正面前压厦版减短2寸。以其坐每高1尺，压厦版宽1.6寸计，版之厚与枓槽版的厚度相同。

神龛、壸门背版：壁藏坐坐腰处神龛、壸门后所施背版之长，与枓槽版的长度相同，以其坐每高1尺，背版宽1.7寸，厚0.14寸计。

壸门牙头：坐腰壸门前所施牙头之长与其背版的长度相同，以其坐每高1尺，壸门牙头宽0.5寸，厚0.3寸计。

　　柱子：以壁藏坐每高1尺，其坐之内外槽所施柱子长0.57寸，柱截面宽0.34寸计，柱厚尺寸与壶门牙头的厚度相同。其柱子随壁藏坐所分芙蓉瓣对应施用。

　　面版：壁藏坐顶面面版的长度与宽度都以猴面版内的净距为准。其版厚0.8寸，这一厚度尺寸为绝对尺寸。

　　普拍方：壁藏坐柱子上所施普拍方之长，随其坐科槽的进深与面广长度而定，以其坐每高1尺，普拍方截面方0.34寸计。

　　下车槽卧榥：以壁藏坐进深每长1尺，其坐之下车槽所施卧榥长9寸计，其中包括榥的榫卯长度尺寸。以其坐每高1尺，其卧榥截面方1.1寸计。对应其坐所分芙蓉瓣，每隔一瓣施用卧榥1条。

　　柱脚方：壁藏坐内柱子下所施柱脚方之长，随其坐科槽的进深与面广长度而定，以其坐每高1尺，其方截面方1.2寸计。两个方向之柱脚方相交处的接口凹槽深度计算在内。

　　柱脚方立榥：以壁藏坐每高1尺，坐下柱脚方上所施立榥长9寸计，包括其卯之长。以其坐每高1尺，立榥截面方1.1寸计。对应其坐所分芙蓉瓣，每隔一瓣施用柱脚方立榥1条。

　　榻头木：壁藏坐内所施榻头木之长与其下柱脚方的长度相同，榻头木与柱脚方立榥的截面尺寸亦相同。两个方向之榻头木相交处的接口凹槽深度包括在内。

　　榻头木立榥：以壁藏坐每高1尺，其榻头木立榥长9.1寸计，含其卯之长。其榥截面尺寸与柱脚方立榥的截面尺寸相同。对应其坐所分芙蓉瓣，每隔一瓣施用榻头木立榥1条。

　　拽后榥：以壁藏坐每高1尺，其坐内所施拽后榥长5寸，含其卯之长。榥之截面方1寸计。

　　罗文榥：壁藏坐内所施罗文榥之长，以其坐高度之斜长为准，罗文榥的截面尺寸与拽后榥的截面尺寸相同。对应其坐所分芙蓉瓣，每隔一瓣施用罗文榥1条。

猴面卧榥：以壁藏坐进深每长1尺，其坐顶所施猴面卧榥长9寸计，其卯之长包括在内。猴面卧榥的截面尺寸与榻头木的截面尺寸相同。对应其坐所分芙蓉瓣，每隔一瓣施用猴面卧榥1条。

（帐身）

【题解】

帐身，是贮藏经匣之所，其高8尺，进深4尺。其结构为在帐柱之上部施隔科，下部安锭脚；帐身前面及两侧安欢门、帐带；帐身施版门子。

帐身之上下分为7格，与转轮经藏同。每格内施安经匣40枚，可知其格应该比较大，或不再有横向的分隔。帐柱以内，则类如大木作佛殿内施以平棊造等做法。

帐身由帐内外槽柱、内外槽上隔科版、内外槽上隔科内外上下贴、内外槽上隔科内外上柱子、内外槽上隔科内外下柱子、内外槽上所施欢门、内外帐带、正后壁及两侧后壁心柱、帐身版、逐格前后格榥、钿版榥、逐格钿面版、格版、破间心柱、折叠门子、格版难子、里槽普拍方以及帐身内屋顶之下所施平棊等构件组成。

壁藏帐身之内所用贮藏佛经之经匣，亦采用盝顶形式；其尺寸大小等，皆与转轮经藏中的经匣制度相同。

（帐身）

帐身：高八尺，深四尺，帐柱上施隔科①；下用锭脚；前面及两侧皆安欢门、帐带②。帐身施版门子③。上下截作七格。每格安经匣四十枚。屋内用平棊等造④。

【注释】

①隔科：傅合校本：改"隔科"为"隔科"。

②前面及两侧皆安欢门、帐带：这里所说"前面及两侧皆安欢门、帐带"，与本卷"壁藏·造壁藏之制"条中所说"前后与两侧制度并同"似有矛盾，但这里的说法更合乎逻辑。

③版门子：指壁藏帐身前面及两侧所安版门，其形式应与小木作制度中的版门相近，只是尺度较小。

④屋内：当指壁藏帐身里的内部空间。

【译文】

帐身：其高8尺，进深4尺，在帐柱之上施以隔枓版；柱下用锃脚版；帐身前正立面及两摆手前立面皆施安欢门，内外槽帐柱间施以帐带。帐身柱之间施安版门子。将壁藏帐身上下区隔为7格。每格之内安贮经匣40枚。帐身内顶部采用平棊造等做法。

（帐身诸名件）

帐内外槽柱：长视帐身之高，方四分①。

内外槽上隔枓版②：长随帐柱内，广一寸三分，厚一分八厘③。

内外槽上隔枓仰托榥：长同上，广五分，厚二分二厘④。

内外槽上隔枓内外上下贴：长同上，广五分二厘，厚一分二厘⑤。

内外槽上隔枓内外上柱子：长五分⑥，广厚同上。

内外槽上隔枓内外下柱子：长三分六厘⑦，广厚同上。

内外欢门：长同仰托榥，广一寸二分，厚一分八厘⑧。

内外帐带：长三寸，方四分⑨。

里槽下锃脚版：长同上隔枓版，广七分二厘，厚一分八厘⑩。

［里槽下锃脚外贴：长同上，广二分二厘，厚一分二厘⑪。］

里槽下锃脚仰托榥：长同上，广五分，厚二分二厘^⑫。

里槽下锃脚外柱子：长五分，广二分二厘，厚一分二厘^⑬。

正后壁及两侧后壁心柱：长视上下仰托榥内，其腰串长随心柱内，各方四分^⑭。

帐身版：长视仰托榥、腰串内，广随帐柱、心柱内。以厚八分为定法。

帐身版内外难子：长随版四周之广，方一分^⑮。

逐格前后格榥：长随间广，方二分^⑯。

钿版榥：每深一尺，则长五寸五分^⑰。广一分八厘，厚一分五厘^⑱。每广六寸用一条。

逐格钿面版：长同前后两侧格榥，广随前后格榥内。以厚六分为定法。

逐格前后柱子：长八寸，方二分^⑲。每匣小间用二条。

格版：长二寸五分，广八分五厘^⑳，厚同钿面版。

破间心柱：长视上下仰托榥内，其广五分，厚三分^㉑。

折叠门子^㉒：长同上，广随心柱、帐柱内。以厚一寸为定法^㉓。

格版难子：长随格版之广，其方六厘^㉔。

里槽普拍方：长随间之深广，其广五分，厚二分^㉕。

平棊：华文等准佛道帐制度。

经匣：盝顶及大小等并准转轮藏经匣制度。

【注释】

①方四分：以帐身每高1尺，其帐内外槽柱截面方0.4寸计；若帐身高8尺，则其柱方3.2寸。

②隔科：傅合校本：改"科"为"科"，并注："科，共六处。""科，后

同。"注释、译文仍从梁先生注本,暂用"隔科"。

③广一寸三分,厚一分八厘:以帐身每高1尺,其内外槽柱上所施隔科版宽1.3寸,厚0.18寸计;若帐身高8尺,则隔科版宽1.04尺,厚1.44寸。

④广五分,厚二分二厘:以帐身每高1尺,帐身内外槽上隔科仰托棍宽0.5寸,厚0.22寸计;若帐身高8尺,则其棍宽4寸,厚1.76寸。

⑤广五分二厘,厚一分二厘:陈注:"'五'作'二'。"即改为"广二分二厘"。梁注本、傅合校本均未改,暂从原文。以帐身每高1尺,其内外槽上隔科内外上下贴宽0.52寸,厚0.12寸计;若帐身高8尺,则其贴宽4.16寸,厚0.96寸。

⑥长五分:以帐身每高1尺,其内外槽上隔科内外上柱子长0.5寸计;若帐身高8尺,则隔科内外上柱子长4寸。

⑦长三分六厘:以帐身每高1尺,其内外槽上隔科内外下柱子长0.36寸计;若帐身高8尺,则隔科内外下柱子长2.88寸。

⑧广一寸二分,厚一分八厘:以帐身每高1尺,其内外欢门宽1.2寸,厚0.18寸计;若帐身高8尺,则其欢门宽9.6寸,厚1.44寸。

⑨长三寸,方四分:以帐身每高1尺,其内外槽上所施帐带长3寸,帐带截面方0.4寸计;若帐身高8尺,则帐带长2.4尺,截面方3.2寸。

⑩广七分二厘,厚一分八厘:以帐身每高1尺,其里槽柱下锯脚版宽0.72寸,厚0.18寸计;若帐身高8尺,则里槽下锯脚宽5.76寸,厚1.44寸。

⑪里槽下锯脚外贴:长同上,广二分二厘,厚一分二厘:原文"里槽下锯脚版"条与"里槽下锯脚仰托棍"之间,陈注:"似缺'里槽下锯脚外贴'一项。"傅合校本:"宋本第十一页补版:'里槽下锯脚外贴:长同上,广二分二厘,厚一分二厘。'各本均无下锯贴尺寸,缺之则制图不完成,不知脱简,抑原书疏缺。谨按制图所得并参酌上文上隔科上下贴条补入。"又补注:"宋本即无此条。"依据陈、

傅两位先生研究成果,于上文中补入此条。以帐身每高1尺,其里槽下锭脚外贴宽0.22寸,厚0.12寸计;若帐身高8尺,则其贴宽1.76寸、厚0.96寸。

⑫广五分,厚二分二厘:以帐身每高1尺,其里槽下锭脚上所施仰托榥宽0.5寸,厚0.22寸计;若帐身高8尺,则其榥宽4寸,厚1.76寸。

⑬长五分,广二分二厘,厚一分二厘:以帐身每高1尺,其里槽下锭脚外柱子长0.5寸,宽0.22寸,厚0.12寸计;若帐身高8尺,则下锭脚外柱子长4寸,宽1.76寸,厚0.96寸。

⑭各方四分:以帐身每高1尺,其帐身正后壁及两侧后壁心柱截面各方0.4寸计;若帐身高8尺,则其心柱方3.2寸。

⑮方一分:以帐身每高1尺,其帐身版内外所缠难子截面方0.1寸计;若帐身高8尺,则其难子方0.8寸。

⑯方二分:以帐身每高1尺,帐身内逐格前后格榥截面方0.2寸计;若帐身高8尺,则其榥方1.6寸。

⑰每深一尺,则长五寸五分:以帐身进深每长1尺,其钿版榥长5.5寸计;其帐身进深4尺,则钿版榥长2.2尺。

⑱广一分八厘,厚一分五厘:以帐身每高1尺,其钿版榥宽0.18寸,厚0.15寸计;若帐身高8尺,则其榥宽1.44寸,厚1.2寸。

⑲长八寸,方二分:以帐身每高1尺,其内逐格前后柱子长8寸,截面方0.2寸计;若帐身高8尺,则其逐格前后柱子长6.4尺,方1.6寸。

⑳长二寸五分,广八分五厘:以帐身每高1尺,帐身内格版长2.5寸,宽0.85寸计;若帐身高8尺,则格版长2尺,宽6.8寸。

㉑广五分,厚三分:以帐身每高1尺,其破间心柱截面宽0.5寸,厚0.3寸计;若帐身高8尺,则破间心柱宽4寸,厚2.4寸。

㉒折叠门子:当指帐身柱之间所施的版子,这种版门子的形式与构造是可以折叠的。

㉓以厚一寸为定法:原文"折叠门子"条之"以厚一分为定法",徐

注："陶本为'寸'字。"其文应为："以厚一寸为定法。"这里从徐
先生所改，其折叠门子厚1寸。此为绝对尺寸。

㉔其方六厘：以帐身每高1尺，帐身格版所缠难子截面方0.06寸计；
若帐身高8尺，则其难子方0.32寸。

㉕其广五分，厚二分：以帐身每高1尺，帐身里槽柱上所施普拍方宽
0.5寸，厚0.2寸计；若帐身高8尺，则其普拍方宽4寸，厚1.6寸。

【译文】

帐内外槽柱：其柱之长以其帐身高度为准，以帐身每高1尺，其帐内
外槽柱截面方0.4寸计。

内外槽上隔科版：帐身内外槽柱上所施隔科版之长，以帐柱之间的
净距为准，以帐身每高1尺，隔科版宽1.3寸，厚0.18寸计。

内外槽上隔科仰托榥：其内外槽上隔科版上所施仰托榥之长，与内
外槽上隔科版的长度相同，以帐身每高1尺，其榥截面宽0.5寸，厚0.22
寸计。

内外槽上隔科内外上下贴：其内外槽上隔科版内外所施上下贴的长
度与内外槽上隔科仰托榥的长度相同，以帐身每高1尺，其隔科内外上
下贴宽0.52寸，厚0.12寸计。

内外槽上隔科内外上柱子：以帐身每高1尺，其隔科内外上柱子长
0.5寸计，上柱子的截面广厚尺寸与隔科内外上下贴的广厚尺寸相同。

内外槽上隔科内外下柱子：以帐身每高1尺，其隔科内外下柱子长
为0.36寸计，下柱子的截面广厚尺寸与内外上柱子的广厚尺寸相同。

内外欢门：帐身内外欢门之长与内外槽上隔科仰托榥的长度相同，
以帐身每高1尺，欢门宽1.2寸，厚0.18寸计。

内外帐带：以帐身每高1尺，其内外槽柱上所施帐带长3寸，帐带截
面方0.4寸计。

里槽下锟脚版：其下锟脚版之长与其柱上所施隔科版的长度相同，
以帐身每高1尺，锟脚版宽0.72寸，厚0.18寸计。

里槽下锒脚外贴:下锒脚外贴之长与里槽下锒脚版的长度相同,以帐身每高1尺,其贴宽0.22寸,厚0.12寸计。

里槽下锒脚仰托榥:下锒脚所施仰托榥之长与下锒脚版的长度相同,以帐身每高1尺,其榥宽0.5寸,厚0.22寸计。

里槽下锒脚外柱子:以帐身每高1尺,其下锒脚外柱子长0.5寸,宽0.22寸,厚0.12寸计。

正后壁及两侧后壁心柱:后壁心柱之长以上下仰托榥之间的净距为准,心柱与帐柱之间所施腰串的长度,随心柱与帐柱之间的净距而定,以帐身每高1尺,其正后壁及两侧后壁心柱截面各以方0.4寸计。

帐身版:其版之长以仰托榥与腰串之间的净距为准,版之宽则以帐柱与心柱之间的净距为准。其版厚为0.8寸,这一厚度尺寸为绝对尺寸。

帐身版内外难子:帐身版内外所缠难子之长,与版四周的周长长度相当,以帐身每高1尺,其难子截面方0.1寸计。

逐格前后格榥:帐身逐格前后所施格榥之长随其所在帐身开间的间广而定,以帐身每高1尺,其榥截面方0.2寸计。

钿版榥:以帐身进深每长1尺,其钿版榥长5.5寸计。以帐身每高1尺,其钿版榥宽0.18寸,厚0.15寸计。以帐身面广每长6寸,施用1条钿版榥。

逐格钿面版:逐格所施钿面版之长与前后两侧格榥的长度相同,其版之宽以前后格榥之内的净距为准。其版厚为0.6寸,这一厚度尺寸为绝对尺寸。

逐格前后柱子:以帐身每高1尺,其逐格前后柱子长8寸,柱子截面方0.2寸计。其格子内每一经匣之小间内各用柱子2条。

格版:以帐身每高1尺,其内格版长2.5寸,宽0.85寸计,格版之厚与钿面版的厚度相同。

破间心柱:帐柱之间所施破间心柱之长,以上下仰托榥之内的净距为准,以帐身每高1尺,其柱宽0.5寸,厚0.3寸计。

折叠门子:门子之长与破间心柱的长度相同,门子之宽以心柱与帐柱之间的净距为准。门子厚为1寸,这一厚度尺寸为绝对尺寸。

格版难子：难子之长依格版的宽度而定，以帐身每高1尺，难子截面方0.06寸计。

里槽普拍方：其方之长随帐身开间的进深与间广而定，以帐身每高1尺，其里槽普拍方宽0.5寸，厚0.2寸计。

平棊：帐身屋内平棊下所施华文等，以佛道帐帐身内平棊制度为准。

经匣：壁藏内所贮经匣之叠顶做法及经匣大小等皆以转轮藏经匣制度为准。

（腰檐）

【题解】

腰檐高2尺，腰檐枓槽通长29.84尺，进深3.84尺。枓槽柱上用六铺作出单杪双昂枓栱。其枓栱用材，高1寸，厚0.66寸，其材分°制度之分°值为0.066寸。腰檐之上用压厦版，出檐，并用结瓦顶。

余与前文所述及的诸种帐或藏之腰檐中所施各种构件，在名称与做法上都有大同小异之处。

（腰檐）

腰檐：高一尺[①]，枓槽共长二丈九尺八寸四分[②]，深三尺八寸四分[③]，枓栱用六铺作，单杪双昂；材广一寸，厚六分六厘[④]。上用压厦版出檐结瓦[⑤]。

【注释】

①高一尺：陈注："'一'作'二'。"傅合校本："宋本第十二页，原版：'二尺。'故宫本制图亦以二尺为合。"高一尺似偏低，应从陈、傅两位先生所注。

②长二丈九尺八寸四分：其腰檐枓槽长2.984丈，略小于广3丈的壁

藏藏身面广尺寸。

③深三尺八寸四分：其腰檐枓槽进深3.84尺,亦略小于壁藏内外槽深4尺的进深尺寸。

④材广一寸,厚六分六厘：陈注："六铺作,材一寸。"以其材广1寸,其材分°值为0.066寸,以其材厚为10分°,故其厚0.66寸。

⑤出檐结窊：原文"出檐结瓦",梁注本改为"出檐结窊"。陈注：改"瓦"为"厎"。傅注：改"瓦"为"厎"。

【译文】

腰檐：其高1尺,腰檐枓槽通长2.984丈,枓槽进深3.84尺,檐下施用六铺作单杪双下昂枓栱；其栱用材高1寸,其材厚为0.66寸。腰檐之上覆以压厦版,其檐出挑,檐顶为结窊造做法。

（腰檐诸名件）

普拍方：长随深广,绞头在外。广二寸,厚八分①。

枓槽版：长随后壁及两侧摆手深广,前面长减八寸②。广三寸五分,厚一寸③。

压厦版：长同枓槽版,减六寸④,前面长减同上。广四寸,厚一寸⑤。

枓槽钥匙头⑥：长随深广,厚同枓槽版。

山版⑦：长同普拍方,广四寸五分,厚一寸⑧。

出入角角梁⑨：长视斜高,广一寸五分⑩,厚同上。

出入角子角梁：长六寸,卯在内。曲广一寸五分,厚八分⑪。

抹角方：长七寸,广一寸五分⑫,厚同角梁。

贴生：长随角梁内,方一寸⑬。折计用⑭。

曲椽：长八寸,曲广一寸,厚四分⑮。每补间铺作一朵用三条[16]，从角匀摊[17]。

飞子：长五寸，尾在内。方三分五厘[18]。

白版：长随后壁及两侧摆手，到角长加一尺，前面长减九尺[19]。广三寸五分[20]。以厚五分为定法。

厦瓦版[21]：长同白版，加一尺三寸，前面长减八尺。广九寸[22]。厚同上。

瓦陇条：长九寸，方四分[23]。瓦头在内，隔间匀摊[24]。

搏脊：长同山版，加二寸，前面长减八尺。其广二寸五分，厚一寸[25]。

角脊：长六寸，广二寸[26]，厚同上。

搏脊槫：长随间之深广，其广一寸五分[27]，厚同上。

小山子版：长与广皆二寸五分[28]，厚同上。

山版枓槽卧楅：长随枓槽内，其方一寸五分[29]。隔瓣上下用二枚。

山版枓槽立楅：长八寸[30]，方同上。隔瓣用二枚。

【注释】

①广二寸，厚八分：以腰檐每高1尺，其普拍方宽2寸，厚0.8寸计；其腰檐高恰为1尺，故其方尺寸如其所述。下同。

②前面长减八寸：陈注：改"寸"为"尺"，并注："尺，故宫本。"即"前面长减八尺"。参见后文"平坐"条：枓槽版"前面减八尺"。梁注本、傅合校本均未做改动。减八尺，似尺寸过大，仍从原文。

③广三寸五分，厚一寸：以其腰檐高为1尺，其枓槽版宽3.5寸，厚1寸计。

④减六寸：陈注：改"减"为"加"，并注："加，竹本。"梁注本、傅合校

本未做修改。

⑤广四寸,厚一寸:以其腰檐高为1尺,其上所覆压厦版宽4寸,厚1寸计。

⑥枓槽钥匙头:未详"钥匙头"是怎样的构件,其作用又是如何。疑为一种如古人所用钥匙头状的木构件,与枓槽共同施用,或有承托其上檐口的作用。

⑦山版:这里的"山版"似乎与腰檐两山没有关系,以下文所言"山版:长同普拍方"推测,其山版是沿着腰檐下帐柱顶之枓槽版所施的立版。

⑧广四寸五分,厚一寸:以其腰檐高为1尺,腰檐下所施山版宽4.5寸,厚1寸计。

⑨出入角角梁:因壁藏平面为"八"字形,故其既有外转角,即出角,又有内转角,即入角。其内、外转角皆施有角梁。

⑩广一寸五分:以其腰檐高为1尺,壁藏出入角角梁截面宽1.5寸计。

⑪长六寸,卯在内。曲广一寸五分,厚八分:以其腰檐高为1尺,施于角梁之上的出入角子角梁长6寸,(内含卯长。)子角梁曲宽1.5寸,厚0.8寸计。

⑫长七寸,广一寸五分:以其腰檐高为1尺,施于壁藏出角里侧的抹角方长7寸,宽1.5寸计。

⑬方一寸:以其腰檐高为1尺,其檐下铺作等上所施贴生截面方1寸计。

⑭折计用:指腰檐下所施贴生,应随其檐生起的高低程度,对其截面尺寸在相应位置做适当折减使用。

⑮长八寸,曲广一寸,厚四分:以其腰檐高为1尺,腰檐檐口处所施曲椽长8寸,曲宽1寸,厚0.4寸计。

⑯用三条:陈注:"'三'作'二'。"暂从原文。

⑰从角匀摊:傅合校本:改"匀"为"均",其文为"从角均摊"。译

文从傅先生注。

⑱ 长五寸,尾在内。方三分五厘:以其腰檐高为1尺,其腰檐檐口处所施飞子长5寸,(飞子尾长计在内。)飞子截面方0.35寸计。

⑲ 前面长减九尺:陈注:"六,故宫本。"傅注:"故宫本、丁本作'六',陶本作'九尺'。应以图定之。"又补注:"'九尺',宋本。"故仍从原文。

⑳ 广三寸五分:以其腰檐高为1尺,其腰檐檐口处所覆白版宽3.5寸计。

㉑ 厦瓦版:陈注:"'瓦'作'厎'。"傅合校本:改"瓦"为"厎"。

㉒ 广九寸:以其腰檐高为1尺,腰檐之上所覆厦瓦版宽9寸计。

㉓ 长九寸,方四分:以其腰檐高为1尺,腰檐屋顶上所用瓦陇条长9寸,其条截面方0.4寸计。

㉔ 隔间匀摊:傅合校本:改"匀"为"均",其文为"隔间均摊"。这里的"隔间均摊"似非指瓦陇条,而是指"瓦头",则"隔间"之义亦非"每隔一间",而是将瓦陇条端头之瓦头,每间隔一条瓦陇条施用一枚瓦头。

㉕ 其广二寸五分,厚一寸:以其腰檐高为1尺,腰檐顶部所施搏脊高2.5寸,厚1寸计。

㉖ 长六寸,广二寸:以其腰檐高为1尺,腰檐屋顶转角处所施角脊长6寸,宽2寸计。

㉗ 其广一寸五分:以其腰檐高为1尺,腰檐屋顶下承托其檐后部的搏脊槫截面高为1.5寸计。

㉘ 长与广皆二寸五分:以其腰檐高为1尺,腰檐的每面两侧所施小山子版的长与宽皆为2.5寸计。

㉙ 其方一寸五分:以其腰檐高为1尺,腰檐每两侧所施山版枓槽卧棍截面方1.5寸计。

㉚ 长八寸:以其腰檐高为1尺,腰檐每两侧所施山版枓槽立棍长8

寸计。

【译文】

普拍方：腰檐下所施普拍方之长随腰檐的进深与面广尺寸而定，每两个方向之普拍方相交处的绞头尺寸不计在内。以腰檐高1尺，其方截面宽2寸，厚0.8寸计。

科槽版：帐柱上所施承托腰檐的科槽版之长随壁藏后壁及两侧摆手的进深与面广尺寸而定，壁藏前面的科槽版长度应减短8寸。以腰檐高1尺，科槽版宽3.5寸，厚1寸计。

压厦版：其版之长与科槽版的长度相同，在其基础上减短6寸，壁藏前面的压厦版之长减短的尺寸数与壁藏前面科槽版的长度减少的尺寸相同。以腰檐高1尺，其上压厦版宽4寸，厚1寸。

科槽钥匙头：其长亦以壁藏后壁及两摆手的进深与面广为准，其厚与科槽版的厚度相同。

山版：腰檐下所施山版之长与普拍方的长度相同，以腰檐高1尺，山版高4.5寸，厚1寸计。

出入角角梁：腰檐之内外转角处所施角梁之长视其转角处的斜高而定，以腰檐高1尺，其出入角角梁截面高1.5寸计，角梁之厚与山版厚度相同。

出入角子角梁：以腰檐高1尺，角梁上所施出入角子角梁长6寸，其卯尺寸计算在内。子角梁曲高1.5寸，厚0.8寸计。

抹角方：以腰檐高1尺，壁藏外转角之内侧所施抹角方长7寸，方截面高1.5寸计，方之厚与角梁的厚度相同。

贴生：腰檐下所施贴生之长以每两转角处所施角梁之间的净距为准，以腰檐高1尺，贴生截面之方为1寸计。其截面高度应随贴生所需高度折计施用。

曲椽：以腰檐高1尺，腰檐顶部所施曲椽长8寸，椽之曲宽1寸，厚0.4寸计。对应檐下每补间铺作1朵，其上施用曲椽3条，至转角处从其翼角均匀摊布。

飞子：以腰檐高1尺，其曲椽上所施飞子长5寸，尾之长度计算在内。飞子截面方0.35寸计。

白版：腰檐上所施白版之长随壁藏后壁及两侧摆手长度而定，至转角处白版长度加长1尺，壁藏前面的白版长度减短9尺。以腰檐高1尺，其白版宽3.5寸计。白版之厚为0.5寸，这一厚度尺寸为绝对尺寸。

厦瓦版：腰檐上所覆厦瓦版之长与白版的长度相同，在其基础上再加长1.3尺，壁藏前面的厦瓦版长度在其基础上减短8尺。以腰檐高1尺，其厦瓦版宽9寸计。版之厚与白版的厚度相同。

瓦陇条：以腰檐高1尺，腰檐屋顶上所施瓦陇条长9寸，截面方0.4寸计。瓦头尺寸包括在内，其瓦头应随瓦陇条间隔施用，均匀摊布。

搏脊：腰檐顶所施搏脊之长与山版的长度相同，在其基础上加长2寸，壁藏前面的搏脊之长，在其基础上减短8尺。以腰檐高1尺，搏脊高2.5寸，厚1寸计。

角脊：以腰檐高1尺，腰檐顶转角处所施角脊长6寸，高2寸计，角脊之厚与搏脊的厚度相同。

搏脊榑：腰檐屋顶下所施搏脊榑之长，随壁藏每间的进深与面广而定，以腰檐高1尺，其榑截面高1.5寸计，榑之厚仍与搏脊的厚度相同。

小山子版：腰檐搏脊榑两端所施小山子版的长度与宽度皆为2.5寸，其厚与搏脊榑的厚度相同。

山版枓槽卧榥：腰檐内所施山版枓槽卧榥之长随枓槽之内的净距而定，以腰檐高1尺，其榥截面方1.5寸计。应对应壁藏坐之芙蓉瓣，每隔一瓣，其山版枓槽上下各用卧榥2枚。

山版枓槽立榥：以腰檐高1尺，其山版枓槽立榥长8寸计，榥之截面与山版枓槽卧榥截面的见方尺寸相同。仍对应壁藏坐之芙蓉瓣，每隔一瓣，其山版枓槽施用立榥2枚。

（平坐）

【题解】

腰檐之上施平坐，其高1尺，平坐之枓槽，总长29.84尺，深3.84尺。平坐上安单勾阑，高7寸。其勾阑做法与佛道帐中的单勾阑做法一致。

平坐枓栱为六铺作出三杪，枓栱用材与腰檐枓栱用材一致，则其材高1寸，材厚0.66寸，其材分°制度之分°值为0.066寸。平坐所用压厦版等亦与腰檐做法相同。

腰檐之枓槽与平坐之枓槽上下对应，平坐枓槽坐落在腰檐上部的枓槽版、山版所施之普拍方上。

普拍方所施枓槽版、压厦版及平坐外沿所施雁翅版，或平坐顶面所施钿面版等，与小木作其他诸帐与诸藏之平坐的做法一致。

（平坐）

平坐：高一尺，枓槽长随间之广①，共长二丈九尺八寸四分②，深三尺八寸四分③，安单勾阑，高七寸。其勾阑准佛道帐制度。用六铺作卷头④，材之广厚及用压厦版，并准腰檐之制。

【注释】

①枓槽长随间之广：这里的"间之广"，当指由壁藏帐柱所区隔的壁藏开间之广，而非壁藏所在房屋内的房屋开间之广。

②共长二丈九尺八寸四分：壁藏平坐枓槽的长度与壁藏腰檐的长度相同，其长2.984丈。这一长度是与壁藏藏身长3丈的长度尺寸相对应的。

③深三尺八寸四分：壁藏平坐进深尺寸与壁藏腰檐的进深尺寸相同，也是3.84尺。这一进深尺寸，亦与壁藏内外槽深4尺相对应。

④六铺作卷头：陈注："六铺作，材一寸。"

【译文】

平坐：其高1尺，平坐上所施枓槽版之长随壁藏帐柱开间间广尺寸而定，枓槽的总长度为2.984丈，枓槽进深3.84尺，平坐之上施安单勾阑，勾阑高为7寸。其平坐勾阑做法，以佛道帐中平坐勾阑制度为准。平坐下施用六铺作出三杪枓栱，其栱所用材之高与厚及铺作之上所覆之压厦版，都以壁藏腰檐所用枓栱之材及腰檐上所用压厦版的制度为准。

（平坐诸名件）

普拍方：长随间之深广，合角在外。方一寸①。

枓槽版：长随后壁及两侧摆手，前面减八尺②。广九寸③，子口在内④。厚二寸⑤。

压厦版：长同枓槽版，至出角加七寸五分，前面减同上。广九寸五分⑥，厚同上。

雁翅版：长同枓槽版，至出角加九寸，前面减同上。广二寸五分，厚八分⑦。

枓槽内上下卧榥：长随枓槽内，其方三寸⑧。随瓣隔间上下用⑨。

枓槽内上下立榥：长随坐高，其方二寸五分⑩。随卧榥用二条。

钿面版⑪：长同普拍方。以厚七分为定法。

【注释】

①方一寸：以平坐每高1尺，其普拍方截面方1寸，其平坐实高1尺计，则这里所给即其方截面实际尺寸。下同。

②前面减八尺：以壁藏平面为"八"字形，其壁藏前面的平坐枓槽版要比后壁枓槽版减短8尺。

③广九寸：以平坐高1尺，其枓槽版高为9寸计。

④子口：疑指枓槽版与其下普拍方相衔接之接口。

⑤厚二寸：以平坐高1尺，其枓槽版厚为2寸计。

⑥广九寸五分：以平坐高1尺，平坐铺作上所覆压厦版宽9.5寸计。

⑦广二寸五分，厚八分：以平坐高1尺，平坐外沿所施雁翅版宽2.5寸，厚0.8寸计。

⑧其方三寸：以平坐高1尺，其枓槽内上下所施卧榥截面方3寸计。

⑨随瓣隔间上下用：这里的"隔间"疑非指帐身开间之"间"，似指壁藏坐下芙蓉瓣之分瓣，即在枓槽内对应其下芙蓉瓣，在瓣与瓣之间，间隔施用上下卧榥。

⑩其方二寸五分：以平坐高1尺，其枓槽内所施上下立榥截面方2.5寸计。

⑪钿面版：疑指平坐顶面的面版，其版面上应镶嵌有金属等饰物，故称"钿面版"。

【译文】

普拍方：平坐所施普拍方之长，随以壁藏帐柱所分开间的进深与面广尺寸而定，两个方向的普拍方相交处的合角不计在这一长度内。以平坐高1尺，其普拍方截面方为1寸计。

枓槽版：平坐枓槽版之长，随壁藏后壁及两侧摆手的长度而定，壁藏前面所施枓槽版，在此基础上减短8尺。以平坐高1尺，其枓槽版宽9寸计。枓槽版所开子口尺寸包含在内。以平坐高1尺，其枓槽版厚2寸计。

压厦版：平坐枓栱上所覆压厦版之长与枓槽版的长度相同，至壁藏外转角处，其版加长7.5寸，壁藏前面所施压厦版的长度与枓槽版在其后壁所施压厦版长度的基础上所减短的尺寸相同。以平坐高1尺，其压厦版宽9.5寸计，压厦版之厚与枓槽版的厚度相同。

　　雁翅版:其版之长与平坐科槽版的长度相同,至壁藏外转角处,其雁翅版的长度加长9寸,壁藏前面之平坐雁翅版长度减少的尺寸,与压厦版前面所减尺寸相同。以平坐高1尺,其雁翅版宽2.5寸,厚0.8寸计。

　　科槽内上下卧楅:其卧楅之长以平坐科槽之内的净距为准,以平坐高1尺,其科槽截面方3寸计。科槽内上下卧楅依壁藏坐所分芙蓉瓣,在瓣与瓣之间,间隔上下施用。

　　科槽内上下立楅:立楅之长随平坐之高而定,以平坐高1尺,其立楅截面方2.5寸计。随科槽内上下卧楅,每一卧楅对应施用立楅2条。

　　钿面版:其版之长与普拍方的长度相同。其版之厚为0.7寸,这一厚度尺寸为绝对尺寸。

（天宫楼阁）

【题解】

　　平坐之上设天宫楼阁,其高5尺,楼阁进深1尺。天宫楼阁中有殿屋、茶楼、角楼、龟头殿、挟屋、行廊等丰富的建筑造型,组合成一种琼楼玉宇的天宫景象。天宫楼阁似为重檐,或两层做法,故其下有副阶及行廊。

　　天宫楼阁在高度方向,仍可分为三层:下层,副阶,及副阶内之殿身、茶楼子、角楼之首层;中层,副阶上平坐;上层,平坐上天宫楼阁。

　　所谓"下层副阶",指的是天宫楼阁的首层檐,这一层被副阶围绕,故其中各部分称"下层副阶内"。副阶之内的平面包括:殿身,面广3(芙蓉)瓣;茶楼子,面广3(芙蓉)瓣;角楼,面广1(芙蓉)瓣。这里的"瓣",应与具有模数作用的芙蓉瓣有关,从上下文中可知,其"瓣"长6.6寸,这或也同时是天宫楼阁中所施殿身、茶楼及角楼的开间尺寸。

　　其殿身及角楼副阶檐下皆用六铺作单杪双下昂科栱造;龟头殿、殿挟屋用五铺作单杪单昂科栱。连接殿身等的行廊,平面为分心造,且仅用四铺作科栱。殿身、茶楼、角楼及行廊的科栱用材,其材高0.5寸,则厚

0.33寸。其转角之出角、入角以及副阶开间之内,皆施补间铺作。但未知所施补间铺作朵数。

所谓"中层副阶上平坐",第一,指的是天宫楼阁之中层;第二指的是副阶屋顶之上所设平坐。平坐之上安单勾阑,其高4寸。平坐下所施科栱,皆用出卷头铺作形式。其科栱及材分°值与副阶科栱同。

其上层,即施于平坐上的天宫楼阁。天宫楼阁上所用铺作,亦与下层副阶同。但因副阶科栱为五铺作单杪单昂,而依大木作铺作之制,副阶科栱应比殿身科栱减一铺,则上层楼阁之檐下,或用六铺作单杪双昂科栱。

(天宫楼阁)

天宫楼阁①:高五尺,深一尺②,用殿身、茶楼、角楼、龟头殿、挟屋、行廊等造。

【注释】

①天宫楼阁:与转轮经藏一样,在壁藏的顶部施造的殿阁楼亭式房屋造型,以体现佛教思想中诸如西方净土,或东方净琉璃世界,及兜率天净土世界等彼岸世界观念。

②高五尺,深一尺:指壁藏顶部这一组天宫楼阁的总高为5尺,进深为1尺,其实天宫楼阁中的房屋高度是参差不齐的。

【译文】

天宫楼阁:其楼屋总高5尺,进深1尺,其中采用了殿身、茶楼、角楼、龟头殿、挟屋、行廊等形式营造。

(下层副阶)

下层副阶①:内殿身长三瓣②,茶楼子长二瓣③,角楼长一瓣④，并六铺作单杪双昂造，龟头、殿挟各长一瓣⑤，并五铺作单杪单昂造；行廊长二瓣⑥，分心四铺作造⑦。其材并广五分，厚三分三厘⑧。出入转角⑨，间内并用补间铺作。

【注释】

①下层副阶：这里包含两层意思：一，天宫楼阁的下层；二，其下层主要包括副阶之内的殿身、茶楼子及角楼。

②殿身长三瓣：这里的"瓣"，相当于壁藏坐所分的芙蓉瓣。其长6.6寸，则殿身面广为3瓣，合为1.98尺。

③茶楼子长二瓣：茶楼子面广2芙蓉瓣，合为1.32尺。

④角楼长一瓣：角楼子长1芙蓉瓣，即6.6寸。

⑤龟头、殿挟各长一瓣：天宫楼阁中具有附属性质的龟头殿、殿挟屋，面广各为1芙蓉瓣，长6.6寸。

⑥行廊长二瓣：天宫楼阁中的连廊，即行廊，面广一般为2芙蓉瓣，即长1.32尺。

⑦分心四铺作造：指面广为2瓣的行廊，采用了分心对称的形式，其檐下所用枓栱为四铺作。

⑧其材并广五分，厚三分三厘：指殿身等所用六铺作、龟头殿、殿挟屋所用五铺作，及行廊所用四铺作枓栱，虽然铺作数不一样，但其栱所用，均为高0.5寸、厚0.33寸之材。

⑨出入转角：这里的"转角"，当指"转角铺作"。楼屋殿阁的外转角称"出角"，内转角称"入角"，故这里称"出入转角"，即天宫楼阁中各种转角均施以转角铺作。

【译文】

下层副阶：天宫楼阁下层即殿阁副阶之内所环绕的殿身，其面广3个芙蓉瓣长，茶楼子面广2个芙蓉瓣长，角楼面广1个芙蓉瓣长，其殿身、茶楼子、角楼檐下均施以六铺作单杪双下昂枓栱;天宫楼阁中所用龟头殿、殿挟屋形式,其面广各长1芙蓉瓣,其檐下则采用五铺作单杪单下昂枓栱;天宫楼阁中所施行廊面广2瓣,其廊为分心对称式做法,檐下用四铺作枓栱。无论六铺作、五铺作及四铺作,其所用材均高0.5寸,厚0.33寸。其楼屋殿阁之内外转角,均施有转角铺作,其开间之内也都施以补间铺作。

（平坐与天宫楼阁）

中层副阶上平坐①:安单勾阑,高四寸。其勾阑准佛道帐制度。其平坐并用卷头铺作等②,及上层平坐上天宫楼阁③,并准副阶法④。

【注释】

①中层副阶上平坐:这里包含了两层意思:一,指天宫楼阁之中层;二,指副阶屋顶上所施设的平坐。

②卷头铺作:指平坐下枓栱都只用出跳华栱,不用下昂做法。

③上层平坐上天宫楼阁:仍包含两层意思:一,指天宫楼阁的上层;二,指天宫楼阁上层楼屋下所施平坐,平坐上的楼屋殿阁。

④并准副阶法:指天宫楼阁中层及上层之平坐、楼屋中所用铺作,其枓栱用材等都是以上文所提到的下层副阶之内殿身、茶楼子、角楼等所用之高0.5寸、厚0.33寸的用材及其制度为准的。

【译文】

天宫楼阁的中层,即副阶上所施平坐:平坐之上施安单勾阑,勾阑高4寸。其勾阑做法皆以佛道帐中平坐勾阑制度为准。平坐下所用枓栱皆为出跳华栱的做法,天宫楼阁之上层,即平坐上所施的天宫楼阁,其枓栱也都以副阶下之殿身、茶楼子、角楼等所用枓栱之材分°等制度为准。

（壁藏芙蓉瓣）

【题解】

这里的"壁藏芙蓉瓣"，暗示了其芙蓉瓣可通用于整座壁藏，或可进一步验证，芙蓉瓣是小木作制度中的某种模数化处理形式，其每瓣长6.6寸，可贯通于壁帐上下，包括龟脚及上部枓栱铺作等。其或也对结构枓槽、卧榥、立榥等的分布，起到一定的规定性作用。

壁藏中自龟脚至举折等其余各部分的做法，亦与佛道帐中的相应做法一致。

凡壁藏芙蓉瓣①，每瓣长六寸六分②。其用龟脚至举折等，并准佛道帐之制。

【注释】

①壁藏芙蓉瓣：芙蓉瓣反映了中国古代小木作制度中的一种模数化与标准化的营造思想，即将壁藏从壁藏坐开始，分为一些长度一样的标准段，并将这些标准段拼合在一起，形成一个整体。这种标准化的芙蓉瓣，不仅在壁藏坐中起到某种标准化的作用，而且在壁藏上部也具有某种模数化及使结构与立面之上下对应的作用，对壁藏整体造型的内在和谐统一起到了一定的作用。

②每瓣长六寸六分：指每一芙蓉瓣的长度为6.6寸，这一长度为小木作转轮藏、壁藏等中的一种标准模数单位。

【译文】

凡施造壁藏时所采用的芙蓉瓣做法，以每瓣长6.6寸为标准。其所对应的壁藏坐下之龟脚，直至天宫楼阁中的屋顶举折等，都应以佛道帐中所用芙蓉瓣的制度为准。

卷第十二　雕作制度　旋作制度
锯作制度　竹作制度

雕作制度

混作　雕插写生华　起突卷叶华　剔地洼叶华

旋作制度

殿堂等杂用名件　照壁版宝床上名件　佛道帐上名件

锯作制度

用材植之制　抨墨之制　就余材之制

竹作制度

造笆　隔截编道　竹栅　护殿檐雀眼网　地面棊文簟

障日篛等簟　竹笍索

【题解】

《法式》各作制度，除大木作、小木作之外，与木质材料以及竹质材料有关的各种加工与制作方法，大致可以包括在《法式》卷第十二中所列四种制度，即雕作制度、旋作制度、锯作制度、竹作制度中。

据梁思成先生的解释："卷十二包括四种工作的制度。其中雕作和混作都是关于装饰花纹和装饰性小'名件'的做法。雕作的名件是雕刻出来的。旋作则是用旋车旋出来的。锯作制度在性质上与前两作极不相同，是关于节约木材，使材尽其用的措施的规定；在《法式》中是值得后世借鉴的东西。至于竹作制度中所说的品种和方法,是我国竹作千百年来一直沿用的做法。"梁先生的这段话,是对《法式》第十二卷内容最为简单扼要的归纳与概括。

雕作制度

【题解】

雕作制度,主要是指一些具有装饰功能的木构件(包括大木作工程中的一些装饰构件及小木作工程中的一些附属性构件)的雕镂与加工的方式和规则。

在《法式》的这段文字中,作者将雕混作与雕剔地起突华两种雕刻方法做了明确区分。由此推测,文中所述雕插写生华,也应属于剔地起突的范畴,只是其构图上,表现为以盆插花的形式。

剔地起突华,是在雕刻的版面上,将图底压下,图案隐起,形成花叶、枝条等形式。既要使雕花纹饰的构图平整如隐起状,又要令叶内翻卷,看出花叶的表里关系。枝条还应圜混相压,勿使突兀凸显。其意是在平面的构图下,表现出图面的空间感。若雕为透突华,则可能在枝条、花叶间露出孔洞,从而接近高浮雕的做法。

本条所列三品华文中,海石榴华与宝相华,可用于雕作、彩画作与石作;而宝牙华,仅见于雕作与彩画作中。这三种剔地起突的卷叶华雕刻,主要用于梁栿、阑额(包括阑额内侧)、格子门的腰版、匾额牌的两旁侧带(牌带)、勾阑版或勾阑上的云栱、寻杖头、房屋檐口处的椽头处理,如殿阁建筑的椽头盘子,或盘绕的龙形浮雕等。在这些地方,若雕剔地起突华,或做贴络华饰时,在其华文之内,可以穿插雕镂龙、凤、化生、飞禽、走兽等动物形象,以增加纹饰的生动感。

文中先后出现的写生华、卷叶华、洼叶华三种花饰,从字面上十分难以理解与区别。故此,梁思成先生在经过缜密研究后,做了详细注释:

"雕作制度内，按题材之不同，可以分为动物（人物、鸟、兽）和植物（各种花、叶）两大类。按这两大类，也制订了不同的雕法。人物、鸟、兽用混作，即我们所称圆雕；花、叶装饰则用浮雕。花、叶装饰中，又分为写生花、卷叶花、洼叶花三类。但是，从'制度'的文字解说中，又很难看出它们之间的显著差别。从使用的位置上看，写生花仅用于栱眼壁；后两类则使用位置相同，区别好像只在卷叶和洼叶上。卷叶和洼叶的区别也很微妙，好像是在雕刻方法上。卷叶是'于版上压下四周隐起。……叶内翻卷，令表里分明。剔削枝条，须圆混相压'。洼叶则'先于平地隐起华头及枝条，其枝梗并交起相压，减压下四周叶外空地'。从这些词句看，只能理解为起突卷叶华是突出于构件的结构面以外，并且比较接近于圆雕的高浮雕，而洼叶华是从构件的结构面（平地）上向里刻入（剔地），因而不能'圆混相压'的浅浮雕。但是，这种雕法还可以有深浅之别：有雕得较深，'压地平雕透突'的，也有'就地随刀雕压出华文者，谓之实雕'。"梁先生同时还指出："关于三类不同名称的花饰的区别，我们只能作如上的推测，请读者并参阅'石作制度'。"

关于《法式》文本中进一步出现的洼叶与平卷叶的区别，梁先生解释说："平卷叶和洼叶的具体样式和它们之间的差别，都不清楚。从字面上推测，洼叶可能是平铺的叶子，叶的阳面（即表面）向外；不卷起，有表无里；而平卷叶则叶是翻卷的，'表里分明'，但是极浅的浮雕，不像起突的卷叶那样突起，所以叫'平卷叶'。但这也只是推测而已。"可见，梁先生对其研究与推测的任何结论，都表现出极其慎重的态度。

换言之，写生华仅用于栱眼壁内，又采用"插写生华"形式，衬以宝山、花盆，更接近彩绘盆景的表现手法，类如架上的陈设。卷叶华形式，为表现"叶内翻卷"，"表里分明"，枝条"圆混相压"的效果，似更接近真实花卉形象，似唯高浮雕可以表达其意。洼叶华形式，花及枝条为隐起，图形四周的图底下压，略近浅浮雕做法。唯其深浅有差，又才有了"平雕透突（或压地）"与"实雕"的区别。

本节图样参见卷第三十二《雕木作制度图样》图32-64至图32-92。

混作

雕混作之制^①，有八品：

一曰神仙，真人、女真、金童、玉女之类同^②。二曰飞仙，嫔伽、共命鸟之类同^③。三曰化生^④，以上并手执乐器或芝草、华果、瓶盘、器物之属^⑤。四曰拂菻^⑥，蕃王、夷人之类同，手内牵拽走兽，或执旌旗、矛、戟之属。五曰凤皇^⑦，孔雀、仙鹤、鹦鹉、山鹧、练鹊、锦鸡、鸳鸯、鹅、鸭、凫、雁之类同。六曰师子^⑧，狻猊、麒麟、天马、海马、羚羊、仙鹿、熊、象之类同^⑨。

以上并施之于勾阑柱头之上或牌带四周^⑩，其牌带之内，上施飞仙，下用宝床真人等^⑪。如系御书^⑫，两颊作升龙，并在起突华地之外^⑬。及照壁版之类亦用之。

七曰角神^⑭，宝藏神之类同。施之于屋出入转角大角梁之下，及帐坐腰内之类亦用之。八曰缠柱龙^⑮，盘龙、坐龙、牙鱼之类同^⑯。施之于帐及经藏柱之上，或缠宝山。或盘于藻井之内。

凡混作雕刻成形之物^⑰，令四周皆备。其人物及凤皇之类，或立或坐，并于仰覆莲华或覆瓣莲华坐上用之。

【注释】

①雕混作：雕作，本义为雕刻的工艺与做法，其内容应该覆盖现代人所称的圆雕、高浮雕、浅浮雕与线刻等艺术表现形式，及其雕凿、镌斫与加工、制作的方法与规则。雕混作制度，涉的主要是几

种混作雕刻方式，如神仙人物、鸟兽、化生等，及雕插写生华、起突卷叶华、剔地洼叶华等的基本雕斫工艺与方法，以及与这些工艺及方法相关联的宋代建筑名件。这些混作的雕刻装饰，要做到"四周皆备"，即要将所雕镌之人物、鸟兽、龙鱼等的外观形象表现得充分与完整，其意类如"圆雕"。其中，人物与凤凰等形象，可以为立像，也可以为坐像。在雕刻有仰覆莲华或覆瓣莲华的须弥坐上，也可以加雕人物或凤凰等的混作造型。

②女真：这里的"女真"，非指古代的女真族，而是与其上之"真人"相对应的得道的女性真人或神人。

③嫔伽：据卷第十三《瓦作制度》"用兽头等·用兽头之制"条："殿阁、厅堂、亭榭转角，上下用套兽、嫔伽、蹲兽、滴当火珠等。"可知"嫔伽"造型可以用于角梁处，类似于角神的形式，当是一种能够飞舞的女仙造型。共命鸟：是佛经中所提到的一种鸟，如《杂宝藏经》："昔雪山中。有鸟名为共命。一身二头。一头常食美果。欲使身得安隐。一头便生嫉妒之心。"可知其是一种双头鸟的造型，亦表达了能够飞腾的飞仙之意。

④化生：应多为人物形象。这些形象，均为手执乐器或手捧芝草、花果、瓶盘、器物之类的造型。

⑤华果：意即"花果"雕刻造型。瓶盘：雕为瓶子或圆盘形式的造型。

⑥拂菻（lǐn）：梁注本为"拂菻"。傅合校本注：改"菻"为"秣"，即"拂秣"。这一词从古人所称的"拂菻国"而来，原为古代中国人所指称的东罗马帝国、古拜占庭。《北史·裴矩传》称，从敦煌出发，走北道："从伊吾经蒲类海、铁勒部、突厥可汗庭，度北流河水、至拂菻国，达于西海。"说明北朝时人，已经对与西海相邻的拂菻国有所了解。拂菻，又作"拂秣"。可见，宋人将拂菻人及外来藩王、夷人等也纳入装饰范畴，其形象多为以人牵兽、执旗或执矛、戟等形式。此处暂从原文。

⑦凤皇：即凤凰。

⑧师子：即狮子。

⑨狻猊（suān ní）：中国古代传说中的神兽，民间传说认为狻猊是"龙生九子"中的第五子。羖（zhù）羊："羖羊"之"羖"，陈注："羚。"傅合校本注：其"羖"字应为"羱（huán）"之缺笔字。并注："羖，宋本避讳，《永乐大典·匠字卷》亦作'羱（缺末笔）'，待考。"

⑩牌带：牌者，疑指匾额，其由牌面、牌首、牌带、牌舌组成。牌带，牌两旁下垂者。牌带内刻以飞仙，其下刻宝床真人形象。如果为御书匾额，则在两侧牌带上雕以飞升之龙。

⑪宝床真人：疑指怡然自得地卧于宝榻上的神仙、神人等图像。真人，指神人、神仙、得道真人等。

⑫御书：指当朝皇帝所赐写的文字、书贴等。

⑬起突华地：意为宋代石雕或木雕中的"剔地起突"做法的一种，相当于现代意义上的高浮雕，只是这里与凸起的雕刻造型相对应的是以花卉题材为主的画面背景——"华地"。

⑭角神：陈注："大木：出入转角。"这里的"角神"指的应是大木作制度翼角角梁之下所施的角神。

⑮缠柱龙：梁注："缠柱龙的实例，山西太原晋祠圣母殿一例最为典型；但是否宋代原物，我们还不能肯定。山东曲阜孔庙大成殿石柱上的缠柱龙，更是杰出的作品。这两例都见于殿屋廊柱，而不是像本篇所说'施之于帐及经藏柱之上'。""缠柱龙"在宋代似主要出现在佛道帐或转轮经藏的柱子上。这几种柱子，也可雕以缠绕的宝山造型。

⑯牙鱼：据宋人所规定之禁奢制度："仍毋得为牙鱼、飞鱼、奇巧飞动若龙形者。"（《宋史·舆服志》）可知，"牙鱼"疑为一种奇巧飞动若龙形的鱼。

⑰混作：梁注："雕作中的'混作'，按本篇末尾所说，是'雕刻成形之物，令四周皆备'。从这样的定义来说，就是今天我们所称'圆雕'。从雕刻题材来说，混作的题材全是人物鸟兽。八品之中，前四品是人物，第五品是鸟类，第六品是兽类。第七品的角神，事实上也是人物。至于第八品的龙，就自成一类了。"

【译文】

雕刻混作的制度，有八种品级：

第一种称神仙，得道的真人、得道的女性真人、金童、玉女之类的题材也属此类。第二种称飞仙，嫔伽或传说中的共命鸟之类同。第三种称化生，以上这几种造型都是手执乐器或芝草、花果、瓶盘、器物之类的形象。第四种称拂菻人，藩王、夷人等来自外邦的都属此类，这些人的手里都牵拽着走兽，或手执旌旗、矛、戟之类的器物。第五种称凤凰，与之相类的孔雀、仙鹤、鹦鹉、山鹧、练鹊、锦鸡、鸳鸯、鹅、鸭、凫、雁之类也都属此类。第六种称狮子，包括传说中的狻猊、麒麟、天马、海马、羚羊、仙鹿、熊、象之类也属此类。

以上所列六种造型，都可以施之于勾阑望柱的柱头之上或匾额牌带的四周，而匾额牌带的内部牌面，其上部可以施以飞仙，下部则采用宝床真人等雕刻题材。如果其牌面中是皇帝所赐的御书，则在牌之两颊雕以升龙的造型，这一升龙造型应突显于以雕花为衬地的起突华地之外。此外，若在照壁版等处施用雕刻题材时，也可以采用这些做法。

第七种称角神，其他宝藏神之类也一样。这一造型施之于房屋外转角或内转角处所施用的大角梁之下，也可以用在佛道帐、转轮经藏或壁藏等帐坐的中腰之内等应施用雕刻之处。第八种称缠柱龙，包括盘龙、坐龙、牙鱼之类也都一样。这种飞龙、牙鱼之类的雕刻题材，施之于佛道帐、牙脚帐、壁帐、九脊小帐及转轮经藏的帐柱之上，或在其柱上缠以宝山。或将龙或牙鱼造型盘卧于室内天花中的藻井之内。

凡是在混作中雕刻有外在形象的题材时，应使得其形象的四周都雕研完备。其中的人物形象以及凤凰之类的造型，若其形式为或立或坐，则都可以将其施用在仰覆莲华或覆瓣莲华坐上。

雕插写生华

雕插写生华之制[①]，有五品：

一曰牡丹华，二曰芍药华，三曰黄葵华[②]，四曰芙蓉华，五曰莲荷华。

以上并施之于栱眼壁之内。

凡雕插写生华，先约栱眼壁之高广，量宜分布画样，随其卷舒，雕成华叶，于宝山之上[③]，以华盆安插之[④]。

【注释】

①雕插写生华：梁注："本篇所说的仅仅是栱眼壁上的雕刻装饰花纹。这样的实例，特别是宋代的，我们还没有看到。其所以称为'插写生华'，可能因为是（如末句所说）'以华盆（花盆）安插之'的原故。"

②黄葵华：黄葵，锦葵科秋葵属一年生或二年生草本植物。在宋代营造中，芍药华、黄葵华似仅见于雕作制度的雕插写生华中。

③宝山：以层叠之山为主要题材的雕刻形式。

④华盆：即花盆。若在花叶下雕以宝山，再以花盆托之，即呈花盆雕刻，其形式类如一组浮雕盆景造型。

【译文】

雕刻插写生华的制度，有五种品级：

第一种称牡丹华；第二种称芍药华，第三种称黄葵华，第四种称芙蓉华，第五种称莲荷华。

以上这五种以花卉为主题的雕刻，都可以施之于房屋所用铺作之间栱眼壁内。

　　凡是雕刻插写生华做法，一般是先量测约度栱眼壁内所留空隙的高度与宽度，依据其高广尺寸量宜分布画样，顺随其花之形态的舒卷，雕刻成为花叶等造型，可以将这一题材镌刻于宝山之上，并在花下雕以花盆，以呈现如将花安插于花盆中的效果。

起突卷叶华

　　雕剔地起突①或透突②。卷叶华之制，有三品：

　　一曰海石榴华③；二曰宝牙华④；三曰宝相华⑤。谓皆卷叶者⑥，牡丹华之类同。每一叶之上，三卷者为上，两卷者次之，一卷者又次之⑦。

　　以上并施之于梁、额、裹帖同⑧。格子门腰版⑨、牌带、勾阑版、云栱、寻杖头、橡头盘子⑩、如殿阁橡头盘子，或盘起突龙之类。及华版。凡贴络⑪，如平棊心中角内⑫，若牙子版之类皆用之⑬。或于华内间以龙、凤、化生、飞禽、走兽等物。

　　凡雕剔地起突华，皆于版上压下四周隐起。身内华叶等雕镂⑭，叶内翻卷，令表里分明⑮。剔削枝条，须圜混相压。其华文皆随版内长广，匀留四边，量宜分布。

【注释】

①剔地起突：梁注："剔地起突华的做法，是'于版上压下四周隐起'的，和混作的'成形之物，四周备'的不同，亦即今天所称'浮雕'。"

②透突：梁注："'透突'可能是指花纹的一些部分是镂透的，比较接近'四周皆备'。也可以说是突起很高的高浮雕。"

③海石榴华：以海石榴花为主要题材的雕刻形式。

④宝牙华:疑为如牙状花瓣或叶形的花卉雕刻造型形式。

⑤宝相华:将雕刻题材中的自然花卉之瓣叶加以装饰化处理,使其花瓣与花叶显得隆重、尊贵,这种花卉雕刻,称为"宝相华"。

⑥谓皆卷叶者:陈注:改"皆"为"背"。

⑦三卷者为上,两卷者次之,一卷者又次之:三种花叶雕刻形式,以卷叶分出品级,每一叶,以三卷者为上,二卷者次之,一卷者再次之。这当是以雕镌难度与艺术品位而论的。

⑧裹帖:小注原文"里(裏)帖",陈注:"'里(裏)'应作'裹','帖'作'贴'。"傅合校本:改"里(裏)帖"为"裹贴"。本书暂作"裹帖"。

⑨格子门腰版:即格子门中部两枚腰串之间所嵌的腰华版。参见卷第七《小木作制度二》"格子门"条相关注释。

⑩椽(chuán)头盘子:遮挡于外檐出挑椽子端头前的圆形构件,可起到对椽头的保护作用。

⑪贴络:所谓"贴络",当属一种工艺,似为将雕琢成形的纹饰粘贴在需要装饰的建筑名件上,如平棊心中角内或牙子版(有可能类似于明清建筑倒挂楣子两端角下类如雀替的"花牙子"做法)之类,都可用之。

⑫平棊(qí)心中角内:指每一平棊格内平棊版的中心及四角之内。

⑬牙子版:小木作制度中常用的一种装饰性做法,一般是将其版雕刻成上为牙头、下为牙脚的形式,其版即称"牙子版"。

⑭雕锼(sōu):梁注:"锼,音搜,雕锼也;亦写作'镂'。"锼,《集韵》:"锼,刻镂。"《尔雅·释器》:"锼,锼也。"注曰:"刻镂物为'锼'。"

⑮叶内翻卷,令表里分明:梁注:"'叶内翻卷,令表里分明',这是雕刻装饰卷叶花纹的重要原则。一般初学的设计人员对这'表里分明'应该特别注意。"

【译文】

雕刻剔地起突或透突。卷叶华的制度,有三种品级:

第一种称海石榴华；第二种称宝牙华；第三种称宝相华。如果说包括那些卷叶的花卉形式，则牡丹华之类也可归属于这一类。在为其花所雕镌的每一花叶之上，将其叶雕为三卷的做法为上品，将其叶雕为两卷的做法则次之，若其叶仅雕为一卷者又次之。

以上这几种卷叶华雕刻题材，一般可以施之于梁栿、檐额、阑额、内额之上、梁栿外所施的裹帖上也可以施之。亦可施之于格子门的腰华版、牌匾的两侧牌带、勾阑中所施华版以及勾阑中的云栱、寻杖头或檐橼的橼头盘子上、如果是殿阁檐口处所施橼头盘子，或亦可采用盘起突龙之类的题材。以及各种小木作的华版雕刻中。凡在贴络中施以雕刻，如在每一平棊格版的中心或四角之内，或是在小木作外部装饰中所用的牙子版之类的名件上，都可以施用卷叶华雕刻题材。或者还可以在其花卉造型之内间插以龙、凤、化生、飞禽、走兽等动物或人物造型。

凡雕刻剔地起突华做法，都是从其所雕之版的表面将其四周向下斫压，并隐起其中的起突花卉形象。其花之内的花瓣与花叶等雕刻镂镌做法，当使其在叶内翻卷，以令其花之叶瓣表里分明。要将枝条加以剔削，须使其枝条圜混相压。其所雕华文都应随其版内的长度与宽度，均匀地留出四边，使其花叶与枝条能够量宜分布。

剔地洼叶华

雕剔地、或透突①。洼叶或平卷叶。华之制②，有七品③：

一曰海石榴华；二曰牡丹华；芍药华、宝相华之类，卷叶或写生者并同。三曰莲荷华；四曰万岁藤④；五曰卷头蕙草；长生草及蛮云蕙草之类同⑤。六曰蛮云。胡云及蕙草云之类同⑥。以上所用，及华内间龙、凤之类并同上。

凡雕剔地洼叶华⑦，先于平地隐起华头及枝条⑧，其枝梗并交起相压。减压下四周叶外空地。亦有平雕透突或压地。诸华者⑨，其所用并同上。若就地随刃雕压出华文者，谓之实雕⑩，施之于云栱、地霞、鹅项或叉子之首，及叉子锭脚版内⑪。及牙子版，垂鱼、惹草等皆用之⑫。

【注释】

①剔地或透突：剔地，意为将雕刻题材的背景面向下凿挖。透突，依梁先生的解释，似指将雕刻的主体部分充分凸显出来。

②洼叶或平卷叶。华：梁注："花、叶装饰中，又分为写生花、卷叶花、洼叶花三类。但是，从'制度'的文字解说中，又很难看出它们之间的显著差别。从使用的位置上看，写生花仅用于栱眼壁；后两类则使用位置相同，区别好像只在卷叶和洼叶上。卷叶和洼叶的区别也很微妙，好像是在雕刻方法上。卷叶是'于版上压下四周隐起。……叶内翻卷，令表里分明。剔削枝条，须圆混相压'。洼叶则'先于平地隐起华头及枝条，其枝梗并交起相压，减压下四周叶外空地'。"关于"洼叶"，梁先生亦有注："洼叶华是从构件的结构面（平地）上向里刻入（剔地），因而不能'圆混相压'的浅浮雕。"梁先生又指出："起突卷叶华是突出于构件的结构面以外，并且比较接近于圆雕的高浮雕。"

③有七品：七品（种）雕刻题材，前三品：海石榴华、牡丹华、莲荷华，以及与之相类的芍药华、宝相华等，属于花卉类题材，在雕作、彩画作以及小木作或石作中，都可能出现。第四与第五品，即万岁藤、卷头蕙草及与之相类的长生草、蛮云蕙草，则属于草叶类题材。第六品蛮云，以及与之相类的胡云及蕙草云，似乎指的是云文类题材。但在《法式》文本中，未能给出第七品洼叶华的题材名目，仅提出"以上所用，及华内间龙、凤之类并同上"，不知这种

"华内间龙、凤"的雕刻题材,是否暗示出了第七品"剔地洼叶华"做法。原文"有七品",陈注:"六,竹本。"其下文亦仅列"六品"。译文暂从注释。

④万岁藤:又称"天门冬",古人称其为"万岁藤",或称"娑罗树"。一种草本藤类植物。《尔雅·释草》:"蔷蘼薞冬。"晋郭璞注云:"薞冬,一名满冬,本草云。"这里或取其吉祥义而将其作为一种雕刻题材。

⑤长生草:似指一种多肉型草本植物。其叶瓣类如花瓣,这里似亦取其吉祥义而将其作为一种雕刻题材。蛮云蕙草:疑与下文提到的"蕙草云"有相似之处。蛮云蕙草,其意似为如蛮云一样缠绕盘桓的蕙草造型。蕙草,又称"佩兰"或"蕙兰",是一种多年生草本植物,其叶呈丛生状,叶形狭长而尖。

⑥胡云:上文"六曰蛮云"小注"胡云",陈注:"彩画作制度作'吴云'。"傅合校本注:"卷十四,彩画作制度内作'吴云',未审孰是?"梁注:"胡云,有些抄本作'吴云',它又是作为'蛮云'的小注出现的,'胡''吴'在当时可能是同音。'胡''蛮'则亦同义。既然版本不同,未知孰是? 指出存疑。"这一疑问,似唯有待两宋辽金时代彩画或雕刻纹样方面有新的发现时,或能得以解决。蕙草云:疑与上文提到的"蛮云蕙草"意思相近,其意疑或为如同蕙草一样尖细修长的云文。

⑦剔地洼叶华:梁注:"卷叶和洼叶的区别也很微妙,好像是在雕刻方法上。卷叶是'于版上压下四周隐起。……叶内翻卷,令表里分明。剔削枝条,须圜混相压'。洼叶则'先于平地隐起华头及枝条,其枝梗并交起相压,减压下四周叶外空地'。从这些词句看,只能理解为起突卷叶华是突出于构件的结构面以外,并且比较接近于圆雕的高浮雕,而洼叶华是从构件的结构面(平地)上向里刻入(剔地),因而不能'圜混相压'的浅浮雕。"

⑧平地隐起华头及枝条：即将雕刻题材的背景面凿为平整的面,在其底面之上隐刻出花叶及枝条的形态。

⑨平雕透突或压地。诸华：梁注："平雕透突的具体做法也只能按文义推测,可能是华文并不突出到结构面之外,而把'地'压得极深,以取得较大的立体感的手法。"

⑩实雕：梁注："实雕的具体做法,从文义上和举出的例子上看,就比较明确：就是就构件的轮廓形状,不压四周的'地',以浮雕花纹加工装饰的做法。"

⑪叉子铤（zhuó）脚版内：傅合校本注："铤,宋本误'铤'为'铤'。"暂从原文。

⑫惹草：原文"惹华（华）",梁注本改为"惹草"。陈注：改"华"为"草"。傅校本："'惹华'应作'惹草'。"

【译文】

雕刻剔地、或透突。洼叶或平卷叶。华的制度,有六种品级：

第一种称海石榴华；第二种称牡丹华；如芍药华、宝相华之类,其形式为卷叶或写生者也同属于这一品级。第三种称莲荷华；第四种称万岁藤；第五种称卷头惹草；如长生草及蛮云惹草之类也属于这一品级。第六种称蛮云。若胡云及惹草云之类也可以纳入这一品级。以上所用,以及在花卉题材之内再间插以龙、凤之类做法,与上条所提到之相类似的情况一样。

凡是雕刻剔地洼叶华造型,先从所雕刻之表面的平地上隐隐刻出花瓣头及花叶枝条,其花的枝梗都要相互交错叠压。通过凿挖以减少或压低所刻花卉下面四周之枝叶外空白的地方。也有采用平雕透突或压地。手法雕琢各种花卉题材的,其所采用的做法形式与上述做法形式相同。如果就地随雕刻之刃雕压出华文者,就称之为"实雕",可将这种雕刻施之于勾阑等上的云栱、地霞、鹅项上,或施于叉子之上的端部,以及叉子的铤脚版之内。或施于小木作中的牙子版上,在搏风版上所施的垂鱼、惹草等处也都可以采用这种雕刻手法。

旋作制度

【题解】

关于"旋作制度",梁思成先生进一步解释说:"旋作的名件就是那些平面或断面是圆形的,用脚踏'车床',用手握的刀具车出来(即旋出来)的小名件。它们全是装饰性的小东西。"可知"旋作"主要涉及造型为圆形的装饰性小构件的加工与制作。

这一工艺涉及三个方面建筑名件的"制度",在当时的历史背景下,梁先生曾以批判的口吻对旋作中所涉及的一些构件加以诠释:"'制度'中共有三篇,只有'殿堂等杂用名件'一篇是用在殿堂屋宇上的,我们对它作了一些注释。'照壁版宝床上名件'看来像是些布景性质的小'道具'。我们还不清楚这'宝床'是什么,也不清楚它和照壁版的具体关系。从这些名件的名称上,可以看出这'宝床'简直就像小孩子'摆家家'的玩具,明确地反映了当时封建统治阶级生活之庸俗无聊。由于这些东西在《法式》中竟然慎重其事地予以订出'制度'也反映了它的普遍性。对于研究当时统治阶级的生活,也可以作为一个方面的参考资料。至于'佛道帐上名件',就连这一小点参考价值也没有了。"

梁先生及其助手们对《法式》文本中有关小木作、彩画作、雕作、旋作、锯作、竹作,以及功限、料例等卷的内容开展注释与研究的时段,主要是在20世纪60年代初的那几年。受限于实证资料的严重缺失,对于这些难以准确判定的古代建筑名件,梁先生实事求是的表述体现出了较为严谨的科学态度。

殿堂等杂用名件

造殿堂屋宇等杂用名件之制:

椽头盘子：大小随椽之径。若椽径五寸，即厚一寸。如径加一寸，则厚加二分；减亦如之。加至厚一寸二分止；减至厚六分止。

揢角梁宝瓶①：每瓶高一尺，即肚径六寸；头长三寸三分，足高二寸。余作瓶身。瓶上施仰莲胡桃子②，下坐合莲③。若瓶高加一寸，则肚径加六分，减亦如之。或作素宝瓶，即肚径加一寸。

莲华柱顶：每径一寸，其高减径之半。

柱头仰覆莲华胡桃子④：二段或三段造。每径广一尺，其高同径之广。

门上木浮沤⑤：每径一寸，即高七分五厘。

勾阑上蒽台钉⑥：每高一寸，即径一分⑦。钉头随径，高七分。

盖蒽台钉筒子⑧：高视钉加一寸。每高一寸，即径广二分五厘。

【注释】

①揢（zhī）角梁宝瓶：梁注："揢，音支，支持也。宝瓶是放在角由昂之上以支承大角梁的构件，有时刻作力士形象，称'角神'。清代亦称'宝瓶'。"徐伯安先生补注："'角由昂'即转角铺作上方的由昂。"又原文"揢角梁宝瓶"，陈注："揢，音支。"傅合校本注：改"揢"为"楷"，即"楷角梁宝瓶"。

②仰莲胡桃子：似在仰莲之上承托胡桃子造型的圆形雕刻，多施用于勾阑望柱的顶端，也可以施于房屋翼角之下所施角梁上的圆形承托构件，如宝瓶上。

③合莲：疑指其莲叶呈抱合状的莲花雕刻形式，可以是仰莲，亦可能是覆莲。

④仰覆莲华胡桃子：可分二段或三段刻制，似乎是在雕镂的覆莲与仰莲之上承托一个胡桃子的造型。胡桃，俗称"核桃"；一说，一种比核桃略小的硬壳干果。二者皆属某种圆润如桃子状的果实。这里意为略近"胡桃子"形式的柱头造型。

⑤门上木浮沤（ōu）：梁注："沤……水泡也。'浮沤'在这里是指门钉，取其形似浮在水面上的半圆球形水泡。"

⑥勾阑上葱（cōng）台钉：梁注："'葱台钉'是什么，不清楚。"这里尝试做一点分析。葱，即葱，则"葱台"疑即"葱台"，或从"葱薹（tái）"而来。唐人和凝《宫词》诗云："绕殿钩阑压玉阶，内人轻语凭葱薹；皆言明主垂衣理，不假朱云傍槛来。"这里的"葱薹"似为勾阑上的一种构件，例如寻杖下成排竖立的小柱。此外，"葱薹"与"蒜薹"一样，系生长过程中出现的端头有枣核般花蕊的花茎。唐张祐《赠庐山僧》诗："粉牌新薤叶，竹援小葱台。"这里与"新薤叶"相对应的"小葱台"，似指葱薹。另《茶经·火筴》中提到："火筴，一名'箸'，若常用者，圆直一尺三寸，顶平截，无葱台、勾锁之属，以铁或熟铜制之。"清人朱彝尊还特别提到了《茶经》中所说的这一用具："我昔诵《茶经》，其具得火筴；圆直无葱台，修长过铜镜。"由此推测，这里的葱台，很可能是指在如火箸状圆直铁棍端头，有一个如葱薹一样的端头。又据卷第二十八《诸作用钉料例》："葱台头钉：长一尺二寸，盖下方五分，重一十一两；长一尺一寸，盖下方四分八厘，重一十两一分；长一尺，盖下方四分六厘，重八两五钱。"明确了葱（葱）台是一种钉子的端头部位。葱台头钉似为一种断面呈方形的钉子，其长1.2尺时，葱台头钉之钉头（盖）之下的钉子断面为0.5寸见方。由重量分析，卷第二十八中的"葱台头钉"，并非本卷旋作制度中的"葱台钉"，更

可能是某种用于固定木构件的方直有蔥台帽头的铁钉。

⑦每高一寸，即径一分：原文"即径一分"，陈注："'一'作'二'。"
傅合校本注：改"一"为"二"，为"即径二分"。此处暂从原文。

⑧盖蔥台钉筒子：由"勾阑上蔥台钉"猜测，"盖蔥台钉筒子"应该
也是用于勾阑之上的一种圆形木构件，其功能或有将"勾阑上蔥
台钉"加以遮盖及装饰的作用。其形式可能是套在圆形蔥台钉
之上，故其高度仅比蔥台钉高1寸，而其径则以高度而定："每高
一寸，即径广二分五厘。"例如，在高5寸钉外套6寸钉筒子，则盖
蔥台钉筒子径约为1.5寸。但其真实形式究竟为何种样式及其如
何在殿堂的勾阑上使用，仍是一个未解之谜。

【译文】

营造殿阁、厅堂、屋舍、楼宇等建筑中所需各种杂用名件的制度：

檐口处所施椽子端部的椽头盘子：其大小随椽子的直径而定。若其
椽径为5寸，则盘子的厚度为1寸。如椽子之径加大1寸，则盘子的厚度
再增加0.2寸；若其椽径减小，则盘子的厚度亦做相应程度的减小。若增
加，则其厚度增至1.2寸时为止；若减少，则其厚度减至0.6寸时为止。

在房屋翼角下所施支撑大角梁的宝瓶：其瓶每高1尺，宝瓶中段瓶
肚的直径为6寸；宝瓶上段的瓶头长度为3.3寸，宝瓶下段的瓶足高为2
寸计。其余部分即斫作瓶身。宝瓶之上施以仰莲胡桃子造型，其下之坐雕
为合莲形式。如果宝瓶之高每增加1寸，则其瓶肚的直径应增加0.6寸，
宝瓶高度减低时，其肚直径亦做相应减小。也可以雕为素宝瓶的形式，
若为素宝瓶，其瓶之肚的直径也应增加1寸。

莲华柱顶：所雕莲华的直径每长1寸，其柱顶所刻莲华的高度是其
直径的一半。

柱头上所施仰覆莲华胡桃子：分为二段或三段造。若其莲华胡桃子的
直径长1尺，则莲华胡桃子的高度与其直径的长度相同。

门上所施木制门钉：以浮沤直径每长1寸，其凸出门之表面的高度

为0.75寸计。

　　勾阑上所用蕙台钉:以其钉每高1寸,钉子的直径为0.1寸计。钉头的粗细随其钉的直径而定,而其钉的高度为0.7寸。

　　覆盖于蕙台钉之上的钉筒子:筒子的高度是在蕙台钉的高度之上再增高1寸。以筒子每高1寸,筒子的直径为0.25寸计。

照壁版宝床上名件

　　造殿内照壁版上宝床等所用名件之制①:

　　香炉:径七寸,其高减径之半。

　　注子②:共高七寸。每高一寸,即肚径七分。两段造,其项高,径取高十分中以三分为之。

　　注碗③:径六寸。每径一寸,则高八分。

　　酒杯:径三寸。每径一寸,即高七分。足在内。

　　杯盘:径五寸。每径一寸,即厚一分④。足子径二寸五分。每径一寸,即高四分。心子并同⑤。

　　鼓:高三寸。每高一寸,即肚径七分。两头隐出皮厚及钉子。

　　鼓坐:径三寸五分。每径一寸,即高八分。两段造。

　　杖鼓⑥:长三寸。每长一寸,鼓大面径七分,小面径六分,腔口径五分⑦,腔腰径二分⑧。

　　莲子⑨:径三寸。其高减径之半。

　　荷叶:径六寸。每径一寸,即厚一分。

　　卷荷叶:长五寸。其卷径减长之半。

　　披莲⑩:径二寸八分。每径一寸,即高八分。

　　莲蓓蕾⑪:高三寸。每高一寸,即径七分。

【注释】

① 殿内照壁版上宝床：据卷第七《小木作制度二》"殿阁照壁版"条："凡殿阁照壁版，施之于殿阁槽内，及照壁门窗之上者皆用之。"另据梁注："照壁版则用于左右两缝并列的柱之间，不用格眼而用木板填心。"可知殿内照壁版是在殿阁建筑室内（当心间？）左右两柱之间所设，用于遮蔽前后空间的木隔断。殿内照壁版上宝床，疑即紧依殿内照壁版设置的床案或床榻。这里所说的"宝床"存在两种可能：一是，此宝床为一有多种圆形装饰的床具，如上所列均为床具上的附属装饰件；二是，此宝床为一种类似供案的床案，如上所列为供案上用于礼拜或祭供仪式的器物或供殿阁内主人与客人消遣时所用的生活及娱乐器具。

② 注子：其本义应为古人日常使用的一种向杯中注酒的酒具。这里可能指的是一种旋刻的装饰性形象。

③ 注碗：当是一种与注子配套的酒具。这里亦指其旋刻的形象。

④ 每径一寸，即厚一分：陈注："'一'作'二'。"即改为"每径二寸，即厚一分"。傅合校本注：改为"每径一寸，即厚二分"。未知二者孰是，译文暂从原文。

⑤ 心子：这里似指杯盘中心的某个部分，但未知其"心子"为何种形式，亦未知其功能如何。

⑥ 杖鼓：本为一种古代打击乐器，这里指其雕镂旋刻的装饰形象。

⑦ 腔口：杖鼓为两头较粗、中端细小且中空的木制乐器，其中空部分即为"腔"，疑"腔口"指杖鼓两端较粗部分。

⑧ 腔腰：指杖鼓中间较细的腰部。

⑨ 莲子：从所给尺寸观察，这里的"莲子"非指莲子本身，而是指尚未采摘的莲子盘。

⑩ 披莲：这里的"披莲"或指覆莲的一种。唐张景源《奉和九月九日登慈恩寺浮图应制》："飞塔凌霄起，宸游一届焉。金壶新泛菊，

宝座即披莲。"宝座当指佛塔的基座,其形式或有覆莲造型,故称
为"披莲"。

⑪莲蓓(bèi)蕾:陈注:"'蓓蕾'作'菩蕌(lěi)'。"傅合校本注:改
"蓓蕾"为"菩蕌",即"莲菩蕌"。未解"菩蕌"之义,暂从"蓓蕾"
解,当指含苞待放的莲花。蕌,与"蕾"同义,指含苞但尚未开放
的花朵。

【译文】

营造殿阁堂厅之内照壁版上宝床等所用配饰的各种雕刻旋造之名
件的制度:

香炉:炉径为7寸,炉之高是香炉直径的一半。

注子:宝床旁所饰用于注酒的注子共高7寸。以其注子每高1寸,注
子中段之肚径为0.7寸计。其注子分为两段造。注子的颈项较高,其项的
直径取注子高度的十分之三。

注碗:与注子配套的注碗,其径6寸。以注碗直径每长1寸,其碗高
0.8寸计。

酒杯:与注子、注碗配套的酒杯,其杯之径3寸。以其杯直径每长1
寸,杯子高0.7寸计。杯足的高度包含在内。

杯盘:承托酒杯的杯盘,盘径5寸。以其盘直径每长1寸,盘厚0.1寸
计。盘下之足子直径2.5寸。以其足子直径每长1寸,足子高0.4寸计。杯盘心子之
径、高尺寸与足子相同。

鼓:其高3寸。以鼓身每高1寸,其鼓肚之径为0.7寸计。鼓之两头隐
出鼓皮厚度及钉子形象。

鼓坐:其坐直径3.5寸。以鼓坐直径每长1寸,鼓坐高0.8寸计。其鼓
坐为两段造。

杖鼓:其鼓长3寸。以鼓每长1寸,其鼓的大面径为0.7寸,小面径为
0.6寸,杖鼓腔口直径为0.5寸,腔腰段直径为0.2寸计。

莲子:莲子之径3寸。莲子之高为其直径的一半。

荷叶:荷叶直径6寸。以其直径每长1寸,其叶厚为0.1寸计。

卷荷叶:所刻与莲荷配套的卷荷叶长5寸。其叶所卷之径是其卷叶长度的一半。

披莲:其莲之径2.8寸。以其莲径每长1寸,披连高0.8寸计。

莲蓓蕾:含苞待放之莲蓓蕾的高度为3寸。以其每高1寸,其莲蓓蕾的直径为0.7寸计。

佛道帐上名件

造佛道等帐上所用名件之制:

火珠①:高七寸五分,肚径三寸。每肚径一寸,即尖长七分。每火珠高加一寸,即肚径加四分;减亦如之。

滴当火珠②:高二寸五分。每高一寸,即肚径四分。每肚径一寸,即尖长八分。胡桃子下合莲长七分③。

瓦头子④:每径一寸,其长倍柱之广⑤。若作瓦钱子⑥,每径一寸,即厚三分;减亦如之。加至厚六分止,减至厚二分止。

宝柱子⑦:作仰合莲华、胡桃子、宝瓶相间;通长造,长一尺五寸;每长一寸,即径广八厘。如坐内纱窗旁用者,每长一寸,即径广一分⑧。若腰坐车槽内用者⑨,每长一寸,即径广四分。

贴络门盘⑩:每径一寸,其高减径之半。

贴络浮沤⑪:每径五分,即高三分。

平棊钱子⑫:径一寸。厚五分为定法⑬。

角铃⑬:每一朵九件:大铃、盖子、簧子各一,角内子角铃共六。

大铃:高二寸。每高一寸,即肚径广八分。

盖子:径同大铃。其高减半。

簧子:径及高皆减大铃之半。

子角铃:径及高皆减簧子之半。

圜栌枓[14]:大小随材分°。高二十分°,径三十二分°[15]。

虚柱莲华钱子[16]:用五段。上段径四寸,下四段各递减二分。厚三分为定法。

虚柱莲华胎子[17]:径五寸。每径一寸,即高六分。

【注释】

①火珠:"火珠"一词,源自佛教。南北朝时期,成为一种流行的佛教建筑装饰构件。形式略似在圆形宝珠之外裹覆以向上如尖的火焰纹饰。这里所说"火珠",疑似位于佛道帐腰檐翼角上之装饰构件。

②滴当火珠:似将佛道等帐之腰檐或九脊小帐之屋檐上所覆瓦之檐口处滴水瓦当斫为火珠形式。

③胡桃子下合莲:滴当火珠下似用胡桃子,其下以长0.7寸仰莲或覆莲(合莲)承托。

④瓦头子:似是与滴当火珠对应的勾头瓦当,圆形,圆径1寸,瓦头子长2寸。

⑤每径一寸,其长倍柱之广:陈注:"'柱'作'径'。"傅合校本注:改"柱"为"径",其注为:"'柱'作'径'。"据两位先生,则其文应为:"每径一寸,其长倍径之广。"译文从二先生注。

⑥瓦钱子:疑为用于平坐之上的天宫楼阁屋檐处,尺度更为细小的瓦头子。其径每长1寸,厚0.3寸;则厚可至0.6寸,薄可至0.2寸。

⑦宝柱子:以其上有仰覆(合)莲华、胡桃子、宝瓶等雕饰,疑是帐身下腰坐上的勾阑望柱。以其柱每长1寸,径0.08寸计;其长1.5

尺,则其径1.2寸。

⑧每长一寸,即径广一分:傅合校本注:改"径广一分"为"径广二分"。暂从原文。

⑨腰坐车槽:傅合校本注:改"腰坐车槽"为"坐腰车槽"。译文从傅注。

⑩贴络门盘:疑指佛道等帐之门扇上所贴络的圆盘式装饰性构件,未详其位置与作用。疑或为叩门之铺首。

⑪贴络浮沤:据梁先生的研究,"浮沤"本指门钉;贴络浮沤,疑是贴络在门扇之上的门钉。

⑫平棊(qí)钱子:似指佛道等帐内平棊顶上的圆形饰件。

⑬角铃:及下文"大铃""盖子""簧子""子角铃",疑为腰檐翼角等处所悬装饰性铃铎,及与铃铎相关的各种圆形配件,亦各有尺寸;子角铃则可能是与大角铃配套的小角铃。

⑭圜栌(lú)枓:圆栌枓,应是帐身檐下枓栱之柱头铺作与补间铺作下及平坐枓栱各铺作下所施圆形栌枓。

⑮高二十分°,径三十二分°:这里所给出的"分°",是圆栌枓所用材之分°,而非"尺、寸、分"之"分"。

⑯虚柱莲华钱子:不知所指为何物,亦不详其用于何处,待考。虚柱莲华,可能与明清时期垂花门上的垂莲柱有些相似,猜测为施于虚柱之下莲花之外的钱子形雕刻装饰。

⑰虚柱莲华胎子:不知所指为何物,亦不详其用于何处,待考。猜测为施于虚柱莲华被莲华瓣包裹的中心部分。

【译文】

营造佛道等帐上配套所用之雕刻旋造名件之制:

火珠:佛道等帐之屋脊上所出火珠高7.5寸,珠之中段的珠肚之径3寸。以其肚径每长1寸,其珠上所出之火焰尖长0.7寸计。以其火珠高度每增加1寸,则其火珠肚径增加0.4寸计;若其高度减低,其肚径亦做相应减小。

滴当火珠：佛道等帐之腰檐、屋檐等檐口处所施滴当火珠高2.5寸。以其每高1寸，其珠肚之径为0.4寸计。以珠肚直径每长1寸，其珠上所出火焰尖长0.8寸计。火珠下所施胡桃子及其下承托胡桃子的合莲之长为0.7寸。

瓦头子：以瓦头子直径每长1寸，其与瓦头相连之瓦身长度为瓦头子直径的2倍计。若作瓦钱子，以其直径每长1寸，其瓦钱子厚0.3寸计；若其径减短，其厚度亦做相应减小。其厚度加至0.6寸时为止，减至0.2寸时亦为止。

宝柱子：佛道等帐之勾阑等上所施宝柱子顶端所刻仰合莲华、胡桃子、宝瓶，三种形式可相间而造；若将宝柱子作通长制造，其长1.5尺；以其每长1寸，其柱子直径为0.08寸计。若是在帐坐之内的纱窗旁所施用的宝柱子，以其每长1寸，其柱直径为0.1寸计。若在其帐的坐腰车槽之内施用，以其柱每长1寸，其柱直径为0.4寸计。

贴络门盘：在佛道等帐上贴络的门盘，以其盘之径每长1寸，门盘之高为其径长度的一半计。

贴络浮沤：佛道等帐上门盘中所贴络之浮沤，以浮沤直径每长0.5寸，其凸出门盘之高为0.3寸计。

平棊钱子：佛道等帐室内平棊下所施平棊钱子之径为1寸。平棊钱子的厚度为0.5寸，这一厚度尺寸为绝对尺寸。

角铃：悬于佛道等帐腰檐等翼角下之角铃，每一朵铃由9个名件组成：其中大铃、盖子、簧子各1件，其翼角之内另有子角铃共6件。

大铃：铃高2寸。以其铃每高1寸，则其铃之肚径长0.8寸计。

盖子：角铃盖子之径与大铃直径相同。盖子之高，为大铃直径的一半。

簧子：角铃内簧子的直径及高度都是大铃直径的一半。

子角铃：子角铃的直径及高度都取大角铃簧子之高度与直径的一半。

圆栌枓：佛道等帐柱上或平坐下所施圆栌枓，其枓之大小皆随其所用材分°大小而定。栌枓高20分°,其径32分°。

虚柱莲华钱子:佛道等帐外槽柱间所施虚柱莲华钱子,分为五段式制作。其上段直径4寸,下四段各递减0.2寸。钱子厚为0.3寸,这一厚度尺寸为绝对尺寸。

虚柱莲华胎子:佛道等帐所用虚柱之莲华胎子,直径5寸。以其径每长1寸,则其莲华胎子之高为0.6寸计。

锯作制度

【题解】

锯作制度,属于木材加工的一种工程做法。涉及木材的解割、加工与制作过程以及节约木材的相应措施。就锯作本身而言,其属大木作与小木作等工程的前期阶段,主要是为了破解原木或大料,故这一工作与如何合理使用材料,如何节约木料等方面关涉尤深。如梁先生所解释的:"锯作制度虽然很短,仅仅三篇,约二百字,但是它是《营造法式》中关于节约用材的一些原则性的规定。"

用于殿堂建筑的大型原木,在宋代称为"模枋"。明谢肇淛《五杂组》:"宋时寝殿巨材谓之'模枋'。模枋者,人立其两旁不相见,但以手摸之而已。今之皇木径亦逾丈,其最中为栋者,每茎价近万金,而舁拽之费不与焉。然川、贵箐峒中亦不易得也。"

宋周密《齐东野语·梓人抡材》里记载了宋太祖的一则故事:"梓人抡材,往往截长为短,斫大为小,略无顾惜之意,心每恶之。因观《建隆遗事》,载太祖时,以寝殿梁损,须大木换易。三司奏闻,恐他木不堪,乞以模枋一条截用。(模枋者,以人立木之两傍,但可手模,不可得见,其大可知)。上批曰:'截你爷头,截你娘头,别寻进来。'于是止。嘉祐中,修三司,敕内一项云:'敢以大截小,长截短,并以违制论。'即此敕也。"

可见合理裁割木料,节约木材,在宋代是一件十分重要的事情。其中的一些思想与技术,对于十分注重生态建设与环境建设的现代社会来说,在林木的采伐、木料的加工与利用等方面,仍具有一定的借鉴意义。

用材植

用材植之制①:凡材植,须先将大方木可以入长大料者,盘截解割②;次将不可以充极长极广用者,量度合用名件,亦先从名件就长或就广解割③。

【注释】

①用材植之制:梁注:"'用材植'一篇讲的是不要大材小用,尽可能用大料做大构件。"

②盘截解割:大意是对原木或大方木进行粗加工,将其锯截成适当的长度,再裁割分解成截面适度的木方。

③先从名件就长或就广:傅合校本注:在"名件"后加"中"字,改为"先从名件中就长或就广",并注:"中,陶本脱'中'字。"暂从原文。

【译文】

施用及加工原木或大方木材料的制度:凡原木及大方木等木料原材,须先将木料原材之大方木中可以作为长大木料使用的材植,锯截成适当的长度,并裁割为截面尺寸适当的大尺度木方;然后将那些不可以作为长度极长截面极大之木料使用的材植,量度其适合使用之构件的尺度大小,也是先从其所适合之名件的长或截面宽窄加以锯截解割。

抨墨

抨绳墨之制①:凡大材植,须合大面在下②,然后垂绳取正抨墨。其材植广而薄者,先自侧面抨墨。务在就材充用,勿令将可以充长大用者截割为细小名件。

　　若所造之物，或斜、或讹、或尖者，并结角交解③。谓如飞子，或颠倒交斜解割④，可以两就长用之类。

【注释】

①抨绳墨之制：梁注："'抨墨'一篇讲下线，用料的原则和方法，务求使木材得到充分利用，'勿令将可以充长大（构件）用者截割为细小名件'。"

②须合大面在下："合"字，陈注："令。"傅合校本注："令。"依陈、傅二先生，此句似宜为"须令大面在下"。译文从陈、傅二先生注。

③结角交解：卷第五《大木作制度二》中关于飞子的做法，有："凡飞子须两条通造；先除出两头于飞魁内出者，后量身内，令随檐长，结角解开。"卷第六《小木作制度一》中关于破子棂做法中有："每用一条，方四分，结角解作两条，则自得上项广厚也。"

④交斜解割：卷第五《大木作制度二》中有关飞子做法，还提到与"交斜解割"意思相近的描述："凡飞魁，（又谓之大连檐。）广厚并不越材。小连檐广加栔二分°至三分°，厚不得越栔之厚。（并交斜解造。）"关于这两种做法，梁先生在《大木作制度二》相关注释中做了较为详细的注解："'结角解开''交斜解造'都是节约工料的措施。将长条方木纵向劈开成两条完全相同的断面作三角形或不等边四角形的长条谓之'交斜解造'。将长条方木，横向斜劈成两段完全相同的，一头方整、一头斜杀的木条，谓之'结角解开'。"

【译文】

　　在材植表面抨弹绳墨的制度：凡尺度巨大的材植，须将其材的大面朝向地面，然后通过悬挂垂绳以取正，并依其绳而抨弹墨线。如果材植的截面宽度较大，但厚度较薄，就应先从其材的侧面，即较为狭窄的一面,去抨弹墨线。其要点在于充分利用材植的截面尺寸,切勿将那些本可以用作较为长大构件的木料截割为在尺寸要求上较为细小的构件。

如果所营造或加工的物件,或为斜面、或有圜讹的圆角、或呈尖锐的形式者,都应通过结角交解的方式加以解割。例如飞子,或者也可以颠倒做交斜解割的分解方式,这样就可以保持其既有的长度或截面宽厚尺寸施用。

就余材

就余材之制[①]:凡用木植内,如有余材,可以别用或作版者,其外面多有壐裂[②],须审视名件之长广量度,就壐解割。或可以带壐用者,即留余材于心内[③],就其厚别用或作版,勿令失料。如壐裂深或不可就者,解作膘版[④]。

【注释】

①就余材之制:梁注:"'就余材'一篇讲的是利用下脚料的方法,要求做到'勿令失料',这些规定虽然十分简略,但它提出了千方百计充分利用木料以节约木材这样一个重要的原则。"余材,指经过对大材植加以盘截解割之后,所剩余的一些长度与截面较小的木材,或类似边角料性质的木材。

②壐(wèn)裂:梁注:"壐,音问,裂纹也。"此指木材中出现的裂纹。壐,裂纹。

③即留余材:留,陈注:"作'那'。"傅合校本注:改"留"为"那"。据二位先生,此句似应改为"即那余材"。暂从原文。

④膘(biāo)版:梁注:"'膘版'是什么,不清楚;可能是'打小补丁'用的板子?""膘版"似指在主材两旁所加的辅衬之版。

【译文】

就余材使用的制度:凡在使用木料材植的过程中,如有一些不能制作完整构件的边角余料，就可以尽量用作其他用处，或作为版材的薄料使用，其外表面有一些裂纹的，也必须仔细审视拟造之名件的长度与截面宽厚尺寸，就其墨裂之纹加以分解裁割。或者也有可以带着其局部裂纹使用之料，就应保留其余材的中心部分，依照其厚度另外加工为适合的薄厚尺寸的构件，或用作版材，不要因裁割不慎而丧失其料的可能价值。如果其墨裂之痕比较深宽，难以将就使用，就将其分解为可以为其他木料进行贴补的膘版使用。

竹作制度

【题解】

梁先生注释中提到："竹，作为一种建筑材料，是中国、日本和东南亚一带所特有的；在一些热带地区，它甚至是主要的建筑材料。但在我国，竹只能算做一种辅助材料。"

竹作制度，主要是指竹子构件的加工与制作。关于"竹作制度"，梁先生解释说："竹作制度中所举的几个品种和制作方法，除'竹笆'一项今天很少见到外，其余各项还沿用一直到今天，做法也基本上没有改变。"

竹作制度所涉内容，除了"造笆""隔截编道"略与建筑构件有一些关联，其他几类则属建筑物附加部分，如竹子栅栏、护檐雀用的竹网、地面用的竹簟、遮光用的竹席或竹编的绳索等。

宋代时，竹笆的应用范围比较广，从殿阁等到散屋，几乎覆盖了各种等级的房屋，只是所用竹子的粗细不同。空间跨度大者，如六椽以上，所用竹径在3.2寸～2.3寸，四椽以下，竹径在1.2寸～0.4寸。竹笆如竹席一般，分经纬编织成片。所用竹径越细，编织的密度越大，如竹径2.1寸～1.7寸，每一尺宽度为一道经线；径1.5寸～1寸，每0.8寸宽度为一道经线。而每一经线由4道竹片组成。纬线也是一样。所谓经纬者，以椽子的走向为准，与椽子走向平行者为"经"，与椽子走向横向交叉者为"纬"。

编织竹笆的竹片是用刀劈开使用的。较粗的竹子每竹劈为4片用之,竹径为0.8寸～0.4寸的,用椎破开。无论用于房屋望板,河岸护笆,还是战事中的城墙女头防护结构,都发挥了竹笆制作简易,搬运轻便,且能起到如护版一样版状薄片的结构作用。

隔截编道内,以木为桯,高5尺壁,分为4格。高度较大者,以横竹为经,纵竹为纬编之。高度较小而间距较大者,则以纵竹为经,横竹为纬编之。上下贴桯各用一道竹,称为"壁齿"。格内横用经3道,加上上下两道贴桯壁齿,合为5道。每经一道,用竹3片,每纬一道,用竹1片。

除了隔断墙之外,栱眼壁上也会用隔截编道做法。如栱眼壁高2尺以上,横分3格,设竹经4道;高1.5尺以下,横分2格,设竹经3道。换言之,栱眼壁内常以横向为经,不以纵向为经。

隔断墙高度超过5尺者,用于编织隔截编道的竹子,其径应取3.2寸～2.5寸。墙高不及5尺者,以及栱眼壁内或房屋两山山花部分(山内尖斜壁)用竹,径取2.3寸～1寸。无论粗细,竹均劈作4片使用。

室外所设露篱,用竹做法亦然。若其高10尺,内可横分4格。其经纬编织的方式,与隔截编道的做法一样。但因无须隔断墙那样较强的结构要求,故用竹比较细。其高度超过10尺者,所用竹径为0.8寸;高度不及10尺者,竹径仅为0.4寸。所用竹均砍去其梢部不用。其编织方式,似以长篾斜向为经,短篾直行为纬,往复编织。

值得注意的是,护殿檐雀眼网,虽为殿阁上的附属之物,亦应加以艺术的装点,故其雀眼之内,间织人物、龙、凤、华、云等纹样。

编织各种竹簟所用竹篾,如护殿檐雀眼网所用一样,为细薄之浑青篾。其编织方式为从心斜起,纵横交织,至四边寻斜取正,形成方席形状。席子当心,织以方胜纹样,织成龙、凤等装饰纹样。为取美观,还可将竹篾染成红、黄色,以使席纹与图样显得鲜艳。其篾是用径2.5寸～1寸的竹子表皮刮削而成的。

其文中所谈及的"障日篛等簟",也采用同样的竹径与制作方式削制竹篾。以竹编之篛,且具障日功能,则推测其为窗上用于遮阳的竹席。

明人周元《泾林杂记·续记》中曾记载:"偶乡间富翁吴姓者构巨室,因日促上梁,未及施采画。既成,嫌其太朴,浼为加饰,搭鹰架令潘栖息其上而运笔焉。"这里的"鹰架",即是专为绘制梁方彩画而搭造的脚手架。明人顾起元《客座赘语·异僧》中亦提到:"雪浪修塔时,所构鹰架与塔顶埒。"其意即,所搭脚手架之高,与塔顶相齐。

绾,意为盘绕成结;系,意为绑扎。梁先生将"绾系鹰架竹笍索"释为用以绑扎搭造脚手架的竹制绳索,其意确切。竹绳索以青、白竹篾编造而成。所用为径2.5寸～1寸的细竹,劈成11片,每片再剥离成2片;再合为5股拧编为辫子状;每股用篾4条或3条,可青、白篾相间编之。竹绳截面似为宽1.5寸、厚0.4寸的扁平状,如此似便于弯折绑扎。每条绳长200尺。使用时,可临时量度长短而截之。

竹作制度中涉及的一些有关竹制品的加工制作工艺,有着较为重要的物质史、经济史参考价值,对于现今竹子资源的发掘与利用,对于竹制品的加工、生产与贸易,亦可能具有某种潜在的现实经济意义。

造笆

造殿堂等屋宇所用竹笆之制[①]:每间广一尺,用经一道。经,顺椽用。若竹径二寸一分至径一寸七分者,广一尺用经一道[②];径一寸五分至一寸者,广八寸用经一道;径八分以下者,广六寸用经一道。每经一道,用竹四片。纬亦如之。纬,横铺椽上。殿阁等至散舍,如六椽以上[③],所用竹并径三寸二分至径二寸三分。若四椽以下者[④],径一寸二分至径四分。其竹不以大小,并劈作四破用之[⑤]。如竹径八分至径四分者,并椎破用之[⑥]。下同。

【注释】

①竹笆：梁注："竹笆就等于用竹片编成的望板，一直到今天，北方许多低质量的民房中，还多用荆条编的荆笆，铺在椽子上，上面再铺苫背（厚约三四寸的草泥）窨瓦。"明人徐光启《农政全书·筑岸法》："又两水相夹，易于浸倒，须用木桩，甚则用竹笆，又甚则石砌，方可成功。"可知竹笆还可用于水利工程中的围岸。此外，还可用于战争时城墙上的掩体，如明人撰《武编》："洞子外密处，以大麻绳横编，如竹笆相似，以备炮石众多。"

②广一尺用经一道：原文"广一寸用经一道"，梁注本改为"广一尺用经一道"。陈注："'寸'作'尺'。"傅合校本：改"寸"为"尺"，并注："尺，陶本误'尺'为'寸'，据宋本改。"

③六椽以上：指其进深为6个椽架以上的殿阁厅堂。

④四椽以下者：指其进深不足4个椽架的屋宇房舍。

⑤劈作四破：疑即将其柱截面以十字形方式劈开，使一圆形截面分为4片竹片，或即称"四破"。

⑥并椎破用之：《搜神记·张颢得金印》记常山人张颢忽见坠地一物："化为圆石。颢椎破之，得一金印。"《夷坚记·钱林宗》中亦有"立取斧椎破"之语，其意都接近用"锤砸"以破之。椎，陈注："推，竹本。"但从上下文看，内含敲打之义的"椎"字似更合。梁注："'椎破用之'，'椎'就是'锤'；这里所说是否不用刀劈而用锤子将竹锤裂，待考。"

【译文】

在殿堂、屋舍等屋宇之上施用竹笆的制度：以其房屋开间间广每长1尺，施用竹经1道。其竹经，应顺其屋椽使用。若其竹径为2.1寸至1.7寸，以其间广每长1尺，则施用竹经1道；若其竹径为1.5寸至1寸，则以其间广每长8寸施用竹经1道；若其竹径小于0.8寸，则以其间广每长6寸施用竹经1道。每1道竹经，应用4片竹。每1道竹纬也是一样。竹纬，即横铺于椽子之上的竹。从殿阁厅堂等直至余屋散舍,若其进深在6个椽架以上,则其所用竹的直径都应在3.2寸至2.3寸之间。若其进深不足4个椽架,则其所用竹的直径可以在1.2寸至0.4寸之间。不论其所用竹的长短粗细,都应将竹依其截面劈为4片使用。如果竹的直径仅为0.8寸至0.4寸,可将其敲打锤裂后使用。以下情况也做同样处理。

隔截编道

造隔截壁桯内竹编道之制①:每壁高五尺,分作四格。上下各横用经一道。凡上下贴桯者,俗谓之壁齿;不以经数多寡,皆上下贴桯各用一道。下同。格内横用经三道。共五道。至横经纵纬相交织之②。或高少而广多者,则纵经横纬织之。每经一道用竹三片,以竹签钉之。纬用竹一片。若栱眼壁高二尺以上③,分作三格,共四道。高一尺五寸以下者,分作两格。共三道。其壁高五尺以上者,所用竹径三寸二分至径二寸五分;如不及五尺,及栱眼壁、屋山内尖斜壁所用竹,径二寸三分至径一寸④,并劈作四破用之。露篱所用同。

【注释】

①隔截壁桯(tīng)内竹编道:梁注:"'隔截编道'就是隔断墙木框架内竹编(以便抹灰泥)的部分。"卷第二十八《诸作等第》中有:"织笆。(编道竹栅,打榻、笍索、夹载盖棚,同。)"这里的"编道竹栅",其意与"织笆"同,可证。编道,其意似为用竹编织为若干经道、纬道之意。

②至横经纵纬相交织之:傅合校本注:改"至"为"并",即"并横经纵纬相交织之",并注:"并,文津文宜从之。"译文暂从原文。

③栱眼壁：在房屋檐下之枓栱铺作间的泥道缝上所施造的用以遮挡
　风雨及鸟类等的墙壁。

④径二寸三分至径一寸：陈注："寸五分，竹本。"依陈先生改，其文
　似为"径二寸三分至径一寸五分"。译文暂从原文。

【译文】

营造隔截壁桯内竹编道的制度：以其隔截壁每高5尺，将其壁分为4
格。在其壁的上、下各横向施用竹经1道。凡在上下施贴桯的做法，俗话中称
为"壁齿"；不论其壁所施竹经数之多与少，都要在其壁之上与下各贴施1道桯。如
下情况也是一样。其格之内再横用竹经3道。其壁上下共施竹经5道。要做
到将横经与纵纬相交织。如果所造编道的高度不很高但面广较大时，则可以将
纵经与横纬相交织。每1道竹经应用竹3片，要将其竹以竹签钉之。竹纬则只
用竹1片。如果其栱眼壁的高度在2尺以上，则应分作3格，共有4道。若
其壁高度在1.5尺以下，则应分作2格。共有3道。如果其隔截壁的高度
在5尺以上，所用竹径为3.2寸至2.5寸；如果它的高度不足5尺，以及柱
缝之上的栱眼壁、房屋两山之内的尖斜壁中所用竹，其径为2.3寸至1
寸，所有这些竹都应劈作四破来使用。在室外露篱中的所用之竹也是一样。

竹栅

　　造竹栅之制①：每高一丈，分作四格。制度与编道同②。
若高一丈以上者，所用竹径八分；如不及一丈者，径四分。
并去梢全用之。

【注释】

①竹栅：如前文所引卷第二十八《诸作用钉料例》"竹作"条："织
　笆；（编道竹栅，打篱、笓索、夹载盖棚，同。）"则"竹栅"可能是用
　于室外的竹制轻隔断，其意接近房屋内所用隔断墙，亦可以隔截

编道方式造作。此外,以竹栅分割室内外空间的做法,在今日的中国南方地区以及东南亚诸国仍较为常见。

②制度与编道同:陈注:"'与'下有'竹'字。"傅合校本注:"与"下加"竹"字,即"制度与竹编道同"。

【译文】

营造竹栅的制度:以其栅每高1丈,则将其栅分为4格。其分格的制度与隔截编道的分格制度相同。如果其栅高度在1丈以上,则所施用的竹子直径为0.8寸;如果其栅高度不足1丈,则其所用竹子的直径为0.4寸。这两种情况,都应将竹梢截去,并以其竹之完整形态而施用之。

护殿檐雀眼网

造护殿阁檐枓栱及托窗棂内竹雀眼网之制[1]:用浑青篾[2]。每竹一条,以径一寸二分为率。劈作篾一十二条;刮去青,广三分。从心斜起,以长篾为经,至四边却折篾入身内;以短篾直行作纬,往复织之。其雀眼径一寸。以篾心为则。如于雀眼内,间织人物及龙、凤、华、云之类,并先于雀眼上描定,随描道织补。施之于殿檐枓栱之外,如六铺作以上,即上下分作两格;随间之广,分作两间或三间[3],当缝施竹贴钉之[4]。竹贴,每竹径一寸二分,分作四片。其窗棂内用者同。其上下或用木贴钉之。其木贴广二寸,厚六分。

【注释】

①护殿阁檐枓栱及托窗棂内竹雀眼网:指施于殿阁或厅堂屋檐之下,保护其檐下枓栱,以防止鸟雀停留或筑巢的竹网;或施于托窗棂子内侧,以防止鸟雀飞入室内的竹网。

②浑青篾（miè）：梁注："'浑青篾'的定义待考。'青'可能是指竹外皮光滑的部分。下文的'白'是指竹内部没有皮的部分。""浑青篾"既用于护殿檐雀眼网，也用于殿阁内地面棊文簟。二者皆为建筑物本体之外的附属部分。其意应如梁先生所解，是用轻薄的竹之外皮编织的细致竹网或竹簟（席）。青，指竹子外面的一层青绿色表皮。篾，竹篾，被削劈为薄片状的竹子。

③随间之广，分作两间或三间："随间之广"的"间"指房屋开间的"间"，而"分作两间或三间"的"间"，其实指的是护殿檐雀眼网所分之"段"。

④当缝施竹贴钉之：这里的"缝"不具有如"柱缝"之"缝"的轴线意义，而是"护殿檐雀眼网"不同分段（间）之间的接缝。

【译文】

营造护殿阁檐下枓栱以及护托窗棂之内的竹雀眼网的制度：其网用浑青篾编之。每用1条竹，以竹径1.2寸为标准。将竹劈作12条竹篾，刮去竹表面的青皮，使其竹篾的宽度为0.3寸。在编织时，要从其网的中心斜向起编，用长篾编为经道，编至网的四侧边缘，应将经篾加以弯折，将其折入网身之内；以短篾沿直行编织以作为其网的纬道，应往复来回地编织。其所留出的雀眼孔径为1寸。这一孔径大小以篾心至篾心的距离为准。如果要在雀眼之内，间插着编织出人物以及龙、凤、花卉、云文之类的图案，都要先在雀眼上描画勾勒出其形象，然后随着所描的线道加以织补。若要将网施之于殿阁檐下的枓栱之外，如其枓栱在六铺作以上，就应将网依上下分为2格；同时，应随其开间的间广，将其网分作2段或3段，在段与段之间的接缝处，施以竹贴，用钉子将网固定。竹贴，是将一条直径为1.2寸的竹子，劈分为4片后使用。如果在窗棂内施用竹贴，也是一样。在其网的上下也可以用木贴钉之。若用木贴，其贴的宽为2寸，厚为0.6寸。

地面棊文簟

造殿阁内地面棊文簟之制[①]：用浑青篾，广一分至一分五厘；刮去青，横以刀刃拖令厚薄匀平；次立两刃，于刃中摘令广狭一等[②]。从心斜起[③]，以纵篾为则，先抬二篾，压三篾，起四篾，又压三篾，然后横下一篾织之。复于起四处抬二篾，循环如此。至四边寻斜取正[④]，抬三篾至七篾织水路[⑤]。水路外摺边，归篾头于身内。当心织方胜等[⑥]，或华文、龙、凤。并染红、黄篾用之。其竹用径二寸五分至径一寸。障日䇦等簟同[⑦]。

【注释】

①殿阁内地面棊文簟（diàn）：是指铺于殿阁内地面上，有方格状棋文的竹席。棊，同"棋"。簟，梁注："音店，竹席也。"陈注："徒玷切。"

②于刃中摘令广狭一等：这里的"一等"非"等级"之"等"，而为"相等"之"等"。如《墨子·备梯》云："守为行堞，堞高六尺而一等。"其所云"一等"，即为"一致""相同"之意。梁注："'一等'即'一致''相等'或'相同'。"

③从心斜起：指编织方式，从棊文簟的中心斜起，纵横交织。

④至四边寻斜取正：至四边顺着斜纹取直正，以形成席子的方形或矩形外观。

⑤水路：疑指所编织之纹理为水波文形式，称之为"水路"。

⑥方胜：两个斜向的方形一部分相互重叠并相连而成的一种图案形式。

⑦障日䇦（tà）：障日，即遮蔽阳光的直射。《三辅黄图·池沼》中提到，汉宫内有琳池，池中多荷叶："一茎四叶，状如骈盖，……宫人

贵之，每游燕出入，必皆含嚼，或剪以为衣，或折以障日，以为戏弄。"这是用荷叶障日。宋真宗天禧三年（1019）："正阳门习仪，皇太子立于御坐之西，左右以天气暄煦，持伞障日，太子不许，复遮以扇，太子又以手却之。"（《续资治通鉴长编》卷九十四）这里是以伞障日。以竹编之簟，且具障日功能的竹席，故可推测"障日簟"系窗上用于遮阳的竹编之席。簟，梁注："音榻，窗也。'障日簟'大概是窗上遮阳的竹席。"陈注："簟，音蹋。"卷第二十六《诸作料例一》："障日簟，每三片，各长一丈，广二尺；径一寸三分竹，二十一条；（劈篾在内。）"似为每一簟，由3片各长10尺、宽2尺的竹席组成。簟之尺寸，与一般窗子的尺寸比较相近。

【译文】

营造殿阁室内地面所铺簟文簟制度：其簟用浑青篾编织，其篾宽为0.1寸至0.15寸；先刮去其竹表面的青皮，再横向以刀刃拖其篾，使得其篾厚薄均匀平整；然后竖立两片刀刃，从两刃之中摘取其篾，以使其篾的宽窄能够保持一致。编织时应从簟文簟的中心斜向起编，以纵向的竹篾为基础，先抬起2条篾，压下3条篾，再抬起4条篾，又压下3条篾，然后再向内横向织入1条篾。再从抬起4条篾的地方抬起2条篾，如此循环往复。编织到四边时应将斜向之篾与其边收取直正，以抬起3条篾至7条篾织成水路边纹。水路文之外应摺边，将篾头收归于簟身之内。簟的中心部位织为方胜图案等，或者织为华文、龙、凤等图案。编织簟心的这些图案，都应使用经过染红或染黄的竹篾编织。编织簟文簟所采用的是直径为2.5寸至1寸的竹子。编织障日簟等与编织簟文簟的做法相同。

障日簟等簟

造障日簟等所用簟之制：以青白篾相杂用[①]，广二分至四分，从下直起，以纵篾为则，抬三篾，压三篾，然后横下一篾织之。复自抬三处，从长篾一条内，再起压三；循环如此。若造假綦文^②，并抬四篾，压四篾，横下两篾织之。复自抬四处，当心再抬^③；循环如此。

【注释】

①以青白篾相杂用：意为用竹子表面削切出的青篾与竹表皮之内削切出的白篾相互交错编织。

②假綦文：疑指所编之纹路非严格意义上的綦文图案，但也以其青白相间的形式，表现出类似綦文图案的一些特征。

③当心：这里的"当心"，指编织之篝的某一侧边的中点。

【译文】

织造障日篝等所用竹篾篝的制度：使用青篾与白篾相互交杂编织，所用之青篾与白篾宽0.2寸至0.4寸，从其篝的下边缘向上竖直起编，以纵向的竹篾为准，抬起3条篾，压下3条篾，然后再横下1条篾将其交织在一起。然后再自抬起3条篾处，从长篾的1条之内，再抬起并压下3条篾；如此循环往复。如果是编织假綦文的形式，则同时抬起4条篾，压下4条篾，再横下2条篾将其编织在一起。接着再自抬起4条篾处，从所编之侧边的中心再抬起；如此持续循环。

竹笍索

造绾系鹰架竹笍索之制^①：每竹一条，竹径二寸五分至一寸。劈作一十一片；每片揭作二片，作五股辫之^②。每股用篾四条或三条。若纯青造，用青白篾各二条，合青篾在外^③；如青白篾相间，用青篾一条，白篾二条。造成，广一寸五分，厚四分。每条长二百尺，临时量度所用长短截之。

【注释】

①绾（wǎn）系鹰架竹笍（ruì）索：梁注："笍，音瑞。'竹笍索'就是竹篾编的绳子。这是'绾系鹰架竹笍索'，'鹰架'就是脚手架。本篇所讲就是绑脚手架用的竹绳的做法。后世绑脚手架多用麻绳。但在古代，我国本无棉花。棉花是从西亚引进来的。麻是织布穿衣的主要原料。所以绑脚手架就用竹绳。"绾，盘绕成结。系，绑扎。笍，竹名。索，绳。

②作五股辫之：原文"作五股瓣之"，梁注本改为"作五股辫之"。陈注："'瓣'作'辫'。"傅合校本注：改"瓣"为"辫"，并注："辫，'瓣'疑应作'辫'。"

③合青篾在外：傅合校本注："合，宋本。'合'疑为'令'。"译文从傅注。

【译文】

编造盘绕成结用于绑扎营造房屋之脚手架的竹笍索的制度：每用竹1条，其竹径为2.5寸至1寸。将其竹劈作11片；每片再揭剥成2片，将这些竹片分作5股扭编成辫子状。每股施用4条或3条竹篾。如果是采用纯青篾编造的形式，则用青篾与白篾各2条，应将青篾扭编在外表面处；如果是采用青白篾相间编造的形式，则用青篾1条，白篾2条扭编。编造完成后，其辫索的宽度为1.5寸，厚度为0.4寸。每条竹笍索的长度为200尺，可在施工时因其所需临时截割其长度。

卷第十三　瓦作制度　泥作制度

瓦作制度

结瓦　用瓦　垒屋脊　用鸱尾　用兽头等

泥作制度

垒墙　用泥　画壁　立灶转烟、直拔　釜镬灶　茶炉　垒射垛

【题解】

本卷包括了宋代房屋营造之匠作体系中的"瓦作"与"泥作"两种制度。

所谓"瓦作",主要指的是如何用瓦来覆盖房屋的屋顶,也包括房屋屋脊,如正脊、垂脊与戗脊等的垒造,以及屋脊之端头装饰性兽头等瓦件的安装。

从历史的角度观察,古代中国房屋营造,在建筑材料上的重要突破之一,就是屋瓦的出现与使用。事实上,由黏土塑形并入窑烧制的陶器,或称瓦器,产生的时代由来已久。早在距今5000年前的仰韶文化时代,就已经出现了诸多原始彩陶器物。由古代文献亦可推知,中国人很早就熟悉瓦的制作,《禹贡说断》云:"考工记,用土为瓦,谓之搏埴之工。是埴为黏土,故土黏曰埴。"春秋时已出现以瓦覆盖屋顶的房屋。《左传·隐公八年》:"秋七月庚午,宋公、齐侯、卫侯盟于瓦屋。"疏曰:"齐侯尊宋,使主会,故宋公序齐上,瓦屋,周地。"尽管这里的"瓦屋"指的是

周天子所辖地区的一个地名，但也反映出，这一地方曾有一座用瓦覆盖屋顶的房屋。由此透露了两个信息：一是，公元前8世纪已经有了用瓦葺盖屋顶的建筑；二是，这时以瓦为顶的建筑十分稀少，故才会以"瓦屋"作为地名称谓。

战国时期，瓦顶房屋已比较多见。晋平公（？—前532）喜好音乐，再三请师旷弹奏悲苦之音，"师旷不得已，援琴而鼓之。一奏之，有白云从西北起；再奏之，大风至而雨随之，飞廊瓦，左右皆奔走。平公恐惧，伏于廊屋之间"（《史记·乐书》）。可知，当时连廊上有瓦，殿堂上用瓦覆盖，应是十分多见了。墨子时代的城门楼，也采用了瓦顶。《墨子·备突》云："城百步一突门，突门各为窑灶，窦入门四五尺，为亓门上瓦屋，毋令水潦能入门中。"春秋时的城墙，已设防御性突门，门上设瓦屋，相当于后世城墙上的敌楼。《史记·廉颇蔺相如列传》也记载了战国时秦赵战争期间，"秦军军武安西，秦军鼓噪勒兵，武安屋瓦尽振"，这大约是赵惠文王在位之时（前298—前266）。

在世界建筑史上，早在古巴比伦城的全盛时期，就已经有了琉璃饰面的城门。但琉璃瓦在中国的出现与利用，则是比较晚才发生的事情。尽管在汉代的文献中就能够看到有关"琉璃"这种材料的描述，但琉璃瓦用于房屋屋顶之上，至少是南北朝时期的事情了。南朝齐末东昏侯后宫遭火后，他穷极绮丽大兴土木，以期厌火。当时，他质疑其祖齐武帝所建兴光楼："何不纯用琉璃？"（《南齐书·东昏侯纪》）齐武帝（440—493）仅比齐东昏侯（499—501）早二三十年。可能因为齐武帝时，南朝地区的琉璃技术还没有那么发达，故他以青漆装饰建筑，到齐昏侯时他修建宫室则大肆采用了防火效果更好的琉璃加以装饰。

同一时代的北魏，已开始使用琉璃瓦装饰屋顶。《南齐书·魏虏传》提到北魏献文帝拓跋弘："自佛狸至万民，世增雕饰。正殿西筑土台，谓之白楼。万民禅位后，常游观其上。台南又有伺星楼。正殿西又有祠屋，琉璃为瓦。"这里的"佛狸"，指魏太武帝拓跋焘，万民则指魏献文帝拓跋弘。两人之间的时间跨度,从424年至471年。显然,在这一时间段内,北魏帝室的宫殿建筑屋顶,已经开始使用琉璃瓦。由此推测,与西域交往更为密切的北朝,似乎比南朝更早地接受了琉璃瓦技术。据此或也可以推测,5世纪中叶至6世纪初,是作为建筑材料的琉璃,开始在中土南北地区被广为接受的一个时间节点。

但是从考古资料来观察,隋唐时代两京城内的宫殿建筑遗址中,琉璃瓦仍然极其罕见。这说明在当时的技术条件下,古代中国人在琉璃瓦的烧制技术上,可能还不那么纯熟,故其产量还不足以提供大体量的宫殿与寺庙宫观殿堂建筑的使用。但是,自晚唐至五代,使用琉璃瓦覆盖屋顶的例证,似已渐渐多了起来。到了两宋辽金时代,无论是宫殿建筑,还是佛寺道观内的殿堂建筑,用琉璃瓦覆盖屋顶已经是一个十分普遍的现象了。

本卷中提到的"泥作制度",主要涉及的是将灰泥作为黏接材料,用以垒砌屋墙、炉灶及射垛等,以及用灰泥涂抹房屋墙壁,特别是涂抹用以绘制装饰性壁画之画壁的做法。其泥的成分中,显然包括了粗泥、中泥、细泥,以及掺有不同石灰材料的合灰泥。各种不同的泥中,掺入的材料也各不相同,如可能用到石灰、白蔑土、麦𪎭等,甚至可能用到软石炭、墨煤、胶以及麻捣等材料。这说明宋代房屋营造中,作为砌筑黏接材料或墙面表层材料的灰泥,在确保墙体或墙面结构的坚固与耐久性方面,技术手段上已经十分成熟。这一点可从这一时代房屋的墙体及所留存的室内壁画中,看得十分清楚。

瓦作制度

【题解】

《法式》中的"瓦作制度"与"窑作制度"是两个互为补充的章节。窑作制度中所给出的甋瓦与瓪瓦尺寸,与瓦作制度中不同等第建筑用瓦尺寸差异等可以相互印证,从而帮助我们理解宋代建筑的房屋等第与建筑分类。

当然,由于时代的差异,宋代瓦作与清代瓦作,在形式与做法上有很大差别。如宋代尚用鸱尾,而清代正脊以鸱吻为主,两者在构造上与造型上有很大差异。宋代垒脊,以瓯瓦为主,而清代则有一整套相互匹配的瓦件,其垒造的方法也就大相径庭。另宋代所谓"剪边",与清代常见的"剪边"做法,二者没有什么关联。宋代垂脊、角脊用蹲兽、嫔伽的做法,与清代岔脊上用仙人、走兽的做法,也有很多差别。故而,简单地从清代瓦顶、屋脊及角兽等做法上推测宋代的相应做法,仍然有比较大的难度。

由于时代久远,较为确定的宋代屋顶覆瓦及饰件几乎难见尚存实例,所以很难从《法式》的这一相应章节中还原宋代屋瓦做法的准确形式与构造。但是,《法式》文本中透露出来的房屋等第秩序与相应用瓦尺寸的关联性,反而使今人理解宋代建筑的等第分级,与不同等第及造型建筑彼此之间的差异,有了一条较为清晰的线索。

关于瓦作制度,梁思成先生做了详细说明:"我国的瓦和瓦作制度有着极其悠久的历史和传统。遗留下来的实物证明,远在周初,亦即在公元前十个世纪以前,我们的祖先已经创造了瓦,用来覆盖屋顶。毫无疑问,瓦的开始制度是从仰韶、龙山等文化的制陶术的基础上发展而来的,在瓦的类型、形式和构造方法上,大约到汉朝就已基本上定型了。汉代石阙和无数的明器上可以看出,今天在北京太和殿屋顶上所看到的,就是汉代屋顶的嫡系子孙。《营造法式》的瓦作制度以及许多宋、辽、金实物都证明,这种'制度'已经沿用了至少二千年。除了一些细节外,明清的瓦作和宋朝的瓦作基本上是一样的。"

本卷标题"瓦作制度",陈明达先生注:改"瓦"为"厇"。傅合校本注:改"瓦"为"厇"。又原目录中"结瓦",梁注本改为"结瓩"。傅注:改"结瓦"为"结瓩",又注"用瓦",其注曰:"用瓦之瓦不当作'瓩'。"

疑"宛"（wà）与"窳"（wà）在字义上应有相通之处。《汉语大字典》："宛，泥宛屋。《字汇·宀部》：'宛，泥宛屋。'"又"窳"字："用瓦盖屋。明陈铎《北双调水仙子·瓦匠》：'东家壁土恰涂交，西舍厅堂初窳了。'"清阮葵生《茶余客话》卷十六："俗字……泥坐瓦曰'窳'。"从字义讲，梁先生将"结瓦"改为"结窳"似更为恰当。

另在《汉语大字典》中似未收入"瓪"字，疑其似为"宛"之别写，亦属俗杂之字。

结宛

【题解】

本节小标题的原文为"结瓦"，梁注本改为"结宛"。

关于"结宛"一词，梁先生有注："'结宛'的'宛'字（吾化切，去声wà）各本原文均作'瓦'。在清代，将瓦施之屋面的工作，叫做'宛瓦'。《康熙字典》引《集韵》：'施瓦于屋也。''瓦'是名词，'宛'是动词。因此《法式》中'瓦'字凡作动词用的，我们把它一律改作'宛'，使词义更明确、准确。"

梁先生基于清代建筑实践及《康熙字典》所做的这一解释，不仅涉及版本问题，也涉及古人在传抄付印过程中对个别字词可能产生的误解。关于此注，徐伯安先生再注："陶本为'瓦'，误。"

（结宛屋宇之制）

【题解】

此条文字为甋瓦与瓪瓦结合的结宛之法，主要用于高等级殿阁、厅堂及亭榭等建筑中。其方法是下铺仰瓪瓦，上压甋瓦，两陇甋瓦的距离，即瓦陇行距，与甋瓦的宽度相当，同时要匀分陇行，自下而上铺装。正式宛瓦之前，要先在屋面上拽勘陇行，并将相接瓦口缝隙修研严密之后，再将瓦揭开,铺上灰泥,正式窊瓦。"拽勘陇行"这道工序,与清代屋顶窊瓦过程中的"冲垄"有几分类似。据刘大可《中国古建筑瓦石营法》:"'冲垄'是在大面积窊瓦之前先窊几垄瓦,以此作为对整个瓦面的高低及囊相的分区控制。"窊结完瓶瓯瓦之后,在所留房屋正脊当沟处,先砌大当沟瓦,再砌线道瓦,然后在其上垒砌屋脊瓦。

本条文字中,涉及几个疑难术语,如解拆、撺窠等,梁先生均作了解释:一是"瓶瓦":"瓶瓦即筒瓦,瓶音同。"二是"解拆":"解拆,(拆,音矫,含义亦同"矫正"的"矫"。)这道工序是清代瓦作中所没有的。它本身包括'齐口斫去下棱'和'斫去瓶瓦身内里棱'两步。什么是'下棱'?什么是'身内里棱'?我们都不清楚,从文义上推测,可能宋代的瓦,出窑之后,还有许多很不整齐的、但又是烧制过程中不可少的,因而留下来的'棱'。在结窊以前,需要把这些不规则的部分斫掉,这就是'解拆'。斫造完毕,还要经过'撺窠'这一道检验关,以保证所有的瓦都大小一致,下文小注中还说'瓯瓦须……修斫口缝令密'。这在清代瓦作中都是没有的。清代的瓦,一般都是'齐直''四角平稳'的,尺寸大小也都是一致的。由此可以推测,制陶的工艺技术,在我国虽然已经有了悠久的历史,而且宋朝的陶瓷都达到很高的水平,但还有诸如此类的缺点;同时由此可见,制瓦的技术,从宋到清初的六百余年中,还在继续改进、发展。"

梁先生的这一注解并非就事论事,而是将宋代建筑的窊瓦做法与古代制瓦技术的发展历史,融合在屋顶结窊施工中的一个具体操作性问题上。透过宋人的这道工序,折射出的是自宋代至清代,制瓦技术的发展与屋顶窊瓦在施工技术上的进步。

虽然清代制瓦技术有所提高,但在清代屋顶的结窊过程中,类似于解拆或撺窠的工序还是有的。刘大可在"屋面窊瓦"一节中,提到了"审瓦":"在窊瓦之前应对瓦件逐块检查,这道工序叫'审瓦'。"其意与宋代屋面窊瓦之前,对不达标准的瓦加以"解拆"修整,并"撺窠"检查,在工序上有相通之处。

其文中的"大当沟",本义是结瓷过程中,屋面前后坡交汇于屋脊处形成的"当沟"。这里的意思,是指一种瓦,即大当沟瓦,如本卷"垒屋脊"条有:"常行散屋:若六橡用大当沟瓦者,正脊高七层;用小当沟瓦者,高五层。"可知,宋代屋脊会用大当沟瓦或小当沟瓦。疑其与清代正脊上所用"压当条"瓦件相类似。清代正脊吻兽下,另有称为"吻下当沟"的瓦件,名称似沿袭自古代。"线道瓦",是与当沟瓦同时使用来垒砌屋脊的瓦,相当于叠造屋脊根部线脚的瓦。疑其与清代正脊上所用"群色条"瓦件相类似。

经梁先生注释后,这段文字就比较容易理解了。值得注意的几点是,檐口部位的小连檐之上,用燕领版;出际华废之下,用狼牙版。两者的当口曲线是不同的。两种版的尺寸,都会随建筑物的等级与大小而变化,在高等级建筑中,如七开间以上的殿宇,燕领版宽3寸,厚0.8寸;在等级较低的余屋中,所用燕领版宽2寸,厚0.5寸。相信两者之间,还有与建筑等级和大小相当的其他燕领版尺寸。要将燕领版固定在小连檐上,或将狼牙版固定在出际山花上,应每隔2尺用钉1枚。在燕领版或狼牙版转角合版处,用铁叶裹压两版接缝,然后用钉。

凡在檐口处用华头瓶瓦,瓦身之内要用蕙台钉,使其钉入小连檐内,但不要钉透。当屋顶跨度达到六架橡屋以上,且屋顶起举高度比较峻峭时,在正脊下第四排瓶瓦与第八排瓶瓦的瓦背中心,要用腰钉将瓦固定在屋面上。腰钉之上,用钉帽覆盖,称"着盖腰钉"。为使腰钉落在木版上,应在屋顶所覆作为铺衬之用的柴栈、版栈、竹笆或苇箔上,约度腰钉的可能位置,横安两道木版,以使腰钉有透钉脚处。

（瓶瓦）

结瓷屋宇之制有二等[①]:一曰瓶瓦[②]:施之于殿阁、厅堂、亭榭等。其结瓷之法:先将瓶瓦齐口斫去下棱[③],令上齐直;次斫去瓪瓦身内里棱,令四角平稳,角内或有不稳,须斫令平正。谓之解挢④。于平版上安一半圈⑤,高广与瓪瓦同。将瓪瓦斫造毕,于圈内试过,谓之撺窠⑥。下铺仰瓪瓦⑦。上压四分,下留六分⑧。散瓪仰、合瓦⑨,并准此。两瓪瓦相去,随所用瓪瓦之广,匀分陇行,自下而上⑩。其瓪瓦须先就屋上拽勘陇行⑪,修斫口缝令密⑫,再揭起,方用灰结瓾⑬。瓾毕⑭,先用大当沟⑮,次用线道瓦⑯,然后垒脊⑰。

【注释】

① 结瓾(wà)屋宇:原文"结瓦",梁注本改为"结瓾"。徐补注:"陶本为'瓦',误。"陈注:改"瓦"为"厒"。傅合校本注:改"瓦作制度"为"厒作制度"。结瓾屋宇,就是用瓦覆盖其屋顶的房屋楼宇。

② 瓪(tǒng)瓦:梁注:"即筒瓦。"

③ 下棱:梁注:"什么是'下棱'?什么是'身内里棱'?我们都不清楚,从文义上推测,可能宋代的瓦,出窑之后,还有许多很不整齐的,但又是烧制过程中不可少的,因而留下来的'棱'。"

④ 解挢(jiǎo):梁注:"在结瓾以前,需要把这些不规则的部分斫掉,这就是'解挢'。"这道工序是清代瓦作中所没有的。它本身包括"齐口斫去下棱"和"斫去瓪瓦身内里棱"两步。挢,纠正。傅注:改"挢"为"挢",即"解挢",疑其与清代大式建筑屋顶瓾瓦之前的"审瓦"有相近之处。

⑤ 平版:疑指在瓾瓦之前,为确保其瓦施安平顺正直所做试瓾过程中使用的一处平正之版面,而非指房屋屋顶的顶版。安一半圈:疑指用来控制瓪瓦高度与平直程度的一种辅助性工具或做法。

⑥ 撺窠(cuān kē):梁注:"斫造完毕,还要经过'撺窠'这一道检验

关,以保证所有的瓦都大小一致。"

⑦仰瓪(bǎn)瓦:是置于合瓪瓦下方之瓦。瓪瓦,梁注:"即板瓦;瓪,音板。"

⑧上压四分,下留六分:即将瓪瓦上部的4/10用甋瓦压住,将瓪瓦下部的6/10留出空白,以作为瓪瓦排雨水的瓦沟。

⑨散瓪仰、合瓦:梁注:"仰瓦是凹面向上安放的瓦,合瓦则凹面向下,覆盖在左右两陇仰瓦间的缝上。"这里的"仰瓦"与"合瓦"都是瓪瓦。

⑩匀分陇行,自下而上:将瓦陇的陇行做均匀地分布,施工过程要从下而上进行,以确保瓦陇上下顺直与分布均匀。

⑪拽勘陇行:疑指在未瓮瓦之前,在拟施工的屋顶上先勘测确定拟瓮之瓦陇的左右分布与上下顺直的线条,为正式开始瓮瓦施工前的准备工序之一。这道工序与清代屋顶瓮瓦过程中的"冲垄"(参见本卷"结瓮屋宇之制"题解)有几分类似。

⑫修斫(zhuó)口缝:梁注:"在结瓮以前,需要把这些不规则的部分斫掉。这就是'解挢'。斫造完毕,还要经过'撺窠'这一道检验关,以保证所有的瓦都大小一致。下文小注中还说'瓪瓦须……修斫口缝令密'。这在清代瓦作中都是没有的。"

⑬再揭起,方用灰结瓮:将拟瓮之瓦先试瓮,并修斫其口缝,确保平正顺直后再揭起,施灰泥后,正式瓮安。

⑭瓮毕:原文"瓦毕",梁注本改为"瓮毕"。傅注:改"瓦"为"厎",即"厎毕"。

⑮大当沟:本指结瓮过程中,屋面前后坡交汇于屋脊处形成的"当沟"。这里疑指一种瓦,即大当沟瓦。参见本卷"结瓮屋宇之制"条题解。

⑯次用线道瓦:"线道瓦"是与当沟瓦同时使用,来垒砌屋脊的瓦,相当于叠造屋脊根部线脚的瓦。疑与清代正脊上所用"群色条"

瓦件相类似。

⑰垒脊：即用甋瓦等分层相叠以垒砌屋脊。

【译文】

屋顶为结瓦形式的殿堂屋宇，其结瓦制度有两个等级：第一等称"甋瓦"：施之于殿阁、厅堂、亭榭等等级较高的建筑物屋顶之上。在其屋顶上结瓦的方法是：先将甋瓦沿其瓦口齐口斫去下棱，使得其瓦口及瓦身齐整顺直；然后斫去甋瓦里侧的身内不很平正的里棱，以使其瓦的四角能够平稳着地，其四角之内如果有不平稳之处，也必须加以削斫使其平正。这一做法称之为"解挢"。之后，在平版之面上安置一个半圆形，半圆形的高与宽应与甋瓦的高与宽相同。将甋瓦斫削修整完毕，放入这一半圆形中进行测试，以观其是否吻合，这一过程称之为"撺窠"。甋瓦之下铺装仰瓪瓦。在铺装好的仰瓪瓦上，将其上部的4/10用其两侧之上的甋瓦覆压住，其下留出瓪瓦的6/10作为排雨水之瓦沟。若是用散瓪仰、合瓦覆盖屋顶，其合瓦与仰瓦的覆盖形式与比例也都以此为准。瓪瓦之上所覆两道甋瓦相互的距离，随其所用甋瓦的宽度而定，均匀地划分瓦陇的行排，自下而上地铺设。在覆施甋瓦之前，必须先在其屋顶之上勘测确定拟瓦之瓦陇的左右分布与上下顺直的线条，或先瓦上几垄瓦，作为对整个屋顶瓦面及瓦行之高低与直顺加以控制的基准，同时，要将所瓦之瓦的瓦口与接缝再加修斫，以使得其上下左右紧密地衔接，然后再将瓦揭起，才用灰正式结瓦。结瓦完成之后，在贴近屋脊处先施用大当沟，然后再施用线道瓦，之后再垒砌屋脊。

（瓪瓦）

二曰瓪瓦：施之于厅堂及常行屋舍等①。其结瓦之法：两合瓦相去②，随所用合瓦广之半③，先用当沟等垒脊毕④，乃自上而至下，匀拽陇行⑤。其仰瓦并小头向下⑥，合瓦小头在上⑦。

【注释】

① 施之于厅堂：厅堂是比殿阁等级稍低的一种建筑形式，但也常常会配置在一些建筑群的中轴线上。上一条行文中提到，瓯瓦可以"施之于殿阁、厅堂、亭榭等"，而这里的"厅堂"，被归在用仰合瓯瓦覆盖屋顶的等级系列中，未知其与大木作制度中的厅堂是否具有相同意义。由此，或可以理解为，厅堂本身又可以进一步区分为等级稍高的厅堂与等级较低的厅堂，这里所说的是等级较低，只能配置于等级较低建筑群中的厅堂建筑。常行屋舍：疑指宋时不同等级建筑群中较为大量建造的普通房舍，其或作为稍重要建筑群的辅助性配房，或作为较低等级建筑群的主要房舍，但其等级较普通的厅堂还要低一些。其类型归属可能与《法式》中提到的"散屋"有相近之处。

② 合瓦相去：瓯瓦分为仰瓦与合瓦，一般是将仰瓯瓦铺于下层，仰瓯瓦之上的两侧覆以合瓯瓦，这里是说两陇合瓦之间的距离。

③ 随所用合瓦广之半：将瓯瓦之仰瓦与合瓦结合的屋顶结瓦施工做法，似用于等级较低的厅堂及常行屋舍（散屋）等建筑上。其过程是先用当沟瓦垒砌屋脊，再均匀分布各行瓦陇。两陇合瓦的行距，是所用合瓦宽度的一半。然后，自上而下铺砌仰瓦与合瓦，务必使瓦陇均匀分布。窗瓯瓦时，仰瓦小头向下，合瓦小头在上。

④ 先用当沟等垒脊：这里的"当沟"与上条行文中的"大当沟"在意思上有相近之处，在垒脊之前，先铺当沟，然后再在其上垒砌屋脊。这里没有提到线道瓦，疑以仰合瓯瓦所结瓦的屋顶，其屋脊下仅施当沟，不施线道瓦。

⑤ 自上而至下，匀拽陇行：似乎是指在施瓦完成其瓯瓦屋顶之后，再用线衡量其瓦陇是否平正顺直，依其线自上而下对瓦陇的陇行再做一些适当的调整。

⑥ 仰瓦并小头向下：仰瓯瓦分大小头，在施铺仰瓦的过程中，要将仰

瓦的小头向下铺设。

⑦合瓦小头在上：与小头向下的仰瓦相对应，在覆压合瓦的施工中，要将其小头在上、大头在下铺施，以使仰瓦与合瓦更好地契合。

【译文】

第二等称"瓪瓦"：一般施之于等级稍低的厅堂及较为大量建造的常行屋舍等房屋屋顶之上。瓪瓦屋顶的结瓷之法是：其覆压于仰瓦之上的两陇合瓦之间的距离，应以其所用合瓦宽度的一半为标准，在施瓷完成屋顶仰合瓦之后，先在屋脊处施设当沟，然后垒砌屋脊，在完成垒脊工序之后，才将其所瓷屋瓦自上而下，加以勘验检察，调整其瓦陇，使仰合瓦之陇与行的分布与铺排得更为均匀平整。其所瓷屋瓦，凡仰瓦都要将其小头向下，凡合瓦都要将其小头在上。

（燕颔版与狼牙版）

凡结瓷至出檐①，仰瓦之下，小连檐之上，用燕颔版②，华废之下用狼牙版③。若殿宇七间以上，燕颔版广三寸，厚八分；余屋并广二寸，厚五分为率④。每长二尺，用钉一枚；狼牙版同。其转角合版处⑤，用铁叶裹钉⑥。其当檐所出华头瓪瓦⑦，身内用葱台钉⑧。下入小连檐，勿令透。若六椽以上⑨，屋势紧峻者，于正脊下第四瓪瓦及第八瓪瓦背当中用着盖腰钉⑩。先于栈笆或箔上约度腰钉远近⑪，横安版两道，以透钉脚。

【注释】

①凡结瓷至出檐：原文"凡结瓦至出檐"，梁注本改为"凡结瓷至出檐"。傅注：改"瓦"为"瓪"，即"凡结瓪至出檐"。

②燕颔（hàn）版：梁注："燕颔版和狼牙版，在清代称'瓦口'。版的一边按瓦陇距离和仰瓪瓦的弧线斫造，以承檐口的仰瓦。"颔，这

里似指鸟之下颔。燕颔,又似有"威武"义。

③华废:梁注:"华废就是两山出际时,在垂脊之外,瓦陇与垂脊成正角的瓦。清代称'排山沟滴'。"

④余屋:这里的"余屋"似非指某一特定等级的屋舍,而是除了殿阁厅堂等高等级建筑之外的其他房屋,可能也包括了等级稍低的厅堂、散屋等建筑。并广二寸,厚五分为率:等级较低的余屋,所用燕颔版尺寸皆为宽2寸,厚0.5寸。这是一个标准尺寸。

⑤转角合版:指房屋顺身面与两山面在转角处相交时,其燕颔版与狼牙版在转角形成的成角度的合版。

⑥铁叶:指薄铁皮。

⑦华头瓪瓦:梁注:"华头瓪瓦就是一端有瓦当的瓦,清代称'勾头'。"

⑧蔥(cōng)台钉:梁注:"蔥台钉在清代没有专名。"傅合校本:释"蔥"为"葱",并注:"'蔥'与'葱'同。"

⑨六椽以上:指其房屋进深在6个椽架以上。

⑩着盖腰钉:腰钉之上,用钉帽覆盖,称"着盖腰钉"。梁注:"华头瓪瓦背上都有一个洞,以备钉蔥头钉,以防止瓦往下溜。蔥台钉上还要加盖钉帽,在'制度'中没有提到。"梁先生又注:"清代做法也在同样情况下用腰钉,但也没有腰钉这一专名。"

⑪栈笆(bā)或箔(bó):本条文字中提到的"栈笆或箔"见下文"用瓦之制"条的行文及注释。

【译文】

凡为房屋屋顶结宽,其瓦延至出檐处时,在仰瓦之下,檐口飞子上所施小连檐之上,应用燕颔版,至两山出际之厦两头处所施华废之下应用狼牙版。如果是殿阁堂宇,其开间在7间以上者,所施燕颔版宽3寸,厚0.8分;其他等级稍低的房屋,所用燕颔版皆以宽2寸,厚0.5寸为基准。其版每长2尺,施用钉子1枚;狼牙版的广厚尺寸及使用钉子的情况,与燕颔版同。燕颔版与狼牙版在房屋转角处形成合版,合版则用薄铁皮加以包裹并用钉固定。在房屋檐口处所出的带有装饰华文瓦当的瓪瓦,应在其瓦身之内用蔥台钉加以固定。其钉向下钉入小连檐中,但勿将小连檐钉透。如果其房屋进深在6个椽架以上,当其屋顶举折形势比较陡峻时,要从正脊下第四瓪瓦和第八瓪瓦的瓦背之上,在瓦身当中采用有钉帽的腰钉固定。这样做时,应先在屋顶所覆之栈笆或箔上大概推测出其腰钉的远近位置,在其笆或箔上横施两道版,以确保瓦背上所钉腰钉的钉脚能够钉入其版中。

用瓦

【题解】

本节文字描述了宋代不同等级建筑的用瓦制度。所谓"用瓦制度",说到底,指的就是古代建筑的等级制度。不同等级的殿阁屋宇应当施用与自身等级相对应之形式与尺度的瓦,等级较低的房屋若施用了高等级的瓦,或尺寸较大的瓦,或不适当的瓦饰件,都有可能发生某种违背当时社会等级规则的僭越性风险,甚至会因此而遭到某种处罚。

这节文字讲三间以下厅堂及门楼、廊屋用瓦,从等级上看,当皆用瓪瓦。透过上下文,梁先生发现了各版《法式》文本中存在的这一讹误,从而使其意思比较容易理解。梁先生还进一步注释说:"合瓦檐口用的垂尖华头瓪瓦,在清代官式中没有这种瓦,但各地有用这种瓦的。"

对于"柴栈"与"版栈"的区别,《法式》文本中并没有给出一个解释。栈,有"栅"之意,略近竖排的木条。《艺文类聚·兽部》引《庄子》论"治马":"连之以羁绊,编之以皂栈。"这里的"皂栈",即为马圈的围栏。从文义上推测,柴栈,像是厚度较大的木方;版栈,则似较为平薄的木版;故瓦下铺衬,柴栈为上,版栈次之。另外,还可以用竹笆、苇箔做瓦下铺衬。

从《法式》行文看,无论房屋等级大小,都应先铺柴栈或版栈,然后在栈（望板）上再铺竹笆、苇箔或荻箔，再在柴栈等之上遍涂胶泥，之后，用纯石灰窗瓦。其窗瓦做法或纯用石灰而不用泥，或用泥，两者亦有差异。

（用瓦之制）

用瓦之制：殿阁、厅堂等，五间以上，用瓶瓦长一尺四寸，广六寸五分[1]。仰瓶瓦长一尺六寸，广一尺[2]。三间以下，用瓶瓦长一尺二寸，广五寸[3]。仰瓶瓦长一尺四寸，广八寸[4]。

散屋用瓶瓦，长九寸，广三寸五分[5]。仰瓶瓦长一尺二寸，广六寸五分[6]。

小亭榭之类，柱心相去方一丈以上者，用瓶瓦长八寸，广三寸五分[7]。仰瓶瓦长一尺，广六寸[8]。若方一丈者，用瓶瓦长六寸，广二寸五分[9]。仰瓶瓦长八寸五分，广五寸五分[10]。如方九尺以下者，用瓶瓦长四寸，广二寸三分[11]。仰瓶瓦长六寸，广四寸五分[12]。

厅堂等用散瓶瓦者[13]，五间以上，用瓶瓦长一尺四寸，广八寸[14]。

厅堂三间以下，门楼同。及廊屋六椽以上，用瓶瓦长一尺三寸，广七寸[15]。或廊屋四椽及散屋，用瓶瓦长一尺二寸，广六寸五分[16]。以上仰瓦、合瓦并同。至檐头，并用重唇瓶瓦[17]。其散瓶瓦结窗者[18]，合瓦仍用垂尖华头瓶瓦[19]。

【注释】

①瓶瓦长一尺四寸，广六寸五分：这里所给的尺寸，当为绝对尺寸，即若在殿阁、厅堂等高等级房屋中施用瓶瓦，若其屋通面广在五开间以上者，其所用瓶瓦为长1.4尺，宽6.5寸的大瓶瓦。

②仰瓪瓦长一尺六寸,广一尺:同样,五开间以上的殿阁、厅堂建筑上,所用的仰瓪瓦为长1.6尺、宽1尺的大尺度仰瓪瓦。

③甋瓦长一尺二寸,广五寸:这里所给的仍为绝对尺寸,即等级较高的殿阁、厅堂,其通面广为三开间及以下者时,所用甋瓦长1.2尺,宽5寸。

④仰瓪瓦长一尺四寸,广八寸:面广为三开间及以下的殿阁、厅堂,其屋顶所覆仰瓪瓦长1.4尺,宽8寸。

⑤长九寸,广三寸五分:等级较低的散屋,不论其开间数多少,其屋顶所用甋瓦长9寸,宽3.5寸。

⑥仰瓪瓦长一尺二寸,广六寸五分:那些等级较低散屋屋顶所覆的仰瓪瓦,亦不论其开间数,其仰版瓦长1.2尺,宽6.5寸。

⑦甋瓦长八寸,广三寸五分:若在小亭榭之类尺度较小的建筑屋顶上施瓦,如果其亭榭四柱的柱中心线距离大于1丈见方时,其屋顶所覆之甋瓦长8寸,宽3.5寸。

⑧仰瓪瓦长一尺,广六寸:若为四柱的柱中心线距离大于1丈见方的亭榭建筑,其屋顶所覆仰瓪瓦长1尺,宽6寸。

⑨甋瓦长六寸,广二寸五分:若为四柱中心线距离1丈见方的亭榭建筑,其屋顶所覆甋瓦长6寸,宽2.5寸。

⑩仰瓪瓦长八寸五分,广五寸五分:若为四柱中心线距离1丈见方的亭榭建筑,其屋顶所覆仰瓪瓦长8.5寸,宽5.5寸。

⑪甋瓦长四寸,广二寸三分:若为四柱中心线距离等于或小于9尺见方的亭榭建筑,其屋顶所用甋瓦长4寸,宽2.3寸。

⑫仰瓪瓦长六寸,广四寸五分:若为四柱中心线距离等于或小于9尺见方的亭榭建筑,其屋顶所用仰瓪瓦长6寸,宽4.5寸。

⑬散瓪瓦:施用于等级较低的厅堂、廊屋及散屋中的瓦,其瓦形式即后文所说的仰瓦与合瓦。

⑭瓪瓦长一尺四寸,广八寸:若等级较低之厅堂,其通面广在五开间

以上时,其屋顶所覆之散瓪瓦长1.4尺,宽8寸。

⑮瓪瓦长一尺三寸,广七寸:通面广在三开间及以下的较低等级厅堂(门楼也是一样),或进深在6个椽架以上的廊屋屋顶,其屋顶所覆散瓪瓦长1.3尺,宽7寸。

⑯瓪瓦长一尺二寸,广六寸五分:为进深仅为4个椽架的廊屋或散屋,其屋顶所覆散瓪瓦长1.2尺,宽6.5寸。

⑰重唇瓪瓦:瓪,各版原文这里作"甋",梁注本改为"瓪"。梁注:"重唇瓪瓦,各版均作'重唇甋瓦','甋瓦'显然是'瓪瓦'之误,这里予以改正。'重唇瓪瓦'即清代所称'花边瓦',瓦的一端加一道比较厚的边,并沿凸面折角,用作仰瓦时下垂,用作合瓦时翘起,用于檐口上。清代如意头形的'滴水'瓦,在宋代似还未出现。"

⑱其散瓪瓦结瓬者:原文"其散瓪瓦结瓦者",梁注本改为"其散瓪瓦结瓬者"。傅注:改"瓦"为"瓬",即"其散瓪瓦结瓬者"。

⑲垂尖华头瓪瓦:散瓪瓦分合瓦与仰瓦,这里的"垂尖华头瓪瓦"指的应是合瓦的一种,其瓦头下垂,且有装饰纹样。

【译文】

房屋用瓦的制度:若是为殿阁、厅堂等施瓦,其面广在五开间以上者,其所用甋瓦长1.4尺,宽6.5寸。所用仰瓪瓦长1.6尺,宽1尺。其面广在三开间及以下者,其所用甋瓦长1.2尺,宽5寸。所用仰瓪瓦长1.4尺,宽8寸。

若在等级稍低的散屋中施瓦,其所用甋瓦长9寸,宽3.5寸。所用仰瓪瓦长1.2尺,宽6.5寸。

若是小亭榭之类的房屋,当其亭榭四柱的柱中心线距离大于1丈见方时,其所用甋瓦长8寸,宽3.5寸。所用仰瓪瓦长1尺,宽6寸。若其四柱中心线距离为1丈见方时,其所用甋瓦长6寸,宽2.5寸。所用仰瓪瓦长8.5寸,宽5.5寸。如果其四柱中心线距离小于9尺见方时,其所用甋瓦长4寸,宽2.3寸。所用仰瓪瓦长6寸,宽4.5寸。

若是等级较低的厅堂等施用散瓪瓦,其面广为五开间以上者,所用瓪瓦长1.4尺，宽8寸。

若其厅堂面广为三开间或以下时，门楼也是一样。或其进深为六椽架以上的廊屋，其所用瓪瓦长1.3尺，宽7寸。或若进深为四椽架的廊屋及散屋时，其所用瓪瓦长1.2尺，宽6.5寸。以上这几种情况，其所用仰瓦与合瓦的尺寸是一样的。若覆散瓪瓦至屋檐檐口处时，都应施用重唇瓪瓦。如果用散瓪瓦为屋顶结瓮，其所用合瓦至檐口处时，仍应用垂尖华头瓪瓦。

（瓦下铺衬）

凡瓦下铺衬^①，柴栈为上^②，版栈次之^③。如用竹笆、苇箔^④，若殿阁七间以上，用竹笆一重，苇箔五重；五间以下，用竹笆一重，苇箔四重；厅堂等五间以上，用竹笆一重，苇箔三重；如三间以下至廊屋，并用竹笆一重，苇箔二重。以上如不用竹笆，更加苇箔两重；若用荻箔^⑤，则两重代苇箔三重。散屋用苇箔三重或两重。其柴栈之上，先以胶泥遍泥^⑥，次以纯石灰施瓮^⑦。若版及笆、箔上用纯灰结瓮者^⑧，不用泥抹^⑨，并用石灰随抹施瓮^⑩。其只用泥结瓮者，亦用泥先抹版及笆、箔，然后结瓮。所用之瓦，须水浸过，然后用之。其用泥以灰点节缝者同。若只用泥或破灰泥^⑪，及浇灰下瓦者^⑫，其瓦更不用水浸。至脊亦同。

【注释】

①凡瓦下铺衬：原文"凡瓦下补衬"，梁注本改为"凡瓦下铺衬"。陈注："改'补'为'铺'，据文义。"傅注：改"衬（襯）"为"樆（櫉）"。

②柴栈：梁注："柴栈、版栈，大概就是后世所称'望板'，两者有何区别不详。"

③版栈：从文义上推测，上文的"柴栈"，像是厚度较大的木方；版

栈,则似较为平薄的木版;故瓦下铺衬,柴栈为上,版栈次之。栈,
有"栅"之意,略近竖排的木条。

④苇箔(bó):梁注:"'荻'和'苇'同属禾本科水生植物,'荻箔'和
'苇箔'究竟有什么差别,尚待研究。"

⑤荻(dí)箔:作为铺衬材料,"荻箔"比"苇箔"的质量似乎要高一
些。宋人孔平仲《谈苑》卷一记载,宋将夏竦统师西伐,发榜悬赏
元昊头颅:"元昊使人入市卖箔,陕西荻箔甚高,倚之食肆门外,
佯为食讫遗去。至晚食肆窃喜,以为有所获也,徐展之,乃元昊购
竦之榜,悬箔之端云……"可知荻箔既高且挺,可以竖立于门旁。
苇箔似更为常用,如《农政全书·蚕槌》讲养蚕之竖槌之法:"四
角,按二长椽。椽上,平铺苇箔。"《授时通考·农余》讲种植樱
桃:"结实时,须张网以惊鸟雀,置苇箔以护风雨。"

⑥遍泥:梁注:"就是普遍抹泥。"

⑦次以纯石灰施窑:原文"次以纯石灰施瓦",梁注本改为"次以纯
石灰施窑"。

⑧结窑:原文"结瓦",梁注本改为"结窑"。下同。

⑨不用泥抹:傅合校本注:改"抹"为"扶",依傅先生,应改为"不用
泥扶"。译文从傅注。

⑩并用石灰随抹施窑:原文"并用石灰随抹施瓦",梁注本改为"并
用石灰随抹施窑"。陈注:"施瓦"之"瓦"作"厉"。傅注:改"施
瓦"为"施厉"。其后文之"结瓦",改为"结厉"。

⑪破灰泥:梁注:"破灰泥见本卷《泥作制度》'用泥'篇'合破灰'
一条。"

⑫浇灰下瓦:意为以石灰为窑瓦材料,即前文所谓"以纯石灰施窑"
的具体做法,浇倒石灰,在其上施窑屋瓦。

【译文】

凡在屋瓦之下做铺衬,以铺施柴栈为上,铺施版栈则次之。如果在

其栈之上施用竹笆或苇箔,若是殿阁建筑,其开间在7间以上时,施用竹笆1重,苇箔5重;如果其开间在5间以下时,则用竹笆1重,苇箔4重;如果是等级稍低的厅堂建筑,其开间在5间以上时,用竹笆1重,苇箔3重;如果是开间在3间以下的厅堂,或是等级更低的廊屋建筑,则都施用竹笆1重,苇箔2重。在如上各种情况下,如果不使用竹笆,就再增加两重苇箔;但若施用荻箔,则可以用2重荻箔取代3重苇箔。如果是散屋建筑,则仅用3重或2重苇箔。施铺方式,则是在已经铺设的柴栈之上,先用胶泥普遍地施抹一遍,然后再用纯石灰施窊屋瓦。如果是在栈版之上,或是在竹笆、苇箔之上,以纯石灰结窊时,则不必先用泥抹一遍,在这几种情况下,则是用石灰随抹随施窊屋瓦。但如果是只用泥结窊屋顶时,仍是用泥先抹其版以及竹笆、苇箔,然后在其上用泥结窊。在结窊时所用之瓦,都须先用水浸润过,然后再用来施窊。施窊时的用泥方式,与用石灰铺点其瓦的节点与缝隙时的方式一样。如果只施用泥或掺有石灰的破灰泥,以及用直接浇石灰下瓦的做法时,其所施之瓦就不再用水事先浸润了。垒砌脊瓦时的情况也是一样。

垒屋脊

【题解】

对于本节文字所涉及的多方面内容,梁思成先生分别做了较为详细的注释。理解了梁先生的注释,也就对本节所表述的内容,有了较为全面与深入的了解。

一是对"垒屋脊"条文字所做的总释:"在瓦作中,屋脊这部分的做法,以清代的做法,实例和《法式》中的'制度'相比较,可以看到很大的差别。清代官式建筑的屋脊,比宋代官式建筑的屋脊,在制作和施工方法上都有了巨大的发展。宋代的屋脊,是用䰨瓦垒成的。所用的瓦就是结窊屋顶用的瓦,按屋的大小和等第决定用瓦的尺寸和层数。但在清代,脊已经成了一种预制的构件,并按大小、等第之不同,做成若干型号,而且还做成各式各样的线道、当沟等等'成龙配套',简化了施工的操作过程,也增强了脊的整体性和坚固性。这是一个不小的改进,但在艺术形象方面,由于烧制脊和线道等,都是各用一个模子,一次成坯,一次烧成。因而增加了许多线道(线脚),使形象趋向烦琐,使宋、清两代屋脊的区别更加显著。至于这种发展和转变,在从北宋末到清初这六百年间,是怎样逐渐形成的,还有待进一步研究。"

这段文字既是对宋、清屋脊做法不同所做的比较,也是对二者在制作方法、屋脊结瓮方式及各自利弊方面加以分析。同时,还将屋脊瓦件制造及结瓮方式纳入艺术鉴赏的范畴。

二是对"垒屋脊"条中所列房屋等第的解释:"在封建社会的等级制度下,房屋也有它的等第。在前几卷的大木作、小木作制度中,虽然也可以多少看出一些等第次序,但都不如这里以脊瓦层数排列举出的,从殿阁到营房等七个等第明确、清楚;特别是堂屋与厅屋,大木作中一般称'厅堂',这里却明确了堂屋比厅屋高一等。但是,具体地什么样的叫'堂',什么样的叫'厅',还是不明确。推测可能是按它们的位置和用途而定的。"

《法式》文本中几乎所有的尺寸性规定,都会与房屋的大小与等第序列发生联系,而大部分等第分划多以不同开间殿阁、不同开间厅堂、亭榭、常行散屋等分列等级,唯有"垒屋脊"条,出现了殿阁、堂屋、厅屋、门楼屋、廊屋、常行散屋、营房屋7个等级。其实,在这一等级分割中,如殿阁、堂屋等,因开间数的不同,其中还可能有进一步的分划。但是,这里所分的7个等级,至少从基本类型上,将宋代建筑的等级制度揭示了出来。梁先生敏锐地捕捉到了这一信息,正反映了他对中国建筑史诸多本质问题的深刻理解与关注。

三是对宋代垒屋脊用瓦层数及砌筑方法的说明:"这里所谓'层',是指垒脊所用瓦的层数。但仅仅根据这层数,我们还难以确知脊的高度。这是因为除层数外,还须看所用瓦的大小、厚度。由于一块甋瓦不是一块平板，而是一个圆筒的四分之一（即90°）；这样的弧面垒叠起来，高度就不等于各层厚度相加的和。例如（按卷十五'窑作制度'）长一尺六寸的瓪瓦，'大头广九寸五分，厚一寸；小头广八寸五分，厚八分'。若按大头相垒，则每层高度实际约为一寸四分强，三十一层共计约高四尺三寸七分左右。但是，这些瓪瓦究竟怎样叠砌？大头与小头怎样安排？怎样相互交叠衔接？是否用灰垫砌？等等问题，在'制度'中都没有交代。由于屋顶是房屋各部分中经常必须修缮的部分，所以现存宋代建筑实物中，已不可能找到宋代屋顶的原物。因此，对于宋代瓦屋顶，特别是垒脊的做法，我们所知还是很少的。"

这段注释与上一段注释一样，既把研究中所遇到的疑难问题提出来，又将其放在建筑史的大背景下，引发一些使人能够深入思考的问题。其中所谈"现存宋代建筑实物中，已不可能找到宋代屋顶的原物"这一判断，对于我们理解现存中国古代木构建筑遗存，也有深刻的意义。

四是对"大、小当沟瓦"的解释："这里提到'大当沟瓦'和'小当沟瓦'，二者的区别未说明，在'瓦作'和'窑作'的制度中，也没有说明。在清代瓦作中，当沟已成为一种定型的标准瓦件，各种不同的大小型号。在宋代，它是否已经定型预制，抑或需要用瓪瓦临时斫造，不得而知。"

五是对"房屋正脊厚度"的解释："最大的瓪瓦大头广，在'用瓦'篇中是一尺，次大的广八寸，因此这就是一块瓪瓦的宽度（广）作为正脊的厚度。但'窑作制度'中，最大的瓪瓦的大头广仅九寸五分，不知应怎样理解？"

六是对"线道瓦"的解释："这里没有说明线道瓦用几层。可能仅用一层而已。到了清朝，在正脊之下、当沟之上，却已经有了许多'压当条''群色条''黄道'等等重叠的线道了。"

七是对"刻项子"的解释："在最上一节瓪瓦上还要这样'刻项子'，是清代瓦作所没有的。"这一做法的意思，是如果瓪瓪瓦结瓷屋顶时，在屋脊处，当沟瓦会压住最上一节瓪瓦的上端端头，这时要在瓪瓦上端端头项部表面,凿刻一道深约0.3寸的沟槽,称为"刻项子"。这道沟槽,是为了与其上所压的当沟瓦相衔接。但清代建筑中并无这种做法。

还有两个容易混淆的问题应该特别提出来:一是,宋代所称"合脊",与清代的"戗脊"及"角脊"(或统称"岔脊")可能是一个意思,指的都是覆压于房屋翼角处角梁之上的瓦屋脊;二是,宋代合脊上用兽,与清代戗脊或角脊上用兽不同,宋代合脊上,兽与兽之间的距离似乎要大一些。

另外,关于《法式》文本中提到的"剪边"一词,梁先生还做了特别的解释:"这种'剪边'不是清代的剪边瓦。"宋代的"剪边"似仅用于常行散屋,是在垂脊之外,顺施瓪瓦相垒者,称为"剪边",故与清代具有装饰性的剪边瓦做法,在意思上似截然不同。

宋代建筑屋顶脊饰,除了屋脊、垂脊等本身之外,还有相应的走兽饰件。这一方面的内容,也见于《法式》"瓦作制度"中的本节。

宋代建筑在正脊当沟瓦下,要垂两头各长5尺的铁索,以备修整屋面时绾系棚架所用。五间压10条,七间压12条,九间压14条,均匀分布。推测铁索为一连续铁制链条,覆压于正脊当沟瓦下,故两头用力时不会拽脱。但这种铁索如何覆压?修整屋面时,又如何搭造并绾系棚架?都不清楚。此外,这段文字中还对垂脊之外所施华废、剪边进行了解释。高等级房屋,垂脊之外,横施华头瓪瓦及重唇瓪瓦者,称"华废";等级较低之常行散屋,在垂脊外,顺垒瓪瓦者,谓"剪边"。这其实是对不同等级建筑之相同位置所规定的两种不同做法。

(垒屋脊之制)

垒屋脊之制[1]:殿阁:若三间八椽或五间六椽,正脊高三十一层[2],垂脊低正脊两层[3]。并线道瓦在内[4]。下同。

堂屋[5]:若三间八椽或五间六椽,正脊高二十一层。

　　厅屋⑥：若间、椽与堂等者，正脊减堂脊两层。余同堂法。

　　门楼屋：一间四椽，正脊高一十一层或一十三层；若三间六椽，正脊高一十七层。其高不得过厅。如殿门者，依殿制。

　　廊屋：若四椽，正脊高九层。

　　常行散屋⑦：若六椽用大当沟瓦者，正脊高七层；用小当沟瓦者⑧，高五层。

　　营房屋⑨：若两椽，脊高三层。

【注释】

①垒屋脊：在房屋屋顶施瓮屋瓦的一道工序，即在屋面瓦施瓮完成后，对房屋正脊、垂脊等屋脊部分的铺装与垒砌。如梁先生所注："宋代的屋脊，是用甋瓦垒成的。所用的瓦就是结瓮屋顶用的瓦，按屋的大小和等第决定用瓦的尺寸和层数。"

②正脊高三十一层：意为正脊的高度是用31层甋瓦垒砌出来的。梁注："这里所谓'层'，是指垒脊所用瓦的层数。但仅仅根据这层数，我们还难以确知脊的高度。这是因为除层数外，还须看所用瓦的大小、厚度。由于一块甋瓦不是一块平板，而是一个圆筒的四分之一（即90°）；这样的弧面垒叠起来，高度就不等于各层厚度相加的和。例如（按卷十五《窑作制度》）长一尺六寸的甋瓦，'大头广九寸五分，厚一寸；小头广八寸五分，厚八分'。若按大头相垒，则每层高度实际约为一寸四分强，三十一层共计约高四尺三寸七分左右。但是，这些甋瓦究竟怎样叠砌？大头与小头怎样安排？怎样相互交叠衔接？是否用灰垫砌？等等问题，在'制度'中都没有交代。"

③垂脊：包括了两种情况：一种是出际屋顶两山，沿着两山屋面之坡度，与正脊呈正交状态的屋脊；九脊式屋顶两山的情况也是一样。

另外一种,指四阿式屋顶沿着房屋翼角角梁缝上所施之脊的上段,即施于垂兽之后,呈弧线状与正脊相交的部分。

④线道瓦:宋式屋脊一般是由当沟瓦、线道瓦、垒脊瓦、合脊甋瓦四类瓦垒砌而成。线道瓦当施于当沟瓦之上,垒脊甋瓦之上,以形成屋脊根部之线脚的瓦。梁注:"这里没有说明线道瓦用几层。可能仅用一层而已。到了清朝,在正脊之下、当沟之上,却已经有了许多'压当条''群色条''黄道'等等重叠的线道了。"

⑤堂屋:疑指宋式营造中厅堂类建筑的一种。梁注:"在前几卷的大木作、小木作制度中,虽然也可以多少看出一些等第次序,但都不如这里以脊瓦层数排列举出的,从殿阁到营房等七个等第明确、清楚;特别是堂屋与厅屋,大木作中一般称'厅堂',这里却明确了堂屋比厅屋高一等。但是,具体地什么样的叫'堂',什么样的叫'厅',还是不明确。推测可能是按它们的位置和用途而定的。"

⑥厅屋:宋式营造中厅堂类建筑的一种,其等级层次似低于堂屋。

⑦常行散屋:宋式营造中等级较低的一种建筑类型,属于本条中所列出的7种不同等级房屋中的第六个等级,其等级似低于廊屋,但高于营房屋。可能是指较低等级建筑群中非位于中轴线上的较为常见的房屋形态。

⑧大当沟瓦、小当沟瓦:梁注:"这里提到'大当沟瓦'和'小当沟瓦',二者的区别未说明,在'瓦作'和'窑作'的制度中,也没有说明。在清代瓦作中,'当沟'已成为一种定型的标准瓦件,有各种不同的大小型号。在宋代,它是否已经定型预制,抑或需要用甋瓦临时斫造,不得而知。"

⑨营房屋:当指宋代军营中所造的用于军队驻扎居住的房屋,其形式及结构做法似应较为简陋,在本条所列7个等级房屋中系等级最低的房屋类型。

【译文】

垒砌房屋屋脊的制度：若是殿阁式房屋：其屋如果为面广3间，进深8架椽，或面广5间，进深6架椽时，其正脊所垒瓦有31层之高，其屋之垂脊所垒瓦比正脊瓦低2层。这里的层数，都已将垒脊仰驱瓦下所施线道瓦计入在内。下面所述情况相同。

若是厅堂建筑中的堂屋：其屋如果为3个开间，进深8架椽，或5个开间，进深6架椽，其正脊所垒瓦有21层之高。

若是厅堂建筑中的厅屋：如果其屋的开间数与进深椽架数，与上文所说的堂屋相同，其正脊所垒瓦比堂屋屋脊低2层。其余做法与堂屋相同。

若是门楼屋：其屋若为1个开间，进深为4架椽，则其正脊所垒瓦高11层或13层；如果其屋为3个开间，进深6架椽，其正脊所垒瓦高17层。但其脊所垒瓦之高度不得超过厅屋正脊的高度。如果是殿堂之前的门殿屋，其正脊的垒瓦做法依据殿阁式房屋正脊垒瓦制度。

若是廊屋：其屋进深为4架椽时，其正脊所垒瓦高9层。

如果是常行散屋：其屋进深为6架椽，且使用了大当沟瓦的情况下，其正脊垒瓦高度为7层；若为使用了小当沟瓦的情况，其正脊垒瓦高度为5层。

若是营房屋：其屋为2架椽，其正脊垒瓦高度则为3层。

凡垒屋脊，每增两间或两椽，则正脊加两层。殿阁加至三十七层止；厅堂二十五层止；门楼一十九层止；廊屋一十一层止；常行散屋大当沟者九层止；小当沟者七层止；营屋五层止。正脊，于线道瓦上厚一尺至八寸；垂脊减正脊二寸。正脊十分中上收二分；垂脊上收一分。线道瓦在当沟瓦之上，脊之下，殿阁等露三寸五分，堂屋等三寸，廊屋以下并二寸五分。其垒脊瓦并用本等①。其本等用长一尺六寸至一尺四寸驱瓦者，垒脊瓦只用长一尺三寸瓦。**合脊瓪瓦亦用本等**②。其本等用八寸、六寸瓪瓦者,合脊用长九寸瓪瓦③。**令合垂脊瓪瓦在正脊瓪瓦之下**④。其线道上及合脊瓪瓦下,并用白石灰各泥一道⑤,谓之白道⑥。**若瓪瓯瓦结瓷,其当沟瓦所压瓪瓦头,并勘缝刻项子**⑦,深三分,令与当沟瓦相衔⑧。

【注释】

①垒脊瓦并用本等:不同等级房屋垒砌屋脊时,应用与其房屋等级相匹配的瓯瓦垒砌。

②合脊瓪瓦:指在所垒屋脊之最顶层所施的瓪瓦,宋式屋脊以瓯瓦垒砌,其脊顶覆以同一等级的瓪瓦,以作为其脊顶部的收头。

③合脊用长九寸瓪瓦:傅合校本注:“卷十五《窑作制度》无长九寸之瓦,存疑。或系特制供合脊用者。”

④合垂脊瓪瓦:疑指垂脊所垒脊瓦之顶部所施的瓪瓦,即称“合垂脊瓪瓦”。

⑤用白石灰各泥一道:其意似为用白石灰各抹灰泥一道。

⑥白道:在线道瓦之上以及合脊瓪瓦之下所施的一道白石灰,称“白道”。

⑦勘缝:指在刻项子之前,对屋顶所施瓪瓦之上端端头拟凿刻项子的位置,勘验其项子之沟槽的位置,并标志出来。刻项子:如果瓪瓯瓦结瓷屋顶时,在屋脊处,当沟瓦会压住最上一节瓪瓦的上端端头,这时要在瓪瓦上端端头项部表面凿刻一道深约0.3寸的沟槽,称为“刻项子”。这道沟槽,是为了与其上所压的当沟瓦相衔接。梁注:“在最上一节瓪瓦上还要这样‘刻项子’,是清代瓦作所没有的。”

⑧当沟瓦:由当沟瓦、线道瓦、垒脊瓦、合脊瓪瓦四类瓦垒砌而成的

宋式建筑屋脊之最下一层瓦。其瓦与屋顶所施瓪瓦与仰瓪瓦相
互契合,以保证雨水不会进入屋脊之下。

【译文】

凡是垒砌屋脊时,在上文所说的基础上,若其开间每增加2间,或进
深每增加2架椽,其正脊就应相应增加2层垒瓦。若是殿阁建筑,其脊最高
可增加至37层止;若是厅堂,其脊最高可增加至25层止;若是门楼屋,其脊最高可
增加至19层止;若是廊屋,其脊最高可增加至11层止;若是常行散屋且施用大当沟
的情况,其脊最高可增加至9层止;若是常行散屋却施用小当沟的情况,其脊最高可
增加至7层止;若是营房屋,其脊最高可增加至5层止。房屋正脊,自线道瓦以
上,其脊的厚度一般为1尺至8寸;若是垂脊,其脊的厚度应比正脊减薄
2寸。若是正脊,其脊自下至上,按照2/10的斜率收分;若是垂脊,其脊自下而上,按
照1/10的斜率收分。屋脊之下所施线道瓦,在脊下所施当沟瓦之上,其线
道瓦在屋脊之下,若是在殿阁屋脊下,其两侧外露3.5寸,若是在堂屋屋
脊之下,其两侧外露3寸,若是廊屋及以下等级的房屋,其脊两侧所露线
道瓦皆为2.5寸。线道瓦之上所垒脊瓦,都应对应其所施房屋之等级,采
用其等级所适用的仰瓪瓦施用。如果其等级所适用的是长1.6尺至1.4尺的仰
瓪瓦,则其所用垒脊仰瓪瓦只应施用长1.3尺的仰瓪瓦。若是合脊瓪瓦,也应采
用其屋顶所应施的本等瓦。如果其本等瓦用长度为8寸、6寸的瓪瓦时,其合脊
瓦则应使用长9寸的瓪瓦。要使其合垂脊瓪瓦的高度在其屋所施正脊瓪瓦
的高度之下。在其屋脊所施的线道瓦之上与合脊瓪瓦之下,都要施用白石灰泥各
抹一道,这两处白石灰泥道称为"白道"。如果是以瓪瓦与瓪瓦结宽屋顶,在
其脊下所施当沟瓦所压的瓪瓦头,还都应勘校其当沟瓦缝,在其缝处凿
刻项子,其项子之沟槽深度为0.3寸,以使瓪瓦之背与当沟瓦相互契合并
衔接。

(施走兽)

其殿阁于合脊瓪瓦上施走兽者,其走兽有九品:一曰行

龙,二曰飞凤,三曰行师[①],四曰天马,五曰海马,六曰飞鱼,七曰牙鱼,八曰狻狮[②],九曰獬豸[③],相间用之[④]。**每隔三瓦或五瓦安兽一枚[⑤]。**其兽之长随所用甋瓦,谓如用一尺六寸甋瓦,即兽长一尺六寸之类。**正脊当沟瓦之下垂铁索,两头各长五尺。**以备修整绾系棚架之用[⑥]。五间者十条,七间者十二条,九间者十四条,并匀分布用之。若五间以下,九间以上,并约此加减。**垂脊之外,横施华头甋瓦及重唇瓪瓦者,谓之华废。常行屋垂脊之外,顺施瓪瓦相垒者,谓之剪边[⑦]。**

【注释】

①行师:师,为"狮"的古字。行师,有可能指"行走的狮子"造型;但其后另有"狻狮",两者所用字不同,未知其义有无差别。另古义中"行师"有用兵之意,用在这里似有"行伍之人"的形象,疑又可能与清代脊饰中骑在马上的"仙人"有相似之处;但仙人不大可能夹在各种兽的中间排布;另有一种可能,"行师"似与清代脊饰中的"行什"有所关联,行什的形象为猴子,只是清代"行什"排在一系列走兽的最后,而这里却排在龙、凤之后,天马、海马之前,参照清代脊饰中"一龙、二凤、三狮子、四天马、五海马"的排列顺序,在这一位置上所施设之兽,较大可能仍指"走狮",则"行师",当指"行狮"。

②狻(suān)狮:陈注:"'狮'作'猊'。"傅合校本注:"狻猊。"狻猊(ní),中国古代传说中所谓"龙生九子"中的第五子,其形象与狮子相类。

③獬豸(xiè zhì):中国古代传说中的神兽,形象与麒麟有一些类似。

④相间用之:未知这里的"相间用之"为何意。或是若其屋脊用兽较少时,则依其序,相间择选施用;或如后文所言"每隔三瓦或五

瓦安兽一枚"之意。

⑤每隔三瓦或五瓦安兽一枚：梁注："清代角脊（合脊）上用兽是节节紧接使用，而不是这样'每隔三瓦或五瓦'才'安兽'一枚。"

⑥以备修整绾（wǎn）系棚架之用：原文"以备修整绾系扪架之用"，梁注本改为"以备修整绾系棚架之用"。陈注："'扪'作'棚'。"

⑦剪边：梁注："这种'剪边'不是清代的剪边瓦。"宋代的"剪边"似仅用于常行散屋，是在垂脊之外，顺施瓯瓦相垒者，称为"剪边"，与清代具有装饰性屋瓦剪边做法不同。

【译文】

如果是在殿阁建筑之屋顶的合脊甋瓦上施安走兽，其脊上所施走兽有九品：一曰行龙，二曰飞凤，三曰行狮，四曰天马，五曰海马，六曰飞鱼，七曰牙鱼，八曰狻狮，九曰獬豸，其走兽应相间而施用之。每隔3瓦或5瓦施安走兽一枚。脊上所施走兽的长度以所用甋瓦的长度为准，例如，若用长为1.6尺甋瓦，则其所用走兽之长亦为1.6尺，如此等等。在正脊之下所施当沟瓦的下面垂以铁索，铁索两头所留出部分，各长5尺。所留铁索是为了以后修整时绾系棚架而预设的。其殿屋为5个开间的，垂留铁索10条；为7个开间的，垂留铁索12条；9个开间的，垂留铁索14条；所有情况下，都要将铁索沿其正脊均匀分布，以方便以后使用。如果其殿屋在5个开间以下，或在9个开间以上，可以参照如上情况，做适当地减或增。在九脊式或两际式殿阁屋顶的两山垂脊之外，若横施华头甋瓦及重唇瓪瓦者，称之为"华废"。若在常行散屋的垂脊之外，顺其垂脊之坡势，施安相互垒叠的瓪瓦，则称之为"剪边"。

用鸱尾

【题解】

鸱尾，是屋脊瓦饰中最为重要的瓦件，尤其涉及古代房屋的等级。此节文字不仅给出了屋脊所对应的不同等级房屋的施用规则，还特别给出了不同等级与大小建筑所用鸱尾的尺寸；同时，也给出了安装与固定鸱尾的一些技术措施。

如梁先生所注释的："本篇末了这一段是讲固定鸱尾的方法。一种是用抢铁的，一种是用柏木桩或龙尾的。抢铁，铁脚子和铁束子具体做法不详。从字面上看，乌头门柱前后用斜柱（称"抢柱"）扶持。'抢'的含义是'斜'；书法用笔，'由蹲而斜上急出'（如挑）叫作'抢'，'舟迎侧面之风斜行曰抢'。因此'抢铁'可能是斜撑的铁杆，但怎样与铁脚子、铁束子交接，脚子、束子又怎样用于鸱尾上，都不清楚。'拒鹊子'是装饰性的东西。'铁鞠'则用以将若干块的鸱尾鞠在一起，像我们今天鞠破碗那样。柏木桩大概即清代所称'吻桩'。龙尾与柏木桩的区别不详。"

鸱尾根部四隅施有铁脚子与铁束子，铁脚子的作用略似清式鸱吻的吻座；铁束子长0.8尺，还分大小头，大头宽0.2尺，小头宽0.12尺，不知是否有拉结固定4块铁脚子的作用。抢铁为薄铁片状，长约1尺，大头宽0.2尺，小头宽0.1尺，每只鸱尾，用32片抢铁。其做法是否会环绕并斜伐于鸱尾四周，起到扶持鸱尾之作用？

抢铁之上，还会再安以拒鹊叉子，拒鹊加襻脊铁索，将拒鹊与屋脊拉结在一起。清式鸱吻中似未见有这样一些铁件的使用。关于鸱尾与拒鹊叉子，《宋史·舆服志》中有："诸州正牙门及城门，并施鸱尾，不得施拒鹊。"可知，宋代建筑中，除了宫殿、寺观之外，各级衙门的正堂及城门楼建筑，也是可以设置鸱尾的；亦可知拒鹊叉子不仅具有功能与装饰作用，而且还具有一定的等级标志性。

用鸱尾之制：殿屋[①]，八椽九间以上，其下有副阶者，鸱尾高九尺至一丈，若无副阶高八尺。五间至七间，不计椽数。高七尺至七尺五寸，三间高五尺至五尺五寸。

楼阁[②]，三层檐者与殿五间同；两层檐者与殿三间同。

殿挟屋,高四尺至四尺五寸。

廊屋之类③,并高三尺至三尺五寸。若廊屋转角,即用合
角鸱尾④。

小亭殿等⑤,高二尺五寸至三尺。

凡用鸱尾,若高三尺以上者,于鸱尾上用铁脚子及铁束
子安抢铁⑥。其抢铁之上,施五叉拒鹊子⑦。三尺以下不用。
身两面用铁鞠⑧。身内用柏木桩或龙尾⑨,唯不用抢铁。拒
鹊加襻脊铁索⑩。

【注释】

①殿屋:指高等级的殿堂式屋宇。

②楼阁:疑既包括高等级的殿阁式建筑中的楼阁,也包括等级稍低
　的多层楼阁。

③廊屋之类:当指与高等级的殿阁楼宇,或厅堂等建筑相互组合为
　一个建筑群中的辅助性建筑,其形式与清代建筑中的"庑房",以
　及大型建筑群的"朝房""连廊"等似有相近之处。

④合角鸱(chī)尾:因廊屋的平面比较自由,可能会出现在平面上
　的转折,故其两个方向的正脊之鸱尾应采用合角鸱尾。

⑤小亭殿:大概相当于大木作制度中提到的"小殿""亭榭"之类的
　建筑,其尺度较小,但等级并不低,故其科栱、瓦饰、色彩等都是与
　其周围的高等级建筑相匹配的。

⑥铁脚子:参见本节题解中的梁注,推测铁脚子可能位于鸱尾根部
　四隅,略似清式鸱吻之吻座。铁束子:依题解说,其铁束子长
　0.8尺,还分大小头,大头宽0.2尺,小头宽0.12尺,不知是否有拉
　结固定4块铁脚子的作用。抢铁:参见本节题解中的梁注。抢铁
　似为薄铁片状,长约1尺,大头宽0.2尺,小头宽0.1尺,每只鸱尾

用32片抢铁。其做法是否会环绕并斜戗于鸱尾四周,起到扶持鸱尾的作用? 不详。

⑦五叉拒鹊子:抢铁之上再安拒鹊叉子,拒鹊加襻脊铁索,将拒鹊与屋脊拉结在一起。五叉拒鹊子,形式似乎是一种分为五叉形状的叉子,其功能疑是防止鸟雀在鸱尾上停留,以防鸟之粪便造成对鸱尾的污染。清式鸱吻中似未见有这样一些铁件的使用。

⑧铁鞠:梁注:"'铁鞠'则用以将若干块的鸱尾鞠在一起,像我们今天鞠破碗那样。"

⑨柏木桩:梁注:"柏木桩大概即清代所称'吻桩'。"龙尾:梁注:"龙尾与柏木桩的区别不详。"

⑩襻(pàn)脊铁索:疑与前文提到的"正脊当沟瓦之下垂铁索"有一些相似,但其位置可能是施于贴近鸱尾的正脊之下,或是将鸱尾与屋脊拉结在一起的铁索。

【译文】

在正脊之上施用鸱尾的制度:高等级的殿堂式屋宇,若其进深在8架椽,面广在9个开间以上,且其殿身屋顶之下施有副阶檐廊者,其殿身正脊上所施鸱尾高为9尺至1丈,若其为单檐殿堂,殿身下未施副阶檐廊,则其正脊上所施鸱尾高8尺。若殿堂式屋宇,面广为5个开间至7个开间,不论其进深椽架数多少。其殿身正脊上所施鸱尾高7尺至7.5尺,若为3个开间的殿堂,其正脊上所施鸱尾高为5尺至5.5尺。

多层楼阁式屋宇,若其楼宇为3层屋檐,其脊所用鸱尾与5个开间的殿堂正脊所用鸱尾相同;若其楼宇为2层屋檐,其脊所用鸱尾与3个开间的殿堂正脊所用鸱尾相同。

与主殿相匹配的殿挟屋,其屋正脊之上所施鸱尾可高4尺至4.5尺。

大型建筑群中所附属之廊屋等房舍,其正脊上所施鸱尾高度皆在3尺至3.5尺。如果是在廊屋的转角处,其屋顶正脊应施用合角鸱尾。

尺度较小的亭榭与小殿等,其正脊上所施鸱尾高2.5尺至3尺。

　　凡施用鸱尾，如果其高度超过3尺，应在鸱尾之上用铁脚子及铁束子施安斜戗的抢铁。在抢铁之上，再施以铁制的五叉拒鹊子。若其高度不足3尺则不必使用。在鸱尾的两个侧面应以铁鞠对鸱尾加以强固。鸱尾的内部则应用柏木桩或龙尾，这种情况下则不施用抢铁。同时，其五叉拒鹊子之上还应施加襻脊铁索。

用兽头等

【题解】

　　此节文字对宋代屋顶瓦饰的用兽头之制叙述得比较仔细。究其要点，建筑物垂脊、角脊等用兽头之制既与房屋建筑等级有关，也与房屋正脊所垒瓯瓦层数有关。故其文中有"殿阁垂脊兽，并以正脊层数为祖"和"堂屋等正脊兽，亦以正脊层数为祖"及"廊屋等正脊及垂脊兽祖并同上"。

　　此节文字最后一句话，很可能囊括了各种不同等级及类型的建筑物，包括高等级的殿阁或等级稍低的亭榭等，其兽头均顺脊用铁钩，套兽上皆以钉安之，嫔伽皆用蔥台钉，滴当火珠均坐于华头瓪瓦之上。

　　另据《宋史·舆服志》："凡公宇，栋施瓦兽，门设梐枑。"可知宋代除了官殿、寺观之外，不同等级的衙署建筑屋顶也是可以施以瓦饰兽头的。

　　殿阁垂脊兽，并以正脊层数为祖[①]。

　　正脊三十七层者，兽高四尺；三十五层者，兽高三尺五寸；三十三层者，兽高三尺；三十一层者，兽高二尺五寸。

　　堂屋等正脊兽[②]，亦以正脊层数为祖。其垂脊并降正脊兽一等用之[③]。谓正脊兽高一尺四寸者，垂脊兽高一尺二寸之类。正脊二十五层者，兽高三尺五寸；二十三层者，兽高三尺；二十一层者,兽高二尺五寸;一十九层者,兽高二尺。

廊屋等正脊及垂脊兽祖并同上④。散屋亦同⑤。正脊九层者,兽高二尺;七层者,兽高一尺八寸。散屋等,正脊七层者,兽高一尺六寸;五层者,兽高一尺四寸。

殿阁、厅堂、亭榭转角⑥,上下用套兽、嫔伽、蹲兽、滴当火珠等⑦。

四阿殿九间以上,或九脊殿十一间以上者,套兽径一尺二寸,嫔伽高一尺六寸;蹲兽八枚,各高一尺;滴当火珠高八寸。套兽施之于子角梁首,嫔伽施于角上,蹲兽在嫔伽之后。其滴当火珠在檐头华头瓪瓦之上。下同。

四阿殿七间或九脊殿九间,套兽径一尺;嫔伽高一尺四寸,蹲兽六枚,各高九寸;滴当火珠高七寸。

四阿殿五间,九脊殿五间至七间,套兽径八寸;嫔伽高一尺二寸;蹲兽四枚,各高八寸;滴当火珠高六寸。厅堂三间至五间以上,如五铺作造厦两头者,亦用此制,唯不用滴当火珠。下同。

九脊殿三间或厅堂五间至三间,枓口跳及四铺作造厦两头者⑧,套兽径六寸,嫔伽高一尺,蹲兽两枚,各高六寸;滴当火珠高五寸。

亭榭厦两头者,四角或八角撮尖亭子同。如用八寸瓪瓦,套兽径六寸;嫔伽高八寸;蹲兽四枚,各高六寸;滴当火珠高四寸。若用六寸瓪瓦,套兽径四寸;嫔伽高六寸;蹲兽四枚,各高四寸,如枓口跳或四铺作,蹲兽只用两枚。滴当火珠高三寸。

厅堂之类,不厦两头者⑨,每角用嫔伽一枚,高一尺;或只用蹲兽一枚,高六寸。

佛道寺观等殿阁正脊^⑩,当中用火珠等数^⑪:殿阁三间,火珠径一尺五寸;五间,径二尺;七间以上,并径二尺五寸。火珠并两焰^⑫,其夹脊两面造盘龙或兽面^⑬。每火珠一枚,内用柏木竿一条,亭榭所用同。

亭榭斗尖用火珠等数^⑭:四角亭子:方一丈至一丈二尺者,火珠径一尺五寸;方一丈五尺至二丈者,径二尺^⑮。火珠四焰或八焰^⑯;其下用圆坐^⑰。

八角亭子,方一丈五尺至二丈者^⑱,火珠径二尺五寸;方三丈以上者,径三尺五寸。

【注释】

①殿阁垂脊兽,并以正脊层数为祖:房屋垂脊所用兽是与房屋的等级有关的,而殿阁等建筑的等级高下,与其正脊的高低,亦即正脊所垒甋瓦的层数是有所关联的,故其文中有"殿阁垂脊兽,并以正脊层数为祖"等说法。

②堂屋:参见本卷"垒屋脊"条相关注释。

③其垂脊并降正脊兽一等用之:意为在同一座建筑中,垂脊所用兽要比正脊所用兽降低一个等级,其兽的尺寸也自然减小一个等级。

④廊屋等正脊及垂脊兽祖并同上:廊屋等等级稍低建筑之正脊所用兽与垂脊所用兽,其等级的关系都应参照前文堂屋之正脊兽与垂脊兽的关系而定。

⑤散屋亦同:等级更低的散屋正脊用兽与垂脊用兽,亦参照堂屋正脊兽与垂脊兽的等级关系确定。

⑥殿阁、厅堂、亭榭转角:原文"殿间至厅堂、亭榭转角",梁注本改为"殿阁、厅堂、亭榭转角"。陈注:改"间"为"阁"。傅合校本

注：改"间"为"阁"。按两位先生，其文似为"殿阁至厅堂、亭榭转角"。从上下文推测，若其文为"殿阁、厅堂、亭榭至转角，上下用套兽、嫔伽、蹲兽、滴当火珠等"似更合乎逻辑，疑原文的"至"，历代抄印中其字序发生了讹误。

⑦嫔伽：梁注："嫔伽在清代称'仙人'。"蹲兽：梁注："'蹲兽'在清代称'走兽'。宋代蹲兽都用双数；清代走兽都用单数。"滴当火珠：梁注："滴当火珠在清代做成光洁的馒头形，叫做'钉帽'。"

⑧枓口跳：原文"枓口挑"，梁注本改为"枓口跳"。陈注：改"挑"为"跳"。下同。

⑨厅堂之类，不厦两头者：指四坡式屋顶的厅堂式建筑，其两山未作厦两头造的做法。

⑩佛道寺观等殿阁正脊：原文"佛道寺观等殿间正脊"，梁注本改为"佛道寺观等殿阁正脊"。陈注："'间'作'阁'。"傅合校本：改"间"为"阁"。

⑪火珠：梁注："这里只规定火珠径的尺寸，至于高度，没有说明，可能就是一个圆球，外加火焰形装饰。火珠下面还应该有座。"此"火珠"非上文"滴当火珠"之"火珠"，而是具有佛教象征意味的装饰性火珠，其尺寸无疑也比较大。

⑫火珠并两焰：指其脊饰之上所施火珠的上部，采用了有2朵向上蹿火之焰的造型。疑这里的"火珠"可能为一片状的形式。

⑬其夹脊两面：当指正脊上承托火珠之坐（座），其两面应夹正脊，且其夹脊两面应做装饰处理。

⑭亭榭斗尖：指屋顶为斗尖形式的亭榭。

⑮方一丈五尺至二丈者，径二尺：原文"方一丈五尺至二丈者，径一尺"，梁注本改为"方一丈五尺至二丈者，径二尺"，并注："各版原文都作'径一尺'，对照上下文递增的比例、尺度，'一尺'显然是'二尺'之误。就此改正。"陈注："'一'作'二'。"傅合校本：改

"一"为"二",即"径二尺"。

⑯火珠四焰或八焰:指其脊饰之上所施火珠上部的装饰性火焰文,有4朵或8朵向上蹿火的造型。疑这里的火珠造型可能为圆雕形式。

⑰圆坐:也作"圆座",指承托火珠雕刻的圆形基座。

⑱方一丈五尺至二丈者:这里所说八角形亭子的平面之"方",当指其八角形每两对边的距离之长,即其八角形亭子每两对边之间的距离为1.5丈至2丈。

【译文】

在房屋屋脊上施用兽头等的制度:殿阁式建筑垂脊上所施兽,都是以正脊所施仰版瓦的层数为标准。

如果正脊所施仰瓯瓦为37层,所用兽高4尺;正脊所施瓦为35层,所用兽高3.5尺;正脊瓦为33层,所用兽高3尺;正脊瓦为31层,兽高2.5尺。

厅堂式建筑中的堂屋等正脊上所施兽,也是以正脊所施仰瓯瓦的层数为标准的。堂屋的垂脊所用兽都要比正脊上所用兽降低一等施用。也就是说,如果正脊兽高为1.4尺,其垂脊兽可选高1.2尺的,如此等等。如果其正脊所施仰瓯瓦为25层,所用兽高3.5尺;正脊瓦为23层,所用兽高3尺;正脊瓦为21层,所用兽高2.5尺;正脊瓦为19层,其所用兽高2尺。

廊屋式建筑等的正脊以及垂脊上所施兽与前文所言相同,都是以其正脊所施仰瓯瓦的层数为标准的。散屋式建筑也是一样。如果其正脊所施仰瓯瓦为9层,其所用兽高2尺;正脊瓦为7层,其所用兽高1.8尺。散屋式房屋等,其正脊瓦为7层,所用兽高1.6尺;正脊瓦为5层,所用兽高1.4寸。

凡殿阁、厅堂、亭榭等建筑的屋顶,其至转角处,屋顶转角角梁及其上合脊的上下,施用套兽、嫔伽、蹲兽以及滴当火珠等。

四阿式屋顶的殿阁建筑,其面广在9个开间以上,或九脊式屋顶的殿阁建筑,其面广在11个开间以上时,其转角合脊上所施套兽的直径为1.2尺,所施嫔伽高1.6尺;所施蹲兽有8枚,其兽分别高1尺;檐口处之华头瓯瓦上所施滴当火珠高8寸。套兽施用于子角梁的梁首,嫔伽施于转角合脊之上,蹲兽施于嫔伽之后。而滴当火珠则施于檐头处的华头瓪瓦之上。以下情况的做法也都一样。

四阿式屋顶殿堂面广为7个开间,或九脊式屋顶殿堂面广为9个开间时,其转角所施套兽的直径为1尺;转角之合脊上所施嫔伽高1.4尺,并施蹲兽6枚,其蹲兽各高9寸;其檐头之华头瓪瓦上所施滴当火珠高7寸。

四阿式屋顶殿堂面广为5个开间,或九脊式屋顶殿堂面广为5个开间至7个开间时,其转角所施套兽直径8寸;其转角之合脊上所施嫔伽高1.2尺;并施蹲兽4枚,其蹲兽各高8寸;其檐头之华头瓪瓦上所施滴当火珠高6寸。如果是厅堂式建筑,其开间数在3间至5间以上时,若用五铺作厦两头造做法时,也可以采用这一制度,只是这时不需要施用滴当火珠。以下情况时的做法也是一样。

九脊式屋顶殿堂3个开间或厅堂式房屋5个开间至3个开间,其檐下所用枓栱为枓口跳或四铺作造,其屋顶形式为厦两头造时,其转角所用套兽直径为6寸,转角合脊上所施嫔伽高1尺,并施蹲兽2枚,其蹲兽各高6寸;其檐头之华头瓪瓦上所施滴当火珠高5寸。

亭榭式建筑,其屋顶为厦两头造时,或屋顶为四角或八角撮尖式的亭子,也是一样。若在这几种情况下,其屋顶施用的是8寸的瓪瓦,其转角所施套兽直径为6寸;转角合脊上所施嫔伽高8寸;所用蹲兽4枚,其高各为6寸;檐头瓪瓦上所施滴当火珠,高4寸。如果施用6寸的瓪瓦,其转角套兽的直径为4寸;转角合脊上所施嫔伽高6寸;并施蹲兽4枚,其兽各高4寸,如果其檐下采用的是枓口跳或四铺作枓栱,其蹲兽仅施用2枚。其檐头瓪瓦上所施滴当火珠高3寸。

厅堂之类的屋舍,如果其屋顶不采用厦两头造做法时,其每一转角合脊上施用嫔伽1枚,其高1尺;或只用蹲兽1枚,其高6寸。

佛寺与道观等建筑群内所营造的殿阁式屋顶的正脊,当中施用火珠等的数量:若其殿阁为3个开间,其正脊上所施火珠的直径为1.5尺;若其殿阁为5个开间,其火珠直径2尺;其殿阁为7个开间以上时,其正脊上所施火珠的直径皆为2.5尺。正脊上所施火珠都采用两朵火焰文做法,其火珠下夹正脊的两面,则造为盘龙或兽面形式。每施火珠1枚,其内应施用柏木竿1条,亭榭中施用火珠时,其所用柏木竿也是一样。

斗尖式屋顶的亭榭建筑,其屋顶斗尖处施用火珠等的数量:若是四角亭子:其平面为1丈至1.2丈见方时,其屋顶所施火珠的直径为1.5尺;其平面为1.5丈至2丈见方时,其屋顶所施火珠的直径为2尺。斗尖式亭榭屋顶所施火珠为4朵火焰文或8朵火焰文;火珠之下采用圆坐式火珠坐。

八角形平面的亭子,若其八角形每两对边的距离为1.5丈至2丈,其屋顶上所施火珠直径为2.5尺;若其八角形对边距离为3丈以上,其屋顶上所施火珠的直径为3.5尺。

凡兽头皆顺脊用铁钩一条^①,套兽上以钉安之。嫔伽用蕙台钉。滴当火珠坐于华头瓪瓦滴当钉之上^②。

【注释】

①铁钩:梁注:"铁钩的具体用法待考。"清代安卓仙人、走兽等,并未见使用铁钩的做法,这里提到的铁钩及其构造做法尚不很清楚。

②滴当火珠:依其所施位置及造型,当与清代殿屋檐口勾头筒瓦之上所施钉帽相类似。华头瓪瓦滴当钉:在屋檐处所施华头瓪瓦,即清代檐口勾头处所施的钉子。似用以将华头瓪瓦,即后世所称的"勾头",固定在屋檐檐口之上。

【译文】

凡屋脊上所施兽头,都应顺其脊施用铁钩1条加以固定,若是在子角梁上所施套兽,则应用钉子加以固定。脊上所施嫔伽则应用蕙台钉固定。檐头处所施滴当火珠,则应施坐于华头瓪瓦的滴当钉之上。

泥作制度

【题解】

《法式》的泥作制度，主要涉及用土坯垒筑墙体，以及墙体表面的处理，包括可以用来绘制壁画的画壁表面之抹泥、抹灰泥并压光等所用之材料及施工做法。其"用泥"一节中有关各种灰泥的做法与配比，对于我们了解古人墙面抹灰及表面收压处理所用材料与方式具有重要意义。

泥作制度中的垒射垛，其形式类似城墙射垛。但从文字叙述上，似乎又并非宋代用于防卫性的城墙射垛。这段文字被放在"泥作制度"一节，故其应该也是某种用土坯垒砌的具有一定功能性或观赏性的构筑物。

文中还述及垒砌各种炉灶，如立灶、釜灶、镬灶及茶炉的垒砌方法与内部构造，这对于人们了解古人日常生活中所用各种炉灶的造型、构造与做法具有重要的参考价值。

清人杭世骏《订讹类编续补·杂物讹》：《字林》："砖未烧曰墼。"《埤苍》："形土为方曰墼。"今之土砖也，以木为模，实土其中，非筑而何？"另据《仪礼注疏》："舍外寝，于中门之外，屋下垒墼为之，不涂塈，所谓垩室。"可知，"坯墼"即土坯。这里所垒之墙为土坯墙。每垒三重，铺襻竹一重。襻竹，即梁先生所说的"竹筋"。

垒砌土坯墙，高广随房屋开间。墙随高度而有收分，每高1尺，其上每面斜收0.03尺。以高4尺墙计，其底厚1尺，每面收分0.12尺，共收分0.24尺，则上厚0.76尺。每高增1尺，则厚加0.25尺。以墙高5尺计，其底厚1.25尺，每面收分0.15尺，共收分0.3尺，其上厚0.95尺。以此类推。

垒墙

垒墙之制：高广随间[①]。每墙高四尺，则厚一尺。每高一尺，其上斜收六分。每面斜收向上各三分^②。每用坯墼三重^③，铺襻竹一重^④。若高增一尺，则厚加二寸五分^⑤；减亦如之。

【注释】

①高广随间：指其墙的高度与宽度依其所施造之房屋的开间面广与进深而定。

②向上各三分：傅合校本注："向，宋本误'白'。"即宋本为"白上各三分。""白"为"向"之误。

③坯墼（jī）：梁注："墼，音激，砖未烧者，今天一般叫做'土坯'。"

④襻（pàn）竹：梁注："每隔几层土坯加些竹钢，今天还有这种做法，也同我们在结构中加钢筋同一原理。"梁注中的"竹钢"，疑为"竹筋"之误。

⑤若高增一尺，则厚加二寸五分：原文"若高增一尺，则厚加二尺五寸"，与前文"每墙高四尺，则厚一尺"不符。梁先生纠正之："各版原文都作'厚加二尺五寸'，显然是二寸五分之误。"陈注："应为'寸''分'。"即"厚加二寸五分"。

【译文】

垒砌屋墙的制度：墙的高度与宽度依其所砌房屋开间的间广尺寸而定。以每墙高4尺，其墙厚1尺为基准。其墙每高1尺，向内斜收0.6寸。即墙之两面的每一面随其向上每1尺而向内各斜收0.3寸。如果其墙砌筑时使用的是坯墼，则每砌3重坯墼，其上加铺襻竹1重。坯墼所砌墙的高度每增加1尺，其墙的厚度应在砖墙厚度的基础上再增厚2.5寸；若其高度减低，其厚度亦做相应减少。

用泥其名有四：一曰坭，二曰墐，三曰涂，四曰泥

【题解】

关于本节标题中的几个疑难字，梁先生分别做了注解，其注一："坭，音现，泥涂也。"坭（xiàn），涂抹的意思。其注二："墐，音觐，涂也。"墐（jìn），用泥涂塞的意思。

本节文字主要记录的是宋代抹泥、和泥、和灰泥等的各种做法。其中提到了细泥、中泥、粗泥、粗细泥，红灰、青灰、黄灰、破灰，石灰泥（麻捣灰）等，以及用于不同位置灰泥的和制方法，用石灰等泥涂的涂抹及收压方式。细泥、粗泥、粗细泥，似以所用的不同位置或抹灰泥的不同层面而有所区分，其和制材料与方法亦有区别。

红灰、青灰、黄灰，似为晾干后呈现为不同色彩的灰泥，当用于有不同色彩需求的墙面上，很可能较多用于官苑及寺观的殿阁等建筑上。

细泥、粗泥，属于过程中所抹之泥，略近抹灰泥过程中的衬底或找平之意，称"灰衬""搭络"。

破灰似因掺了白蔑土与麦䴬而会比较光洁，疑用于表面收压的灰泥。粗细泥则用于城壁或散屋内外等，其表面不需收压十分细密而有光泽的地方。

矿石灰，不仅用于和制各种灰泥，还用于安砌颙屃碑坐、笏头碣碑坐及垒砌釜灶等。推测这是一种黏结力较强的灰泥。

用石灰等泥涂之制①：先用粗泥搭络不平处，候稍干，次用中泥趁平②；又候稍干，次用细泥为衬；上施石灰泥毕，候水脉定③，收压五遍，令泥面光泽。干厚一分三厘，其破灰泥不用中泥④。

合红灰：每石灰一十五斤，用土朱五斤⑤，非殿阁者，用石

灰一十七斤,土朱三斤。赤土一十一斤八两。

合青灰:用石灰及软石炭各一半⑥。如无软石炭,每石灰一十斤用粗墨一斤,或墨煤一十一两,胶七钱。

合黄灰:每石灰三斤,用黄土一斤。

合破灰:每石灰一斤,用白蔑土四斤八两⑦。每用石灰十斤,用麦㪻九斤⑧。收压两遍,令泥面光泽。

细泥:一重作灰衬用。方一丈,用麦麲一十五斤⑨。城壁增一倍。粗泥同。

粗泥:一重方一丈,用麦麲八斤。搭络及中泥作衬减半。

粗细泥:施之城壁及散屋内外⑩,先用粗泥,次用细泥,收压两遍。

【注释】

①泥涂之制:陈注:"'涂(塗)'作'壁'。"傅合校本注:"壁"误"涂(塗)",即"泥壁之制"。暂从原文。

②中泥:其粗细当介于"粗泥"与"细泥"之间,其泥土中所掺似既有麦㪻,又有麦麲,故其泥的粗细程度适中。

③水脉:梁注:"水脉大概是指泥中所含水分。'候水脉定'就是'等到泥中含水已经不是湿淋淋的,而是已经定下来,潮而不湿,还有可塑性但不稀而软的状态的时候'。"

④破灰泥:似指因掺杂了白蔑土与麦㪻而使得墙面比较光洁的泥,这种泥疑系施用于墙体表面收压的灰泥。

⑤土朱:即代赭石。一种红色矿石,可作颜料。据《本草纲目·代赭石》:"赭,赤色也。代,即雁门也。今俗呼为'土朱''铁朱'。"

⑥软石炭:梁注:"软石炭可能就是泥煤。"

⑦白蔑土：梁注："白蔑土是什么土？待考。"

⑧麦戟（yì）：即麦壳。戟，梁注："音确，壳也。"

⑨麦䅟（juān）：梁注："䅟，音涓，麦茎也。"麦茎，即麦秸。

⑩施之城壁：梁注："从这里可以看出，宋代的城墙还是土墙，墙面抹泥。元大都的城墙也是土墙。一直到明朝，全国的城墙才普遍甃砖。"

【译文】

用石灰等为墙体表面涂抹灰泥的制度：先用粗泥搭络找补墙面不平之处，等所抹粗泥稍微干燥一点，然后用中泥将其找平；再等其泥稍加干燥，再用细泥作为补衬；其墙表面施抹完石灰泥后，等其含水率稳定下来，再将其表面收压5遍，以使其墙之泥面显露出光泽。待泥干透后所抹之泥的厚度为0.13寸，若施用破灰泥，则施工过程中不必施用中泥。

拌和红灰的做法：每用石灰15斤，掺以土朱5斤，如果不是殿阁类建筑，亦可以石灰17斤，掺以土朱3斤。并掺入赤土11斤8两。

拌和青灰的做法：用石灰和软石炭各一半。如果没有软石炭，每用10斤石灰，则应掺入粗墨1斤，或掺入墨煤11两，并再掺入7钱的胶。

拌和黄灰的做法：每用石灰3斤，掺用黄土1斤。

拌和破灰的做法：每用石灰1斤，掺用白蔑土4斤8两。每用石灰10斤，还应掺用麦戟9斤。在用破灰抹墙面时，最后应收压两遍，以使其墙之泥面显露出光泽。

施抹细泥做法：每施抹细泥一重这层细泥是作为灰衬而用的。施抹的面积方为1丈时，其泥中应掺用麦䅟15斤。如果是在城墙壁上抹细泥，其掺入的麦䅟量应增加一倍。在城墙壁上施抹粗泥时，应增加的麦䅟量，也是一样。

施抹粗泥的做法：每施抹粗泥一重，若其施抹的面积方1丈，其泥中应掺用麦䅟8斤。用粗泥搭络找平时，或同时用中泥做衬地时，其所掺用的麦䅟数量应减少一半。

施抹粗细泥的做法：若将粗泥与细泥施抹于城墙之壁或散屋墙的内

侧与外侧时,应先用粗泥涂抹,然后再用细泥涂抹,其泥面应收压两遍。

凡和石灰泥,每石灰三十斤,用麻捣二斤[①]。其和红、黄、青灰等,即通计所用土朱、赤土、黄土、石灰等斤数在石灰之内[②]。如青灰内,若用墨煤或粗墨者,不计数。若矿石灰[③],每八斤可以充十斤之用。每矿石灰三十斤,加麻捣一斤。

【注释】

①麻捣:梁注:"在清朝北方称'麻刀'。"

②所用土朱、赤土、黄土、石灰等斤数:陈注"石灰"之"灰":"炭,竹本。"傅合校本注:改"石灰"为"石炭"。此处暂从原文。

③矿石灰:梁注:"矿石灰和石灰的区别待考。"疑"矿石灰"即后文提到的"矿灰",与纯石灰相类。

【译文】

凡拌和石灰泥,以每用石灰30斤,掺用麻捣2斤。如果是拌和红灰、黄灰或青灰等,都可以将经计算所得出的土朱、赤土、黄土、石灰等的斤数计入石灰之内。如果在青灰之内,掺用墨煤或粗墨,可以不将其数计入。若是拌和矿石灰,每用灰8斤可以充作10斤灰使用。且每用矿石灰30斤,应掺加麻捣1斤。

画壁

【题解】

这里提到了竹篾、麻华、沙泥等抹画壁时需添加的辅助材料。竹篾需要用粗细泥抹压于墙面上,起到墙面拉筋的作用。麻华,疑为细散的麻丝,钉于墙面衬泥上,再用泥分披涂抹,使之分布均匀,再用泥盖平。前后抹5道泥,都用粗泥,总厚0.15寸。其上用中泥再细衬一遍,上用沙泥,在墙面晾至适当时机,收压10遍,使其表面光泽。沙泥是用白沙2斤,胶土1斤,再掺7两的干净麻捣和制而成。待晾干后即可在其墙面上作画,是为画壁。

宋代建筑的拱眼壁内,往往也会出现彩绘图案。如果在拱眼壁内抹制画壁,则只需要用粗泥与细泥各一道,表面再以沙泥收压光整即可。

造画壁之制①:先以粗泥搭络毕②。候稍干,再用泥横被竹篾一重③,以泥盖平。又候稍干,钉麻华④,以泥分披令匀⑤,又用泥盖平;以上用粗泥五重,厚一分五厘。若栱眼壁,只用粗、细泥各一重,上施沙泥,收压三遍。方用中泥细衬,泥上施沙泥,候水脉定,收压十遍,令泥面光泽。凡和沙泥,每白沙二斤,用胶土一斤,麻捣洗择净者七两。

【注释】

①画壁:梁注:"画壁就是画壁画用的墙壁。本篇所讲的是抹压墙面的做法。"

②以粗泥搭络:意为先用比较粗糙的泥对画壁墙面凹凸不平的地方,做以大致的填补找平。

③用泥横被竹篾一重:这里的"横被",疑暗示其竹篾只是横向排布,所谓"横被竹篾一重",指在用粗泥搭络之后的墙面上,粘贴上一层横向排布的竹篾,以起到墙面拉筋的作用。

④麻华:疑指较为细散的麻丝,可钉在墙面已略呈干燥状态的衬泥上。

⑤以泥分披令匀:用泥将麻华分别涂抹,以使麻分布均匀,起到使墙体表层紧固坚实的作用。

【译文】

涂造画壁的制度:先用粗泥将凹凸不平的墙壁表面搭络平整完毕。

等墙壁的表面稍加干燥后,再用泥在其表面横向披贴1重竹篾,用泥将所披竹篾覆盖并找平。再等其壁稍加干燥后,在其表面钉以细散麻丝,用泥将麻丝分散涂抹,使麻丝分布均匀,然后,又将泥覆压其上,并涂抹找平;以上所用粗泥为5重,所涂抹泥的厚度为0.15寸。如果是在柱头之上的栱眼壁中,则只用粗泥、细泥各涂抹1重,其上再涂施沙泥,并将其表面收压3遍。然后再用中泥做细部的涂衬,在泥之上施以沙泥,等其泥的水分干燥到适当的程度,再收压10遍,以使其墙所涂抹的泥之表面显露出光泽。凡是拌和沙泥,以每用白沙2斤,掺用胶土1斤,并掺入经过清洗且仔细挑选的干净麻捣7两。

立灶 转烟、直拔

【题解】

关于"立灶",梁先生解释说:"这篇'立灶'和下两篇'釜镬灶''茶炉子',是按照几种不同的盛器而设计的。'立灶'是对锅加热用的。'釜灶'和'镬灶'则专为釜或镬之用。按《辞海》的解释,三者的不同的断面大致可理解如下:锅⌣;釜⊔;镬⌣。为什么不同的盛器需要不同的灶,我们就不得而知了,至于《法式》中的锅、釜、镬,是否就是这几种,也很难回答。例如今天广州方言就把锅叫做'镬',根本不用'锅'字。此外,灶的各部分的专门名称,也是我们弄不清的。因此,除了少数词句稍加注释,对这几篇一些不清楚的地方,我们就'避而不谈'了。"

在上面的注释中,梁先生从古代盛器的角度,解释了与锅、釜、镬有关的几种炉灶,同时也揭示了古人所用炉灶的不同。

锅,据西汉扬雄《方言》卷九:"车钉,齐、燕、海岱之间谓之'锅',或谓之'锟'。自关而西谓之'钉',盛膏者乃谓之'锅'。"西汉时代,在齐、燕、海岱地区,锅指的是车上一种圆形配件——钉;但在关中地区,锅则是一种盛器。

釜，据扬雄《方言》卷五："釜，自关而西或谓之'釜'，或谓之'镬'。（注镬亦釜之总名。）""镬"乃古代的一种盛器，《说文·金部》曰："镬，如釜而大口者。"则可知，"釜"即"镬"，属锅的一种。釜，亦为古字，且为汉代关中方言。也就是说，锅与釜，都出自汉代关中地区方言，其义为在炉灶上蒸煮之用的盛器。

镬，亦为一种盛器。《史记·范睢蔡泽列传》中提到"汤镬之罪"，《汉书·景十三传》中则有"置大镬中，取桃灰毒药并煮之"，可知"镬"是一种大而深的盛器，可以放在火上煮物。

灶的出现更早，据《管子·轻重己》：天子的职责之一是，"教民樵室钻燧，墐灶泄井，所以寿民也"。墐者，泥涂也；则"墐灶"，即以泥及坯墼垒砌炉灶。

灶台，一般高度为2.5尺。台上设锅口。其径1尺，所用锅的容量为1斗，其锅容量每增1斗，口径增0.05尺。至锅容量至1石，其径约1.45尺时，锅径为最大。

灶口，即灶门，位于灶之正面，以锅径1尺，台高2.5尺时，门高0.7尺，宽0.5尺。锅容量每增1斗，门之高、广各增0.025尺。若仍以锅容量至1石计，灶门最高0.925尺，最宽0.725尺。

灶身之方，以锅径四周外增0.3尺，则锅径1尺时，其身广1.6尺，深亦1.6尺；则锅径1.45尺时，其身广2.05尺，其身深亦2.05尺。

灶台之长、广，随灶身，则锅径1尺，灶台长、广各1.6尺；锅径1.45尺，灶台长、广各2.05尺。然而，锅台高度似随锅径而降。锅容量1斗，锅径1尺，其高1.5尺；锅容量每增1斗，其高降0.025尺。锅容量至1石，其高则降0.225尺，锅台高1.275尺。锅台至低，不可低于1.25尺。其高度随锅径降低的原因，或因锅愈大，灶口直径也愈大，灶腔亦大，则要通过降低灶台高度增加火与锅底的接触面。

腔内后项子，当是灶腔通往烟突的连接口。其内部形式为"斜高向上入突，谓之抢烟"。这里的"抢"，既有斜向之意，似乎又有主动将烟抢先导入的意思。

隔烟，或为有防止烟倒向室内作用的一种烟道措施。

隔锅项子，疑为两个以上的锅各有其烟道，并采用"分烟入突"的处理方式。

如上为一般锅灶的砌筑与涂抹方式。

直拔立灶，是一种不用隔烟措施的炉灶。灶腔与烟匣子相接。这里的"烟匣子"，似为一个位于灶台后部上方，集聚烟气的空腔；高出灶身1.5尺，宽为0.6尺。烟匣子直接与烟突相接，将所聚烟气直拔向外。

山华子，位于烟突两旁烟匣子之上，长与烟匣子同，并呈倾斜向上的形态，可能具有将烟转向烟突而出的辅助性作用，或亦增加灶台上部烟匣子、烟突等的形式美化效果，亦未可知。

关于"突"，梁先生解释说："突，烟突就是烟囱。"此注十分简要、明晰。其灶，有门、有突、有身、有台；另有转烟、隔烟、隔锅、项子以及烟匣子、山华子等，皆为构成炉灶的各个组成部分。

灶突者，烟囱也。其高视屋身之高而定，要比烟突出屋面处再高出3尺。如果是临时搭砌的灶台，且不在室内者，其突高3尺即可。其突的上端，要砌成一个靴头的形式，以利出烟。这里的"靴头"，不详其形制，猜测可能是将顶面封住，端头之下四面开口，既能够防止有风倒灌而入，又能够使烟气顺利排出。烟突为方形，其方0.6尺。随锅径增大，烟突亦应增大，最大可至1.2尺见方。推测这里所指，应为烟囱内部的孔洞截面尺寸。烟突之外，宜用石灰泥涂抹，使其平整光洁，且不会泄露烟气。

造立灶之制：并台共高二尺五寸。其门、突之类[1]，皆以锅口径一尺为祖加减之。锅径一尺者一斗[2]；每增一斗，口径加五分，加至一石止[3]。

转烟连二灶[4]：门与突并隔烟后[5]。

门：高七寸，广五寸。每增一斗，高、广各加二分五厘。

身：方出锅口径四周各三寸⑥。为定法。

台：长同上，广亦随身，高一尺五寸至一尺二寸。一斗者高一尺五寸；每加一斗者，减二分五厘，减至一尺二寸五分止⑦。

腔内后项子⑧：高同门，其广二寸，高广五分⑨。项子内斜高向上入突，谓之抢烟；增减亦同门。

隔烟：长同台，厚二寸，高视身出一尺。为定法。

隔锅项子⑩：广一尺，心内虚，隔作两处，令分烟入突。

直拔立灶⑪：门及台在前，突在烟匮之上⑫。自一锅至连数锅。

门、身、台等：并同前制。唯不用隔烟。

烟匮子：长随身，高出灶身一尺五寸，广六寸。为定法。

山华子⑬：斜高一尺五寸至二尺，长随烟匮子，在烟突两旁匮子之上。

【注释】

①门、突：灶门与烟突。灶门，指炉灶用于添加柴草等燃料的开口。烟突，指炉灶用以排烟的烟囱。

②锅径一尺者一斗：指炉灶上所架之锅，其锅口的直径为1尺时，其锅的容量为1斗。

③加至一石止：古代容量单位，以一石为10斗，一斗为10升，则一石，为100升。石，以其锅容量为1斗时，其锅口径1尺，之后其锅容量每增1斗，其口径增加0.5寸，且其容量增至1石止，其所增容量为9斗，所增口径为4.5寸，则其锅口径增至1.45尺时止。

④转烟：疑指两个炉灶之间相连的烟道，以将其烟集中于烟突中排出。

⑤隔烟：疑指两个炉灶之间所施砌的设施，或起到避免将两个炉灶中的烟火彼此相窜通的作用。

⑥方出锅口径四周各三寸：指平面为方形的炉灶之身，即炉灶的整体大小要比其灶上所用锅的锅口直径外四周各大出3寸。

⑦减至一尺二寸五分止：以其锅容量为1斗，锅台高1.5尺，其锅容量每增1斗，锅台高度减低0.25寸，则其高减至1.25尺时，其锅容量可增加10斗，即其锅容量最大可增至11斗。

⑧腔内后项子：这里的"腔内"指的是炉膛，则"腔内后项子"似指炉膛后部的一个可能是与烟突相连通的脖颈。

⑨高广五分：梁注："'高广五分'四字含义不明。可能有错误或遗漏。"如果联系前文灶门随容量增减，及后文项子"增减亦同门"，则这里若加上"每增一斗，项子高广各加五分"，似乎与上下文可以呼应。译文从注。

⑩隔锅项子：从行文看，似指两个炉灶之间的一个连通的脖颈，其项中心虚空，但中间施有阻隔，以将两个炉灶或两个锅台下的烟从不同方向导入烟突之中。

⑪直拔立灶：疑指其烟突为直上直下的形式，使其烟能够直接排放出去。其灶犹如一个凸出向前的平台，且其形式亦呈直立状。

⑫烟匮（guì）：即后文所言的"烟匮子"。烟匮，疑是与炉灶相连的一个方形如箱柜状的砌筑物，可作为将炉灶烟导入烟囱中的过渡空间。匮，箱柜或匣子。

⑬山华子：炉灶之烟匮上所施的斜向导烟设施，其形式犹如倾斜之山的形状。

【译文】

营造直立式炉灶的制度：其炉灶与灶台共高2.5尺。其灶门、灶突等炉灶各组成部分，都是以其灶中所用锅之锅口直径1尺为基准，以做适当的增大与减小的。如果其锅直径为1尺，其锅的容量为1斗；则若其锅容量每增加1斗,其锅口的直径就应增大0.5寸,以其锅容量增加到1石时为止。

灶内所施转烟道将二灶连接在一起:灶门与烟突都被隔在转烟之后。

灶门:高7寸,宽5寸。其锅容量每增加1斗,灶门的高度与宽度各增加0.25寸。

灶身:灶身为方,其方比锅口外径的四周各多出3寸。这一尺寸为标准做法。

灶台:灶台的长度与灶身之方的尺寸相同,灶台的宽度也随灶身的尺寸而定,其台高1.5尺至1.2尺。以其锅容量为1斗时,灶台高为1.5尺;其锅容量每增加1斗,灶台高度减低0.25寸,其高度减至1.25尺为止。

炉灶之腔,即炉腔之内的后部所施项颈:其项之高与灶门同,项宽2寸,其锅容量每增加1斗,其腔内后项子的高度与宽度各增加0.5寸。项子之内斜向高起向上与烟突相连,这一斜向连接体称为"抢烟";抢烟的尺寸增减与灶门的尺寸增减做法相同。

炉灶中所施隔烟:其长与灶台的长度相同,隔烟厚为2寸,隔烟高度比其灶身高出1尺。这一相对高度差为标准做法。

炉灶内所施隔锅项子:项子宽1尺,其项中心虚空,并分隔为两部分,以使炉灶之烟能被分别导入烟突后排出。

竖直拔起的立灶:其灶门及灶台在灶之前部,烟突施于烟匮的上部。其立灶可以从一锅以致相连数锅。

立灶的灶门、灶身、灶台等:皆与前面所言炉灶制度相同。只是不在其灶中施用隔烟。

灶上所施烟匮子:其长随灶身尺寸,烟匮子之高比灶身高出1.5尺,烟匮子之宽为6寸。这一宽度为绝对尺寸。

山华子:其斜高为1.5尺至2尺,其长随烟匮子之长而定,山华子施于烟突两旁的烟匮子之上。

凡灶突[①],高视屋身,出屋外三尺。如时暂用,不在屋下者②，高三尺。突上作靴头出烟③。其方六寸。或锅增大者，量宜加之，加至方一尺二寸止。并以石灰泥饰。

【注释】

① 灶突：即与炉灶相连，用以排烟的烟囱。《吕氏春秋·有始览·谕大》中提到："灶突决则火上焚栋，燕雀颜色不变，是何也？乃不知祸之将及己也。"又宋人陆游《长歌行》中有"灶突无烟今又惯，龟蝉与我成三友"句。

② 如时暂用，不在屋下者：梁注："即临时或短期间使用，不在室内（即露天）者。"

③ 靴（xuē）头：这里疑指灶突，即烟囱，伸出房屋屋顶之外的顶端部位。其形式，或与古人之鞋靴端头式样有一些相似之处，故称"靴头"。

【译文】

凡施造灶突，其突的高度依房屋本身的高度而定，灶突高出屋顶之外3尺。如果是临时搭造且仅短时间使用的炉灶，其灶未施于房屋之下，则其灶突高为3尺。灶突之上以靴头形式收头，其靴头亦是出烟口。其靴头方6寸。如果其锅的尺寸有所增大，其灶突顶端的靴头，亦应量其宜而有所增加，靴头尺寸的增加幅度，亦应控制在其靴头之方达1.2尺时为止。灶突与靴头都应以石灰泥加以涂饰。

釜镬灶

【题解】

釜镬灶，这节文字描述的是古人所用的两种炉灶：釜灶与镬灶。相比较之，釜灶似较小一些，釜灶口径为1.6尺，可以用坯墼垒之；其门高0.6尺，宽0.5尺。镬灶就要大一点，镬灶的口径3尺，要用砖垒造；其门高1.2尺，宽0.9尺。但相较于锅之口径为1尺，门高0.7尺，宽0.5尺的立灶，这两种灶的尺寸都要略大一些。

无论釜或镬灶，其腔子、腔内后项子、抢烟、后突等，都与立灶的做法相同。不同的是，镬灶有用两坯并垒砌的后驼项突，其形式为斜高2.5尺，曲长1.7丈，出墙外4尺。另外，釜灶与镬灶的台面形式为圆圜状，表面用灰泥抹光，与立灶之方形台面明显不同。同时，因釜与镬用于蒸煮器物，其灶尺寸较大，用火亦强烈，故除镬口用砖垒造外，凡用铁甑处，其灶口均用铁铸造，灶门前后亦用生铁版。镬灶腔内底下当心，还要用铁柱子。其灶台外观用灰泥涂抹光整，与立灶一样。

造釜镬灶之制①：釜灶②，如蒸作用者③，高六寸。余并入地内。其非蒸作，安铁甑或瓦甑者④，量宜加高，加至三尺止。镬灶高一尺五寸⑤，其门、项之类，皆以釜口径以每增一寸，镬口径以每增一尺为祖加减之。釜口径一尺六寸者一石；每增一石，口径加一寸，加至一十石止。镬口径三尺，增至八尺止。

釜灶：釜口径一尺六寸。

门：高六寸，于灶身内高三寸，余入地。广五寸。每径增一寸，高、广各加五分。如用铁甑者，灶门用铁铸造，及门前后各用生铁版。

腔内后项子高、广，抢烟及增加并后突⑥，并同立灶之制。如连二或连三造者，并垒向后。其向后者，每一釜加高五寸。

镬灶：镬口径三尺。用砖垒造。

门：高一尺二寸，广九寸。每径增一尺，高、广各加三寸。用铁灶门，其门前后各用铁版。

腔内后项子：高视身。抢烟同上。若镬口径五尺以上者,底下当心用铁柱子⑦。

后驼项突⑧:方一尺五寸。并二坯垒。斜高二尺五寸,曲长一丈七尺。令出墙外四尺。

【注释】

①釜(fǔ)镬(huò):二者皆为大锅。

②釜灶:意为锅灶。参见本卷"立灶"节题解。

③蒸作:指釜灶的功能是蒸制食物。

④铁甑(zèng):疑即铁制的蒸食炊器。甑,梁注:"底有七孔,相当于今天的笼屉。"徐补注:"蒸食炊器,或盛物瓦器。此处所指为前者。"瓦甑:疑指陶制的蒸食炊器。

⑤镬灶:其意仍为锅灶。镬,亦为一种盛器。参见本卷"立灶"节题解。

⑥抢烟:疑指与炉灶相连的斜向排烟道。抢,与"戗"义相近,有斜向之意。

⑦铁柱子:疑为用以支撑釜、镬灶之腔内后项子的铁制立柱。

⑧后驼项突:原文"后驼顶突",梁注本改为"后驼项突"。陈注:"'顶'作'项'。"傅注:改"顶"为"项",并注:"'项'字误'顶'。"

【译文】

营造釜灶与镬灶的制度:釜灶,如果用于蒸制食物的,其灶高6寸。其余的部分则可延入地面以下。其灶非用于蒸制食物,应在其灶上施安铁甑或瓦甑的,其灶的高度应量宜有所增加,但其高度增至3尺即为止。镬灶高为1.5尺,镬灶的灶门及腔内后项之类,是以其釜口径每增大1寸,或其镬口径每增大1尺为一个标准,以此增加或减少的。以釜的口径为1.6尺,其釜的容量为1石;若其釜的容量每增加1石,釜的口径应增加1寸,直至增加到10石时为止。镬的口径为3尺,其口径增加至8尺时亦为止。

釜灶:其灶内所用釜的口径为1.6尺。

　　灶门：其高6寸，其灶门施于灶身之内高3寸处，其余部分延入地面以下。灶门之宽为5寸。以其釜口径每增大1寸，其灶门的高度与宽度各增加0.5寸。如果施用铁甑，其灶门应用铁铸造，其门的前后还应各施以生铁版。

　　其灶之腔内后项子的高度与宽度，灶后所施斜向的抢烟，及后项子与抢烟之后所增加的后灶突，都与立灶的制度相同。如果其灶是以连二或连三的形式营造的，其腔内后项子都应向后垒砌。其向后的部分，每增加一釜应加高5寸。

　　镬灶：其灶内所用镬的口径为3尺。其灶应用砖垒造。

　　灶门：其高1.2尺，灶门之宽9寸。以其镬的口径增大1尺，其灶门的高度与宽度各增加3寸。其灶门应用铁制造，其门的前后还应各施以铁版。

　　其灶之腔内后项子：项子之高依其灶身的尺寸而定。项子之后的抢烟与釜灶抢烟做法相同。如果其镬的口径为5尺以上，其腔内后项子的底下中心部位应施以铁柱子。

　　其灶之后的驼形项突：其突方为1.5尺。都是采用2坯垒砌的方法营造的。其项突的斜高为2.5尺，项突的曲长为1.7丈。要使其突高出墙外4尺。

　　凡釜镬灶面并取圜，泥造。其釜镬口径四周各出六寸。外泥饰与立灶同。

【译文】

　　凡是釜镬灶的灶台表面都应取作圆形，用泥涂抹营造。其灶台要比其所用釜镬口的直径四周各大出6寸。其灶之外亦以泥涂饰，其做法与立灶的表面做法相同。

茶炉

【题解】

　　茶炉，亦为炉灶的一种，以煮茶为主要功能。其尺寸较立灶、釜灶、镬灶等要小。其高1.5尺,炉面方0.75尺;炉台方、广,会以其高1尺为则,随其高度增加而有所增大。炉口圆径0.35尺,深0.4尺。

吵眼,疑为与立灶、釜灶或镬灶的灶门相类似的孔眼,位于茶炉的正立面上。其高0.6尺,宽0.3尺。炉内与吵眼相对应处有抢风,斜高向上0.8尺。

另茶炉底仅方0.6尺,而其面却方0.75尺,或可推知,其炉可能是上大下小的倒方锥台形式。茶炉表面亦以灰泥抹饰,令其平整光洁。

造茶炉之制:高一尺五寸。其方、广等皆以高一尺为祖加减之。

面:方七寸五分。

口:圜径三寸五分,深四寸。

吵眼^①:高六寸,广三寸。内抢风斜高向上八寸^②。

【注释】

①吵眼:一种可能是与立灶、釜灶或镬灶的灶门相类似的孔眼,位于茶炉的正立面上。或是专为茶炉设置的一种孔眼,能够起到向炉内通风助燃的作用。

②内抢风:疑为施于茶炉之内的斜向排风孔道。

【译文】

营造茶炉的制度:炉高1.5尺。茶炉外形的方与宽等尺寸,都是以其炉高1尺为标准,随其炉的高度变化加减而得出的。

炉面:其炉高1尺时,其方7.5寸。

炉口:其炉高1尺时,其口圆径3.5寸,口深4寸。

吵眼:其炉高1尺时,其炉上吵眼高6寸,宽3寸。炉内所施抢风的斜高为向上8寸。

凡茶炉,底方六寸,内用铁燎杖八条^①。其泥饰同立灶之制。

【注释】

①铁燎杖:施于茶炉底的炉条,或如今人所称的"炉箅子"。

【译文】

凡营造茶炉,若其炉高1尺,其炉底方6寸,炉内用铁燎杖8条,以做炉箅子用。茶炉外表面所涂泥饰,都与立灶等的做法相同。

垒射垛

【题解】

除了作为宫墙上的射垛形墙头装饰外,疑本节文字所描述的"射垛"可能还有操练军队的功能。如《册府元龟·帝王部·发号令》提到,唐文宗太和元年(827)十一月有诏:"若要习射,并请令本司各制射垛教试,不得将弓箭出城,假托习射从之。"这种用于习射的射垛,具有临时性质,似亦可用"泥作"垒砌方式筑造。

以其墙长5丈,高2丈为率,墙分三段,中心一段长2丈,左、右各长1.5丈,并斜收向里各3尺。大致形成一个微斜向里的"八"字形。从后文所言射垛五峰之间,形成颟内圆势,似也可以看出,这五峰不在一条直线上,两侧四峰,略向内移,故需通过颟内圆势使其在一个圆圈面上展开。由此或也可以推测,这里所垒的射垛,并非一个连续城墙面上的射垛,而是以5丈长、2丈高为一个单位,以坯墼垒砌的墩台状砌体。

所谓"子垛""踏道""踏台",似为登台瞭望或练习射击所用之台,未可知。

因其峰上各安莲华坐瓦火珠一枚,当面以青石灰、白石灰,上以青灰为缘泥饰之,确有装饰性效果,故梁先生所说的"这种'射垛'并不是城墙上防御敌箭的射垛,而是宫墙上射垛形的墙头装饰"的推测,亦有一定道理。

垒射垛之制①:先筑墙,以长五丈,高二丈为率。墙心内长二丈②,两边墙各长一丈五尺;两头斜收向里各三尺③。上垒作五峰④。其峰之高下,皆以墙每一丈之长积而为法。

中峰:每墙长一丈,高二尺⑤。

次中两峰:各高一尺二寸⑥。其心至中峰心各一丈。

两外峰:各高一尺六寸⑦。其心至次中两峰各一丈五尺。

子垛⑧:高同中峰。广减高一尺,厚减高之半。

两边踏道:斜高视子垛,长随垛身。厚减高之半。分作一十二踏;每踏高八寸三分,广一尺二寸五分。

子垛上当心踏台⑨:长一尺二寸,高六寸,面广四寸。厚减面之半,分作三踏,每一尺为一踏。

【注释】

①垒射垛:梁注:"从本篇'制度'可以看出,这种'射垛'并不是城墙上防御敌箭的射垛,而是宫墙上射垛形的墙头装饰。正是因为这原因,所以属于'泥作'。"但射垛本身是有一定功能的,其作用应是古人习射时的箭靶。

②墙心内:疑其墙被分为三段,中间一段称为"墙心",墙心内的长度为2丈。

③两头斜收向里各三尺:若以其垛墙分为3段,中间一段为直墙,两头斜收向里各3尺,则其射垛的平面似为一个有两摆手的"八"字形平面。

④上垒作五峰:指在射垛之上垒砌出5个峰墩。

⑤每墙长一丈,高二尺:以射垛墙每长1丈,其中峰高2尺计;若射垛墙长5丈,则其中峰高1丈。

⑥各高一尺二寸:以射垛墙每长1丈,其次中两峰各高1.2尺计;若射垛墙长5丈,则其次中两峰各高6尺。

⑦各高一尺六寸:以射垛墙每长1丈,其两外峰各高1.6尺计;若射垛墙长5丈,则其两外峰各高8尺。

⑧子垛:疑为与中峰相接的一个垛台。

⑨踏台:施于子垛之上的中心,可以使人站立之台。

【译文】

垒砌射垛的制度:先砌筑墙体,以其墙长5丈,高2丈为一个标准。其墙的中心部分长度为2丈,其中心墙段两侧的墙,长度分别为1.5丈;墙之两头各向中心斜向收进3尺。墙上垒作5个峰墩。其峰墩的高低,都是以其墙每1丈的长度为基准,依其墙的长度按比例推算而出的。

中峰:以其射垛墙每长1丈,其中峰高2尺计。

次中两峰:以其射垛墙每长1丈,其次中两峰各高1.2尺计。其心至中峰心各1丈。

两外峰:以其射垛墙每长1丈,其两外峰各高1.6尺计。其两外峰的中心至次中两峰的中心各长1.5丈。

子垛:其垛之高与中峰的高度相同。其垛的宽度,比其高度减低1尺,其垛之厚比垛之高度减半。

子垛两边所施踏道:踏道的斜高依其子垛的高度而定,踏道之长随子垛的身长而定。踏道之厚为其垛高度的一半。将其踏道分作12步踏阶;每一踏阶的高度为8.3寸,每一踏阶的宽度为1.25尺。

子垛之上的中心踏台:踏台长1.2尺,高6寸,踏台顶面宽4寸。踏台之厚减其顶面尺寸的一半,并将其台再分作3步踏阶,每一踏阶的宽度为1尺。

凡射垛五峰,每中峰高一尺,则其下各厚三寸^①;上收令方,减下厚之半。上收至方一尺五寸止。其两峰之间,并先约度上收之广,相对垂绳,令纵至墙上,为两峰颥内圆势^②。其峰上各安莲华坐瓦火珠各一枚^③。当面以青石灰^④,白石灰,上以青灰为缘泥饰之^⑤。

【注释】

①每中峰高一尺,则其下各厚三寸:以其中峰每高1尺,其峰下垛厚3寸计;若其中峰高1丈,则其峰下之垛厚3尺。

②两峰颥(āo)内圆势:疑指其屋峰的每两峰之间有一个向内颥的圆形曲面。

③莲华坐瓦火珠:五峰顶端所施火珠,其火珠为瓦制,火珠下有莲华坐,可以推测,这一火珠可能是习射之人练习射箭的标靶。

④当面:似指面对习射之人的方向,即射垛的正面。

⑤缘泥:疑指涂抹于射垛边缘的灰泥。

【译文】

凡砌筑射垛,其垛之上有5峰,以其中峰每高1尺,则其峰之下的垛厚为3寸计;垛之上向内收分,使其峰为方形,所收减尺寸为下垛厚度的一半。其峰上收至方1.5尺为止。在其每两峰之间,都应先约度向上收分后的宽度,在两峰之间相对悬以垂绳,使绳垂直向下而贴至墙上,此即可作为两峰向内颥曲的圆势。其射垛的诸峰之上,分别施安有莲华坐的瓦制火珠各1枚。峰垛的正面用青石灰,白石灰涂抹表层,其峰的上部则以青灰涂抹,以作为其峰之边缘的灰泥装饰。

卷第十四　彩画作制度

【题解】

关于彩画作制度的研究与思考，梁思成先生着力颇大，他在关于《彩画作制度》之"总制度"一节所作的注释中，阐释了自己在这些方面的一些研究体会与深入思考。

梁先生谈到："在现存宋代建筑实物中，虽然有为数不算少的木构殿堂和砖石塔，也有少数小木作和瓦件，但彩画实例则可以说没有。这是因为在过去八百余年的漫长岁月中，每次重修，总要油饰一新，原有的彩画就被刮去重画，至少也要重新描补一番。即使有极少数未经这样描画的，颜色也全变了，只能大致看出图案花纹而已，但在中国的古代建筑中，色彩是构成它的艺术形象的一个重要因素，由于这方面实物缺少，因此也使我们难以构成一幅完整的宋代建筑形象图。在《营造法式》的研究中，'彩画作制度'及其图样也因此成为我们最薄弱的一个方面，虽然《法式》中还有其他我们不太懂的方面，如各种灶的砌法、砖瓦窑的砌法等，但不直接影响我们对建筑本身的了解，至于彩画作，我们对它没有足够的了解，就不能得出宋代建筑的全貌，'彩画作制度'是我们在全书中感到困难最多最大，但同时又不能忽略而不予注释的一卷。"在这里，梁先生不仅强调了"彩画作制度"在《法式》整体研究中的重要性，也突出地谈到了这一研究的困难性。

接着，梁先生又谈到："卷十四中所解说的彩画就有五大类，其中三种还附有略加改变的'变'种，再加上几种掺杂的杂间装，可谓品种繁多；比之清代官式只有的'和玺'和'旋子'两种，就复杂得多了，在这两者的比较中，我们看到了彩画装饰由繁而简的这一历史事实。遗憾的是除去少数明代彩画实例外，我们没有南宋、金、元的实例来看出它的发展过程。但从大木作结构方面，我们也看到一个相应的由繁而简的发展。因此可以说，这一趋势是一致的，是历代匠师在几百年结构、施工方面积累的经验的基础上，逐步改进的结果。"这段注不仅将清代官式彩画与宋代彩画的区别做了一个扼要的说明，也透过彩画这一建筑装饰元素，阐释了梁先生对中国古代建筑史的一个重要观点，即从北宋时代，经南宋、金、元至明、清时代，中国建筑经历了一个由繁而简的发展过程。这一过程不仅体现在大木作结构上，也体现在彩画装饰上。

这种透过中国建筑史的视角来观察与研究《法式》文本的做法，在梁思成先生《〈营造法式〉注释》一书中，几乎贯彻始终，对于我们理解《法式》彩画作制度，无疑也具有重要的启发性和指导性意义。

另《法式》文本中，本卷卷首所列小标题的原文"青绿叠晕棱间装"，傅合校本：改"叠"为"叠"，并注："叠，诸本均误'叠'。"本书从改。

本卷图样参见卷第三十三《彩画作制度图样上》图33-1至图33-146，卷第三十四《彩画作图样下·刷饰制度图样》图34-1至图34-64。

总制度

【题解】

关于本节文字的小标题，梁先生解释说："这里所谓'总制度'主要是说明各种染料的泡制与着色的方法。"由此可以了解宋代彩画作制度的基础,是各种染料的制作与着色。其中包括了贴真金地、五彩地、碾玉装或青绿棱间装、沙泥画壁等衬地的做法,以及各种颜料的调色与衬色的方法与过程。

从《法式》文本可知,宋代将建筑彩画分为6个等级,从而应用于不同等级的建筑物中,这6个等级分别是:

1.五彩遍装;

2.碾玉装;

3.青绿叠晕棱间装;

4.解绿装;

5.丹粉装;

6.杂间装。

其中,前3种似用于等级最高或较高的殿阁、厅堂、亭榭等建筑;第4与第5种,用于等级较低的一般性屋舍;杂间装,则似可以与不同等级彩画相搭配,用于建筑群中等级稍低之附属性房屋。

绘制彩画,先要遍铺一道衬底(地),这衬底应该是整幅彩画的底色。然后用较为单一的颜色(草色)和以"粉",分别绘衬出所绘之物,这应该是打草稿的阶段。打完草稿,就可以在衬色之上细致绘制图形(方布细色),并对所绘图形或作"叠晕"处理,或分别对每一开间的彩画填以颜色(分间剔填)。

关于"细色"或"叠晕",文中提出若是绘制五彩装或叠晕碾玉装时,要以赭色笔描画图样。并沿着(旁)所描画的图形之边线(描道),适当地留出粉底与叠晕之底色(量留粉晕)。线道与叠晕之外的其余部分,则用墨笔描画成形。浅色之外,再用粉笔着色盖压墨线。所谓"墨笔""粉笔",当是古代绘画中的两种用笔。如《朱子语录》卷一百二十:"尝看上蔡论语,其初将红笔抹出,后又用青笔抹出,又用黄笔抹出,三四番后,又用墨笔抹出,是要寻那精底。"朱子还谈到,其看某书:"初用银朱画出合处；及再观，则不同矣，乃用粉笔；三观，则又用墨笔。数过之后，则全与元看时不同矣。"这里的红笔、青笔、黄笔、银朱、粉笔、墨笔等，当指笔的不同用色。故而《法式》文本中的意思，疑为先以墨线描绘，浅色之外，再用粉色盖压墨线（墨道）之意。

第一种衬底为贴真金地，是先用鳔胶水遍刷，干后，刷5遍白铅粉；干后，再刷5遍土朱色铅粉。之后，再在其上用熟薄胶水贴金。第二种衬底为五彩地（或用青绿叠晕的碾玉装地），遍刷胶水干后，再先后遍刷白土与铅粉各一遍。第三种衬底为碾玉装或青绿棱间装地（或刷雌黄合绿色地），遍刷胶水干后，再刷一遍青淀和茶土。其中，以一分青淀与二分茶土掺和之。第四种衬底为沙泥画壁。参见卷第十三《泥作制度》"画壁"条。先遍刷胶水干后，再刷白土。刷白土的方式是，先上下立刷，再左右横刷，各1遍。

四种彩画衬底方法，都采用的是先遍刷胶水，再涂衬地之色。其中，以沙泥画壁的衬地做法最为简单，而以贴真金地做法最为细致繁密。另外，在木质材料上做衬地，工序较为繁复；而在土质墙壁上做衬地，工序较为简单。

本节文字中也谈到了有关颜色调制的问题，所涉原料有白土（茶土）、铅粉与代赭石（土朱、土黄），这几种颜料，似主要用于绘制彩画之前的衬地之色。另有藤黄、紫矿、朱红（黄丹）、螺青（紫粉）、雌黄，这几种颜料，更像是以作为调制各种色彩的三原色（红、黄、蓝）而准备的，只是不那么纯粹，例如，也准备了紫色原料。

不同原料的调制方法，各有区别。对于衬地的白土、茶土、铅粉，大体上是，先将原料拣择干净，并捣碎碾细，用掺有胶的稀汤（薄胶汤）或稍有黏结力的水（稍浓水，疑亦掺加少量胶水；或贴真金地时，铅粉用鳔胶水）浸泡少时。然后将极细而淡的色粒（细华）淘出，使之澄清后，将清水倾倒，所余即为可用之颜料。使用时，或量度和以胶水用之，或以热汤浸泡，倾去清水后，再以热水研化，令稀稠适当即可使用。

　　颜料调制的基本方法，除捣碎、研细外，仍用汤淘细华，并使澄清。凡砂砾、粗颗粒皆不用。不同颜料似有一些不同工序。如调制藤黄，除笼罩粉地时外，一般不能用胶。紫矿，需用热汤浸泡搅动（撚）后取其色浆（汁），再少量加汤用之。朱红与黄丹，则要用胶水调制。螺青与紫粉，仍研细用汤调取清而用。其用法又有差别，螺青要澄去浅脚，与碧粉调和使用；紫粉的浅脚，则可以与朱色合而用之。所谓"浅脚"，当是调制澄清过程中，尚可漂浮的颗粒状物。雌黄调制更为细致，捣碎研细之后，还要细加研磨，使之颗粒极细，用热汤将细颗粒淘至别器，澄去清水，再用胶水调和而用。对于淘澄所余稍粗颗粒，要反复研磨、淘澄出细华方可使用。

　　中国古代颜料分石色与水色。石色来自天然矿石，原料多为透明或半透明天然矿物质结晶体，经研磨而成粉末状后，用时再调入适当比例的胶，即可作为颜料使用。水色则是用植物汁液经加工制作而成，或称"草木之色"。据《农政全书·水利》，若饰宫室之墙，"欲设色，以所用色代瓦屑而和之。石色为上，草木为下"，其意即是要对石色与水色加以区别。

　　本节文字还述及了制取石色的方法，仍以青、绿、红三种颜色为主，分别取自生青（或层青）、石绿、朱砂三种原料。

　　取石色之法，即将矿石原料捣碎后，放入水中，漂浮仍有色者再研磨了令细。而将所淘出之土、石及浑浊之水弃之不用。收取近下水内浅色，再研磨至极细，用汤（当即水）淘澄，按照色之轻重分别置于不同器物中。淘澄的过程，是将不同颜色，分为4个层次提取。以青色为例，表面最淡者，为青华（绿华、朱华同）；次而色稍深者，渐次分别为三青（三绿、三朱）、二青（二绿、二朱）、大青（大绿、深朱）。其方法是，澄定之后，倾去清水，待晾干后分别收取之。待用时，再按比例调入胶水后使用。

　　如梁先生所言，这段文字是古人有关绘画创作与建筑彩画之区别，以及建筑彩画"用色之制"之根本诀窍的精妙表述。

　　首先，中国人自古就有"五色"之说，五色对应五行、五方，即青（东方木）、朱（南方火）、白（西方金）、黑（北方水）、黄（中央土）。古人作画，亦主张五色具。如《蜀中广记·画苑记》云："工丹青，状花竹者，虽一蕊一叶必须五色具焉，而后见画之为用也。"而《法式》则认为，五色之中，以青、绿、红三色最为重要。其实，这里的"青"与"绿"，在古人那里，都属与五方五行之"东方木"相关的五色之"青"的范畴。由此似可以推测，尽管古人偶然也会提到青、黄、赤三色，如宋人道书《云笈七签·符图》中有："于是天尊仰而含笑，有青、黄、赤三色之气从口中而出，光明彻照，十方内外，无幽无隐，一切晓明。"但这并不能说明在宋人那里，已经有了红、黄、蓝三原色概念。中国人了解三原色的概念，恐怕是清代受到外来文化影响之后的事情了，如《清稗类钞·宫苑类》中提到："绮花馆在颐和园。有机匠居之，织绸缎焉。每年分赏王公大臣之足头，皆取材于。仅黄、蓝、红三色作寿字花纹，总其成者为尚衣某。"

由上文可知，宋时人将青、绿、红三色作为基本色来用，其余色彩仅仅是作为隔离区分（隔间品合）这三种基本色而用。如用青，则从大青、二青、三青至青华，由深至浅，最浅处之外则用白色渐呈叠晕效果；深色大青之内，则以墨或矿汁更为压深；朱或绿也采用相同方式。这样一种由浅入深，叠晕而白，压深而墨的方式，仅仅用于装饰，以取其对比强烈，夺人眼目之效，恰如织锦中所用组绣华锦之纹样的鲜丽效果一样。

其上是说装饰，包括建筑彩画。接着作者也谈到了绘画，所谓"穷要妙，夺生意"，才能称之为"画"。而绘画创作的用色之制，则显然是不拘一格，且变化万千的，即所谓"随其所写，或浅或深，或轻或重，千变万化，任其自然"。然而，尽管有种种的变化，但绘画之用色，也仍以青、绿、红等基本色为主组合而成，只是不会用到大青、大绿、深朱等最为深沉的色彩，亦不会用到雌黄、白土等十分生硬的颜色。

《梦溪笔谈·故事》中尝云："馆阁新书净本有误书处，以雌黄涂之。尝校改字之法：刮洗则伤纸，纸贴之又易脱，粉涂则字不没，涂数遍方能漫灭。唯雌黄一漫则灭，仍久而不脱。古人谓之铅黄，盖用之有素矣。"

这或就是古人绘画不用雌黄色的原因之一。然而,在宋代建筑彩画中,无论大青、大绿、深朱,还是雌黄、白土等色,都是会经常用到的,但取其轮奂鲜丽之效果而已。

在这里,作者对古人在绘画创作与建筑彩画用色上的不同,分析得十分独到而深刻,既可以帮助我们领悟建筑彩画用色之真谛,也可以加深我们对古人绘画中用色意匠之理解。这或也是梁先生尤为重视这一段文字的原因所在。

(彩画之制)

彩画之制:

先遍衬地①。次以草色和粉②,分衬所画之物。其衬色上,方布细色或叠晕③,或分间剔填④。应用五彩装及叠晕碾玉装者⑤,并以赭笔描画。浅色之外,并旁描道⑥,量留粉晕。其余并以墨笔描画,浅色之外,并用粉笔盖压墨道⑦。

【注释】

①衬地:即为拟绘制的彩画做衬底。《法式》文本中提到的衬地有四种:一为贴真金地,二为五彩地,三为碾玉装或青绿棱间装地,四为沙泥画壁。前三种似是绘制于枓栱、梁柱上的,第四种则是绘制于墙上或栱眼壁上的。"衬地"的方法,是先在需绘制彩画之处,如枓栱、梁柱及画壁上,普遍刷一道胶水。需要做贴真金地之处,要刷鳔胶水。遍刷胶水干后,再刷相应的衬底颜料。

②草色:梁注:"这个'草色'的'草'字,应理解如'草稿''草图'的'草'字,与下文'细色'的'细'字是相对词,并不是一种草绿色。"则这里的"草色"似有简单之色之意,或有潦草着色之意。与"草稿""草图"确有相通之处,当是彩画最初所拟之图案草

底。和粉：这里的"和"，是调制、拌和之意，即用草色汁调制颜料粉末。

③方布：这里的"方"似有两种可能的理解：一，"然后才"的意思，即在分衬所画之物的衬色完成之后，才布染细色或叠晕；二，是"在面上铺展"之意，即衬色完成后，在整个画面上进一步分布细色或叠晕。布，即"布色""分布"之意。

④分间剔填：在完成衬色之后，再依照房屋每一间范围内所应绘制的内容，仔细勾勒描绘。这里的"剔"，并非用刀具雕剔，而是用色笔将其线条勾勒、剔描出来之意。

⑤叠晕：梁注："叠晕是用不同深浅同一颜色由浅到深或由深到浅地排列使用，清代称'退晕'。"

⑥旁：梁注："'旁'即'傍'，即靠着或沿着之义。"

⑦并以墨笔描画，浅色之外，并用粉笔盖压墨道：这句话的意思，疑为先以墨线描绘，浅色之外，再用粉色盖压墨线（墨道）。墨笔、粉笔，所谓"墨笔""粉笔"，指的是古人绘画中的两种用笔。参见本卷"总制度"节题解。墨道，指前文提到的"墨笔描画"之线道，即墨线。

【译文】

绘制彩画的制度：

先在拟绘彩画之处普遍地涂刷一层衬底之色。然后用较为简单清淡的颜色和以粉而调制出色彩，分别衬托出所绘制的图样形象。在衬色之上，再分布精细的色彩或叠晕的图形，或者分别按照每一间的范围勾勒描绘出图形并填以色彩。如果需要采用五彩遍装以及叠晕碾玉装做法的，还要同时用赭色笔描画。在所涂浅淡的颜色之外，都应傍沿其图形的边线再加描摹，并适度留出粉晕的范围。在所描边线与粉晕之后，所余留部分则以墨笔描画，而在浅色之外，皆用粉笔在所画墨线之上再加覆压。

（衬地之法）

衬地之法：

凡枓栱、梁柱及画壁，皆先以胶水遍刷。其贴金地以鳔胶水[1]。

贴真金地：候鳔胶水干，刷白铅粉，候干，又刷；凡五遍。次又刷土朱铅粉，同上。亦五遍。上用熟薄胶水贴金，以绵按，令着寔[2]。候干，以玉或玛瑙或生狗牙斫令光[3]。

五彩地：其碾玉装[4]，若用青绿叠晕者同。候胶水干，先以白土遍刷[5]；候干，又以铅粉刷之。

碾玉装或青绿棱间者[6]：刷雌黄合绿者同[7]。候胶水干，用青淀和茶土刷之[8]。每三分中，一分青淀，二分茶土。

沙泥画壁：亦候胶水干，以好白土纵横刷之。先立刷，候干，次横刷，各一遍。

【注释】

①金地：以金色作为彩画图像的衬底。鳔胶：木工操作中用以将木材黏接在一起的一种胶，这种胶一般是用鱼鳔或猪皮等熬制而成，黏度比较高，抗水性能强，可以使被胶接的木料不怕受潮和水泡。

②令着寔（shí）：使附着坚实牢固。寔，同"实"。

③生狗牙斫（zhuó）令光：傅合校本注：改"斫"为"研"，并注："狼牙长狗牙短，包金作研光均用狼牙。"研（yà），碾磨物体，使光亮。译文从傅注。

④碾玉装：一种以青、绿为主要色调，或亦可偶然点缀以其他色彩的彩画，其画面内外多以多层叠晕的手法，使其所绘图像光洁透明，有如碧玉之感，故称其为"碾玉装"。宋式彩画中，"碾玉装"是

仅次于五彩遍装的一种高等级彩画制度。

⑤白土：疑指一种呈灰白或青白色，且质地较为纯净的土质材料，似可用于作为房屋彩绘图案的衬底之色。

⑥青绿棱间：指彩画作制度中的青绿棱间装或青绿叠晕棱间装的彩画，其制度等级似较碾玉装彩画略低一些。

⑦雌黄合绿：雌黄有矿物与药物两种形态，矿物形态为硫化物类矿物雌黄，呈不规则块状或粒状。其颜色呈柠檬黄色，条痕可显出鲜黄色，将之与绿色调和，当即这里所说的"雌黄合绿"的颜色。

⑧青淀：一种以蓝色为主色调，即一种青色偏蓝的颜色，或亦可称"靛（diàn）蓝"，可以从被称为"蓼（liǎo）蓝"等的草本植物中提取，可做染色用。荼（tú）土：梁注："荼土是什么？不很清楚。"以"荼"有"苦"意，是否指所谓"苦土"？苦土，亦称"氧化镁""灯粉"，分轻质和重质两种：轻质体积蓬松，为白色无定形粉末。无嗅无味无毒。傅合校本注：改"荼"为"茶"，并注："茶，据故宫本、四库本改。"即"和茶土刷之"。茶土为何种土？未解其详。这里暂从梁注本。

【译文】

为房屋彩画作衬底的方法：

凡是在枓栱、梁柱及墙壁上绘制彩画，都应先用胶水在拟绘制彩画的地方普遍地刷一遍。如果其彩画采用的是贴金衬底，就要用鳔胶水刷一遍。

贴真金衬底：等其所刷的鳔胶水干后，再在其上刷白铅粉，等粉干后，再刷一遍；要这样先后刷5遍。然后，再用土朱铅粉刷一遍，与前面一样等候其干。也是刷5遍。在所刷诸层的表面之上，再用熟薄胶水贴金，以绵按压所贴之金，以使其贴得紧密着实。亦等候其干，再用玉或玛瑙抑或用生狗牙等，对其所贴之金的表面碾压摩挲，以使其产生光泽。

为五彩遍装做法衬底：如果是碾玉装，若用青绿叠晕装做法时，也是一样。等胶水干后，先用白土在拟绘制彩画之处普遍涂刷；等干后，再用铅粉在其上涂刷一遍。

为碾玉装或青绿棱间装做法衬底：刷雌黄合绿的做法也是一样。等胶水干后，用青淀色与茶土遍刷一道。其配比是：若其涂料每以3份构成，则其中一份为青淀，二份为茶土。

在沙泥墙壁上作画：也需要等胶水干后，再用好白土纵横两个方向涂刷。先在竖直方向刷，等胶水干后，再在横平方向刷，两者分别各刷一遍。

（调色之法）

调色之法：

白土：茶土同。先拣择令净，用薄胶汤凡下云用汤者同。其称热汤者非[①]。后同。浸少时，候化尽，淘出细华[②]，凡色之极细而淡者皆谓之华。后同。入别器中，澄定，倾去清水，量度再入胶水用之。

铅粉：先研令极细，用稍浓水和成剂[③]，如贴真金地，并以鳔胶水和之。再以热汤浸少时，候稍温，倾去；再用汤研化，令稀稠得所用之。

代赭石[④]：土朱、土黄同。如块小者不捣。先捣令极细，次研，以汤淘取华。次取细者；及澄去，砂石、粗脚不用[⑤]。

藤黄[⑥]：量度所用，研细，以热汤化，淘去砂脚[⑦]，不得用胶。笼罩粉地用之[⑧]。

紫矿[⑨]：先擘开，捋去心内绵无色者[⑩]，次将面上色深者，以热汤捼取汁[⑪]，入少汤用之。若于华心内斡淡或朱地内压深用者[⑫]，熬令色深浅得所用之。

朱红：黄丹同[⑬]。以胶水调令稀稠得所用之。其黄丹用之多涩燥者，调时用生油一点[⑭]。

螺青^⑮：紫粉同。先研令细，以汤调取清用。螺青澄去浅脚，充合碧粉用^⑯；紫粉浅脚充合朱用^⑰。

雌黄^⑱：先捣次研，皆要极细；用热汤淘细华于别器中，澄去清水，方入胶水用之。其淘澄下粗者^⑲，再研再淘细华方可用。忌铅粉黄丹地上用^⑳。恶石灰及油不得相近^㉑。亦不可施之于缣素^㉒。

【注释】

① 热汤：梁注："简单地称'汤'的，含义略如'汁'；'热汤'是开水、热水，或经过加热的各种'汤'。"

② 淘出细华：所谓"华"，如其后文所释："凡色之极细而淡者皆谓之华"，需将这些极细而淡之"华"淘出入别器中，以候其澄定。

③ 稍浓水：梁注："'稍浓水'怎样？'稍浓'？待考。"水非汤，何以"稍浓"，令人费解。陈注：改"水"为"胶水，竹本"。依陈先生，此句当为"用稍浓胶水"。译文从陈先生所改。

④ 代赭（zhě）石：亦属氧化物类矿物刚玉族赤铁矿，在古代似指一种中药名。赭石，属氧化物类矿物中的刚玉族赤铁矿范畴，其成分主要是三氧化二铁，呈暗棕红色或灰黑色，可用做颜料。

⑤ 粗脚：这里所说的"粗脚"，应是淘澄颜料过程中被澄底的较粗的颗粒。

⑥ 藤黄：为藤黄科植物，树名为"海藤"，又名"藤黄"。其树皮渗出的黄色胶质树脂，有毒，经炼制，可用做绘画的黄色颜料。

⑦ 砂脚：与前文的"粗脚"意思相近，只是其材质可能是杂入颜料中的砂粒，需要淘澄去除。

⑧ 笼罩粉地：所谓"粉地"，疑指彩画的粉本底稿，先已用线条绘制在衬底之上，在上色之前需用胶水笼罩一遍，以便于着色。

⑨紫矿：原文"紫矿"，傅合校本注：改"紫"为"绵"，并注："绵，据故宫本、四库本改。"《本草纲目·序例》："紫矿亦木也，自玉石品而取焉。"别名"紫铆"，或"胶虫树"，蝶形花科落叶乔木，花可制红色或黄色染料。绵矿，是否是指石绵矿？未知其详。

⑩挦（xián）去：似与"掀去"或"剥除"义相近。挦，撕，扯。

⑪捻（niǎn）取：这里似乎是说用热水在色深处轻轻捻取，使其色略淡。捻，用手指搓揉。

⑫于华心内斡（wò）淡：以宋人郭熙《林泉高致·画诀》中的说法："淡墨重叠旋而取之，谓之斡淡。"其意似为以淡墨重叠旋旋，在华心处图而绘之。华心，即彩画图案之华文的中心。朱地内压深：其意是将红色衬底之内的色彩进一步压深。朱地，为红色衬底。

⑬黄丹：为橙红色或橙黄色粉末，细腻光滑，无粗粒，别名"铅丹""陶丹""铅黄""黄丹""桃丹粉"等。

⑭用：陶本为"入"字，梁注本改为"用"。徐注："陶本为'入'字，误。"生油一点：这里的"点"应是动词，而非量词，其意似是用生油点一下。

⑮螺青：颜色名。是一种近黑的青色。元陶宗仪《南村辍耕录·写山水诀》："画石之妙，用藤黄水浸入墨笔，自然润色。不可多用，多则要滞笔。间用螺青入墨，亦妙。"

⑯碧粉：疑为一种发青绿色的粉末状颜料。

⑰紫粉浅脚：对应前文"螺青澄去浅脚"，这里是指从紫粉中澄出"浅脚"，即从其中澄出比较浅淡的颜色。

⑱雌黄：有矿物和药物两种形态，为硫化物类矿物的雌黄矿，为块状或粒状的集合体，呈不规则形状。其色为深红或橙红，还会有淡橘红色条痕，晶面则可能呈现金刚石一样的光泽。

⑲淘澄下粗者：当指经过淘澄之后所余下的"粗脚"，即较粗的颜料颗粒。

⑳铅粉黄丹地上：指用铅粉、黄丹作为其彩画的衬底。

㉑恶石灰及油：指粗陋的石灰，或有油渍之物。

㉒缣（jiān）素：意为细绢。

【译文】

调制颜色的方法：

白土：茶土也是一样。先拣挑择别出其中的杂质，使其土比较纯净，然后用淡薄的胶水凡下文所提到用水的情况，都是一样。如果称其水为热水的，就不一样了。后面的情况亦如此。浸泡一段不长的时间，等其土充分泡化后，将其极细而淡的部分淘出来，凡是颜料颗粒极细、色彩清淡者，都可以称为"华"。后面的情况一样。倒入另外的器物之中，将这部分细华澄定后，倾倒出其中的清水，再适量放入胶水中使用。

铅粉：先研磨使其粉极细密，再用稍浓的胶水将其粉调和成剂，如果是贴真金的衬底，都是以鳔胶水调和成剂的。之后，再用热水浸泡一段不长的时间，等其温度稍显温和，就将水倾倒出去；再用淡薄的胶水加以研化，要调制得稀稠适度，适合使用为止。

代赭石：土朱、土黄也一样。若颜料块比较碎小者可以不加捣制。先加以捣制，使其颜料的颗粒十分细密，然后再做研磨，并以淡薄的胶水对其淘洗，以取其细华。然后再取其细华中更为细密者；直至将水澄去，澄余的砂石及较粗的颗粒则不用。

藤黄：按照所需要的用量，将其研磨至细末状，以热水将其溶化，淘去其中颗粒较粗的砂脚，但其热水中不得使用胶。经过处理的藤黄，是为了掩盖彩画的粉地而使用的。

紫矿：先将其矿石擘开，剥除去其心内绵软而无色的部分，然后将其表面色彩较深的部分，用热水撋取其色汁，再在其中加入少量的清淡胶水后使用。如果是在彩画华文的中心部分做幹淡的处理，或是在红色衬底的内部将其压深时使用，则应将其汁再加熬制，以使其色的深浅程度适合使用方可。

朱红：黄丹也是一样。用胶水调制，使其稀稠适度，适合使用为止。若其中所用黄丹较多，其色汁显干涩枯燥时，可在调制时用生油点一下。

螺青：紫粉也是一样。先将其研磨至细密状态，然后用淡薄的胶汤调制并澄取其中较为清淡的部分使用。从螺青中澄出的较为浅淡的部分，可以与碧粉充合使用；紫粉中澄出的较为浅淡部分，可以与朱色充合使用。

雌黄：先将其捣碎然后加以研磨，都需要研磨得极其细密；用热水将其细华淘出，倾入其他器物中，然后澄去其上的清水，就可以加入胶水中使用了。经过淘澄所余下的较粗的颗粒，要再加研磨并进一步淘澄出其细华，方可使用。切忌将铅粉与黄丹施用于彩画的衬底之上。粗糙的石灰以及油类之物也不得与其靠得太近。也不可以将雌黄施绘于细绢之上。

（衬色之法）

衬色之法[①]：

青：以螺青合铅粉为地。铅粉二分，螺青一分。

绿：以槐华汁合螺青、铅粉为地[②]。粉青同上。用槐华一钱熬汁。

红：以紫粉合黄丹为地[③]。或只用黄丹[④]。

【注释】

①衬色之法：为彩画涂刷衬底之色的方法。

②槐华：即槐花，可为染料。据《天工开物·彰施·槐花》："凡槐树十余年后方生花实。花初试未开者曰槐蕊，绿衣所需，犹红花之成红也。取者张度等稠其下而承之。以水煮一沸，漉干捏成饼，入染家用。既放之。花色渐入黄，收用者以石灰少许晒拌而藏之。"

③紫粉：《天工开物·彰施附燕脂》："燕脂，古造法以紫铆染绵者为

上,红花汁及山榴花汁者次之。近济宁路但取染残红花滓为之,
值甚贱。其滓干者名曰紫粉,丹青家或收用,染家则糟粕弃也。"

④用:陶本为"以"字,梁注本改为"用"。徐注:"陶本为'以'字,
误。"

【译文】

调制衬色的方法:

青色:以螺青与铅粉调和后作为衬底之色。其中所用的铅粉占2/3,螺
青占1/3。

绿色:以槐华汁与螺青、铅粉调和后作为衬底之色。其所用的铅粉与
螺青比例与上面相同。再加入1钱用槐华所熬的汁。

红色:以紫粉与黄丹调和后作为衬底之色。或者只用黄丹。

(取石色之法)

取石色之法①:

生青②、层青同③。石绿④、朱砂⑤:并各先捣令略细,若浮
淘青,但研令细。用汤淘出向上土、石、恶水,不用;收取近下
水内浅色,入别器中。然后研令极细,以汤淘澄,分色轻重,
各入别器中。先取水内色淡者谓之青华;石绿者谓之绿华,朱
砂者谓之朱华。次色稍深者,谓之三青,石绿谓之三绿,朱砂谓
之三朱。又色渐深者,谓之二青;石绿谓之二绿,朱砂谓之二朱。
其下色最重者,谓之大青;石绿谓之大绿,朱砂谓之深朱。澄
定,倾去清水,候干收之。如用时,量度入胶水用之。

【注释】

①石色:中国古代颜料分石色与水色。石色来自天然矿石,原料多
为透明或半透明的天然矿物质结晶体,其经研磨而成粉末状后,

再调入适当比例的胶，即可作为颜料使用。

②生青：疑指青礞石，亦有称"生青礞石"者。《本草纲目·礞石》："礞石，江北诸山往往有之，以旴山出者为佳。有青、白二种，以青者为佳。"

③层青：又称作"曾青"，也有一些地方称其为"黄云英""青龙血""赤龙翘""朴青"，为碳酸盐类矿之蓝铜矿石中成层状者，古人亦将其用作颜料的原料之一。《本草纲目·曾青》："曾，音层。其青层层而生，故名。……《造化指南》云：层青生铜矿中，乃石绿之得道者。……《衡山记》云：山有层青冈，出层青，可合仙药。"

④石绿：《本草纲目·空青》："《造化指南》云：铜得紫阳之气而生绿，绿二百年而生石绿，铜始生其中焉。曾、空二青，则石绿之得道者，均谓之矿。"铜在空气中受潮并氧化后产生的绿色碱式碳酸铜，似可在铜矿中发现。

⑤朱砂：《天工开物·丹青》："凡朱砂、水银、银朱，原同一物，所以异名者，由精粗老嫩而分也。"朱砂与古人所称水银、银朱同为一物。又："凡朱砂上品者，穴土十余丈乃得之。始见其苗，磊然白石，谓之朱砂床。近床之砂，有如鸡子大者。其次砂不入药，只为研供画用与升炼水银者。"可知，朱砂中的上品可入药，其略次者可用作颜料，或炼制水银。

【译文】

制取石色的方法：

生青、层青也是一样。石绿、朱砂：这几种石色矿，都应先分别将其捣碎，使得其颗粒略为细碎，如果是浮淘青色，还应将其加以研磨，使其颗粒更为细碎。用淡薄的胶水淘出浮在上面的土、石及含有杂质的水，这些杂物都不可用；再收取接近水中位置较低处的水内的浅色，将其倒入其他容器之中。然后将其研磨，以使其颗粒极其细小，并以水将其再做淘澄，分别其颜色的轻与重，再分别倒入其他容器之中。先提取水内颜色较淡的部分,这一部分称之为"青华";若是从石绿中提取的,则称之为"绿华";从朱砂中提取的,则称之为"朱华"。其次,颜色稍加偏深的部分称之为"三青",若从石绿中提取的,称为"三绿";从朱砂中提取的,称为"三朱"。又其次,其色渐渐显出深沉的部分,称之为"二青";若从石绿中提取的,称为"二绿";从朱砂中提取的,称为"二朱"。最后所余其下颜色最为深沉的部分,则称之为"大青";若从石绿中提取的,称为"大绿";从朱砂中提取的,称为"深朱"。将其澄定之后,倾倒出其上的清水,等干后将其收拢。如使用时,则适量地加入胶水就可以使用了。

(用色之制)①

五色之中②,唯青、绿、红三色为主③,余色隔间品合而已④。其为用亦各不同。且如用青,自大青至青华,外晕用白;朱、绿同。大青之内,用墨或矿汁压深。此只可以施之于装饰等用,但取其轮奂鲜丽,如组绣华锦之文尔。至于穷要妙、夺生意,则谓之画。其用色之制,随其所写,或浅或深,或轻或重,千变万化,任其自然,虽不可以立言,其色之所相,亦不出于此。唯不用大青、大绿、深朱、雌黄、白土之类。

【注释】

①用色之制:梁注:"各版在这下面有小注一百四十九个字,阐述了绘制彩画用色的主要原则,并明确了彩画装饰和画的区别,对我们来说,这一段小注的内容比正文所说的各种颜料的具体泡制方法重要得多。因此我们擅自把小注'升级'为正文,并顶格排版,以免被读者忽略。"

②五色:即青、朱、白、黑、黄。参见本卷"总制度"节题解。

③唯青、绿、红三色为主:宋人将青、绿、红三色作为基本色来用,如

用青,则从大青、二青、三青至青华,由深至浅,最浅处之外则用白
色渐呈叠晕效果;深色大青之内,则以墨或矿汁更为压深;朱或绿
也采用相同方式。这样一种由深入浅,叠晕而白,压深而墨的方
式,仅仅用于装饰,以取其对比强烈、夺人眼目之效。

④余色隔间品合:依《法式》,除了青、绿、红三色,其余色彩主要起
到对这三种基本色彩加以隔离区分,相互协调的作用,即"隔间
品合"。

【译文】

在五色之中,唯以青、绿、红三色为主,其余之色只起到对这三种基
本色彩加以隔离区分与相互协调的作用而已。在这五色的应用中,其做
法也是各有不同。具体来讲,若用青色,从深沉的大青至浅淡的青华,其
外晕部分都采用白色;朱色与绿色也是一样。在大青之内,则用墨色或矿汁
做进一步压深。这种做法只可以施之于追求装饰等效果之时的应用,只
是为了突出其美轮美奂光鲜亮丽的效果,有如组绣华锦的纹饰一样。达
到穷其极致之美妙、争其生动之意蕴者,才能够被称之为"画"。而画之
用色的制度,则随其所描绘之物,或浅或深,或轻或重,千变万化,任其自
然,这样的绘画虽然不可以用言语表达,但其画面之色彩所表达出的意
境与图像,却也不会跳出这一范畴。只是其中一般不采用大青、大绿、深朱、雌
黄、白土之类的生硬之色罢了。

五彩遍装

【题解】

关于"五彩遍装"彩画,梁先生的解释言简意赅:"顾名思义,'五彩
遍装'不但是五色缤纷,而且是'遍地开花'的。这是明、清彩画中所没
有的。"显然,五彩遍装是宋式建筑中特有的一种高等级彩画形式。

本节行文的开篇,就提到了与宋式彩画所留"缘道"有关的两个基

本概念：一，所留彩画缘道之广；二，"外留空缘"的问题。

依《法式》行文中描述的规则，彩画缘道所留宽度，梁栿之类为2分°，枓栱之类为1分°，此外，还留有空缘，其宽为外缘道宽度的1/3。具体所留宽度，应以每座建筑所用枓栱之材分°值折算而出。

缘道内用青（或绿、朱）叠晕，其方法有如清代彩画中的"退晕"，即以单色由浅入深地刷绘。外缘道之外所留空缘，则与外缘道对晕。其意当是用不同色相的颜色相对叠晕，以强化对构件边缘的勾勒效果。

身内则绘以诸样华文，或以诸华之间相互交叉错杂之构图而绘之。勾勒出诸华轮廓后，再用朱或青、绿色剔地，即对华文边线以内部分着以朱或青、绿色，令华文效果趋于丰满圆润、鲜丽轮奂。

所谓"华文"，是宋代营造中最为常见的装饰题材之一。从本段行文中可知，宋代彩画中的华文，分为9种题材。前3种华文，分别是：一，海石榴华（宝牙华、太平华）；二，宝相华（牡丹华）；三，莲荷华。重要的是，这3种华文，是可以在房屋室内外不同部位通用的。当然，其文中也强调了，这3种华文比较多地相间施用于梁栿、阑额（内额）、椽子、柱子、枓、栱、昂、栱眼壁及白版等之内。

除了这3种通用华文之外，还有几种仅限用于一些特殊位置上的华文，如：其四，团窠空照（团窠柿蒂、方胜合罗），相间施用于方子、槫桁、枓栱、飞子。其五，圈头合子。其六，豹脚合晕（梭身合晕、连珠合晕、偏晕），相间施用于方子、槫桁、飞子、大连檐、小连檐。其七，玛瑙地（玻璃地），相间施用于方子、槫桁、枓子内。其八，鱼鳞旗脚，相间施用于梁栿下、栱下。其九，圈头柿蒂（胡玛瑙），相间施用于枓子之内。

《法式》行文中所云"团窠华文"，似指团华如窠状图案，为大略呈圆形轮廓的主题纹样。柿蒂，是一种两曲线相切呈尖拱角状的纹样，则团窠柿蒂，即曲线相合如尖拱角状团窠华文。方胜华文，为斜置四方如菱形状，内有华文。圈头合子，则似在华文之外围以方框形式或其他形式外圈形成的图案。豹脚合晕，与之后的梭身合晕、连珠合晕当有相关联处,似有两个图形相衔合并叠晕之意,故这里的"豹脚合晕",似为两曲线相切如豹脚状。梭身合晕,则其图案应与古人织锦所用梭子轮廓比较接近;连珠合晕,其意当为两个以上的圆形珠子相互连缀而成之图案。偏晕,似为偏于一侧之叠晕图形。玛瑙地,或玻璃地,似为将古人传说中的珍宝玛瑙或玻璃等抽象并图案化而形成的一种纹样。旗脚,似为将古人所持旗帜之边角加以抽象并图案化。

除了华文之外,本节文字中还列出了《法式》彩画中所施用的6种琐文图案。例如,前4种琐文图案的用途稍微宽泛一些,可用于椽檐方、榑、柱头、枓子内等处,而四出、六出还可以用于栱头、椽头、方桁等处。这4种图案分别是:一,琐子(连环琐、玛瑙琐、叠环);二,簟文(金铤、银铤、方环);三,罗地龟文(六出龟文、交脚龟文);四,四出(六出)等。

另外的两种琐文图案,其施用的位置就受到一定的局限:五,剑环,主要用于枓内。六,曲水(或作"王"字、"万"字、枓底、钥匙头等),主要用于普拍方内外。

簟文,似为古人织席时采用的一种图案形式。唐人撰《竹赋》中有:"则五离十折,丝剖毫分,萦九华于纨扇,结双雄于簟文。"纵横交错的簟席纹样,也给人以启发,形成宋代彩画中的一种纹饰,其形还有金铤、银铤、方环等式样。

从罗地龟文之名目,可知其为如龟文状琐文;罗地,则如罗织于地上的效果。六出龟文,似为两个方向的龟文,相互咬合连琐而成的图案。

剑环,似乎是将刀剑上之环佩抽象为琐文的一种图案形式。因其形式较为独特,且较小巧,故适用于面积较小的枓内。曲水,则为水式纹样曲折连环而成的琐文。至于"王"字、"万(卍)"字、枓底(覆枓之底)、钥匙头等,皆为简单图形的重复与连琐,可以形成一些连续形态的琐文图案,故用于普拍方内外。

如何在建筑物的木构件上绘制彩画,也是《法式》本节行文中述及的重点之一。依《法式》的表述,若在殿阁、厅堂或亭榭的梁栿、阑额、内额或柱子上绘制华文,并在华文之内穿插绘制行龙、飞禽、走兽等形象,则用赭色笔将所绘形象描摹于之前衬地时遍刷的白粉地上,然后用较浅的颜色轻拂画面,使画面变得清淡柔和一些。

若是以五彩遍装或碾玉装绘制的华文,则宜采用"白画"的方式绘制出来。以碾玉装绘制的华文,也要用浅色轻拂,使之稍淡,或用五彩在形象周边加以衬托。如果是在方子或桁槫内以绘制行龙、飞禽或走兽时,则要在这些形象周围的空地上满布云文。其中原委可能是,这些形象被绘于柱头以上的方子,或是梁栿以上的桁槫之上,故若以表现天空的云文为画面背景,则与室内空间气氛更为协调。

其行文还对在华文内"间以行龙、飞禽、走兽之类",做了进一步的延展,亦即将华文内所间插描绘的形象具体化,其中包括飞仙、飞禽、走兽、云文等四个方面的内容。

彩画中出现的这些飞仙、飞禽、走兽等,也多出现于雕混作制度中。其中的师子,即狮子;凤皇,即凤凰;而羜羊,梁注本中改为了"羚羊"。羜羊,原意为出生仅5个月的小羊;而羚羊,则为一种野生羊。本书仍据《法式》原文写为"羜羊"。

文中提到的两种云文的分法,即吴云与曹云,与卷第五《大木作制度二》中的两种屋顶,吴殿与曹殿,在称谓上有相类之处。据卷第五《大木作制度二》"阳马·厦两头造(九脊殿)角梁"条:"凡造四阿殿阁,……(俗谓之吴殿,亦曰五脊殿。)"与"凡堂厅并厦两头造,……(俗谓之曹殿,又曰汉殿,亦曰九脊殿。)"未知"吴云""曹云"和"吴殿""曹殿"之间,有什么关联。

关于彩画作制度中的"五彩遍装",《法式》文本中只述及柱、额、椽、飞子及连檐几个方面的彩画绘制,并未论及殿阁、厅堂、亭榭之室内诸梁栿、平棊等名件上的彩画绘制。从直觉上观察,这里的"五彩遍装",似乎主要指的是房屋外檐之柱额、椽飞等可见部分的彩画绘制,甚至未谈及科栱、栱眼壁等处。其原由或是因为,在前文所述的叠晕之法中,重点所谈恰是枓、栱、昂及梁、额之类。或可以推测,宋人是将枓栱、梁额等与室内关联比较密切的构件,纳入叠晕彩画的范畴之内;而将柱子,外檐的檐额、大额及由额,和室外的椽子、飞子及大连檐等对建筑外观有较大影响的构件,纳入五彩遍装彩画的范畴之内。

(五彩遍装之制)

五彩遍装之制[①]:梁、栱之类,外棱四周皆留缘道[②],用青、绿或朱叠晕[③],梁栿之类缘道,其广二分。[④]枓栱之类,其广一分。内施五彩诸华间杂,用朱或青、绿剔地,外留空缘[⑤],与外缘道对晕[⑥]。其空缘之广,减外缘道三分之一。

【注释】

①五彩遍装:梁注:"顾名思义,'五彩遍装'不但是五色缤纷,而且是'遍地开花'的。这是明、清彩画中所没有的。从'制度'和'图样'中可以看出,不但在梁栿、阑额上画各种花纹,甚至枓、栱、椽子、飞子上也画五颜六色的彩画。这和明清以后的彩画在风格上,在装饰效果上有极大的不同,在国内已看不见了,但在日本一些平安、镰仓时期的古建筑中,还可以看到。"

②缘道:这段文字将彩画分为外棱四周的"内"与"缘道"两个部分。所谓"内",结合后文,其义当为"身内"。缘道,一般位于建筑构件边缘部分,大约相当于勾勒出一个建筑构件的外轮廓。缘道,又可以进一步细分为"空缘"与"外缘道"。

③叠晕:是在古代绘画"晕染"基础上发展起来的一种彩画绘制技法。一般是以一种相同的颜色为基础,调制出2种或更多该颜色的不同色阶,并依次将这些不同色阶的颜色加以序列排布,以造成某种特殊的具有空气感与层次感的晕染效果。

④其广二分°：梁注："原文作'其广二分'，按文义，是指'材分°'之'分°'，故写作'分°'。"这里的"分°"仍是枓栱材分°制度之"分°"，其音与"份"同。下一句"其广一分°"同。

⑤外留空缘：梁注："空缘用什么颜色，未说明。"

⑥对晕：疑指采用不同色相的颜色，使内外相对做叠晕处理，以强化对构件边缘的勾勒与凸显效果。

【译文】

绘制五彩遍装的制度：房屋内外的梁、栱之类名件，其外棱的四周都应留出缘道，缘道之内则用青、绿或朱红色做叠晕的晕染处理，梁栿之类所留缘道，宽度一般为其所用材的2分°。枓栱之类所留缘道，宽度为其屋所用材的1分°。在缘道之内，以五彩施绘，各种华文互有间杂，并用朱红或青、绿色勾描出所绘图形之底衬，五彩之外留出内外相隔的空缘，并与其名件的外缘道做对晕的处理。其空缘的宽度，比外缘道的宽度缩减三分之一。

（华文九品）

华文有九品①：一曰海石榴华，宝牙华、太平华之类同②。二曰宝相华，牡丹华之类同。三曰莲荷华，以上宜于梁、额、椽檐方、椽、柱、枓、栱、材、昂、栱眼壁及白版内；凡名件之上，皆可通用。其海石榴，若华叶肥大，不见枝条者，谓之铺地卷成；如华叶肥大而微露枝条者，谓之枝条卷成；并亦通用。其牡丹华及莲荷华，或作写生画者，施之于梁、额或栱眼壁内。四曰团窠宝照③。团窠柿蒂、方胜合罗之类同④；以上宜于方桁、枓栱内、飞子面，相间用之。五曰圈头合子；六曰豹脚合晕，梭身合晕、连珠合晕、偏晕之类同；以上宜于方桁内、飞子及大、小连檐，相间用之；七曰玛瑙地⑤，玻璃地之类同⑥；以上宜于方桁、枓内，相间用之。八曰鱼鳞旗脚⑦，

宜于梁、栱下，相间用之。**九曰圈头柿蒂**⑧。胡玛瑙之类同⑨；以上
宜于枓内，相间用之。

【注释】

①华文：与"花纹"在意义上有相类之处，指在古代彩画中所表现的各
种图像，包括以不同的植物或自然物体加以抽象化的纹样与图案。

②太平华：疑即以"太平花"为母题的花形图案。太平花为虎耳草
科，山梅花属植物，是一种北方山林中常见的多年生落叶灌木。
古人或借其花卉名称的吉祥之意而用之。

③团窠（kē）：原文"团科"，梁注本均改为"团窠"。傅注：改"团
科"为"团窠"，并注："团窠，丁本、四库本，'窠'作'科'，或误作
'科'。按《新唐书·舆服志》六品以下服绫小窠无文，应以'窠'
为当。"

④团窠柿蒂：陈注"柿蒂"之"蒂"："竹本。"梁注本与傅合校本未做
改动，仍从梁注本。

⑤玛瑙地：采用玛瑙文形式的图案作为其彩画图案的母题或衬底。

⑥玻璃地：古人所理解的"玻璃"是一种罕见如玉一样的珍宝，故疑
将当时稀见的玻璃器物约化为一种图案，并作为彩画图案的母题
或衬底。

⑦鱼鳞旗脚：疑指一种类似鱼鳞状的图案，其构图上又显现出类似
古代彩旗之一角的外轮廓，故称"鱼鳞旗脚"。这里的"脚"与
"角"，字义似有相通之处。

⑧圈头柿蒂：这里的"圈头柿蒂"，当指以圈头柿蒂为母题的彩画图
案形式。柿蒂，指成熟柿子的结蒂处，略近圆形，有一定的图案
效果。

⑨胡玛瑙：疑指一种外来的玛瑙形式，被约化为一种较为抽象的母
题化彩画图案形式。其形状略近菱状圆形，与圈头柿蒂在构图上

有一些相近之处。

【译文】

五彩遍装彩画中所采用的华文分为九个品第：第一种称为"海石榴华"，宝牙华、太平华之类与之相同。第二种称为"宝相华"，牡丹华之类与之相同。第三种称为"莲荷华"，以上这三种，适宜施绘于梁、额、橑檐方、椽子、柱子、枓、栱、材、昂、栱眼壁以及白版之内；或者可以说，凡是房屋内外的各种名件之上，这三种华文都是可以通用的。其中海石榴华，如果采用的是花叶肥大，不见枝条的纹样，就可以称为"铺地卷成"做法；如果是花叶肥大，而且微露出枝条的形式，则可以称为"枝条卷成"做法；这两种做法也都是可以通用的。其他如牡丹华及莲荷华，可以作为写生画的形式来表现，并将其施绘于梁、额或栱眼壁之内。第四种称为"团窠宝照"。团窠柿蒂、方胜合罗之类与之相同；这几种形式适宜施绘于方桁、枓栱之内，或施绘于飞子及大、小连檐的表面，在这些名件上施绘时，可以在名件之间相互间隔施用。第五种称为"圈头合子"；第六种称为"豹脚合晕"，梭身合晕、连珠合晕、偏晕之类与之相同；以上三种华文适宜施绘于方桁之内，并可以在飞子及大、小连檐中，相互间隔施用。第七种称为"玛瑙地"，玻璃地之类与之相同；上面提到的这种华文适宜于方桁、枓之内，也应相互间隔施用。第八种称为"鱼鳞旗脚"，这种华文适宜施绘于梁、栱之下，也应相互间隔施用。第九种称为"圈头柿蒂"。胡玛瑙之类与之相同；这两种华文，适宜施绘于枓内，亦应相互间隔施用。

（琐文六品）

琐文有六品^①：一曰琐子^②；联环琐、玛瑙琐、叠环之类同^③。二曰簟文^④；金铤、文银铤、方环之类同^⑤。三曰罗地龟文^⑥；六出龟文、交脚龟文之类同^⑦。四曰四出；六出之类同^⑧；以上宜以橑檐方、槫、柱头及枓内；其四出、六出，亦宜于栱头、椽头、方桁，相间用之。五曰剑环^⑨；宜于枓内，相间用之。六曰曲水^⑩。或作"王"字及"万"字，或作枓底及钥匙头^⑪，宜于普拍方内外用之。

【注释】

①琐文：是一种更为图案化的装饰纹样，是可能早在汉代就已形成的一种图案形式。据《雍录·青琐》："汉给事中夕入青琐门拜青琐者，孟康曰：以青画户边，镂中，天子制也。师古曰：青琐者为连琐文而青涂也。故给事所拜在此门也。"文，纹路，纹理。本书仍用"文"。

②琐子：是一种不仅出现于彩画作，也出现于小木作中的相连琐文式图案形式。《类说》卷一："上赐虢国七宝冠，国忠琐子金带，皆希代之宝。"这里的"琐子金带"，也呈连贯琐文式图案。下文提到的连环琐、玛瑙琐、叠环等，皆属以琐子形态环环相扣的图案。

③联环琐：又作"连环琐"，似指环环相连的琐文图案形式。玛瑙琐：古人常以玛瑙为装饰，这里疑是用玛瑙轮廓构成的琐文图案。

④簟（diàn）文：似为古人织席时织出的图案形式。唐人撰《竹赋》中有："则五离十折，丝剖毫分，萦九华于纨扇，结双雉于簟文。"纵横交错的簟席纹样，也给人以启发，形成宋代彩画作中的一种纹饰。

⑤金铤（dìng）：与"金锭"意义相近，指熔铸成条块等固定形状的黄金。这里当指以金色绘制的金铤图案。铤，为尚未经过冶炼陶铸的铜或铁。文银铤：傅合校本注："故宫本无'铤'字。"疑指以古代文银形式绘制的图案。

⑥罗地龟文：疑为龟文状琐文。罗地，则如罗织于地上的效果。

⑦六出龟文：似为两个方向的龟文，相互咬合连琐而成的图案。交脚龟文：疑为两龟文呈相互交错状形式。

⑧四出、六出：皆为以中心点向四个方向或六个方向延伸相互交错连接的琐文图案。

⑨剑环：疑是将刀剑上的环佩抽象为一种图案，因其形式较为独特，且较小巧，故适用于面积较小的枓内。

⑩曲水：似指由水式纹样曲折连环而成的琐文。

⑪枓底:这里的"枓底",非指"枓底"本身。因为"枓栱"之"枓"
的"枓底",一般是看不到的,所以从上下文看,这里的"枓底"指
的应是一种琐文图案,其基本形式与枓之底相近。钥匙头:本为
小木作制度中的一种构件,从上下文看,亦是将其形式作为一种
图案纹样,施绘于房屋名件之上。

【译文】

琐文式彩画分为六个品第:第一种称为"琐子文";联环琐、玛瑙琐、叠
环之类纹样与之相同。第二种称为"簟文";金铤、文银铤、方环之类纹样与之相
同。第三种称为"罗地龟文";六出龟文、交脚龟文之类纹样与之相同。第四种
称为"四出文";六出文之类纹样与之相同;以上四种适宜施绘于橑檐方、榑、柱头
及枓之内;其中的四出文、六出文,也适宜施绘于栱头、椽头、方桁之上,只是应相互
间隔施用。第五种称为"剑环文";适宜施绘于枓内,亦应相互间隔施用。第六
种称为"曲水文"。或可以作"王"字及"万"字文,抑或可以绘作覆枓之底的形
式及钥匙头形式,这几种琐文适宜施绘于普拍方的内外表面。

(华文及其内形象绘制)

凡华文施之于梁、额、柱者,或间以行龙、飞禽、走兽之
类于华内①,其飞、走之物,用赭笔描之于白粉地上②,或更
以浅色拂淡。若五彩及碾玉装华内③,宜用白画④;其碾玉华内者,
亦宜用浅色拂淡,或以五彩装饰。如方、桁之类,全用龙、凤、
走、飞者,则遍地以云文补空⑤。

【注释】

①华内:指在华文图案之内。

②白粉地:梁注:"这里所谓'白粉地'就是上文'衬地之法'中'五
彩地'一条下所说的'先以白土遍刷,……又以铅粉刷之'的'白

粉地'。我们理解是,在彩画全部完成后,这一遍'白粉地'就全部被遮盖起来,不露在表面了。"

③碾玉装华内:指在以碾玉装方式绘制的华文图案之内。以青、绿为基本色调,采取多层叠晕的方式,并在图形外边缘留出白晕,使所绘制的图形宛如有光泽的碧玉,这种宋式营造中的彩绘形式,称"碾玉装"。

④白画:疑即中国画中的白描。如唐人段成式撰《酉阳杂俎·寺塔记》中提到:"南中三门里东壁上,吴道玄白画地狱变,笔力劲怒。……院门上白画树石,颇似阎立德。"

⑤遍地:指所绘彩画图案的全部图底,亦即上文中提到的"衬地"。

【译文】

凡是将华文施绘于梁、额、柱之上,或是华文中还间插以行龙、飞禽、走兽之类于其内,其中的飞禽、走兽等物,应用赭笔将其形象勾描于白土与铅粉所刷的白色衬底之上,或者将这些飞禽、走兽等形象再用浅色加以拂淡。如果是在五彩遍装及碾玉装的华文之内,适宜采用白描的绘制方法;若是在碾玉装的华文之内,也还适宜于用浅色将其图像加以拂淡,或者以五彩对其图像加以装饰。如果是将图形绘于方、桁之类上,且采用的完全是龙、凤、走兽、飞禽之类形象的,则要以云文形式对其衬底的空白之处普遍加以填补。

(飞仙、飞禽、走兽、云文)

飞仙之类有二品:一曰飞仙,二曰嫔伽。共命鸟之类同①。

飞禽之类有三品:一曰凤皇②,鸾、鹤、孔雀之类同③。二曰鹦鹉,山鹧、练鹊、锦鸡之类同④。三曰鸳鸯。䴇鹒、鹅、鸭之类同⑤。其骑跨飞禽人物有五品:一曰真人,二曰女真,三曰仙童⑥,四曰玉女,五曰化生。

走兽之类有四品:一曰师子⑦,麒麟、狻猊、獬豸之类同⑧。

二曰天马，海马、仙鹿之类同。三曰羚羊^⑨，山羊、华羊之类同^⑩。四曰白象。驯犀、黑熊之类同。其骑跨、牵拽走兽人物有三品：一曰拂菻^⑪，二曰獠蛮^⑫，三曰化生。若天马、仙鹿、羚羊，亦可用真人等骑跨。

云文有二品：一曰吴云^⑬，二曰曹云^⑭。蕙草云、蛮云之类同^⑮。

【注释】

①共命鸟：本为佛经中提到的一种神鸟，其外形为一身两首，人面禽形，自鸣其名，故古人从"共命"二字取其义而用之。传说共命鸟有厌火功能，可装饰在屋顶之上，其形式为以手紧握铁链，并把牢屋顶脊饰中的宝瓶。也用于壁画中，如将共命鸟形象充作供养人的角色。这里将其与仙人等图像列为一类。

②凤皇：即中国古代传说中的神鸟凤凰。

③鸾（luán）：中国古代传说中一种与凤凰相类的鸟。这里用作彩画作中的鸟类装饰图像。

④山鹧（zhè）：指山鹊，或即是"山鹊"的别称。这里用作彩画作中的鸟类装饰图像。练鹊：一种与鸲鹆（qú yù，俗称"八哥"）相类，但体形较小的鸟类。其雄鸟头上有羽冠，尾部有两根较长的羽毛，头部羽毛发黑，略显蓝色光泽，其背部呈深褐色，腹部则为白色。其雌鸟的背部和头部均为褐色，羽冠不显著，其尾亦无长羽毛。这里用作彩画作中的鸟类装饰图像。

⑤鸂鶒（xī chì）：一种水鸟名。其形体较鸳鸯大一些，毛色中多紫色，且多并游。俗语中亦称其为"紫鸳鸯"。这里用作彩画作中的鸟类装饰图像。

⑥仙童：陈注："图样作'金'。"傅合校本注："卷三十三图样，'仙'作'金'。"又注："故宫本、四库本均作'仙'。"暂从原文。

⑦师子：即"狮子"。

⑧狻猊（suān ní）、獬豸（xiè zhì）：中国古代传说中的神兽。参见卷第十三《瓦作制度》"垒屋脊"条相关注释。

⑨羘（zhù）羊：傅合校本注："羘羊，避宋讳，缺末笔。"参见卷第十二《雕作制度》"混作"条相关注释。

⑩华羊：傅合校本注："疑是黄羊。"

⑪拂菻（lǐn）：梁注："菻，音檩。在我国古史籍中称东罗马帝国为'拂菻'。这里是西方'胡人'的意思。"参见卷第十二《雕作制度》"混作"条相关注释。

⑫獠（lǎo）蛮：当是对南方少数民族的一种蔑称。

⑬吴云：陈注："《雕作》作'胡'。"傅合校本注："吴云，卷十二《雕作制度》作'胡云'，未知孰是。"

⑭曹云：傅合校本注："吴云、曹云均无图，其形状与出处不明。"

⑮蕙草云、蛮云之类同：傅合校本：前加"用"字，为"用蕙草云、蛮云之类同"。并注："用，据故宫本增。"

【译文】

华文内所间插的飞仙之类形象有两种品第：第一种称为"飞仙"，第二种称为"嫔伽"。共命鸟之类与之相同。

华文内所间插的飞禽之类形象有三种品第：第一种称为"凤凰"，鸾、鹤、孔雀之类与之相同。第二种称为"鹦鹉"，山鹧、练鹊、锦鸡之类与之相同。第三种称为"鸳鸯"。谿鹅、鹅、鸭之类与之相同。与之相关的骑跨飞禽的人物形象有五种品第：第一种真人，第二种女真，第三种仙童，第四种玉女，第五种化生。

华文内所间插的走兽之类形象有四种品第：第一种称为"狮子"，麒麟、狻猊、獬豸之类与之相同。第二种称为"天马"，海马、仙鹿之类与之相同。第三种称为"羘羊"，山羊、华羊之类与之相同。第四种称为"白象"，驯犀、黑熊之类与之相同。与这些走兽形象相关的骑跨、牵拽走兽的人物亦有三种品第：第一种称"拂菻"，第二种称"獠蛮"，第三种称"化生"。如果是天马、仙鹿、羘羊等，也可以采用真人等骑跨的形式。

作为衬底的云文图案有两种品第：第一种称"吴云"，第二种称"曹云"。此外如蕙草云、蛮云之类与之相同。

（间装之法）

间装之法①：青地上华文，以赤黄、红、绿相间；外棱用红叠晕。红地上，华文青、绿，心内以红相间；外棱用青或绿叠晕。绿地上华文，以赤黄、红、青相间；外棱用青、红、赤黄叠晕。其牙头青、绿②，地用赤黄；牙朱，地以二绿；若枝条绿，地用藤黄汁，罩以丹华或薄矿水节淡③；青、红地，如白地上单枝条④，用二绿，随墨以绿华合粉，罩以三绿、二绿节淡。

【注释】

①间装之法：字面理解，是将不同色相相间而用的一种彩画绘制方法。如以青色为地，其上华文则以赤黄、红、绿色相间绘之；华文之外棱，则用红色叠晕。同理，以红色为地，其上华文则以青、绿相间，而其心内仍以红相间；华文之外棱，则以青、绿叠晕。其原则大体是，若以冷色调为地，其华文以暖色调绘制，而其心或外棱，仍用冷色调叠晕，以反衬华文的效果。反之，以暖色调为地，其华文以冷色调绘制，其心内及外棱仍用暖色调，以反衬华文效果。华文图案本身也会用不同的色彩相间使用，以使华文显得更为鲜丽。

②牙头：文中的"牙头"或"牙"，疑指华文图案中向外凸出的轮廓线。其牙头为青、绿色时，地用赤黄色；牙头为朱色时，地用二绿色；若华文中的枝条为绿色，地用藤黄汁；但为防止藤黄颜色过于生硬，则用丹华或薄矿水节淡。其基本原则是华文为冷色调，地

为暖色调。

③丹华：据《抱朴子内篇·金丹》："第一之丹名曰丹华。当先作玄黄，用雄黄水、矾石水、戎盐、卤盐、礜石、牡蛎、赤石脂、滑石、胡粉各数十斤，以为六一泥，火之三十六日成，服七之日仙。"可知"丹华"为道家所炼金丹之一。但这里的"丹华"当为一种颜色。参考《抱朴子》，则其色可能与黄、赤两色有些关联。薄矿水：疑指"取石色之法"中泡制矿石，提取诸色时澄出的淡而有色之水。节淡：梁注："'节淡'的准确含义待考。"从上下文推测，如果其彩画之地或其画中的华文色彩过于强烈或生硬，则应通过罩色的方式，使其变得柔和清淡一些。如藤黄色地，罩以丹华或薄矿水；随墨并以绿华合粉的华文，则罩以三绿、二绿，如此等等。

④白地：疑即前文提到的"白粉地"。参见本卷"五彩遍装·华文及其内形象绘制"条相关注释。

【译文】

间装式彩画的方法：在青色衬底之上绘以华文，其间以赤黄色、红色、绿色使得诸色彼此相互间插；若其名件外棱部分用红色做叠晕处理。在红色衬底之上，其华文用青色、绿色，华文心内则以红色相间插；其名件外棱部分用青色或绿色叠晕。在绿地之上的华文，用赤黄色、红色、青色相间插；其名件外棱用青色、红色、赤黄色叠晕。若其华文用牙头青色、绿色，其衬底用赤黄色；若其华文用牙朱色，其衬底用二绿色；若其华文用枝条绿色，其衬底用藤黄汁，并罩以丹华或薄矿水将其形象加以节淡；若其衬底为青色、红色，如同在白色衬底上绘以单枝条一样，其华文用二绿，同时随其墨线以绿华合粉绘之，再罩以三绿、二绿，以将其形象加以节淡。

（叠晕之法）

【题解】

本条行文的前一部分文字说的是彩画叠晕的一般性绘制方法。宋代彩画叠晕的基本原则,是从外向内,由浅入深。如用青色,最外用青华,次以三青、二青、大青,大青之内,用深墨压心。同样的情况,可以用于绿色、红色。只是在其压心处,绿以深色草汁遮盖之,红以深色紫矿遮盖之。

在华文最外缘,如青华之外,要留出一围(一晕)粉地。红、绿华之外亦做同样的处理。但在叠晕色之内,绿色则用二绿华,红色则用藤黄汁再加晕一道。如果华文或边缘(缘道)过于狭小,以及在房屋内外比较高远、视觉难以观察的地方,其心内则可以不用三青或其他深色压罩了。

此外,如果用赤黄色叠晕,也大致遵循前述的规则,即先遍刷粉地,再用朱华合粉压晕,再用藤黄通遮盖一遍,最后以深朱色压心。但若以草绿汁压晕,则用螺青华汁与藤黄相和,再适当加入一点儿好墨与胶即可。螺青,为青色的一种,则"螺青华"是一种较为浅淡的青色。螺青华汁与藤黄相和,当为一种较浅的绿色,若再点入一点墨,则应显现为一种比较中和的淡绿色。

后一部分文字,则叙述如何在枓、栱、昂、梁、额等建筑名件上做叠晕的彩画处理。结合下文,似可以将这里的梁、额理解为房屋室内的梁栿与内额,而非外檐之檐额、阑额。

在枓、栱、昂及梁、额上施叠晕之法的基本原则是,这些构件的外棱如果做缘道叠晕处理,则应该使深色在外;而其华文之内,则勒描(剔)以地色,并将华文中的浅色设在华文的外侧,与外棱做对晕的处理。也就是说,外棱缘道,自外向内,由深入浅;而其内华文,由内向外,亦由深而浅,在两者相交处以浅色相对。凡华文叠晕,皆使浅色在外,由浅入深,并以深色压心。

如果外缘道用金色,那么梁栿、枓栱的金色缘道的宽度与叠晕的宽度相同。金色缘道之内,用青色或绿色压之,而青、绿二色的宽度相当于其外金色缘道宽度的1/5。

叠晕之法[①]：自浅色起，先以青华，绿以绿华，红以朱华粉。次以三青，绿以三绿，红以三朱。次以二青，绿以二绿，红以二朱。次以大青，绿以大绿，红以深朱。大青之内，用深墨压心，绿以深色草汁罩心，朱以深色紫矿罩心。青华之外，留粉地一晕。红、绿准此，其晕内二绿华，或用藤黄汁罩加[②]；华文、缘道等狭小，或在高远处，即不用三青等及深色压罩。凡染赤黄，先布粉地，次以朱华合粉压晕，次用藤黄通罩，次以深朱压心。若合草绿汁，以螺青华汁[③]，用藤黄相和，量宜入好墨数点及胶少许用之。

【注释】

①叠晕之法：原文"叠晕之法"，陈注："用叠，竹本。"傅合校本注："叠"前加"用"字，并注："用，据故宫本增'用'字。"即"用叠晕之法"。译文从陈、傅二先生注。

②或用藤黄汁罩加：原文"或用藤黄汁罩加"之"加"，陈注：改为"如"，依陈先生，其文或为："或用藤黄汁罩；如华文、缘道等狭小，或在高远处，……"译文从陈注。

③螺青华：疑指较为浅淡的螺青色。螺青，是一种接近黑色的青色。或称在花青色中加少许墨，即可配调为螺青色。其色效果沉着，在古代绘画中，多用于早晚的景色中，宋代的院体山水画中用螺青色较多。

【译文】

在彩画作中采用叠晕的方法：从浅色开始渲染，若是青色，先用青华起渲，若是绿色，则先用绿华；若是红色，则先用朱华粉。其次用三青，若是绿色，次用三绿；若是红色，次用三朱。然后用二青，若绿色，则用二朱；若红色，则用二朱。之后再渲以大青，若绿色，则渲以大绿；若红色，则渲以深朱。在大青之内，应用深墨点压其中心部位，若绿色，应以深色草汁罩压其中心；若朱色，应以深色紫矿罩压其中心。在青华之外，还应留出粉色衬底这一道晕。红色、绿色叠晕也以此为准，在其叠晕之内的二绿华，还可以用藤黄汁加以罩压；如果其彩画图形中的华文、缘道等偏于狭小，且其所绘之彩画施于房屋较高较远之处，就不再用三青等以及深色做压罩的处理了。凡渲染赤黄色，要先布涂白粉衬底，然后用朱华与白粉相合所调出之色做压晕的处理，再用藤黄对整个画面加以遮盖，之后再以深朱点压其中心部位。如果是与草绿汁相合，则以螺青华汁罩压，并用藤黄与之相和，同时适度加入数点优质的墨以及少许的胶水后即可使用。

（五彩遍装之枓、栱、昂及梁、额部分）

叠晕之法：凡枓、栱、昂及梁、额之类，应外棱缘道并令深色在外，其华内剔地色[1]，并浅色在外，与外棱对晕，令浅色相对。其华叶等晕，并浅色在外，以深色压心。凡外缘道用明金者[2]，梁栿、枓栱之类，金缘之广与叠晕同[3]。金缘内用青或绿压之。其青、绿广比外缘五分之一。

【注释】

①华内剔地色：在彩画作的华文之内，对其华文的衬底用深色加以描摹，以衬托出其华文的轮廓。

②凡外缘道用明金者：傅合校本注："社友校本，'明'字作'间'，存疑。"依傅先生注，其文似为"凡外缘道用间金者"，若此，则其意似较容易理解。暂从原文。

③金缘：疑指用金色描摹的彩画边缘部分。

【译文】

采用叠晕的方法：凡是在枓、栱、昂及梁、额之类名件上做叠晕彩画的处理，应在其名件的外棱缘道处，将深色都留在偏外的部分，其画面中的华文之内也应对其衬底之色加以勾描强调，将浅色都留在华文的外侧,形成与外侧边棱相互对晕的效果,要使两侧的浅色相对。对其华文中的叶瓣等做叠晕,也应将浅色都留在外侧,并以深色点压其中心部位。凡是在外缘道处采用露明金色的情况,在梁栿、枓栱之类名件中,其金色缘道的宽度与叠晕的宽度相同。金色缘道之内则要用青色或绿色加以压罩。用来压罩的青色与绿色的宽度,大约相当于外缘宽度的1/5。

(凡五彩遍装)

凡五彩遍装,柱头谓额入处^①。作细锦或琐文,柱身自柱栿上亦作细锦,与柱头相应,锦之上下,作青、红或绿叠晕一道。其身内作海石榴等华,或于华内间以飞凤之类。或于碾玉华内间以五彩飞凤之类,或间四入瓣窠,或四出尖窠,窠内间以化生或龙、凤之类^②。栿作青瓣或红瓣叠晕莲华。檐额或大额及由额两头近柱处,作三瓣或两瓣如意头角叶^③,长加广之半。如身内红地,即以青地作碾玉,或亦用五彩装。或随两边缘道作分脚如意头^④。

【注释】

①谓额入处:谓额,傅合校本注:"疑为'阑额'之误。"依傅先生注,其文应为"阑额入处"。暂从原文。

②或间四入瓣窠,或四出尖窠,窠内间以化生或龙、凤之类:原文"或间四入瓣科,或四出尖科,(科内间以化生或龙、凤之类。)"梁注本改为"或间四入瓣窠,或四出尖窠,(窠内间以化生或龙、凤之类。)"傅注:改"科"为"窠",并注:"窠,故宫本。后同。"从二位先生所改。

③如意头角叶:将华文的叶瓣尖角处绘制成程式化的如意头式图案造型轮廓。

④分脚如意头：指其外轮廓为分叉形式，其分叉的每一端仍处理成
如意头式图案造型。

【译文】

凡在房屋彩画作中采用五彩遍装做法时，其屋柱的柱头部位也就是
阑额或内额与柱头相交接处。应绘制成细锦或琐文的形式，其柱身部分，从
柱櫍以上也应绘以细锦，以与柱头处所绘的细锦相对应，细锦的上部与
下部，要渲染出一道青色、红色或绿色的叠晕。在其柱身之内应绘以海
石榴等华文，或者在华文之内再间插以飞凤之类的造型。或于碾玉装造的华
文之内间插以五彩飞凤之类，或者在其中间插以四入瓣团窠，或四出瓣
尖窠的造型，其窠之内还可间插以化生或龙、凤之类的造型。其柱櫍可以绘作
青色花瓣或红色花瓣的叠晕莲华。在其檐额或大额以及由额的两头距
离柱头比较近的地方，可以绘制成三瓣或两瓣的如意头角叶形式，其如
意头的长度是其宽度的1.5倍。如果其柱身之内采用的是红色衬底，就可以
在其额与柱相接处用青色衬底作碾玉装式彩画，或也可以作五彩装式彩
画。抑或随其两边的缘道绘作分脚如意头的造型。

（五彩遍装之椽、飞部分）

椽头面子，随径之圜，作叠晕莲华，青、红相间用之；或
作出焰明珠，或作簇七车钏明珠①，皆浅色在外。或作叠晕宝
珠，深色在外，令近上，叠晕向下棱，当中点粉为宝珠心；或
作叠晕合螺玛瑙。近头处作青、绿、红晕子三道，每道广不
过一寸。身内作通用六等华，外或用青、绿、红地作团窠，或
方胜，或两尖，或四入瓣。白地外用浅色，青以青华、绿以绿
华、朱以朱彩圈之②。白地内随瓣之方圜或两尖或四入瓣同。描
华，用五彩浅色间装之。其青、绿、红地作团窠、方胜等③，亦施之
枓栱、梁栿之类者，谓之海锦④，亦曰净地锦⑤。

　　飞子作青、绿连珠及棱身晕⑥，或作方胜，或两尖，或团窠。两侧壁，如下面用遍地华，即作两晕青、绿棱间；若下面素地锦⑦，作三晕或两晕青、绿棱间。飞子头作四角柿蒂，或作玛瑙。如飞子遍地华，即椽用素地锦。若椽作遍地华，即飞子用素地锦。白版或作红、青、绿地内两尖窠素地锦⑧。

　　大连檐立面作三角叠晕柿蒂华。或作霞光。

【注释】

①或作簇七车钏（chuàn）明珠：原文"一作簇七车钏明珠"，梁注本改为"或作簇七车钏明珠"。陈注：改"一"为"或"。从二位先生所改。

②朱以朱彩圈之：原文"朱以朱彩圈之"之"彩"字，陈注："粉，竹本。"依陈先生，其文应为"朱以朱粉圈之"。此处从原文。

③其青、绿、红地作团窠：原文"其青、绿、红地作团枓"，梁注本改为"其青、绿、红地作团窠"。陈注：改"枓"为"科"。从梁先生所改。

④海锦：疑指在房屋名件上普遍绘施的锦文图案，这里的"海"为"海绘""遍施"之意。

⑤净地锦：其意似与海锦相近，都带有在某名件上普遍绘施的锦文之意。

⑥飞子作青、绿连珠及棱身晕：原文"飞子作青、绿连珠及棱身晕"，傅合校本注：改"棱"为"梭"，并注："梭，据故宫本、四库本改。"又补注曰："梭，陶本误'棱'。参考画作图样，梭形自明。"暂从原文。

⑦素地锦：未知净地锦与素地锦如何区分。以"地锦"之意，亦有普遍绘施锦文的意思，疑素地锦之华文的衬底色彩比较素淡。

⑧白版：梁注："这里所称'白地''白版'的'白'不是白色之义，而

是'不画花纹'之义。"作红、青、绿地内两尖窠：原文"作红、青、
绿地内两尖科"，梁注本改为"作红、青、绿地内两尖窠"。陈注：
改"科"为"科"。从梁先生所改。

【译文】

　　在房屋檐口处的椽头面子上绘制彩画，应随其椽头的圆径之圈内，
绘作叠晕莲华的形式，其华文应以青、红两色相间施用；或者，将其椽头
圆径内绘成出焰明珠的形式，抑或可以绘作簇七车钏明珠的形式，在这些
图形叠晕处理中，都应将浅色留在外侧。也可以绘作叠晕宝珠的形式，在这种
情况下，则应将深色留在外侧，并要将其宝珠向椽头的上部靠拢，以使其
产生向下棱的叠晕效果，其宝珠的当中应点以白粉，以形成宝珠中心的
效果；或者绘作叠晕合螺玛瑙的形式。其椽子接近端头处可绘作青、绿、
红色的三道晕子，每道晕子的宽度不超过1寸。其椽身之内则以通用六
等华的华文形式绘制，其椽外侧或用青、绿、红等色的衬底绘出团窠，以
及绘出或方胜、或两尖、或四入瓣的形式。若在白色衬底之外，则应用
浅色，青色用青华、绿色用绿华、朱色用朱彩将其图形加以圈描。若是在白色衬
底之内，则只需随其华瓣的方圆如果是两尖或四入瓣也是一样。加以勾勒描
绘，并用五彩的浅色加以间隔装点。这种青、绿、红色衬底作团窠、方胜等的
彩画形式，若施之于枓栱、梁栿之类的名件上，则可以称之为"海锦"，或称为"净地
锦"。

　　同是在檐口处的飞子上可以绘制青、绿连珠及棱身晕的形式，或绘
作方胜，或两尖，或团窠的形式。飞子的两侧侧壁，如果在飞子的下面采
用了遍地华的图形，其两侧壁就应绘作两晕式的青、绿棱间彩绘形式；如
果飞子下面采用的是素地锦，则其两侧壁可绘作三晕或两晕式的青、绿
棱间彩绘形式。如果飞子端头绘作四角柿蒂形式，或绘作玛瑙形式。或如
果飞子采用的是遍地华形式，则其椽子应采用素地锦形式。同样，如果椽
子绘作遍地华形式，其飞子则应采用素地锦形式。其椽飞之上的白版或可绘作
红、青、绿衬底之内的两尖窠素地锦形式。

房屋檐口处之大连檐的立面上可以绘作三角叠晕柿蒂华的形式。也可以绘作霞光的形式。

碾玉装

【题解】

本节文字虽是谈碾玉装彩画,但所涉及的建筑名件,前一部分为梁、栱之类;中间一部分为柱子,包括柱头、柱櫍及柱身;后一部分为椽子与飞子;故其行文所述及彩画所绘之构件、位置及先后顺序,与上文"五彩遍装"基本一致。

碾玉装是以青、绿两色为主的彩画装饰。装饰所用的题材,如华文、琐文、云文等,基本上和五彩遍装所用的一样,但不用五彩,而只用青、绿两色,间以少量的黄色和白色做点缀,明清的旋子彩画就是在色调上继承了碾玉装而发展成型的,清式旋子彩画中有石碾玉一品,还袭用了宋代名称。

碾玉装绘之于梁、栱部分时,其名件外缘皆留出缘道,所留缘道的宽度与五彩遍装之制中所留缘道的宽度一致。缘道内用青或绿叠晕。如果是在绿缘之内,则先在淡绿上描华,然后用深青色描勒出华文的衬地,其外再留出空缘,并与外缘道对晕,即绿缘之内,凡用绿处,以青色对晕;凡用青处,以绿色对晕。

凡梁、栱所留缘道之内,即为各名件本身,如梁身、栱身等,其上所绘华文、琐文等,与五彩遍装中所用华文、琐文一致。只是华文中不用写生华,以及豹脚合晕、偏晕、玻璃地、鱼鳞旗脚等华文,但可增加龙牙蕙草一品;琐文中,不用琐子文。其中原委,或因这几种华文及琐子需用五彩才能表达清晰;或因房屋等级限制方面的原因,故这类题材不宜使用;皆未可知。

用青、绿两色叠晕,其做法与五彩遍装亦相同。叠晕之内,若有青、绿两色相接,且不可隔间之处,则在绿浅晕中罩以藤黄汁,这样形成的色彩效果,称为"菉豆褐"。这里的"菉豆",疑即绿豆。"菉豆褐"当为一种由浅绿与黄色合成、接近褐色的颜色。

文本中所云"其卷成华叶及琐文……"之义,可能来自上文:"其海石榴,若华叶肥大,不见枝条者,谓之铺地卷成;如华叶肥大而微露枝条者,谓之枝条卷成;并亦通用。"即"铺地卷成"或"枝条卷成"的肥大花叶与琐文,其华文傍以折赭色线条,并留出粉道,粉道之内,由浅而深,形成叠晕。华叶或琐文图案之外的底色(地)上,用色调较重的大青或大绿加以勾勒或衬托。

也有华文稍微肥厚一点者,则若用绿地,其华文着二青色;若用青地,其华文着二绿色。然后将其衬地与华文一起斡淡。所谓"斡淡",朱子有云:"如善画者,只一点墨,便斡淡得开。"(《朱子语类》卷六十七)大意可能是将较深之色适当拂淡。之后,再用粉色笔触傍着华文墨道加以描勒。这种做法被称为"映粉碾玉",即以粉线将碾玉装华文反衬而出。文中言,这种做法"宜小处用",其意不甚详。疑指这是一种并非通用的彩绘技法,仅仅出现在一些特殊的地方。

与五彩遍装中有关柱、椽、飞子彩画做法相对应,"碾玉装之柱子与椽、飞部分"条,讲的是以碾玉装彩画绘饰的柱、椽、飞子。

凡用碾玉装彩画,其柱身之上可用碾玉装绘,或用间白画,也可以用素绿。柱身采用碾玉装(间白画、素绿)画法者,其柱头用五彩锦文,或与柱身相同,只用碾玉装。柱栿则作红色叠晕,或作青晕莲华。椽头,绘以出焰明珠,或簇七明珠,或莲华。椽身之内则可用碾玉装,或用素绿。飞子正面,即飞子头,作合晕;飞子两侧壁则作退晕,或者通刷素绿。

(碾玉装之梁、栱部分)

碾玉装之制:梁、栱之类,外棱四周皆留缘道[1],缘道之广,并同五彩之制。用青或绿叠晕,如绿缘内,于淡绿地上描华,用深青剔地②,外留空缘,与外缘道对晕。绿缘内者③,用绿处以青,用青处以绿。

华文及琐文等,并同五彩所用。华文内唯无写生及豹脚合晕、偏晕、玻璃地、鱼鳞旗脚,外增龙牙蕙草一品;琐文内无琐子。用青、绿二色叠晕亦如之。内有青绿不可隔间处,于绿浅晕中用藤黄汁罩,谓之菉豆褐④。

其卷成华叶及琐文,并旁赭笔量留粉道⑤,从浅色起,晕至深色。其地以大青、大绿剔之。亦有华文稍肥者,绿地以二青;其青地以二绿⑥,随华幹淡后⑦,以粉笔傍墨道描者,谓之映粉碾玉⑧,宜小处用。

【注释】

①缘道:指在房屋名件上所绘制的彩画图形之外侧、靠近名件边棱处特别留出的边缘线道。

②用深青剔地:这里的"剔",并非雕刻意义上的"剔",而是有绘画意义上的用深色"填补""勾勒""衬托"等义。

③绿缘内者:傅合校本注:于"绿"前加"青"字,并注:"青,依上下文意,应为青绿。"暂从原文。

④菉(lù)豆褐:菉豆,与"绿豆"义同;则"菉豆褐"即"绿豆褐",当指与绿豆颜色接近的绿褐色。菉,同"绿",即绿色。

⑤旁:傅合校本注:"疑'傍'之误。"

⑥二青、二绿:梁注:"这里的'二青''二绿'是指华文以颜色而言,即若是绿地,华文即用二青;若是青地,华文即用二绿。"

⑦随华幹淡:大意可能是说,将较深的华文之色适当加以拂淡,或在较深的华文之色的四周,用同样色相的浅色再加以衬托。随华,即随其华文所用的色彩。幹淡,如朱子所云:"如善画者,只一点

墨,便斡淡得开。"

⑧映粉碾玉:在随华斡淡之后,再用粉色笔触傍着华文墨道加以描勒,即以粉线将碾玉装华文反衬而出,这种做法被称为"映粉碾玉"。

【译文】

绘制碾玉装的制度:若在梁、栱之类名件之上绘制,其名件的外棱四周都应留出缘道,缘道的宽度,均与五彩遍装彩画制度中所留缘道宽度一致。其缘道之内用青色或绿色叠晕,如果是在绿色缘道内,则应在淡绿衬底上描出华文,并用深青色加以勾描,其华文之外应留出衬色之底色作为空缘,以使其与外缘道相互对晕。在绿色缘道之内,应用绿色与青色相互对晕,或用青色与绿色相互对晕。

碾玉装彩画中所绘制的华文及琐文等纹样,皆与五彩遍装彩画中所采用的华文相同。只是碾玉装彩画的华文中不采用写生,以及豹脚合晕、偏晕、玻璃地、鱼鳞旗脚等做法,但可以增加一种龙牙蕙草的华文;其所用琐文内,不采用琐子文。若华文采用青、绿二色叠晕做法,也是同样。若华文内有青、绿两色且不可隔间的地方,则应在绿色的浅晕中用藤黄汁加以罩压,这种做法称之为"绿豆褐"。

碾玉装彩画中所绘制的卷成华叶及琐文等纹样,都应依傍其华文边线用赭笔加以勾勒,并适量地留出粉色缘道,其华文从浅色起染,渐渐晕染至深色。其华文的衬底要以大青、大绿加以勾描托衬。也有所绘华文稍微肥硕一些的,则其绿色衬底用二青勾描;而其青色衬底则用二绿勾描,然后随其华文所用之色对经勾描剔深的衬底加以拂淡,之后再用粉色之笔依傍其墨道加以描勒,这种做法称之为"映粉碾玉",此法只宜在小处施用。

（碾玉装之柱子与椽、飞部分）

凡碾玉装,柱碾玉或间白画①,或素绿②。柱头用五彩锦。或只碾玉③。枓作红晕或青晕莲华,椽头作出焰明珠④,

或簇七明珠^⑤，或莲华，身内碾玉或素绿^⑥。飞子正面作合晕，两旁并退晕^⑦，或素绿。仰版素红^⑧。或亦碾玉装。

【注释】

①间白画：疑为在碾玉装彩画中，在青、绿两色之间，间隔以白色的画面处理方式。

②素绿：应指较为素淡的绿色，例如浅绿色。

③或只碾玉：原文"或只碾王"，梁注本改为"或只碾玉"。陈注：改"王"为"玉"。从二位先生所改。

④出焰明珠：前文已见这一术语，似指绘于橡头处的带焰火珠的图像。

⑤簇七明珠：碾玉装彩画华文之一。其基本形式为圈珠状，疑其为七珠相簇，形成一种团组式的图案形式。

⑥身内：这里的"身内"，当指其橡身之内。

⑦合晕、退晕：梁注："'合晕''退晕'，如何'合'、如何'退'，待考。"

⑧仰版：指房屋檐口处飞子上所覆望板。

【译文】

凡绘制碾玉装彩画，若在屋柱之上绘制，可以采用碾玉并间以白色的画法，也可以间以素绿色。在柱头上可以施用五彩锦文。或只是以碾玉装方式绘制。其柱下的柱栿可以绘作红色叠晕或青色叠晕的莲华形式。在屋檐檐口处的橡头上可以绘以出焰明珠的形式，或绘以簇七明珠的形式，也可以绘以莲华的形式，其橡身之内可以是碾玉装画法，也可以刷以素绿色。檐口处的飞子正面可以作合晕式彩绘，其合晕两旁都应作退晕式处理，也可以刷为素绿色。飞子上所覆仰版则刷为素红。或者其仰版上也可以用碾玉装的方式绘制。

青绿叠晕棱间装<small>三晕带红棱间装附</small>

【题解】

据梁思成先生的分析，清代旋子彩画与宋代青绿叠晕棱间装彩画之间，可能存在某种关联。此外，透过《法式》本节行文可知，青绿叠晕棱间装彩画，与五彩遍装彩画、碾玉装彩画一样，也分别出现在枓栱、柱子、柱桭、椽子与飞子等几个部分。

与"五彩遍装"中的情况一样，枓、栱上用青绿叠晕棱间装彩画，仍应在其外棱四周皆留缘道。外棱用青叠晕者，身内即用绿叠晕；反之，外棱用绿，身内则用青。其他部分如果采用青绿叠晕做法时亦然。具体做法是：在外棱缘道之内，应使浅色在内；身内反之，使浅色在外。这种"青—绿"或"绿—青"叠晕组合方法即被称作"两晕棱间装"。

如果外棱缘道用绿叠晕，则浅色在内；然后，以青叠晕，浅色在外；身内（当心）又用绿叠晕，深色在内。这种从外到内"绿—青—绿"叠晕组合方法，称为"三晕棱间装"。

如果外棱缘道用青叠晕，然后用红叠晕，则以红叠晕的方法是：自外向内，由浅入深，浅色在外；先用朱华粉，次用二朱，再用深朱，最后用紫矿压深。其身内（当心）则用绿叠晕。如此由外缘道向身内当心，形成"青—红—绿"叠晕组合方法。同样的情况，如果外棱缘道用绿叠晕，中间亦用红，身内则用青，从而形成"绿—红—青"叠晕组合方法。这两种情况，都被称为"三晕带红棱间装"。

前文"五彩遍装"有关椽、飞子部分的叙述中，提到了大连檐的立面，唯在这节文字中，同时提到了"大、小连檐"。与飞子头的做法一样，大、小连檐立面上，都施以青绿叠晕的做法。

至于梁先生在其注文中提出的有关"退晕""叠晕""合晕"三者之间的彼此区别问题，似仍需留待中国古代建筑彩画专业研究者们做进一步深究。

（青绿叠晕棱间装之制）

青绿叠晕棱间装之制[①]：凡枓、栱之类，外棱缘广一分[②]。<small>外棱用青叠晕者，身内用绿叠晕，外棱用绿者，身内用青。下同。其外棱缘道浅色在内，身内浅色在外，道压粉线</small>[③]。谓之两晕棱间装。<small>外棱用青华、二青、大青，以墨压深；身内用绿华、三绿、二绿、大绿，以草汁压深</small>[④]；<small>若绿在外缘，不用三绿。如青在身内，更加三青。</small>

其外棱缘道用绿叠晕，<small>浅色在内。</small>次以青叠晕，<small>浅色在外。</small>当心又用绿叠晕者，<small>深色在内。</small>谓之三晕棱间装。<small>皆不用二绿、三青，其外缘广与五彩同。其内均作两晕。</small>

若外棱缘道用青叠晕，次以红叠晕，<small>浅色在外，先用朱华粉，次用二朱，次用深朱，以紫矿压深。</small>当心用绿叠晕者，<small>若外缘用绿者，当心以青。</small>谓之三晕带红棱间装。

【注释】

①青绿叠晕棱间装：梁注："这些叠晕棱间装的特点就在主要用青、绿两色叠晕（但也有'三晕带红'一种），除柱头、柱槛、椽头、飞子头有花纹外，枓栱上就只用叠晕。清代旋子彩画好像就是这种叠晕棱间装的继承和发展。"

②外棱缘广一分：原文"外棱缘广二分"，梁注本改为"外棱缘广一分"。陈注：改"二"为"一"，并注："一，丁本。"傅合校本注："二，依前文五彩遍装外棱缘道枓栱应广一分，故宫本误。"从改。

③道压粉线：陈注：改"道"为"通"，并注："通，竹本。"依陈先生，其文或为："其外棱缘道浅色在内，身内浅色在外，通压粉线。"此处从原文。

④以草汁压深：所谓"草汁"与本卷"叠晕之法"中提到的"草绿汁"相类，似呈一种较深的草绿色，故这里称"以草汁压深"。

【译文】

绘制青绿叠晕棱间装彩画的制度：凡是在房屋的枓、栱之类名件上绘制，其名件的外棱所留的缘道宽度为0.1寸。如果其外棱采用青色叠晕，其名件的身内则采用绿色叠晕，如果其外棱采用绿色，其身内就用青色。下面的做法也是一样。如果其外棱缘道中的浅色在内，其身内的叠晕就要将浅色留在外侧，缘道上还要罩压一道白粉线。这样的做法称之为"两晕棱间装"。若其外棱用青华、二青、大青三色叠晕，并以墨色压深；其身内就用绿华、三绿、二绿、大绿，并以草汁压深；如果将绿色施绘在外缘部分，就不用三绿叠晕了。但如果将青色施在名件的身内，还应增加三青色以作叠晕。

在房屋名件之外棱的缘道处采用绿色叠晕，将其较浅之色留在内侧。然后以青色叠晕，将其较浅之色留在外侧。其当心部位又采用绿色叠晕的，将其较深之色留在内侧。这种做法称之为"三晕棱间装"。在这几种情况下，都不用二绿、三青之色，其外缘道的宽度与五彩装所留外缘道的宽度相同。其身内则都绘作两晕的形式。

如果其外棱的缘道采用青色叠晕，然后又以红色叠晕，将其较浅之色留在外侧，先用朱华粉刷绘，其次用二朱叠晕，再用深朱叠晕，然后以紫矿色压深。这时，若其当心部位采用绿色叠晕的，如果外缘采用绿色，当心则应绘以青色。就称其为"三晕带红棱间装"。

（柱上施青绿叠晕棱间装）

凡青绿叠晕棱间装，柱身内筍文①，或素绿或碾玉装；柱头作四合青绿退晕如意头；橺作青晕莲华，或作五彩锦，或团窠、方胜、素地锦②。椽素绿身；其头作明珠、莲华③。飞子正面、大小连檐，并青绿晕，两旁素绿。

【注释】

①笋（sǔn）文：梁注："这一段内所提到的'笋文'、柱身的碾玉装、'四合如意头'，等等，具体样式和画法均待考。"

②团窠：原文"团科"，梁注本改为"团窠"。傅合校本：改"科"为"窠"。

③其头作明珠：原文"共头作明珠"，梁注本为"其头作明珠"。陈注："'共'应作'其'。"从改。

【译文】

凡在房屋名件上绘制青绿叠晕棱间装彩画时，其屋柱的柱身之内采用笋文，或刷以素绿色或施绘碾玉装彩画；其柱头部位则绘作四合青绿退晕如意头形式；其柱之下的柱櫍绘作青色叠晕的莲华形式，或者绘作五彩锦文的形式，抑或绘作团窠、方胜、素地锦等形式。其屋椽可以刷为素绿色的椽身；其椽头部位绘作明珠、莲华的形式。其檐口处的飞子正面、大小连檐外面，都可以采用青绿叠晕棱间装的方式，飞子两旁的侧面则可用素绿色涂刷。

解绿装饰屋舍 解绿结华装附

【题解】

据梁先生的解释："'解绿'的'解'字应理解为'勾'——例如'勾画轮廓'或'勾抹灰缝'的'勾'。"这一解释不仅诠释了"解绿装"之"解"字的本义，也对"解绿装""解绿结华装"的基本做法做了一个提示性的说明。又傅熹年先生在其合校本中作注时，还提到"解绿"之"绿"实乃"缘"之误，若以"解"作"勾"解，则"解缘"即"勾缘"，可以将其理解为"勾勒缘道"的意思，则其义似更容易理解。

其枓栱、方桁用解绿装者，构件身内皆通刷土朱；其外棱缘道则用青绿叠晕相间施之。如枓用绿，则栱用青。这里的"燕尾""八白"，似为彩画图案形式，或可能指燕尾形图案，及下文"檐额或大额刷八白者"中的"八白"图案等。也就是说，如果在方、桁中，有燕尾或八白图案处，其图形之外的缘道，与外棱缘道一样，亦以青绿叠晕的方式绘制。

外棱缘道青绿叠晕的方式，皆采用深色在外，粉线在内的做法，即先用青华或绿华等浅色在中，其外用大青、大绿叠晕，其内用粉线进一步压浅，以形成叠晕效果。缘道叠晕的长短宽窄，可参考下一节"丹粉刷饰"中的相关内容。

如果除了枓、栱、方、桁棱间缘道外，其构件身内（即其文所称"缘内"），在遍刷朱色的衬地之上，再间而绘以诸样华文者，就被称为"解绿结华装"。这应该是"解绿装"的一种变通形式。

檐额（似应包括阑额、由额等）或室内梁栿，身内亦通刷朱，其四周各用青绿叠晕缘道，两头则绘作青绿叠晕如意头。这里的曲额与小额，不见于大木作制度中的表述，故不知其准确所指，但无疑当是位于柱头左右之某种额方。其彩画形式，与檐额及室内梁栿亦同。

如果檐额、梁栿上四周缘道处绘以松文，其身内则通刷土黄。一般做法是，先用墨笔勾勒出松文图案，再以紫檀笔刷以间色。用深墨与土朱相合，使其间色近紫，则在土黄与青绿叠晕松文图案之间杂以紫色。其松文当心，则用墨加以点缀。这里的"松文"，较大可能是指松树的枝叶纹样，而非指松木纹理。

无论栱或是梁栿（文中未提及枓、额）之下，即人仰视所能看到的底面，皆用合朱通刷。然后在红色衬地之上，用墨或紫檀（紫色）点绘出簇六毬文。这种簇六毬文与松文图案相间而用者，被称为"卓柏装"。这里的"柏"，与松意思接近，故"卓柏"者，似乎是通过簇六毬文图案，将松（柏）图案反衬得更为突出之意。

《法式》彩画作制度中，除了在"华文九品"处及"丹粉刷饰"处提到了栱眼壁上的彩画之外，其他部分谈及的主要是枓栱、方桁、梁额、柱子、椽飞部分的彩画绘制，但在解绿装中，却特别加入了"额上壁内影作"一段文字,对栱眼壁中的彩画加以描述。

房屋阑额之上栱眼壁内所绘影作,其长宽的尺寸,与下文要述及的丹粉刷饰中栱眼壁内影作长宽尺寸是一样的。其壁内影作(即下文"画影作于当心"的补间铺作形式)身内上棱及两端也要留出青绿叠晕的缘道,或在缘道内绘制翻卷华叶图案;其华叶也要以青绿叠晕方式绘制。影作身内,则通刷土朱色。而其影作之枓下莲华,也用青绿叠晕的方式绘制。

(科栱、方桁等施解绿装)

解绿刷饰屋舍之制[1]:应材、昂、枓、栱之类,身内通刷土朱;其缘道及燕尾、八白等[2],并用青绿叠晕相间。若枓用绿,即栱用青之类。

缘道叠晕,并深色在外,粉线在内。先用青华或绿华在中,次用大青或大绿在外,后用粉线在内。其广狭长短,并同丹粉刷饰之制[3];唯檐额或梁栿之类,并四周各用缘道,两头相对作如意头。由额及小额并同[4]。若画松文[5],即身内通刷土黄[6];先以墨笔界画[7],次以紫檀间刷[8],其紫檀用深墨合土朱,令紫色。心内用墨点节[9]。栱、梁等下面用合朱通刷。又有于丹地内用墨或紫檀点簇六毬文与松文名件相杂者[10],谓之卓柏装[11]。

枓、栱、方、桁,缘内朱地上间诸华者,谓之解绿结华装[12]。

【注释】

①解绿刷饰:梁注:"解绿装饰的主要特征是:除柱之外,所有梁、枋、枓、栱等构件,一律刷土朱色,而外棱用青绿叠晕缘道。与此相反,柱则用绿色,而柱头、柱脚用朱。此外,还有在枓、栱、方、桁

等构件的朱地上用青、绿画华的,谓之'解绿结华'。用这种配色的彩画,在清代彩画中是少见的。北京清故宫钦安殿内部彩画,以红色为主,是与此类似的罕见的一例。从本篇以及下一篇'丹粉刷饰屋舍'的文义看来,'解绿'的'解'字应理解为'勾'——例如'勾画轮廓'或'勾抹灰缝'的'勾'。"傅合校本注:"解绿装饰,据文意此法为相间用青、绿二色勾画缘道,非专用绿缘,似应作'解缘装','缘''绿'二字,字形相近,致误。"

②燕尾:形如燕尾两分叉状的图案形式,可绘于梁、额、栱等房屋名件表面。八白:白地被朱红色相间隔而成的图案形式,可绘于梁、额等长条状房屋名件表面。

③并同丹粉刷饰之制:梁注:"丹粉刷饰,见下一篇。"

④小额:未知"小额"施于何处。房屋外檐所施檐额、阑额之外,或有由额,疑小额可能是指小型殿阁亭榭的柱间所施之额。

⑤松文:似以松树丛叶图案为基本构图元素的一种彩画图案形式,或散布以松叶图形,或采用诸如簇六毬文图形,并在其中心部位点缀以小丛的松叶形式所组成的图案。

⑥身内通刷土黄:原文"身内通用土黄",梁注本改为"身内通刷土黄"。陈注:改"通"为"刷",并注:"刷,丁本。"从改。

⑦先以墨笔界画:所谓"界画",指古人绘制房屋、车船时以界尺绘制直线的绘画方法,但从上下文看,此处似乎是指用墨笔勾绘出其边界之意;或在这里两种含义都有。

⑧紫檀:这里的"紫檀",并非指紫檀木,而是指紫檀色,似为一种墨紫偏土红的颜色。

⑨心内用墨点节:指将其松文的中心部位用墨加以点缀。

⑩簇六毬(qiú)文:解绿装华文形式之一。即以毬文图案组合而成簇六形式的图形,与小木作制度中的毬文格子门的毬文组合形式或有相类之处。

⑪卓柏装：包括簇六毬文等以松文图案为基本构图元素的解绿装彩画形式，似亦可称为"卓柏装彩画"。

⑫解绿结华装：依傅先生注，这里似当为"解缘结华装"。意为以青、绿勾勒名件边缘，其名件身内结以各种华文。

【译文】

绘制以解绿装彩画刷饰屋舍的制度：宜对应其拟刷饰的材、昂、枓、栱之类构件，在其名件的身内普遍涂刷土朱色；在其名件之边棱所绘缘道及所绘燕尾、八白等图形，都要采用青绿叠晕相间的方法绘制。如果其枓采用绿色，则其栱应采用青色，诸如此类。

在名件边棱的缘道上若以叠晕方式施绘，都要将其较深之色留在外侧，并将白粉线留在内侧。先用青华或绿华绘在中间，其次用大青或大绿绘在外侧，最后用粉线绘在内侧。其缘道的长短宽窄，都宜采用与丹粉刷饰相同的制度；只有在檐额或梁栿之类名件上施绘时，要在其名件的四周分别施用缘道，而在其两头相对绘作如意头的形式。若在由额以及小额上施绘，其做法与之相同。如果在名件上画以松文，则应将其名件的身内普遍涂刷一道土黄色；然后先用墨笔勾画出其松文的轮廓，其次以紫檀色相间刷饰，其紫檀色是用深墨与土朱相合，使其色偏于紫色即可。在其松文的中心之内用墨色加以点缀。在栱、梁等名件的下面，可以用合朱色普遍涂刷一道。也有在丹粉色衬底之内用墨或紫檀点缀出簇六毬文并与松文名件相间杂的做法，称之为"卓柏装"。

在枓、栱、方、桁等名件上，若以其身内的朱色衬底为基础，在其上再间插以诸华的形式，则可以将其称为"解绿结华装"。

（柱子与橡、槫上施解绿装）

柱头及脚并刷朱，用雌黄画方胜及团华，或以五彩画四斜或簇六毬文锦①。其柱身内通刷合绿，画作筍文。或只用

素绿。缘头或作青绿晕明珠^②；若椽身通刷合绿者，其槫亦作绿地筍
文或素绿。

【注释】

①四斜或簇六毬文锦：指解绿装的一种图案形式，其四斜或簇六毬
文锦形式，似与小木作制度中的毬文格子门中的四斜或簇六毬
格子图案有相类之处。

②缘头或作青绿晕明珠：陈注："'缘'应作'椽'。"傅合校本：改"缘"
为"椽"，即"椽头或作青绿晕明珠"。译文从陈、傅二先生注。

【译文】

若是在柱头及柱脚处都刷了朱色衬底，则可以用雌黄色画以方胜及
团华，或者可以采用五彩装手法画四斜或簇六式的毬文锦华。如果其柱
身之内普遍涂刷了一道合绿色衬底，则可以在其衬底之上画作筍文的图
案。或者只用素绿刷饰。在椽头的部位或可以画作青绿叠晕式的明珠形式；如果
其椽身部分普遍刷了一道合绿色衬底的，其屋槫也可以在绿色衬底上画以筍文或采
用素绿色刷饰的方法。

（额上壁内影作施解绿装）

凡额上壁内影作^①，长广制度与丹粉刷饰同^②。身内上
棱及两头亦以青绿叠晕为缘^③，或作翻卷华叶。身内通刷土
朱，其翻卷华叶并以青绿叠晕。枓下莲华并以青晕^④。

【注释】

①额上壁内影作：梁注："南北朝时期的补间铺作，在额上施叉手，其
上安枓以承方（或"桁"）。叉手或直或曲，略似'人'字形。云
冈、天龙山石窟中都有实例；河南登封会善寺唐中叶（公元745

年）的净藏墓塔是现存最晚的实例。以后就没有这种做法了。这里的'影作'，显然就是把这种补间铺作变成装饰彩画的题材，画在栱眼壁上。它的来源是很明了的。"这里所说的"额上壁内"，当指大木作制度阑额之上、柱额之下、泥道缝上所施的泥壁。

②长广制度与丹粉刷饰同：这里所说的"长广制度"，指的是额上壁内影作的长度与宽度，其长宽的确定，与后文中所述及的丹粉刷饰之壁内影作的长宽确定方式相同。

③身内上棱：这里的"身内"当指"额上壁内"所绘影作木构名件的"身内"；"上棱"当是指影作名件上部贴近其上柱头方处的边棱部分。两头：指"额上壁内"所绘影作的两头。

④枓下莲华：这里的"枓"，疑非指大木作构件的"枓"，而是额上壁内所绘制的枓，其枓下莲华，亦为图绘莲花形象。

【译文】

凡在房屋柱额之上、泥道版壁内施用彩绘影作木构件时，其影作的长宽制度与丹粉刷饰中额上壁内影作的长宽制度相同。其影作所绘名件之身内上棱及两头，也都是以青绿叠晕彩画为其缘道的，或者可以绘作翻卷华叶的形式。其影作名件的身内可以通刷以土朱色，其中所绘的翻卷华叶，也都可以采用青绿叠晕的彩绘画法。其额上壁内影作所绘枓之下的莲华，均采用青色叠晕的方式绘制。

丹粉刷饰屋舍 黄土刷饰附

【题解】

丹粉，即红色粉末状颜料。宋代将作监下设有专司丹粉烧制的机构，据《宋史·职官志》："丹粉所，掌烧变丹粉，以供绘饰。"丹粉似用铅烧制，《宋史·食货志》中提到："尚书省言：'徐禋以东南黑铅留给鼓铸之余，悉造丹粉，鬻以济用。'"另据清人笔记《冷庐杂识·饧》："谓方书金、银、玉、石、铜、铁，俱可入汤药，惟锡不入。间用铅粉，亦与锡异。锡白而铅黑，且须锻作丹粉用之。"

也许因为丹粉与黄土刷饰在各种彩画作中所处的等级较低，其使用的范围也就最为宽泛，故在本节文字中，所涉房屋各部分名件范围最广，名目最多，内容也最为丰富。由此或可对宋代建筑内外各部分彩画绘饰有一个较为全面的透视。

丹粉（黄土）刷饰科、栱之类的构件，包括梁栿、阑额、替木、叉手、托脚、驼峰、大连檐、搏风版等，一般是按照其构件的材广（即诸构件断面高度），将其高分为8份，留出1份之高，为其白缘道（即不绘华文，仅有衬地之色的缘道）。这1份高的缘道高度，即使在断面较大的构件中，也不宜超过1寸，在断面较小的构件中，则不宜小于0.5寸。

栱头或替木，以及绰幕方、仰楷、角梁等，一般是在构件端头下面刷以丹粉，在接近上棱之处刷白，从而形成燕尾图形。燕尾长5～7寸；其宽由构件厚度（材厚）确定，即将构件厚度分为4份，构件沿厚度两侧，各留1份为燕尾分叉之宽度；中心空出2份为燕尾分叉之空当宽。燕尾上横刷白地，其宽度为1.5份。

这里虽仅述及栱头、替木、耍头、梁头，但文中所提及之梁栿、阑额、叉手、托脚、驼峰、大连檐、搏风版、绰幕方、仰楷、角梁等，其刷丹粉，留白缘道，及端头绘燕尾等做法及尺寸比例，当与上文所述相同。

檐额或大额（疑即阑额），其上刷"八白"时，其方法如额之里侧一样，按照额之高度而定。如果其高小于1尺，则将其额之高分为5份；如果其高小于1.5尺，将其额之高分为6份；如果其高超过2尺以上，将其额之高分为7份。各以其当中的1份之宽度，为额上所刷"八白"的高度。其"八白"的两头，接近额两端的柱头，且不用朱色阑断，使白色与柱子相接，称"入柱白"。如此，则其额身之内平均为7个间隔，每个间隔的长度，与所刷"八白"之高度（白之广）相同。这种彩画做法，俗称"七朱八白"。

柱头与柱脚，用丹粉刷饰；所刷丹粉长度，与柱头两侧阑额高度（额之广）相当。在所刷丹粉之上下边缘，皆用粉线加以勾勒。柱身之内，以及橡子、檩子和门、窗之类，则通刷土朱。土朱，即代赭石，其色为赭红。据《本草纲目·代赭石》："赭，赤色也。代，即雁门也。今俗呼为'土朱''铁朱'。"破子窗，即破子棂窗；子桯，即窗桯；难子，为压缝条；牙头护缝，是用于护版门、软门等护盖版缝的木条，其端部为牙头状。均见于卷第六《小木作制度一》。这里说，破子棂窗四周子桯、屏风上的难子，其正、侧两面，要刷以丹粉。同时应刷丹粉的，还有橡子头。

此外，室内吊顶部位的平闇，或作为隔墙之用的版壁，其内嵌版及四周之桯，也应通刷以土朱色。而其子桯及牙头护缝处，则刷以丹粉。两相比较，丹粉所饰部位似比土朱所饰之处显要，且使用量较少。土朱则可用于较大面积构件上的红色刷饰颜料。

丹粉（黄土）刷饰之"额上壁内影作"，与解绿装饰屋舍一样，是房屋阑额之上栱眼壁内所绘补间铺作的影作。影作绘于阑额之上的壁内，如果有补间铺作，且彼此距离较远，也可以在其栱眼壁内绘制。

额上壁内所画补间铺作影作，绘于两铺作间之当心。其上先画科，科下用莲华承托。莲华下中间绘项子，项子的宽度与其上科子、莲华的尺寸相随宜。项子之下，分为两脚，似应略近古人之"人"字栱形态。两脚所跨之长度，可取栱眼壁内空当距离的3/5长。两脚之两端，各留出其空当距离的1/5为空隙。两脚的身内宽度，应随项子宽度而定，其两脚之两头各收为斜尖状，并向内收入0.5尺。如果壁内影作两脚绘为华脚，则其身内刷以丹粉，华脚之翻卷叶刷以土朱；或者，华脚身内刷土朱，其翻卷叶刷丹粉。两种情况下，都要用粉线勒压边棱。

其行文所述及的刷土朱做法，似也同样适用于刷土黄，只以土黄代替土朱即可。但其额上壁内影作中之莲华，则仍用土朱或丹粉绘制，并用粉色笔勾勒出莲华叶瓣。如果刷以土黄，而用墨压缘道时，则以墨代替粉来刷缘道。在刷绘好的墨缘道上，用粉线压其边棱。在梁栿或栱的下面，原本应该用丹粉之处，都改用土黄时，可以只用墨刷的缘道，且其缘道不用粉线压棱。具体的做法，与用丹粉等的做法一样。其额上壁内影作中所绘莲华，也要用墨刷，并用粉色笔触勾勒出华瓣。其影作内也可以不绘莲华。

凡上文提到用丹粉刷饰之处，其相应之用土朱处，亦要刷饰两遍；刷毕，则要将刷丹粉处与刷土朱处都用胶水拢罩一遍。但若是以土黄代刷土朱处，则不用胶水拢罩。此外，如果是刷饰门、窗，则其破子棂窗的子桯及护缝（难子）等处，应该用丹粉刷饰，其余部分则用土朱刷饰。

（丹粉刷饰屋舍之制）

丹粉刷饰屋舍之制①：应材木之类②，面上用土朱通刷，下棱用白粉阑界缘道③，两尽头斜讹向下④。下面用黄丹通刷。昂、栱下面及耍头正面同。其白缘道长、广等依下项。

【注释】

①丹粉刷饰：梁注："用红土或黄土刷饰，清代也有，只用于仓库之类，但都是单色，没有像这里所规定，在有科栱的、比较'高级'的房屋上也用红土、黄土的，也没有用土朱、黄土、黑、白等色配合装饰的。"

②应材木之类：丹粉刷饰主要是在木构件表面之上，因此其刷饰需对应所用木材品类而施涂。

③用白粉阑界缘道：这里的"阑"与"栏"或"拦"义近，其义是用白粉将缘道的边线标示出来。

④斜讹向下：就是向下做一个斜向的凹曲线。讹，书法用语。藏锋隐迹曰讹。有圆折之意。

【译文】

用丹粉刷饰屋舍内外诸名件的制度：须对应所拟刷饰之名件的材木

类别,在其表面上用土朱普遍地涂刷一遍,其名件的下棱要用白粉标示出缘道的界线,缘道的两个尽端要向下做一个斜向的凹曲线。名件的下面要用黄丹普遍地涂刷一遍。其昂、栱的下面以及耍头的正面也与之相同。诸名件上所绘的白粉缘道的长度与宽度等,都应依据下项所给出的尺寸。

(丹粉土黄刷饰之枓、栱等处)

枓、栱之类:枕、额、替木、叉手、托脚、驼峰、大连檐、搏风版等同。随材之广,分为八分①,以一分为白缘道。其广虽多,不得过一寸;虽狭不得过五分②。

栱头及替木之类,绰幕、仰楷、角梁等同③。头下面刷丹,于近上棱处刷白。燕尾长五寸至七寸;其广随材之厚,分为四分④,两边各以一分为尾。中心空二分。上刷横白,广一分半⑤。其耍头及梁头正面用丹处,刷望山子⑥。其上长随高三分之二⑦;其下广随厚四分之二;斜收向上,当中合尖。

【注释】

①分为八分:这里的"分",既不是长度单位的"分",也不是材分。单位的"分°",比较大的可能是比例之分,即将其材的高度分为8个等份。

②其广虽多,不得过一寸;虽狭不得过五分:梁注:"即最宽不得超过一寸,最窄面不得小于五分。"这里的"分",即为长度单位的"分"。

③仰楷(tà):梁注:"'仰楷'这一名称,在前面'大木作制度'中从来没有提到过,具体是什么,待考。"

④分为四分:这里是将其材的厚度分为4个等份。

⑤广一分半:这里的"一分半",是将其材之厚分为4个等份,取其1

份的1.5倍。

⑥望山子：在耍头或梁头的正面刷饰丹粉处，所绘的望山子图形，其形式未见实例。梁注："'望山子'具体画法待考。"

⑦其上长随高三分之二：原文"上其长随高三分之二"，梁注本改为"其上长随高三分之二"。陈注："'上其'应作'其上'。"从改。

【译文】

为枓、栱之类施做丹粉刷饰：其栿、额、替木、叉手、托脚、驼峰、大连檐、搏风版等名件也与之相同。可随其材木的高度或宽度，将其分为8个等份，以其中1份为其边棱的白色缘道。缘道宽度的大小虽然可以有所变化，但其宽不得超过1寸；同样，再窄也不得低于0.5寸。

为栱头及替木之类施做丹粉刷饰，绰幕方、仰楂、角梁等名件也与之相同。其端头的下面要用丹色涂刷，在接近上棱的地方则应用白色涂刷。其上所刷绘的燕尾长度为5寸至7寸；燕尾的宽度，则应随其所用的厚度，将其厚分为4份，其两边各以1份为燕尾的尾部。其中心留出2份的空白。在名件的上部要涂刷横向的白色，其横白部分的宽度为依其厚度所分之4份中的1.5份。在其耍头及梁头正面应施用丹粉的地方，涂刷望山子图形。望山子上部的长度应为其名件高度的2/3；其下的宽度则应取其名件厚度的2/4；望山子的轮廓为斜收向上，在其上端的当中合为山形的尖状。

（丹粉土黄刷饰之檐额或大额）

檐额或大额刷八白者①，如里面②。随额之广。若广一尺以下者，分为五分；一尺五寸以下者，分为六分；二尺以上者，分为七分；各当中以一分为八白③。其八白两头近柱，更不用朱阑断④，谓之入柱白⑤。于额身内均之作七隔⑥；其隔之长随白之广。俗谓之七朱八白。

【注释】

①大额：这里的"大额"可能是指阑额，或指双阑额情况下位于由额之上的大额。

②如里面：其额可分内、外两侧，这里的"如里面"似指檐额或大额的内侧。

③各当中以一分为八白：指刷饰"八白"的宽度，是依据其额之高度，分为5份、6份、7份之后，以其中的1份为所刷"八白"之白色图形的宽度；故这里的"分"，为将其额之高所分份数的"份"。

④更不用朱阑断：即其所刷"八白"在靠近柱头处，应将其白色直接与柱头部位相接，其间不再施刷朱色将白色拦断。阑，阻拦。

⑤入柱白：其额两端所刷白色，与柱头相接处，犹如插入柱子中一样，故称为"入柱白"。

⑥作七隔：在"八白"之间用朱色加以区隔，即用7段朱色将8段白色区隔开来，也就是古人所称的"七朱八白"式刷饰图案。

【译文】

在檐额或大额上刷饰八白时，其刷饰的做法与其额的里侧一样。要随其额的高度而定。如果其额之高在1尺以下时，应将其高分为5份；其额之高在1.5尺以下时，将其高分为6份；其额之高在2尺以上时，则应将其高分为7份；各在其高度当中以1份之高涂刷为"八白"的图形。其额上所刷饰的"八白"至两头近柱处，不需要用朱色将白色隔断，这种做法称为"入柱白"。同时，在其额身内的长度方向平均分作7段区隔；其朱色区隔的长度随其所刷之白的宽度而定。俗语中称这种刷饰做法为"七朱八白"。

（丹粉土黄刷饰之柱子、椽、檩等）

柱头刷丹，柱脚同。长随额之广①，上下并解粉线②。柱身、椽、檩及门、窗之类，皆通刷土朱。其破子窗子桯及屏风难子正侧并椽头,并刷丹。**平闇或版壁,并用土朱刷版并楻,丹刷子楻及牙头护缝**③。

【注释】

①长随额之广:柱头与柱脚所刷丹色的长度,与阑额或檐额的截面高度相同。

②上下并解粉线:即在柱头或柱脚所刷丹粉的上方与下方都用粉线加以勾勒。

③牙头护缝:傅合校本注:"牙头护缝,此下疑有脱文,据《法式》卷二十五,彩画作功限,牙头应抹绿或解染青绿,未知孰是?"又注:"故宫本、四库本、张本均如此。"

【译文】

在柱头刷饰丹粉,在柱脚上刷饰时也是一样。其所刷丹粉的长度随与其柱头相接之檐额或阑额的截面高度而定,在柱头或柱脚所刷丹粉的上方与下方都应用粉线加以勾勒。其柱身、椽子、槫以及门、窗之类的名件之上,都普遍涂刷上土朱色。其房屋所施破子棂窗的子楻以及屏风上所施难子的正面与侧面和椽头部位等处,都应刷以丹粉。室内的平闇或版壁上,亦都应用土朱色刷饰其底版、壁版以及平闇与版壁上所施之楻,用丹粉刷饰其平闇或版壁上所施的子楻及版壁上所施的牙头护缝等处。

(**丹粉**土黄**刷饰之额上壁内影作**)

额上壁内,或有补间铺作远者,亦于栱眼壁内①。**画影作于当心**②。**其上先画枓,以莲华承之**。身内刷朱或丹③,隔间用之④。**若身内刷朱,则莲华用丹刷;若身内刷丹,则莲华用朱刷;皆以粉笔解出华瓣**⑤。**中作项子**⑥,**其广随宜**。**至五寸止。下分两脚,长取壁内五分之三**,两头各空一分⑦,身内广随项,两头收斜尖向内五寸⑧。若影作华脚者⑨，身内刷丹，则翻卷叶用土朱；或身内刷土朱，则翻卷叶用丹。皆以粉笔压棱⑩。

【注释】

①栱眼壁：从这里特别提到"栱眼壁"，可知在《法式》行文中，"额上壁内"与"栱眼壁"并非完全相同的概念。疑"额上壁内"指其额上无补间铺作，故其"壁内"当指两朵柱头铺作之间的泥道版壁；而"栱眼壁"则指其额上施有补间铺作，在补间铺作与其相邻之柱头铺作之间，或两朵补间铺作之间所施的泥道版壁。

②画影作于当心：如前文所示，"影作"当指用彩绘的方式，表现出某种大木作的形式与做法，其意与彩画作似有差别。

③身内刷朱或丹：这里的"身内"，指其额上壁内所绘影作名件的身内，其身之内刷以朱色或丹粉。

④隔间用之：这里的"隔间用之"，并非隔间绘以影作之意，而是隔间采用不同的影作绘制方式，即如下文"若身内刷朱，则莲华用丹刷；若身内刷丹，则莲华用朱刷"。

⑤以粉笔解出华瓣：疑用白粉色勾勒出其所绘莲华的花瓣。

⑥项子：指额上壁内所绘影作式名件的脖颈部分。如枓子蜀柱之枓之敧颐处，或"人"字栱上所承托之枓的敧颐处等，大约都可以称为"项子"。

⑦两头各空一分：指在额上壁内所绘影作，其两侧端头与两边的枓栱等名件之间，各留出1/5的空当距离。

⑧两头收斜尖向内：指其额上壁内影作的两侧端头各向内收斜尖，如其影作形式为人字栱，则应将其人字栱的两脚各向内收出一个斜尖。

⑨影作华脚：疑其额上壁内的影作绘为如花卉一般的形式，故其两侧则应绘为其华文图形的根脚形式。

⑩以粉笔压棱：指绘制完成壁上影作的图形外观之后，要用白粉色将其图形的边棱加以勾勒点压，以托衬出其影作的轮廓。

【译文】

在檐额或阑额之上的泥道壁内，或者有补间铺作相互的距离比较远的情况，也可以在栱眼壁之内。画绘影作名件于其壁内的中心位置。在影作的上部先画出枓，枓之下画以莲华承托其枓。影作名件的身内则刷为朱色或丹粉，两种颜色可隔间施用。如果其身内刷以朱色，则所绘莲华应用丹粉刷饰；如果其身内刷以丹粉，则莲华应用朱色刷饰；两种情况下，都要用白粉线条勾勒出莲华的花瓣。影作的中部绘作项子，项子的宽度可随其宜。但其宽度亦应控制在5寸为止。影作的下部为两个叉脚的形式，叉脚所跨的长度可取其壁内长度的3/5，其两脚之外的两头，各留出1/5的空当。影作身内的宽度随其上之项的宽度而定，影作之身的两头收为斜尖，其斜尖向内收入5寸。如果影作为华脚的形式，则其身内用丹粉刷饰，而其翻卷的花叶则刷以土朱色；或者其身内刷以土朱色，而其翻卷的花叶则用丹粉刷饰。两种情况下，都应以白粉色线条罩压其边棱。

（丹粉土黄刷饰之一般规则）

若刷土黄者，制度并同①。唯以土黄代土朱用之。其影作内莲华用朱或丹②，并以粉笔解出华瓣。

若刷土黄解墨缘道者，唯以墨代粉刷缘道。其墨缘道之上，用粉线压棱。亦有枓、栱等下面合用丹处皆用黄土者，亦有只用墨缘，更不用粉线压棱者，制度并同。其影作内莲华，并用墨刷，以粉笔解出华瓣；或更不用莲华。

凡丹粉刷饰，其土朱用两遍，用毕并以胶水拢罩。若刷土黄则不用③。若刷门、窗，其破子窗子桯及护缝之类用丹刷④，余并用土朱。

【注释】

①制度并同：指刷饰土黄与刷饰丹粉的制度与做法都是一样的。

②影作内：指额上壁内所绘制的影作名件图形之内。

③若刷土黄则不用：如果刷饰土黄，最后一道用胶水拢罩的工序就不用做了。

④其破子窗子桯及护缝之类：原文"其破子窗子桯及影缝之类"，梁注本改为"其破子窗子桯及护缝之类"。傅注：在"破子"后加"棂"，并注："棂，疑夺'棂'字，然所在皆是，或省称'破子窗'软？"并注：改"影缝"为"护缝"。从梁先生所改。

【译文】

如果是刷饰土黄，其与刷饰丹粉的制度是相同的。只是以土黄取代土朱使用就可以了。其额上壁内所绘影作之内的莲华施用的仍是朱色或丹粉，也都是要用笔以白粉色线条勾勒出莲华的花瓣的。

如果是刷饰土黄解墨缘道的做法，则只需以墨代白粉涂刷其缘道。在其墨色缘道之上，再用粉线罩压其边棱。也有在梁栿与栱等名件的下面，本该施用丹粉的地方，也都施用土黄，或者也有只用墨色缘道，而不再用白粉线罩压边棱的做法，这些做法在制度上都是一样的。其额上壁内的影作之内所绘莲华，都采用以墨刷饰，并以白色粉笔勾勒出其花瓣的轮廓；或者也可以不施用莲华的造型。

凡是做丹粉刷饰，其所刷的土朱要施用两遍，施用完毕后，都要以胶水将其表面加以拢罩。但如果是刷饰土黄，就不再用胶水拢罩了。如果是刷饰门、窗，或刷饰破子棂窗上的子桯以及护缝之类的地方，则用丹粉刷饰，其余的地方都只用土朱刷饰。

杂间装

【题解】

这里所谓"杂间装"者，意为色彩相杂而间装之。《荀子·正论》中有云："衣被则服五采，杂间色，重文绣，加饰之以珠玉。"《太平御览·服用部》引《孙卿子》曰："天子至尊重无上矣。衣被则五彩，杂间色，重文绣，加饰之以珠玉。"意思相近，是说天子当穿五彩衣，并配上其他颜色。

　　一般的规则是，依据每色既有的制度，彼此之间相间匹配；为了使其华色鲜丽，要以各色制度在其中所占之不同比例为则。本节给出了几种杂间装各色制度的匹配比例。

　　五彩间碾玉装，即由五彩遍装与碾玉装两种彩画相间匹配而成的房屋装饰彩画。其中五彩遍装占了全房屋彩画量的60%，而碾玉装则占全房屋彩画量的40%。

　　碾玉间画松文装，其中的画松文装，疑即以松树纹样为主要题材的彩画装饰。《法式》彩画中，有几处涉及画松文装：一是解绿装饰屋舍中，有在檐额与梁栿四周缘道上画松文装（栱梁下似亦有与画松文名件相杂处）；二是解绿赤白及解绿结华装屋舍中，画松文亦同；三是两晕棱间内有画松文装名件处。

　　然"松文"之义，亦有两种可能：其一，是以松树枝叶为题材的华文；其二，"松文"是一种刀剑的名称。如宋人沈括《梦溪笔谈·器用》："鱼肠即今蟠钢剑也，又谓之松文。取诸鱼燔熟，褫去胁，视见其肠，正如今之蟠钢剑文也。"又据宋人《夷坚志》补卷第十三："又在荆南寄信，但言我今番带去松文剑一口。"可知"松文"为刀剑上一种类似鱼肠的纹饰。

　　《法式》彩画中的"松文"，较大可能指的是第一种。如《法式》卷第三十四中有"两晕棱间内画松文装名件第十五"图样，其图中所绘松文，应似三叶松针图案形式。由此或可以认定，《法式》中所言"松文"，即是松树枝叶，即松针，而非古人刀剑上之纹饰。

　　由此，则碾玉间画松文装，当为碾玉装与画松文装两者相间匹配而成的房屋装饰彩画。其中碾玉装在全屋彩画中的占比为30%，而画松文装在全屋彩画中的占比为70%。

　　青绿三晕棱间及碾玉间画松文装，是一种三品彩画相互匹配的彩画装饰，即由青绿三晕棱间装彩画、碾玉装彩画与画松文装彩画，三者相间匹配而成的房屋装饰彩画。其中青绿三晕棱间在全屋彩画中占比30%；碾玉装占比20%；画松文装占比40%。这里给出的各自比例，似乎出现了一点讹误。

画松文间解绿赤白装，为画松文装与解绿赤白装两者相间匹配。在这里，两种彩画在全屋彩画中的比例，各为50%。相信这是一种比较容易绘制且品级较低的彩画搭配方式，可能应用于等级较低的廊屋、余屋、散屋等房舍中。

画松文卓柏间三晕棱间装，这里的"画松文卓柏"，应该是两品彩画，其一是画松文装彩画，其二是画卓柏装彩画。除了本卷在"杂间装"中提到了"卓柏装"之外，在卷第二十五《诸作功限二》"彩画作"中也提到"解绿赤白，廊屋、散舍、华架之类，……（若间结华或卓柏。）……"之语。可知"卓柏"做法，略近"结华"，即在解绿赤白彩画的基础上，间以华文或卓柏，这里的"卓柏"，疑为以柏树枝叶为纹饰的彩画品类。

还有将画松文装、三晕棱间装及卓柏装三者相间匹配而成的房屋装饰彩画。其中，画松文装，在全屋彩画中的占比为60%；三晕棱间装，在全屋彩画中的占比为10%；卓柏装，在全屋彩画中的占比为20%。

这里仍有10%的误差。傅熹年先生在他的合校本中，通过与其他文本的校勘，将三晕棱间装在全屋彩画中所占比例改为20%，就与上下文中其他彩画的配比情况相一致了。

（杂间装之制）

杂间装之制：皆随每色制度[①]，相间品配[②]，令华色鲜丽，各以逐等分数为法[③]。五彩间碾玉装。五彩遍装六分，碾玉装四分。碾玉间画松文装。碾玉装三分[④]，画松装七分。青绿三晕棱间及碾玉间画松文装。青绿三晕棱间装三分，碾玉装二分⑤，画松装四分。**画松文间解绿赤白装。** 画松文装五分，解绿赤白装五分。**画松文卓柏间三晕棱间装。** 画松文装六分，三晕棱间装一分⑥，卓柏装二分。

【注释】

①随每色制度：杂间装中所用各种不同颜色，在绘制中应依随《法式》中其为本色所规定的基本做法与制度。

②相间品配：梁注："这些用不同华文'相间匹配'的杂间装，在本篇中虽然开出它们搭配的比例，但具体做法，我们就很难知道了。"

③各以逐等分数为法：即各以其不同颜色所施用的份额及在画面中所占的比例为标准。

④碾玉装三分：原文"碾玉装二分"，梁注本改为"碾玉装三分"。陈注：改"二"为"三"，并注："三，竹本。"傅合校本：改"二分"为"三分"，并注："三，故宫本。"从改。

⑤碾玉装二分：疑这里的"碾玉装二分"与上文一样，也可能是"碾玉装三分"之误，若将其改为"碾玉装三分"，则其上下文会更容易理解。译文暂从改。

⑥三晕棱间装一分：原文"三晕棱间装一分"，陈注："二，竹本。"傅合校本改"一分"为"二分"。依陈、傅二先生所改，其文为"三晕棱间装二分"。译文从改。

【译文】

施绘杂间装彩画的制度：其杂间装中所施不同颜色，都应随其色各自的既有制度，彼此相互间隔，并将其色的各自品第相互搭配，以使其所施绘的华文色泽鲜丽，并要以其不同品第等级的彩画在全屋彩画中各自应占的比例为标准来绘制。如果是五彩遍装间插碾玉装的做法。其中的五彩遍装占比为6/10，而碾玉装的占比为4/10。如果是碾玉装间插画松文装的做法。其中的碾玉装占比为3/10，而画松文装占比为7/10。如果是青绿三晕棱间装以及碾玉装间插画松文装的做法。则其青绿三晕棱间装占比为 3/10,碾玉装占比为 3/10,而画松文装占比为 4/10。如果是画松文装间插解绿赤白装做法。其中的画松文装占比为 5/10,而解绿赤白装占比为 5/10。如果是画松文卓柏装间插以三晕棱间装做法。其中的画松文装占比为 6/10,其三晕棱间装占比为 2/10,卓柏装占比为 2/10。

(杂间装一般规则)

凡杂间装以此分数为率[1],或用间红青绿三晕棱间装与五彩遍装及画松文等相间装者,各约此分数,随宜加减之[2]。

【注释】

①以此分数为率:凡采用不同彩画类型相间匹配而成的杂间装彩画,要以如上所列出的各自在全屋彩画中所占比例为标准配置。

②约此分数,随宜加减之:如果是以红、青、绿三晕棱间装与五彩遍装及画松文装等彩画,相间匹配而施绘的,也可以参照如上的比例关系,随宜加减几种彩画各自所占比重而确定之。

【译文】

凡施绘杂间装彩画都应以如上所列各自在全屋彩画中所占的比例为标准绘制,或者如果采用间插红、青、绿三晕棱间装与五彩遍装及画松文装等相间装的做法的,也应各以如上所列比例数作为基准,在此基础上,可对各装彩画在其中所占的比例随宜做出适当的增或减。

炼桐油

【题解】

桐油,疑为古人调漆时所用溶液。如《本草纲目·漆》:"今人货漆,多杂桐油,故多毒。"将桐油用于木构建筑的构件之上,具有防潮、防腐、防虫蛀等多方面的作用,因此在中国古代营造中应用十分广泛。

从《法式》本节行文看,这里所炼桐油,是为了调"合金漆用"。似也可以用桐油调和其他颜色,施之于彩画之上。如卷第二十五《诸作料例二》"彩画作"条中:"应刷染木植,每面方一尺,各使下项:……熟桐油,一钱六分。(若在暗处不见风日者,加十分之一。)"可知,在彩画刷绘过程中,需加入少量熟桐油。在绘制过程中,还需用乱线将桐油揩揠均匀而用之。

桐油的炼制方式,先用文(微)火与武(强)火煎桐油,使其变得清亮一些,然后将胶放入油中;胶变焦后,将其取出不用。然后,在油中放入松脂,并搅动之,使松脂化于油中。再向油中放入经过研磨的细粉。其粉为黄色,目的是使油"定"之。这时,取少许油滴入水中,使成油珠状。以手试其油珠,若在黏指处有丝缕,则向油中再下黄丹。渐渐消去煎油之火,搅动熟油,使其变冷。这样就可以用来调合金漆而用之了。

由此可见,向油中所加黄色细粉及黄丹等,除了调制桐油成分外,还有增添黄色,使之与其后所调之金漆,在色调上达成统一的作用。

炼桐油之制①:用文武火煎桐油令清②,先煤胶令焦③,取出不用,次下松脂搅④,候化;又次下研细定粉⑤。粉色黄,滴油于水内成珠;以手试之,黏指处有丝缕,然后下黄丹⑥。渐次去火⑦,搅令冷,合金漆用⑧。如施之于彩画之上者,以乱线揩揠用之⑨。

【注释】

①炼桐油:桐油是一种植物油。其特点是干燥快、密度小、光泽度好、附着力强,且具有耐热、耐酸、耐碱、防腐、防锈等特性。其不仅是制作油漆、油墨等的主要原料,在古代还用作房屋、车船、渔具、兵器等的防水、防腐涂料。桐油又分为生桐油和熟桐油。熟

桐油是由生桐油炼制加工而成的,可直接用于木材表面的防腐处理。这里的"炼桐油"指的就是将生桐油提炼成为熟桐油的过程。

②文武火:文火,指火势较小且较为温和的慢火;武火,指火势较为强烈、快速的火。

③煠(yè):梁注:"煠,音叶 yè,把物品放在沸油里进行处理。"

④松脂:据明李时珍《本草纲目·松》:"松脂,别名松膏、松肪、松胶、松香。"指从松树等树干上渗出的胶状液体,其成分主要包括松香与松节油。经加工处理后,松脂可呈固体状,透明,不溶于水,其质硬而脆,为淡黄色或棕色,可以用作制造油漆等的原料。

⑤定粉:又称作"铅粉",也有一些地方称其为"鹊粉""锡粉""铅白""铅华""解锡""胡粉""粉锡""白膏"等。其成分是用铅加工而成的碱式碳酸铅。定粉为白色粉末状,或凝结成不规则块状,若用手捻,可即刻成为粉状,有细而滑腻的感觉。这里可能是作为炼桐油时添加的一种辅料。

⑥黄丹:由铅、硫黄、硝石等合炼而成。或可称为"铅丹""黄丹""广丹""东丹",亦有称其为"陶丹""铅黄""红丹""丹粉""朱粉""松丹""朱丹""章丹""桃丹粉"等的。其主要化学成分是由铅加工而成的四氧化三铅。这里的"黄丹",可能是炼桐油时添加的一种辅料。

⑦渐次去火:即慢慢地将火势降下来,直至熄灭。

⑧金漆:疑指金箔,可施用于髹漆、描金、镶嵌等技法中,在古代房屋及家具的装饰之中都有使用。

⑨乱线揩搌(kāi zhǎn):这里的"乱线",指的可能是用来擦拭物体表面的线团。"揩搌",其义似与擦拭、揉抹有相近之处。其作用疑是展平其表面所黏贴的金箔或金漆。

【译文】

炼制桐油的制度:先后用文火与武火煎制桐油,以让桐油变得清亮,接着,先将胶放入火中使其呈燥焦状,将胶取出不施用,然后向桐油中放入松脂,并加以搅动,等候松脂融化于其中;再之后向桐油中放入经过研磨而成细末状的定粉。定粉的颜色当为黄色,这时将桐油滴入水中其油成珠状;用手试一下其所凝成的油珠,若油黏指头之处有丝缕,然后就可以向桐油中投入黄丹。慢慢将火减弱并渐渐使火熄灭,搅动桐油使其温度渐渐变冷,合金漆施用。如果将桐油合金漆施之于彩画之上,可以用乱线揉抹而将其表面展抚平整。

卷第十五　砖作制度　窑作制度

砖作制度

用砖　垒阶基　铺地面　墙下隔减　踏道

慢道　须弥坐　砖墙　露道　城壁水道　卷輂河渠口

接甑口　马台　马槽　井

窑作制度

瓦　砖　琉璃瓦等炒造黄丹附　青掍瓦滑石掍、茶土掍

烧变次序　垒造窑

【题解】

本卷的内容包括宋代房屋营造中两个方面的匠作制度：一个是"砖作制度"，另外一个是"窑作制度"。砖作制度，主要讲的是如何用烧制好的砖来垒砌房屋基座、踏阶、慢道、须弥坐、墙体，以及用砖铺装房屋室内外地面，或庭院中的甬道地面即露道等的做法。

除了与房屋直接关联的各部分构件之外，本卷中的砖作制度还给出了需要用砖来垒砌的其他构筑物，如与城墙有所关联的排水设施——城壁水道，或在城墙及其他墙体上设置的拱券式样的卷輂河渠水口，及用砖垒砌、和瓦质或铁质的蒸食器相接触的锅台口或炉膛口等。此外，古人生活中经常用到的马台、马槽，以及古代日常生活中几乎不可或缺的用砖砌筑的水井等。或言之，这里对古人可能用到砖的地方，几乎都有

所涉及。

重要的是,在《砖作制度》之第一节有关"用砖之制"的叙述中,作者特别给出了不同等级房屋所施用砖块的大小与厚薄尺寸,这不仅使我们对宋代各种砖的形制有了具体的了解,也对宋代严格的房屋等级制度中,有关用砖等级的规则细则有了一个基本的概念。这里提到的不同等级房屋的用砖尺寸,可以与大木作制度中所给出的各种不同等级房屋所用枓栱的材分°等级做一个参照性理解。这里的"等级"概念,在很大程度上,其实是与不同等级房屋的规模与尺度大小密切关联的。正是这种因应房屋规模与尺度之不同,而确定其所用砖块或材分°之大小不同的做法,使得古代中国建筑在不同的建筑组群中,能够呈现出某种内在的统一性与和谐性。

本卷中的《窑作制度》部分,其实是与本卷的《砖作制度》和卷第十三的《瓦作制度》都有着十分密切关联的一个章节。从内容上讲,瓦作制度与砖作制度说的都是瓦与砖在房屋营造等土木工程中的应用问题,而这里的窑作制度则主要给出了瓦与砖的烧制工艺与方法。

窑作制度中特别给出的瓯瓦与瓪瓦,及各种砖的不同尺寸,更进一步地弥补了古代营造中不同等级之房屋的屋顶用瓦或房屋用砖的尺寸细则,这对于理解古代建筑的等级差别与尺度差异,有着十分重要的意义。窑作制度中有关琉璃瓦与青掍瓦的瓦坯加工与成瓦烧制,对于我们了解宋代高等级瓦的制作工艺,也有着无可替代的作用。

窑作制度中,有关宋代垒砌筑造用来烧制砖与瓦的大窑与曝窑的"垒造之制",亦具有十分重要的历史价值。这一制度性描述,不仅可以使我们对宋代瓦窑与砖窑的大体构造与基本尺寸有一个形象的了解,而且可以帮助我们,在进一步搜集资料的基础上,梳理出一条自中古时代的宋辽时期,到时代稍晚的元明时期,乃至近古时代的清代及民国时期,传统建筑所用砖瓦的烧制窑体与烧制方法的历史变迁与技术演进线索,从而对中国古代建筑材料的加工与制作的历史发展,有一个较为完整的了解。

砖作制度

【题解】

　　砖与瓦作为依靠土质材料烧制而成的建筑材料,在历史上出现得很早。在中国历史上,有所谓"秦砖汉瓦"之类的说法,其意似乎是说,秦代出现了砖,而汉代出现了瓦。这一说法其实不够准确,因为出于房屋对防雨的需求,瓦的出现很可能早于秦汉时代。

　　中国人常说的"秦砖汉瓦",可能是一种譬喻性说法,但其中也多少暗示出,在中国历史上,砖的出现可能会比用于覆盖屋顶的瓦的出现要更早一些。据现有的考古发掘,在陕西省周原西周遗址发现有铺地砖与空心砖,如此,似乎可以将中国古代砖的出现,推测为距今三千年左右。然而,近年在陕西蓝田新街仰韶文化遗址,还发现了仰韶文化晚期的烧结砖残块5件,同时还发现未曾烧过的土坯砖残块1件;此外,在龙山文化遗址中,还发现了1件早期的烧结砖残块。这些考古发现,都可将中国古代砖的出现年代提前到距今约五六千年前的仰韶文化时期。

　　在中国古代文献中,"砖"这一术语出现,已知最早见于战国时期,如《荀子·正论》中有:"譬之是犹以砖涂塞江海也,以焦侥而戴太山也,蹎跌碎折,不待顷矣。"大意是说,用砖来为江海铺路,或使焦侥国的矮小之人登上泰山之巅,几乎都是不可想象之事。可知,战国时可能已经出现了用砖铺路的做法。此后的西汉史料中,也提到了砖:"子独不闻和氏之璧乎,价重千金,然以之间纺,曾不如瓦砖。"(《说苑·杂言》)其意思是说,尽管和氏之璧价值昂贵,但若将其用作纺纱织布的纺锤,未必比瓦砖材料更好。可知当时将瓦和砖看作同样性质的材料,除了作为建筑材料之外,瓦砖材料还可以打磨成为纺线织布的纺锤形式。

　　当然,砖的烧制需要较大规模来源的燃料背景,因而早期砖的使用,可能会因燃料的原因而受到一定局限。两汉时代是砖的烧制与使用发展规模较大的一个时代,因为汉代社会稳定,农业发展,用于烧砖的柴草似乎比较容易获得。近代以来,考古发掘中出土了较多汉砖与汉代的陶制明器,以及汉画像砖等。其中,尤其值得注意的是烧制精良的汉代空心砖。另外,从已知的考古资料中观察,用砖垒砌的墓穴在汉代已比较多见。

魏晋时期,砖的使用渐渐多了起来,如晋人所撰写的文献中提到:"石头城,吴时悉土坞。义熙初,始加砖累甓,因山以为城,因江以为池。地形险固,尤有奇势。亦谓之石首城也。"(《世说新语·言语》)可知东晋义熙(405—418)初,今日南京城的前身——建邺城已经因山为城,并用砖甓砌城墙,被称为"石头城"。能用砖砌城墙,证明砖的烧制能力已经比较强了。

砖在房屋建筑中较为普遍地使用,似乎是从南北朝时期开始的。如北魏有关寺院建筑的壁画中,出现了较多用砖砌筑的楼阁建筑。唐代敦煌壁画中,也出现了不少砖砌台基。实物中,自南北朝至隋唐,出现了一批单层或多层砖塔。北齐文献中提到:"(先君、先夫人)旅葬江陵东郭,……欲营迁厝。蒙诏赐银百两,已于扬州小郊北地烧砖。"(《颜氏家训·终制》)显然,这里提到的"砖",当是用于坟茔墓地之营造。《宋书·吴逵传》中还提到:"家徒壁立,冬无被绔,昼则庸赁,夜则伐木烧砖。"可知这时砖的烧制,是以木柴为燃料的。

两宋辽金时期,不仅砖的使用量大,而且其烧制的质量也得以提高,如宋人楼钥有"黄阅冈下得宝墨,古人烧砖坚于石"的诗句,略可一窥其质量。在我们这里所讨论的《法式》一书中,专门列出的"砖作制度",正反映了在北宋时代,砖的烧制已经趋于标准化。

无论如何,两宋辽金时期的砖筑佛塔已相当普遍,现在尚存当时建造的一些楼阁式、密檐式砖塔,不仅形体高大,造型精美,而且在细部装饰上也十分繁缛细密,说明这一时期的制砖技术与砖的砌筑、打磨与雕琢能力,已经达到了相当高的水平。这里专设的《砖作制度》部分,将其制度所涉，主要限定在垒砌殿阶基、铺装地面、砌筑墙下隔减、垒砌登堂踏道、慢道及砌筑须弥坐等与房屋或神佛造像的基座、地面等有关的工程处理方式，以及砖墙、城壁水道、卷辇河渠口等的砌筑，这些部位都需要防止雨水或河水的日常侵蚀，大体上也反映了宋代砖的应用范围。

从历史的发展来看，明代以来，砖的使用出现了爆发式增长。正是在有明一代，在全国范围内，包括京城、府城、州城与县城，建造了一大批砖砌城墙。一些原本是夯土城墙的古老城池，在明代或清初，也普遍包砌了砖甃城墙。明代修建的用于抵御北方边患的砖筑长城，气势恢宏，也印证了明代制砖业的发达与砖筑结构的普及。

在房屋建筑上，可以从自明代兴起的砖筑无梁殿，或以砖为外墙及两山主要表皮的硬山式屋顶建筑形式在民居建筑中的大规模普及中略窥一斑。南方建筑，包括徽派建筑，以及浙江、福建、江西等地的建筑，大量出现砖砌的封火山墙，也是在明代开始流行的。

在《法式》编撰的北宋时代，砖的使用规模与范围，远不及明清时代那样普及与多样，故《法式》中对砖筑城池，或用砖垒砌的殿阁楼堂等方面的叙述几乎没有，应该也是由于这一原因。

用砖

【题解】

《砖作制度》篇的核心是如何根据建筑物的不同等级来用砖，故其文用了专门一个条目，对宋代建筑砖作制度中的"用砖"规则做了规定。

北宋时代所用的砖，在尺寸上是随房屋的等级与开间不同而有所区别的。这里给出了五个不同的等级与相应的方砖尺寸。

第一等级，是开间为11间以上的大型殿阁建筑，其所用砖的尺寸最大，为方2尺，厚0.3尺。

第二等级，是开间为7间以上的较大殿阁建筑，应该也包括9个开间的殿阁建筑,其所用砖的尺寸,为方1.7尺,厚0.28尺。

第三等级,是开间为5间以上中等规模的殿阁建筑,其所用砖的尺寸,为方1.5尺,厚0.27尺。

第四等级,包括开间小于5间的较小规模的殿阁,如开间为3间的殿阁建筑,以及等级较低的不同开间的厅堂与亭榭等建筑,其用砖的尺寸,为方1.3尺,厚0.25尺。

第五等级,行廊、小亭榭及散屋,其用砖尺寸最小,为方1.2尺,厚0.2尺。

需要说明的一点是,这种方砖较大可能是用来为殿阁楼台或屋舍亭榭之室内地面及室外的台基表面做铺装而用的。

除了这五种方砖之外,建筑物中还可能用到另外三种长方形条砖。

一,是从第一到第四等级建筑物所用的条砖:"以上用条砖,并长一尺三寸,广六寸五分,厚二寸五分。如阶唇用压阑砖,长二尺一寸,广一尺一寸,厚二寸五分。"即无论是高等级的殿阁,还是中、低规模的殿阁,以及厅堂与亭榭建筑中,所用条砖都是长1.3尺,宽0.65尺,厚0.25尺的长方形的砖。这种条砖,恰为第四等级建筑物所用方砖的"半砖"尺寸。

二,是在较大体量建筑物的台基或踏阶的边缘,即"阶唇"位置上,用长2.1尺,宽1.1尺,厚0.25尺的长方形条砖。这种用于台阶边缘的条砖,称"压阑砖"。

三,是在行廊、小亭榭及散屋等低等级建筑物中,其所用"条砖长一尺二寸,广六寸,厚二寸"。这种条砖,恰为第五等级建筑物所用方砖的"半砖"尺寸,应该是比较多地施用于露墙或屋墙等的砌筑之中。

本节还提到用于城墙壁上的三种砖,分别为走趄砖、趄条砖与牛头砖。这里的"趄",其意似为"倾斜"。从形状看,走趄砖是一种在宽度方向上,上下面不同,面狭底宽,侧面为倾斜状的楔形砖。其长1.2尺,上面宽0.55尺,底面宽0.6尺,厚0.2尺。趄条砖,则为在长度方向上,上下面不同,顶面长1.15尺,底面长1.2尺,宽0.6尺,厚0.2尺的楔形砖。牛头砖,也是一种异型砖,其左右两侧的厚度不同,这种砖长1.3尺,宽0.65尺,一侧的厚度为0.25尺,另外一侧的厚度为0.22尺。

笔者猜测,这3种城壁砖,很可能是随着城墙的倾斜角度而砌筑的砖。走趄砖与趄条砖,厚度相同,应该是砌置于一个层面上的,且走趄砖的长度,与趄条砖底面的长度也相同。牛头砖,在长、宽、厚三个向度上,比走趄砖与趄条砖的尺寸都要大一些。三者似因纵横交错的砌筑位置不同而有所区别。

需要补充的一点是,这一注释中没有提到另外一种尺寸较大的条砖——压阑砖。而压阑砖与石作制度中所列压阑石在使用功能与位置上应该比较接近。

(殿阁、厅堂、亭榭、行廊、散屋等用砖)

用砖之制[①]:

殿阁等十一间以上,用砖方二尺,厚三寸。

殿阁等七间以上,用砖方一尺七寸,厚二寸八分。

殿阁等五间以上,用砖方一尺五寸,厚二寸七分[②]。

殿阁、厅堂、亭榭等[③],用砖方一尺三寸[④],厚二寸五分。以上用条砖[⑤],并长一尺三寸,广六寸五分,厚二寸五分。如阶唇用压阑砖[⑥],长二尺一寸,广一尺一寸,厚二寸五分。

行廊、小亭榭、散屋等,用砖方一尺二寸,厚二寸。用条砖长一尺二寸,广六寸,厚二寸。

【注释】

①用砖之制:梁注:"'砖作制度'与'窑作制度'内许多砖、瓦以及一些建筑部分,我们绘了一些图样予以说明,还将各种不同的规格、不同尺寸的砖瓦等表列以醒眉目,但由于文字叙述不够准确、

全面,其中有许多很不清楚的地方,我们只能提出问题,以请教于高明。"从上下文观察,这里所说的"用砖",较大可能,指的是用以铺装殿阁或厅堂、亭榭等建筑之室内及室外台基上的地面砖。

②厚二寸七分:这里的"七",陈注:"五,竹本。"梁注本、傅合校本未改,暂从原文。

③殿阁、厅堂、亭榭等:这里的"殿阁、厅堂、亭榭等"指的是不包括上文已经提到的通面广在五开间以上的殿阁式建筑,从文义上理解,似指殿阁三开间及等级稍低的厅堂、亭榭等建筑,这里未给出厅堂、亭榭的开间数,则其所用砖,无论开间多少,似都可以使用与殿阁三开间建筑相同的砖。

④用砖方:其文中凡以"用砖方"表述的,应当指的是方形的地面砖。

⑤条砖:指外形为矩形的砖,而非方形的砖。梁注:"本篇'用砖之制',主要规定方砖尺寸,共五种大小,条砖只有两种,是最小两方砖的'半砖'。下面各篇,除少数指明用条砖或方砖者外,其余都不明确。"

⑥压阑砖:在殿阁、厅堂等房屋柱台基顶部阶沿(即阶唇)上所铺的地面砖,其与石作制度中的"压阑石"有相近之处。

【译文】

在房屋营造中使用砖的制度:

殿阁等面广11间以上房屋,所用砖方2尺,厚3寸。

殿阁等面广7间以上房屋,所用砖方1.7尺,厚2.8寸。

殿阁等面广5间以上房屋,所用砖方1.5尺,厚2.7寸。

殿阁、厅堂、亭榭等规模稍小或等级稍低的房屋,所用砖方1.3尺,厚2.5寸。以上这几种房屋若使用条砖,其砖的规格皆为长1.3尺,宽6.5寸,厚2.5寸。如果其殿堂阶基的阶唇部位使用压阑砖,其砖的规格长2.1尺,宽1.1尺,厚2.5寸。

行廊、小亭榭、散屋等规模较小等级较低的房屋,所用砖方1.2尺,厚2寸。这几种房屋若施用条砖,其砖的规格长1.2尺,宽6寸,厚2寸。

（城壁用砖）^①

城壁所用走趄砖^②，长一尺二寸，面广五寸五分，底广六寸，厚二寸。趄条砖^③，面长一尺一寸五分，底长一尺二寸，广六寸，厚二寸。牛头砖^④，长一尺三寸，广六寸五分，一壁厚二寸五分，一壁厚二寸二分。

【注释】

①城壁用砖：梁注："至于城壁所用三种不同规格的砖，用在何处，怎么用法，也不清楚。"或可猜测，这3种城壁砖，很可能是随着城墙的倾斜角度而砌筑的砖。"走趄砖"与"趄条砖"厚度相同，应该是砌置于一个层面上的；且走趄砖的长度与趄条砖底面的长度也相同。牛头砖，在长、宽、厚三个向度上，比走趄砖与趄条砖的尺寸都要大一些。三者似因纵横交错的砌筑位置不同而区别。

②走趄砖：梁注："趄，音疽jú，或且qiè。"这里的"趄"，其意似为"倾斜"。从形状看，走趄砖是一种在宽度方向上，上下面不同，面狭底宽，侧面为倾斜状的楔形砖。其长1.2尺，上面宽0.55尺，底面宽0.6尺，厚0.2尺。

③趄条砖：为在长度方向上，上下面不同，顶面长1.15尺，底面长1.2尺，宽0.6尺，厚0.2尺的楔形砖。

④牛头砖：也是一种异型砖，其左右两侧的厚度不同。这种砖长1.3尺，宽0.65尺，一侧的厚度为0.25尺，另外一侧的厚度为0.22尺。

【译文】

在营造城墙的墙壁时所用的走趄砖，其规格为砖面长1.2尺，砖面宽5.5寸，砖底宽6寸，其砖厚为2寸。在城墙壁上所用的趄条砖，其规格为砖面长1.15尺，砖底长1.2尺，其砖宽6寸，厚2寸。在城墙壁上所用的牛头砖，其规格为砖长1.3尺，宽6.5寸，砖的一侧壁厚2.5寸，另一侧壁厚2.2寸。

垒阶基 其名有四：一曰阶，二曰陛，三曰陔，四曰墒

【题解】

本卷《砖作制度》中的"垒阶基"一节给出了古人有关古代房屋阶基的四种名称："其名有四：一曰阶，二曰陛，三曰陔，四曰墒。"

一，阶。这里的"阶"，即为"阶基"之意，如殿阶基、厅堂阶基等，相当于殿阁或厅堂建筑的台基。

二，陛。据卷第二《总释下》"阶"条："除，殿阶也。阶，陛也。"可知，"陛"即阶，亦即殿阁或厅堂建筑的台基。

三，陔。据卷第二《总释下》"阶"条："陔，阶次也。"又："殿阶次序谓之陔。"则"陔"意为殿阶的次序，其意大概是不同层级的殿阶。

四，墒。据卷第二《总释下》"阶"条："除谓之阶，阶谓之墒。"这里的意思十分明确，"墒"就是"阶"的意思。

此外，《法式》中还提到了陧、除、城、阼、庀等与阶意思相近的术语。如"殿基谓之陧（音堂）"，"阶下齿谓之城（七仄切。）东阶谓之阼。霤外砌谓之庀"等，这些术语，当是古人对殿阁或厅堂台基不同部位的一些称谓，如"陧"即殿基，"城"为登阶之踏步（齿），"阼"为登阶之东侧踏阶，亦称"主阶"。庀，这里说是"霤外砌"，"霤"为屋檐，一般情况下，屋檐应该遮盖住房屋的台基，则"庀"似为殿阁或厅堂主要台基之外所砌筑之阶，或与"陔"即阶次的意思相近，抑或仅仅是护持台基的侧阶。

垒砌阶基，就是用砖砌筑建筑台基的做法。砌筑阶基所用砖，是条砖。这里所说的"×砖相并"，指的可能是房屋台基四周侧壁砖砌体的厚度。如殿堂、亭榭的台基，低于4尺的，可以用两砖相并的侧壁；高5～10尺的，用三砖相并的侧壁；高大建筑物的台基，如楼台建筑的台基，其高度若为10～20尺，则用四砖相并的侧壁。如此递进，如台基高20～30尺，用五砖相并；高40尺以上，用六砖相并。大致的规则是，殿

堂、亭榭、楼台,台基愈高,砌筑台基的侧壁应该愈厚。台基侧壁之内,当为用土夯筑的房屋基座。

《法式》进一步给出了垒砌阶基的做法,在殿堂、亭榭或楼台檐柱柱缝之外的台基部分,即"普拍方外阶头",从檐柱柱缝,即柱心线,向外出3~3.5尺,是这座建筑物台基的边缘线。其台基的垒砌方法是,在最外缘用细砖砌10层的高度;细砖以里,衬砌台基侧壁砖,即用"×砖相并"的砌筑方法,垒砌8层的高度;也就是说,砖筑台基的外露部分,是用细砖垒砌的。这一部分的砖砌体可以砌筑成须弥坐,或其他造型形式,并可以有相应的华文雕镂纹饰。而细砖以里的相并砖,更多是起到房屋台基四周围护部分的结构作用。唯一不解的是,在整部《法式》中,仅仅在这里提到"细砖",这种砖是否是前文所提到各种用砖中的一种?从行文推测,笔者认为这里所说的"细砖",有可能与现代砖砌体中较为细致的"清水砖墙"的砌筑方式有所关联的;反之,《法式》行文所言与"细砖"相对应的"粗垒",则可能与现代砖砌体中较为粗糙的"混水砖墙"的砌筑方式相关联。

这里还提出了两种殿堂建筑台基的砌筑方式:一种是"平砌",另外一种是"露龈砌"。平砌,可以理解为其台基外壁是平整的外观;而露龈砌,则可以理解为有明显叠涩收分做法的外观。如果是平砌,则台基要做整体的收分。平砌台基的收分斜率为每高1尺,收分0.015尺,即按1.5%的斜率收分。如果是露龈砌,则加砌一层砖,应向内退收0.01尺。如果是粗垒的做法,则每加砌一层砖,应向内退收0.02尺。

如果是楼台或亭榭等建筑,其露龈砌的收分的斜率会更大。如加砌一层砖,向内退收0.02尺;如果是粗垒的做法,则每加砌一层砖,应向内退收0.05尺。这也许是因为,殿堂类建筑属于官殿、庙宇等建筑,其外在环境更接近某种居住性、生活性的空间;而楼台或亭榭建筑,更接近景观类建筑,其周围的环境更为自然、粗犷,故其台基垒砌的收分斜率也就比较明显。

垒砌阶基之制①:用条砖②。殿堂、亭榭,阶高四尺以下者,用二砖相并③;高五尺以上至一丈者,用三砖相并④。楼台基高一丈以上至二丈者,用四砖相并⑤;高二丈至三丈以上者,用五砖相并⑥;高四丈以上者,用六砖相并⑦。普拍方外阶头⑧,自柱心出三尺至三尺五寸⑨。每阶外细砖高十层⑩,其内相并砖高八层。其殿堂等阶,若平砌,每阶高一尺,上收一分五厘⑪;如露龈砌⑫,每砖一层,上收一分⑬。粗垒二分⑭。楼台、亭榭,每砖一层,上收二分⑮。粗垒五分⑯。

【注释】

①垒砌阶基:即用土石或砖营造房屋的基座。阶基,一般指殿堂的阶基,即殿堂基座,或也包括其他等级较高房屋的基座。

②条砖:上文提到的不同等级房屋所用的方砖,多为铺装室内外地面所用的地面砖;而砌筑殿堂阶基或房屋基座,其基座内主要是夯土,基座四周的边墙则多是用条砖砌筑的。条砖的大小一般是相应规格之方砖的一半。

③二砖相并:即两砖并列砌筑,这里的"二砖相并",多用于其屋基座在4尺以下时,房屋阶基之墙的厚度仅为二砖。

④三砖相并:同样,若其殿阶基高5尺至1丈,则其阶基之墙用三砖并列砌筑,即其殿阶基之墙的厚度为三砖。

⑤四砖相并:用四砖并列砌筑,施用于高为1丈至2丈的楼台基,其阶基之墙的厚度为四砖。

⑥五砖相并:用五砖并列砌筑,施用于高为2丈至3丈的楼台基,其阶基之墙的厚度为五砖。

⑦六砖相并:用六砖并列砌筑,施用于高为4丈以上的高大楼台基,其阶基之墙的厚度为六砖。

⑧普拍方外阶头：普拍方外，即指其柱根部位的檐柱柱心缝之外，只是因宋式营造中，柱子有侧脚，普拍方缝较柱根部的檐柱缝可能稍向内移了一点儿，似可忽略不计。

⑨自柱心出三尺至三尺五寸：陈注："三等材，六十、七十份（分°）。"以三等材之分°值为0.5寸，则60分°长3尺，70分°长3.5尺。由此，或可略窥陈先生以"材分°制度"探求房屋各部分尺寸关系之用心。

⑩阶外细砖：这里的"阶外细砖"，疑指砌筑于其殿屋阶基外表面的清水砖。

⑪上收一分五厘：指殿屋阶基的收分，是以每高1尺，其阶基之墙向内斜收0.15寸计，其斜度为1.5%。

⑫露龈砌：指将砖向内错叠退进，从而露出下层砖之上棱的叠涩式外墙砌筑方式。

⑬每砖一层，上收一分：指在殿堂等阶基的露龈砌做法中，每砌一层砖，其上面一层砖向内退进0.1寸。

⑭粗垒二分：如果其殿堂阶基墙是粗垒的混水砖墙，则每砌一层砖，其上面一层砖向内退进0.2寸。

⑮每砖一层，上收二分：指在楼台、亭榭等基座较高之房屋阶基的露龈砌做法中，每砌一层砖，其上面一层砖向内退进0.2寸。

⑯粗垒五分：如果其楼台、亭榭等阶基墙是粗垒的混水砖墙，则每砌一层砖，其上面一层砖向内退进0.5寸。

【译文】

垒砌房屋阶基的制度：房屋的阶基之墙，一般使用条砖砌筑。如果是殿堂、亭榭，其房屋阶基高度在4尺以下的，其基之墙应用二砖相并砌筑；其房屋阶基高度在5尺以上至1丈的，其基之墙应用三砖相并砌筑。如果是楼台的基座，其基座高度在1丈以上至2丈的，其楼台基座之墙应用四砖相并砌筑；若楼台基座的高度为2丈至3丈以上的，其基座之墙应用五砖相并砌筑;若其楼台基座高度在4丈以上的,其基座之墙应用六砖相并砌筑。房屋阶基的大小,以其屋柱上的普拍方缝起计,或其外檐柱柱缝起计,其缝之外的殿阶基边缘,亦即殿阶基阶头处,应自普拍方缝,或外檐柱心缝向外伸出3尺至3.5尺。每座房屋阶基的外表面若是用细砖砌筑的清水砖墙,其所用细砖高为10层,细砖之内与之相并的混水砖墙,其所用粗垒砖高8层。殿堂等房屋的阶基,如果采用平砌做法,以其阶基每高1尺,其基之墙的上部向内斜收0.15寸计;如果其屋之阶基采用露龈砌的做法,则每砌一层砖,其上层之砖向内退收0.1寸。如果是粗垒的混水砖墙,其上层之砖向内退收0.2寸。若是楼台、亭榭等房屋基座之墙,采用露龈砌的做法,则每砌一层砖,其上层之砖向内退收0.2寸。这种楼台、亭榭基座,若采用粗垒式露龈砌做法,则每砌一层砖,其上层之砖向内退收0.5寸。

铺地面

【题解】

铺地面,指的是用地面砖铺砌殿阁、厅堂或亭榭等建筑物的台基顶面,包括室内、副阶廊内及台基阶唇压阑砖以里的地面。

本节提到了三个方面的问题:

其一,如何用砖:对应于不同等级的殿阁、厅堂或亭榭,使用不同尺寸的方砖,即地面砖。在铺砌之前,要先对毛砖加以打磨与削斫,既要使其方正,以保证砖与砖之间的接缝严密;又要通过将方砖四个侧面的削斫,使每一侧面的下棱向内收入0.01尺,以保证铺砌完成的地面能够严丝合缝。

其二,室内地面砖铺砌方式:如果是殿堂等高等级建筑,殿堂身内前后两柱的轴线距离为1丈时,要将室内中心点地面砖的标高抬高0.02尺。但如果前后两柱的轴线距离为3丈时,则应将室内中心点地面砖的标高抬高0.03尺。室内中心之外所铺砌的地面砖,似应以平滑相接的铺砌方式形成渐次向外的微微斜面,有如现代建筑之所谓"泛水"的做法。

此外,等级较低的建筑物,如厅堂、廊舍等,可以室内中心前后两柱之间每两椽步架的距离(相当于殿堂室内1丈的柱心距离)为标准,进行推算。亦即,若厅堂、廊舍室内前后柱轴线距离为两椽架时,室内中心点地面标高应抬高0.02尺。中心点之外的地面,亦呈类似"泛水"的倾斜面。

其三,外檐檐柱缝之外台基面所铺地面砖:台基边缘距离檐柱柱缝的宽度小于5尺时,按照向外取2%的泛水坡度铺砌地面砖。但如果台基边缘距离檐柱柱缝的宽度大于6尺,则应按照向外有3%的泛水坡度铺砌地面砖。在台基四面的边缘部位,即阶蹏处,应改用压阑砖或压阑石铺砌。

此外,在建筑物台基之外,还应用砖铺砌散水。散水的铺砌宽度,是按照屋顶檐口滴水距离台基的远近为依据而确定的。散水可能仍用地面方砖铺砌,但在散水的外侧边缘,应用侧砖砌线道两圈,以界定散水的边缘,并起到稳固散水的作用。

铺砌殿堂等地面砖之制:用方砖,先以两砖面相合,磨令平①;次斫四边,以曲尺较令方正②;其四侧斫令下棱收入一分③。殿堂等地面,每柱心内方一丈者④,令当心高二分⑤;方三丈者,高三分⑥。如厅堂、廊舍等,亦可以两椽为计⑦。柱外阶广五尺以下者⑧,每一尺令自柱心起至阶蹏垂二分⑨;广六尺以上者,垂三分。其阶蹏压阑,用石或亦用砖。其阶外散水⑩,量檐上滴水远近铺砌⑪;向外侧砖砌线道二周⑫。

【注释】

①以两砖面相合,磨令平:疑指将两方砖的砖面相互磨合,以使其砖

面平整。

②曲尺:古代工匠使用的一种尺,其尺的形状为"L"形,其折角为90°直角,尺上有刻度。

③下棱收入一分:指将地面砖的下棱向内斫入0.1寸,以确保其砖面相接处严丝合缝。

④每柱心内:这里的"每柱心内",疑指每四柱之间所围合之地面的中心。

⑤当心高二分:这是一种地面泛水的处理方式,即其屋四柱之中心的距离为1丈时,其中心处地面的高度要比四周高出0.2寸。

⑥方三丈者,高三分:其屋四柱之中心的距离为3丈时,其中心处地面的高度要比四周高出0.3寸。

⑦可以两椽为计:梁注:"含义不太明确,可能是说,'可以用两椽的长度作一丈计算'。"

⑧柱外阶广五尺以下者:梁思成先生对这一点提出质疑:"前一篇'垒阶基之制'中说'自柱心出三尺至三尺五寸',与这里的'五尺'乃至'六尺以上'有出入。"

⑨阶龈:即前文所说的"阶唇",指房屋台基顶面的外侧边缘。垂二分:指从外檐檐柱缝至房屋阶基边缘,即阶头处,其地面标高应向下低0.2寸,以利泛水。

⑩阶外散水:指房屋阶基之下四周所做的散水处理。

⑪檐上滴水远近:这里的"滴水",应该指的不是屋檐处的瓪瓦滴水头,而是指自屋檐上所滴落的雨水在地面所形成的滴水线,尽管两者的相差不大。

⑫线道:指在房屋阶基下四周所铺散水之外沿,用两道砖侧立而砌的散水边棱线。

【译文】

铺砌殿堂等房屋阶基上之室内外地面砖的制度:其地面用方砖铺

砌，先以两砖的砖面相合，并相互磨合，以使其砖面变得平整；然后斫削砖的四个侧边，并用曲尺校正，以使砖的四角方正平直；在斫削砖的四个侧边时，要使砖的下棱向内收入0.1寸。殿堂等房屋的地面，其每由四个屋柱柱心所围合之地面面积为1丈见方时，应使其中心处的地面高出0.2寸；若其地面面积为3丈见方时，应使其中心处的地面高出0.3寸。如果是厅堂、廊舍等房屋，其地面面积也可以其屋之每两椽的椽距长度见方为依据。其屋檐檐柱缝之外的阶头宽度在5尺以下的，若其每宽1尺，则其地面应自柱心至其阶基边缘处向下降低0.2寸；若其檐柱缝之外的阶头宽度在6尺以上的，则其地面自柱心至其阶基边缘处要向下降低0.3寸。其屋阶基的边沿处所施的压阑，可以用压阑石，也可以用压阑砖。其屋阶基下之外的散水，应量测其屋檐上所滴下之水滴的远近来铺砌；其散水的外沿，应向外砌筑两周侧立之砖，以形成阶下四周散水的边棱。

墙下隔减

【题解】

关于"墙下隔减"，梁思成先生判断"隔减"是房屋四周的围护墙体与台基顶面接触的那一段墙，接着，梁先生进一步解释说："由于隔减的位置和用砖砌造的做法，又考虑到华北黄土区墙壁常有盐碱化的现象，我们推测'隔减'的'减'字很可能原来是'碱'字。在一般土墙下，先砌这样一段砖墙以隔碱，否则'隔减'两个字很难理解。由于'碱（鹻）'笔画太繁，当时的工匠就借用同音的'减'字把它'简化'了。"对"隔减"一词的这一推测性解释，从逻辑上看，可能性是很大的。

这里描述的是墙下隔减的砌筑方式。殿阁外有副阶者，其房屋外墙当在殿身檐柱缝上，其隔减墙的长度，这里定义为"长随墙广"。如梁思成先生所解释的："这个'长随墙广'就是'长度同墙的长度'。"其长与房屋外墙长度一致。而文中所言墙下隔减之广，即墙下隔减的厚度，梁先生亦做了解释:"这个'广六尺至四尺五寸'的'广'就是我们所说的'厚'——即厚六尺至四尺五寸。"

这里所提"殿阁外有副阶者",当属高等级的殿阁建筑,其墙下隔减的厚度控制在6～4.5尺之间。其意是说,厚度应依据殿阁规模等级,自6尺始,以每5寸递减,减至4.5尺为止。

例如,最高等级的十一间以上殿阁,其隔减厚度为6尺;则七间以上殿阁,隔减厚度减少0.5尺,其厚5.5尺;五间以上殿阁,隔减厚度再减0.5尺,其厚5尺;规模较小但有副阶的殿阁,如三间殿阁,其隔减厚度再减0.5尺,其厚4.5尺。换言之,殿阁外有副阶者,其墙下隔减的厚度,不少于4.5尺。

墙下隔减,在高度方向上也有收减。如殿阁外有副阶的高等级建筑,其墙下隔减,最高为5尺。随着建筑尺度的差别以0.6尺的折减率渐次减低,假设最高等级的十一间以上殿阁,隔减高为5尺;则七间至九间者,减0.6尺,隔减高为4.4尺;五间以上者,再减0.6尺,隔减高为3.8尺。有副阶但规模较小的殿阁,如三间殿阁,则似比上一等级殿阁的隔减高度,仅减少0.4尺,其高减至3.4尺为止。

没有副阶的殿阁或厅堂建筑,其墙下隔减的厚度为4尺至3.5尺不等,高度则为3尺至2.4尺不等。相对应于前文所说的用砖等级,则殿阁3间无副阶者,或厅堂等建筑,其墙下隔减厚度为4尺,高度为3尺;廊子及散屋等建筑,其墙下隔减厚度减0.5尺,其厚为3.5尺;隔减高度亦减0.6尺,其高为2.4尺。其文未谈及亭榭,可能因为亭榭属于不设外墙的建筑物,故亦应不用墙下隔减。

更低等级的"廊屋之类"建筑,墙下隔减的厚度,依据廊屋的大小可控制在3尺至2.5尺,隔减的高度可控制在2尺至1.6尺。也就是说,宋代建筑的墙下隔减,最低等级的廊屋,其厚也有2.5尺,其高也有1.6尺。

据上文的描述,墙下隔减在高度方向上亦有收分。因墙下隔减的砌筑方式宜为平砌而非露龈砌,故其收分与前文所述平砌房屋阶基的收分相同，以每高1尺，收分0.015尺为率，即按1.5%的斜率收分。

垒砌墙隔减之制[1]：殿阁外有副阶者，其内墙下隔减，长随墙广。下同。其广六尺至四尺五寸。自六尺以减五寸为法，减至四尺五寸止。高五尺至三尺四寸。自五尺以减六寸为法，至三尺四寸止。如外无副阶者，厅堂同。广四尺至三尺五寸，高三尺至二尺四寸。若廊屋之类，广三尺至二尺五寸，高二尺至一尺五寸[2]。其上收同阶基制度[3]。

【注释】

①隔减：梁注："'隔减'是什么？从本篇文字，并联系到卷第六'小木作制度''破子棂窗'和'版棂窗'两篇中也提到'隔减窗坐'，可以断定它就是墙壁下从阶基面以上用砖砌的一段墙，在它上面才是墙身，所以叫做'墙下隔减'，亦即清代所称'裙肩'。从表面上看，很像今天我们建筑中的'护墙'。不过我们的护墙是抹上去的，而隔减则是整个墙的下部。"

②高二尺至一尺五寸：原文"高二尺至一尺六寸"，傅注：改"一尺六寸"为"一尺五寸"。并注："五，据晁载之《续谈助》钞北宋本《法式》作'一尺五寸'。"应从傅先生之注。

③其上收同阶基制度：即如本卷"垒阶基"条行文："其殿堂等阶，若平砌，每阶高一尺，上收一分五厘。"

【译文】

垒砌墙下隔减墙的制度：如果是其殿身之外有副阶的重檐殿阁屋宇，其副阶之内殿身墙之下隔减墙的长度，与其殿身墙的面广长度一致。下面的情况一样。其隔减墙的高度为6尺至4.5尺。具体算法可以自6尺起计，以每减5寸为一个层级，直到减至4.5尺为止。或其隔减墙的高度为5尺至

3.4尺。其算法可以自5尺起计,以每减6寸为一个层级,直到减至3.4尺为止。如果是殿身之外不设副阶的单檐殿阁屋宇,厅堂的情况与之相同。其屋墙之下所砌隔减墙的高度为4尺至3.5尺,或者,其隔减墙高为3尺至2.4尺。如果是等级较低的廊屋之类屋宇,其屋墙之下隔减墙的高度为3尺至2.5尺,或其隔减墙高为2尺至1.5尺。隔减墙上部的收分做法与上文提到的房屋阶基的收分做法相同。

踏道

【题解】

　　踏道,即登临高处的踏步道。宋以前文献,似称"梯道",如北魏郦道元《水经注·淄水》:"数十日梯道成,上其巅,作祠屋,留止其旁。"又如《高僧传》卷三:"山路艰危,壁立千仞。昔有人凿石通路,傍施梯道。"亦有称"阶道"的,如《太平御览·鳞介部》引南朝宋人撰《南康记》:"翻见石蒙穿窿,高十余丈,头可受二十人坐也。今四面有阶道,仿佛人冢。"或称"阶级",如《艺文类聚·居处部》:"左城右平者,以文砖相亚次,城者为阶级也。"

　　自北宋时代,渐用"踏道"一词表征高低登降之步道,如《宋史·礼志》:"各祗候直身立,降踏道归幕次。"又如《东京梦华录》卷十:"坛面方圆三丈许,有四踏道。正南曰午阶,东曰卯阶,西曰酉阶,北曰子阶。"这里的南、东、西、北四阶,指的就是环坛而设的四条踏道。由这里所称"阶"可知,北宋时"踏道"与"阶道""阶级"等有相同之意。

　　从行文看,踏道宽度与其所对应房屋开间的间广尺寸相同。踏道投影长度,即踏道底长,随房屋台基(阶基)的高度推定,每高1尺,踏道底长2.5尺。其中,每一踏,高0.4尺,宽1尺。换言之,每高1尺台基,可以有2.5步踏阶。踏阶,清式建筑中称"踏垛"。如此,则可以推算:若台基高6尺,可有15步踏阶;台基高10尺,可有25步踏阶,如此等等。

　　踏道两侧有两颊，两颊之间为踏阶。砖砌踏道的两颊，大概与石砌踏道两侧的"副子"意思相类。两颊之下的侧面，即清代所谓"象眼"。重要的是，梁先生发现了砌筑踏道及两颊所用的砖："从本篇所规定的一些尺寸可以看出，这里所用的是最小一号的，即方一尺二寸，厚二寸的砖。'踏高四寸'是两砖，'颊广一尺二寸'是一砖之广；'线道厚二寸'是一砖等。"砌筑踏道用砖，是前文"用砖之制"中提到的"行廊、小亭榭、散屋等，用砖方一尺二寸，厚二寸"之"砖"，这是宋代方砖中型号最小的砖，除了用作行廊、小亭榭、散屋等的地面砖外，也用作踏道砖。

　　在踏阶上使用时，每两层砖叠砌成一步踏阶。上一步踏阶砖与下一步踏阶砖之间，有2寸的衔压搭接，从而使下一步踏阶露出1尺的踏步宽度，如此叠压砌筑，直至台基顶面。两颊表面，以一砖的长宽尺寸砌筑。两颊下有向内叠涩收进的线道，一层线道的厚度为2寸，恰好可用一砖砌筑。

　　两颊之下，另有柱子、地栿。所谓"柱子"，指的是用砖砌筑的与台基相邻，类似台基四隅之"角柱"，而垂直于地面的立柱；"地栿"，则是与踏道柱子相垂直，平砌于地面上，与台基立面垂直，如地梁状的砌体。踏道两侧，由两颊、柱子与地栿可以形成一个直角三角形的外轮廓。

　　关于两颊下的做法，梁先生解释道："从字面上理解，'平双转'可能是用两层砖（四寸）沿两颊内的三面砌一周。"即在台基高度为8砖的厚度时，用两层砖沿两颊之内、柱子之前、地栿之上的三角形内环砌一周。这一"平双转"线道的厚度为4寸。再用一层砖向内退入1寸，沿这一三角形内，环砌一周，称"单转一周"；之后，再向内退入1寸，并沿三角形内再单转一周。这一三角形的最中心位置，仍为一个如凹池状的小三角形，宋人称之为"象眼"。故而梁先生又进一步对宋式营造中的"象眼"做解释说："与清代'象眼'的定义不同，只指三角形内'退入'最深处的池子为'象眼'。"

　　如上做法，是以8砖厚的台基高，即有4步踏阶的高度标准推算的。

如果台基高每增加3砖（1.5步踏阶）的厚度，则两颊下三角形内要增加单转一周的线道。如果台基的高度超过20砖的厚度，即高于4尺，或多于10步踏阶时，其两颊下三角形内要增加平双转一周。

这节文字结尾部分所云"踏道下线道亦如之"，意思不很清楚。或可以推测为，在踏道最下一步踏阶之前，也有砖砌的线道。似略近清式踏道第一步踏阶前铺砌的"燕窝石"，以起到稳定踏阶整体结构的作用。若果如此，则如其文所述，如果台基高于20砖厚，那么踏道下线道应在原有基础上再增加一道。

造踏道之制：广随间广①，每阶基高一尺，底长二尺五寸，每一踏高四寸，广一尺。两颊各广一尺二寸，两颊内线道各厚二寸②。若阶基高八砖，其两颊内地栿，柱子等③，平双转一周④；以次单转一周，退入一寸；又以次单转一周，当心为象眼⑤。每阶基加三砖，两颊内单转加一周；若阶基高二十砖以上者，两颊内平双转加一周。踏道下线道亦如之⑥。

【注释】

①广随间广：指踏道的宽度，与其所对应之房屋开间的间广尺寸相同，若踏道与当心间对应，则其宽度恰如当心间间广；若为两侧踏道，则其宽度与其相对应之次间的间广尺寸一致。

②两颊内线道：两颊，指踏道两侧的侧边带，清代建筑中称其为"垂带"。两颊表面，以一砖的长宽尺寸砌筑。两颊下有向内叠涩收进的线道，一层线道的厚度为2寸，恰好可用一砖砌筑。

③两颊内地栿，柱子：地栿，与台基立面及两颊下柱子相垂直，平砌于地面如地梁状的砌体。柱子，指用砖砌筑与台基相邻，类似台基四隅之"角柱"的垂直于地面的立柱。踏道两侧，由两颊、柱子

与地栿可以形成一个直角三角形的外轮廓。

④平双转：梁注："从字面上理解，'平双转'可能是用两层砖（四寸）沿两颊内的三面砌一周。"

⑤象眼：梁注："与清代'象眼'的定义不同，只指三角形内'退入'最深处的池子为'象眼'。"

⑥踏道下线道亦如之：这句话意思不是很清楚，似可推测为，在踏道最下一步踏阶之前，也有砖砌的线道。似略近清式踏道第一步踏阶前铺砌的"燕窝石"，以起到稳定踏阶整体结构的作用。

【译文】

筑造屋阶踏道的制度：踏道的宽度与其所对应之房屋的开间间广长度相同，其屋之阶基每高1尺，其踏阶之底的长度为2.5尺，其每一踏步之高为4寸，宽为1尺。踏步的两颊各宽1.2尺，两颊之内所施线道的厚度每层各为2寸。如果其屋阶基之高为8砖，其两颊之内的地栿，柱子等，应顺着其周边平行地双转一周；然后再单转一周，并向内退入1寸；接着，又单转一周，其所围转之中心处留为象眼。其屋阶基每增加3砖的高度，两颊之内的单转应增加一周；如果其屋阶基的高度为20砖以上，则踏阶两颊之内的平双转应增加一周。踏道之下所施的线道也是一样，应随其屋阶基的高度而有所变化。

慢道

【题解】

汉代宫殿前所设登临台基的步道为"左城（cè）右平"，据《三辅黄图·未央宫》："左城右平。（右乘车上，故使之平；左以人上，故为之阶级。城，阶级也。）"可知，"右平"之道，即为慢道。

本节文字中给出了两种慢道：一种是城门慢道，另外一种是厅堂等慢道。

城门慢道是联系地面与城墙上露台之间的坡道，厅堂等慢道则是联系地面与厅堂等建筑物台基顶面的坡道。

城门慢道的坡度，是按每高1尺，其拽脚斜长为5尺起坡的。城门慢道的宽度，则比其所连接之露台伸出城墙的宽度减1尺。厅堂等慢道的坡度，是按每高1尺，其拽脚斜长为4尺起坡的。显然两种慢道的坡度不一样，城门慢道的坡度更缓一些。

关于这里所描述的慢道坡度计算方法，梁先生做了一些评析："'拽脚斜长'的准确含义不大明确。根据'大木作制度'所常用的'斜长'和'小木作''胡梯'篇中的'拽脚'，我们认为应理解为慢道斜坡的长度，作为一个不等边直角三角形，垂直的短边（勾）是阶基和露台的高；水平的长边（股）是拽脚，斜角的最长边（弦）就是拽脚斜长。从几何制图的角度看来，这种以弦的长度来定水平长度的设计方法未免有点故意绕弯路自找麻烦，不如直接定出拽脚的长度更简便些。不知为什么要这样做？"这一评析显然十分有道理。

这里我们试做一点推算：若勾长1尺，弦长5尺，则其股之长约为4.9尺，坡度约为20%强；若勾长1尺，弦长4尺，其股之长为3.87尺，坡度约为26%弱。显然，这两个数据，都很难算得十分准确。但如果我们假设《法式》原文中，这里可能有误，即其原意本为："城门慢道，每露台砖基高一尺，拽脚长五尺。……厅堂等慢道，每阶基高一尺，拽脚斜长四尺。"即去掉"拽脚"之后的那个"斜"字，则其算法既极其简单，又十分精准。如此，则城门慢道，基高（勾）1尺，拽脚长（股）5尺，坡度为20%；厅堂等慢道，阶基高（勾）1尺，拽脚长（股）4尺，坡度为25%。与上述算法得出的坡度差极小。这种微小坡度差，在古代土木工程上，应该是不会做进一步精密追求的，且这种算法，也很容易被工匠掌握与计算。因此，我们在这里或可以做一点大胆推测：即《法式》在这节文字的表述上，可能出现了一点小小的讹误。若这一推测成立，则梁先生的这一疑问或也有可能得以解答。

　　关于这一段行文中提到的令人费解的"蝉翅"，梁先生解释道："这种三瓣、五瓣的'蝉翅'，只能从文义推测，可能就是三道或五道并列的慢道。其所以称作'蝉翅'，可能是两侧翅瓣是上小下大的，形似蝉翅，但是，虽然两侧翅瓣下之广有这样的规定，但翅瓣上之广都未提到，因此我们只能推测。至于'翅瓣'的'瓣'，按'小木作制度'中所常见的'瓣'字理解，在一定范围内的一个面常称为'瓣'。所以，这个'翅瓣'可以理解为一道慢道的面。"

　　这一推测性解释，使人不仅理解了"蝉翅"的文义，也从一个更整体的层面了解了宋代慢道的设计。从字面上看："厅堂等慢道，……作三瓣蝉翅；当中随间之广。（取宜约度。两颊及线道，并同踏道之制。）"这里透露出两个信息：

　　其一，这里的"蝉翅"，似乎直接对应的是"厅堂等慢道"，而其"三瓣蝉翅"的当中一瓣的宽度"随间之广"。也就是说，中间一瓣蝉翅的宽度，与台基顶端的房屋开间宽度相当。由此或也从一个侧面证明了梁先生所做"蝉翅即慢道"的推测。其文似乎以"取宜约度"来定义两侧翅瓣的宽度，即两侧翅瓣的宽度应根据当中翅瓣宽度约度取宜。

　　其二，慢道两侧有两颊，以踏道两颊各广1.2尺，则慢道两颊亦应各广1.2尺。两颊下有以两颊与柱子、地栿形成的直角三角形，三角形内有层层退进及双转一周或单转一周的叠涩砖线道和象眼，这些做法都与踏道的做法相同。

　　遗憾的是，这三道"蝉瓣"彼此之间是如何处理的？除了两侧的两颊之外，在当中蝉瓣与两侧蝉瓣之间，是否亦各有如两颊之类似"副子"的做法？还是夹以踏步？这里都没有给出说明。其后文中提到的"五瓣蝉翅"也有同样的问题存在。

　　本节行文中，特别提到慢道翅瓣随斜长增加，在宽度上有所增加："每斜长一尺，加四寸为两侧翅瓣下之广。"从这句话看，三瓣蝉翅之左右两翅瓣的宽度，是由慢道整体的斜长所确定的。每斜长1尺，两侧翅瓣下增加的宽度为0.4尺,如此累加,则慢道底部显然会比顶部的宽度要大,恰如蝉之两翅。

五瓣蝉翅的宽度情况似乎比较确定:"若作五瓣蝉翅,其两侧翅瓣下取斜长四分之三。"其意似乎是说,如果作五瓣蝉翅,左右两侧的翅瓣宽度,可以通过慢道的整体斜长来确定,其宽相当于斜长的3/4。如果斜长很长,这显然是一个相当宽的翅瓣宽度。

这种三瓣或五瓣蝉翅式慢道的形式,很像是在厅堂等建筑物台基之前,有一个类似喇叭口式的坡道。其作用或有防止人数众多时一拥而入所产生的拥挤,抑或还有方便车马登临台基时的方向转圜之功能;未可知。

这里仍然存在两点疑问:

一是,这种三瓣蝉翅,或五瓣蝉翅的慢道做法,是仅仅用于厅堂等建筑物台基之前,还是同样可以用于城壁露台之前?从逻辑上判断,唯有厅堂等建筑物前的慢道,可以对称布置,而城壁露台多依城墙内壁设置,很难对称向两侧拓展,故较大的可能是,这种多翅瓣的慢道,主要是布置在厅堂等建筑物的台基之前的。

二是,翅瓣宽度随斜长增加的做法,是将所有翅瓣的宽度都增加,还是仅仅增加最外两侧翅瓣的宽度?从行文及逻辑上观察,比较大的可能是,三瓣蝉翅的慢道,其左右两侧翅瓣的宽度随斜长增加而增加,当中一道翅瓣的宽度则保持不变;而五瓣蝉翅的慢道,则仅随慢道斜长增加左右两侧翅瓣的宽度,当中三道翅瓣的宽度亦保持不变。如此则在设计、施工及外观上,都显得比较合理。这一推测与前文所云:"若作五瓣蝉翅,其两侧翅瓣下取斜长四分之三。"即仅给出"两侧翅瓣"宽度确定方式的做法,是相吻合的。

本节行文最后,提到慢道面砖砌筑的方法:"凡慢道面砖露龈,皆深三分。(如华砖即不露龈。)"据梁先生的解释:"这种'露龈'就是将慢道面砌成锯齿形,齿尖向上 ⅰⅰⅰⅰ,以防滑步。"砖棱出露的高度,约为

0.03尺。但如果用具有雕斫纹样的"华砖",则不露龈,原因可能是,华砖表面有凹凸的纹样,已经起到了坡道防滑的作用,故不必再做锯齿状面砖砌筑的处理了。

垒砌慢道之制①:城门慢道,每露台砖基高一尺②,拽脚斜长五尺③。其广减露台一尺④。厅堂等慢道,每阶基高一尺,拽脚斜长四尺;作三瓣蝉翅⑤,当中随间之广。取宜约度。两颊及线道,并同踏道之制。每斜长一尺,加四寸为两侧翅瓣下之广。若作五瓣蝉翅,其两侧翅瓣下取斜长四分之三。凡慢道面砖露龈⑥,皆深三分。如华砖即不露龈⑦。

【注释】

①慢道:梁注:"慢道是不做踏步的斜面坡道,以便车马上下。清代称为'马道',亦称'蹉蹉'。"汉代宫殿前所设登临台基的步道为"左墄右平",据《三辅黄图·未央宫》:"左墄右平。(右乘车上,故使之平;左以人上,故为之阶级。墄,阶级也。)"可知,"右平"之道,即为慢道。

②露台:指其顶部不施设房屋的台座。从本条行文看,露台慢道似乎比其上有房屋的台座,如厅堂等的慢道,坡度要缓一些。但这句话也有矛盾,其上一句说的是"城门慢道",紧接着的一句却直接转到了"露台",其间是否有缺漏,尚未可知。

③拽脚斜长:梁注:"'拽脚斜长'的准确含义不大明确。根据'大木作制度'所常用的'斜长'和'小木作''胡梯'篇中的拽脚,我们认为应理解为慢道坡坡的长度,作为一个不等边直角三角形,垂直的短边(勾)是阶基和露台的高;水平的长边(股)是拽脚,斜角的最长边(弦)就是拽脚斜长。从几何制图的角度来看,这种以弦的

长度来定水平长度的设计方法未免有点故意绕弯路自找麻烦，不如直接定出拽脚的长度更简便些。不知为什么要这样做。”

④其广减露台一尺：这里的“其广”令人费解，从上下文分析，这里的“广”较大可能指的是慢道的底边之长。其长与露台之高及慢道的斜长，恰呈一个直角三角形。

⑤三瓣蝉翅：梁注：“这种三瓣、五瓣的‘蝉翅’，只能从文义推测，可能就是三道或五道并列的慢道。其所以称作‘蝉翅’，可能是两侧翅瓣是上小下大的，形似蝉翅，但是，虽然两侧翅瓣下之广有这样的规定，但翅瓣上之广都未提到，因此我们只能推测。至于‘翅瓣’的‘瓣’，按‘小木作制度’中所常见的‘瓣’字理解，在一定范围内的一个面常称为‘瓣’。所以，这个‘翅瓣’可以理解为一道慢道的面。”

⑥砖露龈：梁注：“这种‘露龈’就是将慢道面砌成锯齿形，齿尖向上 ，以防滑步。清代称这种‘露龈’也作‘礓䃰’。”

⑦华砖：指其慢道所铺砖的表面有凹凸的华文浮雕纹样，似可起到坡道防滑的作用。

【译文】

垒砌慢道的制度：城门处的登城慢道，以其每一露台所砌砖基的高度为1尺，其拽脚的斜长为5尺计。慢道的底边之长比露台的高度减短1尺。厅堂等房屋阶基的慢道，以其每阶基高1尺，其拽脚的斜长为4尺计；若将慢道砌作三瓣蝉翅的形式，则其当中的一瓣应随其所对应之房屋的开间之广。其三瓣的宽度可以约度取宜。其慢道的两颊及阶下所施的线道，都与踏道的制度是相同的。以其慢道的斜长每长1尺，应在此基础上增加4寸以作为两侧翅瓣底部的面广尺寸。如果砌筑五瓣蝉翅，则其两侧翅瓣的底宽应取其慢道斜长的3/4。凡慢道的道面所砌之砖的露龈，都要有0.3寸的龈齿深度。如果其慢道表面所铺装的是带有浮雕花纹的华砖，就不必再做露龈的处理了。

须弥坐

【题解】

"须弥",梵语音译,原为古印度神话中的山名,后为佛教所采用。中国史料中,最早见于东汉初年传入的《四十二章经》:"佛言:吾视王侯之位,如过隙尘;……视佛道,如眼前华;……视禅定,如须弥柱。"中国本土文献中,则始见于晋人王嘉所撰的《拾遗记·昆仑山》:"昆仑山者,西方曰须弥山,对七星之下,出碧海之中,上有九层,第六层有五色玉树,荫翳五百里,夜至水上,其光如烛。"此书中,晋人其实是误将佛教宇宙观中的须弥山,与中国古代神话中的昆仑山混为一谈。

此外,《晋书·赫连勃勃载记》中提到了赫连勃勃建统万城,刻石城南,以颂其德,其中有:"虽如来、须弥之宝塔,帝释、忉利之神宫,尚未足以喻其丽,方其饰矣。"《魏书·释老志》中更有:"始作五级佛图、耆阇崛山及须弥山殿,加以缋饰。"说明魏晋南北朝时期,已经用佛塔或佛殿来象征佛教宇宙中的须弥山了。

至北宋时代,则出现了"须弥坐""须弥台坐""须弥华台坐"等称谓,大体上都是将"须弥"作为石作、砖作、小木作等建造工艺中出现的某种台座来表述的。

砖筑须弥坐在形制上应该与石作制度中的"殿阶基"的基本形态十分接近,所以梁思成先生关于这段文字的解释是:"参阅卷三《石作制度》中'角石''角柱''殿阶基'三篇及各图。"其意是说,砖筑须弥坐,与石作制度中的殿阶基的做法,在许多方面都十分接近。

本节文字给出了一座砖筑须弥坐的基本做法:须弥坐以13层砖的高度垒砌而成,且须弥坐四周砖壁的各层砖,都是用两砖相并方式砌筑的。但是,这里所说的13层砖,并没有给出砖的尺寸,也没有给出须弥坐的总高,故这整节文字中所给出的里进外出的尺寸,不应该是一个绝对尺寸,而应该是一个具有比例控制性的相对尺寸。例如,假设本节文字描述尺寸，都是以最小尺寸砖，即厚度为 0.2 尺的砖垒砌的，则采用其他尺寸砖砌筑时，其相应尺寸都应采用扩大的比例加以调整。

关于这"一十三"层砖，陈明达先生在其对《法式》的注释中逐一做了推计：

1.自下一层与地平；2.上施单混肚砖一层；3.次上牙脚砖一层；4.次上罨牙砖一层；5.次上合莲砖一层；6.次上束腰砖一层；7.次上仰莲砖一层；8-10.次上壹门、柱子砖三层；11.次上罨涩砖一层；12-13.次上方涩平砖两层。合计恰好 13 层。

这里先假设须弥坐是用厚 0.2 尺的方砖砌筑。第一层从地面起砌。第二层为"单混肚砖"，这是一层将上棱磨成圆混线脚的砖。第三层为"牙角砖"，这层砖向内收，其外缘比其下单混肚砖的下棱（下龈）退进 0.1 尺。第四层为"罨牙砖"，"罨"，其义与"掩"相近，罨牙，似有遮掩其下之"牙角砖"的意思，故这里可理解为是向外挑的一层砖；其出挑距离，要比须弥坐的最下一层砖（身脚）向外伸出 0.03 尺。

第五层为"合莲砖"，这层砖似为雕刻成叶合而覆的莲瓣式样，即覆莲式雕砖；其外缘要从罨牙砖外棱向内收进 0.15 尺。第六层是一层"束腰砖"，其外缘要比其下合莲砖的下棱向内收进 0.1 尺。第七层是一层雕斫为仰莲形状的"仰莲砖"，这层砖比束腰砖向外凸伸出 0.07 尺。

第八、第九与第十层，用连续三层砖，砌筑成一个由隔身版柱（参见卷第三《石作制度》"殿阶基"条）柱子与壹门组成的总厚度为 0.6 尺的较大层；这一层内很可能会有一些装饰性的华文雕刻。其中，柱子比仰莲砖向内收进 0.15 尺，壹门又比柱子向内收进 0.05 尺。

在这由连续三层砖组成的柱子与壹门之上，是第十一层砖。这是一层向外出挑的"罨涩砖"，比其下柱子的外缘挑出 0.05 尺。最上两层砖，即第十二与第十三层，是两层叠砌在一起并向外出挑的"方涩平砖"，比其下的罨涩砖向外凸伸出 0.05 尺。

文中并未明确垒砌须弥坐的用砖尺寸。若以最小方砖砌筑，每层砖厚为0.2尺,则须弥坐总高约为2.6尺;若用稍大尺寸的砖,如用厚度为0.25尺方砖砌筑,须弥坐总高约为3.25尺;若用厚度为0.27尺方砖砌筑,须弥坐总高为3.51尺;用厚度为0.28尺方砖砌筑,须弥坐总高为3.64尺;若用最大尺寸的砖,即厚度为0.3尺的方砖砌筑,须弥坐总高可达3.9尺。依据上文推测的比例,随着用砖的不同,则各层砖的收进与出挑也会随之发生变化,如其文所述:"如高下不同,约此率随宜加减之。"变化的比率当以各种砖的不同厚度比例为则。

如果将整座殿堂建筑的台基,即殿阶基,用砖垒砌成须弥坐式样,则其砌筑方式,包括角柱、壶门及叠涩等做法,可以参照石作制度中的角柱与殿阶基做法砌筑,也可以参照这里所叙述的须弥坐砌筑方法,按比例随宜加减而成。

垒砌须弥坐之制①:共高一十三砖②,以二砖相并,以此为率。自下一层与地平,上施单混肚砖一层③。次上牙脚砖一层④,比混肚砖下龈收入一寸⑤。次上罨牙砖一层⑥,比身脚出三分⑦。次上合莲砖一层⑧,比罨牙收入一寸五分。次上束腰砖一层⑨,比合莲下龈收入一寸⑩。次上仰莲砖一层⑪,比束腰出七分。次上壶门、柱子砖三层⑫,柱子比仰莲收入一寸五分,壶门比柱子收入五分。次上罨涩砖一层⑬,比柱子出五分。次上方涩平砖两层⑭,比罨涩出五分。如高下不同,约此率随宜加减之。如殿阶基作须弥坐砌垒者,其出入并依角石柱制度⑮,或约此法加减。

【注释】

①须弥坐:"须弥"一词来自佛教。《法式》中出现的"须弥坐""须弥台坐""须弥华台坐"等称谓,大体上都是将"须弥"作为石作、

砖作、小木作等建造工艺中出现的某种台座来表述的。

②共高一十三砖：陈注："方砖厚3寸、2.8寸、2.7寸；条砖2.5寸。"若各以"一十三砖"计之，则须弥坐高度大约可在：3.9尺、3.64尺、3.51尺及3.25尺左右。

③单混肚砖：将砖之侧棱断面斫磨成单圆圈的凸肚状，即单混肚砖，可能施于须弥坐束腰下部叠涩而出的混枭线脚之混线处。

④牙脚砖：疑指在须弥坐下部凸出边棱线的外表面所贴饰的牙脚砖，起到装饰须弥坐下部边棱的作用。

⑤混肚砖下龈：疑指混肚砖的下棱，或在混肚砖之下所出的一层叠涩砖。

⑥罨（yǎn）牙砖：疑覆压于束腰下所施牙脚砖上的平直砖，形成牙脚砖之上的一道平直线脚。

⑦比身脚出三分：陈注：改"身"为"牙"。傅合校本注：改"身脚"为"牙脚"，并注："牙，据四库本改。"译文从陈、傅二先生注。

⑧合莲砖：施于须弥坐束腰之下的覆莲式雕砖。

⑨束腰砖：施于覆莲式合莲砖上的须弥坐束腰，形成须弥坐中段向内收入的水平线脚。

⑩合莲下龈：疑指施于上合莲砖之下的一层叠涩砖，形成覆莲雕砖下的一道线脚。

⑪仰莲砖：施于须弥坐束腰之上的仰莲式雕砖。

⑫壸（kǔn）门：原文"壶门"，陈注："壸门。"壸门一般施于须弥坐束腰处由隔身版柱所区隔的方格之内。柱子：这里的"柱子"应该指的是须弥坐束腰内所施的隔身版柱。

⑬罨涩砖：须弥坐上部用以覆盖上部所出叠涩砖的砖，其可以形成须弥坐之上沿边棱下的一道线脚。

⑭方涩平砖：大约相当于须弥坐的压阑砖，只是其铺砌方式，比罨涩砖还要向外凸出一点，形成须弥坐的上沿边棱。

⑮角石柱制度：指卷第三《壕寨及石作制度》中的"角石"与"角柱"的做法与制度。

【译文】

　　垒砌砖筑须弥坐的制度：其坐所砌之砖共高13层，须弥坐内之四周砖壁皆以二砖相并砌筑而成，凡砖砌须弥坐皆宜以此为准。自须弥坐下面一层砖与地面找平，其上施砌单混肚砖一层。再在单混肚砖上施砌牙脚砖一层，牙脚砖应比混肚砖的下龈向内再收入1寸。然后在牙脚砖上施砌一层罨牙砖，罨牙砖要比须弥坐下所施牙脚砖向外凸出0.3寸。再在罨牙砖上施砌覆莲形式的合莲砖一层，合莲砖要比罨牙砖向内收入1.5寸。再在合莲砖上即须弥坐的束腰部分施砌束腰砖一层，束腰砖要比合莲砖的下龈向内收入1寸。束腰之上施砌仰莲砖一层，仰莲砖比束腰砖向外凸出0.7寸。在仰莲砖之上施砌壸门、隔身版柱子，各用砖3层，其隔身版柱子比仰莲砖向内收入1.5寸，壸门又比隔身版柱子向内收入0.5寸。再在它们的上面施砌罨涩砖一层，罨涩砖比隔身版柱子向外凸出0.5寸。然后施砌两层方涩平砖，这两层方涩平砖比罨涩砖再向外凸出0.5寸。如果所营造之须弥坐的高度不同，可以参考这里所给出的比率随宜做适当增减。如果殿阁阶基是依照须弥坐形式砌垒的，其各层出挑退入的做法，都应依石作制度中的角石与角柱制度处理，或也可以参照这里的做法，做适当地增减处理。

砖墙

【题解】

　　自五代至宋，随着砖的烧制技术发展，砖在殿阁、厅堂等房屋台基，以及城垣、宫墙、露墙、屋墙，乃至陵寝等营造中的使用频率大大增加。本节文字就是有关砖墙垒筑的。

　　底广，意为墙底厚度。墙高1尺，底厚0.5尺，高厚比为2∶1。区别于"壕寨制度"中每墙厚3尺，其高9尺，高厚比为3∶1的夯土墙。令人不解的是,何以夯土墙高厚比会比砖砌墙高厚比要大?这里存疑。

且砖墙每高1尺,每面斜收0.1尺,两面各为10%斜率。若墙高9尺,其底厚为4.5尺,每面斜收0.9尺,顶部余厚2.7尺,亦与"壕寨制度"中,其上斜收、比厚减半的做法不同,以夯土墙高9尺,底厚3尺,顶部厚度仅为1.5尺,相比较之,砖墙收分斜率比夯土墙略小一些。

但砖墙若为粗砌,则其收分斜率会提高。其墙若高1尺,则每面斜收0.13尺。仍以墙高9尺,底厚4.5尺为例,每侧收分1.17尺,顶厚2.16尺。在同样高度下,其顶厚甚至不及底厚的1/2,如此观察,则粗砌砖墙的收分斜率,似乎大于夯土墙。古人何以会这样设计墙体,此处亦存疑。

垒砖墙之制:每高一尺,底广五寸,每面斜收一寸^①,若粗砌^②,斜收一寸三分,以此为率。

【注释】

①每面斜收一寸:这种在垒砌砖墙中斜率比较小的收分,大约相当于现代建筑工程中的清水砖墙的收分砌筑方式。

②粗砌:大约相当于现代建筑工程中的混水砖墙的砌筑方式。

【译文】

垒砌砖墙的制度:以其墙每高1尺,墙之底部的宽度为5寸,墙的每一侧向内斜收1寸,如果是粗砌的混水砖墙,其每一侧向内斜收1.3寸,以此作为砖墙垒砌的一个基本标准。

露道

【题解】

露道,即指砖砌甬道。其道内为"平铺砌",或"侧砖虹面垒砌"。梁先生对后者加以解释:"指道的断面中间高于两边。"

文中并未给出露道的宽度,其长与宽应随地形环境取宜。道两侧各侧砌两道砖线道,略近于近世道路两旁的路牙。线道以内,可以用平砖铺砌,亦可以用侧砖砌筑的方式,形成中央隆起,向两边找泛水坡度的做法。道两侧各用4道侧砖砌出线道。

砌露道之制:长广量地取宜,两连各侧砌双线道[1],其内平铺砌或侧砖虹面垒砌[2],两边各侧砌四砖为线[3]。

【注释】

[1]两连各侧:这句话的意思不甚清晰。可能是指露道所连接的两侧,亦可能是指两条露道相交时所连接的各侧。

[2]侧砖虹面垒砌:梁注:"指道的断面中间高于两边。"其砌筑方式,可能是将砖侧立而砌,以便形成曲面。

[3]线:即上文提到的"双线道",即露道,或甬道,两侧用侧砖砌筑而成的边棱。

【译文】

铺砌砖筑露天甬道的制度:其露道的长度与宽度可以根据用地情况适当量取确定,露道所连接之两部分的每一个侧边都应以侧砖砌出双线道式的边线,边线之内或平铺地面砖,抑或将其砖侧立,将露道以虹面隆起的形式加以垒砌,露道两边各侧亦应侧砌4砖以为边线。

城壁水道

【题解】

城壁水道,是沿着土筑城墙内壁或外壁用砖砌筑的排水道。这里所描述的总宽4.7尺,其内均匀分布着高2尺、宽0.6尺、用3块厚度为0.2尺的趄条砖相并砌筑、顶面与城墙顶面平齐的蹬踏,可能指的是城墙顶面用以收集雨水的砖砌水池。池中匀布的蹬踏，是为了方便城墙上人员的走动。

与每一水池相对应的是水道。水道很可能是沿着城壁上下方向砌筑的，故称"城壁水道"。其宽1.1尺，深0.6尺；水道两侧各有1.8尺的道壁宽度，用以保护水道两侧的夯土城墙。对应于每一水道排水口的城墙底部地面，用侧砖砌筑一个6尺见方的散水台，以防止沿城壁水道排水口流下来的水对城墙的地基造成损害。

垒城壁水道之制①：随城之高，匀分蹬踏。每踏高二尺，广六寸，以三砖相并，用䵒条砖②。面与城平，广四尺七寸③。水道广一尺一寸，深六寸；两边各广一尺八寸。地下砌侧砖散水，方六尺。

【注释】

①城壁水道：梁注："这种水道是在土城的墙面上的排水道。砖城只需要在城头女墙下开排水孔，让水顺墙面流下去。但在土墙面上则有必要用砖砌出这种下水道，以保护土城。"

②䵒条砖：此处原文为"䵒模砖"，梁注本参照《法式》前文改为"䵒条砖"。傅合校本，仍保持原文"䵒模砖"，并注："城壁用走䵒砖有三种，一曰走䵒，二曰䵒条，三曰牛头。故此处混曰'䵒模砖'也。"从梁先生所改。

③广四尺七寸：匀分的蹬踏与低于蹬踏的水道，总宽4.7尺，如其后文所述，其水道宽1.1尺，水道两边各宽1.8尺，则水道与其两边宽度之和恰为4.7尺，此即蹬踏与两边水道的总宽。故其蹬踏，既有汇集城墙上雨水的功能，也可以方便人上下走动，清除水道中的积垢等。

【译文】

垒砌城墙壁上排水道的制度：随其城墙高度，均匀地划分出蹬踏。其每一蹬踏高2尺，宽6寸，蹬踏皆以3砖相并的形式砌筑，砌筑时采用的是趄条砖。其蹬踏顶面与城墙面找平，蹬踏与水道总宽4.7尺。其内之水道宽1.1尺，深6寸；水道两侧各宽1.8尺。水道延至城墙下部之地面处，在地面下用侧砖铺砌散水，散水方为6尺。

卷辇河渠口

【题解】

关于这段文字，梁先生在其注释中建议说："参阅卷三《石作制度》'卷辇水窗'篇。"说明其基本砌筑方式与石作制度中的卷辇水窗做法十分接近。

石筑卷辇水窗，其广"随渠河之广"，而用砖垒砌的卷辇河渠砖口，"长广随所用"。大意或是说，砖筑卷辇河渠口，可能是城墙或某种围垣之上开设的水口，其长宽尺寸随河渠流量与设计所需大小而定。其做法应是先如石筑卷辇水窗一样，先在河床底面硬地上打筑木橛（地钉），在木橛之上铺设3路木制衬方。并用碎砖瓦打筑于衬方之间的空隙处，与衬方找平。然后，在衬方上开始铺砌地面砖。

按照本节文字的描述，先在河渠底部铺地面砖一重。每河渠深一尺，以二砖相并砌筑方式垒砌河渠两壁。每重砌高0.5尺。可知河渠两壁，有可能是用方1.3尺、厚0.25尺的方砖，或用长1.3尺、宽0.65尺、厚0.25尺的条砖砌筑。如河渠深5尺，两壁砌高当有10重。水深或卷辇之顺水方向长度均超过5尺者，则用三砖相并方式砌筑河渠两壁。文中所说"心内以三砖相并"，从上下文看，当指两壁，与前文以"二砖相并"垒砌河渠两壁的做法相对应。

两壁之上垒砌卷辇，其方式为"随圜分侧用砖"，即两侧随着起拱曲线的圜式垒砌，其上所覆盖的背砖，亦沿相同曲线圜砌。在背砖之上，顺铺条砖，形成卷𰗽拱券之缴背。

如果是双眼卷𰗽，两壁则以三砖相并方式砌筑，其两卷𰗽之间，即所谓"心内"，亦起一中央拱壁。中央拱壁应用六砖相并方式砌筑。其余河渠岸两厢侧壁版，及卷𰗽外两侧河岸与随岸走势之"八"字形斜分四摆手做法，亦应参照卷第三《壕寨及石作制度》"卷𰗽水窗"的做法实施。

　　垒砌卷𰗽河渠砖口之制^①：长广随所用，单眼卷𰗽者^②，先于渠底铺地面砖一重。每河渠深一尺，以二砖相并垒两壁砖^③，高五寸^④。如深广五尺以上者，心内以三砖相并^⑤。其卷𰗽随圜分侧用砖^⑥。覆背砖同^⑦。其上缴背顺铺条砖^⑧。如双眼卷𰗽者^⑨，两壁砖以三砖相并，心内以六砖相并。余并同单眼卷𰗽之制。

【注释】

①卷𰗽（jú）河渠砖口：指在河渠之上采用砖砌拱券形式的水口，可用于城墙水口或桥隧。

②单眼卷𰗽：即指单拱券形式。

③两壁砖：拱券两侧的砖砌拱券侧壁。

④高五寸：以河渠深1尺，用两层壁砖，其高5寸，可知其所用砖厚2.5寸。

⑤心内：这里的"心内"，指侧壁以上所承托的取圜的拱券部分。

⑥随圜分侧用砖：拱券部分是从两侧向中间砌筑的，故称"分侧用砖"。

⑦覆背砖：这里的"覆背砖"，意思不甚明确。从上下文分析，似乎是指施于拱券中心的拱心砖，拱心砖是保证拱券结构强度与稳定

性最重要的砖,类如石造拱券中的"拱心石"。

⑧缴背:覆于拱券之上,既可加强拱券稳定性,又有一定找平作用
的砖。

⑨双眼卷輂:指双拱券。

【译文】

垒砌卷輂河渠砖口的制度:其卷輂的长度与宽度随其河渠需要的
尺寸而定,如果是单眼卷輂的形式,应先在河渠的底部铺砌地面砖一重。
以其河渠水的深度,每水深1尺,以2砖相并垒砌两侧侧壁,侧壁之砖砌
高5寸。如果其水的深度与宽度在5尺以上的,其河渠中心之内应采用
3砖相并的垒砌方式。其侧壁上所起的拱券式卷輂应随其圜曲之线在两
侧分别用砖施砌。卷輂之上所铺施的覆背砖也应分侧施砌。覆背砖之上所砌
的缴背部分要顺其拱曲之券施铺条砖。如果垒砌的是双眼卷輂拱券形
式,其两侧的壁砖应以3砖相并的形式砌筑,其位于河渠中心之壁则应
以6砖相并的形式砌筑。其他做法都与单眼卷輂的制度相同。

接甑口

【题解】

依文中的"釜镬灶"所云,"甑"可以为瓦制,亦可以为铁制,都属蒸
食器物类;故这里所说的"接甑口",如梁先生所解释的,可能是用砖垒
砌,可以与甑相接的锅台口或炉膛口。

所垒砌炉灶之接甑口的直径,应依釜或锅的大小而定其圜口口径,
用砖依其圜逐层砌筑,然后将灶口削研为圆形口径。其灶身内用二砖相
并方式砌筑。顶面平铺方砖一重为灶面。亦可以用条砖铺砌灶面。灶
的高度随使用者方便而定。垒砌接甑口(锅台或炉膛)的砖砌体外表,
用纯灰抹两道面层。

垒接甑口之制^①：口径随釜或锅。先以口径圜样^②，取逐层砖定样^③，斫磨口径^④。内以二砖相并^⑤，上铺方砖一重为面^⑥。或只用条砖覆面。其高随所用。砖并倍用纯灰下^⑦。

【注释】

① 接甑（zèng）口：梁注："本篇实际上应该是卷十三'泥作制度'中'立灶'和'釜镬灶'的一部分，灶身是泥或土坯砌的，这'接甑口'就是今天我们所称锅台和炉膛，是要砖砌的。"卷第十三《泥作制度》"釜镬灶"条："釜灶，如蒸作用者，高六寸。（余并入地内。）其非蒸作用，安铁甑或瓦甑者，量宜加高，加至三尺止。"梁先生注："甑……底有七孔，相当于今天的笼屉。"徐先生补注："甑，zèng，蒸食炊器，或盛物瓦器，此处所指为前者。"则"甑"为蒸食器具；接甑口，是承托这一蒸食器具的灶口及灶膛。

② 以口径圜（yuán）样：以其上所用"甑"的圆径，确定其灶口的大小与形式。

③ 取逐层砖定样：推测其蒸食器"甑"为如锅一样下凹的曲面，故其锅台及炉膛，亦即接甑口，应随其甑底曲面逐层确定其圆样，则所砌之砖也应逐层找样。

④ 斫（zhuó）磨口径：对与甑相接的砖层，其圆形应与其甑相贴切，故应斫磨修整。

⑤ 内以二砖相并：这里的"内"，似指接甑口的砖砌体之内，或可理解为其锅台之内，也就是接甑口外缘与其所砌口径之间的砖体部分，这一部分是以二砖相并的形式砌筑的。

⑥ 上铺方砖一重为面：接甑口的上表面或锅台面，覆以一层方砖。

⑦ 砖并倍用纯灰下：也许是因为对炉灶本身坚固性与耐火性的要求，所以其接甑口砖砌体都是用双倍的纯石灰砌筑的。

【译文】

垒砌釜锅灶接甑口的制度：接甑口的口径随其上所架釜或锅的大小而定。先以灶之圆径确定其接甑口之口径的圆样，再取逐层拟砌之砖定其所用砖之样，并对以砖组合之接甑口的口径加以斫磨。其灶内以二砖相并方式砌筑，其灶台之上铺方砖一重以为其面。或也可以只用条砖覆盖其口之面。其灶及接甑口的高随其所用而定。营筑灶及接甑口的砖都应用两倍的纯石灰垒砌。

马台

【题解】

石作制度中的马台，是用长3.8尺，高、宽各2.2尺的石材雕造的。外余1.8尺，顶面为长、宽各2尺的方形。其高2.2尺，下分作两踏，每踏宽0.9尺。

砖垒马台，分为两踏，上踏方2.4尺，下踏步深1尺，则马台当为长3.4尺，宽2.4尺砖砌体。台高1.6尺，则每踏高似为0.8尺。显然，砖砌马台比石马台低0.6尺，但比其顶面宽出0.4尺。推测砖砌马台用方1.2尺、厚0.2尺的砖，四砖相并垒砌而成。每踏高4皮砖，总高8皮砖。下踏外露1尺，上踏叠压下踏0.2尺。

　　垒马台之制[①]：高一尺六寸，分作两踏[②]。上踏方二尺四寸[③]，下踏广一尺，以此为率[④]。

【注释】

①垒马台之制：砖砌马台，在制度上当与石作制度中的马台形式与做法十分接近，故梁先生注："参阅卷三《石作制度》'马台'篇。"

②分作两踏：以其高1.6尺，分作两踏，则每踏高8寸，可以推测马台

是用厚2寸的砖砌筑的。

③方二尺四寸：以其上踏方2.4尺，结合上文"分作两踏"，则砌筑其
马台所用砖，与本卷"用砖·殿阁、厅堂、亭榭、行廊、散屋等用
砖"条中的"行廊、小亭榭、散屋等，用砖方一尺二寸，厚二寸"最
为贴切。

④以此为率：其意不甚明确。马台踏步的高度与宽度一般应该是一
个常量，不宜按比例扩大或缩小，所以这里的"以此为率"可能是
指如果进一步增加踏数，则其每踏的高度及每踏的宽度，或上踏的
见方尺寸，应参照这种两踏马台的尺寸按比例砌筑。

【译文】

垒砌马台的制度：马台高1.6尺，将其台分作两步踏阶。其上一踏方
2.4尺，下一踏宽1尺，马台之踏以这一尺寸为基准。

马槽

【题解】

砖砌马槽，高2.6尺，宽3尺。马槽长度，可随邻近房屋的一间之广
确定，亦可以所需长度确定。马槽台座以5砖相并的方式砌筑，高为6皮
砖。推测用边长1.5尺、厚0.27尺的方砖垒砌，则以5砖相并，5砖并长
7.5尺，垒高6砖，高1.62尺。其上四边垒砖一周，砌高3皮砖。

推测四边垒砖用长1.3尺、宽0.65尺、厚0.25尺的条砖垒砌。三砖
高0.75尺。其槽宽余1.7尺，槽内四壁衬砌侧倚1.3尺见方、厚0.25尺的
方砖3层一周，其槽宽余1.2尺，恰与石制水槽子池宽相同。方砖之后，
随斜分斫贴三层砖，形成槽四边外侧斜面，顶面覆铺一层宽0.65尺、厚
0.25尺的条砖，以做槽帮压沿。其沿上皮距地高约2.6尺。

槽底铺1.2尺方砖一重，以作为马槽底面。槽底、槽帮内外等处，以
纯灰抹面，以保证槽内外表面光滑。

　　垒马槽之制：高二尺六寸，广三尺，长随间广，或随所用之长。其下以五砖相并^①，垒高六砖。其上四边垒砖一周^②，高三砖。次于槽内四壁，侧倚方砖一周^③。其方砖后随斜分斫贴，垒三重^④。方砖之上，铺条砖覆面一重，次于槽底铺方砖一重为槽底面。砖并用纯灰下^⑤。

【注释】

①其下以五砖相并：这里的"下"指马槽的槽底，是用五砖相并而砌的。

②其上四边垒砖一周：指马槽槽帮，是在槽底之上的四边垒砌一圈砖而形成的。

③于槽内四壁，侧倚方砖一周：这一圈沿马槽四壁侧倚而砌的方砖，是马槽的内壁。

④随斜分斫贴，垒三重：傅合校本：在"贴"字后加"之""次"二字，即"随斜分斫贴之，次垒三重"，并注："之、次，据晁载之《续谈助》钞北宋本补二字。"译文从傅注。

⑤砖并用纯灰下：傅注：在"用"字前加"倍"字，即"砖并倍用纯灰下"，并注："马槽非用纯灰则不坚固，'倍'字依前接甋瓦条增补。"译文从傅注。

【译文】

　　垒砌马槽的制度：其槽高2.6尺，宽3尺，马槽之长可随其槽所在棚舍的开间之广，或随其槽所需使用的长度而定。马槽之下以5砖相并而砌，垒砌的高度为6砖。在所砌的6重砖之上，再在其四边环其顶面垒砖一周，环砌的高度为3砖。然后于其槽内四壁，倚壁侧砌方砖一周。在其方砖之后应随其斜度加以斫贴，然后再垒砌3重。在侧倚所砌方砖之上，铺条砖一重以作为马槽槽帮上沿的表面覆砖，再在其槽底另铺方砖一重，以作为其槽底面。这些部位的砖都应以两倍的纯灰砌造。

井

【题解】

古人以井为主要水源，故井的砌筑十分重要。《法式》关于砖砌"井"的甃砌方式，描述得也比较详尽。

一口砖甃水井，是以井内有4尺直径的水面为基准来推算的，故井底似为直径4尺的圆形。井壁用长1.2尺、宽0.6尺、厚0.2尺的条砖垒砌。井壁应抹角就圆甃砌，并向井口倾斜收分，实留井口为直径1尺的圆形。以卷第三《壕寨及石作制度》"石作制度·井口石"条："造井口石之制：每方二尺五寸，则厚一尺。心内开凿井口，径一尺。"可两相印证。

如果井深10尺，垒砌50层的高度，以每皮砖厚0.2尺，与10尺井壁高度正相吻合。用条砖600块，平均每层用12块。以井底径4尺，井口径1尺，井深10尺，上下井径均分略近2.3尺，井壁平均围长约7.22尺；12砖，每砖约需长0.6寸；可知以条砖窄边顺圆而砌，井壁厚度1.2尺。若井底大小与井筒深浅不同，则参照此法推而算之。

述及井底铺"底盘版"的文字，梁先生存疑："什么是'径斜'？砖作怎样有'牙缝搭掌'？都不清楚。"从其行文观察，似为以井底圆心向外圈，沿半径放射线斜铺甃砌，用1.2尺条砖与方砖，切割以呈楔形砖片周环铺砌，至底盘外径为3尺时，每片外宽0.8寸，可用12片铺之，宽出部分，可以相互搭接，即称"牙缝搭掌"。若至井底围径4尺时，其外圈围长12.56尺，需用1.2尺方砖10块余。若仍用12片铺之，则每两片间亦有牙状搭接；抑或自径3尺至径4尺距离，将1.2尺方砖沿圆径放射线方向与井壁所垒之砖搭接。此三者都可能属所谓"牙缝搭掌"做法。未可知。底盘版厚0.2寸，恰合一砖厚度。

井壁甃造，是在所留水面径外，沿四周开挖2尺的宽度，沿水面径边缘用竹并芦茇编夹出圆形砖甊形式。粗芦茇,似为芦席。以竹子与芦席围成一圆圜形,并搭成收分如井壁式样,形成井壁模子,则可沿圜外甃砌井壁,垒高10尺,即井深。

所谓"垒及一丈,闪下甃砌",闪下,有余下之意。垒,似为粗砌,如混水砖砌法;甃,似为细砌,如清水砖砌法。则在井壁超过10尺高度后,似为始出地面,当以清水砖砌筑方式仔细甃砌,以形成井沿与井口外观。其上或压井口石。

若要在已经损脱无法修整的旧井基础上造作,则应沿原井壁外围,再扩展1尺,新垒井壁,拢套旧井之外,彼此搭接垒砌。井底亦铺甃底版盘。

甃井之制:以水面径四尺为法[①]。

用砖:若长一尺二寸,广六寸,厚二寸条砖,除抹角就圜[②],实收长一尺,视高计之,每深一丈,以六百口垒五十层[③]。若深广尺寸不定,皆积而计之。

底盘版:随水面径斜,每片广八寸,牙缝搭掌在外[④]。其厚以二寸为定法。

凡甃造井,于所留水面径外,四周各广二尺开掘。其砖甊用竹并芦茇编夹[⑤]。垒及一丈,闪下甃砌[⑥]。若旧井损脱难于修补者[⑦],即于径外各展掘一尺,拢套接垒下甃[⑧]。

【注释】

①以水面径四尺为法:其意为,一口砖甃水井,是将井内为4尺直径的水面作为基准尺寸来推算的,则井底当为直径4尺的圆形。

②抹角就圜(yuán):因距离圆心越近,其直径越小,故以条砖砌筑时,应将砖朝井内方向的部分抹去其角,使其砖形呈内窄外宽的楔形,保证其砖砌筑得紧凑贴切,使其朝井内方向形成较为精准的圆

圆状。

③六百口：疑指用600块条砖砌筑，以50层计，每层用条砖12口。

④随水面径斜、牙缝搭掌：梁注："什么是'径斜'？砖作怎样有'牙缝搭掌'？都不清楚。"原文"随水面径斜"，傅合校本：改"斜"为"料"，并注："料，据故宫本、四库本改。"依傅先生，其文应为"随水面径料"。此处暂从原文。

⑤砖瓺（tǒng）：梁注："这个'砖瓺'从本条所说看来，像是砌砖时所用的'模子'。"芦蕟（fèi）：似指以芦苇编的粗席。

⑥闪下甃（zhòu）砌：闪下，有余下之意。甃，疑指细砌，指清水砖墙的砌法。在井壁超过10尺高度后，始出地面，当以清水砖砌筑方式仔细甃砌，以形成井沿与井口外观。

⑦若旧井损脱：原文"若旧井损兑"，梁注本改为"若旧井损脱"。陈注："脱？"傅合校本注："兑，疑为'脱'字。"从改。

⑧拢套接垒下甃：在已遭损脱无法修整的旧井基础上，沿其原来的井壁外围，再扩展出1尺，新垒井壁，除拢套住旧井之外，还应彼此搭接粗垒，然后再用砖细甃。

【译文】

甃砌水井的制度：以井之水面径控制在4尺为标准。

所用砖：如果所用砖为长1.2尺，宽6寸，厚2寸的条砖，除去其抹角并就其井之圆，实际所用的砖长为1尺，依据其之高推计，以其井每深1丈，应用600口砖垒砌50层。如果井的深度与径围尺寸不确定，就都应以此为基础推算而出。

井底所施底盘版：随其井水水面半径的斜度，以每片宽8寸铺砌，相邻两片间的牙缝搭掌不计在这8寸之内。底盘版的厚度为2寸，这一厚度尺寸为绝对尺寸。

凡是甃砌造井，都应在所拟留出的水面径围之外，在其四周各宽2尺的范围内开掘。其用以作为井筒之模的砖瓺，可以用竹子或芦蕟编夹而成。其井垒砌至1丈时，即可以不再用砖甋，以细砖环井礐砌。如果是旧井损脱难于修补的，就在旧井的径围之外各拓展1尺，依其旧井加以拢套加固，然后接其旧井之上而垒之，并对井内四围做进一步礐砌。

窑作制度

【题解】

窑作，指砖、瓦及琉璃作诸构件的烧制工艺与技术。故这一部分，涉及瓦、砖、琉璃瓦、青掍瓦等，及烧变次序、垒造窑做法等。包括了砖、瓦及琉璃件的烧制方法，与烧制窑的式样与筑造方法。

瓦 其名有二：一曰瓦，二曰𤭖

【题解】

本节文字的标题原文"二曰𤭖"，梁注本为"二曰𤭘"，并注："𤭘，音斛，hú，坯也。"陈注："𤭖，四库本。"傅注：改"𤭘"为"𤭖"，并注："𤭖，四库本作'𤭘'，《玉篇》：'𤭖，坯也。'非瓦脊之𤭘也。"

瓦，主要用于屋顶的覆盖，以防止雨水对屋顶结构造成侵蚀。中国古代建筑，最早的屋顶为茅草覆盖，所谓上古尧时，"堂高三尺，采椽不斫，茅茨不翦"（《史记·李斯列传》）。自商周至秦汉，覆瓦屋顶渐渐出现。

坡形瓦屋，既有防雨功能，亦有排雨水功能。《周礼·冬官·匠人》中对草葺屋顶与瓦葺屋顶坡度做了定义："葺屋叁分，瓦屋四分。"《看详》"举折"一条提到了这句话："葺屋三分，瓦屋四分。郑司农注云：各分其修，以其一为峻。"葺屋，是指以茅草葺盖的屋顶；瓦屋，则是以瓦覆盖的屋顶。

瓦坯，及鸱尾、走兽等屋顶饰件，皆用不夹砂细胶黏土制作。于烧制前一日和泥造坯。用轮以转动，札圈似为圆模，在轮上转动札圈，以使瓦坯呈圆筒状;用布筒使坯易与模脱离。其他如鸱尾、走兽等装饰瓦件,则采用类似泥塑的做法捏造。如屋顶等处用火珠,则用轮床旋转成型后收托。坯成型后,去札及布筒,曝晒于日下,以备入窑烧制。

由于瓦不仅分瓪瓦、瓯瓦,而且还有大小尺寸的差别,因此《法式》分别对不同等第的两种瓦加以描述。这里给出了6种等第的瓪瓦尺寸,且要求在制坯时应留出曝干并烧制过程中所发生的缩变余量。但以何种比例留出余量,在文中并未指明,当为经验性数字。

同时还给出了7种等第的瓯瓦尺寸。其所给尺寸,在制坯时,亦应留出曝干并烧制过程中所发生的缩变余量。

瓦坯初件为一圆筒,初坯完成微干,即用刀割划成瓦。一般瓯瓦坯,割为4片;瓪瓦坯,割为2片;线道瓦,以1片瓯瓦坯,在中心再画割1道;条子瓦,则用1片瓯瓦坯,按十字划割成4片。

《法式》文中未给出线道瓦、条子瓦的相应尺寸,故上述中亦未列出。或对应不同等第的瓪瓦与瓯瓦,有不同尺寸的线道瓦、条子瓦等。

(造瓦坯)

造瓦坯:用细胶土不夹砂者,前一日和泥造坯。鸱、兽事件同。先于轮上安定札圈①,次套布筒②,以水搭泥拨圈③,打搭收光④,取札并布筒晾曝⑤。鸱、兽事件捏造,火珠之类用轮床收托⑥。其等第依下项⑦:

【注释】

①札圈:当是制瓦坯的圈状模具,可以安在转轮上转动。

②布筒:疑是裹缠在札圈之外的制瓦模底。梁注:"自周至唐、宋二千年间留下来的瓦,都有布纹,但明、清以后,布纹消失了,这说明在宋、明之间,制陶技术有了一个重要的改革,《法式》中仍用布

简,可能是用布筒阶基(疑为'段')的末期了。"

③以水搭泥拨圈:这里的"水搭泥"即制瓦的材料,"拨圈"即转动套有布筒的札圈,以旋转力形成圆筒形的瓦坯。

④打搭收光:疑是对瓦坯表面的去棱收光等处理。

⑤晒(shài)曝:梁注:"晒,音shài,'晒'字的俗字。《改并四声篇海》引《俗字背篇》:'晒,曝也。俗作。'《正字通·日部》:'晒,俗"晒"字'。"

⑥轮床:与前文"轮上"相对应,当指设转轮的台案,火珠之类是在轮床上直接成型的。

⑦等第:这里给出甋瓦的6个等第,疑与"用砖之制"中给出的殿阁等十一间以上、殿阁等七间以上、殿阁等五间以上、殿阁厅堂亭榭等及行廊、小亭榭、散屋等5个用砖等第是彼此相对应的。下文瓪瓦等第亦如是。

【译文】

凡造瓦坯:用其内不夹杂砂粒的细胶土,在打造瓦坯的前一天和成泥。打造鸱、兽等瓦饰件之坯的做法也是一样。在造坯时,先在轮子上安装固定一个札圈,然后在札圈之外套以布筒,边以水搭泥边拨动其圈,并在其泥表面打搭收光,取除札圈和布筒后在阳光下曝晒。屋脊之鸱、兽等瓦饰件之坯应手工捏造,脊上所施火珠之类装饰瓦件则应用轮床加以塑形收托。所造瓦坯的等第可依据如下几项:

甋瓦

长一尺四寸,口径六寸,厚八分①。仍留曝干并烧变所缩分数②。下准此:

长一尺二寸,口径五寸,厚五分。

长一尺,口径四寸,厚四分。

长八寸,口径三寸五分,厚三分五厘。

长六寸,口径三寸,厚三分。

长四寸,口径二寸五分,厚二分五厘。

【注释】

①厚八分:陈注:"六,竹本。"傅注:改"八分"为"六分",并注:"六,四库本作'六'。依下列各瓦比例似以'六'为是。"这里应从陈先生、傅先生所改。

②仍留曝干并烧变所缩分数:其意似为,瓦坯的尺寸应该略大于这里所给出的瓶瓦尺寸,以留出曝干及烧变造成的尺寸缩减值。

【译文】

瓶瓦

长1.4尺,口径6寸,厚0.6寸。仍应预留出因曝干并烧变所可能缩小的尺寸数。以下情况以此为准:

长1.2尺,口径5寸,厚0.5寸。

长1尺,口径4寸,厚0.4寸。

长8寸,口径3.5寸,厚0.35寸。

长6寸,口径3寸,厚0.3寸。

长4寸,口径2.5寸,厚0.25寸。

瓪瓦

长一尺六寸,大头广九寸五分①,厚一寸;小头广八寸五分②,厚八分。

长一尺四寸,大头广七寸,厚七分;小头广六寸,厚六分。

长一尺三寸,大头广六寸五分,厚六分;小头广五寸五分,厚五分五厘。

长一尺二寸,大头广六寸,厚六分;小头广五寸,厚五分。

长一尺,大头广五寸,厚五分;小头广四寸,厚四分。

长八寸,大头广四寸五分,厚四分;小头广四寸,厚三分五厘。

长六寸,大头广四寸,厚同上。小头广三寸五分,厚三分。

【注释】

①大头:铺施瓪瓦式相邻两瓪瓦,应上下搭接,以小头搭压大头,故大头要宽一点,厚一点,小头则稍窄,且略薄。

②小头:为保持雨水排放流畅,沿坡屋顶施安的瓪瓦大头在上,小头在下,且搭压下一瓪瓦的大头。

【译文】

瓪瓦

长1.6尺,其瓦之大头宽9.5寸,厚1寸;瓦之小头宽8.5寸,厚0.8寸。

长1.4尺,瓦之大头宽7寸,厚0.7寸;其小头宽6寸,厚0.6寸。

长1.3尺,瓦之大头宽6.5寸,厚0.6寸;其小头宽5.5寸,厚0.55寸。

长1.2尺,瓦之大头宽6寸,厚0.6寸;其小头宽5寸,厚0.5寸。

长1尺,瓦之大头宽5寸,厚0.5寸;其小头宽4寸,厚0.4寸。

长8寸,瓦之大头宽4.5寸,厚0.4寸;其小头宽4寸,厚0.35寸。

长6寸,瓦之大头宽4寸,其厚与上一等瓦相同。其小头宽3.5寸,厚0.3寸。

（造瓦坯之制）

凡造瓦坯之制:候曝微干,用刀劙画①,每桶作四片。瓶瓦作二片;线道瓦于每片中心画一道②,条子十字劙画③。线道条子瓦④,仍以水饰露明处一边⑤。

【注释】

①劈(lí)：《法式》原字"劈"，梁注："'劈'字不见于字典。"疑为"劈"字之误。劈，用刀划、割。

②线道瓦：房屋压脊之下所施的一道瓦，以形成屋脊底部凸出的线脚。

③条子：疑即"条子瓦"，可能是用来垒脊的驱瓦的一种。

④线道条子瓦：疑指与线道瓦相接的条子瓦，其边棱露明于屋脊底部。

⑤以水饰露明处一边：未解"水饰"为何意。疑在压脊，包括线道瓦的露明处，都有所谓"水饰"，可能是一种具有防渗水功能，且在干燥后有光泽的水质材料，在烧制前，涂于线道条子瓦坯露明处一边。

【译文】

凡造瓦坯的制度：等其皮被曝晒得微微发干后，用刀切割劈画，将每一坯桶分作4片。若是造瓯瓦，只需分作2片；若是造线道瓦，则于每片的中心刻画一道，若造线道条子瓦，则在其中心做十字劈画切割。造线道条子瓦坯，仍应用水饰涂于其露明处的那一边。

砖 其名有四：一曰甓；二曰瓴甋；三曰毂；四曰颤甄

【题解】

本节内容主要涉及砖坯的制作方式。砖坯的制作方法与瓦坯的制作方法相类似，应于烧制前一日和泥打造。打造方式为，先在砖模匣内用灰衬隔，然后将坯泥放入。成型后用杖剖脱模匣，曝晒于日下，令其渐干。

除了砖碇、镇子砖外，其他各类砖及相应尺寸，已经见于本卷前文《砖作制度》"用砖"一节的描述。梁注："以下各种特殊规格的砖，除压阑砖名称本身说明用途外，其他五种用途及用法都不清楚。"

（造砖坯）

造砖坯，前一日和泥打造。其等第依下项：

【译文】

凡造砖坯，应于造砖坯的前一天和泥，然后打造。其砖坯的等第可依据如下几项：

方砖

二尺，厚三寸。

一尺七寸，厚二寸八分。

一尺五寸，厚二寸七分。

一尺三寸，厚二寸五分。

一尺二寸，厚二寸。

【译文】

方砖：

方2尺，厚3寸。

方1.7尺，厚2.8寸。

方1.5尺，厚2.7寸。

方1.3尺，厚2.5寸。

方1.2尺，厚2寸。

条砖

长一尺三寸，广六寸五分，厚二寸五分。

长一尺二寸，广六寸，厚二寸。

压阑砖：长二尺一寸，广一尺一寸，厚二寸五分。

砖碇①：方一尺一寸五分，厚四寸三分。

牛头砖：长一尺三寸，广六寸五分，一壁厚二寸五分，一壁厚二寸二分。

走趄砖：长一尺二寸，面广五寸五分，底广六寸，厚二寸。

趄条砖：面长一尺一寸五分，底长一尺二寸，广六寸，厚二寸。

镇子砖②：方六寸五分，厚二寸。

【注释】

① 砖碇：这里的"砖碇"，疑与卷第三《壕寨及石作制度》中的"柱碇"一样，可能起到承托柱子之柱础等的作用。从尺寸上看，这是一种尺寸不是很大，但其厚度较厚的方砖，或可作为连廊等较细柱子的柱础之用。亦未可知。

② 镇子砖：这里的"镇子砖"未知用于何处。从"镇子"的字面意义上讲，有可能是指古人的一种文具，又称"镇纸"，一般是用金属或玉石等制作而成，可以在书写时用来压书和纸。未知这里的"镇子砖"，是否是一种价格比较低廉的文人所用"镇纸"或"镇子"。

【译文】

条砖：

长1.3尺，宽6.5寸，厚2.5寸。

长1.2尺，宽6寸，厚2寸。

压阑砖：长2.1尺，宽1.1尺，厚2.5寸。

砖碇：方1.15尺，厚4.3寸。

牛头砖：长1.3尺，宽6.5寸，其一侧壁厚2.5寸，另一侧壁厚2.2寸。

走趄砖：长1.2尺，砖面宽5.5寸，砖底宽6寸，厚2寸。

趄条砖：砖面长1.15尺，砖底长1.2尺，砖宽6寸，厚2寸。

镇子砖：方6.5寸，厚2寸。

（造砖坯之制）

凡造砖坯之制：皆先用灰衬隔模匣^①，次入泥；以杖剖脱曝令干^②。

【注释】

①先用灰衬隔模匣：其灰是用来隔离模匣与砖坯的，故推测不大可能是具有黏结力的石灰、白灰等，可能是炉灰、砂灰等不易黏连的灰类。

②剖：傅合校本：改"剖"为"刮"，并注："刮，据故宫本、四库本改。"译文从傅注。

【译文】

凡打造砖坯的制度：都应先用灰对用来制作砖坯的模匣加以衬隔，然后将制坯之泥倒入模匣之中；再以杖将坯外模匣刮脱开，使砖坯曝晒于日下，以候其干。

琉璃瓦等 炒造黄丹附

【题解】

烧造琉璃瓦用药，有黄丹、洛河石与铜末。黄丹，呈橙红或橙黄色状，宋代彩画作、琉璃瓦作中多用之。洛河石，据宋人杜绾撰《云林石谱》卷中："洛河石：西京洛河水中出碎石，颇令青白，间有五色斑斓。采其最白者，入铅和诸药，可烧变假玉或琉璃用之。"洛河石当研成末用之。

将黄丹、洛河石、铜末用水调匀，冬季用汤调，涂于甋瓦背面，或鸱尾、走兽等安卓后可能露明之处。然后再普遍浇刷一遍。青掍瓦,亦涂于背面等露明处,并遍浇刷。

瓪瓦,涂于仰面内中心。重唇瓪瓦,除了仰面内中心外,还要在瓦背大头处浇涂。其余如线道瓦、条子瓦等,浇涂外露的唇沿部位。

可知,炒造黄丹,是为制作调制琉璃釉的药物而用。如上文所述,其药用黄丹、洛河石末、铜末等调制而成。黄丹阙,似即黄丹。调制琉璃药所用黄丹阙,要与黑锡、盆硝等入于铁镬中,炒煎一日者,为粗釉。倾倒出后,候其冷却,捣碎过罗筛,使之成末状。第二日再炒,用砖覆盖。第三日方炒造成功。

(造琉璃瓦等之制)

凡造琉璃瓦等之制:药以黄丹、洛河石和铜末①,用水调匀。冬月用汤。瓵瓦于背面,鸱、兽之类于安卓露明处,青掍同②。并遍浇刷。瓪瓦于仰面内中心。重唇瓪瓦仍于背上浇大头③;其线道、条子瓦④,浇唇一壁⑤。

【注释】

①黄丹:为橙红或橙黄色粉末状,光泽黯淡,不透明。一说是用铅、硫黄、硝石等合炼而成。又被称为“真丹”“铅华”“广丹”“东丹”“丹粉”“红丹”“国丹”“铅黄”“朱粉”等。洛河石:疑指一种产于洛河,可以用来制作琉璃的石头。

②青掍(hùn):即下文所说的“青掍瓦”。

③重唇瓪(bǎn)瓦:梁注:“‘重唇瓪瓦’即清代所称‘花边瓦’,瓦的一端加一道比较厚的边,并沿凸面折角,用作仰瓦时下垂,用作合瓦时翘起,用于檐口上。清代如意头形的‘滴水’瓦,在宋代似还未出现。”参见卷第十三《瓦作制度》“用瓦”条相关注释。

④线道:指施于屋脊下部的线道瓦。

⑤浇唇一壁:这里的"唇",当指屋脊所施线道瓦与条子瓦的外露部分。

【译文】

凡制造琉璃瓦等的制度:其瓦所用药包括黄丹、洛河石和铜末,应将药用水调匀。冬天应用热水调匀。若是甋瓦就在瓦的背面,若是鸱尾、走兽之类,就在安卓其瓦饰件后需要露明之处,制作青掍瓦也是一样。在这几处地方都要普遍浇刷其药。若是瓪瓦,则浇于其瓦仰面之内的中心部位。若是重唇瓪瓦,则仍应在其瓦背上浇其瓦的大头一端;若是线道瓦、条子瓦等,应浇涂其瓦外露一侧的唇沿部位。

(炒造黄丹阙)

凡合琉璃药所用黄丹阙炒造之制①,以黑锡、盆硝等入镬②,煎一日为粗㶡③,出候冷,捣罗作末④;次日再炒,砖盖罨⑤;第三日炒成。

【注释】

①黄丹阙:未知何以区别"黄丹阙"与"黄丹"。据卷第二十七《诸作料例二》"窑作•造琉璃瓦并事件"条:"药料所用黄丹阙,用黑锡炒造。其锡,以黄丹十分加一分,(即所加之数,斤以下不计。)每黑锡一斤,用密陀僧二分九厘,硫黄八分八厘,盆硝二钱五分八厘,柴二斤一十一两,炒成收黄丹十分之数。"疑"黄丹"是原料之意,而"黄丹阙"则是由黄丹与黑锡等炒造而成的用于制作琉璃的釉料。

②黑锡:指一种含铅的矿物制品,或与铅相类的药用矿物。也有称其为"青金"的。古人称铅为"黑锡",也有将方铅矿(制铅原料)

称作"黑锡"的。盆硝：也被称作"芒硝""碰硝""芒消""马牙硝""盐硝""盆硝"等，是内含结晶水的硫酸钠的俗称。一说，是由较为粗糙的朴硝（又称"皮硝"）经过加工而得出的结晶硝。

③廞（yòu）：同"釉"。

④捣罗作末：即将炒制好的黄丹阙捣碎过筛，研磨成细末。捣，捣碎。罗，罗筛。作末，即加工为粉末状。

⑤砖盖罨：这里指用砖将加工过程中的黄丹阙加以掩盖。罨，覆盖。

【译文】

凡是合制用于琉璃之药中所需的黄丹阙的炒造制度，将黑锡、盆硝等加入镬中，用火煎一日，形成黄丹阙粗釉，将粗釉滤出等候其自然冷却，将冷却后的黄丹阙捣碎罗筛以使其成粉末状；第二天再加炒作，并用砖将其加以掩盖；至第三天再炒而成。

青掍瓦 滑石掍、茶土掍

【题解】

掍，其义为"混"或"混合"，亦有"掍边""缘边"的意思。古人的青色，略近黑色。从本节文字描述其烧制工艺："先烧芟草，次蒿草、松柏柴、羊屎、麻籸、浓油，盖罨不令透烟。"可知这种略近黑色，是通过特殊的烟熏工艺而达成的。

青掍瓦，亦分瓶瓦、瓯瓦。在烧制前的干坯状态，要先用瓦石将瓶瓦背部、瓯瓦仰面等外露部分磨去布纹，并用浸水湿布揩拭。待干后，再以洛河石碾磨，此后，掺入滑石末再加磨拭，使其表面光亮。其效果当是一种表面有光泽，且防水性能较好的青黑色瓦。

茶土或荼土，未解其为何种土。"荼"似有白色之意，若称"荼土"，疑指略近白色之土；则"荼土掍"可能是在磨去布纹的坯面上，先掺白土。若称"茶土"，则似应掺"茶土"；再用洛河石碾磨，令表面光润，再加烧制。由此推测,滑石掍,其意相类,先磨去布纹,再掺滑石末,以石碾磨入坯面缝隙中,令光润,再加烧制。相信荼(茶)土掍与滑石掍亦应各有其甋瓦、瓪瓦的区别。

青掍瓦等之制[①]:**以干坯用瓦石磨擦**[②],甋瓦于背,瓪瓦于仰面,磨去布文。**次用水湿布揩拭,候干;次以洛河石掍研**[③];**次掺滑石末令匀。用荼土掍者**[④],准先掺荼土,次以石掍研。

【注释】

①青掍瓦:及文中的"滑石掍""荼土掍"。梁注:"这三种瓦具体有什么区别,不清楚。"可知这三种瓦在清代已失传。明清时代建筑用瓦,似未见这三种瓦。掍,其义为"混"或"混合",亦有"掍边""缘边"的意思。古人的青色略近黑色。从下文描述其烧制工艺:"先烧芟草,次蒿草、松柏柴、羊屎、麻籸、浓油,盖罨不令透烟。"可知这种略近黑色的"青",是通过特殊的烟熏工艺而达成的,烧制完成后再作"掍"的工艺,从而制成"青掍瓦"。

②干坯:指经过模制并曝晒干后的甋瓦或瓪瓦的瓦坯。

③掍研(yà):或有对瓦的表面做混合摩擦之意。这里的"掍"当为动词,未知是否是磨抹之意。研,其意是用卵石或弧形石块碾压或摩擦某物的表面,使其密实而有光亮。

④荼土:傅合校本:改"荼土"为"茶土",并注:"茶,故宫本、四库本。"此处暂从原文。

【译文】

制造青掍瓦等的制度:其瓦尚处于干坯状态时,应用瓦石摩擦,若是甋瓦,就在瓦背之上摩擦;若是瓪瓦,就在瓦之仰面上摩擦,应磨去瓦面上的布纹。然后用水将布濡湿后进一步揩拭,再等候其干;待其干后再以洛河石揉搓棍研；之后再掺以滑石粉末于其表面均匀涂抹。若是采用茶土制作青掍瓦，可以先掺以茶土，然后再用洛河石做棍研揉摩。

烧变次序

【题解】

这里给出了三种瓦的烧制方法。

其一，素白窑。疑即烧制色近深灰布瓦之窑。其方法为：第一日装窑；第二日下火烧变；第三日，浇水并封闭窑口。三日后开窑，继续冷却，至第七日出窑。

其二，青掍窑（及茶土掍窑）。即烧制青掍瓦之窑。其装窑、烧变、出窑的时间节点，与素白窑相同。烧制过程中，先烧芟草。芟，本义为"除"，则这里的芟草，似为芟除而来的杂草。在烧芟草的时候，窑内可以搭带放置一些茶土掍瓦坯，与青掍瓦同时烧制。茶土掍窑的进一步烧制过程，不需加入柴草、羊粪、油粖等物作为燃料。如烧制青掍瓦，其后还需再加蒿草、松柏柴、羊粪、麻粕、浓油等燃料进一步烧制。这第二阶段的烧制，要将拟烧之青掍瓦坯加以掩盖，使所起烟雾不致外泄，以达到熏烤青掍瓦面的效果。

其三，琉璃瓦。第一日装窑，第二日下火烧变，第三日开窑。然后，令其自然冷却，到第五日即可出窑。

其文中没有给出滑石掍瓦的烧制方法。或也可以搭带于青掍窑烧制的第一个阶段中。未可知。

凡烧变砖瓦之制：素白窑^①，前一日装窑，次日下火烧变，又次日上水窨^②，更三日开窑，候冷透，及七日出窑。青掍窑^③，装窑、烧变、出窑日分准上法。先烧芟草^④，茶土掍者^⑤，止于曝窑内搭带^⑥，烧变不用柴草、羊屎、油粖^⑦。次蒿草、松柏柴、羊屎、麻籸、浓油,盖罨不令透烟。琉璃窑,前一日装窑,次日下火烧变,三日开窑,候火冷⑧,至第五日出窑。

【注释】

①素白窑:应指烧制普通砖瓦的窑。

②窨(yìn):梁注:"窨,音荫,yìn;封闭使冷却意。"

③青掍窑:指烧制青掍瓦的窑。

④茨(shān)草:茨,义为割草或除去等;则"茨草"疑指收割而来用于烧窑的干草。

⑤茶土掍者:关于"茶土",参见前文题解,仍存疑。掍,这里意为"掍研",即用茶土掍研其表面的青掍瓦。

⑥止于曝窑内搭带:原文"止于曝露内搭带",梁注本改为"止于曝窑内搭带"。陈注"露"字:"窑。"傅合校本:改"露"为"窑",并注:"窑,误'露',依四库本改正。"从改。

⑦羊屎:陈注:"粪。"油籸(shēn):梁注:"籸,音申,shēn;粮食、油料等加工后剩下的渣滓。油籸即油渣。"

⑧候火冷:原文"火候冷",梁注本改为"候火冷"。傅合校本:"候火冷,依文义改正。"

【译文】

凡是烧制变造砖瓦的制度:若是烧制素白瓦窑,应在前一天装好窑,第二天就可以下火烧变,第三天可以上水窨,再过三天后就可以开窑,开窑后要等其窑冷透,直至第七天出窑。若是烧制青掍瓦窑,其装窑、烧变、出窑的日子分别与上面烧制素白窑的做法一致。先用茨草烧窑,若是烧制茶土掍瓦,只需要在曝窑之内搭带烧制即可,烧变时不用柴草、羊粪、油籸等做辅助燃料。之后再加入蒿草、松柏柴、羊粪、麻籸、浓油等做进一步烧变处理,在烧制过程中应对其窑进行盖掩,以不使其透烟为要。若是烧制琉璃瓦窑,应在前一天装窑,第二天下火烧变,第三天开窑,等候窑火冷却,至第五天即可出窑。

垒造窑

【题解】

本节的内容，主要是关于烧制砖瓦的大窑与曝窑的制度。大窑，其高22.4尺，其径18尺。其窑的外围地不包含在这一尺寸之内。

关于"曝窑"，卷第二十七《诸作料例二》"窑作·诸事件"条："琉璃瓦并事件：并随药料，每窑计之。（谓曝窑。）"或可由此推知，"曝窑"很可能是专门用于烧制琉璃瓦及琉璃饰件的窑。如此，则大窑为可以烧制包括布瓦、青掍瓦等各种砖、瓦之窑。

文中给出了垒造窑之各个不同高度段的尺寸。这些尺寸覆盖了包括大窑、曝窑的外围，及窑周围的各部分，如门、子门、床、池、踏道等部分的具体尺寸。根据这些尺寸与描述，或可以还原宋代烧制砖瓦之大窑与曝窑的可能形式。

（垒造之制）

垒窑之制：大窑高二丈二尺四寸[1]，径一丈八尺。外围地在外，曝窑同[2]。

【注释】

[1]大窑：梁注："窑有火窑及曝窑两种。除尺寸、比例有所不同外，在用途上有何不同，待考。"疑梁先生这里所说的"火窑"，即指《法式》行文中的"大窑"。《法式》原文中似未见"火窑"一词，仅提到"大窑"与"曝窑"，未知梁注中的"火窑"是否是誊抄或印刷之误。大窑，从文义上理解，其窑的容量应比较大。

[2]曝窑：卷第二十七《法式·诸作料例二》"窑作·诸事件"条："琉璃瓦并事件：并随药料，每窑计之。（谓曝窑。）"或可推知，"曝窑"

可能是专门用于烧制琉璃瓦及琉璃饰件的窑。如此，则"大窑"
为可以烧制包括布瓦、青掍瓦等各种砖、瓦之窑。

【译文】

垒造烧制砖瓦之窑的制度：大窑之高为2.24丈，大窑之径为1.8丈。
环绕其窑的外围地不包括在这一尺寸之内，曝窑的情况也是一样。

（窑诸段尺寸）

门①：高五尺六寸，广二尺六寸。曝窑高一丈五尺四寸，径
一丈二尺八寸。门高同大窑，广二尺四寸。

平坐②：高五尺六寸，径一丈八尺，曝窑一丈二尺八寸。垒
二十八层。曝窑同。其上垒五币③，高七尺，曝窑垒三币，高四
尺二寸。垒七层④。曝窑同。

收顶⑤：七币，高九尺八寸，垒四十九层。曝窑四币，高五
尺六寸，垒二十八层；逐层各收入五寸，递减半砖。

龟壳窑眼暗突⑥：底脚长一丈五尺，上留空分，方四尺二
寸，盖罨实收长二尺四寸⑦。曝窑同。广五寸，垒二十层。曝窑长
一丈八尺，广同大窑，垒一十五层。

床⑧：长一丈五尺，高一尺四寸，垒七层。曝窑长一丈八
尺，高一尺六寸，垒八层。

壁⑨：长一丈五尺，高一丈一尺四寸，垒五十七层。下作
出烟口子、承重托柱⑩。其曝窑长一丈八尺⑪，高一丈，垒五十层。

门两壁：各广五尺四寸，高五尺六寸，垒二十八层，仍垒
脊。子门同。曝窑广四尺八寸，高同大窑。

子门两壁⑫：各广五尺二寸，高八尺，垒四十层。

外围^⑬：径二丈九尺，高二丈，垒一百层。曝窑径二丈二寸，高一丈八尺，垒五十四层。

池^⑭：径一丈，高二尺，垒一十层。曝窑径八尺，高一尺，垒五层。

踏道：长三丈八尺四寸。曝窑长二丈。

【注释】

①门：从上下文看，这里的"门"指大窑的门。

②平坐：这里的"平坐"与大木作制度中的"平坐"不同，疑指用砖所砌筑的大窑或曝窑的底座；或指其窑支撑上部窑顶拱券部分的直立窑壁。

③币：不知为何种单位。以其文，如"平坐：……其上垒五币，高七尺，（曝窑垒三币，高四尺二寸。）垒七层。（曝窑同。）"与"收顶：七币，高九尺八寸，垒四十九层。（曝窑四币，高五尺六寸，垒二十八层。）"可知，每垒一币，高1.4尺，每币垒高7层，每层厚0.2尺。

④垒七层：这里的"垒七层"从上下文看，似有缺失，从下文："七币，高九尺八寸，垒四十九层"及"四币，高五尺六寸，垒二十八层"，可知每一币垒7层，每一层2寸，恰为一砖的厚度。则这里似加上"一币"，即应为"一币垒七层"，或依前文顺序，则为"其上垒五币，高七尺，（曝窑垒三币，高四尺二寸。）垒三十五层"，才比较合理，是否是传抄之误？存疑。

⑤收顶：当指大窑或曝窑的拱券形窑顶部分。

⑥龟壳窑眼暗突：这里的"龟壳"，当指其窑的拱券顶部，在窑顶拱券上所开窑眼及所砌筑的排烟通道，疑即指这种"窑眼暗突"。

⑦盖罨：傅合校本：改"罨"为"暗"，并注："'罨'应作'暗'，据故宫本、四库本改。"暂从原文。

⑧床：即下文所说的"窑床"，可能是指施于窑内，用来摆放砖坯或瓦坯，其下架空的平台。

⑨壁：从上下文看，似为支撑其"床"的侧壁。这里可能是堆放燃料，并将其点燃的空间。

⑩烟口子：应指排烟口，施于床下之壁的下部，用来排除烧砖、瓦坯时产生的烟。承重托柱：可能是承托其上之壁与床的立柱，但这里未提到其材料，仍可能是用土坯砌筑的柱状结构。

⑪曝窑长一丈八尺：陈注：改"尺"为"寸"，其注曰："寸，竹本。"即据陈先生改，其句应为"曝窑长一丈八寸"。梁注本、傅合校本仍保持"曝窑长一丈八尺"之原文。暂从原文。

⑫子门：从其高度看，"子门"似乎为窑之外围的门，用以供人出入，观察与维系窑中的火势等状态。

⑬外围：包裹或覆盖在大窑（及后文提到的曝窑）之外的窑体，外围亦有其侧壁及拱券形窑顶。

⑭池：即下文所说的"窑池"，疑或为窑内底部特别砌筑的拱券式结构。其下有空间，其结构亦有一定的承重功能。或为用来堆放及燃烧烧制砖瓦等的燃料处，或是其窑底部分用以承接与汇集窑之燃料灰烬的空间。

【译文】

窑门：高5.6尺，宽2.6尺。曝窑之高为1.54丈，其径为1.28丈。曝窑之门的高度与大窑的门高相同，其门宽2.4尺。

窑之平坐：其高5.6尺，其坐之径为1.8丈，曝窑平坐之径为1.28丈。垒造平坐应用砖28层。曝窑平坐也是一样。在平坐之上再垒5币，其高7尺，若是曝窑则只应垒3币，其高4.2尺。垒为7层。曝窑也是一样。

其窑收顶：其收顶为7币，高9.8尺，用49层砖垒制。曝窑收顶为4币，高5.6尺，用28层砖垒制；每一层向内各收入5寸，同时每一层递减半砖。

龟壳窑眼上所出暗突：其暗突的底脚长1.5丈，其上所留空分，方为4.2

尺,将其盖掩后实际所收长度为2.4尺。曝窑的暗突也是一样。宽5寸,用20层砖垒制。曝窑的暗突长1.8丈,其宽与大窑相同,用15层砖垒制。

窑床:其长1.5丈,高1.4尺,用7层砖垒制。曝窑的窑床长1.8丈,高1.6尺,用8层砖垒制。

窑壁:其长1.5丈,高1.14丈,用57层砖垒制。其壁之下作出烟口子,及承重托柱。曝窑的窑壁长1.8丈,高1丈,用50层砖垒制。

窑门之侧的两壁:其壁各宽5.4尺,高5.6尺,用28层砖垒制,其门上仍垒砌门脊。子门也是一样。曝窑门侧两壁各宽4.8尺,壁之高同大窑门侧两壁之高。

子门之侧的两壁:各宽5.2尺,高8尺,用40层砖垒砌。

窑之外围:其径2.9丈,高2丈,用100层砖垒制。曝窑外围之径为2.2丈,高1.8丈,用54层砖垒制。

窑池:其径1丈,高2尺,用10层砖垒制。曝窑窑池之径8尺,高1尺,用5层砖垒制。

出入窑踏道:其长3.84丈。曝窑踏道长2丈。

(垒窑一般)

凡垒窑,用长一尺二寸,广六寸,厚二寸条砖[①]。平坐并窑门,子门、窑床,踏外围道[②],皆并二砌[③]。其窑池下面[④],作蛾眉垒砌承重[⑤]。上侧使暗突出烟[⑥]。

【注释】

①长一尺二寸,广六寸,厚二寸条砖:其所用砖,恰与其一币垒7层,一层厚2寸的砌筑方式相吻合。

②踏外围道:陈注:"外围踏道,竹本。"似应从陈先生。

③并二砌:意为其窑各部分都是两砖并砌的砌筑方式。以条砖宽6

寸,其窑各部分砌体的厚度一般为1.2尺。

④窑池:即上文提到的"池"。这里似应位于其窑的底部。

⑤蛾眉:梁注:"从字面上理解,蛾眉大概是我们今天所称弓形拱（券）segmental arch,即小于180°弧的拱（券）。"

⑥暗突:疑指上文提到的"龟壳窑眼暗突",即位于窑顶部的排烟道。

【译文】

凡垒砌烧制砖瓦之窑,用长1.2尺,宽6寸,厚2寸条砖砌筑。其平坐并窑门,子门、窑床,外围踏道,都应以两砖并砌的方式砌筑。在其窑池的下面,应以蛾眉式拱券方式垒砌以承上重。其上之侧则施以暗突以利出烟。

卷第十六　壕寨功限　石作功限

壕寨功限

总杂功　筑基　筑城　筑墙　穿井　般运功　供诸作功

石作功限

总造作功　柱础　角石角柱　殿阶基　地面石压阑石

殿阶螭首　殿内斗八　踏道　单勾阑重台勾阑、望柱

螭子石　门砧限卧立柣、将军石、止扉石　地栿石

流盃渠　坛　卷輂水窗　水槽　马台　井口石

山棚铤脚石　幡竿颊　赑屃碑　笏头碣

【题解】

自《法式》卷第十六始，其行文内容已经从各作制度转而记述各作"功限"。所谓"功限"，在这里指的是房屋营造各个环节中所需要施用的劳动定额。

与《法式》卷第三包括了"壕寨制度"与"石作制度"两个方面的内容一样，本卷行文也包括了"壕寨功限"与"石作功限"两个方面的内容。这或也从另外一个侧面可以看出，在宋代营造中，作为房屋营造之"土木"工程的"土"的部分，指的其实就是宋代营造中的"壕寨"与"石作"两个方面的工程内容。因为两者都与房屋营造中的土、石工程的关联比较密切，所以无论是在制度层面，还是在功限层面，《法式》的作者

都将两者放在同一卷中,以保持两者在内容上的连贯性,与性质上的关联性。

宋代时,"功限"一词已与工程相关。如神宗熙宁三年(1070),为促进御河漕运通流,朝廷"又益发壮城兵三千,仍诏提举官程昉等促迫功限"(《宋史·河渠志》)。这里的"功限",已经是一个名词,意指修河工程的劳作之"功",及其功的完成之"限"。

宋元丰初年,已经将"功限"与"料例"这两个术语联系在一起使用了:"元丰元年,工部言:'文思院上下界诸作工料条格,该说不尽,功限例各宽剩,乞委官检照前后料例功限,编为定式。'"(《宋史·职官志》)这其中似乎已经暗含了后来由官方编纂《法式》之最初的肇因。

元人编《文献通考》,提到了《法式》的编纂过程与内容。其言《法式》为:"《将作营造法式》三十四卷,《看详》一卷"(《文献通考·经籍考·杂艺术》),当即指崇宁《法式》。并引:"陈氏曰:熙宁初,始诏修定,至元祐六年书成。绍圣四年命诚重修,元符三年上,崇宁二年颁印。前二卷为《总释》,其后曰《制度》、曰《功限》、曰《料例》、曰《图样》,而壕寨石作、大小木雕镟锯作、泥瓦、彩画刷饰,又各分类,匠事备矣。"

显然,"功限"这一概念,大约是在北宋神宗朝渐渐出现于官方有关工程的文件中,至宋《法式》颁行,其概念亦渐趋明确,即"功限"与"料例",结合"制度"与"图样",成为各类工程,尤其是土木营造工程之设计、施工及管理的重要构成范畴。

其实,"功限"一词,并不仅限于土木营造或水利等工程,如《资治通鉴长编》卷四百九十四载,北宋哲宗元符元年(1098):"工部言:'文思院上下界金银、珠玉、象牙、玳瑁、铜铁、丹漆、皮麻等诸作工料,最为浩瀚。上下界见行条格及该说不尽功限,例各宽剩,至于逐旋勘验裁减,并无的据。欲乞委官一员,将文思院上下界应干作分,据年例依令合造之物,检照前后造过工作料状,逐一制扑的确料例功限,编为定式。'"

当然,《法式》中所涉"功限",当仅限于与土木营造工程有关的壕寨、石作、大木作、小木作、砖作、泥作、瓦作、彩画作、窑作之类的工程范围之内。其文字规模,大约是从《法式》的卷第十六至卷第二十五,共有10卷的内容。

壕寨功限

【题解】

所谓"壕寨"者,如前文"壕寨制度"节提到的,大概有两个方面的意思:其一是指古时两军对阵时的营垒工事;其二则是指宋代营造中与房屋施工或市政工程等有关的一些与土石方有所关联的工程部分,即宋人所说的"壕寨"工程,其中包含了诸如取正、定平、立基、筑墙、穿井等城垣筑造及房屋基础等挖土、夯土等工程内容。

壕寨功限,指的是宋代壕寨工程中所付出劳作应该计算的功限额度。本卷将壕寨功限,列为了"总杂功""般运功"与"供诸作功"三个门类。

总杂功覆盖的范围比较大,几乎包括了宋代土木工程中几乎所有技术性含量较低的辅助性繁杂工作,如建筑材料的搬运、土方挖掘、砖石磨褫、剥脱夯筑墙体时所用的模版、房屋地基的筑造、城墙或露墙或屋下墙等的筑造以及水井的穿凿等。

所谓"般运功",即搬运功,就是将与房屋营造相关的某种物料或物质,搬运装卸到一定的距离之外。这其中涉及利用水道的舟船搬运与载物,也涉及利用陆路的各种车辆搬运与载物,还特别涉及利用水道所进行的某些特殊的搬运做法,如将竹、木等材料做系栿驾放或牵拽搬运的工作等。

壕寨功限中的第三个方面为"供诸作功",其内容是为相关的技术工作提供一些辅助性的支持或供应,如屋顶结窑,泥作、砖作、地面或房屋基座等的铺垒安砌,井的垒砌,烧制砖瓦等窑的垒砌,以及大木作中屋顶钉椽,或小木作中各种安装配置等工作,都需要有辅助的工人提供各种材料的运送或预加工等工作,这些与诸种技术性匠作工程密切相关的辅助性工作,其功限的计算,都可以归在壕寨功限的范畴之下。

总杂功

【题解】

本节文字中有几个字,需要做一点儿说明。其文中的"般运"之"般",意同于今日之"搬"字。

另有一稀见字"筤",指一种盛物的竹器,这里所用的"筤篮"一词,当指古代施工中用来盛土或石的一种竹制的箩筐。

另有"磨褫","磨"之意为打磨,"褫"则有"剥除""脱离"的意思,大概接近石作制度中的"打剥"与"粗搏";其意是将表面较为粗糙的石段或毛砖剥离其毛棱、刺角,打磨其表面,以用于房屋基础或墙体的砌筑。

文中提到的"条墼"一词,墼,据《说文•土部》:"墼,未烧也。"《广韵•锡韵》:"墼,土墼。"指的应当是土坯。又明杨慎《丹铅续录拾遗•周纡筑墼》:"《字林》:'砖未烧曰墼。'《埤苍》:'形土方为曰墼。'今之土砖也,以木为模,实其中。"故其文中所言的"垒墙条墼",当指垒墙而用的长方形土坯。

功限,已如前文所释,是指宋代对用工定额的一个定义。其作用或是为了给参加房屋营造的劳动者,按照其所完成之定额所应当计算的功限多少,发放相应的报酬。所谓"总杂功",或言非特指的某一匠作制度,大约相当于房屋工程施工中技术含量较低的普通工人,其所完成的某一部分工作量,可以计入的劳动定额。从字面上讲,这里提到的无论什么劳作,或都可以按照其工作难度与完成数量,确定其完成的工作量——功限。例如,本卷《壕寨功限》"筑基"一节,就是对开掘与填筑房屋地基或基础所做功的一个定量性描述:开挖一个深1尺、方广80尺的土基,可以计为1功;填埋、夯筑一个厚1尺、方广60尺的土层,也计为1功。同时发生的劳动,如将从地基中挖出的土搬运至距离基坑有1丈以上的距离之外,就要单独计算搬运功限;如在填埋、夯筑一块厚1尺、方广60尺的土基之时,同时填入或夯筑了碎砖瓦、石札,从而加大了工作量与难度,就应该计为2功。

所谓1功,一般情况下,是1个熟练而强壮的劳动者,在1个标准日内(冬日为短,夏日为长,春秋日则比较标准)应该完成的工作量。挖土、搬运、填埋、夯筑等,大致都属于技术含量较低的普通用工,故其功限的计算,主要依据量化的劳作,而非某种技术难度。

这里的"五十尺"似为城墙的长度。据卷第三《壕寨及石作制度》"壕寨制度·城"条:"筑城之制:每高四十尺,则厚加高二十尺;……城基开地深五尺,其厚随城之厚。"据此,或可概略地假设,城基深度一般为5尺,厚度大约为60尺。每开掘并填筑深5尺、宽60尺、长50尺的一段城墙的土基,可以计为1功。

关于筑墙条中,还给出了另外两种施工状态:其一"削掘旧城",在旧城基之上建城;其二"修筑女头墙及护崄墙"。

这里提到的"护崄墙",其"崄",同"险","护崄墙"即"护险墙"。宋陈规《守城录·守城机要》:"修筑里城,只于里壕垠上,增筑高二丈以上,上设护险墙。下临里壕,须阔五丈、深二丈以上。攻城者或能上大城,则有里壕阻隔,便能使过里壕,则里城亦不可上。"可知,"护崄墙"可能是指内城护城壕内侧较矮的防护墙,以增加在护城壕内侧巡行士兵的安全性。既防止士兵误入壕沟,也防止敌人从壕沟中袭击士兵。

关于"女头墙",大概相当于现代人所说的"女儿墙"。据宋陈规撰《守城录·守城机要》:"女头墙,旧制于城外边约地六尺一个,高者不过五尺,作'山'字样。两女头间留女口一个。"可知,"女头墙"是设置在城墙顶部外侧如"山"字状,中间有"女口"的雉堞。

"女头墙"与"护崄墙"都是较为低矮的土墙,其用工也与填筑城墙墙基一样，每50尺（这里可能是长度）为1功。

填筑城墙的取土范围，一般为30步以内，填筑用功之计量，随城墙高度增高而减少。如从地面至高约1丈位置，每运填150担土；自1丈至2丈高度，每运填100担土；自2丈至3丈高度，每运填90担土；自3丈至4丈高度，每运填75担土；自4丈至5丈高度，每运填55担土，都计为1功。

两个推测：其一，一般城墙高度应控制在40至50尺间；其二，城墙填筑，不像房屋基座夯筑那样，每填一层土，要间隔着夯填一层碎砖瓦或石渣，且逐层夯打。城墙面积较大，其墙体部分主要用土填埋，不掺杂碎砖瓦或石渣。填筑过程中，逐渐增加上部压力。随着城墙高度增加，下层填土变得十分坚实，似不必逐层细密夯打。

下文中的"诸纽草葽"条，所谓"纽草葽"，"纽"，义同"扭"，说的是将草扭结成草绳的过程；"斫橛子"，则是制作木橛子的过程；"划削城壁"，可能是对夯筑完成的城墙外壁加以划削修整，使其整齐坚实。其功限，每扭200条草葽，斫制500枚木橛子，划削40尺长的城壁，都各计为1功。其中，划削城壁的功限中，还包括了将原本附在城壁之外的模板——膊椽——搬取开的工作量。这里或从一个侧面证明了，"膊椽"指的就是夯筑城墙时，设置于墙两侧的模板。

（诸物料计功单位）

诸土干重六十斤为一担①。诸物准此。如粗重物用八人以上、石段用五人以上可举者，或琉璃瓦名件等每重五十斤，为一担②。

诸石每方一尺③，重一百四十三斤七两五钱④。方一寸⑤，二两三钱。砖，八十七斤八两。方一寸，一两四钱。瓦，九十斤六两二钱五分。方一寸，一两四钱五分。

诸木每方一尺，重依下项：

黄松⑥，寒松、赤甲松同⑦。二十五斤。方一寸，四钱。

白松⑧，二十斤。方一寸，三钱二分。

山杂木，谓海枣、榆、槐木之类⑨。三十斤。方一寸，四钱八分。

【注释】

①诸土干重六十斤为一担（dàn）：陈注："卷三，筑基：每方一尺，用土二担。"担，中国古代的一种重量单位，一般1担的重量为100斤；同时，也可用作量词，如"一担水"。这里综合了其重量单位与量词两个概念，即每1担干土，计为60斤。

②为一担：这里是指将某一物品的单位重量折算为"担"这一量词的方法，即需要8个人才能举起的粗重物，或需要5个人才能举起的石段，以及重量为50斤的琉璃瓦件，都可以用"一担"来计量。

③每方一尺：梁注："这里'方一尺'是指一立方尺，但下文许多地方，'尺'有时是立方尺，有时是平方尺，有时又仅仅是长度，读者须注意，按文义去理解它。"

④七两：中国古代重量单位，以1斤为16两计。五钱：古代"两"以下单位，即两、钱、分、厘、毫之间，为十进制，则5钱，当为0.5两。

⑤方一寸：这里的"方一寸"，亦指1立方寸。

⑥黄松：木材的一种。系罗汉松科，罗汉松属木材，其树为乔木，高度可达30米，树干胸径可达2米；其树干通直，树皮呈灰褐色。

⑦寒松：似为冬日其枝叶仍不凋谢的松树。古人在诗词歌赋中，更将寒松赋予了某种精神性的象征。这里指木材中松木的一种。赤甲松：疑即指赤松，系松木的一种。为松科，松属，多生长于华东、华北及东北地区，乔木，其高度通常为20～40米。

⑧白松：松树的一种。又称"华山松""五须松"等，系松科，松属，常绿乔木，树皮表面呈暗褐色，有不整齐的鳞片，剥落后其干呈乳白色，高度可达35米。

⑨海枣：是干热地区重要果树作物之一。系棕榈科刺葵属乔木，木质化的草本植物，其高度可达35米。

【译文】

各种用土的干重以60斤为1担计。其他各种物料亦可以此为准。如果是粗重物需用8人以上、或石段需用5人以上方可抬举移动的，或者是琉璃瓦名件等每重50斤的，都可以计为1担。

各种石料，其每1立方尺，重量计为143斤7两5钱。其石每1立方寸，重量计为2两3钱。砖，每1立方尺，重量计为87斤8两。其砖每1立方寸，重量计为1两4钱。瓦，每1立方尺，重量计为90斤6两2钱5分。其瓦每1立方寸，重量计为1两4钱5分。

各种木料，其每1立方尺的重量，可以依据下项的规则而定：

黄松，寒松、赤甲松也一样。每1立方尺，计为25斤。每1立方寸，计为4钱。

白松，每1立方尺，计为20斤。每1立方寸，计为3钱2分。

山杂木，包括海枣木、榆木、槐木等。每1立方尺，计为30斤。山杂木每1立方寸，计为4钱8分。

（般运、掘土诸功）

诸于三十里外般运物一担①，往复一功；若一百二十步以上，约计每往复共一里②，六十担亦如之③。牵拽舟、车、筏④，地里准此⑤。

诸功作般运物，若于六十步外往复者，谓七十步以下者。并只用本作供作功⑥。或无供作功者⑦，每一百八十担一功。或不及六十步者，每短一步加一担。

诸于六十步内掘土般供者⑧，每七十尺一功⑨。如地坚硬或砂礓相杂者，减二十尺。

诸自下就土供坛基墙等，用本功⑩。如加膊版高一丈以上用者，以一百五十担一功。

诸掘土装车及筹篮^⑪，每三百三十担一功。如地坚硬或砂礓相杂者，装一百三十担。

【注释】

①般运：傅注："般，应作'搬'。"般运，即"搬运"。一担：这里的"一担"即上文所言诸土每重60斤，或诸物每重60斤，琉璃瓦名件每重50斤，以及由8人抬举起的粗重物、由5人抬举起的石段，皆可计为"一担"。

②约计：原文"纽计"，陈注："'纽'应为'细'，参阅'筑城'篇。"并注："纽计，似一名词。"梁注本将"纽计"改为"约计"。徐注："陶本作'若一百二十步以工纽计每往复共一里'，误。注释本将'工纽'改为'上约'是正确的。但'上约'间逗号应前移到'步'，以间。"据徐先生，这段话为"若一百二十步，以上约计每往复共一里"，但其句中有一"若"字，则梁注本断句"若一百二十步以上，约计每往复共一里"，似更为恰当。往复共一里：其上文"若一百二十步以上"，以古人1里为300步，则120步以上，往返以此，其搬运的距离接近300步，故将距离超过120步的搬运功，每往返一次，其搬运距离约计为一里。

③六十担亦如之：其意似为，以将每1担物料搬运往返30里计为1功，则若将每60担物料搬运1里，亦可计为1功。

④筏：指用竹、木等编扎成的水上交通工具。有些地方亦有用牛、羊皮绑扎于竹、木之下，在皮内充气之后用之，称作"皮筏"。

⑤地里准此：指用筏子运送的重量与距离，与地面上搬运物料的重量与距离，在功限的计算方面是一样的。

⑥本作供：指不包括搬运功在内的，如壕寨营造、石作营造等，其前完成本作所需要的功限数。

⑦无供作功者：指无须搬运，直接可以施工的各作工程。

⑧掘土般供：这里包括了挖掘土及搬运土两个阶段的工作。

⑨每七十尺一功：这里的每70尺，疑指挖掘并搬运提供了70立方尺
　的土，可以计为1功。

⑩本功：营造工程中完成不同各作工作内容本身所需的功限。

⑪籖（cuō）篮：似为一种古代施工中用来盛土或石的竹筐。籖，一
　种盛物的竹器。

【译文】

凡是从30里之外搬运物料，每搬运1担，往返1次计为1功；如果搬
运的距离在120步以上，其每往返1次，大约可以共计为搬运了1里，这
时在这大约1里的距离搬运了60担物料，也可以计为1功。牵引拖拽舟
船、车辆、筏子等搬运物料，每计1功，其所依据的距离长度，也以此为准。

关于计算各不同营作制度下搬运物料的功限方法，如果是在60步
之外往返者，也就是说在70步以下的距离内。都只需以其本作制度下的供
作功限计算。或者，如果没有发生供作功限时，可以每搬运180担计为1
功。或者，如果其距离不足60步远，则每近1步，就应增加1担之数，方
可计为1功。

各种在60步距离之内掘土搬运并为其工程提供材料供应的情况，
其每掘挖并搬运70立方尺的土可计为1功。如果其土地比较坚硬，或土中掺
杂了各种砂砾石渣的，其每计1功所需挖掘与搬运的面积可减少20立方尺。

各种自下而上就近取土提供坛墙、阶基、墙垣等，可只用其筑土本功
计算。如果在夯筑过程中，增加了膊版等措施，则膊版高度在1丈以上
的，则应以每挖掘及提供150担计为1功。

各种掘土及将所挖之土装入运土车及籖篮中的情况，以每掘挖并装
土330担计为1功。如果其土地比较坚硬，或土中掺杂了各种砂砾石渣的，以每
掘挖并装土130担计为1功。

（磨礴砖石、脱造垒墙诸功）

诸磨礴石段^①，每石面二尺一功。

诸磨礴二尺方砖，每六口一功。一尺五寸方砖八口，压门砖一十口，一尺三寸方砖一十八口^②，一尺二寸方砖二十三口^③，一尺三寸条砖三十五口同。

诸脱造垒墙条墼^④，长一尺二寸，广六寸，厚二寸，干重十斤。每二百口一功^⑤。和泥起压在内。

【注释】

①磨礴（chǐ）：意为削剥、打磨。礴，有礴夺、剥夺或脱下、剥离之义。

②一尺五寸方砖八口，压门砖一十口，一尺三寸方砖一十八口：原文"一尺五寸方砖八口，压门砖一寸口，一尺三寸方砖一十八口"，陈注：改"五"为"七"，改"寸"为"十"，改"三"为"五"，据陈先生，这句话似应改为"一尺七寸方砖八口，压阑砖一十口，一尺五寸方砖一十八口"。原文"压门砖一寸口"，梁注本改为"压门砖一十口"。傅合校本注："十，陶本误'寸'。"压门砖，陈注：改"门"为"阑"，依陈先生，应为"压阑砖"。

③一尺二寸方砖二十三口：原文小注中前后两次出现"一尺三寸方砖"，傅合校本注：第二个"三"改为"二"，即应为"一尺二寸方砖二十三口"。梁注本正文亦改。

④条墼（jī）：即条砖的砖坯。墼，这里指未经烧制的砖坯。

⑤每二百口一功：原文"每一百口一功"，梁注本改为"每二百口一功"。陈注：改"一"为"二"，并注："二，四库本。"傅合校本注并改："每二百口一功。"其注："二，据故宫本、四库本、张蓉镜本改。"

【译文】

各种切削打磨石料段工作，以每石面面积为2平方尺计为1功。

各种斫削打磨边长为2尺的方砖工作，每磨褫其砖6口计为1功。若边长为1.5尺的方砖每磨褫8口，或压门砖每磨褫10口，或边长为1.3尺的方砖每磨褫18口，边长为1.2尺的方砖每磨褫23口，及长1.3尺的条砖每磨褫35口，皆是一样都可计为1功。

各种脱造垒墙用的条形砖坯工作，若其坯长1.2尺，宽6寸，厚2寸，其坯的干重为10斤。则每制作其坯200口计为1功。所计功中包括了和泥与压坯起模等工作内容。

筑基

诸殿、阁、堂、廊等基址开掘，出土在内^①，若去岸一丈以上^②，即别计般土功^③。方八十尺^④，谓每长、广、方、深各一尺为计。就土铺填打筑六十尺^⑤，各一功。若用碎砖瓦、石札者^⑥，其功加倍。

【注释】

①出土在内：挖掘房屋基址所计功中，包含了将基坑中的土移出基坑之外，或从旁掘土并向基坑内填筑等所做之功。

②去：距离。岸：从上下文看，这里的"岸"当指所挖房屋基坑的边沿。

③般土功：若将基坑内所挖掘土搬运到超过1丈的距离之外，或从距离基坑边缘1丈之外向坑内运土，都应单独计算搬土所用的功限。

④方八十尺：陈注："方，立方。"即80立方尺。

⑤六十尺：其"尺"亦指立方尺，即60立方尺。

⑥石札：傅合校本注："'札'与'渣'同。"则"石札"即为石渣。

【译文】

为各种殿、阁、堂、廊等做开掘其房屋基址之基坑的工作，从基坑中将所掘之土移出其坑的工作亦包括在内，如果需将土移至与基坑有1丈以上距离之处，则应另外计算搬运其土所用的功限。以挖掘并移出其土80立方尺，也就是说，每长、宽1方及其深各为1尺，计为1尺，实为1立方尺。如果就其土铺填打筑60立方尺，亦各计为1功。若在铺填打筑时使用了碎砖瓦、石渣等材料，所计之功应当加倍。

筑城

诸开掘及填筑城基，每各五十尺一功①。削掘旧城及就土修筑女头墙及护崄墙者亦如之②。

诸于三十步内供土筑城，自地至高一丈，每一百五十担一功。自一丈以上至二丈每一百担，自二丈以上至三丈每九十担，自三丈以上至四丈每七十五担，自四丈以上至五丈每五十五担同。其地步及城高下不等，准此细计③。

诸纽草葽二百条④，或斫橛子五百枚，若划削城壁四十尺⑤，般取膊椽功在内。各一功。

【注释】

①每各五十尺：这里的"尺"，仍应指"立方尺"。

②女头墙、护崄墙：都是较为低矮的土墙。参见本卷"总杂工"条题解。

③细计：关于《法式》文本中反复出现的"细计""纽计""约计"，孰为确是，仍难有定。

④纽草葽（yāo）：这里似指将草扭结成草绳的过程。纽，义同"扭"。草葽，即草绳。

⑤划（chǎn）削城壁四十尺：这里的"尺"当为平方尺，即将所夯筑

的城墙之壁划削平整,每40平方尺,计为1功。

【译文】

各种开掘及填筑城墙之基坑的工作,以每开掘及填筑50立方尺土都计为1功。如果是削掘旧城城墙,或就旧城城墙之夯土,在其上修筑女头墙或护崄墙等工作,也是以每削掘或填筑50立方尺土计为1功。

如果是在30步之内的距离提供用土夯筑城墙,以其自地面填筑至距地面高为1丈,每供土及填筑150担土计为1功。若是自1丈以上至2丈,每供土及填筑100担,自2丈以上至3丈,每供土及填筑90担,自3丈以上至4丈,每供土及填筑75担,及自4丈以上至5丈,每供土及填筑55担,同样都可以计为1功。如果其供土的距离与城墙填筑施工时的高度不同,都可以依照如上方法为标准,仔细推算。

各种扭扎草绳的工作,每扭扎200条,或斫削木橛子的工作,每斫削500枚,以及划削修整城墙之壁,每修整40平方尺壁面,其中包括了搬取夯筑城墙所用膞椽的工作。都可以分别计为1功。

筑墙

诸开掘墙基,每一百二十尺一功①。若就土筑墙,其功加倍。诸用薆、橛②,就土筑墙,每五十尺一功③。就土抽纴筑屋下墙④,同;露墙,六十尺亦准此⑤。

【注释】

①每一百二十尺:这里仍应指所掘墙基之土的体积为每120立方尺。

②薆、橛:即草薆、木橛子,类如"筑城"中所用的草薆与木橛子。

③每五十尺:指所筑墙体的体积为50立方尺。

④抽纴(rèn):在夯筑土墙体内适当加入纵横交叉的木条,以起到

加固墙体结构强度的作用,这种墙被称为"抽纤墙"。纤,编织、纺织。

⑤六十尺:指所筑露墙的体积为60立方尺。

【译文】

各种开掘墙体基坑的工作,每挖掘120立方尺的基坑,计为1功。如果是就其所挖掘之土夯筑其墙,所计功限可增加1倍。各种使用草绳、木橛,就其所挖掘之土夯筑墙体的工作,以每挖掘及夯筑50立方尺的土方与墙体体积,计为1功。如果是就其所挖掘之土夯筑房屋之下的抽纤墙,也是一样,所掘土及所筑之墙,仍以每50立方尺计为1功;若是筑造露墙,其所掘土及所筑之墙,则以每60立方尺计为1功。

穿井

　　诸穿井开掘①,自下出土,每六十尺一功②。若深五尺以上,每深一尺③,每功减一尺④,减至二十尺止。

【注释】

①穿井:即穿凿或挖掘水井,后世又称为"打井"。

②每六十尺:指所挖之井土的体积,即挖掘出每60立方尺的井土。

③每深一尺:这里的"尺"指井的深度。

④每功减一尺:这里的"尺"仍指所挖井土的体积,即每功在原来每60立方尺的基础上,以减少1立方尺土计之。

【译文】

各种穿凿水井,挖掘井土的工作,自井坑之下向外掘挖出土,每掘出60立方尺井土计为1功。如果所挖井的深度超过5尺以上,则每再掘深1尺,所计功限当在每60立方尺1功的基础上,以减少1立方尺计之,最低可以减到以从其井中掘挖出土20立方尺计为1功为止。

般运功

【题解】

这一段文字内容,涉及利用舟船及车辆等搬运装载物料或土石及体量与重量较为巨大的粗重之物时,如何计算每完成1功所需完成的距离及工作量。这一计算方法中,也包括了将土方挖掘与搬运结合时的情况,以及舟船逆水与顺水行驶等不同情势下所计功限的不同,反映了宋代土木营造中对所用人工及其工作量的计算,已经使用了具有接近晚近时代雇佣劳动性质的量化,且有一定科学性的佣工计量方式。

（诸舟船般运载物）

诸舟船般载物^①,装卸在内。依下项:

一去六十步外般物装船,每一百五十担^②。如粗重物一件,及一百五十斤以上者减半。

一去三十步外取掘土兼般运装船者,每一百担^③。一去一十五步外者加五十担。

溯流拽船^④,每六十担;

顺流驾放,每一百五十担;

右各一功。

【注释】

①般载:即搬运、装载之意。

②每一百五十担:指从60步之外,以舟船装载搬运物料,每装载搬运150担计为1功。

③每一百担:指从30步以外,掘土并将所掘之土搬运装载于舟船者,每100担计为1功。

④溯（sù）流拽船：梁注："溯流即逆流。"逆水流方向拖拽舟船。溯，
　　即沿水逆流而上。

【译文】

各种以舟船搬运装载物料所计之功，其装载入船及从船上搬卸其物的功
限包含在内。应依据如下诸项确定：

每从60步之外的距离处搬运物料，并装载入船，每搬运及装载150
担。如果是搬运装载粗重物，则以搬运及装载1件，或所搬运及装载的物料重量在
150斤以上的，其所需完成的搬运及装载数量可减半。

每从30步之外的距离处开壕掘土并将其土搬运装船，每掘土并装
载100担。每去距离仅15步之外的距离掘土并搬运装船，需增加50担土。

如果是逆着水流方向拖拽舟船，以其船每载60担；

如果是顺着水流方向驾放舟船，以其船每载150担；

上面提到的各种工作量，分别计为1功。

（诸车般载物）

诸车般载物装卸、拽车在内。依下项：

螭车载粗重物①：

重一千斤以上者，每五十斤；

重五百斤以上者，每六十斤；

右各一功。

辁辘车载粗重物②：

重一千斤以下者，每八十斤一功。

驴拽车：

每车装物重八百五十斤为一运③。其重物一件重一百五
十斤以上者，别破装卸功④。

独轮小车子：扶、驾二人。

　　每车子装物重二百斤。

　　[右各一功。]⑤

【注释】

①螭（chī）车：这里的"螭车"未知是什么车。或为土木营造时的
施工用车，装载粗重之物，用牛或驼等力量较大之牲畜所拖拽；称
为"螭车"，以喻其车之载运之力，有如"螭"一般勇猛有力。未
可知。

②辀辘车：梁注："'辀''辘'二字都音鹿。螭车、辀辘车具体形制待
考。"辀，《字汇·屋韵》："辀，车名。"由此或可推知，"辀"在此处
的读音为"度"。其车类如井口之上用于提升水桶的辘轳，或其
车轮形如"辘轳"。辘，同"辘"，车轨迹。《集韵·屋韵》："辘，《博
雅》：车轨道之辄辘。或从录。"《正字通·车部》："辘，同'辄'。"

③一运：此似依照所规定重量，每运1趟，计为1功。

④别破装卸功：意为将装卸所用功限另外计算。别破，有"另计"
之意。

⑤右各一功：为区分不同工作，将车载与河流漂运两项分开。原文
中此处并没有这句话，以便于对文义的理解，将此句在这里重复
一下，作为本段结尾。

【译文】

以各种车装载搬运物料其中包括装载、卸车、拖拽其车所做的功限在内。
依据如下诸项确定：

　　凡以螭车装载粗重之物：

　　其物重量达到1000斤以上者，其装卸、拽车每50斤；

　　其物重量达到500斤以上者，其装卸、拽车每60斤；

　　上面两项可各自计为1功。

　　以辀辘车运载粗重之物：

所运载之物重量在1000斤以下者,每运载80斤计为1功。

由驴拖拽之车:

每车所装载之物的重量在850斤,可计为运送了1趟。如果其所运的重物,1件的重量在150斤以上者,其装车与卸车的工作,应单独另外计算功限。

用独轮小车子运载:扶车、推驾其车,共需2人。

以独轮小车子每车所装物料重量为200斤。

[上面提到的几种车辆及其装运量,各自计为1功。]

(诸河内系栿驾放牵拽般运竹木)

诸河内系筏驾放①,牵拽般运竹、木依下项:

慢水溯流,谓蔡河之类②。牵拽每七十三尺;如水浅,每九十八尺。

顺流驾放,谓汴河之类③。每二百五十尺;缩系在内④;若细碎及三十件以上者,二百尺。

出漉⑤,每一百六十尺;其重物一件长三十尺以上者,八十尺。

右各一功。

【注释】

①系筏:意为以竹筏或木筏等形式运载竹、木等。

②蔡河:宋时流经京师汴梁(今河南开封)的一条河。其前身疑是战国时的鸿沟,亦是西汉时的狼汤渠,到了魏晋时,便将其通称为"蔡水"。当时曾为南北水运的要道之一,至唐末渐渐埋废。至五代后周显德年间,曾导汴水入蔡,重加疏浚,又称"闵河"。宋代开宝六年(973)将闵河改名为"惠民河",其河之东南部分称为"蔡河"。疏浚后的蔡河水量大增,"舟楫相继,商贾毕至,都下利之"。

③汴河:宋时流经京师汴梁的一条河,古称"汳水""丹水",又称

"古汴河""汴水""汴渠",本系沂沭泗水系的一部分,是泗水的一条重要支流。其源出开封西北浚仪县的狼汤渠,向东南流经虞城西南、安徽砀山、萧县,经徐州最终汇入泗水。

④绾(wǎn)系:即绾结、绑扎为一体。绾,把长条形之物盘绕起来并打成结。

⑤出漉:疑有将水流中所漂运之物拖拽而出之意。漉,捞取之义。

【译文】

在不同河流内绾系筏子驾筏漂运,或以牵拽的方式沿河水搬运竹、木等物料,可依如下诸项确定:

在水流缓慢的河水中逆水而行,例如在蔡河之类的河流内。牵拽其筏每行进73尺;如果河流中的水比较浅,以牵拽其筏每行进98尺。

顺着河水的流向驾筏漂运,例如在汴河之类的河流内。每漂运250尺;绾结系扎功限已包含在内;如果所漂运的是细碎物料以及其物有30件以上的,每漂运200尺。

将所拖拽及漂运之物料从水中拉拽而出,每拉拽出160尺;如果其重物每1件的长度在30尺以上者,则每拉拽出80尺。

上面提到的拖拽、漂运、拉拽出水等工作,分别计为1功。

供诸作功

【题解】

宋人的"破供给"似为一个名词,疑似"破例供给",或"非正规"地"供给"。以此推测,则后文中提到的"破供作",大概是指具有弥补性质的"供作",而非正规的"供作"之意。其后文所言"本作"功与"供作"功之区分,似也包含了这一意思。

前文"般运功"条中,"其重物一件重一百五十斤以上者,别破装卸功"中的"别破"有"另计"之意,这里的"破供作"抑或可理解为"超出本作的额外的供作"。

在殿阶基之角石的外侧面上，有可能雕凿有剔地起突的龙凤造型，间以华文或间以云文等图案，这样的雕镌功计为16功。在角石的上表面上，有可能雕以狮子，则这时的"角石"其实是起到了"角兽石"的作用。增加的角兽，如狮子的雕镌功计为6功，则这一上部雕镌有角兽的角石，其雕镌功总计为18功。

如果仅仅在角石的两个侧面上雕以压地隐起华式纹样，则只需计为6功（减除了10功）；如果雕以减地平钑式图案，则只需计为4功（减除了12功）。

諸工作破供作功依下項①：

瓦作结窆；

泥作；

砖作；

铺垒安砌；

砌垒井；

窑作垒窑；

右本作每一功②，供作各二功③。

大木作钉椽，每一功，供作一功。

小木作安卓④，每一件及三功以上者，每一功，供作五分功。平棊、藻井、栱眼、照壁、裹栿版，安卓虽不及三功者并计供作功，即每一件供作不及一功者不计。

【注释】

①破：梁注："散耗财物曰'破'；这里是说需要计算这笔开支。"傅

合校本注:"'破'字不知何解。宋人公文中有作'解''减除'解者。"《文献通考·兵考·兵制》:"诏:'……可与逐月支破供给:统制、副统制月一百五十贯,统领官以至准备将各支给有差,庶可赡足其家,责以后效。'"《续资治通鉴》卷一百十六载,绍兴五年冬十月,"罢宫观月破供给钱",这里的"破",似有"支付计算"之意。

②本作:即完成本作制度,如砖作、砌窑井等工作所需的功限。

③供作:梁注:"'供作',定义不太清楚。"从字义猜测,似为上文所列各作提供材料供应及辅助性劳作的工作。

④安卓:意为安装、装配。《法式》中"安卓"一词,梁先生注曰:"这一步安装工作计分四种:(1)'安卓'——将完成的部件,如门、窗等安装到房屋中去的工作;(2)'安搭'——将一些比较纤巧脆弱的、装饰性的部件,如平棊、藻井等,安放在预定位置上的工作;(3)'安钉'——主要用钉子钉上去的,如地栅的地板等的工作;(4)'拢裹'——将许多小名件装配成一个部件,如枓、栱、昂等装配成一朵铺作的工作。"

【译文】

各作营造工作所需计算的供作功应依如下诸项:

瓦作结瓬;

泥作;

砖作;

铺垒安砌;

砌垒井;

窑作垒窑;

上面提到的本作工作所做的每1功,其供作所应各计为2功。

大木作中在屋槫之上钉椽,每做1功,应计供作1功。

小木作安卓,每安卓1件小木作,或小木作安卓做功在3功以上的,每做1功,其所做供作功计为0.5功。平棊、藻井、栱眼壁、照壁版、裹栿版等,其安卓工作虽达不到3功,可以都计为供作功,也就是说,其中的每1项小木作工作,其相应的供作工作量达不到1功的情况下,可以略去不计。

石作功限

【题解】

相比较壕寨功限中的"总杂功""般运功""供诸作功",石作功限诸功的技术含量就比较高了。

宋代房屋营造中,石作所占的比例已经开始有较为明显的增加。这与自唐末五代以来的房屋营造中,石造工艺的加工技术水平有了明显的提高不无关联。例如,宋代较高等级的殿阁,多采用了石造的殿阶基。其登临殿阶基顶面的踏阶,也多以石头造作。而地面的铺装、殿阁房屋台基四周的勾阑,也多采用了石造的做法,这样就大大增加了石作在房屋营造中的比重。

除了殿阶基、踏道、勾阑、殿阁室内所铺装的殿内斗八等之外,还有在房屋组群前的门殿或门房中需要用到门砧限、卧立株,在城门处需要用到石地栿,以及城门将军石等。文人雅士们举行雅集,还会用到流盃渠,至于墓地上需要竖立的碑碣、城墙上需要施造的卷辇水窗等,所有这些石作制品几乎覆盖了宋人生活的方方面面。

石作功限,就是对所有这些石造工艺所需施用的劳作额度,分别给出一个计算的模式。

总造作功

【题解】

石作功限中的"总造作功",大体上对应于壕寨功限中的"总杂功"。石头是一种天然的建筑材料,需要将石头从石山中开采出来,再逐步加工成一件可以用在建筑的某一部位的较为整齐的料石,然后再将这一料石加以打剥、粗搏、细漉、斫砟,以形成所需要的石造名件的外观形式。这一基本加工完成之后,还要对其石表面进行打磨,甚至辅以精细的雕镌。

　　所有这些石材加工过程中所用之功限,大致可以纳入石作功限的总造作功的范畴之内。

　　平面每广一尺[①],长一尺五寸;打剥、粗搏、细漉、斫砟在内。

　　四边褊棱凿搏缝[②],每长二丈;应有棱者准此。

　　面上布墨蜡,每广一尺,长二丈[③]。安砌在内。减地平钑者,先布墨蜡而后雕镌;其剔地起突及压地隐起华者,并雕镌毕方布蜡;或亦用墨。

　　右各一功。如平面柱础在墙头下用者[④],减本功四分功;若墙内用者,减本功七分功。下同。

　　凡造作石段、名件等,除造覆盆及镌凿圜混若成形物之类外,其余皆先计平面及褊棱功。如有雕镌者,加雕镌功。

【注释】

①平面:这里的"平面",指所加工之石料的外表面。

②褊(biǎn)棱:其意似即指边棱。褊,狭小,狭窄。棱,两个面相交的边线。凿搏缝:这里的"搏缝"未知何意。所谓"凿"有开凿义,从上下文看,似在褊棱处开凿缝隙。

③每广一尺,长二丈:梁注本改为"每广一丈,长二丈"。徐注:"陶本作'每广一尺,长二丈。'"傅合校本从陶本,即"面上布墨蜡,每广一尺,长二丈"。从文义及房屋营造中所用石材尺度的角度观察,布涂墨蜡的做法,以宽1尺、长2丈计为1功,似乎较为合理。

④平面柱础：这里的"平面"，非现代"建筑平面"之意，"平面柱础"
　　疑指其柱础的表面为平素之面，即柱础表面没有任何雕刻。

【译文】

　　所拟加工的石材表面的平面每宽1尺，长1.5尺；其加工的程序，包括对
石材的打剥、粗搏、细漉、斫砟都应计算在内。

　　在石材的四侧边棱处开凿搏缝，每长2丈；其石材应有棱的，其功限计算
方式以此为准。

　　在石材表面上施布墨蜡，每宽1尺，长2丈。其石材的安砌之功已计算在
内。如果采用的是减地平钑的做法，则先布墨蜡，然后再进行雕镌；如果是剔地起突
华，或者是压地隐起华的做法，都应在完成雕镌工作之后再布蜡；或者也可以用墨。

　　如上的几种做法，各自计为1功。如果是表面为平素之面的柱础，且施于
墙头之下，其柱础所用功是在普通柱础所用功的基础上减去0.4功；如果是施于墙内
柱下，则在普通柱础所用功的基础上，减去0.7功。如下情况亦然。

　　凡是造作石段、石构名件等，除了造作覆盆及镌凿圜混状的类如成
形之物等石作工程之外，其余石作营作都应先计算其石材的外表面修整
及褊棱凿制的所用功。如果在其石材表面还有雕镌的情况，则应加上雕
镌所用功限。

柱础

柱础方二尺五寸，造素覆盆：

造作功：

每方一尺，一功二分。方三尺，方三尺五寸，各加一分功；方
四尺，加二分功；方五尺，加三分功；方六尺，加四分功。

雕镌功①：[其雕镌功并于素覆盆所得功上加之②。]

方四尺，造剔地起突海石榴华，内间化生③，四角水地内

间鱼兽之类④，或亦用华。下同。八十功⑤。方五尺，加五十功⑥；方六尺，加一百二十功。

方三尺五寸，造剔地起突水地云龙，或牙鱼、飞鱼。宝山，五十功。方四尺，加三十功；方五尺，加七十五功；方六尺，加一百功。

方三尺，造剔地起突诸华，三十五功。方三尺五寸，加五功；方四尺，加一十五功；方五尺，加四十五功；方六尺，加六十五功。

方二尺五寸，造压地隐起诸华，一十四功。方三尺，加一十一功；方三尺五寸，加一十六功；方四尺，加二十六功；方五尺，加四十六功；方六尺，加五十六功。

方二尺五寸，造减地平钑诸华，六功。方三尺，加二功⑦；方三尺五寸，加四功；方四尺，加九功；方五尺，加一十四功；方六尺，加二十四功。

方二尺五寸，造仰覆莲华，一十六功。若造铺地莲华，减八功。

方二尺，造铺地莲华，五功。若造仰覆莲华，加八功。

【注释】

①雕镌（juān）功：下面诸条所列均为雕镌功，其功是在营作素覆盆柱础所计功的基础上，再增加出的雕镌之功。

②其雕镌功并于素覆盆所得功上加之：原文原无此句，梁注本依上下文增补之。

③内间化生：宋代石雕做法之一，即在华文中间插以人物或动物雕刻形象。

④四角水地内间鱼兽之类：宋代石雕做法之一，即其柱础表面以水

文为图底,其间插以鱼、兽等雕刻形象。

⑤八十功:这里的"八十功",是在"方四尺"素覆盆柱础所用功的基础上,再增加出的雕镌功。

⑥加五十功:这里的"加五十功",是在"方五尺"的素覆盆柱础所用功及"方四尺"柱础所增加的"80功"的基础上,再增计"50功"。

⑦方三尺,加二功:原文"方一尺,加二功",梁注本改为"方三尺,加二功"。陈注:"'一'应作'三'。"此处从梁、陈二位先生所改。

【译文】

如果所造柱础其方2.5尺,将其造为素覆盆的形式:

所计造作功:

每方1尺,计为1.2功。每方3尺,或方3.5尺,则各在方1尺所计功的基础上,再增加0.1功;每方4尺,则在方1尺所计功的基础上,再增加0.2功;每方5尺,则在方1尺所计功的基础上,再增加0.3功;每方6尺,则在方1尺所计功的基础上,再增加0.4功。

雕镌功:[这里所提到的雕镌功,都是在前面所言凿制素覆盆柱础所计功的基础上所应增加的功限。]

每方4尺,雕造别地起突海石榴华,其内间以化生柱础,或四角为水文地,其水文内间以鱼兽之类者,或也可以华文为底。如下做法相同。在凿制方4尺素覆盆柱础所用功的基础上,再增计80功。每方5尺,则在方4尺所加雕镌功的基础上,再加50功;每方6尺,则在方4尺所加雕镌功的基础上,再加120功。

每方3.5尺,雕造别地起突水地云龙文柱础,或雕造牙鱼、飞鱼等造型。在水地云龙文的基础上,雕造宝山,在凿制方3.5尺素覆盆柱础所用功的基础上,再增加50功。每方4尺,则在每方3.5尺所增雕镌功的基础上,再增加30功;每方5尺,则在每方3.5尺所增雕镌功的基础上,再增加75功;每方6尺,则在每方3.5尺所增雕镌功的基础上,再增加100功。

每方3尺,雕造别地起突诸华柱础,在凿制方3尺素覆盆柱础的基础上,再增加35功。每方3.5尺,则在每方3尺所增雕镌功的基础上,再加5功;每方4尺,则在每方3尺所增雕镌功的基础上,再加15功;每方5尺,则在每方3尺所增雕镌功的基础上,再加45功;每方6尺,则在每方3尺所增雕镌功的基础上,再加65功。

每方2.5尺,雕造压地隐起诸华柱础,在凿制方2.5尺素覆盆柱础的基础上,再增加14功。每方3尺,则在每方2.5尺所增雕镌功的基础上,再加11功;每方3.5尺,则在每方2.5尺所增雕镌功的基础上,再加16功;每方4尺,则在每方2.5尺所增雕镌功的基础上,再加26功;每方5尺,则在每方2.5尺所增雕镌功的基础上,再加46功;每方6尺,则在每方2.5尺所增雕镌功的基础上,再加56功。

每方2.5尺,雕造减地平钑等华文柱础,在凿制方2.5尺素覆盆柱础的基础上,再增加6功。每方3尺,则在每方2.5尺所增雕镌功的基础上,再加2功;每方3.5尺,则在每方2.5尺所增雕镌功的基础上,再加4功;每方4尺,则在每方2.5尺所增雕镌功的基础上,再加9功;每方5尺,则在每方2.5尺所增雕镌功的基础上,再加14功;每方6尺,则在每方2.5尺所增雕镌功的基础上,再加24功。

每方2.5尺,雕造仰覆莲华柱础,在凿制方2.5尺素覆盆柱础的基础上,再增加16功。如果是雕造铺地莲华柱础,则在每方2.5尺所增雕镌功的基础上,减少8功。

每方2尺,雕造铺地莲华柱础,在凿制方2尺素覆盆柱础的基础上,再增加5功。如果是雕造仰覆莲华柱础,则在每方2尺所增雕镌功的基础上,再增加8功。

角石 角柱

角石:

安砌功:

角石一段,方二尺,厚八寸,一功。

雕镌功:

角石两侧造剔地起突龙凤间华或云文，一十六功。若面上镌作师子^①，加六功；造压地隐起华，减一十功；减地平钑华，减一十二功。

角柱：城门角柱同^②。

造作剜凿功：

叠涩坐角柱，两面共二十功。

安砌功：

角柱每高一尺，方一尺，二分五厘功。

雕镌功：

方角柱，每长四尺，方一尺^③，造剔地起突龙凤间华或云文，两面共六十功。若造压地隐起华，减二十五功。

叠涩坐角柱，上、下涩造压地隐起华，两面共二十功。

版柱上造剔地起突云地升龙^④，两面共一十五功。

【注释】

①若面上镌作师子：若在殿阶基角柱之面上雕以狮子。师子，即狮子。

②城门角柱同：原文"城门确柱同"，梁注本改为"城门角柱同"。陈注"确"："角？"傅合校本注："角，误'确'。故宫本、四库本、张蓉镜均误作'确'。"

③每长四尺，方一尺：陈注："一尺六寸。"依陈先生，其文似为"每长四尺，方一尺六寸"，未知其据。梁注本、傅合校本未改。

④版柱：当指殿阶基正面或侧面所施隔身版柱子。

【译文】

殿阶基转角处所施角石：

角石安砌所用功：

角石1段，方2尺，厚8寸，计为1功。

角石雕镌所用功：

角石两侧雕造剔地起突龙凤，并间以华文或云文，计为16功。如果角石面上雕镌为狮子造型，应再增加6功；如果雕造压地隐起华文，则在雕造剔地起突龙凤文等所计功的基础上，减少10功；如果雕造减地平钑华文，则在如上所说的基础上，减少12功。

殿阶基诸转角所施角柱：城门转角处所施角柱也是一样。

角柱剜凿所用功：

造叠涩坐角柱形式，柱之两面剜凿共计20功。

角柱安砌所用功：

若角柱每高1尺，其截面方1尺，安砌角柱计为0.25功。

角柱雕镌所用功：

方形截面角柱，其每长4尺，方1尺，造剔地起突龙凤间以华文或云文，柱之两面雕镌共计60功。若造压地隐起华，则减25功。

以叠涩坐方式所造角柱，其上、下涩以压地隐起华形式雕造，柱之两面共计20功。

殿阶基隔身版柱子上雕造剔地起突云地并间以升龙，柱之两面共计15功。

殿阶基

殿阶基一坐：

雕镌功：每一段[①]，

头子上减地平钑华[②]，二功。

束腰造剔地起突莲华，二功。版柱子上减地平钑华同。

挞涩减地平钑华③，二功。

安砌功：每一段，

土衬石，一功。压阑、地面石同④。

头子石，二功。束腰石、隔身版柱子、挞涩同⑤。

【注释】

①每一段：关于"每一段"，梁注："卷三《石作制度》'殿阶基'篇：'石段长三尺，广二尺，厚六寸。'"

②头子：梁注："头子或头子石，在卷三《石作制度》中未提到过。"疑指石作制度殿阶基中的"阶头"，但从下文所用功数量差异可知，"头子"并非指殿阶基边缘处的压阑石，故仍存疑。

③挞（tà）涩：梁注："'挞涩'是什么样的做法，不详。"从字义上讲，有两种可能：一，似指在粗糙的石面上雕斫出减地平钑的华文；二，从上下文看，"挞涩"似指殿阶基之束腰上下所施的石制叠涩。或将二字分开，"挞"，指敲打；"涩"，指叠涩。其意似可理解为，将殿阶基束腰上下的叠涩面上，敲打雕琢出华文。

④压阑：即压阑石。

⑤束腰石：指须弥坐式殿阶基之束腰部分所施砌的石段。

【译文】

营造殿阶基1坐：

在殿阶基上施作雕镌所用功：每1段，

在殿阶基阶头之头子的外露侧面上雕造减地平钑华文，计为2功。

在殿阶基的束腰处雕造剔地起突莲华文，计为2功。殿阶基隔身版柱子若雕镌减地平钑华文，所计功与之相同。

在束腰上下所施叠涩表面镌刻雕凿出减地平钑华文，计为2功。

殿阶基安装砌造所用功：每1段，

安砌土衬石，计为1功。安砌压阑石、地面石，每1段所用功与安砌土衬石相同。

安砌殿阶基上的头子石，计为2功。安砌殿阶基中的束腰石、隔身版柱子、挞涩石，每1段亦计为2功。

地面石压阑石

地面石、压阑石：

安砌功：

每一段，长三尺，广二尺，厚六寸①，一功。

雕镌功：

压阑石一段，阶头广六寸，长三尺②，造剔地起突龙凤间华，二十功。若龙凤间云文，减二功；造压地隐起华，减一十六功；造减地平钑华，减一十八功。

【注释】

①每一段，长三尺，广二尺，厚六寸：参见上条注①中所引梁先生注。这里进一步重复了每1段地面石、压阑石的长、宽、厚尺寸。

②阶头广六寸，长三尺：从所述尺寸看，这里的"阶头"即指压阑石露出殿阶基之阶沿的侧面，即压阑石的长与厚。这里仍没有找到"阶头"与上文"头子石"的关联之处。

【译文】

殿阶基中所施地面石、压阑石：

安砌地面石与压阑石所用功：

其石每1段，长3尺，宽2尺，厚6寸，安砌1段，计为1功。

雕镌地面石与压阑石所用功：

殿阶基上沿所施压阑石1段,其阶头宽6寸,长3尺,若雕造剔地起突龙凤文并间以华文,可计为20功。如果雕造龙凤文间以云文,则在前文所言20功的基础上,减少2功;若雕造压地隐起华文,则在前文所言20功的基础上,减少16功;若雕造减地平钑华文,则在前文所言20功的基础上,减少18功。

殿阶螭首

殿阶螭首^①,一只^②,长七尺,

造作镌凿,四十功;

安砌,一十功。

【注释】

①殿阶:即殿阶基。螭首:这里的"螭首",指雕凿为龙首状的石雕,其功能主要是用于殿阶基顶面的排水,也具有一定的装饰效果。螭,指古代传说中的无角之龙。

②一只:这里的单位可以用"一枚",但可能因"螭首"为兽形,故用了动物常用的量词"只"。

【译文】

造殿阶基上所施螭首,每一只,长为7尺,

螭首的造作镌凿,计为40功;

将螭首安装砌筑在殿阶基上,计为10功。

殿内斗八

殿阶心内斗八^①,一段^②,共方一丈二尺^③,

雕镌功:

斗八心内造剔地起突盘龙一条，云卷水地^④，四十功。

斗八心外诸窠格内^⑤，并造压地隐起龙凤、化生诸华，三百功。

安砌功：

每石二段^⑥，一功。

【注释】

① 殿阶心内斗八：这里的"斗八"，指殿阶基地面中心所施造的方形石刻之内雕镌出（逗角而出，或斗角而出）的八边形雕刻装饰。

② 一段：这里的"一段"与下文"每石二段"，两者间是什么关系，不甚明了。从本句下文"共方一丈二尺"来看，这里的一段似指整块殿阶心内斗八石，即两块石材所拼合之方形的边长。

③ 共方一丈二尺：这里的"方"当指其心内斗八，即为方形，其内雕出一个八边形，其"共方一丈二尺"，指八边形之外所围方形的边长。

④ 云卷水地：傅合校本注："卷（捲），应作'捲'。"

⑤ 诸窠（kē）格内：原文"诸科格内"，梁注本改为"诸窠格内"。徐注："陶本作'科'，误。"傅合校本改为"诸科格内"。其原文用"科"，有可能是"科"之误，而"科"与"窠"同音。《法式》中"科""科""窠"几字传抄有误的情况出现较多，故梁注本改"科"为"窠"。这里暂从梁先生注释本。

⑥ 每石二段：从上下文观察，其"每石二段"，似指这一"心内斗八"是由两块石材拼合而成的。但与前文之"一段，共方一丈二尺"之间，如何理解，仍令人存疑。或前文的"一段"指完整的"心内斗八"，这里的"二段"，则指构成心内斗八之完整方形的两块石材。

【译文】

造殿阶基地面中心石刻斗八形装饰，一段完整的斗八刻石，其八边

形两对边距离共为1.2丈见方，

营作殿阶基地面心内斗八雕镌所用功：

其斗八石中心之内雕造剔地起突盘龙一条，背景为云卷水文图底，计为40功。

其斗八石中心之外的各个窠格之内，若均雕造以压地隐起的龙凤或化生及各种华文，计为300功。

殿阶基地面中心石刻斗八形装饰石的安装与铺砌所用功：

每一块殿阶心内斗八地面装饰石，用二段石材施造，安装铺砌这两段石材，计为1功。

踏道

踏道石^①，每一段长三尺，广二尺，厚六寸^②，

安砌功：

土衬石^③，每一段，一功。踏子石同^④。

象眼石^⑤，每一段，二功。副子石同^⑥。

雕镌功：

副子石，一段，造减地平钑华，二功。

【注释】

①踏道石：未知这里的"踏道石"与下文的"踏子石"如何区别。从本条全文分析，这里特别给出尺寸的"踏道石"，疑指下文所提到的与踏道砌筑相关的各种石材，其中应包括了踏子石及土衬石、象眼石、副子石。

②长三尺，广二尺，厚六寸：可知，砌筑踏道用石的尺寸，与前文提到的地面石、压阑石在尺寸是完全相同的。

③土衬石：一种石构件。参见卷第三《壕寨及石作制度》"石作制度·殿阶基"条相关注释。

④踏子石：构成殿阶基踏阶之踏道上的踏步阶道的石材。清代营造中称为"踏踩"。

⑤象眼石：构成殿阶基踏阶两侧三角形叠涩象眼的石材。

⑥副子石：覆盖于殿阶踏阶两侧三角形叠涩象眼之上，即踏阶两侧侧帮顶面所铺之石。在清代营造中称为"垂带石"。

【译文】

砌筑殿阶基踏道所用石，每1石段长3尺，宽2尺，厚6寸，

安装砌筑踏道石所用功：

　　土衬石，每安装砌造1段石，计为1功。踏阶之上的踏子石，每安装砌造1段，所用功与土衬石相同。

　　象眼石，每安装砌造1段石，计为2功。副子石，每安装砌造1段，所用功与象眼石相同。

　　在踏道石上做雕镌所用功：

　　副子石，每雕镌1段石，若所雕为减地平钑华文造，计为2功。

单勾阑 重台勾阑、望柱

【题解】

　　勾阑，又作"钩阑""勾栏"，就是今日所称的护栏或栏杆。从敦煌壁画中看到的唐代及唐代之前的亭台楼榭四周，包括池沼、踏阶边沿所施的勾阑，多是木制的栏杆。其形式大约是在若干根望柱之间，连以勾阑扶手，也就是"寻杖"。寻杖之下是一块横长的版，称为"盆唇"。勾阑的底部一般会有地栿。在地栿与盆唇之间会有一些方形的短柱，称为"蜀柱"。在盆唇、地栿、蜀柱之间的空隙部分，则会有各种不同的处理方式，或是施以横向的木棱条，或是施以竖向的木棱条，也有制成"万"字

格的形式。这些都属于比较简单的勾阑，大概归在单勾阑的范畴之下。

重台勾阑，显然是一种在构造与造型上都比较复杂的栏杆形式。其主要的特点是在盆唇与地栿之间增加了一道束腰，在束腰的上下则嵌以经过精雕细刻的华版。其中有大华版，也有小华版，还有所谓华盆地霞。盆唇之上，与寻杖相接的部分，也较单勾阑要复杂而厚重一些。

宋辽时代以降，随着石材加工技术的提高，在等级较高的殿阶基上，施用石造勾阑的做法也越来越得到普及。石勾阑也会分为"单勾阑"与"重台勾阑"两种情况，其区分的逻辑与木造勾阑没有太大的差别，只是石制勾阑的勾阑版，包括华版，或"万"字版，以及盆唇，甚至瘿项或撮项，很可能已经是由一整块石材雕斫而成，只是保持了木制勾阑那种榫卯结合的外观形式而已。如此，石制勾阑的加工制作，就与木勾阑有了很大的区别。例如，单勾阑的石作功限中提到"剜凿寻杖至地栿等事件（内"万"字不透。）共八十功"，显然就是将一整块单勾阑版，或"万"字版，看作一个完整的石作构件进行加工，并对其所用功限加以整合计算的。

（单勾阑）

单勾阑，一段①，高三尺五寸，长六尺，

造作功：

剜凿寻杖至地栿等事件②，内"万"字不透③，共八十功。

寻杖下若作单托神④，一十五功。双托神倍之⑤。

华版内若作压地隐起华、龙或云龙⑥，加四十功。若"万"字透空亦如之⑦。

【注释】

①一段：这里的"一段"，应指单勾阑两根望柱之间的一整段勾阑，其高3.5尺，长6尺。

②剜凿寻杖至地栿（fú）：从"剜凿"二字可知，宋式营造中的单勾阑与明清营造中的勾阑一样，也是一块整石，剜凿出其寻杖、盆唇、华版、地栿等形式的一整段勾阑版，只是在造型上区分出与木构勾阑相对应的各个组成构件。

③"万"字不透：指单勾阑盆唇下所施"万"字版，只剜凿出其轮廓，而不凿透，形成整块"万"字版的形式。

④单托神：疑指与单勾阑望柱相接，并承托其上寻杖的托神（或云栱撮项）式雕刻形式。

⑤双托神：疑指施于单勾阑寻杖下，位于两望柱之间，且与其下蜀柱对应，承托其上寻杖的托神（或云栱撮项）式雕刻形式。

⑥华版：施于单勾阑盆唇之下的勾阑华版，其版上会雕以华文。

⑦"万"字透空：指单勾阑盆唇下所施"万"字版，其"万"字版前后凿为透空状，以形成如"万"字钩版的形式。

【译文】

造石制单勾阑，勾阑版1段，其高3.5尺，长6尺，

造作1段单勾阑所用功：

将勾阑版石材从寻杖至地栿剜凿出其完整的勾阑造型等工序，其内所刻"万"字版不凿透。共可计为80功。

其勾阑之寻杖下如果雕作单托神造型，可计为15功。若雕作双托神造型，其所用功应增加1倍。

单勾阑盆唇下所刻华版之内，若雕镌为压地隐起华文、雕出龙或云龙形式，则各在上文所言80功的基础上再增加40功。如果其盆唇下所刻"万"字版为透空形式，亦应在原来所计80功的基础上再增加40功。

（重台勾阑）

重台勾阑：如素造①，比单勾阑每一功加五分功②；若盆唇、瘿项、地栿、蜀柱并作压地隐起华③，大、小华版并作剜

地起突华造者,一百六十功。

望柱:八瓣望柱④,每一条,长五尺,径一尺,出上下卯,共一功。

造剔地起突缠柱云龙,五十功。

造压地隐起诸华,二十四功。

造减地平钑华,一十一功⑤。

柱下坐造覆盆莲华,每一枚,七功。

柱上镌凿像生、师子⑥,每一枚,二十功。

安卓:六功。

【注释】

①素造:指剒凿不施华文等雕镌,表面仅为普通石面的重台勾阑形式。

②比单勾阑每一功加五分功:以雕造一段单勾阑总用80功计,1段素造重台勾阑,所用功可计为120功。

③瘿(yǐng)项:原文为"樱项",梁注本改为"瘿项"。徐注:"陶本作'樱',误。"傅合校本注:改"樱"为"瘿"。陈注:改"樱"为"瘿"。

④八瓣望柱:原文"六瓣望柱",陈注:改"六"为"八"。傅合校本注:"八,据四库本。"梁注本仍为"六"。从陈、傅二先生所改。

⑤一十一功:傅合校本:改为"一十二功"。从原文未改。

⑥像生:疑指人物形雕刻。与"化生"不同的是,化生是从浮雕形式中雕镌出人物形象,而像生当为圆雕形式的人物形象。

【译文】

雕造重台勾阑:若其勾阑为未加雕镌纹样的素造形式,其所用功是在单勾阑所用功每1功基础上增加0.5功推算而出的;若重台勾阑的盆唇、瘿项、地栿和蜀柱,都雕为压地隐起华文的形式,其大小华版也都雕作剔地起突华文造的形式,则可总计为160功。

雕造重台勾阑望柱：八瓣望柱，每一条望柱，长为5尺，其柱之八边形截面直径为1尺，柱之上下皆出卯，共计为1功。

在望柱上雕造剔地起突缠柱云龙文，计为50功。

在望柱上雕造压地隐起等华文形式，计为24功。

在望柱上雕造减地平钑华文，计为11功。

望柱之下所刻望柱坐，雕为覆盆莲华形式，每雕造一枚覆盆莲华坐，计为7功。

望柱之上雕镌人物形象、狮子造型，每一枚人物或狮子形象，计为20功。

安卓望柱所用功：计为6功。

螭子石

安勾阑螭子石一段[①]，

凿剶眼、剟口子[②]，共五分功。

【注释】

①螭子石：虽属勾阑组成部分，但《石作制度》与《石作功限》都将螭子石与勾阑分开，并独立设置专条叙述。螭子石，施于勾阑之下，或起到垫托找平勾阑版，并为殿阶基地面提供排水通道的作用。但其石是否雕凿为螭首的形式，尚无实例可证，暂可将其推想为一段端部可能有雕刻造型的石构件。一段：据卷第三《壕寨及石作制度》"石作制度·螭子石"条："造螭子石之制：施之于阶棱勾阑蜀柱卯之下，其长一尺，广四寸，厚七寸。"

②剶（zhā）眼：未知这里的"剶眼"指的是什么。疑与下文的"口子"相对应，都可能与起到排出殿阶基地面上所积雨水作用的孔洞有所联系。口子：疑指剟凿于螭子石内，用以排出殿阶基上所

积雨水的通道之端口。

【译文】

安装雕造勾阑下所施螭子石1段，

凿刻螭子石上的剟眼，剜刻螭子石端头的口子，共计为0.5功。

门砧限 卧立柣、将军石、止扉石

门砧一段①，

雕镌功：

造剔地起突华或盘龙，

长五尺，二十五功；

长四尺，一十九功；

长三尺五寸，一十五功；

长三尺，一十二功。

安砌功：

长五尺，四功；

长四尺，三功；

长三尺五寸，一功五分；

长三尺，七分功。

门限②，每一段，长六尺，方八寸，

雕镌功：

面上造剔地起突华或盘龙，二十六功。若外侧造剔地起突行龙间云文，又加四功。

卧、立柣一副③，

剜凿功：

卧株,长二尺,广一尺,厚六寸,每一段三功五分;

立株,长三尺,广同卧株,厚六寸,侧面上分心凿金口一

道④。五功五分。

安砌功:

卧、立株,各五分功。

将军石一段,长三尺,方一尺:

造作,四功。安立在内。

止扉石,长二尺,方八寸:

造作,七功。剜口子、凿栓寨眼子在内⑤。

【注释】

①门砧(zhēn):这里指垫在门框立颊下的石质垫礅。参见卷第三《壕寨及石作制度》"石作制度·门砧限"条相关注释。

②门限:即门槛。参见卷第三《壕寨及石作制度》"石作制度·门砧限"条相关注释。

③卧、立株(zhì):指卧株与立株。参见卷第三《壕寨及石作制度》"石作制度·门砧限"条相关注释。

④分心:指立株石的左右中心线。凿金口:原文"凿金字",梁注本改为"凿金口"。徐注:"陶本作'金字',误。"傅合校本仍从原文:"侧面上分心凿金字一道。"金口,指立株上所凿,用以插拔活动门槛的竖直开口。这里从梁注本。

⑤剜口子:这里的"口子",疑指插埋止扉石的地坑之口。"剜口子"似指在地面上剜凿口子,以将其石埋入地下,露出其石上端,起到"止扉"作用。但矛盾之处是,这里所用"剜"字,似应用在石材加工上,但在止扉石上"剜口子"与下文所凿"栓寨眼子"又有重叠。故仍存疑。栓寨眼子:未知其意。从字面理解,"栓寨"似有

"锁定""固定"之义,疑在止扉石上凿有孔洞,以便需要将门固定在开放位置时,可以栓住门扇以防止其回转。

【译文】

造门砧石,1段,

在其石上雕镌所用功:

在其石上雕造剔地起突华文或盘龙,

若其门砧石长5尺,计为25功;

若其石长4尺,计为19功;

若其石长3.5尺,计为15功;

若其石长3尺,计为12功。

安装砌造门砧石所用功:

若其石长5尺,计为4功;

若其石长4尺,计为3功;

若其石长3.5尺,计为1.5功;

若其石长3尺,计为0.7功。

造门限石,每1段,长6尺,截面方8寸,

在其石上雕镌华文等所用功:

在石面上雕造剔地起突华文或盘龙,计为26功。若在门限石外侧雕造剔地起突行龙造型并间以云文,在所计26功基础上,再增加4功。

雕造卧柣与立柣一副,

雕造剜凿卧、立柣所用功:

雕造卧柣,其石长2尺,宽1尺,厚6寸,每雕造1段,计为3.5功;

雕造立柣,其石长3尺,其宽与卧柣的宽度相同,厚6寸,在立柣侧面上从其石的中心线上开凿金口一道。计为5.5功。

安装砌筑卧、立柣所用功:

安砌卧柣或立柣,各计0.5功。

雕造止城门所用将军石1段,其石长3尺,截面方1尺:

雕斫制造将军石，计为4功。安装竖立其石所用功计在其内。

止扉石，其石长2尺，截面方8寸：

雕造制作止扉石，计为7功。为止扉石剜斫口子、穿凿栓寨眼子所用功计在其内。

地栿石

城门地栿石、土衬石[①]：

造作剜凿功，每一段，

地栿，一十功；

土衬，三功。

安砌功：

地栿，二功；

土衬，二功。

【注释】

①地栿石：宋式城门营造中，置于城门内两侧壁之下，用以承托支撑城门梁架之立柱的石制地梁。土衬石：施于城门地栿石之下，起到城门地栿石基础作用的条状石材。这里未给出城门一段地栿石或土衬石的尺寸，未知其土衬石与前文殿阶基上所用一段土衬石的尺寸是否相同。

【译文】

城门洞内两侧壁下所施地栿、土衬石：

造作剜凿地栿石与土衬石所用功，每1石段，

地栿石，计为10功；

土衬石，计为3功。

安装砌筑地栿石与土衬石所用功：

地栿石，计为2功；

土衬石，计为2功。

流盃渠

【题解】

一般说来，流盃渠始自东晋时代文人雅士们在雅集时所进行的"曲水流觞"式游戏，即将流盃之渠开凿成曲水的形式。至宋代，"曲水流觞"作为一种园林景观，在宫廷及官宦、文人之间已经相当普及。北宋汴梁宫殿后苑中甚至建有"流盃殿"。园林建筑中更多见到的则是流盃亭，亭子的中央施有石造的流盃渠。

石造流盃渠的加工制作主要有两种方式：一种是在一块较大的石块上，按照所需要的图案形式，对池渠加以剜凿雕造；另一种则是用较小的石块，采用分段垒砌的做法。分段垒砌的做法需要先雕凿出一个底盘，在石造底盘之上，通过垒砌而形成一个精美的流盃渠造型。

除了流盃渠之外，宋代石作工程中，还有下文提及的诸如坛墙、卷輂水窗、马台、井口石、幡竿颊、山棚锭脚石、赑屃碑、笏头碣等，这些渗透到宋代社会生活方方面面的石作工程的加工制作及所用功限的计算，各有自身的特点与计量方式。

（剜凿水渠造）

流盃渠一坐，剜凿水渠造①。每石一段，方三尺，厚一尺二寸，

造作，一十功。开凿渠道，加二功。

安砌，四功。出水斗子②，每一段加一功。

雕镌功：

河道两边面上络周华^③，各广四寸；造压地隐起宝相华、牡丹华，每一段三功。

【注释】

①剜凿水渠造：相对于砌垒底版造流盃渠的一种流盃渠营造方式，其特征是在较大且厚的石块表面上剜凿出流盃渠渠道的轮廓与形式。

②出水斗子：施于流盃渠进口与出口处的石制方形小水池。

③河道两边面上络周华：傅合校本：改"河"为"渠"，并注："渠，依上文改。"依傅先生，其文应为"渠道两边面上络周华"。梁注本未做改动。译文从傅注。面上络周华，指在流盃渠渠道四周的石头表面雕䃺刻络华文。

【译文】

砌筑雕造流盃渠一坐，剜凿水渠造。所用石每1段，方3尺，厚1.2尺，流盃渠的雕造制作，计为10功。若在石材表面上开凿流盃渠渠道，则在既有造作功的基础上再增加2功。

流盃渠的安装砌筑，计为4功。其渠出入口处各施出水斗子一枚，每1段出水斗子，在原本所计安砌功的基础上再增加1功。

流盃渠石材表面雕镌装饰所用功：

流盃渠渠道两边石材表面上四周刻络装饰华文，其华文各宽4寸；若雕造压地隐起宝相华文或牡丹华文，每刻1段石，计为3功。

（砌垒底版造）

流盃渠一坐，砌垒底版造^①。

造作功：

心内看盘石^②，一段，长四尺，广三尺五寸；厢壁石及项子石^③，每一段；

右各八功。

底版石^④，每一段，三功。

斗子石^⑤，每一段，一十五功。

安砌功：

看盘及厢壁、项子石、斗子石，每一段各五功。地架^⑥，每段三功。

底版石，每一段，三功。

雕镌功：

心内看盘石，造剔地起突华，五十功。若间以龙、凤，加二十功。

河道两边面上遍造压地隐起华^⑦，每一段，二十功。若间以龙凤，加一十功。

【注释】

①砌垒底版造：相对于剜凿水渠造流盃渠的一种流盃渠营造方式，其特征是将筑造流盃渠的石材分为上下两层，下层为底盘，上层用来雕斫砌造渠道轮廓及装饰华文。

②心内看盘石：当施于流盃渠中心部位，可能是一块上下两层厚的料石，也可能为一层，垒砌于底盘之上，其石表面刻有华文，以形成流盃渠表面的构图中心，有较强的装饰效果，故称"看盘石"。

③厢壁石：从字义上理解，疑指砌垒底版造流盃渠上层四周所施石材，以形成流盃渠渠道的侧壁。项子石：又称"水项子石"，即卷第三《壕寨及石作制度》"石作制度·流盃渠"条中提到的"出入

水项子"，参见其相关注释。

④底版石：指砌垒底版造流盃渠底层所铺石材。参见卷第三《壕寨及石作制度》"石作制度·流盃渠"条相关注释。

⑤斗子石：指石制出入水斗子，施于流盃渠出入口处的方形小水池。参见卷第三《壕寨及石作制度》"石作制度·流盃渠"条相关注释。

⑥地架：未详这里的"地架"与"底版石"是什么关系。从上下文看，似为在安砌施工过程中所用的支架之类的辅助措施。

⑦河道两边：依傅先生注，这里当为"渠道两边"为宜。译文暂从傅注。

【译文】

砌筑雕造流盃渠1坐，砌垒底版造。

雕斫造作其渠所用功：

流盃渠中心部位的心内看盘石，1段，长4尺，宽3.5尺；流盃渠四周的厢壁石及出入口外的项子石，每雕造1段；

如上几项各计为8功。

流盃渠底层的底版石，每雕造1段，计为3功。

流盃渠出入口处的出入斗子石，每雕造1段，计为15功。

安装砌筑其渠所用功：

安装砌筑心内看盘石、厢壁石、项子石、斗子石，每安砌其石1段，各计为5功。安砌诸石段时所用支撑性地架，每1石段，计为3功。

底版石安装砌筑，每1段，计为3功。

在流盃渠表面做雕镌装饰所用功：

雕镌心内看盘石，若雕造为剔地起突华文，计为50功。如果在华文内间以龙、凤文，则在原刻华文所需功的基础上再增加20功。

流盃渠渠道两侧石材顶面上，若普遍雕造以压地隐起华文，每雕造1段，计为20功。如果在华文内再间以龙、凤造型，则在原刻华文所需功的基础上再增加10功。

坛

坛一坐^①，

雕镌功：

头子、版柱子、挞涩造^②，减地平钑华，每一段，各二功。
束腰剔地起突造莲华亦如之。

安砌功：

土衬石，每一段，一功。

头子、束腰、隔身版柱子、挞涩石，每一段，各二功。

【注释】

①坛：祭祀用的台状构筑物。参见卷第三《壕寨及石作制度》"石作
制度·坛"条相关注释。

②头子：疑这里的"头子"与上文"殿阶基"条提到的"头子"，在意
义上有相近之处，可能是阶基与坛台之边缘，即"阶头"。参见本
卷"殿阶基"条相关注释。版柱子：当与下文所言"隔身版柱子"
为一个意思，指坛之台座各个外侧立面所施的石制隔身版柱。挞
涩：傅合校本注："他章（卷）各作均作'叠涩'，此章（卷）独标
'挞涩'，宜再校他本。"联系梁先生所注："'挞涩'是什么样的做
法，不详。"未知是否可依傅先生注，将"挞涩"理解为"叠涩"。

【译文】

雕造垒砌坛台1坐，

雕造其坛所用雕镌功：

头子石、石制隔身版柱子、挞涩造砌石，若其外露之面雕造减地平钑
华文，每雕造1段石，各计为2功。如果在坛台的束腰部位雕镌剔地起突造莲
华文，所计之功与雕造减地平钑华文所用功相同。

安装垒砌其坛所用功：

土衬石，每安砌1段，计为1功。

头子石、束腰石、石制隔身版柱子及挞涩石，每安砌其石1段，各计
为2功。

卷輂水窗

卷輂水窗石①，河渠同②。每一段长三尺，广二尺，厚六寸，
开凿功：

下熟铁鼓卯③，每二枚④，一功。

安砌⑤：一功。

【注释】

①卷輂（jú）水窗：拱券水门。参见卷第三《壕寨及石作制度》"石
作制度·卷輂水窗"条相关注释。

②河渠同：这里的"河渠"，意为河与渠，即在河道之上，或在渠道之
上，营造卷輂水窗，所用的卷輂水窗石是相同的。

③熟铁鼓卯：从上下文看，这里的"熟铁鼓卯"似乎不是指起到连接
两段石料的铁卯，更像是石料开凿时，为将其石从岩体中劈凿出
来而在岩石上所下的铁卯。

④每二枚：傅合校本：改"二"为"三"，并注："三，据故宫本、四库
本、张蓉镜本校改。"据傅先生所改，此处应为："下熟铁鼓卯，每
三枚，一功。"但从上文"开凿功"与"下熟铁鼓卯"所指两件事
的用功情况看，"下熟铁鼓卯，每三枚"，计为1功，而开凿一段
"长三尺，广二尺，厚六寸"的卷輂水窗石所用功似乎应该要多一
些。疑其文在这里有遗漏。

⑤安砌：其"安砌"所用功，未说明是安砌其中一段"卷輂水窗石"，

还是一整座"卷輂水窗"。但从所计用功量来推测,较大可能指
安砌"一段"卷輂水窗石的所用功。

【译文】

砌筑卷輂水窗所用石,在河道或渠道之上所用卷輂水窗石是相同的。其
石的每1段,长3尺,宽2尺,厚6寸,

开凿卷輂水窗石所用功:

开凿石料时所下熟铁鼓卯,每施下熟铁卯2枚,计为1功。

卷輂水窗石安砌:每安砌其石1段计为1功。

水槽

水槽①,长七尺,高、广各二尺,深一尺八寸,
造作开凿②,共六十功。

【注释】

①水槽:即水槽子。参见卷第三《壕寨及石作制度》"石作制度·水
　槽子"条相关注释。

②造作开凿:从此条行文看,石质水槽似无雕镌、安砌诸事,只是将
　一块石头加以开凿琢磨,即仅有造作开凿功。

【译文】

凿造石制水槽,其槽长7尺,槽之高与宽各为2尺,槽深1.8尺,
水槽的造作开凿所用功,共计60功。

马台

马台①,一坐,高二尺二寸,长三尺八寸,广二尺二寸,
造作功:

剜凿踏道②，三十功③。叠涩造加二十功。

雕镌功：

造剔地起突华，一百功。

造压地隐起华，五十功。

造减地平钑华，二十功。

台面造压地隐起水波内出没鱼兽，加一十功。

【注释】

①马台：马蹬石。参见卷第三《壕寨及石作制度》"石作制度·马
　台"条相关注释。

②剜凿踏道：这里其实给出了两种石造马台的做法。剜凿踏道，应
　是将一块整石斫削剜凿而成；其后注文中提到的"叠涩造"，则指
　叠涩踏道，是由多块石头垒砌叠造而成。

③三十功：傅合校本：改"三"为"二"，并注："二，据故宫本、四库
　本、张蓉镜本改。"依傅先生，这里应改为"剜凿踏道，二十功"。
　暂从原文。

【译文】

石造马台，1坐，其台高2.2尺，长3.8尺，宽2.2尺，

马台造作所用功：

用整石剜凿马台踏道所用功，计为30功。若其马台为多块石料叠涩砌
造而成，在剜凿马台所用功的基础上，再增加20功。

马台石材表面雕镌所用功：

雕造剔地起突华文，计为100功。

雕造压地隐起华文，计为50功。

雕造减地平钑华文，计为20功。

若其马台台面雕造为压地隐起水波文，其华文之内再雕镌出出没水
中的鱼兽等造型，则在原雕镌所用功的基础上再增加10功。

井口石

井口石并盖口拍子^①,一副,

造作镌凿功:

透井口石^②,方二尺五寸,井口径一尺,共一十二功。造素覆盆,加二功;若华覆盆,加六功。

安砌,二功。

【注释】

①井口石:用作井口的石构件。参见卷第三《壕寨及石作制度》"石作制度·井口石"条相关注释。盖口拍子:疑即"井盖子"。参见卷第三《壕寨及石作制度》"石作制度·井口石"条相关注释。

②透井口石:这里的"透"疑为一动词,指穿凿加工井口石的井口孔径。

【译文】

凿造井口石并井口处所用盖口拍子,1副,

其井口石的凿造营作雕镌所用功:

将井口石穿透凿空,其石方2.5尺,在其石中心所凿井口直径为1尺,共可计为12功。若将井口石雕造为素覆盆柱础的外轮廓形式,应在穿凿井口所用功的基础上再增加2功;如果将井口石雕造为有镌刻华文的覆盆形式,应在穿凿井口所用功的基础上再增加6功。

井口石及盖口拍子的安装砌造所用功,计为2功。

山棚铤脚石

山棚铤脚石^①,方二尺,厚七寸,

造作开凿:共五功。

安砌：一功。

【注释】

①山棚铘（zhuó）脚石：山棚需用铘脚石加以固定，因此山棚铘脚石系用以固定临时性建筑——山棚的石制构件。参见卷第三《壕寨及石作制度》"石作制度·山棚铘脚石"条相关注释。山棚，据《宋史·礼志》所载，北宋东京汴梁城在上元节时："东华、左右掖门、东西角楼、城门大道、大宫观寺院，悉起山棚，张乐陈灯，皇城雉堞亦遍设之。"可知"山棚"在宋代，是用得比较多的一种临时性建筑。

【译文】

斫造山棚铘脚石，其石方2尺，厚7寸，

造作开凿山棚铘脚石所用功：共计为5功。

安装砌筑山棚铘脚石：计为1功。

幡竿颊

幡竿颊①，一坐，

造作开凿功：

颊，二条，及开栓眼②，共十六功③；

铘脚④，六功。

雕镌功：

造剔地起突华，一百五十功；

造压地隐起华，五十功；

造减地平钑华，三十功。

安卓：一十功。

【注释】

①幡（fān）竿颊：依梁先生所注："夹住旗杆的两片石，清式称'夹杆石'。""幡竿颊"即是宋式营造中的"夹杆石"。参见卷第三《壕寨及石作制度》"石作制度·幡竿颊"条相关注释。

②栓眼：指在旗杆的两颊之上所开凿的，用以将两颊与旗杆锁固在一起的"闭栓眼"。

③共十六功：陈注：改"十"为"五十"，其注曰："五十，竹本。"陈先生依竹本《法式》，认为其文应为"共五十六功"。梁注本、傅合校本未做修改，仍为"共十六功"。暂从原文。

④锭脚：起固定作用的石构件。参见卷第三《壕寨及石作制度》"石作制度·幡竿颊"条相关注释。

【译文】

石造幡竿颊，1坐，

幡竿颊造作开凿所用功：

其颊，2条，并在其颊之上开凿锁固两颊的栓眼，共计为16功；

凿制两颊根部所施锭脚石，计为6功。

在幡竿颊上施以雕镌装饰所用功：

雕造剔地起突华文，计为150功；

雕造压地隐起华文，计为50功；

雕造减地平钑华文，计为30功。

安装固定幡竿颊及锭脚所用功：计为10功。

赑屃碑

赑屃鳌坐碑①，一坐，

雕镌功：

碑首，造剔地起突盘龙、云盘②，共二百五十一功；

鳌坐,写生镌凿③,共一百七十六功;

土衬,周回造剔地起突宝山、水地等,七十五功;

碑身,两侧造剔地起突海石榴华或云龙,一百二十功;

络周造减地平钑华,二十六功。

安砌功:

土衬石,共四功。

【注释】

①赑屃(bì xì)鳌(áo)坐碑:一种碑座形式。参见卷第三《壕寨及石作制度》"石作制度·赑屃鳌坐碑"条相关注释。

②云盘:碑身与碑首之间的石刻托盘。参见卷第三《壕寨及石作制度》"石作制度·赑屃鳌坐碑"条相关注释。

③写生镌凿:疑指将其石依鳌之外形写生镌凿,并在其鳌坐之上镌刻鳌背华文(较大可能是龟文)的施造过程。

【译文】

雕造石制赑屃鳌坐碑,1坐,

石造赑屃鳌坐碑雕镌所用功:

石造碑首,雕造剔地起突盘龙,并在碑身之上、碑首之下斫刻雕有华文的云盘,共计251功;

石造鳌坐,将其石依照鳌之形象写生镌凿,并在鳌坐上镌凿华文,共计176功;

鳌坐下所施土衬石,在鳌坐四周土衬石上雕造剔地起突宝山文及水地文等,计为75功;

雕造赑屃鳌坐碑的碑身,并在碑身两侧雕造剔地起突海石榴华或云龙造型,计为120功;

在碑身四周刻络雕镌减地平钑华文,计为26功。

安装砌造所用功:

安装鳌坐之下土衬石，共计4功。

笏头碣

笏头碣^①，一坐，

雕镌功：

碑身及额，络周造减地平钑华，二十功；

方直坐上造减地平钑华^②，一十五功；

叠涩坐^③，剜凿，三十九功；

叠涩坐上造减地平钑华，三十功。

【注释】

①笏头碣：仅有碑身的碑。参见卷第三《壕寨及石作制度》"石作制
　度·笏头碣"条相关注释。需要提到的一点是，这条文字中未述
　及安砌一坐笏头碣所需用功的情况，但"笏头碣"无疑有安砌的
　工作，故其文中疑有遗漏。

②方直坐：一种碑座形式。参见卷第三《壕寨及石作制度》"石作制
　度·笏头碣"条相关注释。

③叠涩坐：一种碑座形式。参见卷第三《壕寨及石作制度》"石作制
　度·笏头碣"条相关注释。

【译文】

凿制石造笏头碣，1坐，

笏头碣石材表面雕镌所用功：

其碑身及碑额，在四周刻络雕镌减地平钑华文，计为20功；

在方直形石台碑座上雕造减地平钑华文，计为15功；

将碑座雕造为叠涩形式，其碑座石的剜凿雕斫所用功，计为39功；

在石制叠涩碑座上雕造减地平钑华文，计为30功。

卷第十七　大木作功限一

棋、枓等造作功　殿阁外檐补间铺作用棋、枓等数

殿阁身槽内补间铺作用棋、枓等数

楼阁平坐补间铺作用棋、枓等数　枓口跳每缝用棋、枓等数

把头绞项作每缝用棋、枓等数　铺作每间用方桁等数

【题解】

本卷《大木作功限一》，对应的是与卷第四《大木作制度一》房屋营造中之枓棋铺作的制作加工有所关联的功限计算方式。

需要稍加提及的是，前文的大木作制度部分，将枓棋铺作的材分°制度与各种枓棋形制的制作与加工方法，都集中纳入了《大木作制度一》这一卷的内容之中，而在大木作功限中，与枓棋相关的功限计算却分为了两卷，即《法式》中的卷第十七《大木作功限一》与卷第十八《大木作功限二》。其中《大木作功限一》，除了涉及棋、枓等的加工造作所用功限之外，还给出了殿阁或楼阁外檐铺作、殿阁身槽内及楼阁平坐等所施补间铺作中所用的棋、枓数量，以及等级较低的枓口跳、把头绞项作所用棋、枓，与铺作中所用方桁等，如何计算其功限的数量，从而与《大木作功限二》中所列出的较为复杂的各种转角铺作中其功限计算所计的棋、枓数量加以区别。

栱、枓等造作功

【题解】

"大木作制度"由两个基本体系组成：一个是枓栱体系，包括材分°制度、枓栱做法，以及各种不同形式的铺作组成。另外一个是柱梁体系，包括除了枓栱之外的所有房屋构架层面的各种组成名件及其做法。

本卷内容，集中在房屋枓栱之加工、制作、安装等营造工程及相应的功限上。当然，从其中也可以进一步透视不同等级房屋所使用的不同铺作，以及组成这些铺作的各种名件细节。这对于深入了解各种不同铺作本身的内在构成，也有重要意义。

（栱、枓等造作功）

造作功并以第六等材为准^①。

材长四十尺^②，一功。材每加一等，递减四尺；材每减一等，递增五尺。

【注释】

①第六等材：广6寸，厚4寸，以4分为1分°。主要用于小厅堂或亭榭。参见卷第四《大木作制度一》"材·材有八等"条相关注释。

②材长：这里的"材长"，非指"材分°"之材，而是"材料"之"材"，即将长度为40尺的木材，加工为第六等材标准的栱与枓，计为一功。

【译文】

栱与枓的造作功的计算，都应以第六等材为标准。

以加工第六等材栱枓所计功为标准，则其所加工木材长度为40尺，可计为1功。若其栱枓用材每提高一等，其计为1功所需加工的木材长度应减短4

尺;反之,若其栱枓用材每降低一等,其计为1功所需加工的木材长度应增长5尺。

(栱)

栱:

令栱,一只,二分五厘功。

华栱,一只;

泥道栱,一只;

瓜子栱,一只;

右各二分功。

慢栱,一只,五分功。

若材每加一等[1],各随逐等加之[2]:华栱、令栱、泥道栱、瓜子栱、慢栱,并各加五厘功。

若材每减一等[3],各随逐等减之:华栱减二厘功;令栱减三厘功;泥道栱、瓜子栱,各减一厘功;慢栱减五厘功。

其自第四等加第三等,于递加功内减半加之[4]。加足材及枓、柱、槫之类并准此。

若造足材栱,各于逐等栱上更加功限[5]:华栱、令栱各加五厘功;泥道栱、瓜子栱,各加四厘功;慢栱加七厘功,其材每加、减一等,递加、减各一厘功。如角内列栱,各以栱头为计[6]。

【注释】

①材每加一等:以第六等材为基准,每提高一等材,其所计功相应增加。

②各随逐等加之:以第六等材为计功的基础,各以所增加之材等逐等增加所计功限。

③材每减一等：以第六等材为基准，每降低一等材，其所计功相应降低。

④于递加功内减半加之：指从第四等材提高到第三等材，其所计功限递加的额度，相比于标准提高一等材所应递加的额度减半。这是因为第三等材与第四等材两个材等之间的尺寸差别，要明显小于其他材等之间的尺寸差别，所以其所用功限的差异亦应减小。

⑤各于逐等栱上更加功限：在标准单材栱逐等增加或减少功限计算额度的基础上，应在每一等级所推算出的功限额度上，各按材等增加其栱采用足材做法时需增加的功限额度。

⑥各以栱头为计：因角内列栱的名称随其所在位置而发生变化，即所谓"出跳相列"做法，故在计算角内列栱时，应以其栱头的称谓并依据其相应的材等，计算该列栱的功限额度。

【译文】

以第六等材的栱为准：

令栱，1只，计为0.25功。

华栱，1只；

泥道栱，1只；

瓜子栱，1只；

造作如上各种栱，分别计为0.2功。

慢栱，1只，计为0.5功。

如果所用材每提高一个等级，其所计功各随提高等级逐等增加：华栱、令栱、泥道栱、瓜子栱、慢栱，每提高一个等级，都应各自增计0.05功。

如果所用材每降低一个等级，其所计功各随降低等级逐等减少：其中，华栱每降一等，减0.02功；令栱每降一等，减0.03功；泥道栱、瓜子栱每降一等，各减0.01功；慢栱每降一等，减0.05功。

如果其栱所用材从第四等材增加到第三等材，于不同材等间造作栱所需的标准递加功的额度之内，减少一半加于其上。如果造作足材栱以及料、柱、槫之类名件时,遇到从第四等材增至第三等材的情况,其功计算的增加额度亦以此为准。

如果造作足材栱,应各在既有的逐等栱所加功限额度上,再进一步增加其足材所需增加的功限:若为华栱、令栱,每增加一等材,需各在原增加计功的基础上,再增计0.05功;泥道栱、瓜子栱,则各再增计0.04功;慢栱需再增计0.07功,以此为基础,在造作足材栱的情况下,若其材每增加、减少一个等级,其应递加、递减的功限,各为0.01功。如果是在转角铺作之内所施的列栱,应各以其出跳相列的栱头作为推计功限额度的依据。

(枓)

枓:

栌枓,一只,五分功。 材每增减一等,递加减各一分功。

交互枓,九只[1];材每增减一等,递加减各一只。

齐心枓,十只;加减同上。

散枓,一十一只;加减同上。

右各一功。

出跳上名件[2]:

昂尖,一十一只,一功。 加减同交互枓法。

爵头,一只;

华头子,一只;

右各一分功。 材每增减一等,递加减各二厘功。身内并同材法[3]。

【注释】

①九只:这里的"九只"是计算造作交互枓功限的一个数量单位,在

标准的第六等级用材中,每造作9枚交互枓,计为1功。

②出跳上名件:这里并非泛指出跳栱上所施名件,从下文可知,主要是指昂尖、耍头、华头子等辅助性构件,且主要是指外檐出跳缝而非里转出跳缝上所施的出跳构件。

③身内并同材法:这里的"身内",疑指殿身之内,即外檐枓栱的里转部分,或内檐枓栱等的出跳上名件,皆可称为"身内"出跳上名件。

【译文】

以第六等材的枓为准:

栌枓,1只,计为0.5功。其材等每增加或减少一等,其所计功应递加或递减各0.1功。

交互枓,9只;其材等每增加或减少一等,其用以计功的交互枓数量应各自递加或递减1只。

齐心枓,10只;其材等每增加或减少一等,其用以计功的齐心枓数量各自递加或递减的数量与上文之交互枓的递加与递减数量相同。

散枓,11只;其材等每增加或减少一等,其用以计功的散枓数量各自递加或递减的数量与上文之交互枓的递加与递减数量相同。

造作如上各种枓,分别计为1功。

出跳缝上诸名件,仍以第六等材为准:

下昂昂尖,11只,计为1功。其材等每增加或减少一等,其用以计功的下昂昂尖数量各自递加或递减的数量与上文所言交互枓的递加与递减数量相同。

爵头,1只;

华头子,1只;

造作如上各名件,分别计为0.1功。其材等每增加或减少一等,其用以计功的出跳缝上诸名件数量,各自递加或递减0.02功。其外檐铺作里转枓栱或内檐枓栱出跳上名件,都与前文所述标准枓栱造作的用功计算方法相同。

殿阁外檐补间铺作用栱、枓等数

【题解】

这里给出了几个概念：一是殿阁，即宋式房屋中等级较高的建筑形式；二是外檐，这里是指外檐铺作，亦即房屋外檐檐口之下的枓栱；三是补间铺作，则指其外檐枓栱中，并非恰好施于柱头缝上的枓栱。这一部分枓栱，因为与房屋的梁栿没有直接的关联，所以其所用栱、枓的尺寸与数量相对也比较规整。其各自的数量，也会因所用铺作数的不同而各有自身的规律。

与柱头铺作一样，虽然是外檐补间铺作，但其枓栱依然也会分出外跳与里跳的区别。外跳枓栱与柱头铺作一样，一般会承托到橑檐方下，而补间铺作的里跳枓栱，则往往会与承托平棊的算桯方发生关联。

（殿阁外檐补间铺作用栱、枓等数）

殿阁等外檐^①，自八铺作至四铺作，内外并重栱计心，外跳出下昂，里跳出卷头，每补间铺作一朵用栱、昂等数下项。八铺作里跳用七铺作^②，若七铺作里跳用六铺作^③，其六铺作以下，里外跳并同^④。转角者准此。

【注释】

①殿阁等外檐：这里的"外檐"，当指殿阁等建筑檐下所施的外檐铺作，而非外檐檐口。

②八铺作里跳用七铺作：若其补间铺作的外檐为八铺作时，其里转枓栱则为七铺作。

③七铺作里跳用六铺作：若其补间铺作的外檐为七铺作时，其里转枓栱则为六铺作。

④六铺作以下,里外跳并同:指补间铺作若为六铺作及以下(即五
　铺作或四铺作)时,其外檐枓栱的里外跳铺作数相同。关于这一
　点,陈先生似有质疑,在他的《法式》点注本中,陈先生注释说:
　"安散枓数,及六铺作只有第二抄内华栱,外华头子,里转应为五
　铺。"其意似在指出,若外檐铺作为六铺作时,在特殊情况下,其
　里转枓栱,也会出现五铺作的情况。陈先生所说"第二抄",即本
　书所言"第二杪",也即第二跳华栱。

【译文】

　若殿阁等房屋所施外檐铺作,其自八铺作至四铺作,内外枓栱都采
用重栱计心造的做法,且其外跳枓栱出有下昂,里跳枓栱仅出卷头,其每
补间铺作1朵所用栱、昂等数,如下项。若外檐枓栱为八铺作,其里跳枓栱则
用七铺作;若外檐枓栱为七铺作,其里跳枓栱则用六铺作;若其外檐枓栱在六铺作以
下,则其里外跳所用枓栱铺作数相同。转角铺作所用枓栱的情况,亦以此规则为准。

(自八铺作至四铺作各通用)

自八铺作至四铺作各通用①:

单材华栱:一只;若四铺作插昂②,不用。

泥道栱,一只;

令栱,二只;

两出耍头③,一只;并随昂身上下斜势,分作二只,内四铺作
不分。

衬方头④,一条;足材,八铺作,七铺作,各长一百二十分°;六
铺作,五铺作,各长九十分°;四铺作,长六十分°。

栌枓,一只;

闇栔⑤,二条⑥;一条长四十六分°,一条长七十六分°;八铺

作、七铺作又加二条⑦;各长随补间之广⑧。

昂栓⑨,二条。八铺作,各长一百三十分°;七铺作,各长一百一十五分°;六铺作,各长九十五分°;五铺作,各长八十分°;四铺作,各长五十分°。

【注释】

①各通用:这里是说,本条中提到的几种名件,是在八铺作到四铺作科栱中都可能会施用到的构件。

②插昂:又称"挣昂""矮昂"。参见卷第四《大木作制度一》"飞昂·插昂"条相关注释。

③两出耍头:所谓"两出",指在内外跳头上的同一标高上可以施用同一根构件,其内外尽端,皆斫为耍头形式,且仅需一只。"耍头"指外檐铺作的内外跳头上所出的耍头。

④衬方头:为铺作中处在最上一层的名件,施于外檐铺作科栱中所施耍头之上。衬方头的下皮,与外檐橑檐方的下皮,一般是处在同一标高上。

⑤阑栔(àn zhì):构件名。参见卷第四《大木作制度一》"材·栔、足材、阑栔"条相关注释。栔,现代注音为qì,《法式》注其音为zhì(至)。

⑥二条:这里的"二条"阑栔,似指在六铺作以下的情况,在其第二跳华栱与第三跳华栱内外栱心内各施有一条阑栔。

⑦又加二条:指七铺作、八铺作的情况下,应在第三跳、第四跳出跳华栱栱心内各增加一条阑栔。

⑧各长随补间之广:为何七铺作、八铺作科栱中所加阑栔的长度各随补间铺作之广,尚不十分清晰。其意疑指科栱为七铺作或八铺作时,仅在补间铺作内的第三、第四跳华栱栱心内施加阑栔。

⑨昂栓:构件名。参见卷第四《大木作制度一》"飞昂·昂栓"条相

关注释。

【译文】

如下诸名件,可以分别通用于自八铺作至四铺作的枓栱之中:

单材华栱:1只;如果仅为四铺作且施以插昂的情况下,则不用。

泥道栱,1只;

令栱,2只;

内外檐跳头上的两出耍头,1只;同时,耍头也可以随其昂身上下的斜势,将内外耍头分作2只施用,但若其内檐为四铺作时,则不需分为2只。

衬方头,1条;如果衬方头采用足材,施于八铺作或七铺作之上,其长度各为120分°;若施于六铺作或五铺作之上,其长度各为90分°;若施于四铺作之上,其长度为60分°。

栌枓,1只;

上下层单栱之间所施闇栔,2条;一条长46分°,一条长76分°;如果是在八铺作、七铺作枓栱中,应再增加2条闇栔;每条闇栔之长,各随其补间铺作的宽度而定。

用以固定昂身的昂栓,2条。用于八铺作中,其昂栓各长130分°;用于七铺作中,其昂栓各长115分°;用于六铺作中,其昂栓各长95分°;用于五铺作中,其昂栓各长80分°;用于四铺作中,其昂栓各长50分°。

(八铺作、七铺作各独用)

八铺作、七铺作各独用①:

第二杪华栱②,一只;长四跳。

第三杪外华头子③,内华栱④:一只。长六跳。

【注释】

①各独用:指如下几种名件,是分别只出现在八铺作与七铺作中的,

为这两种铺作形式中独自使用的构件。下同。

②第二杪(miǎo)：指第二跳出跳华栱。杪，原文为"抄"，原书中亦出现"杪"，梁注本统一改为"杪"。这里从梁注本。下同。

③外华头子：因华头子一般施于外檐铺作外跳华栱之下，故称"外华头子"。参见卷第四《大木作制度一》"栱·列栱之制"条相关注释。

④内华栱：若外檐铺作外跳枓栱上施有华头子，则其里转部分一般对应的枓是里跳华栱，故称"内华栱。"

【译文】

八铺作、七铺作分别独自施用的名件：

铺作中的第二跳华栱，1只；其栱长为4跳。

铺作第三跳外的昂下所施华头子，及其华头子里转部分所施内华栱：1只。其外华头子内华栱，长为6跳。

（六铺作、五铺作各独用）

六铺作、五铺作各独用：

第二杪外华头子，内华栱，一只。长四跳。

【译文】

六铺作、五铺作分别独自施用的名件：

铺作第二跳华栱外昂下所施华头子，及其华头子里转部分所施内华栱，1只。其外华头子内华栱，长为4跳。

（八铺作独用）

八铺作独用：

第四杪内华栱①，一只。外随昂、槫斜②，长七十八分°。

【注释】

①第四杪内华栱:指铺作第四跳里转部分所施内檐华栱。

②外随昂、槫(tuán)斜:意为其内华栱向外延伸至外檐铺作缝之外的部分,应随其上之昂或橑风槫等的斜势,处理成为一个倾斜面。

【译文】

八铺作枓栱中独自施用的名件:

铺作第四跳里转部分所施的内华栱,1只。内华栱延伸至铺作缝之外的部分,应随其上飞昂或昂等所承托之橑风槫造成的向下趋势,而处理成一个彼此相洽的倾斜面,这一内华栱的长度为78分°。

(四铺作独用)

四铺作独用:

第一杪外华头子,内华栱,一只。长两跳①;若卷头②,不用。

【注释】

①长两跳:指这只被称为"外华头子,内华栱"的名件,其长为出跳栱的两跳,即外檐向外出跳一跳华头子,里转向内出跳一跳华栱,两者为同一构件。

②若卷头:指如果外檐出跳为卷头,即出跳华栱的情况,那么就不会再用"外华头子,内华栱"这一名件了。

【译文】

四铺作枓栱中独自施用的名件:

外檐铺作第一跳为昂下所施华头子,铺作里转为内檐华栱,1只。其名件长度为两跳;如果外檐出跳构件为华栱,则不需施用这一称为"外华头子,内华栱"的名件了。

（自八铺作至四铺作各用）

自八铺作至四铺作各用^①：

瓜子栱^②：

八铺作，七只；

七铺作，五只；

六铺作，四只；

五铺作，二只。 四铺作不用。

慢栱^③：

八铺作，八只；

七铺作，六只；

六铺作，五只；

五铺作，三只；

四铺作，一只。

下昂^④：

八铺作，三只；一只身长三百分°；一只身长二百七十分°；一只身长一百七十分°。

七铺作，二只；一只身长二百七十分°；一只身长一百七十分°。

六铺作，二只；一只身长二百四十分°；一只身长一百五十分°。

五铺作，一只；身长一百二十分°。

四铺作插昂，一只。 身长四十分°。

交互枓^⑤：

八铺作，九只；

七铺作，七只；

六铺作，五只；

五铺作,四只;

四铺作,二只。

齐心枓⑥:

八铺作,一十二只;

七铺作,一十只;

六铺作,五只;五铺作同。

四铺作,三只。

散枓⑦:

八铺作,三十六只;

七铺作,二十八只;

六铺作,二十只;

五铺作,一十六只;

四铺作,八只。

【注释】

①各用:指从八铺作到四铺作,分别依其数量施用了如下这些名件。

②瓜子栱:从下文所列可知,这里的"瓜子栱",似未包括泥道瓜子
栱。此"瓜子栱"条"六铺作,四只",陈注:"三,按散枓数二,三
只。"因该条目下"八铺作,七只;七铺作,五只"中,都未计入泥
道瓜子栱,故依陈先生之意,六铺作若不计入泥道瓜子栱,则按每
一瓜子栱上用2只散枓,共3只瓜子栱,亦即六铺作中仅施用瓜子
栱3只。

③慢栱:从下文所列可知,这里的"慢栱",应包括了泥道慢栱。此
"慢栱"条"六铺作,五只",陈注:"四,安散枓数二,四只。"其意
似为,六铺作用慢栱4只(若不含泥道慢栱,则里转应为六铺作),

每一慢栱上用2只散枓,共4只慢栱。陈先生所注两跳之前后文先后用"按"与"安",未解其中差别。

④下昂:关于本条目下所列不同铺作中所施下昂昂身长度,陈先生有注:"出跳加一架之数。"在这里,陈先生对原文中的昂身长度,给出了一种解释,即其昂所在枓栱跳头出跳数所计总长的基础上,再加上一架枓栱的出跳长度。

⑤交互枓:参见卷第四《大木作制度一》"枓·交互枓"条相关注释。交互枓系该铺作里外跳华栱或出跳昂之跳头上所施,其数量与出跳华栱及昂的跳头数量相同。此"交互枓"条"六铺作,五只",陈注:改"五"为"六"。并注:"里跳五铺数。"其意似为,若六铺作里转五铺作时,用交互枓5只,但若里外跳均为六铺作时,则应施用交互枓6只。

⑥齐心枓:参见卷第四《大木作制度一》"枓·齐心枓"条相关注释。"齐心枓"目下不同铺作所需施用的齐心枓数量,疑有误。存疑。关于此处"齐心枓",陈注:"与昂相交各栱,及昂上栱,均不用。"又原文"齐心枓"条"六铺作,五只",陈注:"泥道、瓜栱、令栱各一。"又补注:"六只。"以外檐六铺作、里转五铺作枓栱,则有泥道栱一、令栱二、瓜子栱三,若各用1只齐心枓,确为6只。此"齐心枓"条"四铺作,三只",陈注:"同挣昂,如柱头不用。泥道栱、令栱心各一只。"

⑦散枓:从下文所列可知,这里的"散枓",应包括了柱头缝泥道栱与泥道慢栱上所施的散枓。此"散枓"条,"六铺作,二十只",陈注:"里跳六铺,应为二十四。里跳五铺数。"即这里所给"六铺作,二十只"系外跳六铺作、里转为五铺作的情况。

【译文】

自八铺作至四铺作分别施用:

瓜子栱:

八铺作，7只；

七铺作，5只；

六铺作，4只；

五铺作，2只。四铺作不使用。

慢栱：

八铺作，8只；

七铺作，6只；

六铺作，5只；

五铺作，3只；

四铺作，1只。

下昂：

八铺作，3只；一只身长300分°；一只身长270分°；一只身长170分°。

七铺作，2只；一只身长270分°；一只身长170分°。

六铺作，2只；一只身长240分°；一只身长150分°。

五铺作，1只；身长120分°。

四铺作插昂，1只。身长40分°。

交互枓：

八铺作，9只；

七铺作，7只；

六铺作，5只；

五铺作，4只；

四铺作，2只。

齐心枓：

八铺作，12只；

七铺作，10只；

六铺作，5只；五铺作相同。

四铺作，3只。

散枓：

八铺作，36只；

七铺作，28只；

六铺作，20只；

五铺作，16只；

四铺作，8只。

殿阁身槽内补间铺作用栱、枓等数

【题解】

这里的"殿阁"，仍然指的是宋代较高等级的建筑。所谓"殿阁身"，是指殿阁建筑的主体结构部分。例如，一座重檐殿堂，其殿身可能是面广5开间，进深4开间，但在其首层有一圈周匝副阶，故而在平面上表现为面广7开间，进深6开间的形式。这里的"殿身"，或"殿阁身"，就只包括其主体结构面广5间，进深4间的部分，其余的则属于其殿阁的副阶部分。

所谓"槽内"，指其殿阁身平面柱网中的柱缝之内，即不包括副阶槽的柱缝部分。而"补间铺作"，在这里一般也是就外檐铺作而言的，即其殿阁身槽外檐柱之柱缝上每两柱头缝之间所施的补间枓栱。

换言之，这一整句话的含义，指的就是这座建筑之殿阁身槽外檐柱缝上补间铺作中所施用的栱、枓等数。

本节的内容给出了使用不同铺作数的殿阁身槽内所用补间铺作，其所需施用的栱、枓等数。逐一统计出了不同铺作情况下每一补间铺作所需施用的栱、枓等数，其所需用的功限数也就可以相应推算出来了。

（殿阁身槽内补间铺作用栱、枓等数）

殿阁身槽内里外跳^①，并重栱计心出卷头^②。每补间铺作一朵，用栱、枓等数下项：

【注释】

①殿阁身：不包括殿阁建筑下檐副阶部分的殿阁主体柱梁与屋身部分。槽内：指殿阁身的外檐柱心槽缝，其缝内外所出里外跳枓栱，包括了殿身外檐檐柱缝上的里外跳枓栱。换言之，殿阁身槽内里外跳，一般指有周匝副阶之重檐殿阁上檐外跳及里转枓栱。

②并重栱计心出卷头：指殿身外檐铺作里外跳枓栱，采用的都是重栱计心造做法，其出跳枓栱皆为华栱，即卷头。

【译文】

殿阁式房屋的主体，即殿阁身部分的外檐檐柱缝内所施补间铺作，其里外跳补间缝上所出枓栱，都采用重栱计心造，其跳头施出跳华栱的做法。其外檐柱缝上每补间铺作1朵，所施用的栱、枓等数，如下项所列：

（自七铺作至四铺作各通用）

自七铺作至四铺作各通用：

泥道栱①，一只；

令栱，二只②；

两出耍头③，一只；七铺作，长八跳；六铺作，长六跳；五铺作，长四跳；四铺作，长两跳。

衬方头④，一只；长同上。

栌枓，一只；

闇栔，二条。一条长七十六分°，一条长四十六分°⑤。

【注释】

①泥道栱：因这里仅提到泥道栱，有可能是指泥道重栱中的泥道瓜

子栱,或也可能指泥道单栱,或称"泥道令栱"。

②令栱,二只:其意是指,在外檐铺作最外跳跳头与里转出跳最上一跳跳头上都施有令栱。

③两出耍头:其耍头同时与内外跳头上所施令栱相交。

④衬方头:其衬方头下皮与外檐铺作橑檐方下皮在一个标高上,因衬方头仅为一只,且长度与"两出耍头"相同,故衬方头里端亦应延至令栱上皮里侧。

⑤一条长七十六分°,一条长四十六分°:闇栔长度与铺作里外跳诸跳的出跳长度有关。这里的长度数字似有误,尚不十分确定,需通过作图验证。

【译文】

以下诸名件,可以分别通用于自七铺作至四铺作的枓栱之中:

泥道栱,1只;

令栱,2只;

两出耍头,1只;七铺作,长8跳;六铺作,长6跳;五铺作,长4跳;四铺作,长2跳。

衬方头,1只;其长度与两出耍头之长相同。

栌枓,1只;

闇栔,2条。一条长76分°,一条长46分°。

(自七铺作至五铺作各通用)

自七铺作至五铺作各通用:

瓜子栱①:

七铺作,六只;

六铺作,四只;

五铺作,二只。

【注释】

①瓜子栱：从本条下文所给数量上观察，这里所提到的"瓜子栱"仍指其补间铺作里外跳头上所施横栱，不包括殿阁身槽檐柱缝补间铺作中可能会施用的泥道瓜子栱。

【译文】

以下名件，可以分别通用于殿阁身槽内补间铺作中的七铺作至五铺作枓栱中：

瓜子栱：

七铺作，6只；

六铺作，4只；

五铺作，2只。

（自七铺作至四铺作各通用）

自七铺作至四铺作各通用：

华栱①：

七铺作，四只；一只长八跳；一只长六跳；一只长四跳；一只长两跳。

六铺作，三只；一只长六跳；一只长四跳；一只长两跳。

五铺作，二只；一只长四跳；一只长两跳。

四铺作，一只。长两跳。

慢栱②：

七铺作，七只；

六铺作，五只；

五铺作，三只；

四铺作，一只。

交互枓^③：

七铺作，八只；

六铺作，六只；

五铺作，四只；

四铺作，二只。

齐心枓^④：

七铺作，一十六只；

六铺作，一十二只；

五铺作，八只；

四铺作，四只。

散枓^⑤：

七铺作，三十二只；

六铺作，二十四只；

五铺作，一十六只；

四铺作，八只。

【注释】

①华栱：傅合校本注：在华栱前加"两出"，并注："'两出'，故宫本。"即应改为"两出华栱"。若本条所列为两出华栱，则其里外跳数相同，且其铺作中似未用飞昂。译文从傅注。

②慢栱：从本条下文所列数量来看，其慢栱中应该包括了施于殿身槽外檐柱泥道缝上所施的泥道慢栱。

③交互枓：从本条下文所列数量来看，其交互枓中应包括了施于殿身槽外檐柱泥道缝上泥道栱下所施的交互枓。

④齐心枓：从本条下文所列数量来看，其齐心枓中应包括了施于殿

身槽外檐柱泥道缝上泥道栱与泥道慢栱上当心所施的齐心枓。

⑤散枓：从本条下文所列数量来看，其散枓中应包括了施于殿身槽外檐柱泥道缝上泥道栱与泥道慢栱上两栱头各自所施的散枓。

【译文】

以下诸名件，可以各自通用于殿阁身槽内补间铺作中自七铺作至四铺作的枓栱中：

两出华栱：

七铺作，4只；一只长8跳；一只长6跳；一只长4跳；一只长2跳。

六铺作，3只；一只长6跳；一只长4跳；一只长2跳。

五铺作，2只；一只长4跳；一只长2跳。

四铺作，1只。长2跳。

慢栱：

七铺作，7只；

六铺作，5只；

五铺作，3只；

四铺作，1只。

交互枓：

七铺作，8只；

六铺作，6只；

五铺作，4只；

四铺作，2只。

齐心枓：

七铺作，16只；

六铺作，12只；

五铺作，8只；

四铺作，4只。

散枓：

七铺作,32只；

六铺作,24只；

五铺作,16只；

四铺作,8只。

楼阁平坐补间铺作用栱、枓等数

【题解】

一般楼阁的上层,都是坐落于平坐之上,其平坐则由平坐下所施的平坐枓栱及梁栿、方桁等承托。平坐上立柱,以支撑上部楼层的结构。这里给出的承托平坐之枓栱,自七铺作至四铺作,均为重栱计心造,外跳出卷头,里跳为挑斡棚栿及穿串上层柱身的做法。较为简单的平坐枓栱,甚至也可能用到枓口跳或把头绞项造的做法。不同枓栱做法下,其每用补间铺作1朵,所用栱、枓等数,如下文所列。

卷第十八《大木作功限二》中亦有:"楼阁平坐,自七铺作至四铺作,并重栱计心,外跳出卷头,里跳挑斡棚栿及穿串上层柱身……"则知,楼阁平坐中所用梁栿,称为"棚栿"。或因其栿形式,类如平顶之棚架上所用之栿,故称"棚栿",亦未可知。平坐枓栱之里跳挑斡,可以承托棚栿,并可穿串上层立柱柱身之伸入平坐部分。

平坐补间铺作之栱、枓的加工、安卓所用功限,均可以按其各自所用之数分别推计而出。

（楼阁平坐补间铺作用栱、枓等数）

楼阁平坐[①],自七铺作至四铺作,并重栱计心,外跳出卷头,里跳挑斡棚栿及穿串上层柱身[②],每补间铺作一朵,使栱、枓等数下项。

【注释】

①平坐：木构基座。参见卷第四《大木作制度一》"栱·华栱"条相关注释；并参见卷第四《大木作制度一》"平坐·造平坐之制"条相关注释。

②挑斡：构件名。参见卷第四《大木作制度一》"飞昂·昂尾搭压做法"条相关注释。棚栿（fú）：当指平坐中的承重梁栿。平坐为平直无起举的结构，其主要承重结构为"栿"，因平坐形式犹如木结构中之平屋顶形式的"棚屋"，故将平坐中所施梁栿，称为"棚栿"。栿，即梁栿。穿串上层柱身：平坐上会承托上层屋身结构，包括承托上屋梁架的屋柱，而平坐枓栱的作用之一，就是承托并稳固上屋屋柱的柱身；故这里提到平坐补间铺作有"穿串上层柱身"的作用。

【译文】

殿阁式房屋之楼阁的平坐，其平坐柱上所施补间铺作，自七铺作至四铺作，都应采用重栱计心造枓栱做法，枓栱外跳为出挑华栱，其里跳以挑斡形式承托平坐中的棚栿，并起到穿串上层柱身的作用，楼阁平坐中每施补间铺作1朵，所需使用的栱、枓等名件的数量，可见下列各项。

（自七铺作至四铺作各通用）

自七铺作至四铺作各通用：

泥道栱①，一只；

令栱②，一只；

耍头③，一只；七铺作，身长二百七十分°；六铺作，身长二百四十分°；五铺作，身长二百一十分°；四铺作，身长一百八十分°。

衬方，一只；七铺作，身长三百分°；六铺作，身长二百七十分°④；五铺作，身长二百四十分°；四铺作，身长二百一十分°。

　　栌枓，一只；

　　阑槡，二条⑤。一条长七十六分°；一条长四十六分°。

【注释】

①泥道栱：依本段前文所言，楼阁平坐枓栱均采用重栱计心造做法，故其泥道缝亦应为重栱造，故这里的"泥道栱"指的应该是泥道瓜子栱。

②令栱：从其铺作中仅用一只令栱可知，楼阁平坐补间铺作中所施枓栱仅在外跳跳头上施用令栱，其里跳跳头较大可能为挑斡。

③耍头：陈注："出跳加一架之数。"这里似指其后注文中所提到的耍头长度数。

④六铺作，身长二百七十分°：原文"一铺作，身长二百七十分°"，梁注本改为"六铺作，身长二百七十分°"。陈注："'一'应作'六'。"此从梁、陈二先生所改。

⑤阑槡，二条：这里将七铺作至四铺作所施"阑槡"，皆列为"二条"，令人不解。例如，四铺作枓栱如何施加"二条"阑槡，其阑槡之长，又如何与上文所列长度相合？存疑。

【译文】

如下诸名件，可以通用于楼阁平坐中所施自七铺作至四铺作的补间铺作中：

泥道栱，1只；

令栱，1只；

耍头，1只；七铺作，身长270分°；六铺作，身长240分°；五铺作，身长210分°；四铺作，身长180分°。

衬方头，1只；七铺作，身长300分°；六铺作，身长270分°；五铺作，身长240分°；四铺作，身长210分°。

栌枓，1只；

阑栿，2条。一条长76分°；一条长46分°。

（自七铺作至五铺作各通用）

自七铺作至五铺作各通用：

瓜子栱①：

七铺作，三只；

六铺作，二只；

五铺作，一只。

【注释】

①瓜子栱：从本条下文所列"瓜子栱"数量，可知这里提到的平坐枓栱中的瓜子栱等，仅施于其平坐的外檐枓栱中。其中亦将平坐柱缝上的泥道瓜子栱计入。

【译文】

如下诸名件，可以通用于楼阁平坐之平坐柱上所施的自七铺作至五铺作补间铺作中：

瓜子栱：

七铺作，3只；

六铺作，2只；

五铺作，1只。

（自七铺作至四铺作各用）

自七铺作至四铺作各用：

华栱：

七铺作，四只①；一只身长一百五十分°；一只身长一百二十分°；一只身长九十分°；一只身长六十分°。

六铺作,三只;一只身长一百二十分°;一只身长九十分°;一只身长六十分°。

五铺作,二只;一只身长九十分°;一只身长六十分°。

四铺作,一只。身长六十分°。

慢栱②:

七铺作,四只;

六铺作,三只;

五铺作,二只;

四铺作,一只。

交互枓③:

七铺作,四只;

六铺作,三只;

五铺作,二只;

四铺作,一只。

齐心枓④:

七铺作,九只;

六铺作,七只;

五铺作,五只;

四铺作,三只。

散枓⑤:

七铺作,一十八只;

六铺作,一十四只;

五铺作,一十只;

四铺作,六只。

【注释】

①七铺作,四只:陈注:"里转长三十分。"陈先生所指似为铺作华栱里转的出跳长度。

②慢栱:从本条下文所列楼阁平坐补间铺作中的慢栱数量可知,其中计入了施于平坐柱缝上的泥道慢栱数。

③交互枓:从本条下文所列楼阁平坐补间铺作中的交互枓数量可知,其中计入了施于平坐柱缝上的泥道重栱下所施的交互枓数。

④齐心枓:从本条下文所列楼阁平坐补间铺作中的齐心枓数量可知,其中计入了施于平坐柱缝上的泥道重栱上所施的齐心枓数。

⑤散枓:从本条下文所列楼阁平坐补间铺作中的散枓数量可知,其中计入了施于平坐柱缝上的泥道重栱两侧栱头上所施的散枓数。

【译文】

如下诸名件,可以通用于楼阁平坐中所施自七铺作至四铺作的补间铺作中:

华栱:

七铺作,4只;一只身长150分°;一只身长120分°;一只身长90分°;一只身长60分°。

六铺作,3只;一只身长120分°;一只身长90分°;一只身长60分°。

五铺作,2只;一只身长90分°;一只身长60分°。

四铺作,1只。身长60分°。

慢栱:

七铺作,4只;

六铺作,3只;

五铺作,2只;

四铺作,1只。

交互枓:

七铺作,4只;

六铺作,3只;

五铺作,2只;

四铺作,1只。

齐心枓:

七铺作,9只;

六铺作,7只;

五铺作,5只;

四铺作,3只。

散枓:

七铺作,18只;

六铺作,14只;

五铺作,10只;

四铺作,6只。

枓口跳每缝用栱、枓等数

枓口跳^①,每柱头外出跳一朵用栱、枓等下项^②:

泥道栱,一只;

华栱头^③,一只;

栌枓,一只;

交互枓,一只;

散枓,二只;

闇栔,二条^④。

【注释】

①枓口跳:一种枓栱形式。参见卷第四《大木作制度一》"栱·泥道

棋"条相关注释。

②每柱头外出跳一朵用棋、枓等下项：陈注："何以无齐心枓？"

③华棋头：参见卷第四《大木作制度一》"棋·列棋之制"条相关注释。这里的"华棋头"并非列棋之制中的华棋头，而是指自外檐柱缝上栌枓口内直接出跳的华棋，其棋头上不承托上层枓棋，亦不施令棋，而会直接承托橑檐方。

④闇栔，二条：陈注："方桁一，橑檐方一，三铺作。"这里的"三铺作"，似将《法式》"出一跳为四铺作"做进一步的推演，认为没有典型出跳华棋形式的"枓口跳"做法，可以归在"三铺作"的范畴之内。这是陈明达先生的一个思考与假设。

【译文】

楼阁平坐所施枓棋形式中的枓口跳做法，自每1柱头外出跳1朵枓口跳枓棋，其所用棋、枓等名件数如下项：

泥道棋，1只；

华棋头，1只；

栌枓，1只；

交互枓，1只；

散枓，2只；

闇栔，2条。

把头绞项作每缝用棋、枓等数

把头绞项作①，每柱头用棋、枓等下项：

泥道棋，一只；

耍头，一只；

栌枓，一只；

齐心枓^②,一只;

散枓,二只;

闇契,二条^③。

【注释】

①把头绞项作:原文小标题"把头绞项作每缝用栱、枓等数"条,傅
合校本注:"'杷',据故宫本、四库本改。"梁注本仍保留原文"把
头绞项作"。这里暂从梁注本。把头绞项作,或"把头绞项造枓
栱",是宋式大木作枓栱做法中最为简单的一种:仅在外檐柱头缝
上施栌枓,枓口内施泥道栱一只,其泥道栱上承柱头方,并与内檐
所施梁栿端部相交,其梁栿之外转部分出要头。

②齐心枓:陈注:"何以有齐心枓?"但把头绞项造中,施于泥道缝上
之泥道栱的当心,确有一只齐心枓。

③闇契,二条:陈注:"方桁一。"把头绞项作枓栱仅在泥道缝施有一枚
泥道栱,若其泥道栱栱心内施有"闇契",似应也仅有一条,如何出
现"二条"闇契? 疑将栱之两侧的栱心所施闇契各计为了一条。

【译文】

楼阁平坐所施枓栱形式中的把头绞项作做法,其每一柱头所用栱、
枓等名件如下项:

泥道栱,1只;

耍头,1只;

栌枓,1只;

齐心枓,1只;

散枓,2只;

闇契,2条。

铺作每间用方桁等数

【题解】

铺作里外跳跳头上,所施方桁,诸如罗汉方、橑檐方、算桯方、平棊方或平坐中所施之地面方等,也应计入铺作加工与安卓所需的功限数额。

前文殿阁外檐、殿阁身槽内、楼阁平坐所用诸补间铺作,都采用了重栱计心造做法。后文给出的,则是如前诸种情况下,若用单栱偷心造时,所用枓栱及其造作、安勘、绞割、展拽等所应施用功限的情况。

如果采用了单栱造做法,其铺作内不用慢栱,则其瓜子栱,无论是泥道瓜子栱,还是里外跳跳头上的瓜子栱,都应改用令栱。

铺作为单栱造者,其铺作的安勘、绞割、展拽及每1朵铺作中所用到的昂栓、闸㮤、闸枓口等的安劄、行绳墨等功限,在前文所列栱、枓等造作用功数之基础上,还应再增加2/5的功限使用量。

(八铺作至四铺作,每一间一缝内、外用方桁等数)

自八铺作至四铺作,每一间一缝内、外用方桁等下项[①]:

方桁:

八铺作,一十一条;

七铺作,八条;

六铺作,六条[②];

五铺作,四条;

四铺作,二条;

橑檐方,一条。

遮椽版:难子加版数一倍[③];方一寸为定[④]。

八铺作,九片;

七铺作,七片;

六铺作,六片⑤;

五铺作,四片;

四铺作,二片。

【注释】

①每一间一缝:这里的"一间",指屋身一间;"一缝",指屋身外檐柱缝上所施的一缝铺作。其铺作疑或指一缝柱头铺作,抑或指一缝补间铺作,两者之内外,在施用方桁的数量上是一致的。方桁(héng):即铺作中所施的木方,应包括外檐槽柱柱心缝上所施柱头方,及柱心槽缝之内、外枓栱跳头上所承的罗汉方。

②六铺作,六条:陈注:"里转五铺作只五条。"但若计入外檐柱柱心槽上第二层柱头方,似仍可计为6条。

③难子加版数一倍:意为其方桁上所铺遮椽版的边缘,所施难子数量是所给遮椽版数量的一倍。

④方一寸为定:陈注:"定法。"即其文应为"方一寸为定法"。指难子的截面为1寸见方,这一尺寸为绝对尺寸。

⑤六铺作,六片:陈注:"里转五铺作,只用五片。"

【译文】

外檐铺作,自八铺作至四铺作,每一开间之内的每一组铺作,其铺作之内、外所施用的方桁等名件的数量,如下项:

方桁:

八铺作,11条;

七铺作,8条;

六铺作,6条;

五铺作,4条;

四铺作,2条。

橑檐方，1条。

遮椽版：其版上所施难子的数量，是在遮椽版的数量之上再增加一倍；其难子的截面为1寸见方，这一截面尺寸为绝对尺寸。

八铺作，9片；

七铺作，7片；

六铺作，6片；

五铺作，4片；

四铺作，2片。

（殿槽内八铺作至四铺作每一间一缝内、外用方桁等数）

殿槽内[①]，自八铺作至四铺作[②]，每一间一缝内、外用方桁等下项：

方桁：

七铺作，九条；

六铺作，七条；

五铺作，五条；

四铺作，三条。

遮椽版[③]：

七铺作，八片；

六铺作，六片；

五铺作，四片；

四铺作，二片。

【注释】

①殿槽内：未知其指为殿阁身槽内，还是殿阁槽内，即是否包括殿阁

副阶槽。

②自八铺作至四铺作：陈注："'八'应作'七'。"因其后文自"七铺作"开始叙述。

③遮椽（chuán）版：这里的"遮椽版"条下，未附加其版后所施的难子，但不能说明这里的遮椽版上没有施加难子。

【译文】

殿阁式房屋外檐柱槽内所施枓栱，自八铺作至四铺作，每一开间之内的每一组铺作的内、外所施用的方桁等名件的数量，如下项：

方桁：

七铺作，9条；

六铺作，7条；

五铺作，5条；

四铺作，3条。

遮椽版：

七铺作，8片；

六铺作，6片；

五铺作，4片；

四铺作，2片。

（平坐八铺作至四铺作每间外出跳用方桁等数）

平坐，自八铺作至四铺作①，每间外出跳用方桁等下项②：

方桁：

七铺作，五条；

六铺作，四条；

五铺作，三条；

四铺作，二条。

遮椽版：

七铺作，四片；

六铺作，三片；

五铺作，二片；

四铺作，一片。

雁翅版③，一片。广三十分°。④。

【注释】

①自八铺作至四铺作：陈注："'八'应作'七'。"修改原因同前。

②每间外出跳：平坐下所施出跳枓栱，仅在其檐柱柱槽缝的外侧施用，故称"每间外出跳"。

③雁翅版：施于平坐四周外沿上的版。参见卷第四《大木作制度一》"平坐·地面方、铺版方与雁翅版"条相关注释。

④广三十分°：意为平坐外沿所施雁翅版的截面高度为其屋枓栱所用之材之分°的30分°。

【译文】

殿阁式房屋之楼阁平坐外檐所施枓栱，自八铺作至四铺作，每一开间向外出跳枓栱上所施的方桁等名件数，如下项：

方桁：

七铺作，5条；

六铺作，4条；

五铺作，3条；

四铺作，2条。

遮椽版：

七铺作，4片；

六铺作，3片；

五铺作,2片;

四铺作,1片;

雁翅版,1片,广30分°。

(枓口跳每间内前、后檐用方桁等数)

枓口跳,每间内前、后檐用方桁等下项[①]:

方桁,二条。

橑檐方[②],二条。

【注释】

①每间内前、后檐:前文各名件仅给出"一间一缝"用方桁等数,未知这里何以给出"前、后檐"用方桁等数,且未提及"一间一缝"。其下文所列橑檐方数,似是依前、后檐同时计算的。

②橑檐方:傅合校本注:改"橑"为"撩"。依傅先生所改,其为"撩檐方"。梁注本未改,仍暂从梁注本。

【译文】

外檐铺作所施枓口跳枓栱,每间之内的前、后檐枓栱所用方桁等名件数,如下项:

方桁,2条。

橑檐方,2条。

(把头绞项作每间内前、后檐用方桁等数)

把头绞项作[①],每间内前、后檐用方桁下项:

方桁:二条。

【注释】

①把头绞项作：傅合校本注：改"把"为"杷"。参见本卷"把头绞项作每缝用栱、枓等数"条相关注释。暂从原文。

【译文】

外檐铺作所施把头绞项作枓栱，每间之内的前、后檐枓栱所用方桁等数，如下项：

方桁：2条。

（单栱偷心造铺作）

凡铺作，如单栱及偷心造①，或柱头内骑绞梁栿处②，出跳皆随所用铺作除减枓栱③。如单栱造者，不用慢栱，其瓜子栱并改作令栱。若里跳别有增减者，各依所出之跳加减。其铺作安勘、绞割、展拽④，每一朵昂栓、闇栔、闇枓口安劄及行绳墨等功并在内⑤，以上转角者并准此。取所用枓、栱等造作功，十分中加四分⑥。

【注释】

①单栱及偷心造：在泥道缝及出跳华栱跳头上均施以令栱，单栱之上承方。单栱，即单栱造。

②骑绞梁栿：参见卷第四《大木作制度一》"栱·开栱口之法"条相关注释。"绞梁栿"引梁注："与昂或与梁栿相交，但不'骑'在梁栿上，谓之'绞昂'或'绞栿'。"这里所言"骑绞梁栿"应该包括了既有"骑栿"又有"绞栿"的枓栱与梁栿交接情况。

③随所用铺作除减枓栱：这里的"除减"大约就是"减除"的意思，如其后注文中提到的"单栱造"做法。

④绞割：这里未详将铺作中的枓栱进行"绞割"的具体做法及意义，

疑指对枓栱的外形轮廓与衔接榫卯加以割切、修研。展拽：这里亦未详将铺作中的枓栱进行展拽的具体做法及意义，推测可能是对已安装好的铺作加以调整，使其平正、舒展的一道工序。

⑤阉枓口安劄（zhā）：原文"阉枓口安劄"语意不详。陈注：改"阉"为"开（開）"，即"开枓口安劄"。若依陈先生所改，其意义似较明朗。这里从陈先生，将其改为"开枓口安劄"似较好。

⑥十分中加四分：即按基础计算所得出的功限值的4/10，增加进本条所发生的安勘、绞割、展拽及昂栓、阉絜、开枓口安劄等工作所需的功限。

【译文】

凡房屋内外檐所施铺作，如果采用单栱造及偷心造做法，或在柱头内与梁栿相交接处，采用了骑绞梁栿做法的铺作，其枓栱出跳都应随其所用铺作做法而适度减除枓栱。例如，若采用单栱造者，就可以不用慢栱，将其重栱造状态下所用之瓜子栱都改作令栱。又如，如果其枓栱里跳较之外檐枓栱在做法上有所增减时，亦应各依其所出的跳数对所用枓栱进行加减。此外，在其铺作的安装、勘验、绞割、展拽等做法中，每1朵铺作包括昂栓、阉絜、开枓口进行安劄，以及行绳墨等所发生的功限，都应计算在内，以上诸做法，在转角铺作中，亦都应以此为准。其计算功限时，所需计入之所用枓、栱等的造作功，可以在既有功限基础上，再以4/10的比例增加其功限计入量。

卷第十八　大木作功限二

殿阁外檐转角铺作用栱、枓等数

殿阁身内转角铺作用栱、枓等数

楼阁平坐转角铺作用栱、枓等数

【题解】

《法式》"大木作功限"部分，将房屋营造之各种铺作中施用栱、枓等数所计功限的内容，分列在《大木作功限一》与《大木作功限二》两卷之中。

相较于《大木作功限一》中较为简单的补间铺作等所用栱、枓等所需计算功限的情况，本卷《大木作功限二》的内容主要聚焦在宋式营造中结构较为复杂的各种转角铺作所用栱、枓等需要计算功限上。

本卷给出了三种转角铺作施用栱、枓等数的功限计算方式，其中包括殿阁外檐转角铺作、殿阁身内转角铺作以及楼阁平坐转角铺作等施用栱、枓等所应计算功限的数量。由此也可以推知，在宋代人的心目中，等级较高的殿阁式房屋，其檐下所用枓栱铺作的等级亦比较高，这样的高等级铺作形式中的转角铺作，其所用栱、枓的数量就会比较多，其铺作枓栱的结构构成也会比较复杂。同样的情况也发生在平坐转角部位的枓栱。所以，《法式》作者特别用了一卷的篇幅，将殿阁式建筑的外檐转角铺作、殿阁式建筑殿阁身转角铺作以及楼阁建筑的平坐转角铺作所用栱、枓数如何计算其功限，做了比较详细地罗列与铺陈。

这样做的方法,也提供了另外一种可能,就是对宋式营造中最为复杂的一些铺作形式,特别是高等级建筑转角铺作与楼阁建筑平坐转角铺作,做了一次解剖式的展示,使我们知道其中所施用的各种栱、枓、方等部件的数量,从而对这些复杂铺作的内部构造有了一个更为深切的理解。

殿阁外檐转角铺作用栱、枓等数

【题解】

本卷这一节是对《大木作功限一》所涉房屋铺作栱、枓构成及其所用功限等内容的延伸。其关注重点仍在房屋的枓、栱铺作上,只是把前一卷未能叙述完结,但却是房屋枓、栱组成及其做法中最为复杂、独特的部分,即殿阁外檐转角铺作所用栱、枓的情况,做了更深入地讨论。

转角铺作是铺作组成中最为复杂难解的部分,殿阁外檐转角铺作以及楼阁平坐转角铺作,都是铺作设计与施工中的难点。本卷在讨论各种不同房屋所用不同铺作数之转角铺作的同时,也对每一铺作内部的栱、枓构成逐一进行了解析。

从各个不同名件所用功限数额的关系,或也能够对古代房屋铺作诸名件之加工过程的复杂程度有一定理解。

(殿阁外檐转角铺作用栱、枓等数)

殿阁等自八铺作至四铺作[①],内、外并重栱计心,外跳出下昂,里跳出卷头[②],每转角铺作一朵用栱、昂等数下项:

【注释】

①殿阁等:从字面上讲,其下各项可能包括了殿阁式建筑以及比殿
　　阁式建筑等级稍低的厅堂式建筑,自八铺作至四铺作内外枓栱在

其转角铺作中所用各种名件的情况。

②外跳出下昂，里跳出卷头：这里没有给出"外跳出下昂，里跳出卷头"的详细做法。或可以推测为：五铺作单杪单下昂、六铺作单杪双下昂、七铺作双杪双下昂、八铺作双杪三下昂做法。但四铺作的情况比较难以判断，以这条文字，亦可能为四铺作出单昂做法。

【译文】

殿阁式等不同形式的房屋，其檐下所施的枓栱，包括了自八铺作至四铺作的情况，其铺作的内檐与外檐皆采用重栱计心造做法，外檐枓栱出跳采用了向外出下昂的做法，外檐铺作的里转部分，则为向内出华栱，其转角铺作每1朵所施用的栱、昂等名件数如下项：

（八铺作至四铺作各通用）

自八铺作至四铺作各通用：

华栱列泥道栱①，二只；若四铺作插昂，不用。

角内耍头②，一只；八铺作至六铺作，身长一百一十七分°；五铺作、四铺作，身长八十四分°。

角内由昂③，一只；八铺作，身长四百六十分°；七铺作，身长四百二十分°；六铺作，身长三百七十六分°；五铺作，身长三百三十六分°；四铺作，身长一百四十分°。

栌枓，一只；

闇栔，四条。二条长三十六分°④，二条长二十一分°。

【注释】

①华栱列泥道栱：指卷第四《大木作制度一》"栱·列栱之制"条原文"泥道栱与华栱出跳相列"的情况，参见该条相关注释。

②角内耍头：指转角铺作45°缝上与其铺作最外一跳所承令栱相交

的耍头。参见卷第四《大木作制度一》"栱·列栱之制"条相关
注释。

③角内由昂：在转角铺作最外一跳所施角昂之上再增加一跳下昂，
即称"由昂"。由昂之上施以平盘枓，上施宝瓶或角神，以承房屋
翼角处的大角梁。

④二条长三十六分°：原文"长三十一分°"，陈注：改"三十一"为
"三十六"，并注："六，竹本。"傅合校本注："'六'，四库本亦作
'三十六分°'。"即其文应为"二条长三十六分°"。从陈先生、傅
先生所改。

【译文】

殿阁式房屋外檐转角铺作自八铺作至四铺作可以各自通用的栱、枓
等名件数：

与泥道栱出跳相列的华栱，2只；如果其枓栱为四铺作插昂形式，则不用
这一做法。

转角铺作角内最外一跳上所施耍头，1只；八铺作至六铺作，其耍头身长
117分°；五铺作、四铺作，耍头身长84分°。

转角铺作角内所施承托翼角大角梁的由昂，1只；八铺作，由昂身长
460分°；七铺作，由昂身长420分°；六铺作，由昂身长376分°；五铺作，由昂身长336
分°；四铺作，由昂身长140分°。

栌枓，1只；

闇栔，4条。2条长36分°，2条长21分°。

（八铺作至五铺作各通用）

自八铺作至五铺作各通用：

慢栱列切几头①，二只；

瓜子栱列小栱头分首②，二只；身长二十八分°。

角内华栱^③，一只；

足材耍头^④，二只。八铺作、七铺作，身长九十分°；六铺作、五铺作，身长六十五分°。

衬方^⑤，二条。八铺作、七铺作，长一百三十分°；六铺作、五铺作，长九十分°。

【注释】

①慢栱列切几头：指卷第四《大木作制度一》"栱·列栱之制"条原文中"慢栱与切几头相列"的情况。关于"切几头"，参见该条相关注释。

②瓜子栱列小栱头：指卷第四《大木作制度一》"栱·列栱之制"条原文"瓜子栱与小栱头出跳相列"的情况。关于"小栱头"，参见该条相关注释。分首：梁注："'分首'不见于'大木作制度'，含义不清楚。"陈注："分首身长，指两栱头间之长。"依陈先生之意，"分首"即指瓜子栱的栱头与小栱头的栱头之间的栱身部分。

③角内华栱：指转角铺作45°缝上的出跳角华栱，其华栱内外皆出跳。

④足材耍头：相对于前文所言的"角内耍头"，这里的"耍头"当指卷第四《大木作制度一》"栱·列栱之制"条中所言："其华栱之上，皆累跳至令栱，于每跳当心上施耍头。"即在其屋翼角两侧沿顺身方向所出的两只耍头，各为足材耍头，且两者随屋身转角而呈一角度。

⑤衬方：即指衬方头。

【译文】

殿阁式房屋外檐转角铺作自八铺作至五铺作可以各自通用的栱、枓等名件数：

慢栱出跳相列切几头，2只；

瓜子栱出跳相列小栱头，其瓜子栱与小栱头为分首做法，2只；其栱身长28分°。

转角铺作45°角缝上所出华栱，1只；

铺作两侧最外跳跳头与令栱相交的足材耍头，2只；八铺作、七铺作，其耍头身长90分°；六铺作、五铺作，其耍头身长65分°。

铺作两侧耍头之上所施衬方头，2条。八铺作、七铺作，其衬方头长130分°；六铺作、五铺作，其衬方头长90分°。

（八铺作至六铺作各通用）

自八铺作至六铺作各通用：

令栱，二只；

瓜子栱列小栱头分首，二只；身内交隐鸳鸯栱^①，长五十三分°。

令栱列瓜子栱^②，二只；外跳用。

慢栱列切几头分首^③，二只；外跳用，身长二十八分°。

令栱列小栱头^④，二只；里跳用。

瓜子栱列小栱头分首^⑤，四只；里跳用，八铺作添二只。

慢栱列切几头分首^⑥，四只。八铺作同上。

【注释】

①身内交隐鸳鸯栱：指与小栱头出跳相列的瓜子栱，其身内为在方子上交隐而出的鸳鸯交手栱形式。

②令栱列瓜子栱：指卷第四《大木作制度一》"栱·列栱之制"条原文"令栱与瓜子栱出跳相列"的情况。

③慢栱列切几头分首：参见前文"八铺作至五铺作各通用"条相关注释。

④令栱列小栱头：这里所说的令栱与小栱头出跳相列的情况，似应

见于转角铺作里转部分出跳相列的枓栱中。

⑤瓜子栱列小栱头分首：这里所说的瓜子栱与小栱头出跳相列的情况，亦似见于转角铺作里转部分出跳相列的枓栱中。

⑥慢栱列切几头：其与前文提到的"慢栱列切几头"做法，指的是不同出跳层上的慢栱。

【译文】

殿阁式房屋外檐转角铺作自八铺作至六铺作可以各自通用的栱、枓等名件数：

令栱，2只；

瓜子栱与小栱头出跳相列，且为分首做法，2只；其栱之身内为交隐式鸳鸯交手栱，其长度为53分°。

令栱与瓜子栱出跳相列，2只；施用于铺作外跳。

慢栱与切几头出跳相列，且为分首做法，2只；施用于铺作外跳，其栱身长28分°。

令栱与小栱头出跳相列，2只；施用于铺作里跳。

瓜子栱与小栱头出跳相列，且为分首做法，4只；施用于铺作里跳，若为八铺作，则应增添2只。

慢栱与切几头出跳相列，且为分首做法，4只。若施用于八铺作时，与上文瓜子栱与小栱头出跳相列时一样，应增添2只。

（八铺作、七铺作各独用）

八铺作、七铺作各独用：

华头子，二只；身连间内方桁①。

瓜子栱列小栱头，二只；外跳用，八铺作添二只。

慢栱列切几头，二只；外跳用，身长五十三分°。

华栱列慢栱②，二只；身长二十八分°。

瓜子栱,二只;八铺作添二只。

第二杪华栱^③,一只;身长七十四分°。

第三杪外华头子、内华栱^④,一只。身长一百四十七分°。

【注释】

①身连间内方桁(héng):这里所描述的是转角铺作身内方桁与华
头子呈出跳相列的状态。

②华栱列慢栱:即慢栱与华栱出跳相列的状态。

③第二杪(miǎo)华栱:与下文"第三杪外华头子、内华栱",陈
注:"此二条应增'角内'二字。"即其文似应为"角内第二杪华
栱""角内第三杪外华头子、内华栱"。从后文所言只有"一只"
可知,这第二杪华栱,指的是转角铺作45°缝上所出的角华栱。

④第三杪外华头子、内华栱:从后文所言"一只"可知,这里指的是
转角铺作45°缝外跳第三跳跳头上所出的第三杪华头子、内跳第
三跳跳头上所出的内华栱。

【译文】

殿阁式房屋转角铺作八铺作、七铺作内外檐分别独自施用的栱、枓
等名件数:

华头子,2只;其华头子与转角铺作间内的方桁相连,呈出跳相列状态。

与小栱头出跳相列之瓜子栱,2只;其出跳相列之小栱头与瓜子栱,施于
转角铺作外跳,若其枓栱为八铺作,则再增添2只。

与切几头出跳相列之慢栱,2只;其出跳相列之切几头与慢栱,施于转角
铺作外跳,其栱与切几头身长53分°。

与慢栱出跳相列之华栱,2只;其出跳相列之栱身长28分°。

瓜子栱,2只;若其转角枓栱为八铺作,再增添2只瓜子栱。

转角铺作45°缝外跳第二跳跳头出华栱,1只;其栱身长74分°。

转角铺作45°缝外跳第三跳跳头出华头子、内跳第三跳跳头出华

栱,1只。其栱身长147分°。

（六铺作、五铺作各独用）

六铺作、五铺作各独用：

华头子列慢栱①,二只。身长二十八分°。

【注释】

①华头子列慢栱:指华头子与慢栱出跳相列的情况。本条"华头子列慢栱",与上文"华栱列慢栱",其栱身长均为28分°,这一长度尺寸,若指出跳的华头子似还可以理解,但其长度与标准的慢栱及华栱的长度不很吻合,令人生疑。

【译文】

殿阁式房屋转角铺作六铺作、五铺作分别独自施用的栱、枓等数：

与慢栱出跳相列的华头子,2只。其栱身长28分°。

（八铺作独用）

八铺作独用：

慢栱,二只；

慢栱列切几头分首,二只；身内交隐鸳鸯栱,长七十八分°。

第四杪内华栱①,一只。外随昂、槫斜②,一百一十七分°。③

【注释】

①第四杪内华栱:当指转角铺作45°缝里跳第四跳华栱。

②外随昂、槫(tuán)斜:角内第四跳内华栱之外转部分,应随外跳上所施之下昂、橑风槫标高等所造成的斜度而斫为斜面。

③一百一十七分°:陈注:增"身长"二字,即"身长一百一十七

分。"。

【译文】

殿阁式房屋转角铺作八铺作中独自施用之栱、枓数：

慢栱，2只；

慢栱与切几头出跳相列，且为分首做法，2只；其栱之身内为交隐式鸳鸯交手栱，其栱与切几头之长为78分°。

转角铺作45°缝里跳第四跳跳头出华栱，1只。其华栱外转随转角铺作外檐下昂及橑风槫所造成之斜度，斫为斜面，其栱身之长为117分°。

（五铺作独用）

五铺作独用：

令栱列瓜子栱^①，二只。身内交隐鸳鸯栱，身长五十六分°。

【注释】

①令栱列瓜子栱：指卷第四《大木作制度一》"栱·列栱之制"原文中"令栱与瓜子栱出跳相列"的情况。

【译文】

殿阁式房屋转角铺作五铺作中独自施用之栱、枓数：

令栱与瓜子栱出跳相列，2只。其栱身之内为在方子上交隐而出的鸳鸯交手栱形式，栱身的长度为56分°。

（四铺作独用）

四铺作独用：

令栱列瓜子栱分首，二只；身长三十分°。

华头子列泥道栱^①，二只；

耍头列慢栱^②，二只；身长三十分°。

角内外华头子③,内华栱④,一只。若卷头造,不用⑤。

【注释】

①华头子列泥道栱:指外檐转角铺作中泥道栱与华头子出跳相列的情况。

②耍头列慢栱:指外檐转角铺作中慢栱与耍头出跳相列的情况。

③角内:指转角铺作45°缝内。外华头子:指在转角铺作45°缝枓栱外跳所出华头子。

④内华栱:其意仍为"角内内华栱",即指在转角铺作45°缝枓栱里跳所出华栱。

⑤若卷头造,不用:若其转角铺作45°缝枓栱外跳所出为一杪华栱,则在此情况下不再需要施用华头子。

【译文】

殿阁式房屋转角铺作四铺作中独自施用之栱、枓数:

与令栱出跳相列的瓜子栱,且其令栱与瓜子栱呈分首状态,2只;其栱身长30分°。

与华头子出跳相列的泥道栱,2只;

与耍头出跳相列的慢栱,2只;其栱身长30分°。

转角铺作45°缝外跳出华头子,里转为45°缝所出里跳华栱,1只。如果外跳所施为华栱,则无须再施用华头子。

(八铺作至四铺作各用)

自八铺作至四铺作各用:

交角昂①:

八铺作,六只②;二只身长一百六十五分°,二只身长一百四十分°,二只身长一百一十五分°。

七铺作，四只^③；二只身长一百四十分°，二只身长一百一十五分°。

六铺作，四只^④；二只身长一百分°，二只身长七十五分°。

五铺作，二只^⑤；身长七十五分°。

四铺作，二只^⑥。身长三十五分°。

角内昂^⑦：

八铺作，三只^⑧；一只身长四百二十分°，一只身长三百八十分°，一只身长二百分°。

七铺作，二只；一只身长三百八十分°，一只身长二百四十分°。

六铺作，二只；一只身长三百三十六分°，一只身长一百七十五分°。

五铺作、四铺作，各一只^⑨。五铺作，身长一百七十五分°；四铺作，身长五十分°。

交互枓：

八铺作，一十只；

七铺作，八只；

六铺作，六只；

五铺作，四只；

四铺作，二只。

齐心枓：

八铺作，八只；

七铺作，六只；

六铺作，二只。五铺作、四铺作同。

平盘枓^⑩：

八铺作，一十一只^⑪；

七铺作，七只^⑫；六铺作同^⑬。

五铺作，六只^⑭；

四铺作，四只^⑮。

散枓：

八铺作，七十四只；

七铺作，五十四只；

六铺作，三十六只；

五铺作，二十六只；

四铺作，一十二只。

【注释】

①交角昂：指转角铺作外檐枓栱两个顺身方向分别所出之昂，在转角处呈现的两下昂相互交叉的情况。

②八铺作，六只：其铺作为八铺作外檐出双杪三下昂，故其两个方向所出交角昂为6只。

③七铺作，四只：其铺作为七铺作外檐出双杪双下昂，故其两个方向所出交角昂为4只。

④六铺作，四只：其铺作为六铺作外檐出单杪双下昂，故其两个方向所出交角昂为4只。

⑤五铺作，二只：其铺作为五铺作外檐出单杪单下昂，故其两个方向所出交角昂为2只。

⑥四铺作，二只：其铺作为四铺作外檐出单下昂，故其两个方向所出交角昂为2只。

⑦角内昂：指转角铺作外檐45°缝内向外出挑的下昂。

⑧八铺作,三只:若转角铺作外檐为八铺作双杪三下昂,这里的"角内昂"应该加上第三昂之上所出转角由昂,故应该是4只,而非3只。此处存疑。其下文七铺作、六铺作情况相同,亦漏计转角由昂数,亦存疑。存疑之处译文仍从原文。下同。

⑨五铺作、四铺作,各一只:若转角铺作外檐为五铺作单杪单昂或四铺作出单昂,则其角内昂仍应在所出昂上添加转角由昂,故五铺作、四铺作角内昂,分别各为2只,而非1只。此处存疑。

⑩平盘枓:即没有枓耳的枓。参见卷第四《大木作制度一》"枓·齐心枓"条相关注释。

⑪八铺作,一十一只:以转角铺作外檐下昂上之齐心枓,皆施为平盘枓计,八铺作情况下,交角昂6只,角内昂3只,另在其角内昂上所施转角由昂上再施1只平盘枓,合计共10只平盘枓。此处所计11只,未知如何计算出。存疑。

⑫七铺作,七只:以转角铺作外檐下昂上之齐心枓,皆施为平盘枓计,七铺作情况下,交角昂4只,角内昂2只,另在其角内昂上所施转角由昂上再施1只平盘枓,合计有7只平盘枓。

⑬六铺作同:以转角铺作外檐下昂上之齐心枓,皆施为平盘枓计,六铺作情况下,交角昂4只,角内昂2只,另在角内昂上所施转角由昂上再施1只平盘枓,合计与七铺作同,亦有7只平盘枓。

⑭五铺作,六只:以转角铺作外檐下昂上之齐心枓,皆施为平盘枓计,五铺作情况下,交角昂2只,角内昂1只,另在角内昂上所施转角由昂上再施平盘枓1只,合计有4只平盘枓。

⑮四铺作,四只:以转角铺作外檐下昂上之齐心枓,皆施为平盘枓计,则其交角昂上施平盘枓2只,角内昂上施平盘枓1只,另在角内昂上所施转角由昂上再施平盘枓1只,合计有4只平盘枓。

【译文】

殿阁式房屋外檐转角铺作自八铺作至四铺作各自施用的栱、枓等名件数：

交角昂：

八铺作，6只；2只身长165分°，2只身长140分°，2只身长115分°。

七铺作，4只；2只身长140分°，2只身长115分°。

六铺作，4只；2只身长100分°，2只身长75分°。

五铺作，2只；身长75分°。

四铺作，2只。身长35分°。

角内昂：

八铺作，3只；1只身长420分°，1只身长380分°，1只身长200分°。

七铺作，2只；1只身长380分°，1只身长240分°。

六铺作，2只；1只身长336分°，1只身长175分°。

五铺作、四铺作，各1只。五铺作，身长175分°；四铺作，身长50分°。

交互枓：

八铺作，10只；

七铺作，8只；

六铺作，6只；

五铺作，4只；

四铺作，2只。

齐心枓：

八铺作，8只；

七铺作，6只；

六铺作，2只。五铺作、四铺作相同。

平盘枓：

八铺作，11只；

七铺作，7只；六铺作相同。

五铺作，6只；

四铺作，4只。

散枓：

八铺作，74 只；

七铺作，54 只；

六铺作，36 只；

五铺作，26 只；

四铺作，12 只。

殿阁身内转角铺作用栱、枓等数

【题解】

房屋因其平面的里出外进形成不同的转角，一般将房屋之外凸部位的主要转角称为"外转角"，而将房屋内凹部位的转角称为"内转角"，或称房屋的"入角"。这种房屋"入角"角柱，是相对于房屋"出角"（即房屋外凸转角部位）角柱而言的。

前文已经提到，所谓"殿阁身"，指的是殿阁建筑的主体部分，不包括殿阁首层四周所施的副阶檐廊部分；因此殿阁身部分一般是指一座重檐殿阁之承托上檐屋顶的柱、额、梁栿及其檐下所用的枓、栱等部分。

这里所说的"殿阁身内转角铺作"，当指其殿阁身之内转角柱头（即其殿身入角柱柱头）之上所施的转角铺作，其铺作向外出跳的部分显示为一种"凹"角的内转角形式，故其所用栱、枓等数，与一般情况下的殿阁身外转角铺作（即房屋"出角"之转角铺作）所用栱、枓等数是不一样的。

（殿阁身内转角铺作用栱、枓等数）

殿阁身槽内里外跳[①]，并重栱计心出卷头，每转角铺作一朵用栱、枓等数，下项：

【注释】

①殿阁身、槽内：参见卷第十七《大木作功限一》"殿阁身槽内补间铺作用栱、枓等数·殿阁身槽内补间铺作用栱、枓等数"条相关注释。里外跳：这里指殿阁式建筑殿阁身槽内所施的外檐转角铺作及其里转部分。

【译文】

殿阁身部分的外檐檐柱缝内角柱上所施转角铺作，即殿身外檐转角铺作，其里跳与外跳上所出枓栱，都采用了重栱计心造做法，且其出跳栱皆为卷头造，每转角铺作1朵，所施用栱、枓等数，如下项：

（七铺作至四铺作各通用）

自七铺作至四铺作各通用：

华栱列泥道栱，三只①；外跳用。

令栱列小栱头分首②，二只；里跳用。

角内华栱③，一只；

角内两出耍头④，一只；七铺作，身长二百八十八分°；六铺作，身长一百四十七分°；五铺作，身长七十七分°；四铺作，身长六十四分°。

栌枓，一只；

闇栔，四条⑤。二条长三十一分°，二条长二十一分°。

【注释】

①华栱列泥道栱，三只：陈注：改"三只"为"二只"，并注："二，竹本。"华栱与泥道栱出跳相列，参见本卷"殿阁外檐转角铺作用栱、枓等数·八铺作至四铺作各通用"条相关注释。该条"华栱

列泥道栱"为"二只"。

②令栱列小栱头：参见本卷"殿阁外檐转角铺作用栱、枓等数·八铺作至六铺作各通用"条相关注释。

③角内华栱：参见本卷"殿阁外檐转角铺作用栱、枓等数·八铺作至五铺作各通用"条相关注释。

④角内两出耍头：参见卷第十七《大木作功限一》"殿阁外檐补间铺作用栱、枓等数·自八铺作至四铺作各通用"条相关注释。另其文"角内两出耍头"后注原文"七铺作，身长二百八十八分°；六铺作，身长一百四十七分°；五铺作，身长七十七分°；四铺作，身长六十四分°"，陈注："七铺作，长288；六铺作，长218；五铺作，长148；四铺作，长78。"似对原文小注"角内两出耍头"身长数字的更正。原文所列长度似无规则，而陈先生所列长度自七铺作至四铺作呈70分°差值有序递减。译文暂从原文。

⑤闇栔（àn zhì），四条：陈注：改"四条"为"六条"，并注："六，竹本。"此处存疑。译文暂从原文。闇栔，参见卷第四《大木作制度一》"材·栔、足材、闇栔"条相关注释。栔，现代注音为qì，《法式》注其音为zhì（至）。四条，参见卷第十七《大木作功限一》"殿阁外檐补间铺作用栱、枓等数·自八铺作至四铺作各通用"条相关注释。

【译文】

殿阁式房屋之殿阁身部分的外檐角柱上所施转角铺作，自七铺作至四铺作各自通用的栱、枓等数：

与泥道栱出跳相列的华栱，3只；华栱施用于转角铺作外跳。

与令栱出跳相列的小栱头，其令栱与小栱头为分首做法，2只；与令栱出跳相列之小栱头施用于转角铺作里跳。

转角铺作45°缝内外所出角华栱，1只；

转角铺作45°缝内外两出耍头，1只；耍头施用于七铺作时，身长288分°；

施用于六铺作时,身长147分°;施用于五铺作时,身长77分°;施用于四铺作时,身长64分°。

转角柱头上所施角栌枓,1只;

转角铺作内施闇栔,4条。2条长31分°,2条长21分°。

（七铺作至五铺作各通用）

自七铺作至五铺作各通用:

瓜子栱列小栱头分首①,二只;外跳用,身长二十八分°。

慢栱列切几头分首②,二只;外跳用,身长二十八分°。

角内第二杪华栱③,一只。身长七十七分°。

【注释】

①瓜子栱列小栱头:瓜子栱与小栱头出跳相列。参见本卷"殿阁外檐转角铺作用栱、枓等数·八铺作至五铺作各通用"条相关注释。

②慢栱列切几头:慢栱与切几头出跳相列。参见本卷"殿阁外檐转角铺作用栱、枓等数·八铺作至五铺作各通用"条相关注释。

③角内第二杪华栱:转角铺作45°缝上所出的第二跳角华栱。其栱为内、外出跳华栱。

【译文】

殿阁式房屋之殿阁身部分的外檐角柱上所施转角铺作,自七铺作至五铺作各自通用的栱、枓等数:

瓜子栱与小栱头出跳相列,其瓜子栱与小栱头为分首做法,2只;施用于转角铺作外跳,其栱身长28分°。

慢栱与切几头出跳相列,其慢栱与切几头为分首做法,2只;施用于转角铺作外跳,其栱身长28分°。

转角铺作45°缝内所出第二跳角华栱,1只。其栱身长77分°。

（七铺作、六铺作各独用）

七铺作、六铺作各独用：

瓜子栱列小栱头分首，二只；身内交隐鸳鸯栱，身长五十三分°。

慢栱列切几头分首，二只；身长五十三分°。

令栱列瓜子栱^①，二只；

华栱列慢栱^②，二只；

骑栿令栱^③，二只；

角内第三杪华栱，一只。身长一百四十七分°。

【注释】

①令栱列瓜子栱：令栱与瓜子栱出跳相列。参见本卷"殿阁外檐转
角铺作用栱、枓等数·八铺作至六铺作各通用"条相关注释。

②华栱列慢栱：华栱与慢栱出跳相列。参见本卷"殿阁外檐转角铺
作用栱、枓等数·八铺作、七铺作各独用"条相关注释。

③骑栿（fú）令栱：指横跨于房屋内檐梁栿之上的令栱。参见卷第
四《大木作制度一》"栱·令栱"条相关注释。

【译文】

殿阁式房屋之殿阁身部分的外檐角柱上所施转角铺作，七铺作、六
铺作各自独用的栱、枓等数：

瓜子栱与小栱头出跳相列，其瓜子栱与小栱头为分首做法，2只；其
栱之身内为交隐式鸳鸯交手栱，栱身长53分°。

慢栱与切几头出跳相列，其慢栱与切几头为分首做法，2只；其栱身长
53分°。

令栱与瓜子栱出跳相列，2只；

华栱与慢栱出跳相列，2只；

转角铺作里跳所施骑栿令栱，2只；

转角铺作45°缝内所出第三跳角华栱,1只。其栱身长147分°。

（七铺作独用）

七铺作独用:

慢栱列切几头分首,二只;身内交隐鸳鸯栱;身长七十八分°。

瓜子栱列小栱头^①,二只;

瓜子丁头栱^②,四只;

角内第四杪华栱,一只。身长二百一十七分°。

【注释】

①瓜子栱列小栱头:瓜子栱与小栱头出跳相列。参见本卷"殿阁外
　　檐转角铺作用栱、枓等数·八铺作至五铺作各通用"条相关注释。

②瓜子丁头栱:丁头栱为半截栱,栱尾或插入柱子中,或伸入铺作
　　中,其作用类似华栱。这里的"瓜子丁头栱"有两种可能:其一
　　是,瓜子栱与丁头栱出跳相列;其二是,转角铺作两个顺身方向所
　　出的丁头栱,采用了瓜子栱的长度及栱头卷杀形式。存疑。

【译文】

殿阁式房屋之殿阁身部分的外檐角柱上所施转角铺作,其七铺作独
自施用的栱、枓等数:

慢栱与切几头出跳相列,其慢栱与切几头为分首做法,2只;其栱之身
内为交隐式鸳鸯交手栱,栱身长78分°。

瓜子栱与小栱头出跳相列,2只;

转角铺作两顺身方向所出形如瓜子栱的丁头栱,4只;

转角铺作45°缝内所出第四跳角华栱,1只。其栱身长217分°。

（五铺作独用）

五铺作独用：

骑栿令栱分首，二只。身内交隐鸳鸯栱，身长五十三分°。

【译文】

殿阁式房屋之殿阁身部分的外檐角柱上所施转角铺作，其五铺作独自施用的栱、枓等数：

转角铺作里跳所施骑栿令栱，其令栱为分首做法，2只。其栱之身内为交隐式鸳鸯交手栱，栱身长53分°。

（四铺作独用）

四铺作独用：

令栱列瓜子栱分首，二只；身长二十分°。①

耍头列慢栱②，二只。身长三十分°。

【注释】

①身长二十分°：陈注：改为"身长三十分°"，并注："三，竹本。"译文暂从原文。

②耍头列慢栱：耍头与慢栱出跳相列。参见本卷"殿阁外檐转角铺作用栱、枓等数·四铺作独用"条相关注释。

【译文】

殿阁式房屋之殿阁身部分的外檐角柱上所施转角铺作，其四铺作独自施用的栱、枓等数：

令栱与瓜子栱出跳相列，其令栱与瓜子栱为分首做法，2只；其栱身长20分°。

耍头与慢栱出跳相列，2只。其栱身长30分°。

（七铺作至五铺作各用）

自七铺作至五铺作各用：

慢栱列切几头：

七铺作，六只；

六铺作，四只；

五铺作，二只。

瓜子栱列小栱头。数并同上^①。

【注释】

①数并同上：其瓜子栱列小栱头的数量，与上文所列三种铺作各自
所用之数相同，即：七铺作，6只；六铺作，4只；五铺作，2只。

【译文】

殿阁式房屋之殿阁身部分的外檐角柱上所施转角铺作，自七铺作至
五铺作各自分别施用的栱、枓等数：

与切几头出跳相列的慢栱：

七铺作，6只；

六铺作，4只；

五铺作，2只。

与小栱头出跳相列的瓜子栱。三种铺作分别施用其栱之数，与上文所列
诸种铺作施用慢栱列切几头数相同。

（七铺作至四铺作各用）

自七铺作至四铺作各用：

交互枓：

七铺作，四只；六铺作同。

五铺作,二只。四铺作同。

平盘枓：

七铺作,一十只；

六铺作,八只；

五铺作,六只；

四铺作,四只。

散枓：

七铺作,六十只；

六铺作,四十二只；

五铺作,二十六只；

四铺作,一十二只。

【译文】

殿阁式房屋之殿阁身部分的外檐角柱上所施转角铺作,自七铺作至四铺作各自分别施用的栱、枓等数：

交互枓：

七铺作,4只；六铺作与之所用数相同。

五铺作,2只。四铺作与之所用数相同。

平盘枓：

七铺作,10只；

六铺作,8只；

五铺作,6只；

四铺作,4只。

散枓：

七铺作,60只；

六铺作,42只；

五铺作,26只;

四铺作,12只。

楼阁平坐转角铺作用栱、枓等数

【题解】

前文中已经给出了楼阁平坐补间铺作用栱、枓等数的情况,这里则进一步给出楼阁平坐转角铺作所用栱、枓等数。

与房屋转角处的角柱之上需施以转角铺作一样,在楼阁平坐的转角处,亦会在其平坐转角柱柱头之上施以平坐转角铺作。房屋的檐口会出现翼角檐向上起翘的做法,其转角铺作也应随之有向上的趋势。而与房屋檐口部位不同的是,平坐转角铺作诸栱、枓一般会保持与平坐表面相平行的形式,平坐枓栱的出跳数也与其铺作上所施的柱头铺作或补间铺作的出跳数保持一致。

其平坐里跳,或承托可能支撑上部结构的挑斡棚栿,或采用穿串上层柱身的做法。两种做法的意义是一样的,都是将铺作既作为其下柱身与梁栿的一个结束,又作为其上柱身与构架的一个开始。故平坐结构,包括其所施用枓、栱等的重要性,就在于它所承担的不同层级之间的过渡性结构作用。

(楼阁平坐转角铺作用栱、枓等数)

楼阁平坐[①],自七铺作至四铺作,并重栱计心,外跳出卷头,里跳挑斡棚栿及穿串上层柱身[②],每转角铺作一朵用栱、枓等数,下项:

【注释】

①楼阁平坐:指多层楼阁中上层楼屋的平台。平坐,可以作为单层

房屋或多层房屋之首层的木构基座,也可以作为多层楼阁中承托上层楼屋的平台。参见卷第四《大木作制度一》"平坐·造平坐之制"条相关注释。

②挑斡(wò):关于"挑斡",参见卷第四《大木作制度一》"飞昂·昂尾搭压做法"条相关注释。其意为内檐铺作中所施的昂尾,在平坐中可能是上昂昂尾,承挑了房屋室内接近屋檐部位的某个构件。棚栿:这里的"棚栿",即昂尾挑斡所承挑的部件。这里的所谓"棚",似可理解为兼做下层房屋之屋顶,及上层房屋之基座的平坐结构层;"栿",则可理解为平坐结构层中所施用的主要承重梁栿。穿串上层柱身:指楼阁平坐转角铺作有穿串上屋角柱柱身,以承托上屋结构荷载的功能。其穿串的方法,可以是叉柱造,也可以是缠柱造。

【译文】

楼阁式房屋中承托上层屋身之平坐层角柱上所施转角铺作,自七铺作至四铺作,都采用了重栱计心造的形式,平坐外檐枓栱皆采用出跳华栱做法,其枓栱里跳将上昂昂尾处理成挑斡形式,承托平坐层结构梁栿,其转角铺作还起到穿串并承托上层屋柱柱身的作用,在这种做法下的楼阁平坐,其每转角铺作1朵所施用的栱、枓等数,如下项:

(七铺作至四铺作各通用)

自七铺作至四铺作各通用:

第一杪角内足材华栱①,一只;身长四十二分°。

第一杪入柱华栱②,二只;身长三十二分°。

第一杪华栱列泥道栱③,二只;身长三十二分°。

角内足材耍头④,一只;七铺作,身长二百一十分°;六铺作,身长一百六十八分°;五铺作,身长一百二十六分°;四铺作,身长八十四分°。

　　耍头列慢栱分首⑤,二只;七铺作,身长一百五十二分°;六
铺作,身长一百二十二分°;五铺作,身长九十二分°;四铺作,身长六
十二分°。

　　入柱耍头⑥,二只;长同上。

　　耍头列令栱分首⑦,二只;长同上。

　　衬方⑧,三条;七铺作内,二条单材,长一百八十分°;一条足
材,长二百五十二分°;六铺作内,二条单材,长一百五十分°;一条足
材,长二百一十分°;五铺作内,二条单材,长一百二十分°;一条足
材,长一百六十八分°;四铺作内,二条单材,长九十分°;一条足材,
长一百二十六分°。

　　栌枓,三只⑨;

　　闇栔,四条。二条长六十八分°,二条长五十三分°。

【注释】

①第一杪角内足材华栱:指楼阁平坐转角铺作45°缝上外檐枓栱第
　　一跳所出华栱,其栱为足材造。

②第一杪入柱华栱:指楼阁平坐转角铺作缠柱造做法中,与上屋角
　　柱相接之栌枓中所出第一跳华栱,其华栱的里端入柱,华栱的外
　　端自栌枓口向外出跳。

③第一杪华栱列泥道栱:指楼阁平坐转角铺作缠柱造做法中,施于
　　屋身正侧两侧柱心缝上的第一跳华栱,其华栱和与其垂直一侧泥
　　道缝上所出泥道栱,两者呈出跳相列状态。

④角内足材耍头:指楼阁平坐转角铺作45°缝上外檐枓栱最外一跳
　　跳头上所出的耍头,其耍头为足材造。

⑤耍头列慢栱:指楼阁平坐转角铺作缠柱造做法中,施于屋身正侧两侧最外一跳跳头上所出耍头,其耍头和与其垂直一侧的出跳栱上所施用的第二层横栱,即慢栱,两者呈出跳相列状态。

⑥入柱耍头:指楼阁平坐转角铺作缠柱造做法中,与上屋角柱相接之栌枓中所出最外一跳跳头上所施耍头,其耍头的里端入柱。

⑦耍头列令栱:指楼阁平坐转角铺作两侧顺身最外一跳上所施的令栱,其令栱和与其垂直一侧的出跳栱上所施用的耍头,两者呈出跳相列状态。

⑧衬方:即衬方头,有"单材"与"足材"之分,见其后注文。故陈注:"衬方有单材或足材之分。"

⑨栌枓,三只:指楼阁平坐转角铺作采用缠柱造做法时,其与上屋角柱呈缠绕方式的转角铺作栌枓、平坐角柱上所施缠柱造栌枓,包括角栌枓1只、附角栌枓2只,共为3只。

【译文】

楼阁平坐角柱上所施转角铺作,其自七铺作至四铺作各自通用的栱、枓等数:

其角柱45°缝上所出第一跳足材角华栱,1只;其栱身长42分°。

平坐角柱上两侧附角栌枓口向外所出第一跳华栱,其栱尾入上屋角柱,2只;其栱身长32分°。

平坐角柱沿两侧柱心泥道缝向外出跳的第一跳华栱,其栱与两侧泥道缝所施泥道栱呈出跳相列状态,2只;其栱身长32分°。

其角柱45°缝上最外一跳跳头上所施耍头,其耍头为足材做法,1只;若为七铺作,耍头身长210分°;若为六铺作,耍头身长168分°;若为五铺作,耍头身长126分°;若为四铺作,耍头身长84分°。

平坐角柱上两侧附角栌枓缝上最外一跳所出耍头,其耍头和与之垂直一侧的出跳栱头上所施第二层横栱,即慢栱,呈出跳相列状态,且其耍头与慢栱为分首形式,2只;若为七铺作,其耍头与栱身长152分°;若为六铺作,其耍头与栱身长122分°；若为五铺作，其耍头与栱身长92分°；若为四铺作，其耍头与栱身长62分°。

楼阁平坐转角铺作缠柱造做法中，与上屋角柱相接之栌枓中所出最外一跳跳头上所施的入柱耍头，2只；其耍头与上文所提到的与慢栱出跳相列的耍头，在长度上相同。

楼阁平坐转角铺作两侧顺身最外一跳上所施的令栱和与其垂直一侧出跳栱上所施的耍头呈出跳相列状态，且其耍头与令栱为分首做法，2只；其耍头与栱身长度，与上文提到的入柱耍头，在长度上相同。

衬方头，3条；若施于七铺作内，则2条单材造，其方长180分°；1条足材造，其方长252分°；若施于六铺作内，则2条单材造，其方长150分°；1条足材造，其方长210分°；若施于五铺作内，则2条单材造，其方长120分°；1条足材造，其方长168分°；若施于四铺作内，则2条单材造，其方长90分°；1条足材造，其方长126分°。

角栌枓与附角栌枓，3只；

闇栔，4条。其中2条长68分°，另外2条长53分°。

（七铺作至五铺作各通用）

自七铺作至五铺作各通用：

第二杪角内足材华栱[①]，一只；身长八十四分°。

第二杪入柱华栱[②]，二只；身长六十三分°[③]。

第三杪华栱列慢栱[④]，二只。身长六十三分°[⑤]。

【注释】

①第二杪角内足材华栱：指楼阁平坐转角铺作45°缝上外檐枓栱第二跳所出华栱，其栱为足材造。

②第二杪入柱华栱：指楼阁平坐转角铺作缠柱造做法中，与上屋角柱相接之栌枓中所出第二跳华栱，其华栱的里端入柱，华栱的外

端自栌枓口向外出跳。

③身长六十三分°:陈注:"二,竹本"。傅合校本注:"'二',应作'六十二分'。"译文暂从原文。

④第三杪华栱列慢栱:陈注:改"第三"为"第二",其注:"二。"傅合校本注:"'二',华栱列慢栱实际上只能第二杪,故宫本即作'二'。"译文从陈、傅二先生所改。

⑤身长六十三分°:陈注:改"六十三"为"六十二",并注:"二,竹本。"译文暂从原文。

【译文】

楼阁平坐角柱上所施转角铺作,其自七铺作至五铺作各自通用的栱、枓等数:

其角柱45°缝上所出第二跳足材角华栱,1只;其栱身长84分°。

其角柱上两侧附角栌枓口缝向外所出第二跳华栱,其栱尾入上屋角柱,2只;其栱身长63分°。

楼阁平坐转角铺作两侧顺身第二跳上所出华栱和与其垂直一侧出跳栱上所施第二层横栱呈出跳相列状态,2只。其栱身长63分°。

(七铺作、六铺作、五铺作各用)

七铺作、六铺作、五铺作各用:

要头列方桁①,二只。 七铺作,身长一百五十二分°;六铺作,身长一百二十二分°;五铺作,身长九十一分°。②。

华栱列瓜子栱分首:

七铺作,六只;二只身长一百二十二分°,二只身长九十二分°,二只身长六十二分°。

六铺作,四只;二只身长九十二分°,二只身长六十二分°。

五铺作,二只。 身长六十二分°。

【注释】

①耍头列方桁：楼阁平坐转角铺作两侧顺身最外一跳上所出耍头，和与其垂直一侧出跳栱上所承方桁，亦即外檐枓栱上所承的罗汉方，两者为出跳相列状态。

②五铺作，身长九十一分°：陈注：改"九十一"为"九十二"，其注："二。"傅合校本注："'二'，疑应作'九十二分°'。"译文暂从陈、傅二先生所改。

【译文】

楼阁平坐转角铺作，其七铺作、六铺作、五铺作各自所用的栱、枓等数：

其转角一侧顺身出跳栱上所承方桁和与其方桁呈出跳相列状态的转角另外一侧最外跳跳头上所出耍头，2只。若为七铺作，其相列方桁与耍头身长152分°；若为六铺作，其相列方桁与耍头身长122分°；若为五铺作，其相列方桁与耍头身长92分°。

转角两侧附角栌枓所出与瓜子栱出跳相列的华栱，其瓜子栱与华栱为分首形式：

若为七铺作，其相列瓜子栱与华栱，6只；其栱身长度，2只身长122分°，2只身长92分°，2只身长62分°。

若为六铺作，其相列瓜子栱与华栱，4只；其栱身长度，2只身长92分°，2只身长62分°。

若为五铺作，其相列瓜子栱与华栱，2只。其栱身长62分°。

（七铺作、六铺作各用）

七铺作、六铺作各用：

交角耍头①：

七铺作，四只；二只身长一百五十二分°，二只身长一百二十二分°。

六铺作,二只。身长一百二十二分°。

华栱列慢栱分首:

七铺作,四只;二只身长一百二十二分°,二只身长九十二分°。

六铺作,二只。身长九十二分°。

【注释】

①交角耍头:指楼阁平坐转角铺作外檐枓栱两个顺身方向最外跳跳头上分别所出的耍头,两个方向所出耍头在转角处呈现为一种相互交叉的情况。

【译文】

楼阁平坐转角铺作,其七铺作、六铺作各自所用的栱、枓等数:

平坐转角铺作外檐枓栱两个顺身方向最外跳跳头上所出相互交叉的交角耍头:

若为七铺作,其交角耍头为4只;2只身长152分°,2只身长122分°。

若为六铺作,其交角耍头为2只。其耍头身长122分°。

平坐转角铺作在外檐所出与慢栱出跳相列的华栱,其华栱与慢栱为分首形式:

若为七铺作,其华栱列慢栱为4只;2只栱身长122分°,2只栱身长92分°。

若为六铺作,其华栱列慢栱为2只。其栱身长92分°。

(七铺作、六铺作各独用)

七铺作、六铺作各独用:

第三杪角内足材华栱,一只;身长二十六分°。①

第三杪入柱华栱,二只;身长九十二分°。

第三杪华栱列柱头方②,二只。身长九十二分°。

【注释】

①身长二十六分°：陈注："一百二十六分°。"傅合校本注："应作'一百二十六分'。诸本均无'一百'二字。"其为第三跳角华栱，长度不可能仅26分°，故从概念上讲，似应从陈、傅两位先生所改。译文从陈、傅二先生注。

②第三杪华栱列柱头方：疑指楼阁平坐转角铺作沿角柱柱心缝向外出挑的第三跳华栱，与这一外檐华栱相连的是其角柱另外一侧柱心缝上所施的柱头方。其华栱与这一柱头方，两者呈出跳相列状态。

【译文】

楼阁平坐转角铺作，其七铺作、六铺作各自独用的栱、枓等数：

平坐角柱45°缝上所出第三跳足材角华栱，1只；其栱身长126分°。

平坐角柱上两侧附角栌枓口缝向外所出第三跳华栱，其栱尾入上屋角柱，2只；其栱身长92分°。

楼阁平坐转角铺作沿角柱柱心缝向外出跳的第三跳华栱，其华栱与角柱另外一侧柱心缝上所施柱头方呈出跳相列状态，2只。其栱身长92分°。

（七铺作独用）

七铺作独用：

第四杪入柱华栱，二只；身长一百二十二分°。

第四杪交角华栱，二只；身长九十二分°。

第四杪华栱列柱头方，二只；身长一百二十二分°。

第四杪角内华栱，一只。身长一百六十八分°。

【译文】

楼阁平坐转角铺作，七铺作独自施用的栱、枓等数：

平坐角柱上两侧附角栌枓口缝向外所出第四跳华栱,其栱尾入上屋角柱,2只;_{其栱身长122分°。}

平坐转角铺作外檐枓栱两个顺身方向第四跳跳头上所出相互交叉的交角华栱,2只;_{其栱身长92分°。}

平坐转角铺作沿角柱柱心缝向外出跳的第四跳华栱,其华栱与角柱另外一侧柱心缝上所施柱头方呈出跳相列状态,2只;_{其栱身长122分°。}

平坐角柱45°缝上向外所出第四跳角华栱,1只。_{其栱身长168分°。}

(七铺作至四铺作各用)

自七铺作至四铺作各用:

交互枓:

七铺作,二十八只;

六铺作,一十八只;

五铺作,一十只;

四铺作,四只。

齐心枓:

七铺作,五十只;

六铺作,四十一只;

五铺作,一十九只;

四铺作,八只[①]。

平盘枓:

七铺作,五只;

六铺作,四只;

五铺作,三只;

四铺作,二只。

散科：

七铺作，一十八只；

六铺作，一十四只；

五铺作，一十只；

四铺作，六只。

【注释】

①四铺作，八只：傅合校本改"八"为"七"，并注："'八'疑为'七'。

故宫本作'八'。"译文暂从原文。

【译文】

楼阁平坐转角铺作，自七铺作至四铺作分别施用的栱、科等数：

交互科：

七铺作，28只；

六铺作，18只；

五铺作，10只；

四铺作，4只。

齐心科：

七铺作，50只；

六铺作，41只；

五铺作，19只；

四铺作，8只。

平盘科：

七铺作，5只；

六铺作，4只；

五铺作，3只；

四铺作，2只。

散枓：

七铺作，18只；

六铺作，14只；

五铺作，10只；

四铺作，6只。

（转角铺作一般）

【题解】

凡转角铺作，包括房屋的出角与入角等转角部位，即以其殿阁之外檐转角、殿阁身内转角、楼阁平坐转角等不同位置，各随其用。每一转角用转角铺作1朵，如四铺作、五铺作，其所用栱、枓等造作功，在原造作功的基础上，再增加4/5为安勘、绞割、展拽之功。若六铺作以上，则在原所用功的基础上，再增加一倍之功，为其造作功。

其原造作功，可见于卷第十七《大木作功限一》之"栱、枓等造作功"条。其造作功并以第六等材为准，文中给出了不同材分°等级下，每一只栱、枓的造作所应施用的功限数额。

这里进一步给出的是转角铺作每1朵枓、栱在其造作功基础上，再加入其枓、栱之安勘、绞割、展拽等所用的功限。其功限以六铺作为一个标准，超过六铺作的转角铺作所用栱、枓等的造作功，应增加六铺作时所施用功限的一倍。

凡转角铺作[①]，各随所用，每铺作枓栱一朵，如四铺作，五铺作，取所用栱、枓等造作功，于十分中加八分为安勘、绞割、展拽功。若六铺作以上[②]，加造作功一倍。

【注释】

①凡转角铺作：这里所指应为楼阁平坐转角柱上所施的转角铺作。

②若六铺作以上：当包括六铺作、七铺作、八铺作三种情况。

【译文】

凡楼阁平坐中所施转角铺作，各随其铺作所用，每铺作施转角枓栱1朵，如果是四铺作，五铺作，其取所用栱、枓等的造作功，是在十分中加入八分，计为其铺作的安装、勘验、绞割、展拽等所做之功。如果是六铺作以上，包括七铺作、八铺作，则是在取其所用栱、枓等的造作功基础上，将其铺作的安装、勘验、绞割、展拽等所做之功，再另加计造作功1倍。

卷第十九　大木作功限三

殿堂梁、柱等事件功限　城门道功限楼台铺作准殿阁法

仓廒、库屋功限其名件以七寸五分°材为祖计之,更不加减。常行散屋同

常行散屋功限官府廊屋之类同　跳舍行墙功限　望火楼功限

营屋功限其名件以五寸材为祖计之　拆修、挑拔舍屋功限飞檐同

荐拔、抽换柱、栿等功限

【题解】

《法式》大木作体系中,主要包括了两个方面的内容:一个是斗栱体系,另外一个则是大木构架体系。本卷的内容,就是有关大木作之房屋构架各部分施工造作与安卓所用功限的计量方式。

宋式房屋大木作构架中最为复杂的部分,显然应该是高等级的殿堂或殿阁建筑的梁、柱等大木结构的制作与搭造安装工程。这一部分的功限计算方式,被列在了本卷的第一节。

宋式城门的城门道洞结构,与现在比较常见的明清时代的城门道洞结构截然不同。明清时代的城门道,多采用的是砖石结构的拱券式门道洞做法,而宋式城门道洞仍然沿袭了更早时期的用木构架承托其上城台的结构形式。这一形式是在城门石地栿上施以密排的立柱,立柱之上承托略似梯形的木构架,木构架之上才是砖石垒砌的城门台,其上还会有城门楼的设置。城门道诸大木构件的加工、造作与安卓所需功限,都纳

入了本卷第二节的内容之中。

　　除了等级较高的殿阁、厅堂等房屋的大木作功限之外，本卷中也较为详细地列出了宋式营造中等级稍低的仓廒、库屋、常行散屋等大量建造的房屋大木作加工、造作与安卓所需功限的计算方式。至于等级更低的跳舍行墙、望火楼、营房等，虽然结构比较简单，但作为不同类型且建造数量比较大的大木构架形式，其构架的造作与安卓亦应有各自的功限计算方式。

　　除了新建房的建造与安装之外，本卷的内容还给出了老旧房屋，特别是等级较低的老旧舍屋的大木构架的拆修、挑、拔等修缮性工程所需的功限计算方式。当然，一般房屋中的柱子、梁栿，若需要做抽拔、更换等修缮工程，也应有相应的功限计算方式，这些看似不起眼，但在实际工程中却可能会经常遇到的房屋修缮性工程的功限计算，也列在本卷的内容之中。值得一提的是，这部分有关房屋修缮的内容，对于我们今日保护与修复年久失修的古代建筑遗存，也提供了十分有价值的信息。

殿堂梁、柱等事件功限

【题解】

　　大木构架乃木构建筑组成之最重要、最基本的要素，包括柱、额、梁、槫、角梁及其辅助性的驼峰、绰幕、替木等，其架构起一座房屋的基本构架。

　　房屋构架的各个组成部分，其相应的尺寸、数量，加工制作安装这些房屋构件组成名件的过程，及所用功限，对于进一步了解木构建筑体系，甚至对探索、还原古代木构建筑的设计与施工过程中的一些未曾解开之谜，可能会有十分重要的参考价值。

造作功

【题解】

卷第十七《大木作功限一》在"栱、枓等造作功"中提到："造作功并以第六等材为准。"这是《法式》大木作功限部分,唯一提到造作功所用标准材等的地方,且这里用到了"并以"这个词,或可以推测,其殿堂梁柱等事件造作功也都是以"六等材"作为标准进行推算的。

以屋柱而言,下文中又进一步给出了以柱之长度为1.5丈,柱之直径为1.1尺,所用造作功为"1功"的标准概念。如此,若其柱之长度每增加1.5尺,或其柱径每增加1寸,则其造作功在柱长1.5丈、柱径1.1尺之造作所用功的基础上,各自有所增加。例如,其柱长2.4丈,柱径2尺,以该柱径长1.5丈,柱径1.1尺时,其所用功为1功;其径每增加1寸,加0.12功,柱径超过1.3尺,则其径每增加1寸,递增0.03功,如此,当其柱径为2尺时,其造作功为3.16功;而其长度增加了9尺,以柱长每增加1.5尺,增加0.1功计,其增加了6个1.5尺长度,故应增加0.6功,则其造作功为3.76功。

若方柱,则每1功减0.2功,即在圜柱所用功的基础上,减去2/10,即为相同长度及径围之方柱所用造作功。但这里的方柱之边长,如何与圜柱之径相对应,尚不清楚。另壁内闇柱、圆柱,减其本功3/10;方者,减其本功1/10。

文中所言"柱头额",疑为檐柱柱头所施的阑额及其殿阁内槽柱头上之屋内额的总称。所谓"只用柱头额",疑其柱不用地栿、绰幕方、腰串等,故其柱的造作功,减其本功1/10计之。

方柱、壁内闇柱等所用造作功,亦随其所在位置,有所增减。

（梁）

月梁:材每增减一等,各递加减八寸[1]。直梁准此[2]。

八椽栿，每长六尺七寸^③；六椽栿以下至四椽栿，各递加八寸^④；四椽栿至三椽栿，加一尺六寸^⑤；三椽栿至两椽栿及丁栿、乳栿，各加二尺四寸^⑥。

直梁^⑦，八椽栿，每长八尺五寸^⑧。六椽栿以下至四椽栿，各递加一尺^⑨；四椽栿至三椽栿，加二尺^⑩；三椽栿至两椽栿及丁栿、乳栿，各加三尺^⑪。

右各一功。

【注释】

①材每增减一等，各递加减八寸：梁注："这里未先规定以哪一等材'为祖计之'，则'每增减一等'，又从哪一等起增或减呢？"

②直梁准此：直梁以月梁的计功方式为准，即"材每增减一等，各递加减八寸"。但这里不仅未给出基础材等，且与后文"直梁"所叙述的"各递加一尺"的做法相左。存疑。

③八椽（chuán）栿（fú），每长六尺七寸：据卷第五《大木作制度二》"梁·造梁之制"条，八椽以上栿，其"广四材"，每长 6.7 尺，其造作计 1 功。仍未详其所用材等。

④六椽栿以下至四椽栿，各递加八寸：据卷第五《大木作制度二》"梁·造梁之制"，六椽以下栿（不含六椽），其"广三材"，每长 7.5 尺计 1 功。仍未详其所用材等。

⑤四椽栿至三椽栿，加一尺六寸：据卷第五《大木作制度二》"梁·造梁之制"条，四椽至三椽栿，其广在三材或两材两栔，每长 8.3 尺计 1 功。仍未详其所用材等。

⑥三椽栿至两椽栿及丁栿、乳栿，各加二尺四寸：据卷第五《大木作制度二》"梁·造梁之制"条，三椽栿至两椽栿及丁栿、乳栿，其"广两材"至"两材两栔"，每长 9.1 尺计 1 功。仍未详其所用材等。

⑦直梁：指与"月梁"相对的梁栿形式，其截面为矩形，梁身不做曲线或曲面的雕饰处理。较常见于草栿的情况。

⑧八椽栿，每长八尺五寸：八椽直梁，其广似为四材，每长8.5尺，其造作计1功。未知其所用材等。

⑨六椽栿以下至四椽栿，各递加一尺：其广似为三材或两材两栔，每长9.5尺计1功。未详其所用材等。

⑩四椽栿至三椽栿，加二尺：其广似为两材两栔至两材，每长10.5尺计1功。未详其所用材等。

⑪三椽栿至两椽栿及丁栿、乳栿，各加三尺：其广似为两材两栔至两材，每11.5尺计1功。未详其所用材等。

【译文】

月梁：其梁所用材等每增加或减少一等，其单位计功所需长度各递增或递减8寸。直梁计功的增减情况以此为准。

若为八椽栿，其每长6.7尺；六椽栿以下至四椽栿，其单位计功长度各递加8寸；四椽栿至三椽栿，其单位计功长度增加1.6尺；三椽栿至两椽栿及丁栿、乳栿，其单位计功长度各增加2.4尺。

直梁，若为八椽栿，其每长8.5尺。六椽栿以下至四椽栿，其单位计功长度各递加1尺；四椽栿至三椽栿，其单位计功长度增加2尺；三椽栿至两椽栿及丁栿、乳栿，其单位计功长度各增加3尺。

以上情况，各计为1功。

（柱）

柱①，每一条长一丈五尺，径一尺一寸②，一功。穿凿功在内③。若角柱，每一功加一分功④。如径增一寸，加一分二厘功⑤。如一尺三寸以上，每径增一寸，又递加三厘功⑥。若长增一尺五寸，加本功一分功⑦；或径一尺一寸以下者，每减一寸，减一分七厘功⑧,减至一分五厘止。或用方柱⑨,每一功减二分功⑩。若壁内阇柱⑪,圜者每一功减三分功⑫,方者减一分功⑬。如只用柱头额者,减本功一分功⑭。

【注释】

①柱:从上下文看,这里的"柱"指的是圆形截面的柱。

②每一条长一丈五尺、径一尺一寸:这里指的是柱子的造作功,每加工一条长1.5丈、径1.1尺的柱子,计为1功。

③穿凿功:指在柱身之上穿凿榫卯等所做的功。其功包含在造作功之内。

④每一功加一分功:如果是转角处所施角柱,其穿凿功应在每一柱所用功的基础上,每一功再增加0.1功。

⑤如径增一寸,加一分二厘功:指圆形截面柱,以径1.1尺为标准,其径每增加1寸,造作功应增加0.12功。

⑥每径增一寸,又递加三厘功:圆柱之径在1.3尺以上时,其径每增加1寸,造作功应递增0.03功。

⑦长增一尺五寸,加本功一分功:圆形截面柱的高度,是以每条长1.5丈为基准的。其长度每增加1.5尺,其柱子的造作功应在基准造作功的基础上,增加0.1功。

⑧径一尺一寸以下者,每减一寸,减一分七厘功:柱径在1.1尺以下的,径长每减短1寸,其柱的造作功应在基准造作功的基础上,减少0.17功。

⑨方柱:指截面为方形的柱子。

⑩每一功减二分功:造作方柱所计功,是在造作1.5丈、径1.1尺圆形截面柱所计1功的基础上减少0.2功,即同样尺度的方柱,其一条的造作功为0.8功。

⑪壁内闇（àn）柱：指隐藏于墙壁之内的屋柱。

⑫圜（yuán）者每一功减三分功：壁内闇柱若截面为圆形者，且尺寸与标准圆形柱相同时，其所计功减0.3功，计为0.7功。圜，同"圆"。

⑬方者减一分功：壁内闇柱若截面为方形者，且尺寸与标准柱相同时，其所计功较普通方柱减0.1功，即方形截面的壁内闇柱，其造作功计为0.7功。

⑭只用柱头额者，减本功一分功：其意不甚明确。这里或言其柱间不施地栿、腰串等横向拉结构件，只施用柱头阑额的情况下，其造作功（即其中所包含的穿凿功）较标准功减少0.1功。柱头额，疑即柱头阑额。

【译文】

造作圆形截面柱，每一条长1.5丈，柱径1.1尺时，计为1功。其中包括了在柱身之上穿凿榫卯等所做功。如果是房屋转角处所施角柱，应在每一标准功的基础上，增加0.1功。如果柱径增加1寸，增加0.12功。若其径为1.3尺以上，则柱径每增加1寸，又应递增0.03功。如果其柱之长增加1.5尺，其造作功应在本功的基础上再增加0.1功；或者其柱径在1.1尺以下者，若其柱径每减少1寸，则应减少0.17功，且随其柱径减少而减其功，直至减到0.15功时为止。或者采用方形截面柱，对应圆形柱之每1功，方柱减少0.2功。如果是壁内所施闇柱，其柱为圆形截面者，对应标准圆形柱之每1功，其闇柱减0.3功，若其柱为方形截面者，则其闇柱应减0.1功。如果其柱为仅施以柱头额的情况，则减其本功0.1功。

（驼峰、绰幕等）

驼峰，每一坐①，两瓣或三瓣卷杀②。高二尺五寸，长五尺，厚七寸；

绰幕三瓣头^③，每一只；

柱𬮿^④，每一枚；

右各五分功。 材每增减一等^⑤，绰幕头各加减五厘功^⑥；柱𬮿各加减一分功。其驼峰若高增五寸，长增一尺，加一分功；或作毡笠样造^⑦，减二分功。

【注释】

①驼峰，每一坐：驼峰为房屋大木结构中的垫托性构件，其上承以栱、方和梁栿，故其计数单位称为"坐"。

②两瓣或三瓣卷杀：指驼峰的两侧，各杀以两瓣或三瓣的折曲线形式，以造成其驼峰的外轮廓线。

③绰（chāo）幕三瓣头：绰幕，即绰幕方。绰幕方的端头，斫为三卷瓣者，即称其为"绰幕三瓣头"。

④柱𬮿（zhì）：柱础与其上立柱间的一个垫托构件。宋以前似也曾有用木质材料制作者，称"椹"。皆为同一名件。

⑤材每增减一等：此处仍如前文梁先生所注："这里未先规定以哪一等材'为祖计之'，则'每增减一等'，又从哪一等起增或减呢？"故仍存疑。

⑥绰幕头：指前文所说的"绰幕三瓣头"，即从柱身向外出挑的绰幕方端头。

⑦毡（zhān）笠样造：毡笠，以动物毛制成的四周有宽檐的帽子，这里似指其驼峰的外轮廓如毡笠状，中间隆起，两侧低平。唐宋建筑实例中似未曾见到这种毡笠样造的驼峰。

【译文】

屋内所施驼峰，每1坐，驼峰两侧轮廓为两瓣或三瓣卷杀形式。其高2.5尺，长5尺，厚7寸；

其端头为三瓣卷杀形式的绰幕方，每1只；

柱础之上柱根之下所施柱硕，每1枚；

上面所言各种情况，分别计为0.5功。如果其材等每增加或减少一等，绰幕方头之斫造，应各增加或减少0.05功；柱硕加工，亦应各增加或减少0.1功。驼峰如果高度增加5寸，长度增加1尺，则应增加0.1功；若将其造为毡笠式的外轮廓，则应减少0.2功。

（角梁、襻间、替木等）

大角梁，每一条，一功七分。材每增减一等①，各加减三分功。

子角梁，每一条，八分五厘功。材每增减一等，各加减一分五厘功。

续角梁，每一条，六分五厘功。材每增减一等，各加减一分功。

襻间、脊串、顺身串②，并同材③。

替木一枚，卷杀两头，共七厘功。身内同材④；楂子同⑤；若作华楂⑥，加功三分之一。

普拍方，每长一丈四尺；材每增减一等，各加减一尺。

橑檐方，每长一丈八尺五寸；加减同上。

槫，每长二丈；加减同上；如草架，加一倍。

劄牵，每长一丈六尺；加减同上。

大连檐，每长五丈；材每增减一等，各加减五尺。

小连檐，每长一百尺；材每增减一等，各加减一丈。

椽，缠斫事造者⑦，每长一百三十尺；如斫棱事造者，加三十尺；若事造圜椽者，加六十尺；材每增减一等，各加减十分之一。

飞子，每三十五只；材每增减一等，各加减三只。

大额⑧，每长一丈四尺二寸五分；材每增减一等，各加减五寸。

由额⑨，每长一丈六尺；加减同上，照壁方、承椽串同。

托脚，每长四丈五尺；材每增减一等，各加减四尺；又手同。

平闇版，每广一尺，长十丈；遮椽版、白版同；如要用金漆及法油者⑩，长即减三分。

生头⑪，每广一尺，长五丈；搏风版、敦桥、矮柱同⑫。

楼阁上平坐内地面版，每广一尺，厚二寸，牙缝造⑬。长同上；若直缝造者⑭，长增一倍。

右各一功。

【注释】

①材每增减一等：仍如前文梁先生注："这里未先规定以哪一等材'为祖计之'，则'每增减一等'，又从哪一等起增或减呢？"下同。

②顺身串：疑指"顺栿串"。

③并同材：指本条所言"襻（pàn）间、脊串、顺身串"等名件，其截面高度与其屋所用材等之材高相同。又陈注："卷十七，材长四十尺，一功。"陈先生所引，为"栱、枓等造作功"。陈先生之意疑为，襻间、脊串、顺身串等名件，若其长40尺，可计为1功。

④身内同材：替木的身内与两端截面不同，其身内截面高度与其屋所用材同。

⑤榙（tà）子：疑指脊槫下之叉手蜀柱下所施合榙。参见卷第五《大木作制度二》"侏儒柱·造叉手之制"条相关注释。

⑥华榙：疑指其外轮廓为曲圜如华文线条状的合榙。

⑦缠斫（zhuó）事造：关于造"椽"之功所言"缠斫事造"与"斫棱事造"等，梁注："'缠斫事造''斫棱事造'的做法均待考。下面还有'事造圜椽'。从这几处提法看来，'事造'大概是'从事'某种'造作'的意思。作为疑问提出。"

⑧大额：即檐柱柱头之间所施阑额，或内柱柱头之间所施内额。

⑨由额：指外檐柱柱头施以双层额的情况下，在阑额之下所施额，其截面高度可能会略小于阑额。清式建筑中分别称之为"大额枋"与"小额枋"。

⑩金漆：为器物或建筑物构件表面所施的一种涂料。其主要成分似为铜粉与假漆，其表面较为光亮。法油：疑指古人所施用的一种油性涂料。

⑪生头：施于橑风槫、橑檐方或各层屋椽之上的生头木。

⑫敦桥（tiàn）：疑指位于梁栿之间起支撑或垫托作用的短柱或木方。参见卷第五《大木作制度二》"梁·平棊之上"条相关注释。

⑬牙缝造：这里所言为平坐地面版的形式，疑其版为不等宽的木版呈犬牙交错状拼合形式者，为牙缝造。

⑭直缝造：指平坐地面版的形式，其版为宽度相等、两侧平直的木版，采用长直缝拼合形式的，为直缝造。

【译文】

大角梁，每1条，计为1.7功。若其所用材每增减一等，应各增加或减少0.3功。

子角梁，每1条，计为0.85功。若其所用材每增减一等，应各增加或减少0.15功。

续角梁，每1条，计为0.65功。若其所用材每增减一等，应各增加或减少0.1功。

襻间、脊串、顺身串，皆与其房屋所用之材同。

替木一枚，其两头斫为卷杀状，共计0.07功。替木身内与房屋所用之材同；楷子亦与替木同；如果是刻作华楷形式，应增加1/3功。

普拍方，每长1.4丈；若其所用材每增减一等，其每长应各增加或减少1尺。

橑檐方，每长1.85丈；随其材等加减，其每长应增加或减少之数同上。

屋槫，每长2丈；随其材等加减，其每长应增加或减少之数同上；如果其屋施用草架梁栿，则每长应增加一倍。

劄牵，每长1.6丈；随其材等加减，其每长应增加或减少之数同上。

大连檐，每长5丈；其所用材每增减一等，其每长应各增加或减少5尺。

小连檐，每长100尺；其所用材每增减一等，其每长应各增加或减少1丈。

椽，缠斫事造者，每长130尺；如斫棱事造者，其每长应增加30尺；若事造圆椽者，其每长应增加60尺；其所用材每增减一等，其每长应各增加或减少1/10。

飞子，每35只；其所用材每增减一等，其所计数应各增加或减少3只。

大额，每长1.425丈；其所用材每增减一等，其每长各增加或减少5寸。

由额，每长1.6丈；随其材等加减，其每长应增加或减少之数同上，照壁方、承椽串每长数及随材加减数与之同。

托脚，每长4.5丈；其所用材每增减一等，其每长应各增加或减少4尺；又手每长数及随材加减数与之同。

平闇版，每宽1尺，长10丈；遮椽版、白版所计每宽及长与之同；如需要施用金漆及法油的，其所计每长则应减少0.03尺。

生头木，每宽1尺，长5丈；搏风版、敦桥、矮柱所计每宽及长与之同。

楼阁上平坐内地面版，每宽1尺，厚2寸，若其版为牙缝造。其所计每长与上相同；若其版为直缝造，其所计每长增加1倍。

以上诸项各计为1功。

（名件安勘、绞割功）

【题解】

安勘、绞割屋内所用名件、柱额，在上文所述造作功基础上，每1功应在本功基础上再加0.4功，其所加功中，包括了草架、压槽方、襻间、闇栔、樘柱固济等方木所用造作功。

卓立搭架、钉椽、结裹等工序，其每1功在本功基础上再加0.2功。

仓廒、库屋与常行散屋之名件造作与安勘、绞割等功限，以上文所述殿堂梁柱等事件功限为准推计。

其卓立、搭架等，例如樓閣五間，且三層以上者，自第二層平坐以上起，其卓立搭架、釘椽、結裹等每1功，應在此前所計功的基礎上，再加0.2功。

凡安勘、絞割屋內所用名件、柱額等^①，加造作名件功四分；如有草架，壓槽方、襻間、閘蔟、樘柱固濟等方木在內^②。卓立搭架、釘椽、結裹^③，又加二分。倉廒、庫屋功限及常行散屋功限準此。其卓立搭架等，若樓閣五間，三層以上者，自第二層平坐以上，又加二分功。

【注釋】

①安勘：指房屋諸名件的安裝、裝配、校正、勘驗等工序。絞割：指房屋諸名件在安裝、裝配過程中，對名件之間相銜接的接口或榫卯的切割、斫絞、修正等工序。

②樘（chēng）柱固濟：指在房屋結構施工中，對房屋構架等所做的支撐、加固等工序。樘，支柱。

③卓立搭架：意即房屋構架起造豎立的施工過程。卓立，疑指將房屋的柱額梁栿等豎立起來，形成完整的結構架。搭架，似指房屋建造過程中所需搭造的腳手架或支撐性構架。結裹：有裝修、裝飾等義。從上下文看，這裏的"結裹"似指房屋屋頂的結宽、壓脊及屋頂翼角與兩山搏風、垂魚、惹草等的安裝、校正等施工處理。

【譯文】

凡是安裝勘驗、斫絞切割房屋之內所用諸名件、柱額等，應加造作名件功0.4功；如果其屋梁架之內有草架，壓槽方、襻間、閘蔟，以及為樘柱固濟等措施而施用的方木等所用功亦包括在內。為房屋柱梁構架等的豎立、搭造立架、房屋屋蓋的釘椽、屋頂結裹等工序，又應再加0.2功。倉廒、庫屋等的安勘、绞割等功限及常行散屋的安勘、绞割等功限,亦以此为准。其房屋构架的卓立、搭造起架等工序,如果是5开间,且高度为3层以上的楼阁,自其楼阁的第二层平坐以上所计功限,又应增加0.2功。

城门道功限楼台铺作准殿阁法

【题解】

凡文中所述及城门道诸名件等造作功,应在其本功每0.5功的基础上增加0.1功,以作为城门道营建过程中之展拽、安勘、穿拢等工序所用功。

"城门道功限"后所附副题,所谓"楼台铺作准殿阁法",点明城门上所施楼台铺作,其所需计算的功限,与殿阁铺作所用栱、枓数所需施用的功限,取用了相同的标准。

（造作功）

造作功:

排叉柱①,长二丈四尺,广一尺四寸,厚九寸,每一条,一功九分二厘。每长增减一尺,各加减八厘功。

洪门栿②,长二丈五尺,广一尺五寸,厚一尺,每一条,一功九分二厘五毫。每长增减一尺,各加减七厘七毫功。

狼牙栿③,长一丈二尺,广一尺,厚七寸,每一条,八分四厘功。每长增减一尺,各加减七厘功。

托脚④,长七尺,广一尺,厚七寸,每一条,四分九厘功。每长增减一尺,各加减七厘功。

蜀柱⑤,长四尺,广一尺,厚七寸,每一条,二分八厘功。

每长增减一尺,各加减七厘功。

涎衣木⑥,长二丈四尺,广一尺五寸,厚一尺,每一条,三功八分四厘。每长增减一尺,各加减一分六厘功。

永定柱⑦,事造头口⑧,每一条,五分功。

檐门方⑨,长二丈八尺,广二尺,厚一尺二寸,每一条,二功八分。每长增减一尺,各加减一厘功。

盝顶版⑩,每七十尺,一功。

散子木⑪,每四百尺,一功。

跳方⑫,柱脚方、雁翅版同⑬。功同平坐。

【注释】

①排叉柱:指唐宋时期城门洞内两侧壁施于地栿之上密集排列以承托其上梯形木构架的立柱。

②洪门栿:《法式》中"洪门栿"一词仅见于此,未知其详。据《宋史·河渠志》载"郑渠":"渠口旧有六石门,谓之'洪门'。"则"洪门"疑指河渠之闸门。这里因其称"栿",疑指城门洞内上部所施梯形梁架中的梁栿。

③狼牙栿:《法式》中"狼牙栿"一词仅见于此,未知其详。因其称"栿",似仍指城门洞内上部所施梯形梁架中的梁栿,疑与上文所言"洪门栿"有所关联。文中给出的狼牙栿与洪门栿两者长度不同,狼牙栿较短,洪门栿较长,疑分别指其梯形梁架顶部所施稍短之栿与底部所施稍长之栿。

④托脚:此处所言"托脚",与大木作制度中的"托脚"并非是指同一构件,疑指城门洞内上部所施梯形梁架中施于其梁架左右两侧的斜梁。

⑤蜀柱：疑指城门洞内上部所施梯形梁架中，施于其梁架上下横梁之间的短柱。

⑥涎衣木：梁注本改为"夜叉木"。徐注："陶本作'涎衣木'。"傅注："夜叉木在筑城之制内，特定尺寸与此不同。社中初校本因'涎衣'不可解，误引'夜叉'，兹加审定尺寸悬殊不当混用。"又："'涎衣'与'戾寠'同音。百里奚妻以'戾寠烹鸡'见《列女传》。"戾寠，《玉篇·户部》："戾，戾寠，户牡。"《广韵·琰韵》："戾，戾寠，户牡，所以止扉。"《颜氏家训·书证》："《古乐府》歌百里奚词曰：'百里奚，五羊皮，忆别时，烹伏雌，吹戾寠；今日富贵忘我为！'吹，当作'炊煮'之'炊'。……然则当时贫困，并以门牡木作薪炊尔。"则以"涎衣木"为"戾寠木"之同音字，似可证之。故此处可能本为"戾寠木"，后人讹为"涎衣木"。其意若为"户牡"，则有关闭城门之意，或指用以关闭城门的横木。又《武经总要》前集卷二中提到"柱头设涎衣梁"，似"涎衣"另有所指，疑为城门两侧壁梯排叉柱顶所施横梁，若此，则"涎衣木"又可能是指"涎衣梁"。

⑦永定柱：施于城门处的"永定柱"，可能是指埋于城门两侧壁之下土中，以承其上石制城门地栿的木柱。

⑧事造头口：这里的意思，似指城门道功限中，最先开始施造的是施埋于城门两侧壁之下的永定柱。事造，义近"营造""施造"。头口，有"开端"义。

⑨檐门方：疑指施于城门洞内两侧壁排叉柱顶之上的木方。其作用当是承托其上的梯形木构梁架。

⑩盝（lù）顶版：盝顶，如倒扣之斗状的屋顶形式，这里疑指唐宋时期城门洞内用以承托上部城门荷载的梯形木梁架，其梁架恰为倒扣如斗状形式。疑"盝顶版"即施于其梁架之上的顶版。

⑪散子木："散子木"一词，仅见于本卷。另宋人撰《武经总要》前集卷二关于"攻城器"中提到："上植四柱，柱头设涎衣梁，上铺散

子木为盖,中留方窍,广二尺,容人上下。"疑其即为散铺于城门
内顶部梯形梁架上所施木方,类如椽檩之类,以承托其架上所施
盝顶版。

⑫跳方:未知是施于城门什么位置的方子,疑指城门梯形横架上所
施的木方。

⑬柱脚方:疑指施于城门两侧壁排叉柱柱根位置的木方,其方或施
于城门石地栿之上,起到加强城门排叉柱根部稳定性的作用。雁
翅版:一般施于房屋平坐外沿,以起到遮护平坐枓栱等的作用,这
里或施于城门内梯形梁架所露梁栿外侧,以起到遮护城门梁架的
作用。

【译文】

城门道内诸名件所用造作功:

城门道内两侧壁所施排叉柱,其长2.4丈,柱截面宽1.4尺,厚0.9
尺,每施造1条,计为1.92功。以其柱长度每增加或减少1尺,各自增加或减少
0.08功。

城门道内上部梁架所施洪门栿,其长2.5丈,栿截面宽1.5尺,厚1
尺,每施造1条,计为1.925功。以其栿长度每增加或减少1尺,各自增加或减
少0.077功。

城门道内上部梁架所施狼牙栿,其长1.2丈,栿截面宽1尺,厚0.7
尺,每施造1条,计为0.84功。以其栿长度每增加或减少1尺,各自增加或减少
0.07功。

城门道内上部梁架两侧所施托脚木,其长7尺,截面宽1尺,厚0.7
尺,每施造1条,计为0.49功。以其托脚木长度每增加或减少1尺,各自增加或
减少0.07功。

城门道内上部梁架内所施蜀柱,长4尺,柱截面宽1尺,厚0.7尺,每施
造1条,计为0.28功。以其蜀柱长度每增加或减少1尺,各自增加或减少0.07功。

城门道内所施涎衣木,长2.4丈,木截面宽1.5尺,厚1尺,每施造1

条,计为3.84功。以其木长度每增加或减少1尺,各自增加或减少0.16功。

城门道内所施永定柱,造作其柱为城门道第一道工序,每施造1条,计为0.5功。

城门道两侧壁上门槛处所施檐门方,其长2.8丈,方截面宽2尺,厚1.2尺,每施造1条,计为2.8功。以其方长度每增加或减少1尺,各自增加或减少0.01功。

城门道内梁架顶部所施盝顶版,其版每长70尺,计为1功。

城门道内梁架顶部所施散子木,其木每长400尺,计为1功。

城门道内所施跳方,城门道内所施柱脚方、雁翅版与之同。其所用功与平坐所用功相同。

（展拽、安勘、穿拢功）

凡城门道,取所用名件等造作功,五分中加一分为展拽、安勘、穿拢功①。

【注释】

①五分中加一分:指以上文"城门道功限"所列诸工序"造作功"为基础,皆增加其造作功的1/5,计为其名件的展拽、安勘、穿拢所做功。展拽:疑指将城门道所需诸名件拖拽、布置就位。安勘:指将城门道诸名件安装在相应的位置。穿拢:指将城门道诸名件之间通过榫卯等相互穿插,拢合为一个整体。

【译文】

凡城门道施工,其各样名件的铺展拖拽、安装勘验、穿插拢合等所需功,应在其名件所用造作本功的基础上,增加1/5功计之。

仓廒、库屋功限 其名件以七寸五分°材为祖计 之,更不加减。常行散屋同

【题解】

　　仓廒,指仓廪、仓库;库屋,指专门做储藏之用的房屋。仓廒,似规模较大,多为一个专门的仓储建筑群,用于储存粮食、草料、武器或其他重要物资。库屋,多指在一个建筑群落中的某一座或几座专门用于储藏的房屋,如古之寺院东侧所设库院、库屋等。

　　仓廒或库屋,其建筑的造型一般比较简单,但却十分坚固。如其进深较大时,可能会用到冲脊柱,这样其房屋屋顶结构就会简单一些。其他的做法与厅堂或余屋的做法一样,多是采用不同柱长组成若干个开间。这些开间柱间距相同,类如房屋基座的隔间版柱做法一样,或也就因此将这种间距简单重复的开间柱,称为"壶门柱"。

　　仓廒或库屋,因为房屋标准较低,一般是不采用枓栱铺作的。如此,则有可能采用八椽栿项柱,即其柱之脖颈与梁栿的两端采用榫卯的做法扭合在了一起,而不是采用在柱头上施枓栱再承托梁栿的做法。

　　至于四椽栿、乳栿等的做法,与一般厅堂或余屋做法中,如前后乳栿对四椽栿用四柱的做法一样,可以推想出其大致的房屋框架。

　　仓廒或库屋的功限计算,也主要是这些柱、栿的造作功,及其屋顶之椽、檐、版、脊串、叉手等的造作与安卓功。

　　造作功:

　　冲脊柱[①],谓十架椽屋用者[②]。每一条,三功五分。每增减两椽,各加减五分之一。

　　四椽栿,每一条,二功。壶门柱同[③]。

　　八椽栿项柱[④],一条,长一丈五尺,径一尺二寸,一功三分。如转角柱,每一功加一分功。

三椽栿，每一条，一功二分五厘⑤。

角栿⑥，每一条，一功二分。

大角梁，每一条，一功一分。

乳栿，每一条；

椽，共长三百六十尺；

大连檐，共长五十尺；

小连檐，共长二百尺；

飞子，每四十枚；

白版⑦，每广一尺，长一百尺；

横抹⑧，共长三百尺；

搏风版，共长六十尺；

右各一功。

下檐柱，每一条，八分功。

两丁栿⑨，每一条，七分功。

子角梁，每一条，五分功。

槏柱⑩，每一条，四分功。

续角梁，每一条，三分功。

壁版柱，每一条，二分五厘功。

剳牵，每一条，二分功。

槫，每一条；

矮柱⑪，每一枚；

壁版，每一片；

右各一分五厘功。

枓，每一只，一分二厘功。

脊串,每一条;

蜀柱,每一枚;

生头,每一条;

脚版^⑫,每一片;

右各一分功。

护替木楷子^⑬,每一只,九厘功。

额^⑭,每一片,八厘功。

仰合楷子^⑮,每一只,六厘功。

替木,每一枚;

叉手,每一片;托脚同。

右各五厘功。

【注释】

①冲脊柱:指古代木构仓廒或库屋建筑横剖面中所立的中柱,其柱当直抵其屋的正脊脊槫之下,故称"冲脊柱"。

②十架椽屋:仓廒或库屋,一般为等级稍低的厅堂或余屋类建筑,其房屋的大小,一般是按照其屋的进深椽架数确定的。十架椽屋,指其屋进深为10个椽架的长度。

③壶(kǔn)门柱:壶门,一般指石作制度中,殿阶基外立面上用隔身版柱所区隔的部分。这里或借用这一概念指代仓廒或库屋的开间柱。以其柱所用功与"四椽栿"相同,推测其长度亦接近四椽栿,故较大可能是将仓廒或库屋前后檐的檐柱称作"壶门柱"。

④八椽栿项柱:疑指位于仓廒或库屋前后檐之间的前后两条立柱,其柱之顶项部位承托了一条八椽栿大梁。栿项,疑指梁栿的端头,即梁与梁栿相交接处。栿项柱,有可能是指其梁栿端头,直接搭在了柱顶之上,类似于清式建筑中的"抱头梁"。这里的"八

橡栿项柱",指的可能是前后檐柱,也可能是前后屋内柱。原文
"八椽栿项柱"后注文为"每功加一分功",梁注本改为"每一功
加一分功"。陈注:在"功"字前增"一"字,即"一功"。

⑤每一条,一功二分五厘:原文为"每一条,一功二分",徐注:"陶本
作'一功二分',误。"梁注本改为"每一条,一功二分五厘"。从
梁先生注本。

⑥角栿:指仓廒或库屋转角梁架处所施的抹角栿或递角栿。

⑦白版:"白版"一词,在小木作制度中也曾多次出现,不清楚"白
版"的准确含义,疑指施于檐口处的屋面望板。

⑧横抹:未知"横抹"是什么名件,施于何处。从上下文推测,似指
施于悬山式屋顶之仓廒或库屋两山檐部的"白版",其与前后檐
白版相接,并与搏风版相毗连。

⑨两丁栿:原文"两下栿",徐注:"陶本作'下栿',误。"梁注本改为
"两丁栿"。傅合校本未做修改,仍保留陶本之"两下栿"。从梁
注本。

⑩槏柱:指用以分隔墙面版壁或门窗的木方形状立柱。但未知与下
文的"壁版柱"如何区分。

⑪矮柱:长度较短的立柱。但未知这里的"矮柱"与后文提到的
"蜀柱"如何区分。

⑫脚版:疑指施于仓廒或库屋柱根部位的立版,与壁版的区别可能
是,脚版可能施于屋柱外侧,或起到保护屋柱柱根及加强屋柱结
构稳定性的作用;壁版则可能嵌于柱中缝上,起到仓廒或库屋的
外墙作用。

⑬护替木楂子:这里的"护替木楂子"疑指施于屋柱额上所施替木
之下如合楂状的木块。楂子,疑指"合楂",系垫托性构件。

⑭额:指施于外檐柱头之间的木方,其作用类似殿堂或厅堂外檐柱
上所施阑额。

⑮仰合楷子：因其称"楷子"，故仍为垫托性构件，且可能与"额"或"替木"有所关联。但未知这里的"仰合楷子"，与上文的"护替木楷子"在使用位置及形式上有什么差别。

【译文】

仓廒、库屋诸名件造作之功：

冲脊柱，指在10架椽屋中柱缝所施用者。施造每1条柱，计为3.5功。其屋进深每增加或减少2椽，各自增加或减少其本功的1/5。

四椽栿，每施造1条，计为2功。施造壶门柱所用功与之相同。

承托八椽栿的项柱，施造1条，柱长1.5丈，柱径1.2尺，计为1.3功。如果是施于转角部位的角柱，以其柱所用本功，每1功增加0.1功计。

三椽栿，每施造1条，计为1.25功。

其仓屋转角所施抹角或递角栿，每施造1条，计为1.2功。

仓屋翼角下所施大角梁，每施造1条，计为1.1功。

仓屋所用乳栿，每施造1条；

屋顶所覆椽，以共长360尺计；

檐部所施大连檐，以共长50尺计；

檐部所施小连檐，以共长200尺计；

檐口处所出飞子，每40枚；

檐口处所覆白版，每宽1尺，长100尺；

屋顶所用横抹，以共长300尺计；

两际出际处所施搏风版，以共长60尺计；

如上所列诸名件及其施造数量，分别各计为1功。

仓屋下檐柱，每施造1条，计为0.8功。

仓屋两山梁架所施丁栿，每施造1条，计为0.7功。

仓屋翼角所施子角梁，每施造1条，计为0.5功。

仓屋屋壁内所施槏柱，每施造1条，计为0.4功。

仓屋翼角所施续角梁，每施造1条，计为0.3功。

仓屋柱间所施壁版柱,每施造1条,计为0.25功。

仓屋梁架所施劄牵,每施造1条,计为0.2功。

屋槫,每施造1条;

屋架中所施矮柱,每施造1枚;

仓屋墙壁所施壁版,每施造1片;

如上几种名件的施造,各计为0.15功。

枓,每施造1只,计为0.12功。

脊串,每施造1条;

蜀柱,每施造1枚;

柱方及屋槫上所施生头木,每施造1条;

柱脚处所施脚版,每1片;

如上诸名件及施造数量,各计为0.1功。

护替木楷子,每1只,计为0.09功。

柱头之间所施额,每1片,计为0.08功。

仰合楷子,每1只,计为0.06功。

替木,每1枚;

叉手,每1片;托脚与之相同。

如上几种名件及数量,各计为0.05功。

常行散屋功限官府廊屋之类同

【题解】

常行散屋,属于一种等级较低的房屋,其等级当在门楼、廊屋之下,大约与仓廒、库屋等的等级相同,多用作官式建筑群中附属性或辅助性的建筑物。

廊屋也多采用较为简单的开间与进深,可以用于不同的功能,由官府营造,供城市居民居住、经商之用。如北京前门外明清历史上建造的廊房头条、廊房二条之类,大约就属于这一类的房屋类型。这里把官府出资建造的廊屋之类,也归在了与常行散屋等级相类的房屋之中。

从行文看,常行散屋或官府廊屋,进深一般在六步椽架或五步椽架,采用乳栿对四椽栿,或乳栿对三椽栿等的做法,如此,就有可能在其前出现一个两椽进深的前廊。未知这里的常行散屋或官府廊屋之类,是否有如此之平面与空间方面的考虑。

文中出现的两椽栿,可能是指前后檐所用的乳栿,或指屋脊下所用的两椽平梁,亦有可能就是一个两步椽架的廊屋,这样小进深的廊屋,可能仅起到街道两旁的行廊或临时性商铺的作用,亦未可知。

造作功:

四椽栿,每一条,二功。

三椽栿,每一条,一功二分。

乳栿,每一条;

椽,共长三百六十尺[①];

连檐[②],每长二百尺;

搏风版,每长八十尺;

右各一功。

两椽栿[③],每一条,七分功。

驼峰,每一坐,四分功。

槫,每一条,二分功。　梢槫[④],加二厘功。

劄牵,每一条,一分五厘功。

枓,每一只;

生头木,每一条;

脊串,每一条;

蜀柱，每一条；

右各一分功。

额，每一条，九厘功。 侧项额同⑤。

替木，每一枚，八厘功。 梢槫下用者，加一厘功。

叉手，每一片； 托脚同。

楷子，每一只⑥；

右各五厘功。

右若枓口跳以上⑦，其名件各依本法⑧。

【注释】

①椽，共长三百六十尺：陈注："四十八条。"疑其将长360尺椽的长度，折合为48条椽子，每条椽子长7.5尺。

②连檐：原文为"连椽"，梁注本改为"连檐"。陈注：改"椽"为"檐"。傅注："檐，'连椽'疑为'连檐'之误。"又注："四库本作'连檐'，故宫本作'连椽'。"

③两椽栿：宋式建筑中的两椽栿，一般出现在前后檐檐柱与内柱间所施乳栿、两山所施丁栿、屋顶脊槫下所施平梁这几种情况中。

④梢槫（tuán）：疑指施于接近房屋屋顶两山处的屋槫。

⑤侧项额：未知"侧项额"施于何处。从字面意义上看，似乎指其额未施于柱子的中缝处，而是施于柱头上偏于某一侧的地方。尚未见相应实例。

⑥楷子，每一只：陈注："201页，仰合楷子，一只，六厘功。"这里的页数，指陈点注本《法式》第二册第201页，亦即本书上节"仓廒库屋功限"中的内容。陈先生是将常行散屋中的"楷子"与仓廒库屋中的"仰合楷子"做了比较。

⑦枓口跳：宋式营造中最为简单的一种枓栱形式。参见卷第四《大

木作制度一》"栱·泥道栱"条相关注释。

⑧其名件各依本法：从上下文看，这里的意思是，如果常行散屋采用
了枓口跳及以上枓栱做法，则其构件应以枓栱所用情况该构件本
应采用的功限计算方式计算功限。

【译文】

常行散屋中诸名件造作功：

四椽栿，每1条，计为2功。

三椽栿，每1条，计为1.2功。

乳栿，每1条；

椽，共长360尺；

连檐，每长200尺；

搏风版，每长80尺；

如上几种名件及其数量施造所用功限，各计为1功。

两椽栿，每1条，计为0.7功。

驼峰，每1坐，计为0.4功。

槫，每1条，计为0.2功。若是梢槫，每1条增加0.02功。

劄牵，每1条，计为0.15功。

枓，每1只；

生头木，每1条；

脊串，每1条；

蜀柱，每1条；

如上几种名件施造，各计为0.1功。

额，每1条，计为0.09功。侧项额与之相同。

替木，每1枚，计为0.08功。施用于梢槫下的替木，增加0.01功。

叉手，每1片；托脚与之相同。

楷子，每1只；

如上两种名件施造，各计为0.05功。

　　如上各种名件,若施于其屋采用枓口跳以上枓栱做法时,其诸名件所计功则各依其本法所用之功。

跳舍行墙功限

【题解】

　　关于"跳舍行墙"及文中出现的"杚巴子""跳子"等名件,梁先生注释说:"跳舍行墙是一种什么建筑或墙? 杚巴子、跳子又是些什么名件? 都是还找不到答案的疑问。"

　　从字面上猜测,"行墙"可能类似于后世帝王宫苑四周所施的"宫墙"。以其有柱、槫,则或其有一定空间进深,或其墙内施柱,以支撑跳舍行墙上所覆之顶。其顶亦有顺身而设的屋槫,形成屋顶的结构;并在其墙之上覆以屋檐、施小瓪瓦与脊,俨然一个尺度较小的宫舍屋顶。"跳舍"是否有紧邻宫墙而设的小型房屋之意,未可知。

　　造作功:穿凿、安勘等功在内。

　　柱,每一条,一分功。槫同。

　　椽,共长四百尺;杚巴子所用同①。

　　连檐,共长三百五十尺;杚巴子同上。

　　右各一功。

　　跳子②,每一枚,一分五厘功。角内者③,加二厘功。

　　替木,每一枚,四厘功。

【注释】

　　①杚巴子:如梁先生注,未知"杚巴子"是什么名件,施于何处。杚,《说文·木部》:"平也。从木,气声。"有二音:一音 gài,同"槩",

量谷物时用以刮平斗斛的器具;其引申义是把东西弄平。一音
gé,圪榄,方言,老树根。文中与屋顶之"椽"或"连檐"相关联的
"圪巴子",疑是房屋建造过程中用来找平跳椽或连檐的某种材料
或器具。

②跳子:如梁先生注,未知"跳子"是什么名件,施于何处。从上下
文猜测,疑似为跳舍行墙顶端所施向内外出挑的木方,其作用有
如承托檐椽的挑方,或如柱额之上所施的出跳华栱,都起到承托
其上瓦顶的作用。

③角内者:这里的"角内",当指跳舍行墙的转角处;"角内者"即指
其转角处所施"跳子"。若如上猜测是对的,则"角内跳子"当为
斜置为45°的出挑角椽,其长度略长,故所计功亦稍有增加。

【译文】

造作跳舍行墙诸名件所计功:其名件之穿凿、安装勘验等功亦计在内。

柱,每1条,计为0.1功。博所计功与柱同。

椽,以其共长400尺计;圪巴子所用长度与椽相同。

连檐,以其共长350尺计;连檐处圪巴子所用长度与上相同。

如上名件及数量各计为1功。

跳子,每1枚,计为0.15功。转角角内所施跳子,在此基础上增加0.02功。

替木,每1枚,计为0.04功。

望火楼功限

【题解】

宋人所撰《东京梦华录》卷三有载:"又于高处砖砌望火楼,楼上有
人卓望,下有官屋数间,屯驻军兵百余人,及有救火家事,谓如大小桶、洒
子、麻搭、斧锯、梯子、火叉、大索、铁猫儿之类。每遇有遗火去处,则有马
军奔报军厢主,马步军、殿前三衙、开封府,各领军级扑灭,不劳百姓。"

又宋人撰《枫窗小牍》卷下载："东京每坊三百步有军巡铺，又于高处有望火楼，上有人探望，下屯军百人，及水桶、洒帚、钩锯、斧杈、梯索之类，每遇生发，扑救须臾便灭。"

可知，望火楼作为一种城市公共建筑类型，在北宋时代已经十分成熟。《法式》中又进一步给出了构成望火楼诸名件及造作这些名件所用的功限，可以使人们对于宋代城市中所设之望火楼的基本结构与形态有初步的了解。

望火楼一坐，四柱，各高三十尺；基高十尺[①]。上方五尺，下方一丈一尺[②]。

造作功：

柱，四条，共一十六功。

棍[③]，三十六条，共二功八分八厘。

梯脚[④]，二条，共六分功。

平栿[⑤]，二条，共二分功。

蜀柱，二枚；

搏风版[⑥]，二片；

右各共六厘功。

槫，三条，共三分功。

角柱[⑦]，四条；

厦瓦版[⑧]，二十片；

右各共八分功。

护缝[⑨]，二十二条，共二分二厘功。

压脊[⑩]，一条，一分二厘功。

坐版[⑪]，六片，共三分六厘功。

右以上穿凿、安卓，共四功四分八厘。

【注释】

①基高十尺：未知这里的"基高"是否包括在其四柱高达3丈的高度范围内。如果包括在内，则望火楼的基座当是施于四柱根部高1丈的高度方位内的一个方台。亦未知其基座之台是用土石或砖砌筑的，还是木方搭造的。以下文提到的"四角柱"推测，似有可能是在中央四柱的四周，再斜施四角柱，形成其楼的基台。

②上方五尺，下方一丈一尺：这里所给出的尺寸，仍未知是指望火楼基座的上下见方尺寸，还是整座望火楼的上下见方尺寸。仍以"四角柱"推测，疑这里的上方5尺，下方1.1丈，是由4根斜向施安的角柱构成下大上小如梯形状的方台。其上方即为望火楼中央四柱的柱距。其四柱为直上直下的形式。

③榥（huàng）：柱与柱之间相互拉结的方木。

④梯脚：从其文言"两条"推测，梯脚当指由两根长条木方构成的登楼之梯的两条侧帮，可知其梯为简单的斜梯，而非常见的施有勾阑的扶梯。

⑤平栿：这里的"平栿"，似非指屋顶结构中的"平梁"，疑指其四柱顶端用以承托望火楼平台的水平施造的横梁。

⑥搏风版：以其有"压脊"及"搏风版"推知，望火楼上可能有可遮雨的两坡屋顶，屋顶两际施有搏风版。

⑦角柱：疑即上文所言高为10尺之基台四角斜向施造的柱子，其在功能上既可构成梯形轮廓的基台，又可起到撑扶中央四柱的作用。

⑧厦瓦版：望火楼屋顶上所覆之版，其上未必覆瓦，疑仅用厦瓦版形成屋顶的覆盖部分。

⑨护缝：疑指厦瓦版接缝处所施的护缝。

⑩压脊：从上文言压脊为"一条"，则这里的"压脊"可能是施于屋

　　脊处的一条木方,起到屋脊的结构与造型作用。

⑪坐版:疑指施于望火楼内,为值守人员设置的如坐凳一样的坐版,
　　而非楼坐之版。

【译文】

　　施造望火楼一坐,其楼有4根柱,每柱各高30尺;楼之基座高10尺。
其楼之座上方5尺,下方1.1丈。

　　望火楼诸名件造作功:

　　施造其楼主柱,4条,共计为16功。

　　其楼所施横桄,36条,共计为2.88功。

　　登楼梯脚,2条,共计为0.6功。

　　楼座平台所施平栿,2条,共计为0.2功。

　　望火楼所施蜀柱,2枚;

　　望火楼屋顶所施搏风版,2片;

　　如上名件分别共计为0.06功。

　　望火楼屋顶所施槫,3条,共计为0.3功。

　　望火楼基台所施角柱,4条;

　　望火楼屋顶所覆厦瓦版,20片;

　　如上名件分别共计为0.8功。

　　屋顶版间施安护缝,22条,共计为0.22功。

　　屋顶施安压脊木,1条,计为0.12功。

　　望火楼上所施坐版,6片,共计为0.36功。

　　以上各种名件的穿凿、安卓等,共计为4.48功。

营屋功限其名件以五寸材为祖计之

【题解】

所谓"营屋",当指军队的营房。如《法式》的作者李诫在其《进新

修〈营造法式〉序》中就提到他所承担的一项工作为"专一提举修盖班直诸军营房等",可知在宋代,军队营屋的建造也属于由国家财政支出的重要房屋营造内容。当然,一般来讲,营屋或营房的房屋等级是比较低的,其建造标准很可能比常行散屋或官府廊屋之类房屋的等级还要略低一些。

另,其文特别提到"营屋功限"中的"名件以五寸材为祖计之",仍有令人不解之处。若以材广计之,《法式》所规定之八等材,其断面高度没有恰好为5寸者,六等材高(广)6寸,七等材高(广)5.25寸,唯有断面厚度为5寸者,如三等材,其厚5寸。但是,以材之厚作为诸名件推计之标准,似不合理,且营屋系等级较低房屋,以三等材为祖推算,显得过于豪奢。结合前文大木作栱、枓功限是以六等材为祖推计的,则这里的"五寸材",是否即是七等材(材广5.25寸)之简称,未可知。若果如此,则或可推知,宋代营屋建造采用等级较低的"七等材"为其功限与料例之标准。

从其文所描述的房屋名件来看,营屋有可能采用了两山出际式屋顶的做法,因此会施有搏风版。其他如桩项柱、两椽栿及四椽下檐柱等名件,说明其房屋的进深尺寸一般不是很大。

造作功:

桩项柱^①,每一条;

两椽栿,每一条;

右各二分功。

四椽下檐柱^②,每一条,一分五厘功。三椽者^③,一分功;两椽者^④,七厘五毫功。

枓,每一只;

槫,每一条;

右各一分功。梢槫加二厘功。

搏风版,每共广一尺,长一丈,九厘功。

蜀柱,每一条;

额,每一片;

右各八厘功。

牵⑤,每一条,七厘功。

脊串,每一条,五厘功。

连檐,每长一丈五尺;

替木,每一只;

右各四厘功。

叉手,每一片,二厘五毫功。虬翅⑥,三分中减二分功。

椽,每一条,一厘功。

右以上钉椽、结裹⑦,每一椽四分功。

【注释】

①袱项柱:构件名。参见本卷"仓廒、库屋功限"条相关注释。

②四椽下檐柱:下檐柱,本指重檐屋顶房屋之下檐下所施之柱。但这里的"四椽下檐柱"似未含"重檐"屋顶之意,故猜测其指四椽进深的屋顶之下所施檐柱。若果如此,则亦暗示其屋进深为四步椽架,其屋所用梁袱可能是四椽袱,袱之下前后皆施檐柱。其柱仍可能是"袱项柱",即其梁施于檐柱柱顶之上,类似于清式建筑中的"抱头梁"做法。但未知"袱项柱"与"四椽下檐柱"如何区别。

③三椽者:即三椽下檐柱,其屋亦可能为三椽进深。

④两椽者:即两椽下檐柱,其屋可能为两椽进深。

⑤牵:疑指"劄牵",或用于牵拉屋架上某一主要构件的木方。下文

"荐拔、抽换柱、栿等功限"中,在"牵"条后有小注:"劄牵,减功
五分之一。"可知"牵"与"劄牵"有所区别,其似为一件较劄牵
尺寸要稍大一些的名件。

⑥虻(méng)翅:梁注:"'虻翅'是什么? 待考。"陈注:"虻翅?"似
存疑。虻,乃昆虫名。《庄子·天下》:"由天地之道,观惠施之能,
其犹一蚊一虻之劳者也。'""虻翅"似为与叉手相关,形如虻之两
翅的构件,仍未知实例如何。

⑦结裹:疑指屋顶施椽的后续工作,如在屋椽上覆版等。

【译文】

营屋诸名件造作功:

栿项柱,每1条;

两椽栿,每1条;

造作如上诸项各计为0.2功。

进深四椽架之屋其栿下所施檐柱,每1条,计为0.15功。若进深三椽
架者,计为0.1功;进深两椽架者,计为0.075功。

枓,每1只;

槫,每1条;

造作如上两项各计为0.1功。其槫之功,若是梢槫,应增加0.02功。

搏风版,每1版共宽1尺,长1丈,计为0.09功。

蜀柱,每1条;

额,每1片;

造作如上两项各计为0.08功。

牵,每1条,计为0.07功。

脊串,每1条,计为0.05功。

连檐,每长1.5丈;

替木,每1只;

造作如上两项各计为0.04功。

叉手，每1片，计为0.025功。虹翅造作，以叉手造作所计功之3份中减去2份计之，即以叉手造作功的1/3计之。

椽，每1条，计为0.01功。

在如上两项基础上，若做钉椽、结裹等工作，每1椽计为0.4功。

拆修、挑拔舍屋功限 飞檐同

【题解】

前一条是关于房屋营造所做功限即"营屋功限"的，本条则主要是谈有关房屋修缮方面所需的营作功限的。

木结构建筑因风雨侵蚀等原因，其耐久性受到一定影响，尤其是等级较低的舍屋建筑，在用料及防护上，与较高等级的殿堂式建筑差距较大，使用功能的变化幅度亦较大，故其修缮的频次无疑会较多，对舍屋做拆修，对其屋架梁栿、柱木等做挑拔等的概率亦较高。

拆修、挑拔舍屋或铺作，这里也包括了飞檐，其所需的功限既非造作之功亦非安卓之功，多是拆解翻修、替换、重别结裹之类工作的功限，其计算亦有相应的规则。

拆修铺作舍屋，每一椽①：

榑檩衮转、脱落②，全拆重修，一功二分。科口跳之类，八分功；单科只替以下③，六分功。

揭箔翻修④，挑拔柱木⑤，修整檐宇，八分功。科口跳之类，六分功；单科只替以下，五分功。

连瓦挑拔⑥，推荐柱木⑦，七分功。科口跳之类以下，五分功；如相连五间以上，各减功五分之一。

重别结裹飞檐⑧，每一丈，四分功。如相连五丈以上，减功五分之一；其转角处，加功三分之一。

【注释】

①每一椽：梁注："这'椽'是衡量单位，'每一椽'就是每一架椽的幅度。"

②榑檩（lǐn）衮（gǔn）转：似指其屋顶的榑檩因年久失修，发生了滑动或滚转，需要更迭修缮。衮，与"滚动"之"滚"义通。

③单枓只替：梁注："'单枓只替'虽不见于大木作制度中，但从文义上理解，无疑就是跳头上施一枓，枓上安替木以承橑檐方（橑檐〔风〕榑）的做法，如山西大同华严寺海会殿（已毁）所见。"

④揭箔翻修：原文为"揭箔番修"，梁注本改为"揭箔翻修"。傅注："翻，'番'疑'翻'。故宫本即作'番'。"箔，在这里似指屋顶所覆苇箔、席箔，或也可指屋顶之上所覆之望板、瓦背之类。

⑤挑拔：古代建筑维修施工中的一道工序，即将覆压在拟修缮构件（如梁或柱）之上的其他部分挑开，将拟修缮的构件（如屋柱等）拔出，加以维修或替换。

⑥连瓦挑拔：从上下文看，似为将舍屋的屋顶连同屋顶所覆之瓦挑拔起来，以更换其下已遭侵蚀损坏的柱木等构件。

⑦推荐柱木：与上文"连瓦挑拔"为一个连续的工作，即在将屋顶挑拔高起之后，将损坏的柱木加以拆除，推入新的或经过维修的柱木，对旧柱木加以更换。

⑧重别结裹飞檐：指房屋修缮的一个局部工序，即对比较容易遭到风雨侵蚀的房屋檐口部位，尤其是飞檐部分，加以重新铺装、结裹，使飞檐重新恢复到初建时期的坚实结构与样貌。

【译文】

拆修檐下施有枓栱铺作的舍屋，每拆修一椽架：

其屋榑檩出现滚动翻转、倾圮脱落，需要进行全拆重修的工作，计为

1.2功。若其屋檐下施有枓口跳之类枓栱,计为0.8功;若其檐下仅用单枓只替承托柱上梁方,或更为简单不施枓栱,计为0.6功。

将屋顶所覆瓦顶、望板等揭除,对屋顶做较大翻修,及挑拔柱木,修整檐宇,计为0.8功。若其屋檐下施有枓口跳之类枓栱等,计为0.6功;若其檐下仅用单枓只替或更为简单的不施枓栱,计为0.5功。

若连屋顶及所覆之瓦同时挑拔高起,在其下挑除既损柱木,推入新修之柱者,计为0.7功。若其屋檐下施有枓口跳之类枓栱等,计为0.5功;如果所修之屋相连五间以上,则每拆修一椽架,各以减少原本所应计功的1/5计之。

如果是重新修缮结裹房屋檐口处的飞檐,以其飞檐每长1丈,计为0.4功。如其飞檐相连5丈以上,则以减少其原本所应计功的1/5计之;如果是其屋转角处的飞檐,则应在原本所应计功的基础上增加1/3计之。

荐拔、抽换柱、栿等功限

【题解】

本节仍然是有关房屋修缮所计功限的内容。房屋修缮中,除了屋顶、槫檩、檐口、飞檐、翼角檐等的修缮外,工程难度最大、最耗费工时的应该就属修整、挑拔或抽换房屋的主要承重结构构件,即屋柱与房屋屋顶结构中的主要梁栿了。

(荐拔、抽换柱栿等功限)

荐拔、抽换殿宇楼阁等柱、栿之类[1],每一条,

殿宇、楼阁:

平柱[2]:

有副阶者,以长二丈五尺为率。一十功。每增减一尺,各加减八分功。其厅堂、三门、亭台栿项柱[3],减功三分之一。

无副阶者，以长一丈七尺为率。六功。每增减一尺，各加减五分功。其厅堂、三门、亭台下檐柱④，减功三分之一。

副阶平柱：以长一丈五尺为率。四功。每增减一尺，各加减三分功。

角柱：比平柱每一功加五分功。厅堂、三门、亭台同。下准此。

明栿：

六架椽，八功；草栿，六功五分。

四架椽，六功；草栿，五功。

三架椽，五功；草栿，四功。

两丁栿⑤，乳栿同。四功。草栿，三功；草乳栿同。

牵⑥，六分功。劄牵，减功五分之一。

椽，每一十条，一功。如上、中架，加数二分之一。

【注释】

①荐拔："推荐""挑拔"的缩略语。在房屋营造上，即指将遭到损坏的殿宇楼阁等房屋的柱子或梁栿，从其构架体系中抽拔出来，加以修整或更换。抽换：抽出更换，用于古代建筑，则可以理解为"抽梁换柱"等意义，即抽拔出已经遭到损坏的梁或柱，以经过修整或新的梁或柱加以更换。其方法是先做好相应的支撑，以确保原有的柱或梁不再承受荷重，再将已损坏的旧柱或旧梁撤下，换以新柱或新梁，使其准确就位并加以固定。

②平柱：一般指房屋正面当心间的左右两柱。参见卷第五《大木作制度二》"柱·角柱生起"条相关注释。

③三门：指佛教寺院建筑群前部的门殿，宋代以前称"三门"，元明

以后,渐渐改称"山门"。亭台枓项柱:这里似指亭台建筑梁枓下所施柱。参见本卷"仓廒、库屋功限"条及本卷"营屋功限"条相关注释。

④亭台下檐柱:参见本卷"营屋功限"条相关注释。这里特别列出了"亭台枓项柱"与"亭台下檐柱",说明"枓项柱"与"下檐柱"两者意思明显不同。枓项柱,似出现在有副阶的亭台檐下,而下檐柱则出现在无副阶的亭台檐下。疑这里的"枓项柱",指重檐亭台抱头梁下所施的上檐柱,而"下檐柱"则指单檐亭台抱头梁下所施的檐柱。如此理解,未知是否能够厘清两者之间的差别。

⑤两丁枓:原文为"两下枓",梁注本改为"两丁枓"。徐注:"陶本作'下崄',误。"陈注:改"下"为"丁",即"两丁枓"。傅合校本中,其文仍为"两下枓",未做更正。可知,陈、徐两位先生认为是"两丁枓",傅先生认为是"两下枓",参见下文所引傅先生注。暂从梁先生所改。

⑥牵:构件名。参见本卷"营屋功限"条相关注释。

【译文】

荐拔、抽换殿宇楼阁等房屋的屋柱、梁枓之类,每1条,

若殿宇、楼阁:

平柱:

有副阶者,以长2.5丈为标准。**造作其柱计为10功。**其柱的长度每增加或减少1尺,各自增加或减少0.8功。若是厅堂、寺院三门之平柱,或亭台枓项柱,造作每1条,应减其本功的1/3而计之。

无副阶者,以长1.7丈为标准。**造作其柱计为6功。**其柱的长度每增加或减少1尺,各自增加或减少0.5功。若是厅堂、寺院三门之平柱,或亭台下檐柱,造作每1条,应减其本功的1/3而计之。

副阶平柱:以长1.5丈为标准。**造作其柱计为4功。**其柱的长度每增加或减少1尺,各自增加或减少0.3功。

角柱：比上文所言平柱所计每1功，增加0.5功。厅堂、寺院三门、亭台等角柱，所计功之增加或减少数与之同。如下亦以此为准。

明栿：

造作六椽明栿，计为8功；若六椽草栿，计为6.5功。

造作四椽明栿，计为6功；若四椽草栿，计为5功。

造作三椽明栿，计为5功；若三椽草栿，计为4功。

造作两山所施两丁栿，前后檐所施乳栿与之相同。**计为4功。**若丁栿为草栿，计为3功；草乳栿所计功与草丁栿同。

造作牵，计为0.6功。若造作劄牵，可减牵之功的1/5计之。

造作椽，每10条，计为1功。如果是施于上架或中架之椽，应增加上文所言椽之条数的1/2计之。

（枓口跳以下，六架椽以上舍屋）

枓口跳以下[①]，六架椽以上舍屋[②]：

栿，六架椽，四功。四架椽，二功；三架椽，一功八分；两丁栿[③]，一功五分；乳栿，一功五分。

牵，五分功。劄牵减功五分之一。

栿项柱，一功五分。下檐柱[④]，八分功。

【注释】

①枓口跳以下：枓口跳已几乎是等级最低的枓栱了，其以下大概只有清代建筑中常见的无出跳枓栱的"一枓三升"做法，本书中提到的"单枓只替"做法，以及宋辽时期常见的"枓子蜀柱"做法了。《法式》下文仅列出"单枓只替"，未知这里的"枓口跳以下"，包含了哪几种做法。

②六架椽以上：从字面上理解，"六椽架以上"似指其屋进深大于六

步椽架的舍屋，但其下文又特别提到"四架椽""三架椽"及"丁
栿""乳栿"，或可理解为其屋进深应在六步椽架或以上。其所用
梁栿，似可以采用不同长度梁栿组合的多种方式。

③两丁栿：傅合校本注："下，故宫本作'两下栿'。"即改为"两下
栿"。梁注本保持"两丁栿"。暂从原文。

④下檐柱：此处"下檐柱"非指重檐屋顶下檐所施之柱，其意义仍不
十分清晰。

【译文】

造作枓口跳以下，六架椽以上舍屋等柱、栿之类，每1条：

造作栿，若为六架椽栿，计为4功。造作四架椽栿，计为2功；造作三架椽
栿，计为1.8功；造作两山丁栿，计为1.5功；造作乳栿，计为1.5功。

造作牵，计为0.5功。若造作劄牵，减造牵之功1/5计之。

造作栿项柱，计为1.5功。造作下檐柱，计为0.8功。

（单枓只替以下，四架椽以上舍屋）

单枓只替以下①，四架椽以上舍屋②：枓口跳之类四椽以下
舍屋同。

栿，四架椽，一功五分。三架椽，一功二分；两丁栿并乳栿，
各一功。

牵③，四分功。劄牵减功五分之一。

栿项柱，一功。下檐柱，五分功。

椽，每一十五条，一功。中、下架加数二分之一。

【注释】

①单枓只替以下：单枓只替，应是最简单的檐下枓栱做法，若其做法
以下，疑即类似于清式建筑中不施枓栱的小式建筑做法。

②四架椽以上舍屋：仍如上条所疑，既称"四架椽以上舍屋"，其下
　文中又特别提到三架椽及丁栿、乳栿，似仍应理解为其屋进深不
　超过四步椽架，但其梁架未必采用四椽栿，而有可能用不同长短
　的梁栿组合而成。

③牵：梁注："'牵'与'劄牵'的具体区别待考。"可知梁先生对"牵"
　与"劄牵"的区别，亦存疑惑。从《法式》文本及实例遗存中，似
　尚未找到与"劄牵"不同但却有所关联的"牵"。

【译文】

造作单科只替以下，四架椽以上舍屋等柱、栿之类，每1条：若造作科
口跳之类四椽以下舍屋等柱、栿之类，每1条与之相同。

造作栿，四架椽栿，计为1.5功。 造作三架椽栿，计为1.2功；造作两山丁
栿并前檐或后檐乳栿，分别各计为1功。

造作牵，计为0.4功。 若造作劄牵，减造作牵之功的1/5计之。

造作栿项柱，计为1功。 若造作下檐柱，计为0.5功。

造作椽，每15条，计为1功。 如果是施于上架或中架之椽，应增加上文所
言椽之条数的1/2计之。

卷第二十　小木作功限一

版门独扇版门、双扇版门　乌头门　软门牙头护缝软门、合版用楅软门

破子棂窗　睒电窗　版棂窗　截间版帐

照壁屏风骨截间屏风骨、四扇屏风骨　隔截横钤、立旌

露篱　版引檐　水槽　井屋子　地棚

【题解】

自本卷，即自《法式》卷第二十至卷第二十三，作者用了四卷的篇幅，对宋代小木作营造中各种小木作做法所需施用的功限做了一个较为全面的梳理。自《小木作功限一》至《小木作功限四》的行文内容大体上与《法式》卷第六至卷第十一，即自《小木作制度一》至《小木作制度六》中，诸种小木作制度的内容是相互对应的。

《小木作功限一》与《小木作制度一》二者在所述及的小木作内容上，几乎是一一对应的。其中主要是有关门、窗、截间版帐、照壁屏风、隔截横钤、露篱、版引檐、水槽、井屋子、地棚等小木作工程造作与安装所应计算的功限。

对我们来说，本卷中更为重要的内容，是作者在文中给出的诸种门窗的高度尺寸及门上所用诸配件，由此可以帮助我们了解宋代各种门窗之高度尺寸的变化幅度，以及可开启门窗的基本构件组成。

同时，也可以使我们对室内外隔截空间所施截间版帐，或露篱、井屋

子、地棚等小木作的高度与构造,有进一步的了解。

版门 独扇版门、双扇版门

【题解】

本节所记述的内容主要是宋代小木作中版门的造作与安装所需计量的功限。其中主要包括了独扇版门与双扇版门两种情况。所谓"版门",指的是用若干块木版拼合而成为一大块木版以作为其门之门扇的门。这样的门在结构上比较坚固,且形式上也比较厚重,适合用于房屋组群或外层院落的大门,亦可用在城门之上。

一般来说,如果其门洞的开口高度与宽度尺寸比较适中,如其门的高度不超过7尺的情况下,就有可能采用独扇版门的做法,但开口的高度与宽度都比较高大的门,如其门的高度大于7尺,甚至高达丈余,或2丈多,这种门多见于大户人家院落的外门,或宫殿、衙署、寺观的外门以及城门等处,这种大尺度的外门,多数可能会采用双扇版门的做法。

版门造作所计功限,主要是依据其门的高度尺寸确定的。这或也在一定程度上说明,一扇版门的高度确定了,其门在宽度上的尺寸差别大体上也不是很大。换言之,一扇版门的大小,在很大程度上,是与其门的高度尺寸密切关联的。这其中多少也隐含了某种比例的概念。如卷第六《小木作制度一》中提到的其"广与高方",即是说,一座版门的高度与其门的宽度尺寸基本上是一致的;如此,则独扇版门的高度与其门扇的宽度相同,而双扇版门的高度则是其两扇版门的宽度之和。由此,或也可以理解为什么《法式》作者在这一节有关版门功限的行文中,只字不提版门的宽度,仅列出各种版门的高度尺寸,用以推定其所用功限的多少。

(独扇版门)

独扇版门①,一坐②,门额、限、两颊及伏兔、手栓全③。

造作功：

高五尺，一功二分。

高五尺五寸，一功四分。

高六尺，一功五分。

高六尺五寸，一功八分。

高七尺，二功。

安卓功：

高五尺，四分功。

高五尺五寸，四分五厘功。

高六尺，五分功。

高六尺五寸，六分功。

高七尺，七分功。

【注释】

①独扇版门：参见卷第六《小木作制度一》"版门·造版门之制"条相关注释。

②一坐：版门可以是独立设置在一组建筑群之前的"门"，若其为独扇门，且其门高度不很高，自有其独立的门框、立柱等设施，故称其为"坐"。

③门额：参见卷第六《小木作制度一》"版门·门额、立颊与地栿"条相关注释。限：指门砧限。参见卷第三《壕寨及石作制度》"石作制度·门砧限"条相关注释。两颊：指版门门框的立颊。参见卷第六《小木作制度一》"版门·门额、立颊与地栿"条相关注释。伏兔：参见卷第六《小木作制度一》"版门·门砧、门关与透栓"条相关注释。手栓：参见卷第六《小木作制度一》"版门·门

砧、门关与透栓"条相关注释。

【译文】

造独扇版门，1坐，其名件包括门额、门限、门两侧立颊及启闭其门所设的伏兔、手栓，此为独扇版门的全部。

版门造作功：

门高5尺，计为1.2功。

门高5.5尺，计为1.4功。

门高6尺，计为1.5功。

门高6.5尺，计为1.8功。

门高7尺，计为2功。

版门安卓功：

门高5尺，计为0.4功。

门高5.5尺，计为0.45功。

门高6尺，计为0.5功。

门高6.5尺，计为0.6功。

门高7尺，计为0.7功。

（双扇版门）

双扇版门，一间①，两扇，额、限、两颊、鸡栖木及两砧全②。

造作功：

高五尺至六尺五寸，加独扇版门一倍功。

高七尺，四功五分六厘。

高七尺五寸，五功九分二厘。

高八尺，七功二分。

高九尺，一十功。

高一丈，一十三功六分。

高一丈一尺，一十八功八分。

高一丈二尺，二十四功。

高一丈三尺，三十功八分。

高一丈四尺，三十八功四分。

高一丈五尺，四十七功二分。

高一丈六尺，五十三功六分

高一丈七尺，六十功八分。

高一丈八尺，六十八功。

高一丈九尺，八十功八分。

高二丈，八十九功六分。

高二丈一尺，一百二十三功。

高二丈二尺，一百四十二功。

高二丈三尺，一百四十八功。

高二丈四尺，一百六十九功六分。

【注释】

①一间：双扇版门一般设置于一座门殿或门屋之内的两柱之间，且其门一般都恰好占有一个房屋开间的结构，故称其为"一间"。

②鸡栖木：参见卷第六《小木作制度一》"版门·门额、立颊与地栿"条相关注释。两砧：其双扇门各有一门砧，故称"两砧"。砧，即门砧。参见卷第六《小木作制度一》"版门·门砧、门关与透栓"条相关注释。

【译文】

造作双扇版门，一间，两扇版门，门额、门限、门两侧所施立颊、门上所施鸡栖木及两扇门下之两砧，此为双扇版门的全部。

版门造作功：

门高5尺至6.5尺,在同样高度独扇版门所用功的基础上,增加其功的1倍计之。

门高7尺,计为4.56功。

门高7.5尺,计为5.92功。

门高8尺,计为7.2功。

门高9尺,计为10功。

门高1丈,计为13.6功。

门高1.1丈,计为18.8功。

门高1.2丈,计为24功。

门高1.3丈,计为30.8功。

门高1.4丈,计为38.4功。

门高1.5丈,计为47.2功。

门高1.6丈,计为53.6功。

门高1.7丈,计为60.8功。

门高1.8丈,计为68功

门高1.9丈,计为80.8功。

门高2丈,计为89.6功。

门高2.1丈,计为123功。

门高2.2丈,计为142功。

门高2.3丈,计为148功。

门高2.4丈,计为169.6功。

(双扇版门诸名件)

双扇版门所用手栓、伏兔、立掭、横关等依下项[①]:计所用名件,添入造作功内[②]。

手栓,一条,长一尺五寸,广二寸,厚一寸五分,并伏兔二枚；各长一尺二寸，广三寸，厚二寸，共二分功。

上、下伏兔，各一枚，各长三尺，广六寸，厚二寸，共三分功。

又：长二尺五寸，广六寸，厚二寸五分，共二分四厘功。

又，长二尺，广五寸，厚二寸，共二分功。

又，长一尺五寸，广四寸，厚二寸，共一分二厘功。

立柣，一条，长一丈五尺，广二寸，厚一寸五分，二分功。

又，长一丈二尺五寸，广二寸五分，厚一寸八分，二分二厘功。

又，长一丈一尺五寸，广二寸二分，厚一寸七分，二分一厘功。

又，长九尺五寸，广二寸，厚一寸五分，一分八厘功。

又，长八尺五寸，广一寸八分，厚一寸四分，一分五厘功。

立柣身内手把③，一枚，长一尺，广三寸五分，厚一寸五分，八厘功。若长八寸，广三寸，厚一寸三分，则减二厘功。

立柣上、下伏兔，各一枚，各长一尺二寸，广三寸，厚二寸，共五厘功。

搕锁柱④，二条，各长五尺五寸，广七寸，厚二寸五分，共六分功。

门横关，一条，长一丈一尺，径四寸，五分功。

立柣、卧柣，一副，四件，共二分四厘功。

地栿版⑤，一片，长九尺，广一尺六寸，楅在内。一功五分。

门簪，四枚，各长一尺八寸，方四寸，共一功。每门高增一尺，加二分功。

托关柱^⑥，二条，各长二尺，广七寸，厚三分，共八分功。

【注释】

①立榙（tiàn）：梁注："立榙是一根垂直的门关，安在上述上下两伏兔之间，从里面将门拦闭。"参见卷第六《小木作制度一》"软门·牙头护缝软门"条相关注释。横关：疑即门闩，门上用于锁闭门扇的横木。

②计所用名件，添入造作功内：徐注："陶本作'功限'。"即陶本中其文为："计所用名件，添入造作功限内。"梁注本改为"计所用名件，添入造作功内"。暂从梁注本。

③立榙身内手把：疑指施于立榙身内，以方便把拿立榙的把手。

④搕锁柱：搕，梁先生注音为 hé（合）。其中"锁"字，陈注："锁"，即"搕锁柱"。参见卷第六《小木作制度一》"版门·门砧、门关与透栓"条相关注释。

⑤地栿（fú）版：梁注："地栿版就是可以随时安上或者取掉的活动门槛，安在立栿的槽内。"参见卷第六《小木作制度一》"版门·门砧、门关与透栓"条相关注释。

⑥托关柱：疑指用以托住门之横关的立柱，其柱为施于门版之上的木方。

【译文】

造作双扇版门中所用手栓、伏兔、立榙、横关等所用功限，并依如下诸项：根据所用名件，将其添入所计造作功内。

手栓，1条，长1.5尺，宽2寸，厚1.5寸，同时包括伏兔2枚；各长1.2尺，宽3寸，厚2寸，共计为0.2功。

上、下伏兔，各1枚，其长度各为3尺，宽6寸，厚2寸，共计为0.3功。

又：其长度各为2.5尺，宽6寸，厚2.5寸，共计为0.24功。

又，其长度各为2尺，宽5寸，厚2寸，共计为0.2功。

又,其长度各为1.5尺,宽4寸,厚2寸,共计为0.12功。

立桥,1条,长1.5丈,宽2寸,厚1.5寸,计为0.2功。

又,其长1.25丈,宽2.5寸,厚1.8寸,计为0.22功。

又,其长1.15丈,宽2.2寸,厚1.7寸,计为0.21功。

又,其长9.5尺,宽2寸,厚1.5寸,计为0.18功。

又,其长8.5尺,宽1.8寸,厚1.4寸,计为0.15功。

立桥身内手把,1枚,长1尺,宽3.5寸,厚1.5寸,计为0.08功。若其长度为8寸,宽3寸,厚1.3寸,则在此基础上减少0.02功计之。

为门之立桥所施上、下伏兔,各1枚,各自长度为1.2尺,宽3寸,厚2寸,共计为0.05功。

门上所用搕锁柱,2条,各自长度为5.5尺,宽7寸,厚2.5寸,共计为0.6功。

门横关,1条,长1.1丈,截面直径为4寸,计为0.5功。

立柣、卧柣,1副,4件,共计为0.24功。

地栿版,1片,长度为9尺,宽1.6尺,其版所施幅的尺寸包含在内。计为1.5功。

门簪,4枚,各长1.8尺,截面方4寸,共计为1功。如果其门高度每增加1尺,应在原有基础上增加0.2功计之。

托关柱,2条,各长2尺,宽7寸,厚0.3寸,共计为0.8功。

(双扇版门安卓功)

安卓功[①]:

高七尺,一功二分。

高七尺五寸,一功四分。

高八尺,一功七分。

高九尺,二功三分。

高一丈,三功。

高一丈一尺,三功八分。

高一丈二尺,四功七分。

高一丈三尺,五功七分。

高一丈四尺,六功八分。

高一丈五尺,八功。

高一丈六尺,九功三分。

高一丈七尺,一十功七分。

高一丈八尺,一十二功二分。

高一丈九尺,一十三功八分。

高二丈,一十五功五分。

高二丈一尺,一十七功三分。

高二丈二尺,一十九功二分。

高二丈三尺,二十一功二分。

高二丈四尺,二十三功三分。

【注释】

①安卓功:关于"安卓功",梁先生注:"在小木作的施工中,一般都
分两个步骤:先是制造各种部件,如门、窗、格扇等的工作,叫做
'造作';然后是安装这些部件或装配零件的工作。这一步安装
工作计分四种:(1)'安卓'——将完成的部件,如门、窗等安装
到房屋中去的工作;(2)'安搭'——将一些比较纤巧脆弱的、装
饰性的部件,如平棊、藻井等,安放在预定位置上的工作;(3)'安
钉'——主要用钉子钉上去的,如地棚的地板等的工作;(4)'拢
裹'——将许多小名件装配成一个部件,如将枓、栱、昂等装配成
一朵铺作的工作。"

【译文】

安卓版门所用功限：

门高7尺，计为1.2功。

门高7.5尺，计为1.4功。

门高8尺，计为1.7功。

门高9尺，计为2.3功。

门高1丈，计为3功。

门高1.1丈，计为3.8功。

门高1.2丈，计为4.7功。

门高1.3丈，计为5.7功。

门高1.4丈，计为6.8功。

门高1.5丈，计为8功。

门高1.6丈，计为9.3功。

门高1.7丈，计为10.7功。

门高1.8丈，计为12.2功。

门高1.9丈，计为13.8功。

门高2丈，计为15.5功。

门高2.1丈，计为17.3功。

门高2.2丈，计为19.2功。

门高2.3丈，计为21.2功。

门高2.4丈，计为23.3功。

乌头门

【题解】

乌头门，又称为"乌头大门"，为宋代房屋营造中所施用的一种室外门户类型。从史料看，这种门在唐代时已经出现，其门多施造于里坊，或是施造于某些等级较高的建筑群，包括衙署或住宅等的前部，多少类似于后世一些重要建筑群前部所设立的棂星门。

乌头门的标识性功能，似乎大于其作为门之启闭性的功能。乌头门一般是由若干根门柱冲出其门之上框，清式建筑中称这种柱为"冲天柱"。宋式做法中，将这种柱的顶端涂为黑色，或用乌色的金属加以包裹，从形式上看，就犹如其上所冒出的柱头，故称其为"乌头门"。

这里虽然给出的是不同尺度乌头门所需施用的功限，但其在行文中也透露了乌头门的构造，及不同乌头门的尺寸与比例，对于了解宋式乌头门的做法具有十分重要的价值与意义。

（造作功）

乌头门，一坐，双扇、双腰串造①。

造作功：

方八尺，一十七功六分；若下安锭脚者②，加八分功；每门高增一尺，又加一分功；如单腰串造者③，减八分功。下同。

方九尺，二十一功二分四厘。

方一丈，二十五功二分。

方一丈一尺，二十九功四分八厘。

方一丈二尺，三十四功八厘。每扇各加承棖一条④，共加一功四分；每门高增一尺，又加一分功；若用双承棖者⑤，准此计功。

方一丈三尺，三十九功。

方一丈四尺，四十四功二分四厘。

方一丈五尺，四十九功八分。

方一丈六尺，五十五功六分八厘。

方一丈七尺，六十一功八分八厘。

方一丈八尺，六十八功四分。

方一丈九尺，七十五功二分四厘。

方二丈，八十二功四分。

方二丈一尺，八十九功八分八厘。

方二丈二尺，九十七功六分。

【注释】

①双扇：乌头门系施于室外之门，尺寸较为高大，若施门扇，一般都为双扇门。双腰串造：腰串，系位于门之高度适中位置的条状木方，依卷第六《小木作制度一》"乌头门·造乌头门之制"条，其门高度在7尺以上者，用双腰串。

②铤（zhuó）脚：分为两种情况：一种施于乌头门门框底部两侧门柱之间的下串与下桯之间，称为"铤脚版"；另一种施于乌头门门扇底部，起到承托其上门扇荷重的作用，称为"铤脚"。

③单腰串造：依卷第六《小木作制度一》"乌头门·造乌头门之制"条，其门高度在7尺以下者，或用单腰串。

④承棂（líng）：这里的"棂"疑指乌头门门扇上所施的"棂子"，即乌头门门扇腰串之上所施安的竖直方向的木条，则"承棂"即卷第六《小木作制度一》"乌头门"条中提到的"承棂串"，棂子穿其串而过，其串广厚同子桯。

⑤双承棂：疑指乌头门门扇施棂子处，有上下两根承棂串。

【译文】

乌头门，1坐，其门为双扇、门扇为双腰串造。

其门所用造作功：

以其门方8尺，计为17.6功；若门下施安铤脚者，应增加0.8功；其门高度每增高1尺，又应增加0.1功；如果其门为单腰串造者，则再相应减少0.8功。如下类似情况与之相同。

以其门方9尺,计为21.24功。

以其门方1丈,计为25.2功。

以其门方1.1丈,计为29.48功。

以其门方1.2丈,计为34.08功。如果其门每扇各增加承棍串1条,共应增计功限1.4功;其门高度每增加1尺,又应增加0.1功;如果采用双承棍串做法,也以此标准计算功限。

以其门方1.3丈,计为39功。

以其门方1.4丈,计为44.24功。

以其门方1.5丈,计为49.8功。

以其门方1.6丈,计为55.68功。

以其门方1.7丈,计为61.88功。

以其门方1.8丈,计为68.4功。

以其门方1.9丈,计为75.24功。

以其门方2丈,计为82.4功。

以其门方2.1丈,计为89.88功。

以其门方2.2丈,计为97.6功。

（安卓功）

安卓功：

方八尺,二功八分。

方九尺,三功二分四厘。

方一丈,三功七分。

方一丈一尺,四功一分八厘。

方一丈二尺,四功六分八厘。

方一丈三尺,五功二分。

方一丈四尺,五功七分四厘。

方一丈五尺,六功三分。

方一丈六尺,六功八分八厘。

方一丈七尺,七功四分八厘。

方一丈八尺,八功一分。

方一丈九尺,八功七分四厘。

方二丈,九功四分。

方二丈一尺,一十功八厘。

方二丈二尺,一十功七分八厘。

【译文】

乌头门安卓所用功限:

门方8尺,计为2.8功。

门方9尺,计为3.24功。

门方1丈,计为3.7功。

门方1.1丈,计为4.18功。

门方1.2丈,计为4.68功。

门方1.3丈,计为5.2功。

门方1.4丈,计为5.74功。

门方1.5丈,计为6.3功。

门方1.6丈,计为6.88功。

门方1.7丈,计为7.48功。

门方1.8丈,计为8.1功。

门方1.9丈,计为8.74功。

门方2丈,计为9.4功。

门方2.1丈,计为10.08功。

门方2.2丈,计为10.78功。

软门 牙头护缝软门、合版用楅软门

【题解】

据梁先生的解释,相较于版门,软门是一种在构造上相对比较轻巧的门。据卷第六《小木作制度一》,软门主要分为"牙头护缝软门"与"合版软门"两种情况。本节对应于《小木作制度一》,亦将软门分为两种,分别是牙头护缝软门与合版用楅软门。

文中依据不同尺寸的软门,给出所用功限的数额,不仅使我们对这些门的加工制作所用功限有所了解,更为重要的是,其文所给出的每一合软门的尺寸,为我们了解宋式软门的设计与构造提供了一系列重要的尺寸数据。

(软门 牙头护缝拢桯双腰串软门)

软门一合[①],上下、内外牙头护缝、拢桯[②],双腰串造,方六尺至一丈六尺。

造作功:

高六尺,六功一分。如单腰串造,各减一功,用楅软门同[③]。

高七尺,八功三分。

高八尺,一十功八分。

高九尺,一十三功三分。

高一丈,一十七功。

高一丈一尺,二十功五分。

高一丈二尺,二十四功四分。

高一丈三尺,二十八功七分。

高一丈四尺,三十三功三分。

高一丈五尺,三十八功二分。

高一丈六尺,四十三功五分。

安卓功:

高八尺,二功。每高增减一尺,各加减五分功;合版用楅软门同。

【注释】

①一合:这里的"一合"之"合"为量词,指一个由两扇可以启闭的
软门门扇形成的门。

②上下、内外牙头护缝:指软门门扇腰串或腰华版的上部与下部,
及软门的内与外两面,皆采用了牙头护缝的形式。关于"牙头护
缝",梁先生注:"护缝是掩盖板缝的木条。有时这种木条的上部
做成 ⌂ 形的牙头,下部做成如意头。"参见卷第六《小木
作制度一》"乌头门・造乌头门之制"条相关注释,并见卷第六《小木
作制度一》"软门・牙头护缝软门"条相关注释。拢桯(tīng):
梁注:"'拢桯'大概是'四面用桯拢或框框'的意思。这种门就是
'用桯和串拢成框架、身内版的内外两面都用牙头护缝的软门。'"
参见卷第六《小木作制度一》"软门・牙头护缝软门"条相关注释。

③用楅(bī)软门:楅,指衬贴于门版之背面,起加强其门整体结构
性能作用的木条。一般施用于版门中,施用有楅的合版软门称
为"用楅软门"。卷第六《小木作制度一》"软门・合版软门"条:
"合版软门:高八尺至一丈三尺,并用七楅;八尺以下用五楅。(上
下牙头,通身护缝,皆厚六分。如门高一丈,即牙头广五寸,护缝
广二寸;每增高一尺,则牙头加五分,护缝加一分。减亦如之。)"

【译文】

软门1合,其门扇上下与内外皆施以牙头护缝、门扇内施以拢桯,并
施为双腰串造,其1合软门的尺寸范围,从方6尺到方1.6丈。

软门造作所用功：

门高6尺，计为6.1功。如果是单腰串造，每门所计功各自减少1功，用楅软门的情况与之相同。

门高7尺，计为8.3功。

门高8尺，计为10.8功。

门高9尺，计为13.3功。

门高1丈，计为17功。

门高1.1丈，计为20.5功。

门高1.2丈，计为24.4功。

门高1.3丈，计为28.7功。

门高1.4丈，计为33.3功。

门高1.5丈，计为38.2功。

门高1.6丈，计为43.5功。

软门安卓所用功：

门高8尺，计为2功。以其门高度每增加或减少1尺，其所计功各自增加或减少0.5功；合版用楅软门安卓所用功与软门安卓所用功相同。

（**软门**合版用楅软门）

软门一合，上、下牙头护缝，合版用楅造[①]，方八尺至一丈三尺。

造作功：

高八尺，一十一功。

高九尺，一十四功。

高一丈，一十七功五分。

高一丈一尺，二十一功七分。

高一丈二尺，二十五功九分。

高一丈三尺,三十功四分。

【注释】

①合版用楅造:即指本卷上条所提到的"用楅软门"的造作方式。

参见卷第六《小木作制度一》"软门·合版软门"条相关注释。

【译文】

软门1合,其门扇上下施有牙头护缝,其门为合版用楅造,门方8尺至1.3丈。

合版用楅软门造作所用功:

门高8尺,计为11功。

门高9尺,计为14功。

门高1丈,计为17.5功。

门高1.1丈,计为21.7功。

门高1.2丈,计为25.9功。

门高1.3丈,计为30.4功。

破子棂窗

【题解】

破子棂窗,以及下文中提到的睒电窗、版棂窗,这三种窗的做法,都是在窗框之内安以窗棂,以其窗棂分隔内外空间,并以窗棂间的空隙为室内提供采光与通风。

文中不仅给出了破子棂窗的尺寸与做法,也给出了相关的一些基本的构造做法,对了解宋式房屋中的破子棂窗有着十分重要的参考价值。

破子棂窗,一坐①,高五尺,子桯长七尺②。

造作,三功三分。额、腰串、立颊在内。

窗上横钤、立桯③，共二分功。横钤三条，共一分功；立桯二条，共一分功；若用槫柱④，准立桯。下同。

窗下障水版、难子⑤，共二功一分。障水版、难子，一功七分；心柱二条⑥，共一分五厘功；槫柱二条，共一分五厘功；地栿一条⑦，一分功。

窗下或用牙头、牙脚、填心⑧，共六分功。牙头三枚，牙脚六枚，共四分功；填心三枚，共二分功。

安卓，一功。

窗上横钤、立桯，共一分六厘功。横钤三条，共八厘功；立桯二条，共八厘功。

窗下障水版、难子，共五分六厘功。障水版、难子，共三分功；心柱、槫柱，各二条，共二分功；地栿一条，六厘功。

窗下或用牙头、牙脚、填心，共一分五厘功。牙头三枚，牙脚六枚，共一分功；填心三枚，共五厘功。

【注释】

①一坐：破子棂窗为一独立且不分窗扇的窗子，一般坐落在房屋外墙的窗槛之上，以"坐"作为计量单位。

②子桯：梁注："子桯是安在腰串的上面和上桯的下面，以安装棂子的横木条。"参见卷第六《小木作制度一》"乌头门·造乌头门之制"条相关注释，并见卷第六《小木作制度一》"破子棂窗·窗扇与窗框"条行文及相关注释。

③横钤（qián）：梁注："横钤是一种由柱到柱的大型'串'。"参见卷第六《小木作制度一》"睒电窗·睒电窗一般"条相关注释。立桯（jīng）：指施于破子棂窗两侧上下串之间的方形立木。参见卷

第六《小木作制度一》"睒电窗·睒电窗一般"条相关注释,并见
卷第六《小木作制度一》"版棂窗·窗扇与窗框"条相关注释。

④槫(tuán)柱:指施于破子棂窗两侧,并与其所在开间两屋柱相贴
的立柱。参见卷第六《小木作制度一》"截间版帐·造截间版帐
之制"条相关注释。

⑤障水版:疑指施于破子棂窗下腰串之下的木版,或能起到遮挡雨
水冲刷的作用。难子:梁注:"难子在门窗上是棂和版相接处的
压缝条;但在屏风骨上,不知应该用在什么位置上。"参见卷第六
《小木作制度一》"照壁屏风骨·截间屏风骨"条相关注释。

⑥心柱:指施于破子棂窗所在开间当心的腰串与地栿之间的短立柱。

⑦地栿:指破子棂窗下腰串之下,两柱之间所施的地梁。

⑧牙头:指破子棂窗下所施用的形如牙头状的装饰性护版。牙脚:
指破子棂窗下所施用的形如牙头状装饰护版的根部,这里雕作了
牙脚形状。填心:参见卷第六《小木作制度一》"破子棂窗·破子
棂窗一般"条相关注释。"填心难子造",即在破子棂窗之下的槛
墙内填心,墙面施以牙头、牙脚,槛墙四周边缘缠施难子。但填心
所用材料不明。

【译文】

破子棂窗,1坐,其高5尺,窗内子桯长7尺。

其窗造作所用功,计为3.3功。窗上的额、窗下的腰串及窗两侧的立颊所
用功亦包括在内。

窗上所施横钤、立旌的造作,共计为0.2功。其中施横钤3条,共计为0.1
功;立旌2条,共计为0.1功;如果施用槫柱,其所用功与立旌相同。如下情况与之同。

窗之腰串下所施障水版、难子,共计为2.1功。其障水版、难子,计为1.7
功;腰串下若施心柱2条,共计为0.15功;窗两侧所施槫柱2条,共计为0.15功;窗下
两柱间所施地栿1条,计为0.1功。

窗下或施用牙头、牙脚、填心,共计为0.6功。其中若施牙头3枚,牙脚6

枚,共计为0.4功;填心3枚,共计为0.2功。

破子棂窗安卓所用功,计为1功。

窗上的横钤、立旌安卓,共计为0.16功。其中若横钤3条,共计为0.08功;立旌2条,共计为0.08功。

窗下障水版、难子安卓,共计为0.56功。其中障水版、难子安卓,共计为0.3功;心柱、槫柱安卓,各2条,共计为0.2功;地栿安卓,1条,计为0.06功。

窗下或施用牙头、牙脚、填心,其安卓共计为0.15功。其中牙头3枚,牙脚6枚,共计为0.1功;填心3枚,共计为0.05功。

睒电窗

【题解】

睒(shǎn)电窗,一般用于殿堂后壁或房屋山墙高处,但也有可能用于房屋较低位置以做普通的看窗。其窗棂多采用三曲或四曲,这大致形成了有如闪电的曲线形式。在有些情况下,其窗棂的曲线也可以采用水波文的形式。参见卷第六《小木作制度一》"睒电窗·造睒电窗之制"条相关注释。

睒电窗,一坐,长一丈,高三尺。

造作,一功五分。

安卓,三分功。

【译文】

造作睒电窗,1坐,其窗之长为1丈,高为3尺。

其窗造作功,计为1.5功。

其窗安卓功,计为0.3功。

版棂窗

【题解】

版棂窗,是一种介乎破子棂窗与睒电窗之间、尺寸较为适中的窗。其窗的用途较前两者亦更宽泛,可以用于较大房屋的外窗,亦可用于较小房屋的看窗。参见卷第六《小木作制度一》"版棂窗·造版棂窗之制"条相关注释。

版棂窗,一坐,高五尺,长一丈。

造作,一功八分。

窗上横钤、立桭,准破子棂窗内功限。

窗下地栿、立桭,共二分功。地栿一条,一分功;立桭二条,共一分功;若用槫柱,准立桭。下同。

安卓,五分功。

窗上横钤、立桭,同上。

窗下地栿、立桭,共一分四厘功。地栿一条,六厘功;立桭二条,共八厘功。

【译文】

造作版棂窗,1坐,其窗高为5尺,长度为1丈。

其窗造作功,计为1.8功。

版棂窗上所施横钤、立桭,以破子棂窗内相应名件造作所用功限为准。

版棂窗下所施地栿、立桭,共计为0.2功。其中地栿1条,计为0.1功;立桭2条,共计为0.1功;如果施用槫柱,其造作所用功与造作立桭所用功相同。在如下安卓情况中亦然。

其窗安卓功,计为0.5功。

其窗之上的横钤、立旌等的安卓,所用功与破子棂窗内相应名件安卓所用功限标准相同。

其窗之下的地栿、立旌等的安卓,共计为0.14功。其中地栿1条,计为0.06功;立旌2条,共计为0.08功。

截间版帐

【题解】

截间版帐大体上接近现代房屋室内的轻型隔断墙。为隔断房屋内的两个空间,应将版帐施于两柱之间,版帐之上的两柱间施以额,版帐之下的两柱间施以地栿,同时在版帐的两侧,亦即版帐左右柱侧,再分别施以槫柱,版帐的中部还应施以腰串。

截间牙头护缝版帐[1],高六尺至一丈,每广一丈一尺。若广增减者,以本功分数加减之。

造作功:

高六尺,六功。每高增一尺,则加一功;若添腰串,加一分四厘功;添槫柱[2],加三分功。

安卓功:

高六尺,二功一分。每高增一尺,则加三分功;若添腰串,加八厘功;添槫柱,加一分五厘功。

【注释】

①截间牙头护缝版帐:即"截间版帐"。卷第六《小木作制度一》"截间版帐·造截间版帐之制"条:"高六尺至一丈,广随间之广。内外并施牙头护缝。"

②添槏（qiǎn）柱：原文"添槫柱"，梁注本改为"添槏柱"。陈注：
　　"槏，丁本。"傅注："槏，四库本亦作'槏'，陶本误'槫'，不取。"
　　徐注："陶本作'槫柱'。"槏柱，窗户旁的柱子。参见卷第六《小
　　木作制度一》"截间版帐·造截间版帐之制"条相关注释。

【译文】

截间版帐，其帐内外并施牙头护缝，版帐高度为6尺至1丈，以版帐
面广为1.1丈计其功限。如果其版帐面广宽度有所增加或减少，则以其本功所计
分数为准做相应的增加与减少。

造作截间牙头护缝版帐所用功限：

版帐高6尺，其造作功计为6功。版帐高度每增加1尺，造作所计功应增加
1功；若其版帐中增添腰串，则应增加0.14功；若其版帐中增添槏柱，则应增加0.3功。

安卓截间牙头护缝版帐所用功限：

版帐高6尺，其安卓功计为2.1功。版帐高度每增加1尺，安卓所计功应
增加0.3功；若其版帐中增添腰串，则应增加0.08功；若其版帐中增添槏柱，则应增加
0.15功。

照壁屏风骨 截间屏风骨、四扇屏风骨

【题解】

如梁先生所释："'照壁屏风骨'指的是构成照壁屏风的'骨架子'。"
照壁屏风骨，是先用条桱做成大方格眼的"骨"架，一间照壁屏风可分为
四扇，这有可能是为了方便移动或开闭。

截间屏风骨与截间版帐类似，由上额、立桱、左右槫柱、地栿构成一
个框架，再以条桱在桱内构成四直方格屏风骨。桱长随屏风之高，槫柱
与桱同长；额与地栿长度，随开间之广。

四扇屏风骨诸名件的尺寸，似比截间屏风骨尺寸要略小一些，当是
具有较为方便的移动功能。

截间屏风^①,每高广各一丈二尺,

造作,一十二功。如作四扇造者^②,每一功加二分功。

安卓,二功四分。

【注释】

①截间屏风:指中间不分扇,只作一段造的截间屏风。

②四扇造:指将截间屏风分为四扇,可以移动、开闭。

【译文】

造作截间屏风,其屏风之高与其面广各为1.2丈,

其造作所用功,计为12功。如造作四扇造屏风,在截间屏风所用功的基础上,以其每1功增加0.2功计。

截间屏风安卓所用功,计为2.4功。

隔截横钤、立旌

【题解】

依梁先生所注:"这应译作'造隔截所用的横钤和立旌'。主题是'横钤'和'立旌',而不是'隔截'。"

凡隔截所用横钤、立旌,可以施之于照壁、门窗或墙之上,说明"隔截"是一个更为广义的概念,在照壁、门窗,甚至墙上,都可能出现"隔截"做法,亦都会施用横钤、立旌等名件。唯墙上如何施用"隔截",因为没有发现宋代同类做法的遗存,故对其构造与形式仍尚难厘清。

隔截横钤、立旌^①,高四尺至八尺,每广一丈一尺。若广增减者,以本功分数加减之。

造作功:

高四尺，五分功。每高增一尺，则加一分功；若不用额，减一分功。

安卓功：

高四尺，三分六厘功。每高增一尺，则加九厘功；若不用额，减六厘功。

【注释】

①隔截：类似于今日房屋内所施设的隔断或隔断墙。横钤：指在宋代房屋营造中，用于联系左右两侧立木的横向条状方木。立旌：指在宋代房屋营造中，施于不同位置的直立木方。

【译文】

造作房屋室内隔截中所施横钤、立旌，其隔截高为4尺至8尺，隔截面广1.1丈。如果其面广有所增加或减少，其所计功限则以如上给出的隔截高广所用本功为基础，按其增减情况加以适当增加或减少。

造作隔截所用横钤、立旌所用功：

其隔截高为4尺，计为0.5功。若其高度每增加1尺，则应增加0.1功；若其隔截上部不施用额，可减少0.1功。

安卓隔截所用横钤、立旌所用功：

其隔截高为4尺，其横钤、立旌安卓计为0.36功。若其高度每增加1尺，则应增加0.09功；若其隔截上部不施用额，可减少0.06功。

露篱

【题解】

露篱者，即露天的藩篱，篱落。梁注："露篱是木构的户外隔墙。"大概与今日用木或竹搭造的围墙、栅栏或篱笆有一些相近之处。

露篱，每高、广各一丈，

造作，四功四分。内版屋二功四分^①；立桩、横钤等，二功。若高减一尺，即减三分功；版屋减一分，余减二分。若广减一尺，即减四分四厘功；版屋减二分四厘，余减二分^②。加亦如之。若每出际造垂鱼、惹草、搏风版、垂脊，加五分功。

安卓，一功八分。内版屋八分，立桩、横钤等，一功。若高减一尺，即减一分五厘功；版屋减五厘，余减一分。若广减一尺，即减一分八厘功；版屋减八厘，余减一分。加亦如之。若每出际造垂鱼、惹草、搏风版、垂脊，加二分功。

【注释】

①版屋：露篱的木质顶盖。参见卷第六《小木作制度一》"露篱·造露篱之制"条相关注释。

②余减二分：梁注本改为"余减三分"。徐注："陶本作'二分'。"但从行文看，似仍以减"二分"为恰当。暂从原文。

【译文】

露篱，其高度与面广都为1丈，

其露篱造作所用功，计为4.4功。露篱内所施版屋计为2.4功；其内所施立桩、横钤等，计为2功。如果露篱高度减少1尺，其所用功即减少0.3功计之；其中版屋减0.1功，其余名件造作减0.2功。如果露篱面广减少1尺，其所用功即减少0.44功计之；其中版屋减0.24功，其余名件造作减0.2功。若露篱的高广有所增加，其所应增加之功亦如之。如果露篱上版屋每有出际造所施垂鱼、惹草、搏风版、垂脊，亦增加0.5功。

露篱安卓所用功，计为1.8功。露篱内所施版屋之安卓计为0.8功，其立桩、横钤等安卓，计为1功。如果露篱高度减少1尺，其安卓功即减少0.15功；其中版屋安卓减少0.05功，其余名件安卓减少0.1功。如果露篱面广减少1

尺,其安卓功即减少0.18功;其中版屋安卓减少0.08功,其余名件安卓减少0.1功。若其高度尺寸有所增加,其诸名件安卓所用功亦作相应增加。如果露篱上每有出际造所施垂鱼、惹草、搏风版、垂脊,亦增加0.2功。

版引檐

【题解】

在宋式房屋的檐口之外,若添加一个附着于房屋檐口之外的延伸部分,这部分向外加出的出檐部分,就被称为"版引檐"。这种版引檐,在功能上多少类似于今日房屋门窗之上常见的遮阳版,或是悬于门窗上的雨篷。参见卷第六《小木作制度一》"版引檐·造屋垂前版引檐之制"条相关注释。

版引檐,广四尺,每长一丈,
造作,三功六分;
安卓,一功四分。

【译文】

造作屋垂前版引檐,其宽4尺,以其面广每长1丈,
其造作所用功,计为3.6功;
其安卓所用功,计为1.4功。

水槽

【题解】

不同于石作制度中的"水槽子",小木作制度中的"水槽",较大可能是指附加于房屋檐口处的一种木制沟槽。以其所施位置及做法推测,水

槽大略类似于今日房屋前后檐安装的排雨水天沟。

水槽由厢壁版、底版、罨头版、口襻、跳椽等名件构成。参见卷第六《小木作制度一》"水槽·造水槽之制"条相关注释。

> 水槽,高一尺,广一尺四寸,每长一丈,
>
> 造作,一功五分;
>
> 安卓,五分功。

【译文】

造作水槽,其槽高1尺,槽宽1.4尺,以其槽每长1丈计之,

水槽造作功,计为1.5功;

水槽安卓功,计为0.5功。

井屋子

【题解】

古代中国人的饮水及日常用水,多依赖于在地面上所开挖的水井。而位于人们居所附近的水井,从人身及饮水安全等角度出发,需要一种井口保护设施。宋式营造中提到的"井屋子",就是这种覆盖于井口之上的小尺度房屋,其作用包括标识水井的位置,为过往之人提供一些必要的防护,以及防止灰土、尘垢或雨水直接落入井中等。参见卷第六《小木作制度一》"井屋子·造井屋子之制"条相关注释。

> 井屋子,自脊至地,共高八尺,井匮子高一尺二寸在内[1]。方五尺。
>
> 造作,一十四功。扰裹在内[2]。

【注释】

①井匦（guì）子：即井侧之护栏。参见卷第六《小木作制度一》"井屋子·造井屋子之制"条相关注释。

②拢裹：大概包括井屋子的安装就位及对井屋子之屋顶和屋身做相应的外观装饰处理等工序。

【译文】

造作水井井口所施井屋子，井屋子自其屋脊至地面，共高8尺，井侧之护栏，即井匦子，其高度在1.2尺之内。井屋子平面方为5尺。

造作井屋子所用功，计为14功。井屋子拢裹之功亦包括在内。

地棚

【题解】

据梁先生在《小木作制度一》中的解释："地棚是仓库内架起的，下面不直接接触土地的木地板。它和仓库房屋的构造关系待考。"可知，这里的"地棚"系施造于古代仓廒内部的一种附属性设施，地棚的长宽尺寸应随其所在仓廒的相应间广尺寸而定，地棚距离地面的高度一般是在1.2尺至1.5尺。

地棚，一间，六椽①，广一丈一尺，深二丈二尺②，

造作，六功；

铺放、安钉，三功。

【注释】

①六椽：这里的"六椽"，当指覆盖于地棚之上的仓廒、库屋的进深为"六架椽"。

②广一丈一尺，深二丈二尺：这里提到的地棚广深尺寸，大体上与其

上所覆仓屋的间广尺寸与进深尺寸是吻合或接近的。

【译文】

造作仓屋内所施地棚，1间，进深六椽，其地棚1间的间广为1.1丈，地棚的进深为2.2丈，

地棚造作所用功，计为6功；

地棚内之敦桥、方子、地面版等的铺放、安装、施钉等所用功，计为3功。